云南省普通高等学校“十二五”规划教材

资源植物学

王慷林　李莲芳　主编

本书由下列单位/项目提供资助：
云南省普通高等学校“十二五”规划教材
西南林业大学林学重点学科（5009750101）
西南林业大学重点基金（110801、111001）

科学出版社
北京

内 容 简 介

资源植物学是研究资源植物的分类分布、引种驯化、理化成分和经济价值，以及开发利用和保护的一门学科。本书分总论和各论两篇。总论包括资源植物学概述、资源植物学研究和调查方法、中国的资源植物及其分布、资源植物的引种驯化、资源植物的合理利用与保护。各论部分介绍野菜植物、野生果树、油脂植物、淀粉植物、香料植物、色素植物、甜味剂植物、饮料植物、饲用植物、蜜源植物、蛋白植物、药用植物、农药植物、有毒植物、纤维植物、鞣料植物、材用植物、树脂树胶植物、能源植物、经济昆虫寄主植物、指示植物、抗污染植物、观赏植物和文化植物等24类特色资源植物的形态、分布、成分、功用、资源和保护等。

本书既可作为高等院校教材，也是重要的参考文献图书。可供高等院校、科研单位师生，以及各级林业、农业、园艺园林、珍稀濒危植物保护管理、经济动物养殖等部门使用，也可为海关、商检、邮政、交通、防疫、卫生、建筑、轻工和旅游等部门提供参考。

图书在版编目（CIP）数据

资源植物学/王慷林，李莲芳主编．—北京：科学出版社，2014.11
云南省普通高等学校“十二五”规划教材
ISBN 978-7-03-042405-1

Ⅰ．①资…　Ⅱ．①王…②李…　Ⅲ．①植物资源-高等学校-教材
Ⅳ．①Q949.9

中国版本图书馆 CIP 数据核字（2014）第 259038 号

责任编辑：吴美丽　孙　青／责任校对：蒋　萍
责任印制：赵　博／封面设计：铭轩堂

科学出版社出版
北京东黄城根北街 16 号
邮政编码：100717
http://www.sciencep.com
北京厚诚则铭印刷科技有限公司印刷
科学出版社发行　各地新华书店经销
*
2014 年 11 月第　一　版　　开本：787×1092　1/16
2025 年　2 月第十四次印刷　　印张：30 1/2
字数：709 000

定价：98.00 元

（如有印装质量问题，我社负责调换）

《资源植物学》编委名单

主　编： 王慷林　李莲芳

编　委： 王慷林　李莲芳　李双智　牟凤娟　彭　超

前　言

波德莱尔说“自然是一座殿堂，在它活生生的列柱之间，偶尔泄露出模糊不清的语言；当人穿越象征的森林，森林却以熟悉的眼光凝视着人”。生活在自然中的人类，与自然资源生息相关，共荣共存。少数民族“有林才有水、有水才有田、有田才有粮、有粮才有人”，“种竹以为帐、植花果以借其荫”的人对自然和生态的依存理念，构建了人类文明的生态环境，描绘了人与自然和谐相处的美好蓝图。资源植物作为构建自然的重要组分，与人类的生活、生产、居住、思想等密不可分，是人类生存和发展不可或缺的物质基础。资源植物学作为一门发展中的学科，应时而生。

本书是编著者多年科研与教学的累积，是在参阅大量相关文献资料的基础上完成的，从以下几个方面为资源植物学贡献绵薄之力。

（1）综合性和基础性　本书分总论和各论两部分。总论主要介绍基本概念、资源植物的特性、研究方法、综合利用和保护原理等；各论以用途为主，进行资源植物分类，重点介绍西南、华南地区的特色资源植物，也适当收录中国其他地区重要的种类。以植物学、生态学、民族植物学、社会林业、保护生物学等学科为基础，力求形成完整的资源植物学的学科体系。同时，也可以作为基础性的材料，查阅西南和华南地区特色植物的相关资料。

（2）地域性和趣味性　选择的种类、研究的案例和涉及的资源植物种类，以西南、华南的研究实例为主，具有一定的地域性，但也适当涵盖华中、华东、华北的部分资料。收集各民族对资源植物的特殊开发利用案例，大量参考近年来各类文献的最新研究成果，兼顾教学和科研工作者的可读性和趣味性。

（3）权威性和规范性　引用的资料均参考权威著作，如资源植物的形态、名称等以权威的《中国植物志》、《云南植物志》、*Flora of China* 等为主，并参考其他相关资料，以保证教材的权威性。参考资料均注明出处，采用国际计量单位，以体现教材的规范性。

（4）实用性和独特性　同物异名、同名异物，是资源植物中经常遇到的问题，本书列出了植物异名、别名、民族名等，以便备查；以用途为基础将资源植物分为 24 类，直观简明。文化植物重点介绍宗教和少数民族文化和精神层面的植物利用和保护的多元文化特征，是本书的创新之一。

本书得到云南省普通高等学校“十二五”规划教材编写项目和西南林业大学林学重点学科、西南林业大学重点基金项目的资助。特别感谢作者所在西南林业大学给予的人力、物力和财力的支持，以及老师、同事们的协助。感谢中国科学院昆明植物研究所、西双版纳热带植物园、国际竹藤中心、中国林业科学研究院热带林业研究所等单位以及朋友的支持和鼓励。感谢我国尤其是生活在云南这一片热土上的少数民族同胞与我们分享他们传统的文化知识和经验。

因编者教学经历和水平有限，教材所涉及内容广，知识面宽，参考资料众多而观点异同共存，难免存在一定的不足，敬希读者提出宝贵意见，以便进一步修订和完善。

编　者

2014 年 3 月

目　　录

各　论

总　　论

第一章　资源植物学概述

资源植物是人类生存和发展最为重要的物质基础之一，人们的衣食住行无不与资源植物有着紧密的联系。资源植物学是应用植物学的一个重要基础领域，其研究对象不是所有植物，而往往只包括目前对人类有利用或潜在利用价值的植物。

资源植物学的研究，除借鉴植物分类学、植物区系地理学等相关学科的理论和方法，对一些特定区域的资源植物进行分类和调查外，也包括对这些资源植物的利用历史、利用范围、利用价值、分布状况、生态环境、资源储藏量、有用成分分析等方面进行调查和研究，为开发利用资源植物提供理论基础，并开辟新的利用途径。同时，合理开发和有效保护现有资源植物，也是资源植物学研究的重要领域。

第一节　基 本 概 念

一、自然资源（natural resources）

资源的概念源于经济学科，作为生产实践的自然条件和物质基础被提出，具有实体性。简单地说，资源就是生产资料和财富的来源，或者说，资源是创造人类社会财富的源泉（封志明，2004）。资源包含两种含义：一种是在现代生产力发展水平下，为了满足人类的生活和生产需要而被利用的自然物质和能量，一般称为资源；另一种是由于经济技术条件的限制，虽然知道它的用途，但是无法加以利用，或者虽然在所处时空状态下未发现其用途，但随着科学技术的发展，有可能被利用的自然物质和能量，一般称为潜在资源。

较早完整定义自然资源的地理学家金梅曼（Zimmermann，1951）在《世界资源与产业》中指出，无论是整个环境还是其某些部分，只要它们能（或被认为能）满足人类的需要，就是自然资源。他解释道：譬如煤，如果人们不需要它或者没有能力利用它，那么它就不是自然资源。故此，金梅曼的“自然资源”是一个主观的、相对的、从功能确定的概念（蔡运龙，2000）。

联合国环境规划署（UNEP，1972）将自然资源定义为：在一定时间、一定空间条件下能产生经济价值以提高人类当前及将来福利的自然因素和条件。自然资源是一个非常广泛的概念，包括大气、水、气候、土地、矿物质、生物、太阳能、风能、潮汐能等。对于人类而言，随着取得和使用自然资源技术的进步，无用的物质逐渐可以变成有用的资源。

《辞海》（辞海编辑委员会，1989）把自然资源定义为“一般天然存在的自然物（不包括人类加工制造的原材料），如土地资源、矿藏资源、水利资源、生物资源、海洋资源等，是生产的原料来源和布局场所。随着社会生产力的提高和科学技术的发展，人类开发利用自然资源的广度和深度也在不断增加”。

《英国大百科全书》定义的自然资源为：人类可以利用的自然生成物及生成这些成分的源泉的环境功能。前者如土地、水、大气、岩石、矿物、生物及其群集的森林、草场、矿产、陆地、海洋等，后者如太阳能、地球物理的环境功能（气象、海洋和水文地理现象）、生态学的环境功能（植物的光合作用、生物的食物链、微生物的腐蚀分解作用等）和地球化学的循环功能（地热现象、化石燃料、非金属矿物生成作用等）。

《中国资源科学百科全书》（中国资源科学百科全书编辑委员会，2000）定义为："自然资源是人类可以利用的、自然生成的物质与能量。它是人类生存与发展的物质基础。"自然资源主要包括土地、水、矿产、生物、气候和海洋6大资源，自然资源的概念是随时间变化的，具有动态特征。

《资源科学技术名词》（资源科学技术名词审定委员会，2008）定义自然资源为"自然界存在的有用自然物。人类可以利用的、自然生成的物质与能量，是人类生存的物质基础。主要包括气候、生物、水、土地和矿产5大门类"。

由此可见，广义地，自然资源是对人类生产、生活和精神方面有用的自然界客观存在的物质、能量和信息；在一定历史时期的经济技术条件下可以认识、萃取和利用的自然界一切要素及其集合体。

总之，自然资源是人类能够从自然界获取以满足自己需要与欲望的任何天然生成物及作用于其上的人类活动的总体；或者可认为自然资源是人类社会生活中来自自然界的初始投入要素（蔡运龙，2000；赵建成和吴跃峰，2003）。蔡运龙（2000）整理了一个自然资源的分类系统，并对自然资源进行了定义。

（1）自然资源是自然过程所产生的天然生成物，地球表面积、土壤肥力、地壳矿藏、水、野生动植物等，都是自然生成物。自然资源与资本资源、人力资源的本质区别，在于其具有天然属性。但现代自然资源中又已或多或少包含了人类世世代代劳动的成果结晶。

（2）任何自然物之成为自然资源，必须有两个基本前提：人类的需要和人类的开发利用能力，否则自然物只是"中性材料"，而不能作为人类社会生活的"初始投入"。

（3）人的需要与文化背景有关，因此，自然物是否被看做自然资源，常常取决于信仰、宗教、风俗习惯等文化因素。例如，伊斯兰教徒不食猪肉，印度教徒不食牛肉，某些佛教徒食素，这就决定了他们的"食物资源"的概念；又如，非洲一些地区的人把烤蚱蜢看作美味佳肴，而且是他们蛋白质的主要来源之一，这对其他文化背景的人是不可接受的。关于资源与环境的伦理在人类与环境的相互关系中起着重要的作用。

（4）自然资源范畴随着人类社会和科学技术的发展而不断变化，人类对自然资源的认识，以及自然资源开发利用的范围、规模、种类和数量，都是不断变化的。同时还应指出，现在人们对自然资源已不再是一味索取，而是发展出保护、治理、抚育、更新等观念。

（5）自然资源与自然环境是两个不同的概念，但具体对象和范围又往往是同一客体。自然环境是指人类周围所有的客观自然存在的物质，自然资源则是从人类需要的角度认识和理解这些要素存在的价值。因此有人把自然资源和自然环境比喻为一个硬币的两面，或者说自然资源是自然环境透过社会经济这个棱镜的反映。

因此，自然资源不仅是一个自然科学的概念，也是一个经济学的概念，同时，还涉及文化、伦理和价值观。卡尔·苏尔说过："资源是文化的一个函数"。假如生态学使人类了解自然资源系统缺乏动态和结构所决定的极限，那么还必须认识到，在其范围内的一切调整都必须通过文化的中介进行。所以，经济学、文化人类学、伦理学等，都在促进人与自然之间更为和谐的相互作用中具有促进的功能。地理学者的特殊贡献在于他们对自然系统与社会系统之会合点的兴趣和认识。

二、生物资源（biological resources）

生物资源作为自然资源的有机组成部分，是指生物圈中对人类具有一定经济价值的动物、植物、微生物有机体以及由它们所组成的生物群落（赵建成和吴跃峰，2003）。"生物资源是指对人类具有实际或潜在用途或价值的遗传资源、生物体或其部分、生物群体，或生态系统中任何其他生物组成部分"（《生物多样性公约》，1992 年）。狭义的生物资源是人类可以利用与可能利用的生物，包括动物、植物和微生物等资源：①动物资源包括陆栖野生动物资源、内陆渔业资源、海洋动物资源；②植物资源包括森林资源、草地资源、野生植物资源和海洋植物资源；③微生物资源包括细菌资源、真菌资源等。广义的生物资源包括生物群落与其周围环境组成的具有一定结构和功能的生态系统。

刘旭（2003）认为生物资源有蓄积性资源和再生性资源两种内涵。生物蓄积性资源是指生物在历史演化或在人类利用生物资源进行生产时形成的物质总量和年生长量，简称生物资源。它包括所有陆生的、水生的，也包括所有人工的、野生的地球上所有人类可以利用的生物体及其部分的累积量和年生产量。这类资源属于现时性、生产性资源，是人类今天生存与发展的物质基础。生物再生性资源是指生物体可持续生存与发展的能力，是生物体与环境共同进行物质、能源、信息交流的新陈代谢和自我繁殖过程的体现，而且可以在特定的生态环境中不断地发育与演化、突变与遗传、生存与发展，又称为生物种质资源。这类资源是潜在性、创新性资源，是人类明天的生存与发展的物质基础。

生物资源不仅利用流量资源（太阳能），而且利用储存资源（水和土壤养分），还能利用存量资源（利用矿物质制造的化肥和化石能源）（封志明，2004）。

由于人类的活动导致自然界生物栖息地的破坏、环境污染、气候变化，以及人类过度猎捕，使一些生物物种灭绝或濒临灭绝。生物物种灭绝将对生态系统产生巨大的影响，最终必将威胁人类的生存和发展。因此，必须准确处理保护和利用的关系，加强生物物种的保护，特别是受威胁物种的保护。在维持一定的种群数量的基础上，合理开发利用，才能为人类创造巨大的经济效益，实现可持续的利用和发展（赵建成和吴跃峰，2003）。

三、资源植物（resources plant）

对人类有用的植物总称为植物资源，而具有商品价值的植物就是经济植物（吴征镒，1983）。Wickens（1990）认为经济植物是对人类直接或间接有用的植物。直接有用的植物是指满足人类或家畜并维持其生存环境需要的植物；间接利用的植物是指可被培育用于工业，或保护环境，或被用于观赏等特用（如花卉、文化型的头饰、耳饰、服饰等）植物。Wickens 从经济植物产生的历史背景及与其他学科联系角度，对经济植物概念作了充分地阐述。广义植物包括种子植物、蕨类、苔藓、藻类、真菌和地衣；狭义的仅指高等植物，即种子植物、蕨类和苔藓。广义的资源植物包括了经济植物（刘胜祥，1994）。

随着学科发展，资源植物概念也在不断的扩展，不同的学者给予不同的范围。

植物资源（resource of plants）是指一切能提供物质原料以满足人们生产和生活需要的可利用的植物。广义的植物资源可包括农林栽培和野生可利用的植物，但通常所指的是野生的原料植物（姜彦成和党荣理，2002），即植物资源学的研究更倾向于野生植物新资源的开发利用。

野生植物资源是指在一定时间、空间、人文背景和经济技术条件下，对人类直接或间接有用的野生植物的总和（戴宝合，2003）。

王振宇（2007）认为植物资源是地球上或生物圈内一切植物的统称。狭义地，植物资源是指经过人类生活或生产实践活动，筛选出来的某些植物种类，可为人类提供各种原料，并在国民经济中占有一定地位，具有生产价值的再生资源。

资源科学技术名词审定委员会（2008 年）定义植物资源为自然资源的一大类群，包括农作物、森林、草原和草场及草地等高等植物以及苔藓和真菌等低等植物，是人类赖以生存的非常重要的可再生资源。而资源植物则指具有开发利用潜力，但尚未被完整（或定向）地开发而形成有规模商品的植物。从范畴和利用程度方面进行了两者的明确定义。

杨期和（2009）认为植物资源是指在目前社会经济技术条件下，人类可以利用与可能利用的植物，包括陆地、湖泊、海洋中的一般植物和一些珍稀濒危植物，是一种生物资源。

综上所述，资源植物是指被人类直接或间接利用的一切植物的总称。当然，人类对植物利用的历史充分说明了资源植物随着历史的变迁而发生变化，资源植物的范围也在不断变化中。因此，对某些种类而言，无法确切地将其归类为经济植物还是资源植物，因为栽培植物和野生植物都同时存在。这是资源植物包含经济植物及两者间不可绝对区分的案例。

四、资源植物学（resources botany）

辞海编辑委员会（1989）定义植物资源学为：是植物学的一个分支学科，是近几十年来随着人类对植物资源需要不断扩大而迅速发展起来的。研究有用植物的分类和分布，引种驯化，植物有用物质的性质、形成、积累和转化的规律及其提取和工艺加工条件，一定地区内植物资源的种类、蕴藏量及其开发利用等。

刘胜祥（1994）认为，植物资源学是应用植物学的一个分支，其研究资源植物的分布、分类、引种驯化；资源植物中有用物质的性质，形成积累和转化的规律及其提取和加工的工艺；一定地区的植物资源种类和数量，开发利用及其保护的一门学科。

姜彦成和党荣理（2002）定义植物资源学：研究植物资源的种类、数量、地理分布、时空变化、利用价值、合理开发和科学管理的学科。其目的是在研究植物资源的利用价值和分布规律基础上，运用经济优化技术，合理安排植物资源的采收、加工和综合利用等，使社会效益、经济效益及生态效益三者协调发展，为人民生产生活不断提供优质高产的植物原料。

戴宝合（2003）认为植物资源学是一门新发展起来的边缘分支学科，是植物学向应用领域拓展，并与化学、农学、药学、食品学、生态学等多学科相互交叉渗透，研究和挖掘各种有用植物，集应用基础理论与应用技术研究于一体的学科。其研究的对象是对人类生产生活直接或间接有用的植物资源，研究的主要目标是植物资源用途和利用方法，研究重点是野生植物资源。

王振宇（2007）认为，植物资源学研究对象是森林中一切有生态价值、经济价值的植物，其重点是森林非木质植物资源，如山野菜植物、饮料植物、浆果植物、药用植物、油脂植物、香料植物、淀粉植物、甜味植物、色素植物、农药植物、能源植物及树脂树胶植物等。

资源科学技术名词审定委员会（2008 年）定义植物资源学：研究资源植物的分布、分类、引种、驯化，资源植物中有用物质的特性、形成、积累和转化的规律，以及开发利用、保护与人类社会对自然环境需求关系的学科。

杨期和（2009）认为，植物资源学是以植物资源为对象，研究其用途、功能、种类、生物学特性、内含有用物质的性质和数量、形成分布、转化规律、合理开发利用途径及有效保护措施的学科。

总之，资源植物学是研究资源植物的分类分布、引种驯化、理化成分和经济价值，以及开发利用和保护的一门学科。植物资源（包括所有植物）具有比资源植物（仅包括可利用的植物）更广的范围，由此，植物资源学研究的范畴也较资源植物学更为广泛。

第二节　资源植物的特性

资源植物属于自然资源生物的重要组成部分，与自然资源中其他资源有一定的共同特性，同时，也有自己的独特性，其具有地域性、再生性、可解体性和有限性、多用性、整体性/系统性、周期性/时效性、可替代性等属性。

一、地域性

资源植物的地域性是指资源植物在各区域分布并不均衡，其分布有的受地带性因素影响，有的受非地带性因素制约。由于不同地理环境，即不同地理经纬度、气候、温度、湿度、降水量、土壤性质等的差异，以及人类活动，导致植物在不同区域的分布类型、数量、规律的不同。“在不同地域上，由于气候、土壤、海拔等的差异，导致植物资源类型出现有较大的差异，从而显示出植物资源的地域性”（资源科学技术名词审定委员会，2008 年）。

1. 经纬度及其热量的变化

地理环境条件的差异导致不同地区有不同的植物群落类型及其分布规律。中国自然条件复杂，从北到南，有寒温带、温带、暖温带、亚热带和热带，依次出现针叶林、针阔混交林、落叶混交林、常绿阔叶林、季雨林和雨林，组成群落的植物也因纬度不同而差异极大。不同的气候带生长着的植物群落及其种类差别极大。

2. 地形、地貌、地质条件的变化

地表（高山、峡谷、丘陵、平原等）不同，海拔差异，导致不同地形、高度的阳光、温度、空气、水分分配不均，造成土壤类型和植物群落分布的差异。即使同一区域，因高原或高山造成的海拔差异也会使平地、河谷与高山之间产生不同的植物群落和种类。

3. 人类活动

影响资源植物分布的另一个重要因素是人类的经济活动，特别是人类通过育种、驯化、引种、种植工程等造成的变化。例如，天然林转化为农用地或牧场、外来经济植物大面积引种栽培等，都不同程度地影响着资源植物的分布和数量的变化；大面积植树造林、种植牧草、兴修水利等，在改造荒漠化土地、保持水土、调节水源、改善气候条件的同时，也在一定范围内影响资源植物的再分配。

由于影响资源植物形成的基本因素是恒定的、有规律的，所以资源植物的形成和分布具有一定的规律性。在中国的资源植物分布中，东西和南北资源植物种类和数量的差异，体现了其分布的规律性和不均衡性。从北到南呈现出寒温带、温带、亚热带和热带的资源植物分布的变化律性，其种类也呈逐渐增加的趋势。

植物分布的地域性特点也强烈地影响着植物被利用的状况，在资源植物开发利用时必须根据这一特点，因地制宜，发展优势资源植物。

二、再生性

资源植物的再生性，狭义上是指植物具有不断繁殖后代的能力；广义上不仅指其繁殖后代的能力，而且还包括其自身组织和器官的再生能力。植物通过无性繁殖和有性繁殖产生后代，其组织和器官受自然或人为损伤后仍能得以恢复和再生，植物组织培养实际上也是利用细胞和组织的再生能力培养新个体。“由于植物能够利用无机物通过光合作用合成为有机物，因而，资源植物能够不断地在地球上自然或人工更新、繁殖演化和扩大。在合理利用的情况下，资源植物可以不断再生”（资源科学技术名词审定委员会，2008）。例如，竹类，既可以通过种子繁殖，也可以通过带篼移植、扦插、埋节或埋秆等多种方式繁殖。

资源植物的再生性，为人类长期利用资源植物提供了可能。例如，水杉（*Metasequoia glyptostroboides*）、银杉（*Cathaya argyrophylla*）、银杏（*Ginkgo biloba*）和金花茶（*Camellia nitidissima*）的人工引种驯化，人参（*Panax ginseng*）、三七（*Panax pseudo-ginseng* var. *notoginseng*）和天麻（*Gastrodia elata*）等的人工栽培等，使一些罕见、渐危、濒危的资源植物得以再生、扩大种群数量而得以有效利用。现今广泛栽培利用的植物，就是利用了植物的再生性，通过人工引栽驯化，由野生变家植，经过长期的培育，创造了丰富多彩的品种，为人类提供了极其丰富的粮食、蔬菜、水果和工业原料等。所以，积极利用资源植物的再生性，提高现有资源的利用率，并开辟野生植物自然保护区，积极引种栽培，变野生为栽培，有计划地扩大资源植物蕴藏量，为子孙后代造福，是资源植物学的使命，也是资源植物再生性具备的独特的人类能够实现资源植物可持续利用和发展的自然属性。

三、有限性和可解体性

资源植物的发展潜力是无限的，但其质量和数量是有限的。有限性是指在特定时间、地点的条件下，任何资源植物的质量、数量都是有限的，不仅可利用的质量、数量有限，而且储存的质量和数量也是有限的。社会对资源植物的开发利用水平层次越高，人们对它的依赖程度也越高，消费数量随之增大，一旦利用过度，资源植物便受到破坏，以至灭绝。

资源植物并不是取之不尽，用之不竭的，它也具有可解体性。资源植物可解体性，是指植物受自然灾害或人为的破坏，导致某些植物种类减少，以至绝灭的特性。植物与其他生物一样，其遗传潜在的基因存在于该种植物的种群之中，任何植物的个体不代表其种的基因库。人类的干扰（人为破坏、不合理开发利用、过度采挖砍伐）、自然灾害等，都可能引起物种的世代顺序的破裂、退化、解体，从而威胁到种的生存和繁殖，种群的个体减少到一定数量时，该种植物的遗传基因库便存在丧失的危险，从而导致物种的解体，进而威胁到种的生存和繁殖，物种的解体也就是资源植物的解体。所以，保护好资源植物，既要增强科研队伍建设，又要增强群众自然保护意识，特别是一些有用植物和将来大有前途的植物种类，加强防范意识，使之不至于在还没有“物尽其用”之前湮没、绝种。因此，人类必须很好地利用植物的再生性克服其解体性，使资源植物的基因库得以更好地保存。

从发展的观点看，资源植物开发利用的潜力又是无限的。资源植物是具有可更新能力的可再生资源，不同的资源植物其更新能力不同，更新所需周期也不同，如果消耗超过其更新能力和更新速度，资源就会受到破坏，如能充分、合理和有效地加以开发利用资源植物，则其开发潜力又是无限的。

四、多用性

不同植物含有不同成分，其用途是多种多样的。资源植物多用性是指资源植物具有多种功能和用途。例如，森林资源生产木材、树胶、树脂、油料等，还可以发展药材及食用菌等林下经济植物；同时，森林能美化环境，是人类游憩的重要场所之一，可发展旅游，并具有保持水土、净化空气、防止风沙等保护环境的功能。充分体现了资源植物多种多样的用途。

资源植物的多用性，基于3个方面的特性。①资源植物由多种物质成分组成，各种成分有其不同的用途。例如，红松（*Pinus koraiensis*），其松子的仁是一种高级干果，种子的油可做食用油料，种子中所含的不饱和脂肪酸可做功能性食品，具有抗衰老、降血脂、降血压的功能；又如，桂花（*Osmantbus fragrans*），是重要的观赏树种之一，其花中含有精油，可作为香料植物；花能作茶饮料或增香、染色（黄色）的食品添加剂；其网状致密的叶脉决定了叶可作为具有观赏价值和实用的书签等。②同一种物质成分构成的某种资源植物的多种用途功能。例如，淀粉植物中的淀粉可以作为食品添加剂，还可以用于酿酒、制糖，并可以作为药物的赋形剂或工业生产的辅助材料（如造纸中，淀粉用作助留、助滤、干增强、湿增强和施胶助剂）等。③不同物质成分组成的不同资源植物，仍可具有相似的理化性质、生物学特性和经济特性。此特征决定了资源植物的相互替代性，即具有某一功能的资源植物匮乏时，可用具有相同功能的其他种类的植物进行替代。例如，小檗（*Berberis amurensis*）可作为黄连（*Coptis chinensis*）的代用品。资源植物具有的多用性和多功能性，决定着资源开发利用时，必须根据其可供利用的广度和深度，实行综合开发、综合利用。

五、整体性/系统性

资源植物是互相联系、互相制约的统一整体，形成植物的整体性，即各生物物种之间相互依赖，彼此制约，协同进化，形成其固有的系统，称之为资源植物的系统性。任何生物物种在自然界中都不是单独存在的，而是形成一种种群或种间系统关系，即个体离不开种群，种群离不开群落，群落离不开生态系统。每种植物都有自己的最佳生态位、生态域，一种植物的生长为其他植物生长创造了一定的生存条件，同时也依赖于其他植物所创造的生态环境而生存。植物之间的关联度越大，说明一种植物对另一种植物的依赖性就越大。

自然界由各种各样的生态系统组成，每一个生态系统又包括各个组成部分，各组分之间又有着错综复杂的关系，改变其中的某一个成分，必将对系统内的其他组分产生影响，以致影响系统的结构变化。例如，森林的砍伐、植被的破坏造成水土流失，使土壤肥力下降；土壤肥力的降低进一步导致植被的衰退和群落的演替，使系统中的其他生物群落也发生变化，从而影响整个生态系统。各系统之间也彼此影响，这种影响有些是直接的，有些是间接的，有些是立即可以表现出来的，有些则需要很长时期才能显露出来。因此，在利用生物资源时，必须坚持从整体出发和全局的观点，进行综合评价、经营管理和利用，杜绝以偏概全、牵一发动全身的资源利用行为。在充分保护其系统整体性的前提下，才可能实现资源植物的可持续发展和利用。

六、周期性/时效性

生物资源的周期性是生命现象特有的时间尺度上的层次序列。所谓周期是指事物有规律的重复变化，而且这种变化或多或少是由生态系统中生物活动周期性的循环变化而决定的。资源植物周期性表现为生物资源的数量周期性和质量周期性两个方面。

（1）植物品种、特性不同，其时效性/周期性也不同，任何一种植物都有其生命周期，植物体营养物质的合成与代谢都是受季节、时间制约的。例如，“三月茵陈四月蒿，五月砍了当柴烧”，意寓茵陈蒿（*Artemisia capillaris*）在早春采收药用价值最高，晚了就完全失去其药用价值。诠释了资源植物利用的时效性的重要意义。

（2）资源植物质量的优劣必然影响产品的发展，产品竞争的实质就是植物原料的竞争、质量的竞争、技术的竞争、科技含量的竞争，竞争过程中时间是重要的决定因素。

（3）产品和技术都是有寿命周期的，不同的资源植物也有不同的开发利用寿命周期，处于不同寿命周期的资源其效益大小是不同的。大多数植物的质量及营养物的含量在适宜的采收期内相对较高，采收期外则影响产品的质量和产量，甚至对某些成分而言毫无价值。

周期性提示对资源植物的合理开发利用必须适时收获，即要按照生物的生长发育规律，适时地获取，以便“不夭其生”，适量地获取，以便“不绝其长”。例如，利用植物的根、块茎、球茎、鳞茎、根状茎等地下器官的，应在秋季植株地上部分枯萎时或在早春植物返青前进行采挖，以保持植物的最佳养分及有效成分；利用地上部分营养器官的植物，一般在生长最旺盛时期采收；利用花的，应在开花前的花蕾时期采收；利用果实种子类的，在其充分成熟时期采收，果实种子成熟期不一致的，应分期采收。

七、可替代性

资源植物在利用方面往往是可以相互替代的，但替代都是相对的、有一定限度的。王振宇等（2007）根据可替代限度，把资源植物划分为固定替代、变动替代、完全替代和不能替代 4 种类型。

1. 固定替代

固定替代是指单位甲种植物可以代替一定比例的乙种植物，以满足某种需要，两种植物比例保持不变，所开发的产品也保持不变。例如，在果酒酿造工业中，用越橘（*Vaccinium* spp.）替代葡萄（*Vitis vinifera*）。

2. 变动替代

变动替代是指两种植物的替代没有固定的比例关系。甲种植物用于替代乙种植物时，随着甲种植物投入量的增加，能替代的乙种植物量随之逐步减少。但当甲种植物增加到一定限度之后，无论再增加多少，也不能增加到乙种植物的投入量减少到零的程度，即无论如何增加甲种植物的投入量，也不能将乙种植物完全替代。例如，在人体必需的三大营养元素（蛋白质、油脂、碳水化合物）中，无论如何增加淀粉植物食用量，也不能替代油脂植物成分在人体中的生理功效。

3. 完全替代

完全替代是指一种植物可以完全替代另一种资源的功能，如稻（*Oryza sativa*）谷可完全替代小麦（*Triticum aestvum*），满足人们对淀粉等营养成分的需求。

4. 不可替代

不可替代是指某些植物由于具有特殊功能，其他植物不能替代。每一种植物由于受特定遗传因素的影响，其细胞内代谢途径及产物不同于其他植物。某一特定植物可产生特定的化学物质，是其他植物所不具备的。例如，薄荷（*Mentha haplocalyx*）中用于食品及制药工业的薄荷脑，也称薄荷醇（$C_{10}H_{20}O$，其化学名称为 1-甲基-4-异丙基环己醇），具有特有的强烈薄荷香气和凉爽味道，其特殊气味是任何植物所不能替代的。

第三节 资源植物学研究的目的和对象

中国宝贵的资源植物除直接用于人们的衣、食、住、行外，也是发展工业生产的重要原料来源。例如，樟（*Cinnamomum camphora*）生产樟脑，产量居世界第一位，油桐（*Vernicia fordii*）产的桐油，在世界上颇负盛名，漆树（*Toxicodendron vernicifluum*）生产的生漆也是中国重要的出口产品。具有观赏价值的树种多不胜举，有水杉、银杏、珙桐（*Davidia involucrata*）等“化石”物种，也有世界公认的五大庭园树种之一的金钱松（*Pseudolarix amabilis*）等，它们对美化环境、促进生态文明建设等都具有重要的意义。

资源植物中的纤维素、淀粉、天然树脂、植物油脂、天然食品添加剂、植物胶、芳香油、天然色素以及部分生物碱等，都是目前工业生产中不可代替的基本原料。有些资源植物中含有的复杂的化学成分，与植物的系统发育有着密切的关系，并具有一定的规律性。随着社会的发展，科学研究手段不断深入，资源植物不可替代性越发明显，所以研究和开发利用丰富的资源植物，对促进经济建设具有极其重要的意义。

杨期和（2009）认为，植物资源学的主要研究内容是资源植物的分类鉴定、地理分布、生物学特性、内含物质的定性定量分析、内含有用物质的形成积累与生态环境关系以及季节变化规律、资源储藏量、引种驯化、地区植物资源综合评价、合理开发利用途径及有效保护措施等。近几十年来，一方面人类对植物资源数量、品种的需求不断增加；另一方面由于环境污染，要求生产更多的无公害绿色产品。因此，世界各国均开展了野生资源植物的调查与研究，希望从中发现新的有用物质，从而促进了植物资源学，特别是植物资源利用的生物技术，如遗传工程、细胞工程的蓬勃发展。

第四节 资源植物学的研究范围

作为一门发展中的学科，资源植物学的研究范围也随着资源开发的不同阶段而变化。现今的研究范围主要概括为 4 个方面。

一、资源植物种类（区系）、数量、分布的调查研究

调查是资源研究工作的开始，目的是摸清资源情况，为制订生产规划和合理开发利用提供依据。中国经过多次资源植物调查，植物种类及分布已基本清楚，目前的重点和难点是数量（蕴藏量和允许采收量——允采量）不清，动态规律掌握不准确。这些问题的解决只有在资源普查工作的基础上，选择重点，进行定位、定点的系统调查和研究方可解决。故此，资源植物的动态变化，决定了对其的调查研究也是动态长期的内容。

二、资源植物的合理开发与利用

开发和利用是资源植物学的中心。一方面，资源植物虽然可以更新，但如果取之过多，用之过度，也会导致其衰退与枯竭。另一方面，不加利用，让其自生自灭是对资源

的浪费，既不能服务于人类，又不一定能使资源增加。在不违背自然规律的前提下，合理开发与充分利用自然资源，使产量达到最大，不危害可持续发展，这就是所谓的资源植物最大持续产量（maximum sustained yield，MSY）原则。

资源植物利用是多方面、多层次的。充分、有效和科学地加以利用是其基本原则。资源植物的开发是以一种用途为中心，进行其他用途的开发，如中药资源应以药物开发为中心，并进行其他产品的开发，如保健品、饮料、化妆品、调味品、色素、甜味品、花粉蜜源、香精香料、酿酒、油料、鞣料及驱避剂等。例如，红花（*Carthamus tinctorius*）的花冠供药用，并可提取色素作染料或食品色素；果实含油达25%，可供食用或工业用；制油后的饼粕含19%蛋白质，可作饲料添加剂；蛋白质水解产生的大量氨基酸中，人体必需氨基酸达4%，可作为食品添加剂；其幼嫩茎叶可作为蔬菜等。一物多用，分层开发，既降低成本，产生更大经济效益，也实现了以最少天然资源获得最大的经济效应，从而有效保护天然资源。

三、研究资源植物的动态规律，提出科学的经营管理策略和方法

在自然界中，植物有其自身生长发育的周期节律，与外界环境进行着物质与能量的交换。因此，人们必须用动态的观念去认识和研究植物，包括研究其分布（历史分布和现代分布）、种群的结构与更新、群落的动态与演替、资源器官的形成与更新，以及有效物质的积累动态等，以便提出每种植物的最合理采收期、间采期及其允采量，制订资源植物的自然区划和生产区划。

开展积极的资源保护和发展种质资源。资源保护的目的是为了可持续发展。在人类社会和自然环境系统中，人类是主体，环境是客体，只有加强保护环境教育，不断提高人们的环保意识，制定法律法规，进行资源保护，才能保证资源植物的可持续发展和利用。保护资源植物应与保护其生存环境相结合，以维持植物的多样性，促进物种繁荣，同时获取最大的生态效益、社会效益和经济效益。

四、积极扩大与寻找新的资源植物

随着科学技术的不断发展，人们对自然认识和了解的不断深入，对资源植物的认识也随之拓展。可以通过从重视古本草、地区资源利用中挖掘与开发新资源植物，如《本草纲目》中对刺五加（*Acanthopanax senticosus*）的药用功能进行了记载并进行了高度的赞誉：五加治风湿，壮筋骨，其功良深，宁得一把五加，不用金玉满车，和“文章作酒，能成其味，以金买草，不言其贵”等，现代刺五加的食（蔬菜）用和药用等系列产品即是根据此类古籍记载而开发的成果。此外，应用化学分类学、民族植物学的方法扩大与寻找资源，发现和开发更多的新资源。例如，从红豆杉属（*Taxus*）中提取紫杉醇（Taxols）作为抗癌新药物，即为植物化学新发现在新的资源植物发掘利用方面的典型案例；又如，用于慢性支气管炎咳嗽的灯台叶颗粒，是在糖胶树（*Alstonia scholaris*）叶药用基础上开发的系列药物。

第五节　资源植物学的学科基础

资源植物学是综合性和应用性极强的学科，与植物学其他学科，如植物分类学、地理学、系统学、化学、生态学、生理学、遗传学、栽培学、保护生物学，以及林学、园艺学、经济学等均有密切关系。其利用相关学科基础理论和研究方法，对所涉及资源植物进行深入的研究和开发利用。

资源植物学不同于一般的植物分类学，但必须以其为基础。在资源植物的研究中，确定植物的学名是一项最基本的工作。在此基础上，对有用植物利用历史、利用范围及其利用价值进行细致的调查，同时查清资源分布、生态环境、资源储藏量、生物量、资源植物中有用物质的性质等定性和定量参数，为开发利用资源植物提供理论基础，并开辟新的利用途径。此外，资源利用与保护是一对矛盾，如何调节使保护和利用达到最佳的平衡，使人们能够长期稳定地利用资源植物，生产更多的产品，需要进行多学科的综合研究。

资源植物学以谋取更多的原料为目的，在工作中必然要运用多种手段进行鉴定。例如，应用植物分类手段以鉴定种类，应用化学分析手段了解化学成分，应用组织鉴定手段以确定资源品种的真伪。但鉴定并不是其目的，只是作为开发利用资源的手段。在资源研究中还要对资源品种进行本草学研究，其目的不是正本清源，考证是否正品，而是从中寻找新品种，扩大新资源。

引种驯化是资源植物得以发挥更大作用的一种手段，因此，资源植物学与林学、农学、园艺学、经济学等诸多学科也有密切的关系，如繁殖、栽培、收获、管理、产量、市场等，都依赖于这些学科的基础。

第六节　资源植物的分类系统

资源植物的分类，可以按植物分类学系统、植被类型分类，也可以按原料性质或用途进行分类。目前，多数的分类以用途分类为主。一般地，按利用性质分为药用类、油脂类、鞣质类、纤维类、淀粉类、糖类、胶类、香料挥发油类、蛋白质类、维生素类、蜜源类等。本书引用目前国内外具有代表性的一些分类系统，也提出了特有的资源植物分类系统。

一、国外分类系统

苏联于1935年在乌兹别克斯坦举行的首次植物资源科学研究会议上，提出了植物资源按用途进行分类的系统（姜彦成和党荣理，2002）。

1）*工业植物资源*　包括①食用植物类：糖类植物、淀粉植物、菊糖植物、食品香料植物、罐头食品（干制品、果酱品、凝胶品）等原料植物。②含有工业提炼物的植物类：生物碱和含苷类植物、挥发油植物、树脂和树胶植物、维生素植物、胶糊植物、橡胶植物、单宁植物、染料植物、灰分植物、民间药用植物。③纤维植物类：粗纺料植物、提供特种纤维的细纺料植物。④造纸纤维植物类。⑤建筑和作细工料用的植物类：用于建筑工业、用于建筑材料工业、筐料和编料、棕料。⑥燃料和木材化学植物类：薪材、炭材、干馏用材。

2）农业植物资源　　食用植物类，包括谷豆类、蔬菜类和果实浆果类。

3）绿化和改造自然的植物资源等　　①观赏和绿化植物类；②土壤改良植物类。

《原料植物野外调查法》（伊里因，1960）一书中，把资源植物分为工艺植物和自然原料植物两大部分，再分为 18 个大类 68 个小类。

二、中国的分类系统

《中国经济植物志》（中国商业部土产废品局和中国科学院植物研究所，1961），按原料的性质分为纤维、淀粉及糖类、油脂类、鞣料类、芳香油类、树脂及树胶类、橡胶及硬橡胶类、药用类、土农药类和其他类等 20 类。最新版的《中国经济植物志》（中华人民共和国商业部土产废品局和中国科学院植物研究所，2012）选入以野生植物为主的、利用价值较大的纤维类、淀粉及糖类、油脂类、鞣料类、芳香油类、树脂及树胶类、橡胶及硬橡胶类、药用类、土农药类与其他类植物共 2411 种。

吴征镒（1983）按植物用途将植物资源分为 5 类，每类又细分为若干类。

1. 食用类植物资源

食用类植物资源包括直接和间接食用的植物，间接食用植物是指饲料、饵料和蜜源植物。最重要的食用植物有 8 类，即淀粉植物、含糖及甜味剂植物、蛋白植物、油脂植物、维生素植物、食用色素植物、饲料植物和蜜源植物。

2. 药用植物资源

药用植物资源包括中草药和植物性农药两类。药用植物自古以来在人类与疾病的斗争和保健方面发挥了很大的作用。例如，生津安神大补元气的人参，治疗小儿麻痹症的特效药石蒜碱，用于制造可的松的薯芋皂苷元，用于治疗冠心病的萝芙木碱，抗白血病的有效药物三尖杉酯碱和高三尖杉酯碱等。迄今为止，植物萃取物在治疗肿瘤、艾滋病、心血管病与精神病等方面，已取得了可喜的进展。另外，从植物中寻找和研制能高效杀虫、杀菌的低浓度农药的工作正在加紧进行之中。

3. 工业用植物资源

工业用植物资源包括木材、纤维、鞣料、芳香油、胶脂、工业油脂及植物性染料等资源。工业用植物资源可用于建筑、纺织、造纸、编织、制药、化工原料等方面。

4. 保护和改造环境用植物

这部分植物包括 5 类。一为防风固沙植物，如木麻黄（*Casuarina equisetifolia*）、大米草（*Spartina anglica*）、银合欢（*Leucaena leucocephala*）、杨树（*Populus nigra*）等。二为保持水土、改造荒山荒地植物，如银合欢、金合欢（*Acacia farnesiana*）、雨树（*Samanea saman*）、刺槐（*Robinia pseudoacacia*）及多种木本油料植物。三为固氮增肥、改良土壤植物，如碱蓬（*Suaeda glauca*）、紫苏（*Perilla frutescens*）、紫云英（*Astragalus sinicus*）、红萍（*Azolla imbircata*）、桤木属树种（*Alnus* spp.）等。四为监测和抗污染植物，如碱蓬、凤眼莲（*Eichhornia crassipes*）、大多数绿色植

物和许多水藻。五为绿化美化、保护环境植物，包括各类草皮、行道树、观赏花卉、盆景等。

5. 种质资源

每一种植物物种具有不同的遗传特性，都应视为不同的种质。每一种具有不同特征的植物都是宝贵财富。然而由于人们对于天然植被的不合理开发和破坏，以及局部地区环境的严重污染，一些植物种类已濒危或灭绝。种质的丢失是不可逆或不可再生的。因此，必须建立植物的“种质库”。植物园和自然保护区就是担负保护植物种质资源重大任务的重要场所。

王宗训（1989）、何明勋（1996）将资源植物分为10类；刘胜祥等（1992）采用吴征镒（1983）植物资源分类系统，进行了一些补充和归并，将植物资源分为5大类31小类。王振宇等（2007）根据用途，将植物资源分为13大类。朱太平等（2007）依据用途及其所含化合物（有用成分）性质的不同，将资源植物分为15大类。

归纳不同的分类系统，本书将将资源植物分为24类，并在各论中分别详述。包括：野菜植物、野生果树、油脂植物、淀粉植物、香料植物、色素植物、甜味剂植物、饮料植物、饲用植物、蜜源植物、蛋白植物、药用植物、农药植物、有毒植物、纤维植物、鞣料植物、材用植物、树脂树胶植物、能源植物、经济昆虫寄主植物、指示植物、抗污染植物、观赏植物和文化植物。

第二章　资源植物的研究和调查方法

第一节　资源植物的研究方法

资源植物学的研究主要采用多学科综合研究的模式，根据研究的对象、范围和目标，研究及其设计的要求，采用系统研究法、民族植物学方法和综合评价法等几种方法。这些方法可分别采用，但更多地采用多种方法综合开展研究。

一、系统研究法（systematics approach）

（一）理论依据

生物进化论认为地球上形形色色的生物种类，都是历史的产物，具有或近或远的亲缘关系，渊源于共同的祖先，是同一祖先的分支后裔。从同一祖先衍生而来的所有植物之间的相关性称为演化相关性（evolutionary relationship）或系统发育相关性（phylogenetic relationship），植物体内的有用物质在植物体内的分布与系统发育过程有相关性，即近缘属或种的植物间具有相似的成分，可以作为寻找和发掘植物新用途或者新资源的有效方法，这是系统研究法的主要理论依据。

（二）研究方法及其程序

根据系统研究法的理论，采取植物分类、分布及其化学成分分析相结合的方法，从植物中寻找具有工业、医药、食用等效果和价值的植物新资源（新原料、新成分）。具体工作程序包括以下 4 个步骤。

1）*分类学确定研究的材料*　基于已开发利用价值较大的产品所涉及的植物，从分类学的角度首先确定目标植物。通常考虑如下两个原则。①系统近缘优先原则：首选同属植物，其次同科植物，再次是系统发育相近科的种类。②生态习性相近原则：首选具有相似生态习性的种类。种类选择后，采集研究分析的样品待用。

2）*分析方法的制定*　根据研究成分对象的不同，选择相应的层析方法（纸层析、薄层层析、气相层析和电泳）和其他方法。

3）*有用物质的测定和分析*　①利用溶剂提取法、水蒸气蒸馏法、萃取法、渗滤法和煎煮法等方式，制备提取物；②采取第 2）步确定的方法，对提取物进行纯化和精制；③对有效成分进行测定分析。

4）*资料的解释和比较*　对新植物获得成分与原来开发植物成分进行比较，对照有用成分含量和开发潜力，获得开发利用新植物的理论依据。

（三）研究方法的评价

系统研究法的目标明确，研究周期短，一旦成功，将具有较高的利用价值。然而，此方法需要有完整的植物区系资料，必须具备十分精良的实验设施和技术手段，需要的资金和技术要求较高，并且对未知化学成分难以鉴定，仅局限于已知化学成分的测定。自 20 世纪 50 年代末开始，这种方法已成为中国资源植物研究的重要方法，获得许多成果（案例 1）。

案例 1：利血平分离的研究 夹竹桃科的蛇根木（*Rauvolfia serpentina*）是印度民间用于解蛇毒、解热、镇痛或强壮身体的草药。近代发现其根含有利血平成分（属良好的降压药，已用于临床）。中国无该种植物，但产 9 种同属植物，根据系统研究法的理论，研究这 9 种植物的成分，发现萝芙木（*R. verticillata*）和云南萝芙木（*R. yunnanensis*）的根皮中含有利血平，并将其分离，制成降压药物降压灵。

二、民族植物学方法（ethrobotany approach）

（一）民族植物学起源和概念

分布于世界各地的各个民族，长期生活于特定的环境中，与当地的自然环境建立了和谐共处的关系。各民族在长期的生活实践活动中，积累了丰富的有关自然资源的有效利用、可持续管理和保护等方面的知识和经验。一方面，这些传统知识和经验不仅为当地资源的保护做出了巨大贡献，而且也为人们寻求相关资源的利用、管理和可持续经营对策提供了非常有价值的信息。另一方面，传统知识系统（indigenous knowledge system）作为原住民（indigenous people）对所处环境和自然资源千百年的认识和利用所形成的知识传统，决定了他们对拥有资源的继承和发展，也决定着原住民参与当地资源可持续地开发利用计划制定中所起的重要作用（王慷林等，2001）。

民族植物学（ethnobotany）是研究人与植物之间直接关系的科学（Ford，1978）。民族植物学概念在不同时期有了一定的发展（表 2-1）。

表 2-1 民族植物学概念和研究内容的演变过程

年份	民族植物学的定义和认识	资料来源
1873	土著植物学（aboriginal botany）：研究土著居民用作诸如药材、食物、装饰等日常用品所利用的各种植物的科学	Powers，1873（Castetter，1994）
1895	土著植物学（aboriginal botany）：研究原始土著民族利用植物的一门科学	Harshberger，1895
1896	民族植物学：研究土著民族使用和进行贸易的植物状况的科学	Harshberger，1896
1916	民族植物学不仅记载植物的用途，而且也包括在传统习俗和仪式中表现出的对整个环境的传统认知等内容	Robbins et al.，1916（Castetter，1994）
1932	民族植物学不仅包括部落的经济植物学，而且也包括所有关于植物的传统知识	Gilmour，1932
1941	民族植物学是研究人与周围环境中植物之间关系的科学	Schultes，1941（Castetter，1994）
1941	民族植物学是研究“原始人”与植物之间相互关系的科学	Jones，1941（Castetter，1994）

续表

年份	民族植物学的定义和认识	资料来源
1978	民族植物学是研究人与植物之间直接关系的科学	Ford，1978
1985	民族植物学是研究人类与植物界全面关系的科学，包括所有在经济上、文化上有重要作用的植物，同时也应该研究社会结构、行为和植物之间的相互作用	裴盛基，1985
1990	民族植物学是研究尚未商业化而最终会被引种栽培的有用植物的科学	Wickens，1990
1993	民族植物学是记载和评价不同文化背景下已经积累了数千年的有关环境知识的科学	FEB，1993
1995	所有涉及植物的、描述当地人与自然环境之间相互作用的科学	Martin，1995

资料来源：Cotton，1996 等

民间利用植物的传统知识是寻找新药物、新型食品、新工业原料的巨大宝库。传统知识系统作为一个有用的工具能保证和促进自然资源的可持续发展，促进退化植被的重建以增加森林的覆盖率、减少对天然林的压力、保护生物多样性、防止水土流失、稳定气候环境。这对于地区、国家及国际水平上保持可持续发展都是非常重要的（王慷林等，2000）。民间有关植物知识的全面研究，有助于区域性的经济开发。由此，民族植物学的研究方法被植物学研究领域的相关学科所采用。

（二）民族植物学研究方法

《民族植物学手册》（裴盛基和贺善安，1998）、《应用民族植物学》（裴盛基和龙春林，2004）、*Selected Guidelines for Ethnobotanical Research：a Field Manual*（Alexiades and Sheldon，1996）、《民族植物学》（裴盛基和淮虎银，2007）等都对民族植物学研究方法有比较详尽地论述。民族植物学研究包括以下几个步骤：本底和文献资料的研究，研究点的选择，野外资料的收集，凭证标本的采集，室内资料的整理等。

1. 本底和文献资料的研究

确定了研究对象之后，首先必须收集整理其历史、文化和地理等背景资料，包括选定民族的发展历史、语言、文化特征、分布以及该民族分布地区的自然地理特征等。有些少数民族因无本民族的文字，所有的传统知识都是靠口传手授得以保存。因此，首次的调查、访问及文字的记载整理尤为重要。

Martin（1995）认为，应对研究地区的土地、居民、自然资源和环境的保护状况等进行较为详细的描述和记录。对有些内容，如植被类型、演替各阶段的特征等，常无现成资料可供查阅，必须在调查时予以特别关注这些资料的收集，并进行整理。

除了本底资料的收集外，文献资料的研究是非常重要的。许多民族对植物认识和利用方面的知识，通常通过文字在不同的历史发展过程中被记录下来。例如，中国古代许多有关有用植物的文献资料因《神农本草经》、《齐民要术》、《救荒本草》、《本草纲目》和《竹谱》等被记载，是民族植物学乃至植物资源学研究的重要参考文献。

文献研究不仅为深入研究某一民族植物利用等方面的传统知识提供基础性的资料和一些基本情况快捷、高效的途径（龙春林，1998），而且也是民族植物学研究的一个重要领域，主要体现在对一些文献记载中的植物进行考证，从而将古代文献中记载的植物和植物分类学的内容联系起来，为资源的开发利用奠定基础。另外，对现代自然科学研究结果进行文献研究也是民族植物学研究的重要方法之一。例如，Ososki 等（2002）对多米尼加共和国有关治疗妇科疾病的药用植物进行民族植物学文献研究后认为，文献为研究某一人群迁入组成不同文化背景人群的城镇后，对利用药用植物的变化提供了一个极好的研究模式。

2. 研究点的选择

确定研究对象后，由于受各方面因素的限制，一般不可能对研究对象的总体进行逐一调查，只能选择具有代表性的区域或地点开展研究。选择的标准一般为该民族比较集中、受外来文化和经济影响较小、能代表本民族特色的村落或保留比较完整的集市。研究点的选择可采用参与性方法（如 participatory rural appraisal，PRA），对所涉及的研究对象进行粗略调查，并依据调查结果，选择能够反映整个调查对象实际情况的点作为调查点。例如，西双版纳勐宋竹类的民族植物学研究，充分考虑了种类、文化和经济 3 个方面的多样性，同时也是典型的受外来文化影响较小的哈尼族聚集区（王慷林和普迎冬，2003；Wang et al.，2006）。

3. 野外资料的收集

野外资料的收集是民族植物学研究中非常关键的一步。民族植物学野外研究不同于常规的野外调查和标本资料的收集（Rao and Hajra，1987）。一般民族植物学的野外调查，调查对象包括集市（粮油、蔬菜、药材市场等）、农田、野生植物等，通过这些调查，收集当地居民对植物的利用资料和他们对植物界的认识（如对植物的分类、命名，与植物有关的宗教活动等）。在调查过程中，应记录植物的当地名称、用途、使用部位、采集方式、加工等，每种植物都应该采集凭证标本，以供室内鉴定和核查。

访谈是从当地人中获得有关信息的重要途径之一，通过对当地人的访谈，从中获得采访对象利用各种植物资源的资料。访谈包括关键人物访谈、随机访谈、结构式访谈和半结构式访谈等，这些方法的使用依研究目的和研究对象的特点而定。如果要了解某一地区某一民族传统医药中的药用植物资源，一般采用关键人物访谈，关键人物是指掌握传统医药知识的民间医生或草医；如果要对某一社区有关植物资源的利用状况进行访谈，可以采用结构式访谈或半结构式访谈（要根据访谈对象的文化程度而定）。此外，访谈结果与受访谈者的性别、年龄、受教育程度等背景有关，如多数社区妇女对有关食用、饲用植物知识掌握的程度较全面，在受外来文化影响比较大的社区，主要由年龄比较大的人群掌握植物资源利用方面的相关知识。

4. 凭证标本的采集

在访谈中，对一些疑难种类应及时收集各种凭证标本。凭证标本在民族植物学的研究中具有非常重要的意义，凭证标本是民族民间利用植物的实物证据，是对相关植物资源进行深入研究的基础，甚至可以说，没有凭证标本或不可重复的调查几乎没有任何价值（Hedberg，1993）。凭证标本的采集必须与受访谈者一起完成，以防出现张冠李戴的情况。在采集凭证标本的过程中，应对所采集植物的标本进行详细形态、相关资料（如当地名、寓意、用途等）的询问和记录。

5. 室内资料的整理

此阶段是在野外调查的基础上，对其获得的原始记录进行室内处理、凭证标本和样品鉴定和分析、核对调查资料，列出该民族对植物的利用情况表，利用数学等方法分析和总结该民族对当地植物资源利用的特点和规律性，为进一步开发利用和保护植物资源等奠定基础。同时针对研究目的的不同，有些民族植物学研究项目还必须对部分植物资源的化学成分及其药理作用进行深入研究。

6. 民族植物学编目

编目是民族植物学研究的基础。民族植物学编目就是将野外调查资料通过一定的方式表述的一种方法，许多民族植物学的研究结果都是通过编目方式反映的。编目的内容因研究目的和对象的不同而不同。一般地，完整的民族植物学编目包括植物的当地名、学名、用途、使用部位、采集时间、分布（生境）、资源状况、利用方法（采集和制备方法）、保存方法、证据标本号及存放地，及其他需要特别说明的内容等（龙春林，1998）。表 2-2 是比较典型的民族植物学编目表及其主要内容。

表 2-2 西双版纳竹类植物的民族植物学编目

当地名	中名	学名	用途	分布	证据标本

三、综合评价法（integrated assessment approach）

植物资源评价是人们以利用资源为自身带来效益为目的，对植物资源使用价值和价值进行的估算和推测。它的中心内容是在查清资源数量、质量、分布与组合特征的基础上，进行资源开发利用现状、开发利用技术经济条件、各种资源对人类生存和国民经济发展的承载能力及保证程度的分析与评价。通过综合性、多层次的分析研究，对某地区单项或全部植物资源做出科学的评价和规划，为该地区植物资源的合理开发利用提供科学依据和实施方案。这是目前国际上正在开展的一个新的多学科、综合性的研究领域，作为自然资源组成成分之一的植物资源，不可能与农业、林业、土地利用、动物资源、生态环境工程、经济、技术、社会福利、文化观念等相割裂，必须通过综合评价法形成一个完整的科学资料，使决策科学化，更好地服务于社会经济的发展。

（一）植物资源评价的基本原则

1. 全面分析、综合评价的原则

①植物资源评价考虑植物资源本身的同时，对社会的各个方面必须综合考虑。植物资源，包括野生植物和栽培植物，与农业、林业、土地利用、动物资源、生态环境工程、经济、技术、社会福利、文化观念相联系，植物资源的综合评价，只有全面分析上述各方面的影响，才能更好地服务于社会经济的发展。②评价的程序是先对单项植物资源或其他要素评价，个别要素的评价作为整体评价的各个环节，进而进行全面分析、综合评价。③各个要素要分主次，对整个区域有决定影响的主导因素要加以重点评价。

④对处于劣势植物的资源，通过分析评价不利因素，研究探讨克服或改善不利因素的方法和对策。

2. 地域性与全局性相结合的原则

①植物资源评价必须反映地域特征，把资源植物置于特定的地域进行评价。植物分布具有强烈的地域性，同一种资源植物在不同的地域内以及不同经济条件下发挥的作用也不尽相同。例如，马尾松是江南一带的用材树种，但在城市，常作为风景树和抗污染树种。②优势资源具有相对性，某一地区的优势资源植物，是相对于其他地区资源植物或本地区其他植物而言的，在评价一个地区的植物资源时，应立足本区，纵观全国乃至全世界；重视小区域中的优势植物资源。

3. 自然科学、技术与经济相结合的原则

①自然的可能性与经济的合理性相结合，一种资源植物往往具有多种用途，但哪种被开发利用受经济效益的制约。②技术的可能性和经济的合理性相结合，通过技术手段，可以扩大某一资源植物的利用领域或改变其利用方向，但结果是否良好，经济上是否合理，则必须具体分析评价。

4. 定性与定量相结合的原则

植物的种类、分布密度、蕴藏量、收获量等具体数量定性和定量的性状和指标，对植物资源的评价工作尤为重要。植物资源的评价，根据植物种类和利用目的，务必尽可能全面地包含反映资源特性和用途等定性性状和定量性状的指标，并把两者相结合方可得到客观的评价结果。

（二）植物资源评价的基本内容和步骤

1. 评价的基本内容

①植物资源的定量指标，这些指标因对象不同而异，通常包括资源分布面积、密度、有效成分含量、蕴藏量和可利用量等；②植物资源的质量特征，一般是指长势、产品的可观性、有效成分提取的难易等；③植物资源的时空分布和组合特征，如分布区域、生长季节、一年中可采集的时间尺度、同一区域内与其他可利用植物资源的时间重叠、交替等；④自然环境条件的评价，主要是指植物资源分布区预期生长的环境关系、天然分布或栽培区域是否属其最适生长的生境等；⑤植物资源开发利用的效益评价，主要是指资源植物开发利用的价值大小或高低与开发利用成本大小、劳动价值的高低比较，即植物资源的投入产出评价。

2. 评价的基本步骤和方法

①确定评价的地域范围；②确定需评价的资源植物种类；③确定评价的性状和指标；④个别评价；⑤综合评价；⑥环境、生态评价。

评价对象可以是某地区单项资源植物，也可以是区域内的全部植物资源。按评价的对象和内容可分为总体评价、相关评价和潜力评价。

总体评价通过揭示各种资源的全部潜在价值，及其地区分布与结构特征，反映评价区域整个资源的分布及总体结构特征。例如，裴盛基教授对云南省热带、亚热带植物资源的开发利用问题的研究就是总体评价的范例。

相关评价是指把植物资源与人口资源、经济环境、产业及其他经济资源进行联系，从而发现和选出优势和劣势的资源种类。目前国土整治的区域性经济开发的研究属此类评价。

潜力评价是对现有资源植物开发利用前景、蕴藏量的远景、利用新途径、新物种的发现和利用前景的预测等。

资源植物的应用还必须采用综合评价法开展诸多的研究。因为定量的指标往往不易获得，植物资源的评价多局限于定性评价阶段，对植物资源利用的经济决策带有一定的盲目性。可以预料，随着科学的发展和研究的深入，植物资源学中的综合评价方法会更加完善，对生产建设将会有最大的指导意义。

第二节　资源植物的调查方法

资源植物调查是以植物学（如植物分类学、植物生态学和植物地理学等）、社会学（人类文化学）、经济学为基本理论指导，通过调查研究，了解某一种（或类群）在某一区域（省、自治区、县、州市）乃至一个国家的资源植物的自然分布范围，开发利用、威胁保护的状况，摸清这些资源植物的种类、用途、储量、生态条件、地理分布、利用现状、资源消长变化及更新能力，以及社会生产条件等，以期对资源植物开发利用潜力和现状进行科学的评判，为制定区域资源植物可持续利用和保护管理提供理论依据。

一、调查类别

（一）种类调查

种类调查，主要是了解某地区植物资源的种类和分布，这是进一步开发利用的基础。资源调查通常是针对资源的某一种或某一类群进行，如中药资源、香料植物资源、观赏植物资源等。不同类群的调查，所涉及的设备、调查方法也不相同。

植物资源种类调查含 5 个步骤。①文献资料收集：主要包括了解该区域植物区系资料和查看调查区域的标本材料；②本底资料收集：针对不同的调查，设计不同的方法进行，如非木材林产品的调查，一般地，需要进行半结构访谈等，获得当地的利用种类、分布、采集时间等资料；③野外调查和标本采集：进行实地的野外调查，并采集相关的证据标本，记录涉及的信息，包括分布、生长环境、大致数量（一般以多度计算）、花期、果期、采集期、主要用途和价值等；④资料分析和标本鉴定：对收集的资料进行系统的整理分析，采集的标本进行准确的鉴定；⑤编目：对调查所获得的资源植物种类进行科学的编目，内容包括植物名称、俗名、拉丁名、生境、分布、花果期、利用部位、功效等。

（二）产量调查

产量调查包括单株产量、蕴藏量、单位面积产量、经济量和年允收量等方面。

1. 单株产量

一株资源植物利用部位（根、根茎、全草、叶、果实或种子等）的平均产量（g/株）。

调查的样本同一种类一般不少于30株，并应随机抽取具有代表性的样株进行测定。

2. 单位面积产量

单位面积产量是指某种资源植物在一定时间内（一季或一年）的单位面积或样方平均利用部位的生物量。往往通过一定面积（m^2、hm^2等）进行精确测定，再换算成单位面积产量，如kg/hm^2等。

3. 蕴藏量

某一时期内特定区域的某种资源植物的总储藏量。测定方法可采用以下3种计算方法：

单位面积计算法： 蕴藏量＝单位面积平均产量×分布面积。

单株产量计算法： 蕴藏量＝单株平均产量×单位面积平均密度×分布面积。

盖度估算法： 蕴藏量＝1%盖度产量×平均盖度×分布面积。

通常，单位面积计算法精度较高，但工作量大。初步调查和估算可以采用后两种方法。

4. 经济量

某一时期内某种资源植物在一定面积上有经济效益部分的蕴藏量。仅包括达到采收标准和质量规格要求的部分，不包括幼年株、病株和未达到采收标准和质量规格要求的蕴藏量。采用公式进行计算：经济量＝蕴藏量×达到采收标准的比率。

5. 年允收量

一年内可采收利用的资源量，即不影响其自然更新和保证持续利用的采收量。计算公式为：年允收量＝经济量×可利用比率。

不同的资源植物类群，采用的可利用比率不同。例如，药用植物的可利用比率参考经验数据，茎叶类为0.3～0.4，根及根茎类为0.1（周荣汉，1993）。

二、资源植物的调查方法

调查包括三个阶段，即调查准备、野外调查和调查报告撰写（图2-1）。

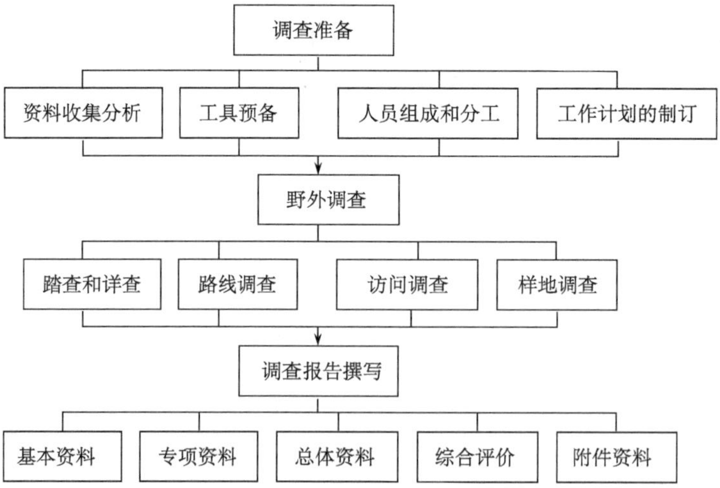

图2-1　资源植物调查技术线路图

（一）调查准备阶段

1. 资料收集分析

包括文献资料和标本材料两个方面。收集和查询资料，是资源植物调查优先考虑的内容。收集的资料主要包括《中国植物志》，各省（自治区、直辖市）植物志，各省（自治区、直辖市）、州市、县市的资源植物专项调查（如种质资源、药用植物、观赏植物等）资料、植物名录与文献，植被调查资料与文献，森林资源二类调查统计表、森林资源分布图和乡镇农林业现状图，县志、林业志及林业区划资料等。植物标本查询主要针对各大植物园、标本馆、自然博物馆及各科研院校标本馆收集和保存的目的物种标本的查阅，详细记载采集地点、群落名称、海拔及生境、采集人、采集时间等内容。

一些无法准确查询的资料，通常采取访问的形式获得。被访问者包括植物学家、学者、采集家。或通过召开相关专家座谈会，了解目的物种的分布、数量与开发利用状况等。

2. 工具预备

测量仪器设备（如GPS定位系统或罗盘仪、经纬仪、海拔表、测绳等）、采集标本设备（如标本夹、采集箱、标本纸、号牌、野外记录本、枝剪、砍刀、铲具等）、称量设备（如天秤、弹簧秤等）、野外记录摄像设备（照相机、摄像机、访问调查表、样方记录表、野外日记本、铅笔等）、收集设备（纸袋、布袋和塑料袋等），以及一些野外常备药品（蚊虫叮咬、止血化瘀、止泻等一般疾病治疗类用药，以及胶布、创可贴等）。

3. 人员组织和分工

包括调查领导小组（如大型调查时需要保障人员调配、资金和后勤保障）、野外调查小组（确定调查类群、范围和任务，由不同专业人员组成，配备熟悉当地情况的技术人员或向导等）、材料和资料分析小组（包括样品分析、制图等）。

4. 工作计划的制订

通过资料收集和查询，明确调查范围、调查内容和调查方法，制订调查计划，包括日程安排、资金使用等。一些设备需进行预先培训，掌握使用方法。

（二）野外调查

野外调查包括踏查、详查、路线调查、访问调查和样地调查等方法，不同资源植物或类群的调查，采取不同的方法进行（何关福，1996；戴宝合，2003；国家重点保护植物专项调查组，2006；赵锐和梁屯，2007），通常采用各种方法综合调查和分析。

1. 踏查和详查

踏查也称概查，是对调查区域某一植物或类群进行全面概括了解的过程。包括对调查地范围、边界、气候、地形、植被、土壤，以及资源植物资源种类、分布、利用等方面进行全面了解。踏查应配合各种相关地图，如植被分布图、土壤分布图、土地利用图和地形图、遥感图像资料等进行。

在踏查的基础上进行调查区域内样地调查，获得资源植物种类、储量等详细资料。

2. 路线调查

选择能代表某一植物或类群的线路开展调查的方法。调查路线尽量覆盖调查区域具有代表性的地段，通过踏查、访问和各种参考图及资料，如地形图、植被分布图及资源分布的记载等进行确定，是获得正确调查路线的必要保证（戴宝合，2003）。

路线的布局方法分为路线间隔法、区域控制法两种（戴宝合，2003）。

1）*路线间隔法* 即在调查区域内按路线选择的原则，布置若干条基本平行的调查路线。这种方法采用的基本条件是地形和植被变化比较规则、野生植物资源的分布规律比较明显，穿插部位有道路可行。调查路线之间的距离，因调查地形和植被的复杂程度、野生植物资源分布的均匀程度及调查精度的要求而决定。

2）*区域控制法* 调查地区地形复杂，植被类型多样，资源植物分布不均匀，无法在调查区域按一定间距布置调查路线时，可按地形划分区域，分别按选择调查路线的原则，采用路线间隔法，进行路线调查。

路线调查往往需要样方调查的资料。此外在调查路线上，应按一定的距离，随时记录资源植物种类、分布、多度等，并采集植物标本和样品，以备进一步种类鉴定和实验分析所用。路线调查根据在地图上布置好的调查路线进行，在调查实施时务必随时参考地图路线，记录前进距离，如果路线有所修改，应在地图上及时标注。

3. 访问调查

访问调查是在调查村社或区域内对有经验的农户、干部、技术人员、采集者和集贸市场及收购部门等人员，进行口头调查或表格调查。访问调查可以采取访谈、问卷或市场调查等方法进行。可参考参与式农村评价（李小云，2001）方法进行。

1）*访谈* 到达一个村寨或地区，了解当地群众对调查植物的认识和利用等情况。首先，向当地的相关机构（包括政府部门、收购或销售企业和学校等）了解村寨中对调查植物有较全面认识者，即选定访谈对象（王慷林等，2000；Wang et al.，2000）。在交谈中，注意记录那些不熟悉或第一次听到的资源植物的名字，进一步询问这些名字所涉及植物的表形特征等，为野外调查提供线索。访谈通常也结合问卷调查共同开展。对于那些不熟悉的资源植物，应请被访谈者或当地人做向导，根据访谈信息，确定调查路线，收集调查者不太了解或认识的资源植物资料，采集证据标本。在调查中，特别要记录：①当地名及语意，②种类区别特性，③使用及繁殖方法，④分布情况、生境和市场需求等方面的信息。

2）*问卷调查* 使用预先准备好的问卷（表 2-3），对村社年长者及有经验的个人进行访谈，询问该区域资源植物的基本情况。在民族地区，这一阶段通常在晚上劳作回家时进行。

表 2-3 资源植物问卷调查表

调查地点________县________乡（镇）________村　　访谈日期：________

被访谈人姓名：_____性别：___职业：____民族：___文化水平：____年龄：____调查人：_____

物种	俗 名	分布性	生 境	物 候	利用方式	利用现状	备注

注：①分布性，即分布广度和多少；②生境：山坡、阴阳坡等；③物候：生长、开花和结果时间，精确到月；④利用方式：自采自用、偶尔市场销售或市场出售等；⑤利用现状：是否被大规模利用等

3）市场调查 市场调查是采用一定的技术手段和方法，对产品在市场上的供求、价格情况及未来的需求进行客观评价和预测的一种方法。通过设计调查表（表 2-4），重点选择资源植物出售较多的山区市场和重点集市进行调查。

表 2-4 资源植物市场调查表

调查市场______省____县（市）______乡（镇）_________村________市场 日期：______

被调查摊位：__________ 摊位性质：________被调查人：__________调查人：_______________

编号	中名	当地名	拉丁名	价格	采集来源	生长状态	销售因子	外销情况	备注

注：①当地名（标注不同民族语言）；②采集来源：采集地点、时间等；③生长状态：生长为成片还是散生；④价格：元/kg（或个体）；⑤销售因子，即销售量的主要影响因素；⑥外销情况：是否外销，量的大小

4）综合评价 参与性评价为主，即召集不同年龄、阶层的当地群众，参与对资源植物的资源现状、利用价值等方面进行评估。例如，野菜植物，通常召集妇女群体进行，药用植物一般请当地草医和一些曾经的患者评价。

4. 样地调查

资源植物的样地调查，是资源植物开发利用和保护的重要部分。样地的选择务必具备典型性、代表性和可靠性，通常采取客观取样的方式进行。客观取样包括三种方式（戴宝合，2003）。

1）随机取样 要求每一样本有同等选择的机会。可在相互垂直的两个轴上，利用成对随机数对作距离确定样地的位置。一般认为随机取样是最理想的取样技术。

2）规则取样 也称系统取样。首先确定一个样地，然后每隔一定距离取一个样。资源植物通常在随机分布、差异不大的情况下，规则取样可获得满意的调查结果。

3）分层取样 是根据对总体特性的了解，将总体分成不同的区组，在区组内随机取样或规则取样。资源植物变化比较复杂的情况下，分层取样较为适用。

取样方法可分为无样地取样和有样地取样。所谓无样地取样是指未规定面积的取样，如中心点四分法；所谓有样地取样是指有规定面积的取样，如样方法、样带法等。

1）样方法 适用于乔木、灌木和草本植物的最基本的调查取样方法，一般采用正方形样方。一般地，调查时草本植物采用 $1\sim4m^2$、灌木为 $16\sim40m^2$、乔木和大型灌木为 $100\sim200m^2$。取样数目因调查地区特点和群落复杂程度而不同，但一般为 20～30 个或按分布面积的比例确定。

2）样带法 通常可以用长 100m 的线绳，选定一定的方向拉直，对距离绳一边或两边 1～2m 区域的资源植物进行调查。

（三）调查报告撰写

调查报告是调查工作的全面总结资料，内容包括基本资料、专项资料、总体资料、综合评价和附件资料等。

1. 基本资料

基本资料是调查工作的基本阐述。包括①调查的目的和内容，即阐述某种或某类资

源植物在当地社会的重要性和调查的可行性，明确调查的物种或类群，以及所需调查的内容；②调查范围：含地理位置、行政区域、涉及区域的总面积、自然（气候、地质、土壤、植被等）概况、社会（人口、社会经济等）概况等；③调查工作的组织与程序：含组织、领导、后勤等工作小组的组成，特别是不同类群小组（野外调查、室内分析）的组成；④调查方法：叙述不同调查方法及其应用情况；⑤调查结果的简要概述：含调查获得的资源、利用的情况，可能开发利用和保护的措施等。

2. 专项资料

包括对某一种或某一类群资源植物的种类、数量、储量、用途、地理分布、引种栽培、开发利用、保护管理等现状进行分类阐述。附各种数据表格及分析结果予以支撑。

3. 总体资料

总体资料通常采用编目的方式，对该区域的资源植物进行总体统计。

4. 综合评价

综合评价包括①资源的种类数量、利用潜力、经济价值、濒危情况等方面的评价；②提出开发利用的思路、意见或建议；③对调查结果的准确性、代表性做出分析和总结。

5. 附件资料

附件资料包括资源植物名录、资源分布图、储量图、利用现状图等，以及分析测试数据表及统计图表等。

第三章　中国的资源植物及其分布

第一节　中国资源植物形成的条件

一、复杂多样的生态地理环境

中国位居北半球欧亚大陆的东南部，疆域辽阔，东部和东南部濒临太平洋，西北部深入亚洲腹地，西南部与南亚次大陆接壤。领土面积约 960 万 km^2，渤海、黄海、东海、南海四大海域总面积 473 万 km^2。北起漠河以北的黑龙江江心，南达南海南沙群岛南线的曾母暗沙，南北相距约 5500km。西起新疆维吾尔自治区乌恰县以西的帕米尔高原，东至黑龙江省抚远县境黑龙江和乌苏里江汇合处，东西相距约 5200km（文若愚和任啸科，2011）。位于北纬 3°51′～53°34′，东经 73°10′～135°05′，东西经度横跨约 62°，南北纵越纬度约 50°。中国地域辽阔，海陆兼备，大部分国土处在中纬度，亚热带和温带约占国土面积的 80%。

地势起伏显著，山地高原面积大，季风环流强盛，河流湖泊众多，土壤、植被类型丰富，浅海大陆架宽广，岛屿星布，自然条件复杂多样，地区间差异明显，具有适合众多生物种类生存和繁衍的生境条件。

（一）地形复杂多样

中国是一个多山的国家，具有地势西高东低、山地纵横交错、地貌类型复杂多样的特点。号称“世界屋脊”的青藏高原雄踞西部；西北为高山与巨大盆地相间分布的干旱区，有低于海平面 154.31m 的吐鲁番盆地；东部有宽广的冲击大平原，散布着许多中山、低山和丘陵，不同水平地带内的山地各具不同的景观垂直结构，构成了中国自然条件的复杂性和多样性。青藏高原平均海拔 4000m 以上，面积约占中国国土面积的 1/4，其明显地干扰了通常的水平地带结构，使中国自然地理分异具有世界罕见的独特性（文若愚和任啸科，2011）。

中国地貌按形态可分为山地、高原、丘陵、盆地和平原五大类型（文若愚和任啸科，2011）。4 大高原（青藏高原、内蒙古高原、黄土高原和云贵高原）、3 大平原（东北平原、华北平原和长江中下游平原）、4 大盆地（塔里木盆地、准噶尔盆地、柴达木盆地和四川盆地）占据国土的大部分。其中，山地占总面积的 33%，高原占 26%，丘陵占 10%，盆地占 19%，平原占 12%。不同海拔的土地面积占国土面积的比例分别为：海拔 500m 以下的约占 27.1%，海拔 500～1500m 的约占 33.3%，海拔 1500～3000m 的约占 13.6%，海拔 3000～5000m 的约占 19.4% 和海拔 5000m 以上的约占 5.6%。

中国可分为三大地貌组合区，即以流水作用为主的东部湿润季风区、以风力和干燥剥蚀作用为主的西北内陆干旱区和以冰缘和冰川作用为主的青藏高原区。

（二）气候资源丰富

受地理位置、大气环流和地貌条件的共同影响，中国形成三个明显不同的气候大区：东部季风区，西北干旱、半干旱区和青藏高寒区。这些区域具有各自的特点和丰富的气候资源（霍治国等，1993）。

（1）太阳能资源丰富、光合生产潜力高。中国的太阳能资源除四川、贵州地区外，其余大都相当或超过国外同纬度地区，与美国相当，略高于日本。高值中心处于青藏高原（拉萨有“日光城”之称），低值中心出现在四川盆地。

（2）境内有东西走向或东北—西南走向的高大山脉，对北来冷空气和南来暖湿气流有显著的屏障作用，是山体两侧水热状况显著差异的分水岭。例如，秦巴山系是标志中国南方与北方气候的分界线，也是水分盈亏平衡为零的界线，其标志是北方旱地农业与南方以水田为主的农业的交接带，又是作物是否休眠越冬的分界线。

（3）降水资源分配不均衡，干湿界线与等降水量线相近，与全球比，中国降水量不算丰富。年降水量的分布趋势自东南沿海向西南走向西北内陆递减，等水量线大体呈东北—西南走向；西北内陆流域面积占全国总面积的36.4%，全年总降水量仅占全国的9.5%，东南部外流流域面积占全国总面积的63.7%，但总降水量占全国的90.5%。降水量夏季多、冬季少，也是中国季风气候的一个重要特征。

（4）雨热基本同季，夏季光、热、水共济，气候生产潜力大。全国大部分地区气温与降水的季节变化基本同步，这是农林业气候资源的一种优势。夏季高温多雨，光合有效辐射量大，为植物旺盛生长提供了十分有利的条件，气候生产潜力高。热量和降水量的年际变化较大，易发生低温冻害或旱涝灾害。

（5）热量资源丰富多变。中国幅员辽阔，地形复杂，南北跨纬度约50°，东西经度相隔约60°，境内平原、丘陵、山地、高原交错。由于太阳辐射、大气环流和地理环境不同，各地气候差异极大，热量资源丰富多变。例如，台湾地区南部、雷州半岛以南及云南元江河谷地区，≥10℃的年积温在8000℃以上，最冷月平均气温15℃以上；而黑龙江北部≥0℃的年积温不到2000℃，最北的漠河只有1650℃左右；最冷月平均气温为−30.9℃。四季变化因地区而不同，南岭以南一般无冬季，青藏高原基本无夏季。

（三）水文条件优越

中国河流的流域包括外流流域和内流流域两大部分。外流流域有太平洋流域、印度洋流域和北冰洋流域，内流流域主要位于蒙新干旱地区和青藏高原内部。

中国水系的分布不均匀，东部季风区的河流多而长，河网密度大；西北地区和藏北高原河流少而小，且多单独流入盆地。内流河主要分布在西北内陆，大部分是季节性河流。外流流域中，受西高东低的地势影响，大部分河流，如黑龙江、海河、黄河、淮河、长江、珠江等自西向东，最后注入太平洋；怒江、雅鲁藏布江等，流经南亚各国注入印度洋（文若愚和任啸科，2011）。

因此，中国的河流、湖泊数量多，面积大，海域广阔，水生生物资源丰富；流域面积在1000km^2以上的河流有1500多条，100km^2以上的河流有5000多条。

（四）土壤类型多样

中国土壤形成和发展是与境内特有的季风气候、各种化学类型的成土风化壳、多山地形以及植被类型相关。①东部和东南部湿润区雨量丰沛，在排水良好的区域，土壤中可溶性盐类（盐分、石膏、石灰）容易被淋洗，主要是酸性的森林土；从北到南，依次出现棕色针叶林土、暗棕壤、棕壤、黄棕壤、黄壤、红壤、砖红酸性红壤、砖红壤随气候变化的土壤类型。②半干旱区，由于降水量渐少，土壤中的盐分、石膏虽被淋洗，但石灰仍保留于土层中，形成各类钙质草原土；北部温带出现黑钙土、黑垆土、栗钙土。③南部青藏高原呈现高寒草甸土、高寒草原土。④最西部雨量更少的干旱地区，土壤中石灰和石膏都保存在表土或接近表土内，出现各类荒漠土，即灰棕漠土、棕漠土和高寒漠土，并有较大面积的盐碱土。中国土壤的形成和发展与中国特有的季风气候、各种化学类型的成土风化壳、多山地形以及植被类型相关（吴征镒，1980）。

（五）植被

中国各地地质构造分异、地表物质组成和地形变化引起了局部气候、水文状况和土壤性质等自然条件的异常复杂而多样化，决定了境内几乎可以见到北半球所有的自然植被类型（侯学煜，1982）。东半部从北到南有寒温带（亚寒带）、温带、亚热带和热带，植被明显地反映着纬向地带性，因而相应地依次出现落叶针叶林带、落叶阔叶林带、常绿阔叶林带和季雨林、雨林带（侯学煜，1960）。加之受太平洋东南季风和印度洋西南季风的影响，成为中国降水的主要来源，导致东部和南部湿润，西北部干旱，两者之间就是过渡的半干旱地带的气候变化；从东南到西北的植被分布的经向地带性也是极为明显，顺序出现森林带、草原带和荒漠带（侯学煜，1965）。中国地势起伏巨大，各处都有高山，山地植被垂直带现象也极为突出（侯学煜，1982）。

特别是中国西南部拥有世界上最高大的青藏高原，所以呈现一系列的亚热带、温带的高寒类型的草甸、草原、灌丛和荒漠。高原东南的横断山脉残留有古地中海的硬叶常绿阔叶林。东南部具有大面积湿润亚热带气候类型区域，以优越的地史条件，出现了亚热带的常绿阔叶林和落叶阔叶树一常绿阔叶树混交林及一些第三纪残遗的针叶林，如杉木（*Cunninghamia lanceolata*）林、银杉林、水杉（*Metasequoia glyptostroboides*）林等。中国悠久的历史和频繁的人类活动，导致次生植被和农业植被也出现丰富多样的类型（侯学煜，1982）。

二、社会环境条件

（一）人口

由于中国人口多，人均占有自然资源量并不多，是中国自然资源国情的基本特征。中国的自然资源在地区间分布很不平衡，中国土地资源类型多样，但耕地、林地面积比例小，不可利用土地面积比例较大，后备土地资源不足，特别是人口相对集中的流域，资源面临的问题更多。例如，黄河下游，长江中游、下游和东南沿海地区人口比较集中，自然资源开发强度大，自然生态系统退化严重，资源植物受到极大的破坏；而西部和内地由于地广人稀，资源的开发程度相对较低，人类活动对野生植物的胁迫相对较轻。

（二）经济发展和基础建设

一些基本建设和经济发展工程，对中国资源植物产生较大的影响：①经济的高速发展导致环境污染和生态的破坏，降低该类地区的生物多样性，甚至导致少数物种的灭绝；②城市化和大型水利工程建设也对生态系统造成不利的影响，进而影响当地的资源植物的生存。

（三）政府政策

《中华人民共和国森林法》、《中华人民共和国环境保护法》、《中华人民共和国水土保持法》等，以及坚持"开发利用与保护增殖并重"和"谁开发谁保护，谁破坏谁治理，谁利用谁补偿"等方针，资源开发和工厂建设要进行环境影响评价等政策，对保护土地和生物多样性起到积极的作用。政策导向，也直接影响资源植物的生存和可持续利用。

第二节　中国资源植物的多样性

不同的学者（吴征镒等，2006；肖培根，1988；张卫明，2005；徐芬芬等，2006；傅登祺和黄宏文，2006）从各自的专业角度，对资源植物的特点进行了大量的分析；也有学者对全国资源植物的多样性特点进行分析（朱太平，2004；朱太平等，2007）。基于这些基础和《中国植物志》所收录的物种最新统计，中国资源植物的特点可概括为7个方面。

一、植物种类众多，资源植物丰富

中国有高等植物3万多种，仅次于世界高等植物最丰富的巴西和哥伦比亚，居世界第三位；苔藓植物有106科、2200种，占世界总科数和种数的70%和9.1%。

《中国植物志》共80卷126册，收录蕨类、裸子植物、被子植物计302科、3435属、30 987种，其中蕨类植物63科、230属、2588种；裸子植物11科、41属、237种，是世界上裸子植物最丰富的国家；被子植物228科、3164属、28 161种（单子叶植物38属、698属、5524种，双子叶植物190科、2466属、22 637种）（陈心启等，2004）。

《中国植物志》收录的植物大多数属于资源植物。其中，纤维植物有50多科、155属、480多种；淀粉植物有30多科、近70属、160多种；油脂植物有70科、250多属、500多种；芳香植物有80多科、110多属、1250多种；鞣质植物有57科、130多属、280多种；药用植物有390多科、880多属，种类超过8000种（朱太平等，2007）。

二、区系组成复杂，孑遗特有种众多

世界所有现存种子植物科分布区类型系统共18个大类型，中国有15个，占总数的5/6；74个变型中，中国有38个，达总数的1/2，即中国在其所处地理位置中拥有最丰富的科、属，而科、属分布区类型也是相对最为丰富的（吴征镒，1991；吴征镒等，2006）。

中国现存裸子植物门、纲齐全，物种多样性最为丰富复杂，不愧为世界裸子植物的大本营，而很可能是近代（即现存）裸子植物发源地。在科一级中，中国出现11科，占现存裸子植物19科的约58%（吴征镒等，2006）。植物区系中具有大量的古老植物科和属，出现许多孑遗植物，如裸子植物中的苏铁科（Cycadaceae）、银杏科、麻黄科（Ephedraceae）和买麻藤科（Gnetaceae），各科仅含1属，其中银杏属（*Ginkgo*）仅含1种，为中国特产。其他如罗汉松科（Podocarpaceae），中国有2属、14种；粗榧科（Cephalotaxaceae）有1属、9种，中国有7种；红豆杉科（Taxaceae）中的穗花杉属（*Amentotaxus*）、白豆杉属（*Pseudotaxus*）的白豆杉（*P. chienii*）和榧属（*Torreya*），均为中国特产（朱太平等，2007）。

中国的被子植物异常丰富，是世界各国中最为丰富的。植物分类的目一级，中国已发现155目，约占世界202目的3/4。经过初步整理，按照吴征镒等（2003）的系统，包括19科裸子植物，世界上的种子植物共597科（含被子植物578科）；而被子植物中国发现346科，约占世界578科的61%（吴征镒等，2006）。植物的有些种分布广泛，有些为中国特有，有些是单型或少型属植物，如木兰科（Magnoliaceae），中国有12属、约95种，其中木兰属（*Magnolia*）植物从中国西南不间断地分布到东北，鹅掌楸（*Liriodendron chinense*）是第三纪的孑遗植物，金缕梅科在中国分布有18属、70余种，其中双花木属（*Disanthus*）1种、马蹄荷属（*Exbucklandia*）和红花荷属（*Rhodoleia*）仅产于中国南部；此外，八角科（Illiciaceae）、五味子科（Schisandraceae）、蜡梅科（Calycanthaceae）、水青树科（Tetracentraceae）、连香树科（Cercidiphyllaceae）和莲科（Nelumbonaceae）等，多数都是孑遗的单型属或少型属植物（朱太平等，2007）。

被子植物中有许多古老或原始的科属，如木兰科的鹅掌楸属（*Liriodendron*）、木兰属、木莲属（*Manglietia*）、含笑属（*Michelia*），金缕梅科的蕈树属（*Altingia*）、假蚊母树属（*Distyliopsis*）、马蹄荷属、红花荷属等，及山茶科、樟科、八角科、五味子科、蜡梅科、昆栏树科（Trochodendraceae）及中国特有的水青树科，伯乐树（钟萼木）科（Bretschneideraceae）等科，都是第三纪的孑遗植物。松科的百山祖冷杉（*Abies beshanzuensis*）、银杉和金钱松，杉科（Taxodiaceae）中的水杉、水松（*Glyptostrobus pensilis*）、柳杉（*Cryptomeria fortunei*）、杉木和台湾杉（*Taiwania cryptomerioides*）等，都是著名的孑遗植物。而银杏、水杉和银杉还被称为古代保留下来的“活化石”。

三、植被类型多样，植物种类丰富

中国植被丰富多样，记载有561种较重要的植被类型，包括针叶林64种，阔叶林

137 种，竹林 37 种；灌丛和灌草丛 110 种，草原和稀树草原 49 种，荒漠 49 种，高寒垫状植被 9 种，草甸 63 种，沼泽 19 种，水生植被 24 种，以及 5 种高山冻原类型和 1 种高山流石滩稀疏植被类型（吴征镒，1980）。

1）*热带和亚热带区域* 西部为大陆性的亚热带旱生植被，东部则属海洋性的亚热带森林，从北到南则大致分化为：东北－华北属暖温带－北亚热带常绿－落叶阔叶－针叶林，东部内地是中亚热带半干旱疏林；华东近海是中亚热带落叶阔叶—针叶混交林；华南为南亚热带常绿阔叶－落叶阔叶混交林－滨海热带红树林。在西部的北方则是北－中亚热带干旱疏林半荒漠，南方是藏滇热带－南亚热带常绿阔叶林。

2）*高原上植被不是均一的，本身有明显的地带性分化* 由东南向西北随着地势逐渐升高，依次分布着山地森林（常绿阔叶林、寒温针叶林）带－高寒灌丛、高寒草甸带－高寒草原带（海拔较低的谷地为温性草原）－高寒荒漠带（海拔较低的干旱宽谷和谷坡为温性山地荒漠）。

3）*中国植被的地理性规律* 东南半部（大兴安岭－吕梁山－六盘山－西藏高原东缘一线以东）属森林区，西北半部是草原和荒漠无林区。森林区由北到南依次更替着的森林系列如下：寒温性针叶林－针阔叶混交林－落叶阔叶林－常绿阔叶林－季雨林－雨林，这是大陆东岸纬度地带性的体现。西北半部由于其南部为青藏高原所占据，植被的纬度地带性表现不完整，仅在温带荒漠地区，以天山为界，出现温带荒漠带（准噶尔盆地）与暖温带荒漠带（塔里木盆地）的南北分异。此外，在西藏阿里的西南部呈现亚热带荒漠的山地类型；在温带荒漠带北线的阿尔泰山山麓，分布有一条狭窄的荒漠草原带，向北过渡到俄罗斯西伯利亚的泰加林带。

4）*在昆仑山－秦岭－淮河一线以北的温带和暖温带地区，从东到西，即从沿海湿润区经半湿润区到内陆半干旱区、干旱区，表现出明显植被类型的经向更替* 落叶阔叶林或针阔叶混交林－草原（草甸草原－典型草原－荒漠草原）－荒漠（草原化荒漠－典型荒港）。

因此，中国森林资源主要分布于东部和南部，东北部的黑龙江、吉林和西南部的云南、四川、西藏南部的森林面积占中国森林面积的一半，森林木材蓄积量占中国木材蓄积量的 3/4。

由于具有丰富多样的植被类型，因此蕴藏着丰富的资源植物。例如，中国是世界上木本资源植物最丰富的国家之一，包括乔木和灌木共 115 科、302 属、8000 余种，全世界近 95％的木本植物属（特别是温带木本植物）在中国几乎都有代表种分布。构成世界北半球森林的主要树种中，松科、杉科、柏科植物共有 32 属、396 种，中国有 23 属、130 余种，占全部属数的 75％和种数的 32.9％。又如，中国具有重要的森林经济树种 1000 多种，其中有不少珍贵优良的材用树种，世界广为栽培的近 80 属、400 多种牧草，中国几乎都有相应的野生种（朱太平等，2007）。

四、栽培植物繁多，品种资源丰富

中国有 7000 年以上的农业开垦历史，是一个古老的农业大国，开发利用、培育和繁殖资源植物的历史悠久，形成了栽培植物的多样性，在全世界是独一无二的。现今大量的资源植物，许多都起源于中国，而且至今还保存着大量这些栽培中的野生原型及近缘种，是世界上重要的植物种质资源基因库，对世界资源植物的开发利用具有不可或缺的重要意义。

中国在农作物中的粮食作物、油料作物、蔬菜、糖料作物和纤维作物有 100 余种，饲用植物 400～500 种，果树近 300 种，品种极其丰富。

中国是世界上许多栽培植物的起源地之一，也是现代栽培植物的分布中心。世界上栽培的 1500 余种主要植物中，有近 1/5 起源于中国，常见的有大豆（*Glycine max*）、绿豆（*Vigna radiata*）、赤豆（*V. angularis*）、稻、大麦（*Hordeum vulgare*）、莜麦（*Avena chinensis*）、粟（*Milium effusum*）、稷（*Panicum miliaceum*）、荞麦（*Fagopyrum esculentum*）、甘蔗（*Saccharum officinarum*）、油茶、油桐、茶（*Camellia sinensis*）、白菜（*Brassica pekinensis*）、青菜（*B. chinensis*）、紫菜苔（*B. campestris* var. *purpuraria*）、芜菁（*B. rapa*）、芥菜（*B. juncea*）、榨菜（*B. juncea* var. *tumida*）、水芹（*Oenanthe javanica*）、葱（*Allium fistulosum*）、蒜（*A. sativum*）、菰（*Zizania latifolia*）和莲（*Nelumbo nucifera*）等（朱太平等，2007）。大豆地方品种有 20 000 多个，水稻地方品种更达 50 000 多种。

中国是野生和栽培果树的主要起源和分布中心，果树种数居世界第一位，果树植物分属 50 余科、81 属。除少数热带果树外，几乎世界上所有的果树在中国都有栽培。隶属原产中国的果树有 50 余种，如梨（*Pyrus* spp.）、桃（*Amygdalus* spp.）、李（*Prunus* spp.）、杏（*Armeniaca vulgaris*）、梅（*Armeniaca* spp.）、樱桃（*Cerasus* spp.）、枇杷（*Eriobotrw* spp.）、杨梅（*Myrica* spp.）、山楂（*Crataegus* spp.）、柿（*Diospyros* spp.）、枣（*Ziziphus* spp.）、板栗（*Castanea mollissima*）、核桃（*Juglans* spp.）、柑橘（*Citrus* spp.）、柚（*Citrus maxima*）、金柑（*Fortunella japonica*）、黄皮（*Clausena lansium*）、龙眼（*Dimocarpus longan*）、荔枝（*Litchi chinensis*）和猕猴桃（*Actinidia chinensis*）等，果树品种十分丰富，其中栽培品种梨、李、桃等种类繁多；果树的野生资源也异常丰富，如蔷薇属（*Rosa*）、悬钩子属（*Rubus*）、乌饭树属（*Vaccinium*）、荚蒾属（*Viburnum*）、蛇葡萄属（*Ampelopsis*）、茶藨子属（*Ribes*）、桑属（*Morus*）、榕属（*Ficus*）等的一些种类（朱太平等，2007；戴宝合，2003）。

五、园林植物独特，资源著称于世

中国是世界上园林资源植物最丰富的国家，超过 7500 种，园林花卉种质资源在国际上位列第一。在世界园林花卉植物中，中国所拥有的种类占世界总数的 60%～70%，许多世界名花，或为中国原产，或以中国为分布中心，特产种类极多，栽培历史悠久，有“世界花园之母”的誉称（朱太平等，2007）。

中国的传统名花，如玉兰（*Magnolia denudata*）、蜡梅属（*Chimonanthus*），为中国特有属；金粟兰属（*Chloranthus*）、南天竹属（*Nandina*）均为东亚特有的单型属，主产于中国。桂花、莲、梅花（*Armeniaca mume*）、月季（*Rosa chinensis*）、牡丹（*Paeonia suffruticosa*）和芍药（*P. lactiflora*）等都是中国的名花，被广泛栽培。许

多种类经人工培育，出现众多的品种，如牡丹品种多达470种，菊花品种超过3000种，莲品种160种以上，梅花达300余个品种。这些园林花卉通过繁育，获得千姿百态、色彩各异的品种。野生种与栽培品种交相叠加，构成丰富多彩的中国园林花卉，种属或品种众多，不胜枚举。

此外，中国还有特有而珍稀的观赏树木，包括银杏、苏铁（*Cycas revoluta*）、水杉、银杉、白豆杉、金钱松、梭罗树（*Reevesia pubescens*）和珙桐等观赏价值较高的种类。

六、民族医药林立，药用植物丰富

中国各少数民族因聚集区独特的自然条件，形成各自特有的生活习俗，长期对特有资源植物的利用，形成了各民族对某些疾病独特的治疗经验，并使用各具地方特色的药用植物。《中国民族药志》是几十年中国民族医药开发研究的历史性总结。少数民族出版的民族药志，包括有《西双版纳傣药志》、《楚雄彝药志》、《德宏民族药志》、《佤族药志》、《维吾尔药志》、《彝药志》、《壮族民间用药选编》（上）、《朝鲜族民族药材录》、《浙江畲族民间药用植物名录》、《傣药传统方志》、《畲族验方集》、《元江哈尼族药》、《大理白族药》、《苗族药物集》、《拉祜族常用药》、《迪庆藏药》、《藏药验方选编》、《青藏高原药物图鉴》、《常用藏药知识》和《实用蒙药学》等。这些典籍反映出了各民族在利用资源植物控制和治疗疾病方面的智慧和中国丰富的药用植物及其对世界医药发展不可或缺的贡献。

民族民间的许多知识和经验，为新药的开发提供了大量的素材，也为中国现代医药的发展注入了新的活力。许多中成药由民族验方发掘获得，如“傣肌松”是从傣药“亚乎奴”开发出的一种肌肉松弛剂；“神衰果素片”是从景颇族的“木札”（豆腐果 *Buchanania latifolia*）中分离出的豆腐果苷开发出的；“灯盏细辛注射液”从苗族药灯盏细辛（*Erigeron breviscapus*）中开发；“青叶胆片”用哈尼族药青叶胆（*Swertia mileensis*）制成，用于治疗肝炎等症；“昆明山海棠片”用哈尼族药“莫阿宰呢”[昆明山海棠（*Tripterygium hypoglaucum*）]生产，主治类风湿和红斑狼疮；“岩白菜素片”从纳西族药“埃酥蒙”（岩白菜 *Bergenia purpurascens*）开发出；“急肝宁”和“乙肝宁”用藏药花锚（*Halenia corniculata*）提取物制成；“蒂达丸”、“藏茵陈糖衣片”、“藏茵陈胶囊”在藏族对藏茵陈[普兰獐牙菜（*Swertia ciliata*）]的传统利用基础上开发生产出；“风湿灵”胶囊和注射液、“贝梨膏”则是基于维药对雪莲（*Saussurea involucrata*）的利用研发出的，如此利用民间药物开发的新药不胜枚举，而且蕴藏着巨大的医药开发前景。

许多民族药也成为中国国药，《国家基本药物目录》品种总计2033个，化学药品、生物制剂为773个品种，中成药为1260个品种，其中藏族、蒙古族、维吾尔族、苗族、彝族、傣族等民族药品种共78个。例如，贵州省民族中药制剂的品种近400个，其中具有独立知识产权的民族药品种154个，91个民族药被纳入非处方药管理，仙灵骨葆胶囊进入《国家基本药物目录》。

民族医药的继承和发展，也促进了药用植物的开发与利用。据统计，药用植物在

8000种以上，其中收载于药书中的，包括低等植物的少数验方药，共有6000多种，计高等植物4800多种，含苔藓类40多种，蕨类植物400多种，裸子植物近100种，被子植物4300多种（朱太平等，2007）。例如，人参、天麻、三七、红豆杉（*Taxus* spp.）、当归（*Angelica sinensis*）和大黄（*Rheum officinale*）等，都是著名的药用植物。

七、植物分布不匀，特有成分众多

中国地域辽阔，自然环境差别极大，资源植物的分布因此也呈现不均。从地域分布看，中国资源植物多数种类分布在华南和西南地区，其中以云南数量最多，名列中国之冠，其次有四川、贵州、广西、海南、广东、台湾和福建，相对的，华中、华东、华北、东北依次居后，西北地区最少。

中国的特有植物主要集中分布于中南部，有3个植物多样性热点地区：横断山脉、华中和岭南地区，此3个区的植物多样性和特有程度极高，其中横断山脉地区尤为突出。根据中国植物特有属分布区的分析，大致有川东－鄂西、川西－滇西北和滇东南－桂西三大特有分布中心。例如，中国被子植物特有属、种主要分布于秦岭－大别山一线以内及横断山脉以东的东南部地区。其中又有3个特有属、种分布相对集中的特有中心：①川东－鄂西－湘西北中心，这里的被子植物特有木本属几乎都为落叶乔木或灌木，具有温带性质；②川西—滇西北中心，即横断山脉南段，这里的草本属在全部属中占的比例较高，被子植物的木本属几乎全为落叶乔木或灌木，青藏高原的急剧和强烈隆升使本区产生大量新特有种，极大地丰富了中国被子植物的多样性；③滇东南－桂西中心，由于地理位置偏南，处于北回归线附近，在泛北极植物区和古热带植物区的分界线上，其乔木特有属中几乎一半为常绿植物，特有藤本全部为木质藤本植物，其隶属的科均为热带分布的科，带有明显的热带性（张恒庆和张文辉，2009）。

第三节　中国资源植物的分区

耿伯介（1958）经研究植物地理特性，将中国植物地理区域划分为7大区18小区，大区包括：华北区（温带）、东北区（寒温带）、蒙新区（干燥地带）、青藏区（高寒带）、华中区（暖温带）、华南区（亚热带、热带）、西南区（西南季风带），对各大区和小区进行了详细的描述。而更多的学者（刘胜祥，1994；戴宝合，2003；杨利民，2008；杨期和，2009）根据中国资源植物的分布特点、气候、土壤、植被类型及农业分布等，将中国分为东北、华北、内蒙古、西北、青藏、华中、西南和华南8个自然地区。每个区域都有自己独特的资源植物。

第四章　资源植物的引种驯化

第一节　概　　述

一、概念

引种（introduced species）是将野生植物移入人工栽培条件下种植或将一种植物从一个地区引入种植到另一个地区的过程。广义地，泛指从外地区、外国引进新植物、新作物、新品种以及遗传育种等所需的各种种质资源；狭义地，作为育种途径之一，是指将外地区或外国的品种、品系，引入预栽培地区，经过简单的试验，证明适合被引入地区栽培后，直接引入并在生产上推广应用的方法。驯化（acclimatization）是通过人工措施使引入的植物适应新环境的措施和过程。因此，引种泛指人类迁移植物的活动，驯化则是在人类的干预下，植物适应新环境的生物学过程。引种驯化无论从术语或其内容的角度，通常都被合并运用，如野生植物驯化栽培，农业、林业生产中从各地（包括国内外）广泛征集的各类农作物、经济特产植物、林木等种质资源进行适应性栽培的活动，即为引种驯化。

引种驯化并不是简单的引种，再加上驯化的概念，更不是简单的引种栽培。引种驯化是指通过人工栽培，自然和人工共同选择，使野生植物、外地或外国的植物适应本地自然环境和栽培条件，成为能满足需要的本地植物的活动和过程。驯化引种强调以气候、土壤、生物等生态因子及人为活动对植物遗传和生物学特性等的改造作用，使植物获得对新环境的适应能力。因此，引种是初级阶段，驯化是在引种基础上的深化和改造阶段，两者统一在一个过程之中，称为“引种驯化”（谢孝福，1994）。而引种栽培，则是从外地引进种子或种苗，虽然已应用于生产栽培，但不能达到或产品收获时还未达到开花、结实的阶段。

二、引种驯化的类型和判断标准

1. 引种驯化的类型

1）简单引种　　引种地与原分布区的自然条件差异较小或引种植物本身适应范围较广，只需采用简单的栽培措施，就能适应新环境并能正常生长发育的引种。

2）驯化引种　　植物本身适应性较窄，或引入地的生态条件与原产地的差异较大，植物生长不正常直至死亡，但是经过精细的栽培管理，或结合杂交、诱变、选择等改良措施，逐步改变遗传和生物学特性以适应新环境，使引进的植物正常生长发育的引种。

2. 引种驯化成功的判断标准

引进的资源植物能比较顺利地成活、正常开花结实，实现规模化培育，达到预期的经济效益，就算引种驯化成功。因此，资源植物引种驯化是否成功主要基于生物学和经济学两个标准。①生物学原则：在引入地能正常生长发育，即其生长与引入地差异不大，正常开花结实，种子可育。对有些资源植物，由于开花结实时间跨度百年，评价的生物学依据为是否能达到原产地的生物产量。②经济学原则：正常生长并保持原有的经济性状。资源植物更加注重经济效益。例如，药用植物，与原产地比较，不仅需要产品得到保证，还需要质量（如有效成分及其含量、药效等）的保证。

三、引种驯化的目的

引种驯化与其他的育种方法相比，因其所需要时间短，投入人力、物力相对较少，见效相对较快，是较为经济地丰富本地植物种类的一种育种方法，具有重要的意义。

1）*丰富种质资源，满足新需要*　引进某些本地没有的植物，一方面，可以丰富本地的种质资源；另一方面，某些植物的产品在当地十分需要，而当地的气候和土壤条件又适合引入植物的生长。为了填空补缺，增加产品的就地供应能力，而开展引种驯化活动，进而满足本地需要。例如，茶树北移、南竹北移、苹果南移，以及从国外引进桉树、油棕（*Elaeis guineensis*）、金鸡纳、毛地黄（*Digitalis purpurea*）、油莎草（*Cyperus esculentus*）等，经过引种驯化满足被引入地和国内需求。又如，巴西橡胶树通过广泛的引种驯化，从亚马孙河热带雨林中引种至世界各地的热带，100 年间极大地推动了现代工业的发展。

2）*以良种代替劣种，提高生产力*　中国的马尾松是南方省（自治区）的优良乡土树种，但因遭受松毛虫（*Dendrolimus* spp.）危害严重，生长缓慢，不能达到速生、高产脂等栽培目标，因而引进抗松毛虫能力强、生长快、产脂量高的湿地松（*Pinus elliotii*）和火炬松（*P. taeda*）。

3）*扩大栽培范围，发展商品生产*　包括两种类型。①野生植物的引种驯化，是指引进地原来就有某种植物，但分布或栽培范围小，数量少，产量不多，不能提供大量的商品利用资源。随着经济的发展，社会需求增加，无法满足当时市场的需要，因而在其自然分布或栽培范围内，采取人工栽培措施，扩大种植面积，建立规模化的生产基地以满足产品需求。特别是近年来，随着人类健康保健的需求，一些药用植物，如天麻、人参、三七、重楼、黄连、萝芙木、刺五加等，野生和小规模的栽培已无法满足市场的需求，因而开展了引种驯化和规模化的种植。②南北交流，扩大栽培，把原来只分布于南方或北方的物种，定向地引入无天然分布的区域，从科学研究、观赏或商品化等角度扩大物种的栽培区域。

4）*珍稀植物的保护*　一些保护的野生植物，随着生存环境的变化，成为极小种群或者种群数量越来越小，原生环境条件已经难以保证这类植物的生存发育，称为濒危物种。此类植物往往采取“迁地保存”的方法，保存种质资源。植物园、树木园、引种场（站）是珍稀植物“迁地保存”的主要场所。例如，孑遗植物和其他濒危植物的引种，包括水杉、银杉、珙桐等引种栽培。

5）*发展林副特产，满足国民经济需要*　大量的资源植物具有多样性，特别是所具有的一些特色副产品，往往具有更大的经济效益，满足人民生产生活和发展经济的需要。例如，野生木本粮油植物的栽培驯化，解决了人们的食用油问题；生漆、松香、紫胶、橡胶、栲胶、油棕、黑荆树（*Acacia mearnsii*）、杜仲、油桐等植物驯化栽培，提供大量的工业原料，满足发展工业的需要；药用植物的人工栽培、饲料植物的扩大生产，均可满足医药卫生和发展畜牧业的需要，为此开展了大量野生植物资源的引种驯化。

6）改造自然，绿化城市　绿化是创建卫生园林城市，发展城市林业的一项重要任务。而城市绿化的树种，要求初期生长快，树形高大，树姿优美，树皮具观赏性，不分泌异常怪味，且对灰尘、有毒气体等有吸附或吸收功能，常绿和落叶树种相互搭配等。由此，一些野生或分布广、适应性强、抗污染等树种被作为城市的园林植物进行引种驯化，如樟、雪松、悬铃木（*Platanus orientalis*）、银桦（*Grevillea robusta*）等。

7）水土保持，防风固沙　水土保持树种以具备根系发达、耐干旱瘠薄、萌发性强等特性为宜，如刺槐、紫穗槐（*Amorpha fruticosa*）、银合欢等被广泛引种栽培。风沙成灾的地方，则需要引进一些能抗风沙的树种，营造防护林，如北方城市杨树、沙枣等。

8）保护环境，预防污染　随着城市交通、建设的发展，城市污染成为非常严重的问题，如中国北部城市的沙尘暴、雾霾等，可种一些植物用于防护、吸收和稀释有害气体，进而创造良好的生活空间。研究表明，每公顷云杉林每年可吸附粉尘 32 000kg，每公顷松林每年可吸附粉尘 36 000kg，每公顷水青冈（*Fagus longipetiolata*）林每年可吸附粉尘 68 000kg。植物的滞尘能力由植物的叶片大小，叶面粗糙或光滑，叶面有毛或无毛，叶片的柔软或刚硬，叶柄的粗硬或细软，叶片的平展或不平展等因素决定。例如，杨树的叶面光滑，叶柄细长，叶片下倾，滞尘能力低，滞尘量为 $0.55g/m^2$，而榆树的叶面粗糙，叶柄短，叶片着生平展，滞尘量大，滞尘量达 $3.93g/m^2$。一般地，叶大荫浓的树冠滞尘量大，而叶小荫稀的树冠滞尘量小，片林比单株的滞尘量大。所以，从防治粉尘的角度引进植物时，优先选择滞尘量大的树种（李国庆和刘君慧，1982）。此外，许多植物有吸附污染物的能力，在城市工业区等，适宜发展种植（可参考本书抗污染植物部分）。

第二节　植物引种驯化的理论基础

一、引种的遗传学基础

植物的引种驯化与植物所具有的遗传特性有关：①引种是品种在其遗传特性适应范围内的迁移，这种适应范围受到基因型的严格制约；②不同植物种类，其适应范围相差较大，同一植物种类的不同个体或品种间在适应性方面也存在差异；③个体或品种自体调节能力与其基因型的杂合程度有关。因此，引种受种群、个体或品种及其基因的杂合程度的影响。

二、引种的生态学原理

生态型（ecotype）是指对一定生态环境具有相应的遗传适应性的品种类群（图 4-1）。同一生态型的品种在生长发育、抗逆性和适应性方面常具有较多相似的特点。因此，生态相似是植物引种驯化首选的关键因素和条件。

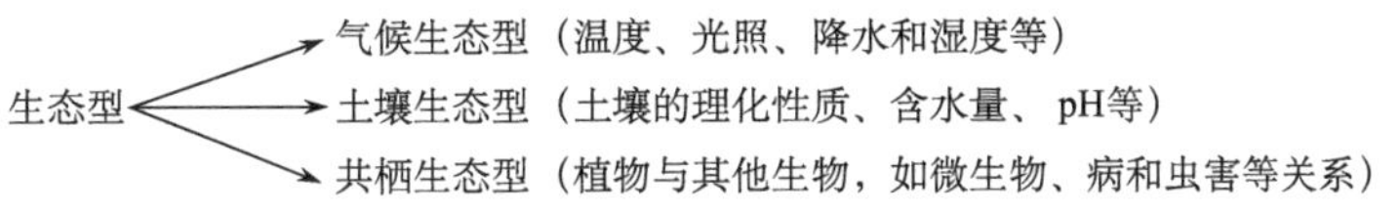

图 4-1　生态型类型

三、植物引种驯化的学说

植物引种驯化的学说较多，包括气候相似论、平行指示论、米丘林学说、植物地理差示法、栽培植物起源中心学说（区系发生法）、专属引种法、生态历史分析法等（盛诚桂和张宇和，1979；李国庆和刘君慧，1982；董保华，1989；王名金和刘克辉，1990；谢孝福，1994；胡建忠，2002）。本书参阅上述学者的论述，仅对几个主要学说进行介绍。

（一）达尔文学说

生物进化学说的创始人、生物学家达尔文（Charles Robert Darwin）在《物种起源》中指出："家畜和农作物自古到今，在各种气候条件下，发生了剧烈的变异，北非沙漠中的枣椰（*Phoenix* sp.）有 37 个变种，香蕉有 24 个变种，中国的竹子栽培种有 63 个变种，这些例子都说明，动植物在饲养和栽培状态下的变异性。这种变异性乃是自然界的自然法则，不仅为家畜和农作物所具有，而且为一切野生生物所具有"；"种在自然环境下的分布，由于与其他生物竞争所受到的限制，当与气候适应的限制相似，或者更甚，不论一般生物对于气候的适应是否十分密切，可以证明数种植物多少能适应于不同的气候，即风土驯化"。

达尔文对植物引入新地区的适应性、风土驯化也作了精辟的论述："植物的风土驯化方面比在动物的风土驯化方面有更大的研究范围"。达尔文的这一学说为引种驯化实践和理论研究提供了令人信服的理论依据，对引种驯化有着重大的指导意义：①植物在自然条件下具有适应风土条件的能力，在新的环境中能产生遗传变异以适应新环境；②植物变异的动因是外界环境的变化、植物本身的器官运动、授粉和杂交，变异可分为逐渐形成和突变形成两种形式，两种形式都可具有遗传后代的特性；③植物可以通过自然或人工选择保持、发展有利变异，并将其驯化为能适应新环境的品种（类型），驯化是植物对新的环境条件长期适应的过程，选择是人类驯化植物的基本途径；④同一植物分布于不同地区的个体，各个体由于作用条件不同，往往会产生多样性的变异、地理小种或类型，即变异具有多样性；⑤植物的地理分布不仅取决于现代因子，还与历史因素有关；引种时要研究植物分布的历史及其生物学特性形成的历史（张宇和，1982；胡建忠，2002）。

（二）米丘林的风土驯化学说

前苏联园艺学家米丘林（Ivan Vladimirovich Michurin）从事果树引种、选育工作 60 年，其引种驯化理论建立在达尔文学说基础上，从有机体与环境条件统一的观点出发，通过反复实践、探索，提出了风土驯化的两条原则。

(1) 利用遗传不稳定、易动摇的幼龄植物。实生苗作为风土驯化材料，使其在新的环境影响下，逐渐改变原来的特性，适应新的环境条件，达到驯化的效果，尤其在个体发育的最幼龄阶段，变异性最大，也具有最大的可能性产生新的变异，以适应于改变了的新环境。米丘林指出，果树的驯化最好通过播种，在果树的早期阶段，也就是实生培育的苗期阶段，其适应性可最大程度的改变，可塑性最大，到结果2～3年后这种适应变异性几乎完全消失。米丘林还认为杂交是最有希望的驯化方法，杂交时如果利用地理上和生态上远缘的植物做亲本，可以增强亲本杂种后代对新环境的适应力。

(2) 采用逐步迁移播种的方法。实生培育的苗木对新环境有较大的适应性，但有一定限度，当原产地与引种地条件相差太远而超越了幼苗的适应范围时，驯化难以成功。因此，需要采用逐步迁移的方法，使其逐渐地移向与引种地相接近的地区，并接近于适应预定的栽培条件。

米丘林的两条风土驯化原则是他60年的研究结晶，他利用了实生苗法、远缘杂交、逐渐驯化、实生苗的斯巴达式（强迫式）锻炼、培育杂种苗的蒙导法（无性杂交方法）、定向培育等，创造出世界果树史的奇迹，使一些原分布于南方的果树向北推进约1000km，培育出300多个新品种、新类型。米丘林建立的这一新的选种、育种的理论和实践，即引种选育，对果树引种驯化理论做出了特别重要的贡献。

（三）气候相似论学说

1906年，德国慕尼黑大学林学家麦依尔（E. W. Mayer）教授在《自然历史基础上的林木培育》中提出气候相似论。其基本要点是：木本植物引种成功的最大可能性，在于树种原产地和新栽培地的气候条件具有相似性。主要以温度为指标，引导人们从植物地理学、植物生态学的角度研究植物引种，对指导选择引种对象与确定适宜的引种地区起到了极大的作用。

气候相似论包括三个方面的内容。①确定植物自然分布界线内的气候因子。根据一个树种的最北分布线1月的平均温度、绝对最低温度、年平均最低温度以及≥10℃的积温计算，然后在地图上绘制等温线，在等温线内进行引种。②确定植物种的成分相似性地区。研究一定气候相似区内的植物主要成分，两地气候条件相似，其植物主要成分也相似，可以互相引种。③确定相似植被类型。凡主要植被类型相似的地区，均可相互引种。麦依尔认为植被类型的形成是一定气候条件的反映，植被类型相似说明气候条件也相似。

气候相似论也存在不足之处，主要表现在两个方面。①气候相似论强调植物的遗传保守性。忽视了植物的遗传可塑性，认为植物引种只能在相似的气候条件下简单迁移，否定了引进植物的驯化与改良，使之适应气候条件不相似的地区的可能性。②单一因素性。植物的生长与环境间不仅与单一的气候因子相关，还有很多因子，如土壤、生物等对植物的生长发育也起着重要的作用。

（四）生态历史分析法学说

1953年，苏联植物学家库里基阿索夫（М. В. Кулътиасов）在研究天山植物区系成分时，提出生态历史分析法。其基本要点是：一些植物的现代分布区不一定是它们的最适生长区。库里基阿索夫通过引种试验发现，植物在一些新的引种环境中，比原生地生长发育更为良好，生物量更大。因此他认为，要想引种成功，就必须对自然植被区系的生态和历史进行全面而细致的研究，弄清这些植物的生态和历史演变，然后进行引种。

生态历史分析法学说以植物区系为总体单位，通过分析植物区系中植物成分的起源，揭示其生态历史。如果发现其中有外来成分，再把它们引回原来生存过的生态条件下，可望获得引种成功。古植物学的研究支持这一理论，其也包含回归引种的思想。

（五）区系发生法学说

1956年，苏联库尔米里琴（A. M. Кормили）提出了区系发生法。其基本要点是引种有共同起源亲缘关系和某些区系共性之间的植物，容易成功。他认为植物区系的成分和形成历史、地理的相互关系，和在区域中的生态型，反映了生态条件的总体，并决定着丰富这一地区植物区系类型的潜在可能性。通过对引种地区植物区系的研究，并与世界上其他地区植物区系进行比较分析，掌握引种地区与其他地区植物区系间现代的地理联系，这样就可确定本地区与引进地区间的关系，进而确定可以从什么地方引种，这样就易于成功。

这一学说具有重要的实践意义：根据植物区系的形成历史和区系间的联系分析研究植物引种成效，是植物引种的基本方法之一。

（六）栽培植物起源中心学说

1923～1931年，苏联著名农学家和遗传学家瓦维洛夫（Nikolai Ivanovich Vavilov）组织考察了阿富汗、埃塞俄比亚、地中海沿岸、东亚各国、中美洲、南美洲的约60个国家，发表了《植物育种的植物地理基础》，并于1935年提出栽培植物起源中心学说。该学说将栽培植物的种、类型和品种，按不同地理类群进行播种，查明它们的进化关系，划分地理小种，选择地理小种开展引种，而这些小种是处于进化之中的，所以较易成功。

瓦维洛夫将世界栽培植物起源划为8个中心、3个亚区，分别列举了谷类、根用作物、蔬菜、果树、糖料、油类、香料、药材、纤维、染料、胶类等重要栽培植物640种，对植物的引种具有较大的指导作用。①栽培植物起源的中心是品种资源的宝库。在中心地带，特别是初生中心地带，蕴藏着丰富而有价值的遗传基因，在初生中心的边缘地带或次生中心，由于自然突变和杂交，出现了多样性的新类型，为引种、育种提供了良好的遗传种质资源。例如，中国和印度拥有丰富的原始属、种和品种，在农作物、蔬菜、果树、经济植物等方面都蕴藏着丰富多样的种质资源。②不同起源中心的植物类群存在着某些生物学上的地理差异性。这些性状为植物育种所必需。例如，也门山区的草本植物都具有早熟的特性，阿富汗草豌豆有自花授粉的倾向，而地中海草豌豆有异花授粉的倾向，这些都为育种提供了基础资源。③起源中心的发现，有助于寻找对疾病有免疫能力的原始材料（谢孝福，1994）。植物在某地得以保存，表明其对生境因子有良好的适应性；而变异或突变的产生，揭示着其对环境因子变化的重新适应或对有害因子的拮抗。这一理论对植物引种驯化及遗传育种工作者探索原始材料极有帮助。

栽培植物起源中心学说的不足表现在：①一个栽培作物的最大演变中心即是其起源中心的提法不妥当；②忽视了时间、空间和文化扩散的作用，过度重视印度的植物区系，低估了非洲区系的重要性；③该学说把中心归结于山区这一观点是片面的。

李国庆和刘君慧（1982）介绍了20余种引种驯化理论学说，并总结出所述学说的4个特点。①以解决植物引种驯化方法为主攻方向：包括嫁接法、风土驯化新方法、植物地理学差示法、专属引种法、优势种引种法、生态历史分析法、区系发生法、农艺生态学分类法、生态分析法、比较研究引种植物古代自然分布区和现代引种区法，以及陈俊愉的引种驯化经验总结。这些大都是从不同学科出发，以研究引种驯化方法为主的。当然，其中也有涉及气候和生态历史的，其目的都是说明正确的引种驯化方法是达到引种驯化目标的重要手段。②以理论探讨为主攻方向。例如，习以成性原理是强调环境条件可以改变植物的适应性，能把植物的习性变为自然性状，即导致变异的遗传；土地不宜原理侧重于土壤对植物引种驯化的限制作用，把土壤的异同作为植物引种驯化的限制因素；气候相似论和小气候法则是把气候的异同作为能否进行植物引种驯化的依据；生态因子的季节节律同步论则是强调植物生长节律和气候的季节节律相一致的理论。这些理论的探讨，反映出植物引种驯化的实践和理论与遗传学、气候学、土壤学、生态学有密切的关系。③以引种驯化栽培技术为主攻方向，如“三致其种”的原理和改变生存条件使之适于植物本性引种法等。徐光启引种推广甘薯都是从反复改进引种栽培技术取得成效的。徐光启提出的“三致其种”的原理也是由此而得到的启示，说明栽培技术也是引种驯化成败的关键因子之一。④经验统计，即过去引种驯化经验统计分析法，强调总结引种驯化经验的理论。总结经验在任何时候都是必要的，因为经验和认识来源于实践。实践、认识，再实践、再认识，才能总结出正确的引种驯化理论。以上4个方面揭示：引种驯化方法、气候、土壤、生态历史、栽培技术和季节的节律等都是植物引种驯化必须研究的关键问题，气候、土壤、栽培技术和生态历史因素与引种驯化理论直接相关。

第三节　植物引种驯化的生态因子

植物的生存环境中，包含着许多性质不同的因子。每一因子在综合环境中的质量、性能和强度等，对植物起着主要的或次要的、直接的或间接的、有利的或有害的生态作用。根据因子的性质，通常可以将因子划分为5类。①气候因子，包括光能、温度、空气、水分（湿度）等。②土壤因子，包括土壤的结构、有机物质和无机物质的数量、物理、化学等的性能，以及土壤生物和微生物的作用。③地形因子，包括地球表面的海洋和陆地、山川湖沼、平原、高原、山岳、丘陵、海拔、坡度、坡向、经纬度等，都是影响植物生长和分布的因子。④生物因子，包括动物、植物、微生物等因子，及其对环境的作用及生物之间的相互影响。⑤人为因子，包括人类对植物资源的利用、改造、发展、引种驯化和破坏作用，以及环境污染的危害等作用（曲仲湘等，1983；祝廷成等，1988；姜汉侨等，2004）。

从生态条件相似的地区引种容易获得成功｛日照、温度、雨量等｝

↓

地理位置是影响气候条件的主要因素

↓

纬度相近的地区引种容易获得成功（纬度影响最大）

图 4-2　引种驯化与环境关系

资源植物的引种驯化中，生态因子和所实施的技术手段，是影响引种驯化能否成功的关键。在引种的物种确认时，物种与生态环境的综合分析（图 4-2）是重要的步骤。植物的生长发育，除与气候因子（温度、日照、降水、风）相关外，与土壤也具有密切的关系。因此，将温度、日照、降水和湿度、土壤、风等因子，称为植物引种驯化的生态因子。

一、温度

温度对植物分布和生长发育有着明显的影响，高温、低温、积温是产生这些影响作用的主要因子。①年平均温度，最冷、最热月平均温度值是影响植物分布的重要指标之一。②日平均温度累计值的高低是限制植物分布的重要因素，如日平均温度高于 18℃的日数长短是决定热带植物能否栽培的重要条件。根据一个地区日平均温度累计值的高低可初步了解该地区有哪些植物分布，以及能引种栽培哪些植物。③极端温度（最高、最低温度）是限制植物分布最重要的条件。白桦（*Betula platyphylla*）、云杉在自然情况下不能在华北平原生长，梨、苹果（*Malus pumila*）、桃等不能在热带地区栽培，是由于高温的限制；橡胶、椰子、可可（*Theobroma cacao*）等不适于在亚热带地区种植，是由于低温的限制（曲仲湘等，1983）。

低温对植物的危害有寒害、霜害、冻害 3 种形式，表现在 3 个方面。①急速降温和升温，对植物有严重的危害。例如，春暖时期突然的寒流比冬季降温的危害严重；低温突然转暖除对原生质造成机械损伤外，还会使细胞间隙的冰在强光下迅速融化散失，而地下部分根系吸水微弱，体内水分失去平衡，也会发生毁灭性危害。②低温持续时间越长，植物越容易受害。这是因为原生质和液胞形成冰体，直接破坏原生质的结构，使细胞死亡。③极端高温/低温。低温对南种北移影响极大，如福建引种香蕉，江苏引种柑橘，辽宁北部引种苹果等，都受到低温的影响。前人所谓棕树不过长江、杉木不过淮河、柑橘不能在北方栽培等，都说明低温对植物生长的限制作用。而高温破坏植物的光合作用、呼吸作用的代谢平衡。同时，有些植物如果没有低温的刺激，也无法完成生长发育，如苹果、梨等，需要低温促进花芽分化，这也是在热带地区梨、苹果、桃等植物不能开花结实的原因。

以某地的日平均气温稳定高于 5℃或 10℃开始与结束之间的累积温度衡量当地对植物生长提供的热量，称为活动积温。植物引种时，常以引进地和引种地的活动积温比较进行引种成功可能性的估计。

因此，关系到植物能否生存的最重要的条件是温度，其中最冷月平均气温、极端最低气温、有效积温和需冷特性，特别是绝对最低温度，往往是一种植物引种能否成功的主要限制因素。低温的持续时间也是限制及危害植物生长的重要因素。

二、光照

日光是一切绿色植物光合作用的能源，对植物的发芽、生长、开花、结实都有直接的影响。光对植物的生态作用由光照强度、日照长度、光谱成分的对比关系构成，各有其空间和时间的变化规律，随不同的地理条件和时间而发生变化。光强、光质、日照时间的变化，使植物的生长和发育、生理生化、形态结构等方面产生不同的变化，从而影响着植物引种活动。

1. 光周期现象

长期生长在不同纬度的植物，对昼夜长短形成一定的反应，这种反应称为光周期现象。在高纬度地区，夏季昼长夜短，冬季夜长昼短；在低纬度地区，四季昼夜相差不大。因此，分布在高纬度地区的树种是长日照树种，分布在低纬度地区的树种是短日照树种。长日照树种喜光，短日照树种耐阴，引种时必须注意这些特点。

2. 光照强度

光照强度对植物的生长、形态构造、发育和品质有着巨大的影响。光合作用是植物能量的来源，影响植物细胞的分裂和伸长、植物体积的增长、重量的增加；所积累的养分，提供植物完成花芽分化、开花、结实；光照下形成的糖分、花青素、果实的品质等。光照强度随纬度增加而减弱，随海拔升高而增强；阳坡强于阴坡，南坡强于平地，北坡则相反；夏季光最强，冬季最弱；一天内中午最强，早晚最弱。由于光的强弱不同，产生了阳性植物、阴性植物和中性植物。以树木为例，阳性树种一般枝叶稀松、透光、自然整枝良好，枝下高较高，树皮通常较厚，叶色较淡，植株开花结实能力强，一般生长较快，寿命较短。阴性树种一般枝叶浓密、透光度小，自然整枝不良，枝下高较低，树皮通常较薄，叶色较深，生长较慢，寿命较长。例如，许多果树是阳性树种，需要强光，开花期和幼果期光照减弱，会引起果实发育不良，甚至落果。

3. 日照时间

日照时间往往随季节变化而变化。赤道附近一年内昼夜大体相等，随着纬度增高，夏季日照时间较长。

4. 光谱成分

光波长 380～760nm 的为可见光（如红色、橙色、蓝色等），而绿色光为无效光。不同的光谱成分对于植物的光合作用、叶绿素等色素的形成、向光性、光形态建成的诱导等许多种光反应现象的作用是不一样的。红光有利于碳水化合物的合成和促进种子萌发、茎干延长，蓝光有利于蛋白质的形成；蓝紫光和青光能抑制植物的生长，并且影响植物的向光性。高山上气温低，紫外线强，故高山生长的植物，一般都是叶面缩小，茎干低矮、毛茸发达、叶绿素增加、茎叶内有花青素存在、花色鲜艳。光质变化随纬度变化的规律为低纬度短波光多，高纬度长波光多。

三、降水和湿度

植物吸水的器官是根系，但大量水分吸收的器官是根毛。植物借助根毛的吸水作用，以保证蒸腾和光合作用的需要。满足植物对水的需要，是维持植物正常生存的必要条件，植物引种时必须研究植物引种地与引进地的降水问题。植物吸收的水分主要来源于土壤水分，而土壤水分的主要来源是降水。在大范围内，土壤水分与降水的多少有关，但在局部环境中，降水的多少和土壤水分的丰歉没有直接的关系。一个树种能否在某地生长，取决于局部的环境条件。因此，植物引种时选择小地形是关键措施之一。

中国降水分布不均匀，其规律是年降水量自东南向西北逐渐减少，自沿海地区向内陆地区逐渐减少。由于地形的变化，山地降水量多于平原，在大的山系则迎风坡降水多于背风坡。降水对植物的影响，首先是降水量，其次是四季的降水分布。植物生长季节降水多的地方，即使年降水量少一些，但因降水期与植物生长节律相适应，对植物的生长较有利；反之，年降水量虽多，但若降水与植物生长季节不一致，也不利于植物生长发育。冬季气温低的区域，春夏多雨较秋冬多雨更不利于植物生长。中国大部分地区干湿季分明，降水分布的特点是夏季降水多，春季、秋季和冬季降水少，降水条件和植物夏季生长的规律是相适应的。

在一定的温度界限内，降水与湿度对植物引种和生长发育有着限制性的作用。植物原产区与引种地的相对湿度相差较大，会限制植物的成功引种。根据生态环境中水的条件把陆生植物分为湿生、旱生和中生 3 种类型。适应于潮湿生境生长的植物称湿生植物，其抗旱性差，耐湿性强；适应于干燥生境生长的植物，称旱生植物，特点为耐湿性差，抗旱性强；适应于水湿条件适中生境生长的植物，称中生植物，其对水湿条件的适应性介于湿生植物和旱生植物之间，适应干旱的能力比旱生植物弱，比湿生植物强。植物引种必须考虑物种的湿生、旱生和中生类型。在降水少的地方，不宜引种湿生类型的植物，在降水多的地方，又不宜引种旱生类型的植物。例如，南方的树种不能抵抗北方冬季的干旱，成为南树北移的一个限制因子，就是因为南北方植物需水量差异的因素限制的。植物的需水量与气温的高低密切相关，温度越高，需水量越大。

与植物需水量密切相关的因子是大气的湿度。大气湿度的高低受降水量的多少和蒸发、蒸腾作用的影响。中国相对湿度的分布和降水的分布相同，也是从东南向西北递减，东北的湿度大于华北。

中国相对湿度的季节变化有 3 种类型：①沿海各地初夏最高，秋冬最低，对植物生长有利；②华北、东北、西北干燥地区，夏季最高，春季最低，对植物春季生长不利；③四川一带相对湿度 10～12 月最高，夏季最低，10～12 月大气湿度高，对储藏成熟的植物种子有利。

影响气温的因子也间接影响湿度，光照增强则气温升高，可以降低大气湿度；云雾笼罩则光照减弱，可以提高大气湿度。各地的大气湿度不同，是植物引种时必须关注的因素。阳性树种适于在大气湿度较低的环境中生长，阴性树种则适于在大气湿度较高的环境中生长。如果植物自然分布区与引进地的相对湿度相差较大，会成为引种的限制因子，如热带雨林中白天的最低湿度可以保持在 80%以上，而荒漠地区白天的最低湿度却在 10%以下，相对湿度相差悬殊，两地的植物很难互相引种。

四、土壤

土壤是植物生长发育的基础。土壤和植物的根系密切结合，提供植物生长发育所需要的水分、养分、温度和空气，使植物能进行正常的生理活动。土壤的理化性质、含盐量、pH 以及地下水位的高低，都影响着植物的生长发育。新引进的植物常常因当地缺乏某种元素而生长不良。

1. 土壤矿物质元素

植物生长需要多种矿物质元素，如碳、氢、氧、氮、磷、钾、钙、硫、镁、铁、硼、锰、铜、锌、钼、硅、钴和钠等数十种。这些因素中，除碳素来自空气中的二氧化碳，氢和氧来自水以外，其他都来源于土壤。土壤中矿物质元素的丰歉与植物生长关系十分密切。矿物质元素的生理作用是多方面的，有形成细胞成分的、起生理催化作用的、参与物质代谢的、调节细胞生理状态的等。在植物引种实践中，由于土壤的变化，常发生矿物质元素供应失调，影响引种效果的问题。为了保证植物引种驯化取得良好的效果，引种时必须先测定和分析原产地和引种地的土壤化学成分，详细了解土壤中矿物质元素的含量及其有效性，以便结合植物的生物学特性，采取相应的土壤改良措施，使引进的植物不致因缺素而发生生理性病害。

2. 土壤 pH

土壤 pH，即酸碱度的差异对植物引种有明显的影响。植物对土壤的酸碱度有偏向，分为酸性土植物［如马尾松、杜鹃（*Rhododendron* spp.）、栀子花、山茶等］、碱性土植物［如柽柳（*Tamarix chinensis*）、紫穗槐等］和中性土植物（大多数植物）。有些植物具有较大的适应性，如苦楝原是亚热带树种，喜生于酸性土壤，但北移到江苏北部的偏碱性土壤地区栽培时，也能逐渐适应，说明苦楝对天然酸碱度的适应范围较广。

3. 土壤微生物

植物的根际范围内，生活着比根际外更多的微生物，形成特定的根际微生物群。微生物和植物的生活有着非常密切的关系，对植物起着有益或有害的作用。植物在原产地和土壤系统形成共生关系，对一些土壤微生物产生依赖，许多植物的根部与土壤中的真菌共生。引种时，往往由于环境条件的改变，失去与微生物的共生关系，从而影响其成活和正常生长发育。许多植物的根部常与土壤中的真菌共生，常见的有松属、杨属、椴属、桦属等植物，其可因土壤缺乏某种微生物而生长不良甚至死亡。植物引种时，往往由于环境条件的改变，破坏了微生物的地理分布，失去植物与微生物的共生条件，因而影响植物的成活和在引进地的正常生长发育。例如，广东 1974 年引进国外松树，当年夏季、秋季发生大面积死亡或黄化现象，仅洪都拉斯加勒比松死亡就达 1333.33hm^2，湿地松黄化和成活率低的达 2666.67hm^2，调查证明，死亡的幼树没有菌根菌共生，而生长正常的根际有伴生菌根菌。

五、风

植物引种还必须关注风的因素。风对引种植物的影响表现在两个方面。其一，对开花结实的影响。植物开花结实是植物引种驯化成功与否的重要指标。植物的传粉包括风媒、虫媒等类型。对于风媒传粉植物，风力的大小对传粉影响较大。例如，风媒传粉的植物引种到静风区种植，通常传粉不利而影响结实。即使是虫媒传粉，有的也需要借助风力进行传粉。其二，破坏作用。华南，特别是沿海地区常有大风出现，使许多不耐强风的植物不能生长，如广东雷州半岛一带引进的黄梁木、巴西橡胶受台风危害严重。强风也会降低植物的生长量，降低大气湿度，破坏水分平衡。

此外，授粉树、传粉昆虫种类与分布等，也是植物引种驯化需要考虑的相关因子。

第四节　植物引种驯化方法

一、引种目标及其可行性分析

（一）引种目标

植物引种主要考虑市场需求、经济效益等方面。资源植物的引种，首先要考虑引入地的市场需求，同时考虑所产生的经济效益。如果市场有持续需求而量大，经济价值高，往往引种成功后，能产生巨大的推广潜力。

（二）可行性与风险分析

可行性与风险分析是任何项目都必须考虑的。针对资源植物的引种，需要考虑的自然因子包括：①植物的生活型，②植物的分布区，③气候相似性，④主导生态因子，⑤引种地栽培技术条件。此外，市场对引种植物产品的需求量和可持续需求延续期，引种不成功或产量与预期差距较大等造成的风险，都必须在引种前进行周全而详细的分析。

二、引种驯化的基本程序

引种驯化的基本程序见图 4-3。

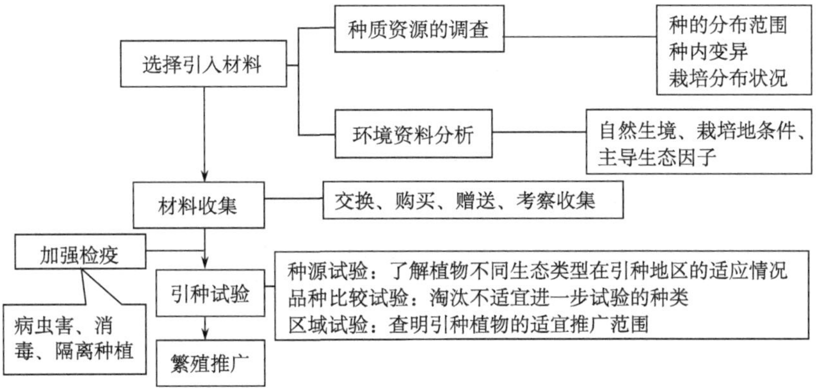

图 4-3　植物引种驯化程序图

（一）选择引入材料

选择一种引进的物种，往往物种和引种地需要具备：①本地没有的物种，②与引入地植物有系统发育关系，③以往有相关引种的记载，④对改良本地植物提供新的基因资源。

此外，要研究引进物种的生物学特性，以及引种地区的生态条件是否有一定的相似度。相似度大，则可以考虑引种，差异太大，则不容易引种成功。生态因子包括：海拔、经纬度、年平均温度、年积温、年最高温度、最低温度及昼夜温差和出现的时间。降水量的年总量和形式（雨、雪）及全年分布情况，相对湿度的全年平均和最大、最小，日照时数，风期、风速及风向，土壤类型、结构、pH 及母岩情况，相关植物及在群落中的地位，是否原生区系成分（若是侵入成分还应知道其原区系情况）等。

（二）引种材料的收集、登记和检疫

确定引入物种后，选择引入材料是很重要的。一般地，种子是最好的引进材料，其能保持物种生物学特性，且培育的苗木易驯化。但近年无性繁殖材料的引入也是非常重要的方法，特别是一些种质资源较难获得的种类，或者非采种期的引种。

获得引入材料的方法较多，通常有交换、购买、赠送，以及考察收集（野外采集）等方式。

采集引种材料务必关注的 4 个方面如下所述。

1. 从条件相近处采集

对一些分布较为狭窄的种类，可能考虑的条件相对较少，材料采集相对困难。但分布范围较广的种类，务必关注原产地与引种地的自然条件，特别是温度、降水、光照、土壤等条件尽可能相似，引种容易获得成功。例如，中国开展的南竹北移，将生长于云南南部的巨龙竹引种到北京种植，两地自然条件相差较大，无疑是植物引种失败的最典型案例；从自然条件具有一定相似性的江苏、浙江一带引种苦竹进京，相对可成活和生长。又如，北京引种华山松，从同属华北区系的河北太行山、陕西黄龙山等地引种较为适宜，但不宜从云南引种。

2. 从种的分布中心采集

物种的分布中心，往往是物种最适宜、生长发育最好的区域，引种繁殖材料从此中心采集较易成功。苏联植物学家瓦维洛夫认为种的分布起源中心，往往是亚种、类型较多之处。一个物种形成之后，其外界的生存条件并未停止变化，由其产生的后代在适应环境条件后向内外发展，由此扩大分布范围而形成分布区。起源中心的生存条件是基本不变的部分变化，物种为了适应这种渐变，随之产生变化，从而形成一些亚种、类型及变种，这些种以下单位是同化了渐变的生存条件后的产物，处于分化和发展中，适应性很强，变异性也大，引种到新的地区后，成功的可能性也大（董保华，1989）。

3. 从特殊生态条件生长地区采集

在特殊环境条件下生存的物种，往往有更大的变异性，其往往是物种在新环境条件下生存的关键。引种时发挥这些变异性，也大大增加引种成功的概率。

4. 从健壮的母树上采集材料

优良的母树，才可能有优良的种子或其他繁殖材料，最大限度地保持物种的优良特性。

对每个引入物种进行登记是非常重要的，为今后的观察和繁殖推广，提供最基本的资料。登记内容包括：材料名称、编号、原产地、引种时间、引种人、材料状况（包括

材料类型，如种子、苗木、其他繁殖材料，以及数量）等方面。

外来物种入侵是近年来各国面临的巨大问题，对许多地区的自然、社会和经济造成了巨大的危害。尽管植物引种驯化多基于经济、社会的需要而开展，但一些外来物种的引入，往往也造成巨大的破坏。而一些物种的引入，所附带的病虫害，通常是由于检疫工作的失误而进入新的区域。因此，对引入物种的检疫在植物引种驯化中是非常重要的。

防止一些病虫害的引入，通常可以采取的方法包括如下几个。①危险病虫害：了解引入物种是否携带危害性病虫害，原产地是否发生有危害性病虫害。对引入的物种，进行严格的检疫。②疫区植物的消毒处理：对引入的植物，尽量严格消毒处理。③隔离种植：新引入的物种进行隔离种植，也是防止病虫害危害的方法之一。

（三）引种试验

1. 试种观察

通过预试栽培考察引进物种在引种地的适应性，并观察物候与原产地的相似性，研究其物候特性的变化规律，探索引进该物种在新环境的发育情况，并采取一定的栽培技术，繁殖种子，满足扩大试验对种子或繁殖材料的需要。

2. 种源试验

植物引种来源于不同的种源，各种源在引进地产生适应与生长的差异，选择引进地生长最优良的种源，进行繁殖，开展进一步的试验研究。

3. 品种比较试验

通过适应性评定，选出适应性强的单株，建立品种比较圃，进一步栽培驯化，同时探索其生长规律及丰产栽培技术、繁育优良的原始材料。

品种比较圃是一种定位试验，要求较长时间的观测，了解品种相对稳定的特性。定植苗木时，株行距的确定务必考虑产品成熟期的最佳密度或抚育管理的相关措施。品种比较适应的面积不宜太小，通常用材树种每一个试验小区不小于 $0.07hm^2$，株数 30～50 株，以便成林后基本上能形成一个林分，从而表现出其特有的林分结构规律性。一个树种的比较试验至少应有一个以上的重复，以减少环境因素的影响，提高比较试验的精度。同一树种不同的试验小区，立地环境、土地肥力、栽培措施等都应基本一致，否则无可比性。品种比较试验中，应当以当地最好的同属或同种的乡土树种作对照树种借以鉴定引进树种的优劣。

4. 区域试验

区域试验是在完成或基本完成品种比较试验的条件下开始的。其目的是了解适于引进植物推广栽培的范围，因此，需要把在少数地点进行品种试验的初步成果，推广到更大的范围和更多的试验点进行栽培。在不同的自然条件下进行规模更大的比较试验，这种试验，称为区域试验。

引进的树种通过品种比较试验，在证明其具有一定的适应性、丰产性、抗逆性的前提下，开展区域试验。第一，要处理好区域范围和区域试验点的关系，达到以点代面的目的，通过点上的试验，确定引种栽培范围，为推广提供依据。第二，要处理好品种比较圃拟定的栽培技术和区域化引种栽培所要求的栽培技术的关系。品种比较圃的自然条件单一，而区域化引种栽培的范围广，自然条件变化多，要求栽培技术也相应有所改变。区域栽培也是完善与提高引种栽培技术的有效途径。第三，区域试验是从引种到推广的中间环节，要求快速、准确地取得成果，所以需要加强管理。由于林业生产的长期性，区域试验仍需要相当长的时间，用材林需达到1/2轮伐期，经济林实现盛产期方可确定引种成功与否。通过产品鉴定，确定经济性状的稳定性，才能判定能否推广。第四，一个试验点一般不设重复试验，而只在试验区域范围内多设试验点，各点之间互相验证，试验结果对推广的指导意义就更大。第五，每一试验点的规模应具有一定的生产性，一般一个树种的试验面积应为0.67～6.67hm^2。

区域试验的鉴定内容包括生长量指标、适应性和栽培技术三个方面。例如，用材树种的生长量指标需要通过每木调查，算出其平均直径、平均高、平均单株材积、单位面积的蓄积量、连年生长与平均生长的关系等，以便和当地的优良乡土树种作比较，确定其经济效益；适应性指标主要是指抗寒、抗热、抗旱、抗病虫的能力等，这些特性通过气候因素对植物生长的影响和植物对病虫害的感染情况做出判断；而栽培技术的效果应结合植物的生长情况进行分析。例如，同一树种，从不同试验点栽培技术的异同与植物生长量的比较中，可以找出哪些技术措施是适宜的，哪些技术措施是不妥的，从而总结出哪些是具有普遍性的措施，哪些是具有特殊性的措施。经过鉴定确属生长不良的应该淘汰，栽培技术不当的仍需保留下来，继续观察试验；栽培技术适当，生长发育正常，符合引种目标的，就可以推广。

（四）生产性试验和推广

经区域性试验成功的植物只能在原试验区内扩大种植，如需要推广应用于生产，则需要做生产性试验。生产性试验有以下几点要求。

(1) 生产性试验应进行区域栽培比较，并且有一定的生产规模，每个植物（种源）的面积，如用材林不少于20hm^2；经济林不少于2hm^2。

(2) 生产性试验评价：用材林在1/2～1个轮伐期后进行，经济林树种务必达到盛产期。主要经济性状早晚相关具有明显规律的树种，可参照早晚相关到显著年龄进行早期评价。

(3) 结合试验植物的生长特性可设置必要的生产性试验项目，完善配套栽培技术。

通过生产性试验，可获得：①提出植物生产性试验在不同栽培区域对气候、土壤等条件的适应性、生长发育特性，根据生产性试验植物的产量、品质以及抗病虫害特性，综合评价其生产力；②核定生产性试验的投资成本，估算近期和远期的经济效益，评定引种植物的推广价值；③确定引种植物适宜推广的范围，提出重点推广区域；④提出生产上适用的较为完整的配套栽培技术。

第五章　资源植物的合理利用与保护

第一节　资源植物的利用现状

一、资源植物本底有待进一步调查研究

中国资源植物虽然丰富，但利用率极低，与发达国家相比，存在着较大的差距，特别是深加工和综合利用方面，水平更低。以维管植物为例，被研究过的不到15%，其中有效成分被分析的只占8%，被利用到生产、生活等方面的种类不超过2%。因此，资源植物具有巨大的开发利用潜力和广阔的前景。然而，植物资源本底尚需进行深入的调查研究。

二、资源植物受到严重威胁

当今世界的人口膨胀、粮食短缺、能源消耗、资源枯竭、环境退化和生态平衡失调等问题，对资源植物的开发利用更为迫切，同时也严重威胁资源植物的生存环境或可持续发展，对一些资源植物造成严重的威胁。主要表现在以下5个方面。

1. 栖息地的丧失和片段化

由于人口的增加，土地轮耕周期或轮歇期的极大缩短，在热带地区延续千百年的农业耕作制度——刀耕火种，越来越显现其对资源和环境的破坏性作用。刀耕火种生态系统与人口之间的平衡，关键取决于人口与森林土地面积的比例。在人口相对较少的背景下，刀耕火种显现其合理性，体现山区民族依赖自然、简单农耕方式不但满足生存需求，还有效地保护环境的生产模式。刀耕火种模式为了减少水、土、肥的流失和不损伤树木的根系，尽可能地采用粗放小穴或浅表层翻挖播种而不进行土地的犁或耙的耕作技术；为保证不同森林植被的有效恢复及其生态功能的良好发挥，对土地进行分类，并实行不同的轮歇期和耕作技术；为了可持续有效地利用土地资源，即为了保证具有不间断的森林资源以资利用，实行形式多样的土地轮歇制度等（尹绍亭，2000）。在刀耕火种的体系中，保存和栽培了大量的资源植物。海南岛1956年天然森林86.67万hm^2，森林覆盖率为25.7%，1964年降为18.7%，1981年上半年仅为8.5%，森林郁闭度也极大降低，树种向单一化方向发展，致使珍贵树种濒于绝迹，高大乔木残存无几；原来连成一片的大面积森林被道路、农田、城镇和其他大范围的人类活动占用的土地分割成小片林地，即生境片段化（赵建成和吴跃峰，2002），这也是人口发展对土地过度开垦利用的结果。此外，西双版纳的孤岛效应等，不仅对资源植物具有巨大的破坏作用，也对自然生态系统、气候环境条件造成极大的破坏。森林片段化的结果，造成其难以满足诸多植物种类生存和发展的最小面积要求，导致这些种类濒危甚至灭绝。与热带森林类似，随着社会的发展，亚热带和温带的森林片段化也极其显著，严重地威胁着植物资源的可持续发展。

2. 掠夺式的过度利用或采伐

植物资源培育的相对周期长、技术要求较高等特征，及人们资源保护意识的薄弱等因素，导致植物资源一旦发现新用途或利用量增加，对野生资源不关注年允采量和保护最小种群等，并毫无保留、掠夺性地过度采伐，是资源植物利用的大敌。例如，三尖杉属（*Cephalotaxus*）和红豆杉属植物，自 20 世纪 60 年代至 80 年代末，发现其为新型抗癌药用植物并有药剂生产后，遭到大规模采伐破坏，使资源急剧减少；同样，随着甘草定量作为制药原料，甘草分布各省（自治区）的资源遭到过度采收，且不顾药效，采收未达采收标准的幼年植株，不但资源急剧减少，而且破坏了甘草生长的生境。

3. 环境污染

城市化、乡镇现代技术和生活方式的进入，导致城乡工农业污水排放水域，重金属以及难以降解的化学品富集于土壤，引起水域、大气和土壤污染。温室效应、酸雨、水体富营养化和臭氧层破坏等都是环境污染的结果，对生物和人类造成直接或间接的影响。植物资源也不例外地受到了威胁。例如，随着湖泊的被污染，广泛分布于热带、亚热带水域的海菜花属（*Ottelia*）植物越来越少，甚至在多数水域消失。

4. 经营品种的单一化

为了某种产品的产量最大化，通常伐毁大面积物种丰富的森林，种植单一树种。热带森林常被砍伐作为单一的咖啡（*Coffea* spp.）、油棕、橡胶等种植园，使各类生物失去原有栖息地。例如，西双版纳由于橡胶种植面积的逐年增加，明显改变了小气候，具体表现为雾日和雾量减少，区域性干旱加重。单一的橡胶林截留雨水的能力仅仅是热带季雨林的 60%，大量的雨水直接形成地表径流（run off），降低了林分的水源涵养能力；同时，相较于热带森林，橡胶林的土壤氮储量和氮矿化速率显著降低，使得热带雨林的土壤更加贫瘠，对资源植物的繁育和生长造成不利的影响。

5. 外来物种的引入

外来种的引入不当，会引起原生物种的灭绝。人类的定居，任意引入外来物种，通常导致某地区的整个或部分陆生植物的生存范围缩小甚至灭绝（徐汝梅和叶万辉，2003）。例如，银合欢、肿柄菊（*Tithonia diversifolia*）等，因造林、观赏的目的引入中国热带或干热河谷地带，其极强的繁殖、生长特性和入侵能力，导致其大面积的密集生长，严重威胁原生物种的生存。

第二节　资源植物合理利用的原则

资源植物具有可再生性、整体性、系统性等特点，决定着其可再生的属性，同时，此类植物不是独立存在的，而是与其他物种具有相辅相成的关系，共同组成自然资源中稳定的生态系统。因此，在开发利用和保护资源植物的过程中，一方面必须保持资源植物的可持续性、物种构成的多样性，同时应利用资源植物的经济功能，保持资源植物的最大持续产量，发挥资源植物在社会发展中的贡献；另一方面，务必维护资源植物最佳生存环境，监测资源植物的最小种群数量，实现有效保护和合理利用相结合。资源植物合理利用的原则包括如下 5 个方面的内容。

1. 保持资源植物的可持续利用

资源植物是一种再生性资源，属可更新的资源，但并不是取之不尽、用之不竭的。因此，资源植物开发利用时，野生资源务必准确评价年允采量，做到合理利用，有效经营，是资源植物可持续利用的保证。换句话说，开发利用某一资源植物之前，必须掌握该种植物的生长发育、繁殖规律，分析其利用的方式、程度对资源动态的影响，然后制订合理的利用计划，再进行有效的利用。

2. 保持物种的最丰富性

自然界的生态系统，不论是森林、草原、湖泊、海洋，还是荒漠等都由不同的生物群落组成，构成群落的物种之间彼此依赖，互助互惠的同时，又相互制约、激烈竞争，共同维持生态系统的平衡。一个生态系统种类组成越丰富，彼此之间的关系越协调，越有利于种群的生存和发展。资源植物也存在物种间互生互利、相互危害等方式，在进行资源植物栽培繁育中，必须研究每一物种的生态和生物学特性，特别是采取林下经营的资源植物，务必关注物种间的互利共生关系，相互创造有利的生存条件，共同构成稳定而有益的生态群落。

3. 种群的最大持续产量

最大持续产量（maximum sustainable yield，MSY）是资源植物持续利用和开发中比较明智也是唯一的选择。在自然生态系统中，某一种群的密度过高时，不利于种群产生新的个体，也不利于个体的最大生物产量的建成。自然，种群数量或密度适当时，种群的生长率最大，才能达到 MSY 的最大值。

资源植物最大持续产量，是指在单位面积或某一自然地段上的自然（或半自然或人工）生态系统中，能够长期不断地获得人类所需的某种或某类生活物质可能接近或所能达到的最大理论产值。例如，药用资源植物的栽培利用，一方面必须关注该药用植物的产量，另一方面也务必重视其质量和效用等问题，以期在获得最大持续产量的同时，获得质量上乘的产品。

4. 最小生存种群理论

最小生存种群（minimum viable population，MVP）是指一个物种存活所必需的个体数量，即在可预见的将来，具有较高生存机会的最小种群数量。某一物种的灭绝或种群个体数量的下降，都会导致生态系统的构建因素贫乏或缺失，破坏其稳定性。当种群被过度破碎或片段化而造成隔离后，每个居群的个体数量变得极小，与其他居群孤立开，造成每个小居群被相互孤立，基因的交流被阻断，居群内的基因多样性不断消失和单一化，导致繁殖缺失甚至中断，造成物种濒危而渐次灭绝。这样的灭绝将是永久性和不可逆的。在资源植物保护利用时，研究确定最小生存种群大小和最小生存面积十分重要，针对某一物种，务必保护最小生存种群数量及其最小生存面积。

5. 最佳生境原则

各种植物的生长发育都需要一定的生境条件，生境条件的优劣直接影响着植物生长的速度和生物量的积累。生境优越，其生物繁殖能力强，发展迅速，单位时间和单位面积提供的资源量越多；其反过来促进生境向更好的方向发展，从而形成良性循环，实现资源的可持续发展。反之，生境的恶化，不利于生物的繁殖与生长，造成恶性循环，最终导致物种灭绝。由此，揭示出资源植物的培育，务必选择其最适合的立地或环境作为人工培育的场所，避免在次适宜区或不适宜区作为人工种植的基地。

第三节 资源植物合理开发利用的途径

资源植物合理开发利用的目的是保护生态系统中各个物种的繁殖、生长和发育，物种间和谐发展，保证达到经济开发中的物尽其用、综合开发、经济效益可持续地最大化的原则，实现最充分、科学、合理和有效地开发利用中国丰富的资源植物，使其在社会可持续发展中发挥最大的作用。

通过提取、加工、精制等工业途径，使资源植物按市场需要形成名优新产品，变区域的资源优势为商品优势，优化生产流程，为市场提供优质的批量产品，满足人类需要。

应采取一物多用、多学科多层次的途径，进行资源植物综合开发，以植物分类与化学、植物亲缘学等基础学科为其理论依据，把资源植物开发利用提高到一个新水平，是现代资源植物开发利用的必由之路。

第四节 资源植物的保护原则

资源植物的保护，务必与开发利用并重，只有良好的保护理念、策略、措施和技术，并付诸实际行动，才能实现资源植物的有效保护，方可进行其开发利用；同样，只有通过有效的利用，资源植物才能得到全社会的认知和重视，并得到规模化的人工培育，实现野生资源的良好保护。资源植物的保护包括如下 6 条原则。

1）*保护资源植物的存在*　资源植物由成千上万的植物种类构成，物种是在长期进化、发展和不断对环境的适应过程中形成的，这些植物种都是宝贵的种质资源。建立植物园和自然保护区是保护资源植物的重要措施，创造条件建立种子库，保存资源植物种质资源，也是极其重要的有效措施。由此，资源植物的保护，首先务必保证某一植物资源的种质资源的存在，才可能进行其繁殖和发展。换句话说，保护资源植物的存在就是力求某种类的植物种质资源在地球上不至灭绝。

2）*保护资源植物的再生能力*　在利用资源植物强度上，务必重视其恢复能力和再生能力。务必提供资源植物休养生息的机会，使其种群得到恢复和发展。不顾资源植物承受能力而掠夺式的过度采收利用、盲目追求近期经济效益的利用模式，必然导致资源植物的砍光、挖绝、剥尽，最终枯竭的结果。因此，保护资源植物的最小生存种群和面积是保护资源植物再生能力的有效途径，在此基础上，有效保护资源植物的再生能力，务必在利用中做到只采集某一种类达到采收标准的年允采量等方面的要求。

3）*保护植物的多样性*　资源植物在自然界中的属性是丰富多样的，极少单一物种构成群落的类型，常由多种植物聚集在一起，形成多样化的植物群落。因此，某一种类的保护，不仅只关注其自身的生物学、繁殖和生长发育等方面的特征，务必研究其群落及其结构、研究物种与群落构成物种间的关系等特性，有效保护群落物种的多样性，方可保护目标物种本身的可持续发展。例如，保护草果的种质资源，务必保护与其繁殖、生长和发育有关的林下和上层植物的多样性，否则，耐阴的草果因遮阴物种或传粉昆虫寄主的缺失而丧失其生境或繁殖能力而不能存活。

4）*保护资源植物的生态环境*　植物在生长发育过程中，无时无刻不与环境发生关系，它们之间相互影响、相互制约，形成特定的生态环境，影响植物生存、繁殖和生长发育。特定的生态环境是特定资源植物赖以生存、繁殖、生长和发育的载体或“家园”，一旦遭到破坏，则资源植物将不复存在。因此，保护资源植物，也必须研究其与环境的关系及其环境特征、环境对物种影响的主次因子，为科学、有效地保护其生态环境提供理论依据，实现资源植物的有效保护。同时，为资源植物的人工培育提供最适宜生境的选择，通过利用栽培资源，间接地保护野生资源。

5）*尊重各民族对资源植物保护的传统知识*　传统社会高度依赖于周边环境中的资源，社会成员必须掌握当地许多植物的知识并致力于利用和保护这些植物；植物利用、保护的知识和实践活动持续存在的地方，意味着传统知识对现代保护体系的构建是十分珍贵的，对当今世界克服资源利用和保护的挑战具有重要的意义（裴盛基等，2009）。中国多民族的社会体系，各民族都形成了各自对资源植物认识、利用和保护的可持续发展传统知识体系，构建了有效保护资源植物的区域性基础体系，可为现代保护策略的制定提供借鉴。信仰文化对生物多样性的保护作用，不仅是对某些孤立的物种或只体现在物种水平（如神山、神树、神兽崇拜）上，其通过圣境自然保护体系的建立和维护，在物种、群落、生态系统直至景观水平多个层次上发挥着保护的作用，对区域自然环境和生物多样性管理具有综合和深刻的影响（罗鹏等，2001）。例如，在西双版纳，对传统的信仰、规范和禁忌的破除，导致傣族人民世代崇奉的龙山和山地民族长期保护的神林遭到无情的砍伐和破坏；废弃了传统刀耕火种的轮歇制度和资源管理方式，森林很快变成荒芜之地（尹绍亭，2000）。随着这些群落、景观和森林的消失，诸多的资源植物种类和数量也急剧减少。

6）*利用栽培资源为主、野生资源为辅的保护原则*　野生资源依赖自然力作为繁殖、生长和发育的基本要素，生长和蕴藏量有限，在规模化或一定量的产品生产时，野生资源难以满足可持续的原料需求。因此，该类资源植物，必须通过人工培育的途径提供原料，野生资源仅作为部分原料的补充。通常，人们普遍认为资源植物一旦人工培育后，其质量或品质、含量等远不如野生资源的。例如，森林蔬菜人工栽培后，其风味、有效成分含量和口感均较野生的差。当然，若毫无规划地盲目追求短期的经济效益，这一现象是不可避免的。然而，野生资源的驯化栽培，与农业或林业类似，必须进行长期的规划，关注可持续的土地和资源利用，此类问题就完全可以避免。同样以森林蔬菜的栽培为例，尤其是木本蔬菜，人工培育过程中，若严格按有机或绿色栽培规程实施，施有机肥、不用有毒或有残留的农药，加上适当的浇水灌溉，则栽培蔬菜因纤维相对较野生的少、水分较野生的多等而木质化程度较低，相应地，保持风味的同时，口感也较野生的好；作为蔬菜的日常食品，有效成分含量的高低，不影响其功效。即使是追求有效成分含量的药用植物资源，若具备长期可持续发展的观念，据此进行规划设计，并严格按规划实施，栽培原料的有效成分含量也可达到野生资源的。例如，以重楼为例，野生的一般 5 年生以上的植株方可采收原料提取有效成分，而且在天然生长环境中，生长和有效成分的积累不受化肥和农药的影响；若人工进行仿生栽培，降低栽培密度、避免化肥和农药的大量施用或将其控制在受影响的标准范围内，并且栽培 5 年后收获，其有效成分含量应该与野生资源的一致；通过良种选育后栽培，甚至远高于野生资源的。

第五节　资源植物保护的基地

一、植物园或树木园

植物园（botanic garden）、树木园（arboretum）作为资源植物迁地保护的重要基地，是全球实施植物多样性保护战略的主要执行者与推动者。以英国皇家植物园丘园（Kew Gardens）、爱丁堡皇家植物园（Royal Botanic Garden Edinburgh）以及美国密苏里植物园（American Missouri Botanical Garden）等为代表的国际植物园体系，是全球植物学研究与资源植物保护领域公认的典型案例。中国科学院“三园两所”布局的实施，已经保存了全国约 2 万种高等植物，占中国植物园收集种类的约 90%，其中 300 多种珍稀濒危植物在植物园得到迁地保护，70%的国家重点保护的野生植物已经得到了有效保护，并在资源的开发利用方面作为种质资源和技术支撑推动了社会经济的发展。此外，众多的树木园，也保存了大量的资源植物。

中国植物园体系按照功能与形式分为观赏植物园、高山或山地植物园、自然或野生植物园、园艺植物园、主题性植物园、社区植物园。植物园应该是集资源植物迁地保护与开发利用、科学研究以及对公众进行科普和环境保护教育为一体的综合性对外开放机构。

科普教育是植物园、树木园的重要功能，因此，其应加强全球变化、消除贫困、食品安全、入侵物种等方面的科普内容，加大科普投资，采取新的资讯技术改进科普教育方法，提高植物园、树木园科普的趣味性、知识性、挑战性、创意性，使其更好地对全民进行科普教育，尤其是青少年和儿童。

二、自然保护区

自然保护区（nature reserve）是对有代表性或有重要保护价值的自然生态系统、珍稀濒危野生动植物的物种天然集中分布区、有特殊意义的自然遗迹等保护对象所在的陆地、陆地水体或者海域，依法划出一定范围予以特殊保护和管理的区域（崔国发等，2007）。作为最重要的资源植物保护基地，自然保护区发挥着越来越重要的作用。

根据保护对象及其周围环境特点以及管理需要，将自然保护区划分为具有不同功能的区域。一般划分为核心区、缓冲区和实验区。

1）核心区（core zone）　自然保护区内保存完好的自然生态系统，珍稀、濒危动植物和自然遗迹的集中分布区。该区域需要严格保护与管理，因属保护区内各种原生性生态系统类型保存最好的区域，是保护区内最重要的保护地段。核心区是严禁任何采伐和狩猎等活动的开展而绝对地受保护的区域，以保持物种多样性，使之尽量不受人为干扰。例如，卧龙大熊猫自然保护区（九寨沟），核心区面积 36 349hm^2，内有脊椎动物 47 科、170 种（国家重点保护动物 26 种），除有大熊猫（*Ailuropoda melanoleuca*）

外，还有金丝猴（*Rhinopithecus roxellanae*）、牛羚（*Budorcas taxicolor*）、白唇鹿（*Cervus albirostris*）、雪豹（*Panthera uncia*）、金钱豹（*P. pardus*）、火冠鸟（*Cephalopyrus flammiceps*）等国家级保护动物。森林植物 56 科、127 属、278 种，其中名贵树种达 10 余种。

2）*缓冲区*（buffer zone） 核心区外围划定的用于减缓外界对核心区干扰的区域。包括一部分原生性生态系统类型和由演替类型所占据的半开发的地段。缓冲区是核心区周围保护性的过渡区，其作用是把核心区同周围地区隔离开，限制自然保护区的人为活动至缓冲区为止，保证核心区不受或少受人为活动的影响。

3）*实验区*（experiment zone） 为探索自然资源保护与资源可持续利用的有效结合途径，在自然保护区中区划出一个区域，用于适度集中建设和安排科学实验、教学实习、参观考察、项目经营与必要的办公、生产生活基础设施。实验区根据实际情况再划分为生产经营、生态旅游、科学实验、生活办公和教学实习等小区。实验区处于保护区外围，除具有缓冲区的作用外，还开展试验性或生产性的科研和资源开发利用活动。例如，贺兰山自然保护区，促进经济发展的旅游项目严格限制于核心区以外的缓冲区和实验区，旅游以南寺、北寺旅游区为依托，为游客展示贺兰山周边丰富的自然景观和人文景观。

自然保护区具有一系列的其他功能（金鉴明等，1991；郭忠玲和赵秀海，2003；迟德富等，2005；张恒庆和张文辉，2009；李俊清，2012），主要表现在以下 6 个方面。

1）*提供生态系统的天然本底资料* 自然保护区一般都未经人类大规模开发活动的干扰，区内的物种、生态系统、自然景观等都保持原始或自然演替状态，展示和反映所处区域自然界的天然本底状况。一方面，自然保护区能展示和反映出自然生态系统的真实面目；另一方面，自然保护区为野生物种及其遗传资源提供有效的保护。特别地，具有代表性的天然生态系统或原始景观地段，都是极为珍贵的自然界的原始“本底”，为衡量人类活动结果的优劣提供评价，也可探讨某些自然地域生态系统的合理保护和利用方向。

2）*动植物种类及其群落的天然储存库* 自然保护区内生物多样性在物种、基因和生态系统层次都非常丰富，这些层次的多样性能长时间完好地保存，同时，也保护各种类型的生物群落和它们赖以生存的环境。此外，自然保护区内还含有多种地貌、土壤、气候、水系以及独特的人文景观单元，保障了多样性的物种及其构成的自然群落在其受保护面积范围内得到保存、繁衍和物种间和谐发展。保护区内，当今“无用”的物种，也许成为将来医药、工业、农业育种、经济发展和科学研究方面有用的甚至是不可代替的原料。

3）*进行科学研究的天然实验室* 自然保护区通常保存了较完整的生态系统、丰富的物种和它们赖以生存的、较接近自然状态的环境及其他自然历史遗迹，为生物学、生态学、地质学、古生物学及其他学科的研究提供了良好的场所。自然保护区中的保护对象存在的长期性和天然性，为环境监测和各种定位研究提供了有利的条件。科学研究是自然保护区工作的灵魂，既是基础性工作，也含开拓性的内容，是实现自然资源有效保护与合理开发利用的关键。随着科学的发展，对某些珍稀动物或植物进行科学的驯化和繁育，使之为人类提供新的更多的优良品种和新资源，也是自然保护区开展的一项实践活动。

4）*活的自然博物馆，是向群众普及和宣传自然资源保护的重要场所*　有计划地安排保护区内的教学实习、参观考察及组织青少年夏令营活动，观看宣传教育中心内设置的标本、模型、图片和录像等，通过精心设计的路线和视听工具，普及生物学、地理学以及自然资源保护等方面的知识，是自然保护区的任务之一。通过身临其境的知识普及和认知，提高全民保护自然资源的积极性和科学素养。

5）*生态旅游活动*　自然保护区丰富的物种资源，优美的自然景观，可满足人类精神文明和文化的需求。有条件的自然保护区可划出特定的旅游区域，供人们参观游览。同时对从事音乐、美术和文学等艺术工作者，自然保护区通常是创作灵感的源泉和素材来源的重要场所；是科学工作者、大专院校师生考察自然生态系统和野生动植物的基地。把具有旅游特征的景观区划为向社会公众开放的旅游区，为公众提供了解、探索、教育、宣传、鉴赏和娱乐等为一体的场所，提高公众素养的同时，不断发挥和扩大自然保护区在国内外的影响，吸引更多的人关心、支持和帮助自然资源的保护、自然保护区的管理和建设工作。

6）*维持生态系统平衡*　自然保护区由于保护了天然植被及其组成的生态系统，在改善环境、保持水土、涵养水源、维持生态平衡等方面具有重要的作用。许多自然保护区内生长着茂密的原始森林，其涵养了水源和保护了土地与环境，调节了气候，为区域的环境、社会和经济发展做出积极的贡献。

7）*维护周边社区经济、社会可持续发展*　资源保护与利用、利益分配、人口压力等加剧带来的对自然保护区的不良影响，是社区发展与自然保护冲突的根源。社区共管是协调自然保护区与社区之间矛盾的有效方式之一。自然保护区内缓冲区和实验区的划分，变绝对保护为相对保护，既保障了核心区的绝对保护，又为周边社区民众提供了生存和发展的条件，保护区与社区共管成为可能。社区在共管中，当地居民既是自然资源可持续发展的使用者，又是管理者，从保护的被防范者变成了保护者，消除了被动式保护造成自然保护区同当地社区的对立关系。此外，良好的自然保护区运行，可促进本地和周围地区自然环境的改善，维持自然生态系统的良性循环，提高当地群众的生存环境质量；同时，在促进当地农业生态环境逐步向良性循环转化，提高农作物产量，减免自然灾害等方面都发挥着重要的作用。

三、种质基因库

植物种质基因库（gene bank of germplasms）是指以保存植物遗传资源为目的，保存植物种子和各种繁殖体的现代化设施，即将植物体的某一部分器官，如种子、根、根茎、茎、花粉等进行人工保存作为植物种质资源保护的手段之一。建立种质资源库，也是保护资源植物的重要措施之一。

种质基因库分为如下三类。①长期储藏库：储藏温度为－20～－10℃，储藏 10 年至数百年。②中期储藏库：储藏温度为 0～5℃，储藏 20 年左右。③短期储藏库：储藏温度为 5℃，储藏两三年。

种质基因库因投入和运营成本极高，通常结合科学技术研究而建立，不作为植物资源保护的常规手段。

各　　论

第六章　野菜植物

第一节　概　　述

一、概念

野生蔬菜（wild vegetable），简称野菜或山野菜，是指可用作蔬菜的一切野生植物。野菜是相对于栽培蔬菜而言的，一旦野生蔬菜被驯化栽培，其便从“野生蔬菜”变为“家菜”，在内涵上受到了一定的限制。

森林蔬菜（forest vegetable），意指以森林或森林生态环境为其生长的生境，是有机、无污染、无公害的野生或栽培蔬菜的总称，以多年生草本或木本种类为主（李莲芳等，2005b）。

森林蔬菜强调了其生长环境及特性，并包括被限定的栽培蔬菜，外延相对较野生蔬菜广。有时野生蔬菜和森林蔬菜的概念相互混用，然而，从严格意义来讲，森林蔬菜的定义更为严谨和限定了有限的范围。

二、野生蔬菜的类别

依据食用部位和类别的不同，野生蔬菜分为以下6类。

1. 茎菜类

茎菜类是指食用蔬菜主要来源于嫩茎、幼芽及嫩枝等的野生蔬菜类。例如，柳叶蒿（*Artemisia integrifolia*）、紫萁（*Osmunda japonica*）、菜蕨（*Callipteris esculenta*）、蕨、枸杞、野豌豆（*Vicia sepium*）、水芹、鱼腥草（*Houttuynia cordata*）、灰藜（*Chenopodium album*）、猪毛菜（*Salsola collina*）、沙芥（*Pugionium cornutum*）等。

2. 叶菜类

叶菜类主要以食用嫩叶为主，兼含嫩茎或嫩枝的野菜类，如香椿、刺五加、白簕、蔊菜（*Rorippa indica*）、槐、竹叶防风（*Bupleurum marginatum*）、刺榆（*Hemiptelea davidii*）、马齿苋（*Portulacea oleracea*）、红蓼（*Polygonum orientale*）、野韭（*Allium ramosum*）、龙须菜（*Asparagus schoberioides*）、荠（*Capsella bursa-pastoris*）、蒲公英（*Taraxacum mongolicum*）、甜菜、酸苔菜（*Ardisia solanacea*）、臭菜、刺芫荽（*Eryngium foetidum*）等。其中以香椿、甜菜、槐树叶等最为普遍，极受欢迎。茎菜和叶菜通常根据主要的食用部位而定，但嫩茎或嫩枝与嫩叶多数情况下一起食用，因此，两者不可能绝对区分开。

3. 花菜类

可作蔬菜的器官是花、花蕾、花序和花苞的野生蔬菜类，如金雀花（*Caragana sinica*）、白刺花、川梨（*Pyrus pashia*）花、海菜花、攀枝花（*Bombax ceiba*）、黄花菜、野芭蕉（*Musa acuminata*）、白花羊蹄甲、火烧花（*Mayodendron igneum*）等。

4. 果菜类

可作蔬菜的器官是果实、种子及幼嫩荚果的野生蔬菜类，如树番茄（*Solanum betacea*）、刺天茄（*S. indicum*）、西番莲（*Passiflora coerulea*）、千张纸（*Oroxylum indicum*）、槟榔青（*Spondias pinnata*）等。

5. 根菜类

根菜类以根、块根、根茎、鳞茎作蔬菜的野生蔬菜类，如大蓟、地参（*Lycopus coreanus* var. *cavaleriei*）、宽叶韭（*Allium hookeri*）、日本薯蓣（*Dioscorea japonica*）、山药（*D. alata*）、木薯（*Manihot esculenta*）、魔芋（*Amorphophallus yunnanensis*）等。

6. 笋菜类

植物的笋或茎尖作蔬菜的野生蔬菜类。例如，大量竹类的笋、棕榈藤的茎尖等，如云南甜龙竹（*Dendrocalamus brandisii*）、版纳甜龙竹（*D. hamiltonii*）、麻竹（*D. latiflorus*）、筇竹（*Qiongzhuea tumidissinoda*）、云南箭竹（*Fargesia yunnanensis*）等的竹笋，南巴省藤（*Calamus nambariensis*）、云南省藤（*C. acanthospathus*）、黄藤（*Daemonorops jenkinsiana*）等的茎尖属于笋菜类（王慷林，2003，2004；江泽慧和王慷林，2013）。

有的书籍把菌菜类作为野生蔬菜重要的一类而把野生蔬菜归为7类。可作蔬菜的食用真菌类的子实体和地衣，是山野菜最多的一类。全世界有食用菌2000余种，中国记录54科、166属、938种（卯晓岚，2000）。云南的野生食用菌在750种以上，加上50多种人工栽培种类，云南的食用菌有近800种（张光亚，2000），约占世界食用菌资源的40%，全国食用菌资源的85.3%；绝大多数属于口蘑科（Tricholomataceae）、牛肝菌科（Boletaceae）、红菇科（Russulaceae）、蘑菇科（Agaricaceae）等类群（王向华等，2004；于富强等，2002）。本书仅收集高等植物，在种类介绍时，不涉及真菌等低等植物。

三、野生蔬菜相关的著作及其简要内容

中国野生蔬菜的利用有着悠久的历史，早在3000多年前，《诗经》、《尔雅》等古书中就记载了民间食用的野菜，《救荒本草》、《农政全书》、《野菜博录》、《野菜谱》、《食性本草》等，总结了民间采集、食用野菜的经验。随着社会的发展，人类越来越青睐于食用蔬菜，野生蔬菜的开发利用得到广泛重视，一大批有关野生蔬菜的书籍渐次出版发行（表6-1）。

表6-1 野生蔬菜的相关出版物及其内容简介

序号	书名	作者	出版时间	内容简介
1	救荒本草	朱棣（明代）	1406年	根据植物的性质和外形特征分为草、木、米谷、果和菜五大部类，各部分别介绍了245种、80种、20种、23种和46种植物。每部类又根据植物的可食部位，如叶、实、根、花、皮和茎等进行分类，共有15类，分别是叶可食类（237种），实可食类（61种），叶、实可食类（43种），根可食类（28种），根、叶可食类（16种），根、实可食类

续表

序号	书名	作者	出版时间	内容简介
				(5种)，根、笋可食类(3种)，根、花可食类(2种)，花可食类(5种)，花、叶可食类(5种)，花、叶、实可食类(2种)，叶、皮、实可食类(2种)，茎可食类(3种)和笋可食类(1种)。构建了初步的资源植物根据食用器官分类的基础
2	农政全书	徐光启(明代)	1639年	徐氏平生研究农学的总结，分农本、田制、农事、水利、农器、树艺、蚕桑、蚕桑广类、种植、牧养、制造和荒政12门，共60卷。荒政门中所选述《救荒本草》和《野菜谱》中植物共470余种，记录了简要特征和用途等
3	本草纲目	李时珍	1957年	收载药用植物1892种，其中菜药植物105种
4	五十二病方	马王堆汉墓帛书整理小组	1979年	属医疗专著，大量记载以野菜治病保健的内容
5	食疗本草	孟洗	1984年	
6	食性本草	陈仕良	2006年	
7	中国野菜图谱	陶桂全等	1989年	介绍野菜的营养价值、毒性鉴定、食用方法，选择了分布广、产量大、营养丰富、食法简便、味道好的100种野生蔬菜，进行了营养测定和毒性检测；针对野菜种类进行了详细的别名、学名、形态、产地、生境、维生素含量和食用方法等内容的介绍
8	食药兼优花果谱	闻荃堂	1992年	介绍黄花菜、百合花、菊花、桃花、杏花、荷花、木槿花、玫瑰花、牡丹花、玉兰、茉莉、枸杞等近80种药食兼用的花卉植物。书后还附“有毒花卉一览表”，作为与可食用花卉相区别的资料供查阅
9	野菜食疗偏方	李俊杰	1993年	介绍路边、河畔、房前屋后等各种可食野生植物及其生长特征，即野菜的生理生态特征、营养成分、食用方法和药用价值，包括888个食疗偏方
10	东北野生可食植物	郭文场等	1993年	收载中国辽宁、吉林、黑龙江及内蒙古等省(自治区)产的野生可食植物245种(含变种)，分为食用菌篇、藻类篇、野菜篇、野果篇。每种植物的描述包括中文名、别名、学名、识别特征、生态环境、产地、食用和成分等，全书配有黑白、彩色插图367幅
11	中华野菜食谱	孙进柱	1995年	介绍200种可食野菜，每种依次介绍别称、分布、生长习性、形态、营养成分、性味、药用价值、采食部位和菜谱等。此书含两个附录：附录一“部分野菜营养成分表”，载录77种常见野菜的营养成分；附录二“有毒野菜的识别”，收录40种分布范围较广，容易误食造成危害的有毒野菜，每种记述分布区域、生长习性、形态、性味、毒性成分、中毒症状等，并配有植物形态图，以便于识别，避免误采误食

续表

序号	书名	作者	出版时间	内容简介
12	野菜采集与加工	王遂义等	1995年	描述了常见野菜161种，包括俗名、学名、形态、分布、功效、营养成分和食用方法等。同时，对鲜制菜、晒干菜、腌咸菜、制罐头、食疗等方面进行了介绍
13	中国野菜开发与利用	朱立新	1996年	介绍中国野菜开发利用的价值和现状、野菜的分类、野菜分布及种类、野菜的采集和加工等内容。重点描述125种主要野菜的形态特征、分布与生长环境、营养价值、采集与食用方法等，还简要描述65种野菜的一般形态特点和分布情况；附有野菜彩色照片50余幅
14	野菜的食用及药用	张哲普	1997年	介绍野菜的种类、特征、地区分布、生长环境、营养成分、药用功能和验方、烹调与食疗作用，以及野菜的中毒症状、毒性的鉴别等。共收集南北方常见的野菜65种，并附插图，文图并茂
15	四季野菜	刘正才	1998年	分春季、夏季、秋季和冬季野菜描述，共记录常见野菜148种，包括俗名、学名、图形、医药的性味与功效、营养成分、食用方法等
16	野菜资源及其开发利用	杨毅等	2000年	论述中国的野菜资源及其特点、野菜资源与人类的关系、野菜的一般食用方法、产品加工技术、毒性与中毒防治、储藏保鲜技术、引种驯化与栽培、资源开发利用与保护等方面的内容；按中文名、食用部位、营养成分、采摘处理、食用方法、综合利用、繁殖与栽培、资源保护及其他特别的信息等，描述100种主要分布于湖北的野生蔬菜
17	野菜栽培新技术	周荣宰和潘常鉴	2000年	从食用根、茎、叶、花和果5个方面，收集野菜植物58种，描述种的形态特征与属性、栽培措施、采收及食用等内容
18	绿色食品——野菜	金东梅等	2001年	详细介绍了野菜的特点，采摘、加工、烹调等知识，重点描述80余种野菜的中文名称、学名、产地、习性和形态特征、药用价值和食用菜谱、药用成分和医疗配方等内容
19	德宏山野蔬果	许本汉	2001年	记录云南德宏常见野菜213种、野果46种，附图138张，包括植物资源蕴藏量、食用习俗、采食利用等
20	中国云南热带野生蔬菜	许又凯等	2002年	涉及分布于云南热带的食用野生蔬菜植物149种，其中鲜花、果、草本茎叶、木本茎叶、竹笋和块茎（根）等类别的野生蔬菜分别为25种、15种、64种、37种、4种和4种。每种附图，并详细描述形态特征等内容
21	野生蔬菜的开发与利用	汪兴汉	2002年	介绍开发利用野生蔬菜的意义和主要途径、主要野生蔬菜种类描述（11种）及其人工栽培技术（8种）、有待开发的其他野生蔬菜（16种）等

续表

序号	书名	作者	出版时间	内容简介
22	常见野生蔬菜食用指南	李春华和王爱云	2002年	介绍野生蔬菜的利用价值、分类、采集处理及野生蔬菜的毒性鉴别与去毒处理。描述50多种常见野生蔬菜食谱，包括凉拌、清炒、肉炒、火锅、汤羹类及以野菜为主的各种包馅食品，共计近500种菜谱
23	中国食用本草	郑汉臣	2003年	描述271种药食兼用的植物，包括学名、别名、形态、生境分布、化学成分、食用价值、药用价值和验方等内容；配有588幅原植物和食用或药用的彩色照片，以便读者识别
24	中国野菜	赵金光等	2004年	收录中国民众广泛采食的野菜186种，其中藻菜类20种，菌菜类34种，苗菜类93种，茎菜类11种，叶菜类6种，根菜类8种，花菜类3种，果（种子）菜类5种，树芽类6种；以文字、彩色照片和线条图等形式分别详述各种野菜的中文名、别名、学名、形态特征、栽培技术、采集加工、化学成分、食用方法和医疗保健作用等内容
25	野菜食疗食谱1000样	韦旭斌和郭文场	2005年	全书分类介绍包括藻菜类（12种），菌菜类（17种），苗菜类（57种），茎菜类（8种），叶菜类（5种），根菜类（7种），花菜类（3种），果（种子）菜类（4种），树芽类（5种）。描述各种的别名、食用方法、医疗保健作用，以及部分菜谱，并附录部分野菜食疗验方
26	野菜·野果·野花的识别与养生食谱	曹广才等	2005年	介绍25种常见野菜、21种野果、71种野花，共117种野生植物。包括种类的别名、学名、形态特征、生长环境和分布、食用部位和方法，每一种类配一幅图，以便识别。此外，还介绍了233种饮品和取材于32种植物的458道菜肴，包括植物原料、配方、制作或烹调方法、营养价值和疗效、民间单验方等
27	野菜鉴别与开发利用	郎国良	2006年	包括动物类14种，根茎类12种，花果类9种，菌物类3种，芽叶类70种。介绍每种的形态识别特征、营养成分、药用功效、食用方法、栽培技术等内容
28	野菜养生事典	童筱	2006年	描述90种野生蔬菜，每种介绍产地、性味、食用方法、营养成分、保健和药用功效、食用宜忌、食疗验方、养生食谱等
29	中国的野菜：319种中国野菜图鉴	（明）朱（木肃）原著；周自恒	2008年	以《救荒本草》为权威底本，综合各家的考证结果，精选典型的中国野菜319种，配以彩色照片和精细手绘辨识图等，方便采摘和食用。描述各种类的别名、产地、形态、食用部位、采食时间、食用方法、药用功能等内容
30	图说森林野菜高效栽培技术	洪利兴等	2008年	描述20种口感良好、营养丰富和具有一定药用功能的野生蔬菜，包括生态特性、栽培技术（含播种、扦插分株等繁殖方法，林下仿生栽培、大棚设施栽培等及其密度、中耕除草、水肥管理、病虫害防治和采摘收获等有机化高效栽培技术）

续表

序号	书名	作者	出版时间	内容简介
31	野生食用植物资源加工技术	马莺等	2009 年	结合中国野生食用植物资源的分布及其特点，描述食用菌、野生食用浆果和坚果、根茎类、山野菜、药食同源植物的特点、采集、储藏和加工技术等内容
32	食用蔬菜与野菜——332 种营养菜蔬的彩色图鉴	吴棣飞和孙光闻	2009 年	收录 332 种可食用的蔬菜和野菜，每一种蔬菜介绍其别名、学名、科属、形态、生境、食用部位和方法，以及在美化环境、净化空气、预防或治疗人体各种疾患等方面的作用。同时配有 600 张彩色插图，方便识别
33	野菜图谱	苟光前	2009 年	介绍贵州省常见野菜植物 187 种，包括叶、茎菜类 104 种，根菜类 15 种，花菜类 26 种，果菜类 10 种，其他类（菌类）42 种；描述每种的形态特征、分布与生境、食用方法等
34	珍稀野菜栽培与利用——茎叶类	清波和幼松	2009 年	描述主产于贵州的 30 种茎叶类野生蔬菜，包括每种的简介、营养成分和药用功能、形态特征、生长习性、栽培技术、采收、利用方法等
35	珍稀野菜栽培与利用——水生类	刘建先和朱学勤	2009 年	介绍主产于贵州的 25 种水生野生蔬菜，包括各种的简介、营养成分和药用功能、形态特征、生长习性、品种选择、栽培技术、采收和分级、保鲜加工、利用方法等内容
36	中国的野菜	苏黎	2010 年	精心筛选中国境内最常见、最具营养价值的 291 种野菜。作者按叶形编排种类，分圆形叶类 154 种，披针形叶类 80 种，线形叶类 57 种。包括各种的别名、分布、食用部位、采食时间、形态、食用方法、药用功效等
37	药食两用植物	张燕和张洪斌	2012 年	总结 30 种常用药食两用的植物，内容包括形态特征、生长习性、栽培、性味归类、功能、药理作用、临床应用、保健食谱等内容

此外，有关野生蔬菜或森林蔬菜的文章极多，不能一一列举，可参考本章其他部分相关引文。

四、资源与分布

中国野生蔬菜资源 213 科、1822 种（Chen et al.，1996）。但随着资源开发和利用的不断深入，越来越多的野生蔬菜被重新开发，种类将进一步增加。例如，在西双版纳，九翅豆蔻（*Amomum maximum*）、姜黄、假烟叶（*Solanum verbacifolium*）、血苋（*Iresine herbstii*）等不曾计入野菜植物的种类已经被作为野生蔬菜食用，进一步拓展了传统野生蔬菜的资源种类，而且诸如此类的资源植物的利用仍在不断地增加。另外，外来栽培种的逃逸及用途的变化，也是野生蔬菜资源库的另一个重要来源，如金刚纂（*Euphorbia antiquorum*）、番木瓜等，已成为傣族最常用的野生蔬菜（李秦晋等，2007）。

中国野菜种类繁多，分布广泛，但不同种类分布于不同的自然生态区域，构成区域性的野生蔬菜类型。虽然有的种类在全国各地都有分布，如荠菜、野苋、酸浆、小苦荬等，但各地数量差异较大；有的种类仅在有限的区域分布，如西双版纳的森林蔬菜臭菜等。全国性分布的常见野菜有 200 多种。野生蔬菜总的分布趋势为南多北少，与植物资源的丰富程度相一致（罗浩等，1997）。

野生蔬菜植物的统计方式，各省（自治区）界定的范畴不同，统计不一，数据相差较大，但也可揭示各省（自治区）的资源情况，如云南 106 科、272 属、375 种（不包括食用菌、竹笋等；刘发万等，2007），贵州 163 科、374 属、669 种（含变种；张汝霖，1999），海南有 85 科、267 种（党选民等，2002），广东 54 科、144 种（不包括可食的野生苗类、蕨类和藻类；关佩聪等，2000），湖北 86 科、247 属、422 种（杨毅等，2000b），河南 91 科、415 种（王广印等，2004），浙江 79 科、231 属、452 种（钱华等，2003），江苏 44 科、108 属、192 种（汤庚国和李湘萍，1995），安徽 85 科、211 属、383 种（朱世东和河云核，1995），黑龙江 53 科、153 种（张美萍和张冬梅，1997），吉林 46 科、125 种（窦广民和刘新东，2002），宁夏 23 科、62 属、112 种（李爽等，1990），青海 25 科、91 种（高淑敏等，2002），新疆 100 多种（孙健等，2003）。大致呈现了东西、南北和各省（自治区）的野生蔬菜资源概括。

五、野生蔬菜的特点或价值

常规栽培蔬菜，由于长期经营，往往出现一系列问题：①品种和品质退化，产量不稳定；②抗逆性差，病虫害严重；③有害残留物及农药残毒性增加，可对人体健康造成严重危害；④原始的自然风味减弱，与人们追求“回归自然”的时尚相悖；⑤随着栽培蔬菜种类不断选择与淘汰，品种趋于单一，难以满足人们多样化的现代蔬菜营养需求。

现代社会的紧张生活节奏，使人们对新、特、奇的追求日趋强烈，餐桌上也不例外，仅有的栽培蔬菜很难满足人们的这一精神和心理需求。基于其具有的特点或价值，野生蔬菜越来越被人类青睐。

1. 绿色无公害

野生或森林蔬菜多生长于山野、林缘、林内或林下、灌丛草地、道旁、岸边、田头地边、沟边荒野等不受人为干扰或人为干扰较少的地区，无环境污染或受污染极轻，处于野生或半野生状态，自生自长，被视为无污染、无公害的“绿色食品”，可满足纷繁复杂、高速发展和变化的社会变革中，人们对“反璞归真”的追求。即使偶有人工栽培，由于长期自然选择的结果，野菜生命力极强，生长旺盛，病虫害很少或无病虫害，不使用农药、化肥，其绿色无公害的特点仍然得到保障。

2. 营养丰富

野菜富含人体所必需的蛋白质、脂肪、糖类、微量元素和维生素等营养物质。《中国野菜图谱》（陶桂全，1989）测定的 234 种野菜，每 100g 鲜重含胡萝卜素高于 5mg 的有 88 种，维生素 B_2 含量高于 0.5mg 的有 87 种，维生素 C 含量高于 100mg 的有 80 种，含钙量在 200mg 以上的有 43 种。对 72 种野菜的分析，有 65 种野菜的胡萝卜素含量超过胡萝卜，61 种每 100g 的维生素 C 含量比普通蔬菜高 50～100mg，34 种每 100g 维生素 B_2 的含量比普通蔬菜高 0.2～1.3mg。另外，一些野生蔬菜还含有一般植物中所没有的维生素D、E、B_6、B_{12}及K等，如白簕，每100g嫩茎叶含胡萝卜素5.40g，是胡萝卜的4.0倍，维生素C_{12}为1mg，是胡萝卜的10.1倍，比蔬菜维生素C之王的番茄还高许多。

3. 资源丰富、分布广阔

中国辽阔的地域，变化多样的气候带、区域小气候和土壤类型，孕育了丰富的植物资源和物种多样性，造就了森林蔬菜资源种类的丰富多样。野生蔬菜从东南到西北，从平原到山区，从沿海到沙漠，无论在陆地上或是水塘边，近到房前屋后，远至深山老林，凡是有植被的地方，均有野生蔬菜。据统计，中国森林蔬菜共213科、1822种，其中草本类约占57.3%、木本植物约占36.5%、藤本类约占6.2%；就食用部位分类，茎叶菜类最多，约占66.9%，食花类约占12.8%、食果类约占10.7%、食根类约占9.6%。全国性分布的常见森林蔬菜大约200种，总的趋势为南多北少、东多西少，与植物资源多样性的区域分布相一致。

4. 药食兼用，特效特用

单方或与其他种类配方，可作为药物治疗疾病。例如，刺五加，传说鲁定公之母长服五加酒，年百岁乃童颜乌发，精力充沛，故有“宁得五加一把，不要金玉满车。文章（刺五加又名文章草）作酒，能成其味，以金买草，不言其贵”之说。还有：“白发童颜叟，山前逐骝骅。问翁何所得？长服五加茶”。刺五加具有抗疲劳的作用，服用后可增强体力，同时能调节蛋白质、糖、脂肪代谢，促进肝细胞的再生，提高核酸与蛋白质的合成和肌体的免疫等多种功能。又如，蕨菜类，可作为肥胖症、高血压病的辅助药膳，对调节人体代谢、增强胃肠功能有一定的积极作用，现代医学研究已证实它具有一定的抗癌防癌作用。食用野菊类可防治咽炎；食用枸杞治疗老年双目模糊、视力下降；食用蒲公英能健胃、利胆、清血、催乳，并有缓泻、抗菌消炎之功效，对感染性炎症发热有显著疗效（李春华和王爱云，2002）。

5. 风味独特、产品众多

丰富的森林蔬菜种类，由于其生态环境不同于栽培蔬菜，具备了栽培蔬菜所不具备的自然、清幽、多样性和独具特色的风味；加之食用部位和食用方法等的多样化，食用时常给人以“野味”之感，能满足人类猎奇的心理。例如，可炒食、凉拌、作馅，也可熘、烩、烧、煮，还可作汤或生食，使人们的餐桌内容更丰富多彩。除鲜食外，还可以制成干菜或腌制、罐制，用于长期保存和食用。例如，腌渍、晒干的蕨菜被誉为“山野菜之王”，配肉类熟食，别有风味；又如，荠菜的鲜香，刺槐花的甜香，蒿类植物所具有的芹菜兼芫荽的清香味，以及水芹、马兰等的特异鲜香味，远非一般蔬菜所及。无论蒸、煮、炒、凉拌、腌渍等，都能使人未食便能先饱眼福，嚼出“秀色可餐”的韵味，可获得赏心悦目的享受，是目前食用栽培蔬菜所不易获得的享受（李莲芳等，2005b）。

6. 独特价值，满足求新求异的需求

采集山珍野菜方法简单，成本低廉，特别是近年来各地旅游业的发展，野菜需求量大，货源紧缺，价格不断上扬，经济价值更为可观。此外，丰富的森林蔬菜种类，可进行不间断地发掘利用，不断推陈出新，尤其号称“植物王国”的云南，以及海南、广东、广西等的热区气候和物种等资源，加之中国亚热带、温带和荒漠等气候类型蕴藏的丰富多样的野菜资源，可以想见，发展可持续多样的森林蔬菜必然有着巨大潜力，加之中国烹调食文化的多样化和众多少数民族传统的森林蔬菜采集和食用经验等的积累，可满足人们对餐桌上新、特、奇、异的需求；同时可呈现集民族文化和食文化为一体、绚烂多彩的中华野菜文化“风景线”。

虽然野生蔬菜强调“野”，但是，随着需求量的不断增加及人们对其口感品质要求的不断提高，变野生为栽培是可持续发展和资源保护必然的趋势。因此，野生蔬菜在进行人工培育的过程中，既保持其野生时的特有风味和天然无公害等的特性，又不断提高产量和口感，是野生蔬菜栽培驯化中务必关注的核心和栽培技术的重点。

六、野生蔬菜的利用特点

野生蔬菜被称为“山毛野菜”，因此，许多地区存在采集野生为主，少量栽培为辅，这方面直接体现在利用方面，形成中国野生蔬菜利用的明显特征。

1. 丰富而多样性的传统利用知识

各少数民族在漫长的采集过程中，孕育了丰富而多样性的野生蔬菜采集与利用的传统知识。例如，“傣族出门一个（背）箩，爱尼出门一把刀”，反映出各民族在森林蔬菜利用种类方面的不同。傣族多依水而居，河谷的草本野生蔬菜类，如水蕨菜、水香菜、薄荷和滑板菜等是他们日常蔬菜的重要成分，这类野菜易于用手采集幼嫩部分，因此无须辅助采集工具。与傣族相反，爱尼族多居住于山区，除采集远离家园河谷地带的水蕨菜、刺芋（*Lasia spinosa*）和各种野生芋等外，木本类的乔灌木是他们日常生活中的主要野生蔬菜的构成部分，如灯油藤（*Celastrus paniculatus*）、白花羊蹄甲和榕树类的嫩茎叶等，此类森林蔬菜攀援于乔木或是高大的乔木，需要先砍伐树枝后才能采集获取，砍刀便是不可或缺的辅助工具。台湾地区高山族过年时以吃芥菜作为“长年菜”，预示长寿的习俗。诸如此类的民族野生蔬菜食文化传统知识，不胜枚举。

2. 民间自采自食

一直以来，自采自食是野生蔬菜利用的主要方式。例如，云南热区的少数民族承袭“靠山吃山，靠水吃水”的传统习俗，自给自足是大多数少数民族的主要生产和生活方式，在森林蔬菜的利用方面也不例外，即民众采集森林蔬菜首先用于满足自己的日常所需，其次才作为农副产品在当地市场上少量出售。虽然随着野生蔬菜利用的深入，有一些种类逐渐被加工或深加工成产品投入市场，但是，相较于中国丰富的野生蔬菜种类，被加工成商品的资源仍然凤毛麟角。

3. 采集野生资源为主，兼以庭院零星种植

野生或逸野的森林蔬菜是野生蔬菜的主要来源。例如，就云南热区而言，随着栽培蔬菜的不断开发，各民族在蔬菜利用上逐渐从采集到栽培的发展，野生蔬菜在民间日常蔬菜中所占比例趋于降低；另外，该区域丰富的水热资源，孕育了多样而富足的森林蔬菜种类和资源。因此，采集野生资源仍然是云南热区利用森林蔬菜的一大特点。同时，在庭院中少量而零星地栽培，以便于自采自食和及时采集的需要，是对野生资源利用的补充。如此利用方式，也是中国野生蔬菜利用的缩影。

4. 缺乏分类利用

民间把所有的野生蔬菜称为"山毛野菜"，即使经过栽培后也取同样的称呼，寓含"低劣"、"非主流"之意，即民间把所有的森林蔬菜看做是劣质低价的"非主流"蔬菜资源，而是传统上用于解决饥饿时救急的食品或蔬菜不足的补充。虽然野生蔬菜在当地市场有鲜品出售，但仍属"山毛野菜"，是用于调换"城市人"口味的"粗茶淡饭"。加之中国对森林蔬菜的研究不够深入，在利用上除了沿袭传统的喜好之外，缺乏对其功能、口感和可栽培性等方面的分类。

5. 以鲜菜在当地市场销售为主

随着人们对食用蔬菜营养与保健价值的意识不断加深，野生蔬菜逐渐成为人们日常生活的"新宠"。市场上的野生蔬菜种类与数量也在日益增加。然而由于缺乏加工和保鲜技术等原因，野生蔬菜主要在当地的农贸市场以鲜菜销售为主。例如，云南热区产的臭菜、水蕨菜、滑板菜、竹笋等，在产区均可见鲜菜销售，但除蕨菜类和竹笋有少量烤（晒）干制品外，基本无可长距离运输销售的加工产品。如此状况，限制了中国野生蔬菜的运输与远距离销售，野生蔬菜仍如"深藏产地待字闺中的小家碧玉"，有待慧眼之人赏识和开发利用。

第二节　特色野菜植物

一、白花羊蹄甲 *Bauhinia acuminata* L. var. *candida*（Roxb.）Voigt

异名： *Bauhinia variegata* L. var. *alboflava* de Wit；*B. variegata* L. var. *candida*（Roxb.）Corner

别名： 粉花羊蹄甲、白花洋紫荆（《中国植物志》、《海南植物志》），大白花（云南），老白花，白花树，maixiu、nuoxie、guoxiu（D-BN），dubiealuo（HN），jiebuo（JN），leqiangpo（JP），momoulouyanbiao（Yao），bannebo（ZW）。

科属： 苏木科（Caesalpiniaceae）羊蹄甲属。

形态特征： 落叶乔木或灌木。单叶互生，叶卵圆形，有时近圆形，先端2裂；叶柄具沟，被短柔毛。叶下面通常被短柔毛。总状花序腋生，呈伞房花序式，密集，少花（3～15朵）；花蕾纺锤形；萼佛焰状，一边开裂；花瓣白色，近轴的一片或有时全部花瓣均杂以淡黄色的斑块；无退化雄蕊。荚果扁平；种子5～12颗。花期4～6月或全年，果期6～8月。

分布与生境： 产于云南、广东、广西、福建、台湾；印度、孟加拉国、不丹及中南半岛至印度尼西亚有分布。

成分与利用： 每100g干花含量（mg）为磷254、钾1806、钠550、钙316、镁124、铁18、铜1.16、锌2.81、锰1.48、钼0.01、维生素B_1 0.08、维生素B_2 0.08、维生素C 64、维生素E 2.37、胡萝卜素836、粗蛋白15.73、丙氨酸0.55、精氨酸0.75、天冬氨酸1.76、半胱氨酸0.02、谷氨酸1.26、甘氨酸0.84、组氨酸0.98、异亮氨酸0.56、亮氨酸0.7、赖氨酸0.82、蛋氨酸0.09、苯丙氨酸0.63、脯氨酸0.86、丝氨酸1.1、苏氨酸0.48、色氨酸0.22、酪氨酸0.51、缬氨酸0.74；以及Se（0.317±0.025） mg/kg（许又凯等，2004a，2004b）。花、嫩茎叶、荚果可食，可做行道树或庭园树种。云南傣族、哈尼族、基诺族、布朗族等采集，其花芽、雄蕊、嫩叶甚至嫩果荚都可以食用。基诺族的传统文化中，白花树的花朵是爱情、幸福、华丽、和平、美好的象征。

采收与加工：于3～5月花期时采摘。鲜花拌以辣酱作凉菜，或拌以生姜用油炒或煮汤。鲜花味甜不带苦味。

繁殖与栽培：种子繁殖、扦插或压条等营养繁殖，喜温暖湿润气候，喜阳，排水良好的酸性沙壤土生长良好。

资源与开发：云南野生极多，资源量较大，开花时节，遍山红白相间，极为壮观。该植物花期短，花期集中，目前以鲜食为主。其花期处于高温干旱季节，可进行鲜花晒干等简易加工。进一步研究鲜花快速加工保鲜技术，如真空冻干技术，以便在开花的短时期内进行鲜花加工，充分利用鲜花资源。自然状态下，白花羊蹄甲为乔木，采集较为不便，需要筛选矮化和一年多次开花的优良种类，研究可持续利用的方法。此外，其嫩枝叶也是特色蔬菜，可研究适宜培育经营技术，实现终年采收，进行大批量的开发和加工利用。

二、臭菜 *Acacia pennata*（L.）Willd.

异名：*Acacia hainanensis*；*Mimosa pennata* L.

别名：羽叶金合欢（《海南植物志》），蛇藤、加力酸藤、南蛇簕藤（海南），红藤，尖叶相思，臭香椿，pala、paha（D-BN），hewu（D-DH），tuopuoweiniu（HN），pala（JN）。

科属：含羞草科（Mimosaceae）金合欢属。

形态特征：攀援、多刺藤本；小枝和叶轴均被锈色短柔毛。二回羽状复叶，总叶柄基部及叶轴上部羽片着生处稍下均有凸起的腺体1枚；羽片8～22对；小叶30～54对，线形。头状花序圆球形，具长的总花梗，单生或2～3个聚生，排成腋生或顶生的圆锥花序，被暗褐色柔毛；花萼近钟状，5齿裂；子房被微柔毛。荚果带状，无毛或幼时有极细柔毛，边缘稍隆起，呈浅波状；种子8～12颗，长椭圆形而扁。花期3～10月，果期7月至翌年4月。

分布与生境：产于云南、广东、福建；亚洲和非洲的热带地区广布；生于低海拔的疏林中，常攀附于灌木或小乔木的顶部。

成分：每100g可食部分含胡萝卜素0.82mg，维生素B_2 0.58mg，维生素C 121mg，钾19.2mg，钙2.6mg，镁3mg，磷5.69mg，钠0.2mg，铁158μg，锰71μg，锌57μg，Se（0.57±0.029）mg/kg（戴宝合，2003；许又凯等，2004b）。

功能与利用：食用部分为植株的嫩芽、嫩叶、嫩梢；采收时即可闻到一种特殊的味道，似臭豆腐一样，闻着臭吃着香。切细后与鸡蛋拌匀炒吃，也可在煮鱼、煮田螺时当佐料放入，具有克腥味和调味的作用，或者清水煮食。

采收与加工：3～10月采集嫩芽、嫩叶、嫩梢，洗净切段后炒食，或开水焯后加调料凉拌，或切碎炒鸡蛋。臭菜嫩茎与鱼、贝类同煮可除鱼腥味。臭菜嫩茎叶含挥发油，具浓烈香味，可炒、煮。

繁殖与栽培： 扦插繁殖。

资源与开发： 臭菜是傣族群众特别喜爱的野生蔬菜，由于产量有限，并被越来越多的各族群众所认识和食用，目前臭菜在市场上供不应求，臭菜的快繁技术已突破，并逐渐开展一定规模的栽培，这对保证市场供应和保护野生资源有重要意义。

三、大白花杜鹃 *Rhododendron decorum* Franch.

异名： *Rhododendron albicaule* Levl.；*R. franchetianum* Levl.；*R. giraudiasii* Levl.；*R. spooneri* Hemsl. et Wils.

别名： 大白杜鹃（《云南植物志》），大白花（云南）、羊角菜，白花菜，白豆花，马银花，白马缨花，大白杜鹃花，装饰杜鹃，banlongpo (JP)，banlongpu (ZW)。

科属： 杜鹃花科（Ericaceae）杜鹃花属。

形态特征： 常绿灌木或小乔木。单叶互生，长圆形、长圆状卵形至长圆状倒卵形，上面暗绿色，下面白绿色。冬芽顶生，卵圆形。顶生总状伞房花序，花 8～10 朵，有香味；花萼裂齿 5，不整齐；花冠宽漏斗状钟形，淡红色或白色，裂片 7～8；雄蕊 13～16（～17），不等长；子房长圆柱形，淡绿色。蒴果长圆柱形。花期 4～6 月，果期 9～10 月。

分布与生境： 产于云南中部、西部至西北部、东南部、四川西南部、贵州西部和西藏东南部；生于海拔 1000～3300(～4000)m 的灌丛中或森林下；缅甸东北部也有分布。

成分与利用： 花冠粗脂肪的含量为 2.26%，氨基酸组成（%）为：天冬氨酸 0.98、苏氨酸 0.39、丝氨酸 0.42、谷氨酸 1.36、胱氨酸 0.75、甘氨酸 0.74、蛋氨酸 0.73、缬氨酸 0.41、丙氨酸 0.73、异亮氨酸 0.48、亮氨酸 0.87、酪氨酸 0.68、苯丙氨酸 1.65、赖氨酸 0.62、组氨酸 1.44、精氨酸 0.31、脯氨酸 0.37（唐丹林等，1992）。鲜花常作蔬菜食用；特别是与火腿、干蚕豆等煮食，味道更佳，是云南白族的风味食品。四川米易民众常用其根煮水喂牛治牛摔伤后腹泻。其花大美丽，还可作观赏花木。

采收与加工： 3～6 月采集花及花蕾，用开水焯后，漂洗干净与豆豉、蒜末或辣椒炒食。

繁殖与栽培： 种子繁殖、扦插、组织培养。

资源与开发： 大白花杜鹃花瓣味道鲜美，营养丰富，为民间喜爱的风味特色菜肴而越来越受到人们的青睐，但人为乱采滥挖，使其生境遭到严重的破坏，资源日趋受到威胁。应加快人工栽培繁殖技术的研发，保证资源的可持续利用。

四、甜菜 *Sauropus androgynus* (L.) Merr.

异名： *Aalius androgyna* (L.) Kuntze; *A. lanceolata* (Hook. f.) Kuntze; *A. oblongifolia* (Hook. f.) Kuntze; *A. retroversa* (Wight) Kuntze; *A. sumatrana* (Miq.) Kuntze; *Agyneia ovata* Poir.；*Andrachne ovata* Lam. ex Poir.；*Clutia androgyna* L.；*Phyllanthus strictus* Roxb.；*Sauropus albicans* Bl.；*S. albicans* var. *gardnerianus* (Wight) Müll. Arg.；*S. albicans* var. *genuinus* Müll. Arg.；*S. albicans* var. *intermedius* Müll. Arg.；*S. albicans* var. *zeylanicus* (Wight) Müll. Arg.；*S. convexus* J. J. Sm.；S.

gardnerianus Wight; *S. indicus* Wight; *S. lanceolatus* Hook. f.; *S. oblongifolius* Hook. f.; *S. parviflorus* Pax et Hoffm.; *S. retroversus* Wight; *S. scandens* C. B. Rob.; *S. sumatranus* Miq.; *S. zeylanicus* Wight

别名： 守宫木（《植物学名词审查本》），同序守宫木（《拉汉种子植物名称》），树仔菜（海南），越南菜（云南河口），野豌豆、树豌豆（云南），木枸杞，叶下珠，山皂角，甜菜树，pawa（D-DH），enanpun（JP），sinwandu（ZW），pawang（D-BH），pamao（JN），chekkurmanis。

科属： 大戟科（Euphorbiaceae）守宫木属。

形态特征： 灌木。单叶卵状披针形、长圆状披针形或披针形；托叶2，着生于叶柄基部两侧。雄花1～2朵腋生，或几朵与雌花簇生于叶腋；花盘浅盘状，6浅裂，无退化雌蕊；雄花3，花丝合生呈短柱状；花盘腺体6，与萼片对生；雌花通常单生于叶腋；花萼6深裂，裂片红色，覆瓦状排列；雌蕊扁球状，子房3室，每室2颗胚珠，花柱3，顶端2裂。蒴果扁球状或圆球状，宿存花萼红色；种子三棱状。花期4～7月，果期7～12月。

分布与生境： 海南、广东（高要、揭阳、饶平、佛山、中山、新会、珠海、深圳、信宜、广州）和云南（红河、西双版纳、普洱和德宏等地）均有栽培；印度、斯里兰卡、老挝、柬埔寨、越南、菲律宾、印度尼西亚和马来西亚等也有分布。

成分与利用： 粗蛋白含量达4%，氨基酸组成（%）为：天冬氨酸0.32、丝氨酸0.16、谷氨酸0.82、胱氨酸0.13、丙氨酸0.19、精氨酸0.18、异亮氨酸0.11、亮氨酸0.25、酪氨酸0.15、苯丙氨酸0.14、赖氨酸0.17、组氨酸0.08、苏氨酸和甘氨酸各0.35、缬氨酸0.31。嫩茎叶中含量（mg/100g）为胡萝卜素4.49、维生素$B_2$0.81、维生素C 180、钾401.84、钙120.9、镁61.98、磷56.61、钠3.72、铁2.54、锰1.81、锌1.13、铜0.12；硒（0.49±0.030）mg/kg（戴宝合，2003；许又凯等，2004b）。嫩枝和嫩叶可作蔬菜食用；花和果实制作甜食，叶片当糕饼天然色素或晒干磨粉，产妇服用促进泌乳。

采收与加工： 全年均可采摘嫩枝叶。鲜食可做凉拌菜或沙拉，烹调则可炒食或煮汤。

繁殖与栽培： 扦插繁殖、组织培养或种子繁殖。甜菜根系发达，耐旱、耐湿能力强，能耐较高的温度；对土壤适应性较强，在pH5.5～8的范围内都能生长，偏酸性、潮湿、肥沃的土壤中生长较好；忌积水，积水常引起落叶和缺素症，甚至烂根死树；不耐寒；喜光，强光、长日照有利于茎叶的生长，阳光不足抑制嫩梢的萌发，而干旱、短日照有利于花芽的形成和开花。

资源与开发： 国外于1931年就有民间采食甜菜叶子的记载。中国食用甜菜的记载始于1953年。除做蔬菜外，民间用其枝叶治疗肝炎、喉炎、肠炎、便秘、咳嗽和视物模糊等症；用其根治疗痢疾、便血、淋巴结核和疥疮等症；其种子含油21.5%，油中含能抗血栓、降血压的α-亚麻酸51.4%；其干燥叶片的粉末具有强壮剂的功效，在东南亚广泛用作产妇的催乳剂。

五、白簕 *Acanthopanax trifoliatus* (L.) Merr.

异名：*Acanthopanax aculeatum* (Aiton) Witte；*A. sepium* Seem.；*Panax aculeatus* Aiton；*Plectronia chinensis* Lour.；*Zanthoxylum trifoliatum* L.

别名：刺五加，鹅掌簕、禾掌簕（广东），三加皮（湖南、浙江），三叶五加（《广西植物名录》），白刺藤，白花簕，白竻，刺三加，habian、pakebian（D-BN），cikuoluo（JN）。

科属：五加科（Araliaceae）五加属。

形态特征：灌木。小叶3，稀4～5；叶柄有刺或无刺；小叶椭圆状卵形至椭圆状长圆形。伞形花序3～10个、稀多至20个组成顶生复伞形花序或圆锥花序；花梗细长；花黄绿色；萼边缘有5个三角形小齿；花瓣5，开花时反曲；雄蕊5；花柱2，基部或中部以下合生。果实扁球形。花期8～11月，果期9～12月。

分布与生境：广布于中国中部和南部，西自云南西部国境线，东至台湾，北起秦岭南坡，在长江中下游北界大致为北纬31°，南至海南；生于海拔3200m以下的村落、山坡路旁、林缘和灌丛中；印度、越南和菲律宾也有分布。

成分与利用：含有石吊兰素、贝壳杉烯酸、蒲公英萜醇和乙酸酯，含微量元素(mg/kg)为钾5300，钙3660，钠50，粗纤维高达2.2%，硒（0.81±0.032）mg/kg（杜江和高林，1992；林春华等，2009；许又凯等，2004b）。嫩茎叶可供炒食或做汤，还可加工成簕菜茶饮。本种为民间常用草药，传统上具有祛风除湿、清热解毒、散淤止痛、舒筋活血、降血压等功效，用于治疗风湿痹痛、湿热痢疾和黄疸；也可外用治疮痈肿毒，跌打损伤，皮肤湿疹；对头目眩晕、骨折、感冒高热以及高血压等也有很好的疗效。

采收与加工：白簕适时采收未木质化的嫩茎叶作为鲜菜食用。一般采摘长6～10cm、具4～6片嫩叶的嫩梢作为产品，采摘后捆扎或袋装供应市场；制茶的鲜簕菜采摘标准为一芽一叶，按等级也可采摘1芽二叶或三叶，长10～20cm的嫩梢，采摘后用竹筐装运，在采摘24h内必须送到制茶厂，然后用清水清洗、晾干制茶。

繁殖与栽培：种子繁殖、扦插繁殖或分株繁殖。

资源与开发：适应性极强，广布于中国中部和南部，南方各省作为药膳两用蔬菜，具开发功能食品的价值。随着其鲜菜和制茶的开发，市场需求不断增加，仅靠原生于山坡、沟谷林边和灌丛的野生资源已难以满足市场需求，必须进行规模化的人工栽培。

六、白刺花 *Sophora davidii* (Franch.) Sheels

异名：*Caragana chamlago* B. Mey.；*Sophora moorcroftiana* (Benth.) Baker var. *davidii* Franch.；*S. moorcroftiana* (Benth.) Baker subsp. *viciifolia* (Hance) Yakovl；*S. viciifolia* Hance

别名：铁马胡烧（湖北），狼牙槐（陕西），狼牙刺、马蹄针、马鞭采、白刻针（河南），苦刺花，白花刺，蚕豆叶槐，苦豆刺，白刺槐，苦刺树，凉山白刺花。

科属：蝶形花科（Papilionaceae）槐属。

形态特征：具刺灌木或小乔木。一回羽状复叶；托叶钻状，部分变成刺，疏被短柔毛，宿存；小叶 5～9 对，形态多变。总状花序顶生；花小，较少；花萼钟状，稍歪斜，蓝紫色，萼齿 5，不等大；花冠蝶形，白色或淡黄色，翼瓣与旗瓣等长，单侧生；雄蕊 10，等长；子房比花丝长，密被黄褐色柔毛，花柱变曲，胚珠多数，荚果非典型串珠状，稍压扁，种子 3～5 粒；种子卵球形。花期 3～8 月，果期 6～10 月。

分布与生境：产于华北、陕西、甘肃、河南、江苏、浙江、湖北、湖南、广西、四川、贵州、云南、西藏；生于海拔 2500m 以下的河谷沙丘和山坡路边的灌木丛中。

成分与利用：花中营养成分含量（mg/100g）为维生素 B_1 0.03、维生素 B_2 0.08、维生素 PP 0.54、维生素 C 12、胡萝卜素 0.072；每千克苦刺花中含硒 0.0024、钾 173.16、钠 9.62、钙 486.92、镁 83.62、铁 18.5、锰 2.072、锌 3.108、磷 237.54（樊建等，2005a）。氨基酸组成（%）为：天冬氨酸 1.882、苏氨酸 1.040、丝氨酸 1.137、谷氨酸 1.979、甘氨酸 0.862、丙氨酸 0.824、缬氨酸 1.012、蛋氨酸 0.596、异亮氨酸 1.061、亮氨酸 1.368、酪氨酸 0.619、苯丙氨酸 1.131、赖氨酸 0.548、组氨酸 0.311、精氨酸 0.748、脯氨酸 1.186、色氨酸 0.667。花可食，也可供观赏。在干燥的初春，花可煲成凉茶，是极好的消热消炎饮品；干花可做药枕，对于下火、降血压有着良好的效果。耐旱，是水土保持灌木之一。

采收与加工：花蕾及花洗净后用沸水浸烫，再用清水浸泡，多次换水除去苦味后即可食用。通常苦刺花与豆豉或鸡蛋炒食，味清香微苦，有清热解毒、凉血、止血的功效。先煮后泡去苦涩味后略加蒜盐清炒即为地道的“花菜”。也可凉拌或做包子、饺子的馅料，味道鲜美。

繁殖与栽培：播种繁殖、分株或根插。适应性强，可粗放管理，喜温暖湿润和阳光充足的环境，耐寒冷和瘠薄，但忌积水，稍耐半阴，不耐阴。对土壤要求不严，但在疏松肥沃、排水良好的沙质土壤中生长更好。白刺花的萌发力较强，而且耐修剪，栽培中应注意修剪整形，以保持树形的优美。

资源与开发：苦刺花营养成分种类齐全，含量较为丰富，比例适当，具有较高的营养价值，且为天然无污染食物，值得进一步开发利用，是生态农业综合开发利用的优良植物。

七、蕨 *Pteridium aquilinum* L. Kuhn. var. *latiusculum*（Desv.）Underw. ex Heller

异名：*Pteridium aquilinum*（L.）Kuhn f. *glabrum* Tard.-Blot et C. Chr.；*P. aquilinum* subsp. *latiusculum*（Desv.）W. C. Shieh；*P. aquilinum* var. *japonicum* Nakai；*P. japonicum* Tardieu et C. Chr.；*P. latiusculum* Hieron. ex Fries；*Pteris lanuginosa* Spreng.；*P. latiuscula* Desv.

别名：龙头菜、蕨儿菜，拳蕨，蕨菜，粉蕨，凤尾蕨，鸡脚爬，鸡爪菜，龙爪菜、米蕨，欧洲蕨，如意蕨，山凤尾，甜蕨，乌糯，肴粉蕨，菜蕨，paguteng（D-BN），daoche（JN），kenmu（JP），delan（ZW）。

科属：蕨科（Pteridiaceae）蕨属。

形态特征：草本。根状茎长而横走，密被锈色柔毛；叶远生。叶柄暗棕色，有锈色毛。叶片三角状卵形，三回羽状。侧生羽片 6～9 对，基部 1 对最大；上部羽片逐渐缩小而变为一回羽状；基部羽片的小羽片 10～13 对。末回小羽片 10～15 对，近基部羽状半裂或浅裂，向上变全缘。叶脉分离，侧脉二叉或单一。叶轴、羽轴下面疏被短柔毛。叶片下面疏被柔毛或近无毛。

分布与生境：产于中国各地，主要产于长江流域及以北地区，亚热带地区也有分布；生于海拔 200～830m 的山地阳坡及森林边缘阳光充足地；广布于世界其他热带及温带地区。

成分与利用：富含氨基酸、多种维生素、微量元素，还包括蕨素、蕨苷、甾醇等特有的营养素。每 100g 蕨菜鲜嫩叶中含蛋白质 1.6g，脂肪 0.4g，碳水化合物 10g，粗纤维 1.3g，含维生素 C 35mg，胡萝卜素 1.68mg，钙 24mg，磷 29mg，铁 6.7mg 及锰、铜、锌等微量元素，还含有 16 种以上的氨基酸（李春华和王爱云，2002）。另外，野生蕨菜的根状茎富含淀粉，最高可达 46%，可作为粮食制粉条或酿酒等。硒（0.017±0.0012)mg/kg（许又凯等，2004b）。嫩叶作蔬菜，称蕨菜。蕨菜鲜嫩细软，余味悠长，营养价值高，有多种药用功能，在众多的山珍野菜中，享有“山野之王”的美誉。根状茎提取的淀粉称蕨粉，供食用，根状茎的纤维可制绳缆，能耐水湿。蕨菜根、茎、叶中含苷、胆碱、麦角醇等。全株可入药，其性味甘、寒，具清热、滑肠、降气、驱风、化痰之功效。可治食膈、气膈、肠风热毒症。对慢性关节炎、头晕、失眠、高血压等也有较好的疗效；也可作驱虫剂。

采收与加工：采摘嫩叶（包括叶柄），用开水焯后清水浸泡 1～2d，可鲜炒食用。也可加工为腌渍菜或干菜储存。一种方法是将出土的蕨菜嫩叶采下，几小时内下缸腌渍。下缸之前把老化的叶柄根部切除，加上与蕨菜同等重量的盐，再加足水（以淹没蕨菜为止）腌渍，其腌渍后的含盐度达 30%～40%，既鲜又嫩，呈葱绿色，可长期存放不变质；用温水脱盐后便可烹制成各种美味菜肴。另一种方法是把采收的鲜蕨菜在烈日下晾晒成蕨菜干，食用时用温水泡软，凉拌或炒吃均可。

繁殖与栽培：多为地下茎扦插或平埋分株繁殖。喜阳光充足、土壤疏松、肥沃、湿润、排水良好的环境。

资源与开发：随着人们生活水平的提高和出口量的增加，蕨菜需求量迅速上升。单纯依靠野生蕨菜资源，不仅质量和产量难以保证，而且过量采收野生资源，水土流失和生态破坏极其严重。应当加快人工培育，减少对野生资源的破坏。不同区域作为野菜食用的蕨类有食蕨（*Pteridium esculentum*）、菜蕨（*Callipteris esculenta*）、毛轴菜蕨（*C. esculenta* var. *pubescens*）、七指蕨（*Helminthostachys zeylanica*）、水蕨（*Ceratopteris thalictroides*）、星毛蕨（*Ampelopteris prolifera*）等。

八、滑板菜 *Parabaena sagittata* Miers

别名：连蕊藤（《中国植物志》、《中国种子植物科属辞典》），犁板菜，发菜，黄蕊藤，滑极菜，palang（D-BN），hualanweiniu（HN），oadele（JN）。

科属：防己科（Menispermaceae）连蕊藤属。

形态特征：草质藤本。茎、枝均具条纹，通常被糙毛状柔毛，有时近无毛。叶阔卵形或长圆状卵形，边缘有疏齿至粗齿，少全缘，上面被疏毛或近无毛，下面密被毡毛状绒毛；掌状脉5～7条。花序伞房状，单生或有时双生，被绒毛；雄花：萼片卵圆形或椭圆状卵形，背面被丝质毛；雌花萼片4，排成2轮；外轮楔状长圆形，内轮近卵形；花瓣4，与萼片对生；心皮3，囊状卵形，柱头外弯。核果近球形而稍扁；果核卵状半球形，背肋隆起呈鸡冠状，两侧各有2行小刺。花期4～5月，果期8～9月。

分布与生境：产于云南西南部至东南部（德宏、普洱、西双版纳、蒙自）、广西南部和西北部（隆林）、贵州南部（安龙）和西藏南部；生于林缘或灌丛中；尼泊尔、印度东部、孟加拉国和中南半岛北部以及安达曼群岛也有分布。

成分与利用：食用部位含量（mg/100g）为胡萝卜素4.840，维生素$B_1$0.026，维生素$B_2$0.390，维生素C 25.55，硒（0.032±0.0026）mg/kg（许又凯等，2002，2004b）。采集嫩茎叶作为蔬菜。

采收与加工：采收其嫩茎叶，配豆豉、豆酱炒食，也可清煮做汤。其炒熟后色泽翠绿，纤维少、口感好，略带清香。

繁殖与栽培：扦插或种子繁殖。

资源与开发：本种野菜口感好，可采集时间长，云南热区群众特别喜好采食。随着旅游业的发展，成为很多饭店的特色野菜之一，应重视人工仿生栽培，满足蔬菜需求的同时，有效保护野生资源。

九、树头菜 *Crateva unilocularis* Buch. -Ham.

别名：鱼木（《植物学大辞典》误引），苦洞树（海南），单色鱼木，pagong（D-BN，D-DH），genemu（JN），pegun（JP），pegun（ZW）。

科属：山柑科（Capparaceae）鱼木属。

形态特征：乔木。掌状复叶，小叶3片，侧生小叶基部不对称，长为宽的2～2.5倍，中脉带红色，网状脉明显；托叶细小，早落；叶柄顶端向轴面有腺体。总状或伞房状花序，有花10～40朵，花后序轴无显著增长；萼片卵披针形；花瓣白色或黄色；雄蕊（13～）15～25（～30）；柱头头状，近无柄，在雄花中雌蕊不育且近无柄。果球形，干后灰色至灰褐色，表面粗糙，有近圆形灰黄色小斑点；花梗、花托与雌蕊柄均木化增粗。种子多数，暗褐色，种皮平滑。花期3～7月，果期7～8月。

分布与生境：产于云南西部、西南部、南部及东南部，广西及广东等；生于海拔1500m以下的湿润地区，村边道旁常有栽培；尼泊尔、印度、缅甸、老挝、越南、柬埔寨也产。

成分与利用：每克树头菜嫩枝叶鲜样中含粗蛋白74.5mg，总氨基酸27.2mg，人体必需氨基酸11.2mg，远远高于普通蔬菜；磷、钾、钙、镁和铁的含量是普通蔬菜的数倍；是营养价值很丰富的一种野生蔬菜，极具开发利用价值；具有清热解毒、健胃、安神降压、壮肾利尿、解热驱虫等功效。主治痧症发热、烂疮、蛇咬伤、胃痛和风湿性关节炎。

采收与加工：采摘未木质化的嫩枝叶，洗净晾干或晒干，做泡菜或腌渍酸菜后食用，一般不鲜食。

繁殖与栽培：种子或扦插繁殖。树头菜适应性强，成本低廉。树头菜多生长在湿润的田边、灌丛间，对自然环境的适应力强，抗逆性高。

资源与开发：云南石屏、建水等地采摘嫩枝叶盐渍食用，故有树头菜之名。材质轻而略坚，宜供纹盘、乐器、模型或细工之用；果含生物碱，果皮供染料，叶为健胃剂。云南南部各民族最喜爱食用的腌制酸菜之一，集市常有出售，有较好的发展前景。

十、野芭蕉 *Musa acuminata* Colla

异名：*Musa chinensis* Sweet

别名：小果野蕉（云南、《中国植物志》），甘蕉，天宝香蕉，香牙蕉，小果野芭蕉，牙蕉，山蕉，小野芭蕉，野蕉，guiteng（D-BN），palu、apala（JN），ajiajiao（JP），edible banana。

科属：芭蕉科（Musaceae）芭蕉属。

形态特征：假茎高，油绿色，带黑斑，被有蜡粉。叶片长圆形，基部耳形，不对称；叶柄被蜡粉，叶翼张开约 0.6cm。雄花合生，花被片先端 3 裂，离生花被片长不及合生花被片之半，先端微凹，凹陷处具小尖突。果序长，总梗被白色刚毛。浆果圆柱形，内弯，绿色或黄绿色，被白色刚毛，具 5 棱角，先端收缩而延成长 0.6cm 的喙，果内具多数种子，种子褐色，不规则多棱形。

分布与生境：产于云南东南部至西部及广西西部；生于海拔 1200m 以下的阴湿沟谷、沼泽、半沼泽及坡地上；印度北部、缅甸、泰国、越南，经马来西亚至菲律宾也有分布。

成分与利用：芭蕉花冠营养成分含量（mg/g）为维生素 C 43.06、蛋白质 59.90、总胡萝卜素 206、总黄酮 2.55；芭蕉花总苞中含上述成分分别为 100.68、4.10、117、4.17（田学军等，2012）。芭蕉花和幼嫩的假茎可作蔬菜；全部假茎作猪饲料；本种是目前世界上栽培香蕉的亲本种之一；花蕾或花有甘淡味、微辛，性凉；具有化痰软坚、平肝、和淤、通经和降压的功效。

采收与加工：剥除花序外紫色的包片，或假茎剥除外部纤维化部分，留纤维化程度极低的幼嫩芯（俗称芭蕉芯），直接炒食或添加调料做汤；豆豉炒芭蕉花是傣族有名的风味佳肴；嫩叶可做保鲜包装用，如热区群众包裹中午饭或采集的野菜，各种食品包装（考糯索、瑶族等民族的大粽等），是分布区群众信手拈来的无公害“包装材料”。

繁殖与栽培：根蘖和分蘖繁殖。

资源与开发：在热带的次生林和森林林窗分布较多，全年开花并单次结实，是热带地区最为常见的一种大型草本先锋植物。适应性强，分布广。有丰富的营养和保健成分，各地群众有食用习惯，作为特色和功能食品，通过产业化开发，将有广阔的市场前景。

十一、香椿 *Toona sinensis*（A. Juss.）Roem.

异名：*Ailanthus flavescens* Carrière；*Cedrela chinensis* Franch.；*C. glabra* C. DC.；*C. longifolia*. var. *kumaona* C. DC.；*C. longiflora* Wall. et C. DC.；*C. serrata*

Royle; *C. serrulata* Miq.; *C. sinensis* Juss.; *Mioptrila odorata* Rafin.; *Surenus glabra* (C. DC.) Kuntze; *S. serrata* (Royle) Kuntze; *S. serrulata* (Miq.) Kuntze; *S. sinensis* (A. Juss.) Kuntze; *Toona glabra* (C. DC.) Harms; *T. microcarpa* var. *denticulata* A. Chev.; *T. microcarpa* var. *grandifolia* A. Chev.; *T. serrata* (Royle) M. Roem.; *T. serrulata* (Miq.) Harms; *T. sinensis* var. *grandis* Pamp.; *T. sinensis* var. *incarvillei* A. Chev.; *T. sinensis* var. *schensiana* (C. DC.) X. M. Chen

别名：毛椿（西畴），马泡子树（镇雄），椿（《唐本草》），春阳树（四川），椿甜树（四川、湖北），maiyonheng（D-BN），maiyonghuan（D-DH），gushi（JN），maizhen（JP），shangshun（ZW）。

科属：楝科（Meliaceae）香椿属。

形态特征：乔木。偶数羽状复叶，小叶16～20，对生或互生，卵状披针形或卵状长椭圆形，边全缘或有疏离的小锯齿。圆锥花序与叶等长或更长，小聚伞花序生于短的小枝上，多花；花萼5齿裂或浅波状；花瓣5，白色，长圆形，先端钝；雄蕊10，其中5枚能育，5枚退化；花盘近念珠状；子房圆锥形，有5条细沟纹，柱头盘状。蒴果狭椭圆形，深褐色，有小而苍白色的皮孔，果瓣薄；种子基部通常钝，上端有膜质的长翅，下端无翅。花期6～8月，果期10～12月。

分布与生境：产于华北、华东，以及中国中部、南部和西南部各省（自治区）；生于山地杂木林或疏林中，各地广泛栽培；朝鲜有分布。

成分与利用：叶含有胡萝卜素及维生素B、维生素C，椿白皮中含有川楝素、甾醇、鞣质。香椿芽中含量（%）为苏氨酸1.04、天冬氨酸2.29、缬氨酸1.39、丝氨酸1.28、蛋氨酸0.58、谷氨酸7.24、亮氨酸1.13、脯氨酸2.75、异亮氨酸1.97、甘氨酸1.44、苯丙氨酸1.19、丙氨酸1.49、赖氨酸1.21、酪氨酸0.89、精氨酸1.15、组氨酸0.39（董彩虹和聂发玉，2002）。嫩枝叶芳香可口，做蔬菜；可鲜食，也可腌制后调配成各种风味的香椿产品，或嫩枝叶用开水焯后晒干，油炸食。木材黄褐色并具红色环带，纹理美观，质坚硬，有光泽，耐腐，易加工，为家具、室内装饰及造船的优良木材；根皮及果入药，有收敛止血、祛湿止痛之功效。

采收与加工：香椿芽以谷雨前采收为佳，应吃早、吃鲜。一般地，露地的香椿每年可采收2～3次，而设施栽培的香椿每年可采收3～5次或长年采收。当香椿主芽长到20cm时即可采芽，用剪刀剪芽，并在基部保留1～2枚叶片，以利侧芽萌发，中间间隔10～15d。采收宜在早晨，这时芽鲜嫩，气温低，采后不易失水萎蔫。储藏用的香椿芽最好为主芽香椿，这是由于主芽体粗壮、长势好、抗性强，较耐储藏。

繁殖与栽培：播种、分株或扦插繁殖。香椿性喜温暖，适宜在平均气温8～10℃的地区栽培，抗寒能力随树龄的增加而提高。用种子直播的一年生幼苗在−10℃左右可能受冻。香椿喜光，较耐湿，适宜生长于河边、宅院周围肥沃湿润的土壤中，一般以沙壤土为好。适宜的土壤pH为5.5～8.0。

资源与开发：香椿原产于中国，是中国传统的木本蔬菜。广布于中国华北至华南和西南各省，其中山东、河南、河北等省栽培较多。

十二、竹类

许多竹类是非常重要的森林蔬菜植物，在中国饮食文化中具有重要的作用。

（一）毛竹 *Phyllostachys edulis*（Carr.）H. de Lehaie

别名： 楠竹，江南竹，孟宗竹，茅竹，猫头竹，狸头竹，苗竹、苗衣竹，猫儿竹，猫竹，花毛竹，茅茹竹，tortoise shell bamboo。

科属： 禾本科（Gramineae）刚竹属。

分布： 自秦岭、汉水流域至长江流域以南和台湾省有分布，黄河流域多处栽培；1737 年引入日本栽培，后又引至欧美各国。

功用： 笋味美，鲜食或加工制成玉兰片、笋干、笋衣等。其竿型粗大，宜供建筑用，如梁柱、棚架、脚手架等；蔑性优良，供编织各种粗细的用具及工艺品，枝梢作扫帚，嫩竹及竿作造纸原料。毛竹是中国栽培悠久、面积最广、经济价值最重要的竹种。本属有较多种类是优良笋用竹，包括尖头青竹（*P. acuta*）、黄古竹（*P. angusta*）、石绿竹（*P. arcana*）、人面竹（*P. aurea*）、寿竹（*P. bambusoides*）、毛壳花哺鸡竹（*P. circumpilis*）、白哺鸡竹（*P. dulcis*）、甜笋竹（*P. elegans*）、奉化水竹（*P. funhuaensis*）、花哺鸡竹（*P. glabrata*）、红壳雷竹（*P. incarnata*）、红哺鸡竹（*P. iridescens*）、篌竹（*P. nidularia*）、富阳乌哺鸡竹（*P. nigella*）、灰竹（*P. nuda*）、早竹（*P. praecox*）、黄条早竹（*P. praecox* cv. Notata）、雷竹（*P. praecox* cv. Prevernalis）、高节竹（*P. prominens*）、早园竹（*P. propinqua*）、芽竹（*P. robustiramea*）、红边竹（*P. rubromarginata*）、天目早竹（*P. tianmuensis*）、乌竹（*P. varioauriculata*）、粉绿竹（*P. viridi-glaucescens*）、乌哺鸡竹（*P. vivax*）、黄竿乌哺鸡竹（*P. vivax* cv. Aureocaulis）、黄纹竹（*P. vivax* cv. Huanwenzhu）和云和哺鸡竹（*P. yunhoensis*）等。

（二）筇竹 *Qiongzhuea tumidissinoda*（Hsueh et Yi ex Ohrnberger）Hsueh et Yi

别名： 罗汉竹（《中国竹谱》）。

科属： 禾本科（Gramineae）筇竹属。

分布： 产于湖北、四川、贵州和云南等；生于海拔 1200～2200m 的山地常绿阔叶林下。

功用： 薛笋含量（mg/100g）为水 90.8、粗脂肪 115、可溶性总糖 29.8、蛋白质 348.3、氨基酸 349.93、P 68.2、Fe 0.07、Ca 0.54、Mg 1.63、Zn 0.134、Se 0.0005；笋尖氨基酸含量（干样 mg/g）为：天冬氨酸 63.338、丝氨酸 26.147、谷氨酸 68.556、甘氨酸 26.383、组氨酸 17.880、精氨酸 36.506、苏氨酸 23.457、丙氨酸 33.950、脯氨酸 33.603、半胱氨酸 11.464、酪氨酸 16.129、缬氨酸 28.632、蛋氨酸 6.070、赖氨酸 39.322、异亮氨酸 21.035、亮氨酸 35.837、苯丙氨酸 18.337，必需氨基酸总量 172.691（袁金玲等，2008）。其含水率和干物质含量接近 27 种竹笋的平均值，蛋白质高于毛竹笋和 27 种竹笋的平均含量（江泽慧，2000；袁金玲等，2008）。笋肉厚，质脆，味美，干笋黄褐色并略具光泽，为著名的笋用竹种。本属尚有其他优良笋用竹，包括光竹（*Q. luzhiensis*）、大叶筇竹（*Q. macrophylla*）、柔毛筇竹（*Q. puberula*）和实竹子（*Q. rigidula*）等。

（三）麻竹 *Dendrocalamus latiflorus* Munro

别名：甜竹（广东），斑竹，大头竹，大叶乌竹，吊丝甜竹，青甜竹，吊丝蔴，葫芦麻竹。

科属：禾本科（Gramineae）牡竹属。

分布：产于福建、台湾、广东、香港、广西、海南、四川、贵州、云南等；在浙江南部和江西南部也见少量栽培；越南、缅甸有分布。

功用：本种是中国南方栽培最广的竹种，笋味甜美，有素食第一的美称。每年均有大量笋干和罐头上市，甚至远销日本和欧美等国。竿也供建筑和篾用，庭园栽植，观赏价值也高。出笋期以6～8月的夏季为主，采集鲜笋食用，或加工成清水笋、笋干等。

（四）云南甜龙竹 *Dendrocalamus brandisii*（Munro）Kurz

别名：勃氏甜龙竹（《竹子研究汇刊》、《中国植物志》、《云南植物志》），勃氏麻竹（《南京大学学报》），甜竹，甜龙竹（云南），勃氏龙竹，maihelao（D-BN），maiwai（D-DH），beligewa、waga（JP），wachui（ZW）。

科属：禾本科（Gramineae）牡竹属。

分布：产于云南东南部、南部至西部，广泛栽培于村旁寨边，海拔600～2000m；缅甸、老挝、越南、泰国也有分布，印度有栽培。

功用：鲜笋含量（g/100g）为水分93.50，粗蛋白1.95，粗脂肪0.17，碳水化合物2.47，热能值80kJ，总糖0.73，可溶性糖0.45，粗纤维1.20，灰分0.71，含β-胡萝卜素4.0μg，维生素191.7μg；构成蛋白质的氨基酸含量（mg）为：天冬氨酸270.23、苏氨酸45.63、丝氨酸48.48、谷氨酸199.64、脯氨酸25.53、甘氨酸69.16、丙氨酸96.26、缬氨酸62.70、甲硫氨酸4.30、异亮氨酸38.50、亮氨酸68.45、酪氨酸26.38、苯丙氨酸47.77、赖氨酸47.06、组氨酸24.39、精氨酸65.60、色氨酸28.52（杨宇明和辉朝茂，1998；陈玉惠等，1998）。云南甜龙竹是笋用竹中营养价值最高的竹种之一，其竿型高大，适生能力强，生长旺盛，多项材性指标满足各种板材、建筑材料对原料的性能要求，是一种优良的木材替代材。该属还有其他笋用开发潜力较好的种类，包括版纳甜龙竹（*D. hamiltonii*）、野龙竹（*D. semiscandens*）、龙竹（*D. giganteus*）、黄竹（*D. membranaceus*）、福贡龙竹（*D. fugongensis*）、锡金龙竹（*D. sikkimensis*）、马来甜龙竹（*D. asper*）等。

（五）云南箭竹 *Fargesia yunnanensis* Hsueh et Yi

别名：昆明实心竹（《植物研究》），香笋竹（云南），东坡竹，南糯竹，实心竹。

科属：禾本科（Gramineae）箭竹属。

分布：产于四川西南部及云南；海拔1700～2430m，多为栽培，也有少量见于云南松林或阔叶林下野生。

功用：100g鲜笋中能量为74kJ，含量（mg）为水分93.83、粗蛋白1.85、粗脂肪0.18、总糖0.35、可溶性糖0.21、粗纤维0.99、灰分0.96；构成蛋白质的氨基酸含量为：天冬氨酸233.23、苏氨酸48.82、丝氨酸52.88、谷氨酸151.87、脯氨酸23.73、甘氨酸52.21、丙氨酸98.31、缬氨酸73.90、甲硫氨酸3.39、异亮氨酸46.10、亮氨酸76.61、酪氨酸72.55、苯丙氨酸62.38、赖氨酸58.99、组氨酸23.05、精氨酸60.34、色氨酸32.54（杨宇明和辉朝茂，1998；陈玉惠等，1998）。其笋含微量元素Ca、Mg、Cu、Zn、P、S、K、Mn及Fe，依次为0.12、0.12、1.14、4.52、0.69、0.20、3.66、3.11和7.93。研究表明，云南箭竹笋的氨基酸总量比胡萝卜、藕、甘蓝、大白菜和茄子的多，其中苏氨酸、缬氨酸和亮氨酸的含量，云南箭竹笋的含量远高于以上几种蔬菜的含量。由此，云南箭竹笋作为蔬菜，人体必需氨基酸优于胡萝卜、大白菜等一般蔬菜，略低于马铃薯、菠菜、花椰菜和蘑菇，与甘蓝相当（王曙光等，2009；李英力等，2007）。笋味鲜美，在昆明蔬菜市场上称甜笋，系食用佳品。本属还有许多优良笋用种类，包括岩斑竹（*F. canaliculata*）和糙花箭竹（*F. scabrida*）等。

（六）滇川方竹 *Chimonobambusa ningnanica* Hsueh et L. Z. Gao

别名：宁南方竹、云南方竹（《竹子研究汇刊》），刺竹、小刺竹（各地俗名），maizhulan（D-DH），wuga（JP），nuodun（ZW）。

科属：禾本科（Gramineae）方竹属。

分布：产于四川西南部、云南（盈江、潞西、保山、昌宁、腾冲、凤庆、勐海、绿春、元阳、屏边、个旧、广南、新平、丘北、威信）；生于海拔1300～2200m的阔叶林下。

功用：100g鲜笋中能量为100kJ，含量（mg）为水分92.01、粗蛋白2.94、粗脂肪0.15、总糖0.29、可溶性糖0.21、粗纤维1.07、灰分1.44；构成蛋白质的氨基酸含量为：天冬氨酸368.07、苏氨酸76.72、丝氨酸109.47、谷氨酸191.36、脯氨酸37.93、甘氨酸83.61、丙氨酸134.47、缬氨酸97.41、甲硫氨酸31.89、异亮氨酸62.93、亮氨酸103.44、酪氨酸92.23、苯丙氨酸88.79、赖氨酸106.16、氨3.45、组氨酸46.55、精氨酸109.47、色氨酸34.48（陈玉惠等，1998）。笋味佳，是产区优良笋用竹。竿材较大，做建筑用材。本种是方竹属分布最广的种类，资源量较大。本属还有其他优良笋用竹种，如小方竹（*C. convoluta*）、环方竹（*C. hirtinoda*）、方竹（*C. quadrangularis*）和金佛山方竹（*C. utilis*）等。

此外，还有一些竹种是著名笋用竹类，包括屏边思劳竹（*Schizostachyum pingbianensis*）、流苏香竹（*Chimonocalamus fimbriatus*）、香竹（*C. delicates*）、长节香竹（*C. longiusculus*）、泰竹（*Thyrsostachys siamensis*）、鱼肚腩竹（*Bambusa gibboides*）、黄麻竹（*B. stenoaurita*）、绿竹（*Dendrocalamopsis oldhami*）、吊丝单竹（*D. vario-striata*）、江华大节竹（*Indosasa spongiosa*）、甜大节竹（*I. angustata*）等。

十三、其他常见野生蔬菜

（一）南山藤 *Dregea volubilis*（L. f.）Benth. ex Hook. f.

别名：假夜来香、春筋藤、双根藤（广东），大果咀彭、假猫豆（广西），各山消（贵州），苦凉菜、苦菜藤（云南元江），牛角藤，双根藤，羊角藤，木通藤，羊角疼，wenmu、pagaiwuonu（D-BN），pahehiu（D-DH）。

科属：萝藦科（Asclepiadaceae）南山藤属。

分布：产于云南、贵州、广西、广东及台湾等；生长于海拔500m以下的山地林中，常攀援于大树上，民间在庭院或房前屋后有栽培，也偶见小面积田间栽培；印度、孟加拉国、泰国、越南、印度尼西亚和菲律宾有分布。

功用：花果中含硒（0.032±0.0029)mg/kg（许又凯等，2004b）。年单株产花量大（可达10余千克）。嫩茎叶炒食或做汤，也可用嫩叶蘸鸡蛋一起油炸。花蒸熟后，蘸酱油食用或炒食。食用嫩茎叶为主的，经修剪作灌木状培育，其萌发力强，产量高。采集花和嫩茎叶食用。南山藤的根可药用，作催吐药；茎可利尿、止肚痛、除郁湿。全株可治胃热和胃痛。产区群众多认为本种具有清热降火之功效（李莲芳等，2005a）。

（二）木棉 *Bombax ceiba* L.

别名：红棉、英雄树（广东），攀枝花、英雄花（云南），斑芝棉、斑芝树（台湾），攀枝（福建），樊枝花，槁木，guoniu、mangniu（D-BN），mailiu（D-DH），niebei（JN），kadong（JP），lebang（ZW），red silk cottontree。

科属：木棉科（Malvaceae）木棉属。

分布：产于云南、四川、贵州、广西、江西、广东、福建、台湾等的亚热带和热带地区；生于海拔1400（～1700)m以下的干热河谷及稀树草原，也可生长在沟谷季雨林内，有栽培作行道树的；印度、斯里兰卡、中南半岛、马来西亚、印度尼西亚至菲律宾及澳大利亚北部也有分布。

功用：花中营养成分（mg/100g）为维生素 B_1 0.06、维生素 B_2 0.03、维生素PP 1.8、维生素C 7、维生素E 8.05、胡萝卜素264；硒0.057、钾27 636、钠71.05、钙3160.5、镁2342.2、铁36.26、锰80.36、锌37.24、磷5179.3；氨基酸组成（%）为：天冬氨酸0.379、苏氨酸0.248、丝氨酸0.268、谷氨酸0.422、甘氨酸0.217、丙氨酸0.208、缬氨酸0.245、蛋氨酸0.168、异亮氨酸0.252、亮氨酸0.301、酪氨酸0.172、苯丙氨酸0.265、赖氨酸0.157、组氨酸0.113、精氨酸0.195、脯氨酸0.277、色氨酸0.181（樊建等，2005b）。4～6月采摘花并剔出花瓣和雌蕊，用开水焯后捞出，再用清水浸泡1～2d，漂洗后炒食或晒干炖红烧肉。具有清热除湿，治菌痢、肠炎、胃痛的功效。根皮祛风湿、理跌打；树皮为滋补药，也用于治痢疾和月经过多。果内绵毛可作枕、褥、救生圈等填充材料。种子油可作润滑油、制肥皂。木材轻软，可用作蒸笼、箱板、火柴梗、造纸等用。花大而美，树姿巍峨，可植为庭园观赏树、行道树。

（三）槟榔青 *Spondias pinnata*（L. f.）Kurz

别名： 黄猄果，鸡杭子，麻谷，南崧，waimuguo（D-BN），kushi（JN）。

科属： 漆树科（Anacardiaceae）槟榔青属。

分布： 产于云南（南部）、广西（南部）和广东（海南）；生于海拔（360～）460～1200m的低山或沟谷林中；越南、柬埔寨、泰国、缅甸、马来西亚、斯里兰卡、印度、菲律宾和印度尼西亚（爪哇）有分布。

功用： 果实富含丰富的营养成分，每100g含有总糖3.3%，单宁3.18%，淀粉2.02%，粗脂肪0.53%，胡萝卜素0.055mg，维生素B 10.030mg，维生素C 10.63mg，硒（0.004±0.0008）mg/kg（许又凯等，2002，2004b）。全年可采茎皮，秋季采果实，晒干备用；鲜品随用随采。将果实洗净，在火上烤熟，加盐、蒜、辣椒、芫荽等一起捣烂做成佐料酱，傣族称为"喃泌"，生食野菜或凉菜蘸食，味道清香微苦而有回甜味。果实和茎皮入药，味酸涩、气香，性凉，具有清热解毒、消积止痛、止咳化痰等功效。树皮可提栲胶。

（四）鱼腥草 *Houttuynia cordata* Thunb.

别名： 蕺菜（《中国植物志》），鱼腥草（《本草纲目》），狗贴耳（广东梅县），蕺儿根、摘儿根、侧耳根（四川、云南、贵州），鱼鳞草，侧儿根，pahaodong（D-BN），pahuai（D-DH），sabiegeye（JN），tenge（JP），dinjie（ZW），chameleon。

科属： 三白草科（Saururaceae）蕺菜属。

分布： 产于中国中部、东南至西南部各省（自治区），东起台湾，西南至云南、西藏，北达陕西、甘肃；生于沟边、溪边或林下湿地；亚洲东部和东南部广布。

功用： 嫩根茎含（mg/g）碳水化合物6.0，维生素B 0.21，维生素C 6.0，挥发油0.49；干品中含量（mg/g）钾36.0，钙6.4，镁2.61，磷8.1，钠0.51，铁14.1，锰5.9，锌3.5（戴宝合，2003）。西南地区作蔬菜或调味品。一是将鱼腥草地下茎除去节上的毛根，洗净后切成2～3cm的小段（也可将嫩叶加入其中），放入醋、酱油、辣椒粉、味精等佐料凉拌生吃，清脆爽口，但腥味较重；二是将地下茎连同嫩茎叶一同煮汤、煎、炒或炖，清香宜人，入口即化，略有腥味；三是腌渍加工成咸菜食用，酸香生脆，可作开胃菜。其性味辛寒，具有清热解毒、消肿排脓、利尿涌淋等功效，用于治疗肺脓溃疡、肺热咳喘、热痢热淋、水肿、脚气、尿路感染、白带过多、痈肿疮毒等症。

（五）革命菜 *Crassocephalum crepidioides*（Benth.）S. Moore

别名： 野茼蒿（《中国植物志》），安南草，灯笼草，胖头芋，野木耳菜，野青菜，一点红，东风菜，飞花菜，革命草，革命蒿，满天飞，payanuo（D-BN），guandong-weiniu（HN），maiokuo（JN），redflower ragleaf。

科属： 菊科（Compositae）野茼蒿属。

分布： 产于江西、福建、湖南、湖北、广东、广西、贵州、云南、四川、西藏；生于海拔300～4000m的山坡、水边、沟谷林缘等；泰国、东南亚和非洲也有分布。

功用：鲜菜成分和含量（mg/100g）为水分 93 900.0、蛋白质 1100.0、脂肪 300.0、粗纤维 1300.0、钙 150.0、磷 120.0、胡萝卜素 5.1、维生素 C 10.0、维生素 B_2 0.33、尼克酸 1.2（杨期和，2009）。嫩茎叶鲜食，一个生长季节可多次采收。嫩茎叶洗净，用沸水焯、清水漂洗后，既可凉拌、炒食，也可做汤。具有健脾消肿、清热解毒、行气、利尿的功效。治感冒发热、痢疾、肠炎、尿路感染、营养不良性水肿、乳腺炎等。

（六）海菜花 *Ottelia acuminata*（Gagnep.）Dandy

别名：异叶水车前（《海南植物志》），龙爪菜（《植物名实图考》），海菜，海茄子，大叶海菜花，尖叶水车前，海花菜，海栗花，小海带。

科属：水鳖科（Hydrocharitaceae）水车前属。

分布：中国特有种，产于云南、四川、贵州、广东、广西、海南；生于湖泊、池塘、沟渠及水田中。

功用：海菜花含水率为 92.86%±1.79%，含蛋白质较高，干重含量为 312.73～315.29g/kg，氮含量约占干重的 3.73%，糖和脂肪干重含量分别占 59.12～63.14g/kg 和 72.67～80.11g/kg，甘氨酸、谷氨酸、丙氨酸、精氨酸、天冬氨酸 5 种鲜味氨基酸含量占总氨基酸含量的 44.44%，天冬氨酸高达 20.52g/kg（李原等，2009）。嫩叶（含叶柄）、花作蔬菜，炒食或做汤，是云南白族的名菜；全草入药，味淡、甘、性平。清热止咳、益气固脱，治尿血、咯血、淋症、水肿、肺热咳嗽、宫脱；海菜花白色的花朵，宛如一团团晶莹洁白的雪花，星罗棋布地铺撒在河面上，构成独特绚烂的风景。云南各大小湖泊均有海菜花生长，但由于生物资源的过度采伐，生物群落分布失衡，海菜在一些湖泊相继消失，有的濒于绝灭，应加强保护。

第七章 野生果树

第一节 概 述

一、概念

果树植物（fruit plant）是指提供人类食用的鲜果、干果品或作为饮料、各种食品加工原料的经济植物。一般多为木本植物，少数为藤本和多年生草本植物。野生果树是指在一定区域未经开发或开发利用较少的，天然、无污染，生存于山野间且果实具有可食性，或可以作为遗传资源，以及可以作为同类型栽培类果类砧木的植物。广义地说，野生果树是指一切提供人类食用的鲜果、干果品或作为饮料、各种食品加工原料，具有发展潜力的，作为新品种培育的一类野生的或者仅少量栽培的经济植物。野生果类具有数量大、储量丰富、口感独特、营养成分丰富、污染少、天然“绿色”、食疗保健价值高、地带性区域化分布明显、用途广泛、适合加工利用和综合效益显著等特点（唐伟斌和张晓丽，2002）。

随着生活水平的不断提高、资源开发的深入，野生果类以其庞大的数量、丰富的遗传多样性、突出的抗性和适应性、显著的食疗价值、新颖的风味、广泛的功能以及纯天然、无污染、富含营养等独特优势，成为果类、食品加工以及山区开发等备受关注的焦点（张允伟等，2008）。现在栽培的果树，是祖先经过漫长的引种驯化，精心培育，把野生种引种驯化为栽培类型的。

二、中国野生果树的分类

野生果树的分类与栽培果树相同，主要分为 5 大类。

1. 仁果类

食用部分主要是由花萼筒和花托发育成的肉质部分，心皮形成果心，果心内有数个小形种子，属植物学假果中的梨果。园艺学多把它列入亚热带和热带果树类，如蔷薇科苹果亚科的果品梨、苹果、山楂、花红、海棠（*Malus spectabilis*）等。

2. 核果类

食用部分主要由子房发育成的中果皮肉质部分，个别的种类是食用其种仁，内果皮木质化形成坚硬的核，属植物学真果中的核果，如桃、李、杏、梅、樱桃等，杨梅、橄榄、核桃等果实在植物学上也属于核果，但在果树学上常把前两种列入亚热带和热带果树类，后一种列入坚果类。

3. 浆果类

食用部分主要为内果皮，果实柔软多汁，种子小而数量多。果树学上的浆果是一个复合词，除包括植物学中的浆果外，还包括一些聚合果、聚花果和其他一些柔软多汁的果实，如葡萄、猕猴桃、醋栗、越橘、树莓、草莓等。

4. 坚果类

食用部分多为种仁，果实外部多具坚硬或革质的外壳。此类除植物学上的坚果外，还包括核桃、山核桃，裸子植物中的银杏和榧树等，多属于干果。

5. 柑果类

食用部分主要为果实内的多汁肉质瓢瓣，由多心皮的子房发育而成，外果皮坚韧具油脂，中果皮疏松为白色海绵状，其间分布许多橘络（维管素），内果皮膜质，分为若干室，其内壁向囊内生出许多肉质多汁的囊状毛，称为汁胞，是主要的食用部分，如橘、橙、柚和柠檬等。

三、野生果树资源的特点

野生果树污染少、无公害，营养和保健功能独特，是地道的天然食品，具有潜在的开发利用价值。其特点归纳为以下 5 个方面。

1. 数量庞大、种类繁多、种内变异多样

据日本学者田中长三郎（1951，姜淑苓等译，2003）统计，全世界约有果树种类 2792 种，分属于 134 科、659 属，其中栽培果树只有 300 种左右，即野生果树的种类占 90%。据刘孟军等（1998）统计和考证，至 1994 年，中国已发现并报道的可归入果树范畴的植物（果实和种子可食，或经加工后适于食用的木本、多年生宿根性草本植物）共记有 1282 种，161 亚种、变种和变型。属于 2 个植物门、6 纲、38 目、81 科、223 属（包括从国外引入的 148 种、22 变种，涉及 2 个植物门、3 纲、25 目、41 科、80 属）。刘孟军（1998）的《中国野生果树》记载，中国尚未规模化栽培的野生果树（包括引入后逸野的）有 2 个植物门、6 纲、37 目、73 科、173 属、1076 种及 81 亚种、变种和变型，分别占中国果树总数的 100%、100%、97.37%、90.12%、77.58%、84.85%和 50.31%。由于长期的环境选择和实生变异等，种内遗传多样性极为丰富，野生果树的绝大多数性状都呈连续变异。

野生果树在不同植物类群中的分布是不均衡的。97%的野生果树为被子植物，而在被子植物中，又有 99.21%为双子叶植物，单子叶植物仅占 0.79%。含野生果树的 37 个目中，以蔷薇目的野生果树最为丰富（495 种），依次为藤黄目（78 种）、壳斗目（55 种）和芸香目（50 种），该 4 目的野生果树种类占总数的 65.19%。

2. 纯天然、无污染

野生果树植物大多生长在山区，地理位置偏僻，远离城市和工业区的环境污染地区；全凭自然土壤和雨水滋养，进而开花、结果，没有人工施肥、喷药等措施，保持了绿色食品的口味，是生成生态食品的理想原料。许多种类被世人称为“高营养、高抗性的第三代果树”（李东和刘青柏，1997）。随着社会发展和人们生活水平的提高，人们越来越重视对“健康食品”、“天然食品”、“绿色有机食品”等认识，从而提高了对野生果树资源产品的需求（李秀，2011）。

3. 口味独特、营养丰富

和其近缘栽培果树相比，野生果树虽然大多表现为果实小、产量低、口感较差，但从整体的营养和食疗价值上却往往表现出明显的优势。不同的野生果类，含有许多人体所需的维生素、蛋白质、氨基酸和微量元素，许多还具有独特的色、香、味和形状，加之尚未形成规模商品上市，对广大消费者具有新颖性，可满足人们对新品味果品的需求。

1）富含蛋白质和氨基酸　银杏、红松、榧树、水麻、山苍子、猕猴桃、山楂、滇刺枣（*Ziziphus mauritiana*）和枸杞等。

2）富含脂类　红松、榧树、山核桃、山桃（*Prunus davidiana*）、扁桃（*Amygdalus communis*）、文冠果、滇刺枣、山桐子（*Idesia polycarpa*）、山楂和枸杞等。

3）富含糖类　银杏、锥栗、山楂、罗望子、七叶树（*Aesculus chinensis*）、酸枣、枸杞和南酸枣等。

4）富含矿物元素　①富含钙的，如水麻、毛樱桃、欧李、野山楂（*Crataegus cuneata*）、五叶草莓、火棘、罗望子、酸枣、牛奶子（*Elaeagnus umbellata*）、枸杞；②富含钾的，如五叶草莓、罗望子、胡颓子（*Elaeagnus pungens*）、牛奶子果；③富含铁的，如毛樱桃（*Cerasus tomentosa*）、欧李、五叶草莓、新疆野苹果、黄果悬钩子、文冠果、枇杷；④富含锌的，如毛樱桃、新疆野苹果、文冠果（*Xanthoceras sorbifolia*）、牛奶子果、枇杷；⑤富含铜的，如毛樱桃、西府海棠、文冠果；⑥富含其他矿物元素的，如胡颓子（镁、铬、钴）、沙棘果（钠）、余甘子（*Phyllanthus emblica*，硒）、毛樱桃（锰）和新疆野苹果（锰、钼）等。

5）富含有机酸　五味子（柠檬酸、苹果酸）、五叶草莓、黄果悬钩子、罗望子（酒石酸）、白刺干、沙棘、胡颓子（琥珀酸）和山茱萸等。

6）富含挥发油　五味子、山苍子、代代花、香橼和花椒等。

7）富含鞣质　核桃楸、刺梨、金樱子、罗望子、余甘子、南酸枣（*Choerospondias axillaris*）、文冠果和沙枣等。

8）富含苷类　蔷薇科（氰苷）、杜鹃花科和松属（酚苷）、豆科、鼠李科（葱苷）、银杏、山橙及枣属（黄酮类）、无患子科、豆科（三萜皂苷）、夹竹桃科、桑科（强心苷）、芸香科及豆科（香豆精苷）。

4. 长期适应环境、抗性强而广

野生果树在漫长的自然演化过程中，经历了各种恶劣生境，以及各种毁灭性病虫害，保留生存的则得以繁衍进化，决定了其在适宜的自然分布区，具有良好的适应性和广泛的抗性，对环境具有特别强的适应能力。新品种的培育、种质资源的交换和发掘，需要更多的野生果树种质资源的研究。野生果树具有比较强的抗逆性和适应性，具有丰富的基因资源，在长期的自然选择中形成了众多的种、变种和类型等，对环境适应性强，抗逆性能好，种类和变异复杂多样，可为果树遗传改良提供丰富的材料，也可成为多种多样的抗病、抗寒砧木以及多样化的杂交育种材料（唐开学等，2002）。例如，楸子、新疆野苹果、君迁子、豆梨、山桃、酸枣、山杏（*Armeniaca sibirica*）、石楠等（韩秀梅等，2008），通过嫁接，不仅能够改善果树的生长与结果性状，且在一定程度上可以提高果树的适应性。

5. 利用渠道广泛，综合效益显著

① 具有开发前景，效益可观。随着人们思想意识和生活质量的提高，对于野生果

树日益重视，且野生果树的开发正向更多的树种、更广的地域、更深的层次、更高的水平发展，其重点和综合的开发，可获得显著的经济效益和生态效益（乔勇进等，2003）。②药食同源的特性。对一些疑难杂症患者的保健，具有更为广阔的前景。野生果树不少种具有药用功能，有些果实、花、枝、叶、皮、根、种子均可药用。随着生活水平的日益提高，人们对纯天然绿色食品的需求越来越大，加上野生果树蕴藏量大、无污染、具有营养保健等功能，加工开发保健产品，具有市场前景。例如，中国西北地区广泛分布的野生果树沙枣，果实可鲜食、制干品、加工保健食品、饮料以及入药；叶可提取香型精油及饲用；种子可榨油；花为蜜源，并可提取香精香料，树脂漆作颜料或高级胶水、布料印花的凝结剂，而且还是荒漠地区防风固沙、保持水土的优良树种。③多用途。野生果树还是很好的绿化美化和林荫道树种，在城镇和山区绿化、防风固沙、保持水土等改善环境措施中具有不可替代的作用。

四、中国的野生果树资源与分布

1. 野生果树资源

中国的野生果树资源极其丰富，是世界上最大的果树起源中心和植物资源大国之一（韩秀梅等，2008）。中国生长的果树和野生果树共有 60 多科，160 多属，700 多种，10 000多个品种，为世界之冠。中国是世界上果树栽培历史最悠久的国家之一，也是果树的起源中心之一。世界广泛栽培的柑橘、桃、杏、柿、枣、中国苹果、中国梨、龙眼、荔枝、杨梅、枇杷等，都是从中国引种到世界各地的。此外，原产于中国的果树还有樱桃、梅、板栗、槟榔、沙果、楸子、橄榄等。

野生果类具有很强的抗逆性和适应性，因而其分布范围更为广泛，在中国各省（自治区）都有适应其生长的野生果树分布，而且各区均有与其自然条件相对应的独特的野生果树资源。从分布区域的角度，野生果类植物呈现从北到南梯次增加的趋势，以华南和西南野生果类植物资源最为丰富。部分具有特殊自然和气候条件的区域具有丰富的野生果类植物资源，而且越偏远种类和蕴藏量越大。

2. 野生果树资源分区

野生果树按自然地理分布，分为 7 大区域，包括东北中北部区、华北区、华中华东区、西南区、华南区、蒙新区、青藏区。

五、加工的野生果品类型

与许多水果一样，野生果类也有各种各样的加工产品。

1）干制果品　果实经日晒或烘干，借此减少水分，提高可溶性物质的浓度，有利于储藏和运输，如柿饼、枣、龙眼、荔枝、苹果干等。

2）糖渍和蜜饯果品　用高浓度糖液、蜂蜜浸煮，造成较高渗透压环境，抑制微生物生长繁殖，借此久储不坏，如苹果脯、杏脯、桃脯、蜜枣、蜜饯山楂以及苹果酱等果品类。

3）罐制果品　果实经挑选、洗净等工序后，装入罐、瓶内，并加入糖水、密封杀菌、隔绝微生物的侵染和空气氧化，以利制品长期保存，如糖水苹果、梨罐头等类。

4）酒、醋果制品　用微生物发酵保藏制品，如果酒、果醋。目前中国生产的果酒有两种：一种为非蒸馏酒，如红葡萄酒、白葡萄酒、苹果酒、香槟酒等；另一种为蒸馏酒，如金奖白兰地、玫瑰露酒等。

第二节　特色野生果树

一、余甘子 *Phyllanthus emblica* L.

异名： *Cicca emblica*（L.）Kurz；*Diasperus emblica*（L.）Kuntze；*Dichelactina nodicaulis* Hance；*Emblica arborea* Raf.；*E. officinalis* Gaertn.；*Phyllanthus glomeratus* Roxb. ex Wall.；*P. mairei* H. Lév.；*P. mimosifolius* Salisb.；*P. taxifolius* D. Don

别名： 橄榄（云南），庵摩勒（《南方草木状》），米含（广西隆安），望果（云南文山），油甘子（华南），maimabuo、mahangbuo（D-BN），mahang（D-DH），qicaaixi（HN），chichuo（JN），zheqiapun（JP），nugongbiao（Yao），chichuogang（ZZ），emblic。

科属： 大戟科（Euphorbiaceae）叶下珠属。

形态特征： 乔木或灌木。叶片两列，线状长圆形；托叶三角形，边缘有睫毛。多朵雄花和1朵雌花或全为雄花组成腋生聚伞花序；萼片6；雄花：萼片黄色，边缘全缘或有浅齿；雄蕊3；花盘腺体6；雌花：萼片长圆形或匙形，边缘膜质，多少具浅齿；花盘杯状，包藏子房达一半以上；子房卵圆形，3室，花柱3，基部合生，顶端2裂，裂片顶端再2裂。蒴果呈核果状，圆球形，外果皮肉质，绿白色或淡黄白色，内果皮硬壳质；种子略带红色。花期4～6月，果期7～9月。

分布与生境： 产于江西、福建、台湾、广东、海南、广西、四川、贵州和云南等；生于海拔200～2300m的山地疏林、灌丛、荒地或山沟向阳处；印度、斯里兰卡、中南半岛、印度尼西亚、马来西亚和菲律宾等有分布，南美洲有栽培。

成分与利用： 余甘子干果中含有没食子酸、鞣花酸、诃子酸、槲皮素、诃黎勒酸、鞣云实精等（张兰珍等，2003）。果实含有黄酮类化合物，包括槲皮素、山柰酚-3-*O*-葡萄糖苷、槲皮素-3-*O*-葡萄糖苷、无色飞燕草素、生物碱、二萜类成分等。果实中含维生素C、维生素B_1、维生素B_2、胡萝卜素、维生素A、维生素PP等，尤其富含维生素C，其含量可达0.6%～0.92%，春季果实含量最高，有时甚至可达1.82%，该含量是苹果维生素C含量的160倍，同时也是柑橘含量的100倍，仅次于水果维生素C之王的刺梨。其氨基酸总含量达185mg/100g，主要有谷氨酸、脯氨酸、天冬氨酸、丙氨酸、赖氨酸。微量元素共包含有14种，其中钾、钙、镁、磷4种元素的含量普遍较高，其次是硫、铜、铁和钼，含量相对偏低的有硒、锌、镍、锰和锗；而含量较高（相对百分含量）但分布十分局限的元素为钠（仅见于四川雅砻江河谷，云南漾濞和香港的样品）。种子含脂肪酸26%，主要包括亚麻酸、亚油酸、油酸、硬脂酸、棕榈酸、肉豆蔻酸等。此外，余甘子含有大量的维生素C以及超氧化物歧化酶（SOD）、单宁、没食子酸、槲皮素、齐墩果酸等活性成分（范源和刘竹焕，2011）。新鲜果汁中的营养成分含有蛋白质、脂肪、糖、维生素C、多种微量元素，含有17种氨基酸，8种人体营养必需氨基酸和SOD（崔炳权和林元藻，2007）。供食用，可生津止渴、润肺化痰，治咳嗽、喉痛、解河豚中毒等。果生食初味酸涩，良久乃甘，故名“余甘子”。树根和叶供药用，能解热清毒，治皮炎、湿疹、风湿痛等。叶晒干供枕芯用料。种子含油量16%，供制肥皂。树皮、叶、幼果可提制栲胶。木材棕红褐色，坚硬，结构细致，有弹性，耐水湿，供农具和家具用材，又为优良的薪炭柴。

采收与加工：采收成熟果实，用于鲜食，加工为果汁饮料、果酒、果脯蜜饯、果粉、果糖、果糕和提取化妆品原料。

繁殖与栽培：种子繁殖。余甘子对立地条件要求不严，荒山荒地、疏林或草丛中均能生长，抗旱耐瘠，适应性强，易栽培、寿命长。

资源与保护：极喜光，耐干热瘠薄环境，萌芽力强，根系发达，具有较强的保持水土能力，可作产区荒山荒地造林的先锋树种。树姿优美，可作庭园观赏树，也可栽培为果树。

二、云南山楂 *Crataegus scabrifolia* Rehd.

异名：*Crataegus bodinieri* Levl.；*C. henryi* Dunn；*Pyrus scabrifolia* Franch.

别名：山林果（云南），大果山楂、酸冷果（广西），文林果，粗叶楂，山里红，野山楂，滇山楂，mahangjunbuan（D-DH），meguanggezhi（JP），guogaishi（ZW）。

科属：蔷薇科（Rosaceae）山楂属。

形态特征：落叶乔木。叶片卵状披针形至卵状椭圆形，稀菱状卵形，通常不分裂或在不孕枝上少数叶片顶端有不规则的3～5浅裂；托叶线状披针形，边缘有腺齿。伞房花序或复伞房花序，花萼筒钟状；萼片三角卵形或三角披针形；花瓣白色；雄蕊20，比花瓣短；花柱3～5，子房顶端被灰白色绒毛，柱头头状，约与雄蕊等长。果实扁球形，黄色或带红晕，有稀疏褐色斑点；萼片宿存；小核5，内面两侧平滑。花期4～6月，果期8～10月。

分布与生境：产于云南、贵州、四川、广西；生于海拔1500～3000m的松林边灌木丛中或溪岸杂木林中。

成分与利用：果实含槲皮素、芦丁、牡荆素、金丝桃苷、胡萝卜苷、熊果酸、氯原酸、奎宁酸、β-谷甾醇及廿九烷醇；叶含芦丁、金丝桃苷、牡荆素、熊果酸、胡萝卜苷及廿九烷醇（斯建勇等，1994，1998）。味酸甜，鲜吃及加工，并可入药。木材结构细密，质略重，可作细木工用。

采收与加工：果味酸甜，可鲜食或酿酒，制作果干；干制后入药，有健胃助消化、行淤、定痛等功效。

繁殖与栽培：种子或嫁接繁殖。云南山楂适生的土壤主要是山地红壤、山地黄壤及山地紫色土等。以酸性红壤（pH5～6.5）地区分布最多，在沙壤及深厚肥沃的土壤上，生长发育良好，长势旺盛，植株高大，寿命长，产量高（黄汝昌，1994）。

资源与保护：资源较多并有栽培，其果实在云南作中药山楂收购，习称“云楂”，应用历史较久，并有少量销往广东、四川等地。同属多种可作野果食用，包括野山楂（*C. cuneata*）、湖北山楂（*C. hupehensis*）、毛山楂（*C. maximowiczii*）、山楂

(*C. pinnatifida*）和山里红（*C. pinnatifida* var. *major*）等。

三、云南移𣑶 *Docynia delavayi*（Franch.）Schneid.

异名： *Cotoneaster bodinieri* Levl.；*Cydonia delavayi* Card.；*Eriolobus delavayi* Schneid.；*Pirus delavayi* Franch.

别名： 酸多李皮、多衣、桃木夷（云南），桃梣梣，酸移梣，楂子果，云南移衣，酸木瓜，酸移依，酸移依皮，桃𣑶，西南移𣑶，云南移依，云南移梣，magua（D-DH），meguangxi（JP），muguoshi（ZW）。

科属： 蔷薇科（Rosaceae）移𣑶属。

形态特征： 常绿乔木；小枝幼时密被黄白色绒毛。叶片披针形或卵状披针形，下面密被黄白色绒毛；叶柄密被绒毛；托叶小，披针形。花3～5朵，丛生于小枝顶端；花梗果期伸长，密被绒毛；苞片披针形，早落；花瓣基部有短爪，白色；雄蕊40～45，花丝长短不等，比花瓣短约三分之一；花柱5，基部合生并密被绒毛，与雄蕊近等长或稍短，柱头棒状。果实卵形或长圆形，幼果密被绒毛，通常有长果梗，外被绒毛；萼片宿存，直立或合拢。花期3～4月，果期5～6月。

分布与生境： 产于云南、四川、贵州；生于海拔1000～3000m的山谷、溪旁、灌丛中或路旁杂木林中。

成分与利用： 果可食部分81.2%、含水率81.5%、总糖6.61%、总酸1.87%、维生素C 11.0mg/kg、可溶单宁1.70%、粗纤维2.01%、淀粉2.63%、粗脂肪1.27%（任新军等，2001)。果实味酸，可鲜食。在云南作柿果催熟剂，栽培供观赏。入药，治腹泻、消食健胃；树皮熬膏外擦治烧烫伤；鲜树皮和叶捣烂外敷治骨折。

采收与加工： 移𣑶果俗称小苹果，成果后至果实自然脱落前均可采食，直接生食，或蘸盐和辣椒吃，或做成果脯或蜜饯食用。

繁殖与栽培： 种子或扦插繁殖。

资源与保护： 移𣑶适应性强，繁殖容易，生长快，加强原产地保护的同时，开展优良单株选择进行人工栽培，开发利用的同时，保护野生种质资源。

四、木瓜榕 *Ficus auriculata* Lour.

异名： *Covellia macrophylla* Miq.；*Ficus hamiltoniana* Wall.；*F. macrocarpa* Levl. et Vant.；*F. rotundifolia* Roxb.；*F. roxburghii* Wall.；*F. sclerocarpa* Griff.

别名： 大果榕（《海南植物志》），馒头果（海南），大无花果（贵州），波罗果（四川盐边），大木瓜（云南屏边），蜜枇杷（云南河口），大石榴（云南禄劝），大耳榕，大牛奶果，大叶榕，大叶无花果，圆叶榕，包子榕，大瓜榕，巨叶榕，柳榕，象耳榕。

科属： 桑科（Moraceae）榕属。

形态特征： 乔木或小乔木。叶互生，广卵状心形；托叶三角状卵形，紫红色。榕果簇生于树干基部或老茎短枝上，大而梨形或扁球形至陀螺形，具明显的纵棱8～12条，红褐色，顶生苞片4～5轮，覆瓦状排列而成莲座状，基生苞片3枚；雄花：无柄，花被片3，匙形；瘿花花被片下部合生，上部3裂，花柱侧生；雌花，生于另一植株榕果内，有或无柄，花被片 3 裂，花柱侧生。瘦果有黏液。花期 8 月至翌年 3 月，果期 5～8 月。

分布与生境：产于海南、广西、云南、贵州（罗甸）、四川（西南部）等；生于海拔 130～1700（～2100）m 的沟谷潮湿雨林中；印度、越南、巴基斯坦也有分布。

成分与利用：果可食部分 85.5%，含水率 83.3%，总糖 7.86%，总酸 0.28%，维生素 C 41.2mg/kg，可溶单宁 0.27%，粗纤维 4.40%，淀粉 1.14%，粗脂肪 0.86%（任新军等，2001）。味甜可食，紫红色的嫩叶为蔬菜。熟果浆质、多液、味甜，是夏令应市的时鲜水果。嫩果可充粮，新中国成立前多为景颇族对应饥荒的应急措施之一。

采收与加工：嫩果洗净切碎，用冷水浸泡一昼夜去涩，捞出与稻米或玉米掺和蒸煮食。

繁殖与栽培：种子或扦插繁殖。

资源与保护：典型的“老茎结果”榕树，随着果、菜的利用，对资源量需求不断增加，建议保护野生资源，并在房前屋后、田边地头和人工植被内开展栽培，以资利用。

五、聚果榕 *Ficus racemosa* L.

异名：*Covellia glomerata*（Roxb.）Miq.；*C. lanceolata*（Buch.-Ham. ex Roxb.）Miq.；*C. mollis* Miq.；*Ficus acidula* King；*F. glomerata* Roxb.；*F. henrici* King；*F. lanceolata* Buch.-Ham. ex Roxb.；*F. lucescens* Blume；*F. semicostata* F. M. Bailey；*F. trichocarpa* f. *glabrescens* Engl.；*F. vesca* F. Muell. ex Miq.

别名：马郎果（贵州），寒果榕，优昙钵花，优昙花。

科属：桑科（Moraceae）榕属。

形态特征：乔木。叶椭圆状倒卵形至椭圆形或长椭圆形，基生叶脉三出，侧脉 4～8 对；托叶卵状披针形，外面被微柔毛。榕果聚生于老茎瘤状短枝上，稀成对生于落叶枝叶腋，梨形，顶部脐状，压平，基部缢缩成柄，基生苞片 3；雄花生于榕果内壁近口部，无柄，花被片 3～4，雄蕊 2；瘿花和雌花有柄，花被线形，先端有 3～4 齿，花柱侧生，柱头棒状。榕果成熟时橙红色。花期 5～7 月。

分布与生境：产于广西南部（龙津）、云南南部（孟连、屏边、元阳、河口）、贵州（南盘江一带）。喜生于潮湿地带，常见于河畔、溪边，偶见生长在溪沟中。印度、斯里兰卡、巴基斯坦、尼泊尔、越南、泰国、印度尼西亚、巴布亚新几内亚、澳大利亚有分布。

成分与利用：100g 嫩枝叶中维生素含量为维生素 B_1 0.49mg、维生素 B_2 21.02mg、维生素 B_6 0.37mg、维生素 C 39mg、维生素 E 9.7mg；氨基酸含量（%）为：丙氨酸 0.781、精氨酸 1.086、天冬氨酸 1.079、胱氨酸 0.084、谷氨酸 1.194、甘氨酸 0.693、组氨酸 0.461、异亮氨酸 0.601、亮氨酸 1.084、赖氨酸 1.115、蛋氨酸 0.17、苯丙氨酸 0.765、脯氨酸 0.715、丝氨酸 0.822、苏氨酸 0.662、色氨酸 0.44、酪氨酸 0.528、缬氨酸 0.732、总氨基酸 13.012、总蛋白质 24.68（许又凯等，2005）。果实内含硬蛋白 7.4%、脂肪 5.6%、碳水化合物 49%、色素 8.5%、纤维 17.9%。榕果成熟后，其味鲜甜，烤干粉末味美如葡萄糖，其功效与葡萄糖同；叶可同木瓜榕做蔬菜。聚果榕是紫胶虫优良寄主树种，具有较强耐虫力，固虫量可达有效枝条的60%～70%。

采收与加工：果实由生至熟，色彩各异，或红色或黄色或青色或绿色，此时采集成熟的果实鲜食或加工成粉剂。

繁殖与栽培：种子或插干繁殖。

资源与保护：野生资源散生，无论采果或叶，还是作为寄主树，经济效益都较差。故此，为了有效利用资源，可开展相对集中的栽培研发，处理好合理利用和资源保护的关系。同属的许多种类均可作野果食用，如鸡嗉子榕（*F. semicordata*），果实可食部分91.6%、含水率83.0%、总糖10.60%、总酸0.68%、维生素C 37.8mg/kg、可溶单宁0.48%、粗纤维3.15%、淀粉1.05%、粗脂肪0.38%（任新军等，2001）。

六、羊奶果 *Elaeagnus conferta* Roxb.

异名：*Elaeagnus conferta* subsp. *eu-conferta* Serv.

别名：密花胡颓子（《中国植物志》）。

科属：胡颓子科（Elaeagnaceae）胡颓子属。

形态特征：常绿攀援灌木；幼枝密被鳞片。叶椭圆形或阔椭圆形，上面幼时被银白色鳞片，成熟后脱落，下面密被银白色和散生淡褐色鳞片，侧脉5～7对，弧形向上弯曲。花银白色，外面密被鳞片或鳞毛，多花簇生叶腋短小枝上成伞形短总状花序；每花基部具一小苞片，苞片线形，黄色；花梗极短；萼筒短小，坛状钟形，在裂片下面急收缩；雄蕊的花丝与花药等长或稍长，花药细小，矩圆形，花柱直立，疏生白色星状柔毛，稍超过雄蕊，达裂片中部，向上渐细小，柱头顶端弯曲。果实大，成熟时红色；果梗粗短。花期10～11月，果期2～3月。

分布与生境：产于云南南部和西南、广西西南；生于海拔50～1500m的山地杂木林内或向阳沟谷旁；分布于中南半岛、印度尼西亚、印度、尼泊尔。

成分与利用：可食部分90.0%、含水率86.5%、总糖3.62%、总酸3.52%、维生素C 125.3mg/kg、可溶单宁0.43%、粗纤维0.92%、淀粉0.91%、粗脂肪6.50%（任新军等，2001）。种子脂肪酸含量1.98%，主要是油酸34.15%、亚油酸31.51%、软脂酸13.83%、硬脂酸2.88%。饱和脂肪酸∶单不饱和脂肪酸∶多不饱和脂肪酸含量比为1∶2.23∶2.75。矿质元素（mg/kg）为：钾7837.69、铁30.99、锌10.13、钠259.5（刘育梅和黄维南，2007）。成熟果实鲜红色至紫红色，营养丰富，可食率为73.3%～91%，果实多汁无毒，甜酸，适度可口，水分充足，颜色鲜艳，鲜食或可加工果汁、汽水、罐头、蜜饯、果丹等食品。根、果、叶入药。主治吐血、咯血、咽喉肿痛、感冒、小儿惊风、疮癣等症。止咳平喘，收敛止泻。还可治哮喘、虚咳、慢性支气管炎、肠炎、腹泻、跌打肿痛、风湿疼痛，黄疸。可作观叶或观果盆景。

采收与加工：采收红黄色的果实为宜，适于储藏成熟、运输和加工。

繁殖与栽培：播种或扦插繁殖，比较容易种植，可在庭院、房前屋后等地栽培。

资源与保护：羊奶果在野生或粗放管理条件下，具有丰产、易于栽培、果实营养丰富的特点，是解决淡季鲜果上市的理想果树之一。羊奶果具有适应性广、结果早、丰产、稳产、病虫害较少的特性，观赏价值高，适合盆栽观赏。羊奶果有味甜和小果型两个品种，可通过选育，获得优良品种。同属几种也作为野果食用，包括沙枣（*E. angustifolia*）、长叶胡颓子（*E. bockii*）、蔓胡颓子（*E. glabra*）、角花胡颓子（*E. gonyanthes*）、宜昌胡颓子（*E. henryi*）、银果牛奶子（*E. magna*）、木半夏（*E. multiflora*）、细枝木半夏（*E. multiflora* var. *tenuipes*）、尖果沙枣（*E. oxycarpa*）、胡颓子（*E. pungens*）、巫山牛奶子（*E. wushanensis*）、牛奶子（*E. umbellata*）等。

七、木奶果 *Baccaurea ramiflora* Lour.

异名： *Baccaurea cauliflora* Lour.；*B. oxycarpa* Gagnep.；*B. sapida*（Roxb.）Müll. Arg.；*B. wrayi* King ex Hook. f.；*Gatnaia annamica* Gagnep.；*Pierardia sapida* Roxb.

别名： 白皮（海南保亭），山萝葡（海南东方），野黄皮树（海南儋县），山豆（海南三亚），木荔枝（广西浦北），大连果（云南屏边），黄果树（云南西双版纳），木来果（云南河口），树葡萄（云南金平），枝花木奶果（《海南植物志》），麦穗（广西龙州），mufuai（D-BN）。

科属： 大戟科（Euphorbiaceae）木奶果属。

形态特征： 常绿乔木。叶片倒卵状长圆形、倒披针形或长圆形。花小，雌雄异株，无花瓣；总状圆锥花序腋生或茎生，雄花序短于雌花序；苞片卵形或卵状披针形，棕黄色；雄花：萼片4～5，长圆形，外面被疏短柔毛；雄蕊4～8；退化雌蕊圆柱状，2深裂；雌花：萼片4～6，长圆状披针形，外面被短柔毛；子房卵形或圆球形，密被锈色糙伏毛，花柱极短或无，柱头扁平，2裂。浆果状蒴果卵状或近圆球状，黄色后变紫红色，不开裂，内有种子1～3颗；种子扁椭圆形或近圆形。花期3～4月，果期6～10月。

分布与生境： 产于广东、海南、广西和云南，生于海拔100～1300m的山地森林、村旁溪边。印度、缅甸、泰国、越南、老挝、柬埔寨和马来西亚等有分布。

成分与利用： 果可食率为35.8%～49.2%、含水率84.7%～87.0%、脂肪0.06%～0.38%、淀粉0.47%、纤维0.29%、维生素C 1.57～2.41mg/100g、总酸1.66%～1.99%、可溶单宁4.85%、总糖11.87%（任新军等，2001；胡建湘等，2003）。成熟后鲜食，味道酸甜，果肉多汁，生津止渴，消暑解热。老茎生花，结果之时，树干和老枝吊满累累果实的果穗，其果实如李子般大小，成熟时呈红色或橙黄色，果皮内有三瓣果肉裹着的种子。果肉含人体所需的营养成分，根、果均可入药。木材可作家具和细木工用料。树形美观，可作行道树。在印度和东南亚除鲜食外，还用于制果酱。

采收与加工： 7月中下旬果实成熟后即可采摘。

繁殖与栽培： 种子繁殖。喜湿耐旱、喜光耐阴、抗逆性较强。木奶果对土壤要求不甚严格，但以土层深厚、排水良好的微酸性土壤为宜，喜半阴生、通风条件好的环境。

资源与保护： 只有少数傣族村民栽培于庭园中供鲜食或药用，果耐短期储藏和运输。分布区进行资源调查和品种、单株选育，扩大栽培，保护野生资源。

八、番石榴 *Psidium guajava* L.

异名：*Guajava pyrifera*（L.）Kuntze；*Myrtus guajava*（L.）Kuntze；*Psidium guajava* var. *cujavillum*（Burm. f.）Krug & Urb.；*P. guajava* var. *minor* Mattos；*P. pomiferum* L.；*P. pyriferum* L.

别名：交桃、缅桃、番头果、番桃果（云南东南），麻力咖（云南临沧），香石榴（云南龙陵），喇叭果（四川），guomuguixiangla（D-BN），maga（D-DH），magui（JN），maliga（JP），muligua（ZW），guava。

科属：桃金娘科（Myrtaceae）番石榴属。

形态特征：乔木；树皮平滑，灰色；嫩枝有棱，被毛。叶片长圆形至椭圆形，下面有毛，侧脉12～15对，常下陷，网脉明显。花单生或2～3朵排成聚伞花序；萼管钟形，有毛，萼帽近圆形，不规则裂开；花瓣白色；子房下位，与萼合生，花柱与雄蕊同长。浆果球形、卵圆形或梨形，顶端有宿存萼片，果肉白色及黄色，胎座肥大，肉质，淡红色；种子多数。

分布与生境：原产于南美洲。华南各地栽培，常逸生为野生种，北达四川西南部的安宁河谷，生于荒地或低丘陵。

成分与利用：果实含果肉86.5%，水分83.3%，干物质19.5%，灰分0.66%，热量58kcal，每100g含粗纤维3.80%～5.57%，粗蛋白0.76%～1.06%，粗脂肪0.36%～0.94%；维生素250mg，维生素A 200（国际单位），维生素B_1 0.05mg，维生素B_2 0.03mg，维生素C 200～336.8mg（最高可达1014mg），胡萝卜素0.69mg，叶绿素0.67mg，叶黄素0.13mg；矿物质元素钙15～18.5mg，磷29.5mg，铁1～1.82mg，钾290mg，钠4mg，镁4mg等。果实总糖含量4.3%～9.0%，还原糖2.8%～6.0%。100g花粉含蛋白质24.75g、钙400mg、铁10mg、锌3mg、视黄醇当量5350μg、维生素E 343.1mg、维生素C 41.5mg（刘建林等，2005）。果实香甜带酸，风味独特。生食以8分成熟，肉质爽脆时最为可口，或将果除皮，加砂糖、盐水、甘草，浸渍食用。还可切成薄片，混入乳酪食用以及煮熟，或制成蜜饯，混以柑橘、凤梨等制成水果沙拉；加工成果酱、果干、果冻、果膏、果汁饮料等。有的地方将番石榴叶片晒干，作茶的代用品。番石榴果皮中含有单宁物质，可制鞣皮革的鞣料，也是人造丝、棉、毛、亚麻等纺织品的天然染料。此外，番石榴还有药用和观赏价值，其枝叶秀丽，花色鲜艳，多次开花，花期甚长。其树干材质硬，花纹细腻，既可作箱材，也可用于雕刻，颇具综合利用和开发价值。

采收与加工：因番石榴果实成熟期不一致，但集中于7～8月成熟，可采收，为保证果实品质，采收期应视天气情况及果实成熟度而定。果采收要适时，过早风味不佳，过迟则果皮开裂，最好掌握在果实成熟而果皮未开裂时采收。

繁殖与栽培：种子繁殖。番石榴对土壤要求不严，适应性广，从松软的沙土到黏重的黄土，从较贫瘠的山地到平地都分布有番石榴；酸性和碱性的土壤中都能良好生长，以中性或微酸性土壤较适宜。由于其生长快、结果多、结果期长，栽种时若选择土层深厚、土质较肥沃、排水较良好的沙质土壤，果实品质更佳，但土地过于肥沃，也会造成过度的营养生长而结果不良。

资源与保护：番石榴作为重要的热带、亚热带水果，台湾地区已有优良品种培育，应开展良种选育、引种和人工商品化栽培研究，增加品种、提高品质，丰富果品种类。

九、鸡嗉子 *Dendrobenthamia capitata* (Wall.) Hutch.

异名：*Benthamia capitata* (Wall.) Nakai；*B. fragifera* Lindl.；*Benthamidia capitata* (Wall.) H. Hara；*Cynoxylon capitatum* (Wall.) Nakai；*C. yunnanense* Pojark.

别名：头状四照花（《中国植物志》），野荔枝、四子那卡（云南丽江），乌都鸡（云南禄劝），鸡嗉果、山复盆（云南），Bentham's cornel。

科属：山茱萸科（Cornaceae）四照花属。

形态特征：常绿乔木。叶对生，长椭圆形或长圆披针形，被白色贴生短柔毛，侧脉4（～5）对，弓形内弯，脉腋通常有孔穴；叶柄圆柱形，密被白色贴生短柔毛。头状花序球形，为100余朵绿色花聚集而成；总苞片4，白色，两面微被贴生短柔毛；花萼管状，先端4裂；花瓣4，长圆形，下面被有白色贴生短柔毛；雄蕊4，花丝纤细，花盘环状，略有4浅裂；子房下位，花柱圆柱形，密被白色丝状毛。果序扁球形，成熟时紫红色；总果梗粗壮，圆柱形，幼时被粗毛，渐老则毛被稀疏或无毛。花期5～6月；果期9～10月。

分布与生境：产于浙江南部、湖北西部及广西、四川、贵州、云南、西藏等省（自治区）；生于海拔1300～3150m的混交林中；印度、尼泊尔及巴基斯坦也有分布。

成分与利用：果实可鲜食，或酿酒、制醋。叶、花、果入药具有清热解毒、利胆行水、消积杀虫的功效，可治腹水、肝炎、疝气、麻风、恶寒、咳嗽、食积气胀、小儿疳积、蛔虫等症；根、皮入药，具消肿、镇痛之功效，外用于烧伤、外伤出血。枝、叶可提取单宁。

采收与加工：果实成熟时紫红色，状如荔枝，即可采摘食用或加工。

繁殖与栽培：种子或扦插繁殖。四照花为深根性喜光树种，稍耐阴，对土壤要求不严，在中性、酸性及石灰性土壤中均能生长。多生于海拔600～2200m的林内及山谷、溪流边。在天然林中，与油松、华山松、栎类、榛类树种混生，常处于林冠下层。

资源与保护：同属一些种可作野果食用，包括尖叶四照花（*D. angustata*）、峨眉四照花（*D. capitata* var. *emeiensis*）、褐毛四照花（*D. ferruginea*）、缙云四照花（*D. ferruginea* var. *jinyunensis*）、香港四照花（*D. hongkongensis*）和四照花（*D. japonica* var. *chinensis*）等。

十、蛋黄果 *Lucuma nervosa* A. DC

别名：仙桃，狮头果，桃榄。

科属：山榄科（Sapotaceae）蛋黄果属。

形态特征：小乔木。叶狭椭圆形。花1（2）朵生于叶腋，花梗被褐色细绒毛；花萼裂片通常5，外面被黄白色细绒毛；花冠较萼长，外面被黄白色细绒毛，冠管圆筒形，花冠裂片（4）6；能育雄蕊通常5；退化雄蕊被白色极细绒毛；子房圆锥形，被黄褐色绒毛，5室，花柱圆柱形，柱头头状。果倒卵形，绿色转蛋黄色，外果皮极薄，中果皮肉质，肥厚，蛋黄色，可食，味如鸡蛋黄，故名蛋黄果；种子2～4枚，椭圆形，压扁，黄褐色，具光泽，疤痕侧生，长圆形，几与种子等长。花期春季，果期秋季。

分布与生境：广东、广西、云南西双版纳有少量栽培。

成分与利用：果肉含糖29.1%～30.5%，淀粉5.6%～8.1%，粗脂肪1%～1.14%，每100g果肉含维生素C 24.3mg。主要鲜食，也可制作果汁、果酒、果酱等（杨期和，2009；陈佳瑛等，2005）。鲜食果类；具观赏性，可做园林观果或绿化树种。

采收与加工：果实12月成熟，采收后需要后熟4～7d方可食用。

繁殖与栽培：种子繁殖。蛋黄果生长快、投产早、产量高、适应性强、病虫少、抗逆性强、易种植。

资源与保护：原产于中美洲和西印度群岛，在世界各热带地区广泛种植。中国仅在热带、亚热带地区有少量种植。蛋黄果采收期长，果实耐储藏，果成熟期集中在12月至翌年3月，正值水果淡季，对市场有一定调节作用，是适宜生长区值得推广种植的稀有水果。

十一、五桠果 *Dillenia indica* L.

异名：*Dillenia elliptica* Thunb.；*D. elongata* Miq.；*D. indica* f. *elongata* (Miq.) Miq.

别名：第伦桃，山枇杷，印度第伦桃，拟枇杷，印度五桠果，chulta。

科属：五桠果科（Dilleniaceae）五桠果属。

形态特征：常绿乔木；嫩枝有褐色柔毛，老枝秃净，有明显叶柄痕迹。叶矩圆形或倒卵状矩圆形，两面初时有柔毛，不久变秃净，仅在背脉上有毛，边缘有明显锯齿，齿尖锐利；叶柄有狭窄的翅。花单生于枝顶叶腋内，花梗粗壮，被毛；萼片5个，外侧有柔毛，花瓣白色，倒卵形；雄蕊发育完全，外轮数目很多，内轮较少且比外轮长，无退化雄蕊，花药长于花丝，顶孔裂开；心皮16～20个，花柱线形，顶端向外弯；胚珠每心皮多个。果实圆球形，不裂开，宿存萼片肥厚，稍增大；种子压扁，边缘有毛。

分布与生境：分布于云南省南部；生于海拔220～800（～900）m的密林中、溪旁；广西也有分布；印度、斯里兰卡、中南半岛、马来西亚及印度尼西亚等地也有分布。喜生于山谷溪旁水湿地带。

成分与利用：果萼可食，味甜酸，做果酱和饮料的原料；木材可制家具，根和树皮入药，有收敛、杀菌、截疟的功效。

繁殖与栽培：种子繁殖。

资源与保护：主要以保护野生资源为主，辅以适生小生境零星栽培。

十二、杨梅 *Myrica rubra* (Lour.) Zucc.

异名：*Morella rubra* Lour.；*Myrica rubra* var. *acuminata* Nakai

别名：山杨梅（浙江）、朱红、珠蓉、树梅（福建），大杨梅，凉梅，树梅，野杨梅。

科属：杨梅科（Myricaceae）杨梅属。

形态特征：常绿乔木。叶生存至2年脱落，常密集于小枝上端部分；生于孕性枝上者为楔状倒卵形或长椭圆状倒卵形，全缘或偶有在中部以上具少数锐锯齿。花雌雄异株。雄花序单独或数条丛生于叶腋，通常不分枝呈单穗状。雌花序常单生于叶腋，较雄花序短而细瘦，每苞片腋内生1雌花。每一雌花序仅上端1（稀2）雌花能发育成果实。核果球状，外表面具乳头状凸起，外果皮肉质，多汁液及树脂，味酸甜，成熟时深红色或紫红色，内果皮极硬，木质。4月开花，6～7月果实成熟。

分布与生境：产于江苏、浙江、台湾、福建、江西、湖南、贵州、四川、云南、广西和广东；生长在海拔125～1500m的山坡或山谷林中；日本、朝鲜和菲律宾也有分布。

成分与利用：果肉含量（mg/100g）蛋白质720、脂肪310、还原糖2780、钙18、磷0.074、铁2.71、维生素C 4.50、维生素B_1 0.017、维生素B_2 0.056（陈永安等，1997），杨梅果实中还含有多种对人体有生物活性的物质，如槲皮素、汉黄芩素等黄酮类化合物（Tao et al.，2002），没食子鞣质等酚性化合物，没食子酸、诃子酸、柯子裂酸、黏酸等有机酸，叶下珠苦素、一叶萩碱、降一叶萩碱等生物碱；另外，还含有甾醇类化合物。中国江南著名的传统水果；树皮富含单宁，可用作赤褐色染料及止血、止痛、收敛等药用；叶含挥发油及鞣质，主治伤风感冒、咳嗽痰血。

采收与加工：果因品种、产地不同，成熟期也不同，采收时间不一致，应随熟随采，防止果实熟过头，造成落果或腐烂，影响产量。果实采收后，在常温下一般保鲜2～4d；在温度0～0.5℃，湿度85%～90%的条件下，可保鲜7～15d。采收的果实可及时送加工厂。①冷藏处理，在0～18℃冷库中可保鲜6个月；②加工罐头、蜜汁、蜜饯、果干、果酒等。

繁殖与栽培：种子或嫁接繁殖。喜酸性土壤。具有耐干旱、耐瘠薄、树势强健、丰产、性喜温暖湿润的特点。

资源与保护：适宜产区栽培较多，因此，主要对野生种质资源进行保护。本属有其他野生资源，包括毛杨梅（*M. esculenta*）和青杨梅（*M. adenophora*）等。

十三、其他常见野生果树

（一）君迁子 *Diospyros lotus* L.

别名：梬枣，小柿，牛奶柿，软枣，丁香柿，红蓝枣。

科属：柿科（Ebenaceae）柿属。

分布：产于山东、辽宁、河南、河北、山西、陕西、甘肃、江苏、浙江、安徽、江西、湖南、湖北、贵州、四川、云南、西藏等省（自治区）；生于海拔500～2300m的山地、山坡、山谷的灌丛中，或在林缘；亚洲西部、小亚细亚、欧洲南部也有分布，地中海各国已经驯化。

功用：果实富含维生素，可生食，制糖、酿酒、制醋。加工品主要为黑枣（半干）。

其方法是将成熟采下的果实，通过晾晒或风干等使水分散失，果实变成半干，即为黑枣。果实也可提取维生素C，供食品和医药用；果实含鞣质，可入药，性味甘涩平，主治功用为止渴、去烦热、心悸，令人润泽。服食君迁子若干，可治疗烦热；未成熟果实可提制柿漆，其中含鞣质样物质柿漆酚。果实、嫩叶均可提取维生素，又含胆碱、乙酰胆碱，可治高血压；树皮可提取单宁和制人造棉；根含萘醌类成分：甲基胡桃叶醌、君迁子醌、异柿属素、双异柿属素。君迁子的木材质硬，耐磨损，可作纺织木梭、雕刻、小用具等，又因材色淡褐，纹理美丽，可作精美家具和文具。在北方地区，君迁子是栽培柿的主要砧木。

（二）乌饭树 *Vaccinium bracteatum* Thunb.

别名：南烛（《开宝本草》、《植物名实图考》）、染菽（古名），乌饭树（江苏、浙江、江西），米饭树、乌饭叶、康菊紫（浙江）、饭筒树、乌饭子、零丁子、大禾子（江西），秤杆树、米碎子木（广西），苞越橘（《江苏植物名录》），米饭花（《台湾植物志》）。

科属：杜鹃花科（Ericaceae）越橘属。

分布：产于台湾地区、华东、华中、华南至西南；生于丘陵地带或海拔400～1400m的山地，常见于山坡林内或灌丛中；朝鲜、日本（南部），南至中南半岛诸国、马来半岛、印度尼西亚也有分布。

功用：浆果营养丰富，风味独特。适于加工成系列保健食品。根、叶、果均入药，具有强筋骨，益气，固精之功效。李时珍的《本草纲目》中即有做“乌饭”的记载：取叶捣碎，浸水取汁，蒸煮粳米成乌色之饭，久服能轻身明目，黑发驻颜，益气力而延年不衰。据测定，每100g果实含量：水分82g、脂肪0.80g、蛋白质0.73g、可溶性固形物12.70g、总糖8.40g、粗纤维3.74、灰分0.44g、维生素 B_1 0.03mg、维生素 B_2 0.05mg，尼克酸1.24mg、抗坏血酸21.40mg、氨基酸总量633.80mg，其中非必需氨基酸（mg）：天冬氨酸57.90、丝氨酸23.20、谷氨酸90.60、脯氨酸28.10、甘氨酸29.60、丙氨酸30.90、胱氨酸9.60、酪氨酸11.40、组氨酸12.30、精氨酸48.60、苏氨酸21.70、缬氨酸36.60、蛋氨酸104.10、异亮氨酸25.30、亮氨酸46.50、苯丙氨酸29.60、赖氨酸27.80，还含有多种微量元素。其中人体必需氨基酸总含量是中华猕猴桃的20倍。此外，乌饭树的镁含量（15.9mg/100g）高于钠（3.1mg/100g），锌含量（0.2mg/100g）高于铜（0.16mg/100g），对人体生理代谢有益（刘孟军，1998）。美国、加拿大、法国等欧美国家，对乌饭树浆果的营养成分和开发利用进行研究，选育了大量的优良品种，现已广为种植，成为重要水果之一。

（三）滇刺枣 *Ziziphus mauritiana* Lam.

别名：毛叶枣、柿枣、印度枣、南枣、酸枣（广东、云南），缅枣（广西、云南），mahe（D-BN）。

科属：鼠李科（Rhamnaceae）枣属。

分布：云南、四川、广东、广西、福建和台湾地区有栽培；生于海拔1800m以下的山坡、丘陵、河边湿润林中或灌丛中；斯里兰卡、印度、阿富汗、越南、缅甸、马来西亚、印度尼西亚、澳大利亚及非洲也有分布。

功用： 果实可鲜食或制成干果，也可加工蜜饯。鲜果肉含水率 81.6%、蛋白质 0.8%、脂肪 0.3%、碳水化合物 17%、无机盐类 0.3%、果胶酸钙 2.2%～3.4%。果肉含量（mg/100g）钙 4、磷 9、铁 1.8、胡萝卜素 0.20～0.21，维生素 B_1 0.02，维生素 B_2 0.02，烟碱酸 0.7，维生素 C 76，还含氟化物和核黄素。种仁含油 33%。种仁油脂肪酸组成：油酸 71.7%、亚油酸 15.4%、饱和脂肪酸约 13%（刘孟军，1998）。木材淡白色、坚韧耐久、纹理致密，适于做家具和工业用材，也可烧制活性炭。树皮供药用，有消炎、生肌之功效，治烧伤；叶含单宁 4%～9%，可提取栲胶。此外，其为紫胶虫的重要寄主树之一。叶作牛、羊饲料。

（四）买麻藤 *Gnetum montanum* Markgr.

别名： 木花生（海南），倪藤。

科属： 买麻藤科（Gnetaceae）买麻藤属。

分布： 产于云南南部北纬 25°以南（庐西、景东、普洱、西双版纳、屏边）及广西（上思、容县、罗城）、广东（云雾山、罗浮山及海南岛）；生于海拔 1600～2000m 地带的森林中，缠绕于树上；印度、缅甸、泰国、老挝及越南也有分布。

功用： 种子富含淀粉和蛋白质，油炸、炒食或水煮后食用，味道均佳，种子油也可食用，也可酿酒，幼果可以做菜，树液为清凉饮料，宜开发成饮料；叶片富含矿物元素，可做保健品原料。茎皮含韧性纤维，可织麻袋、渔网、绳索等，或供制人造棉原料。茎叶或根药用，性味苦温，有祛风除湿、活血散淤、消炎平喘之效。其茎叶常作治疗跌打损伤、风湿骨痛药用；根治类风湿。

（五）大叶藤黄 *Garcinia xanthochymus* Hook. f. ex T. Anders.

别名： 人面果（《中国高等植物图鉴》），岭南倒捻子（《中国树木分类学》），香港倒捻子（《拉汉种子植物名称》），歪脖子果（云南思茅），guomanda、guomaila（D-BN），wumao（Zu，广西）。

科属： 藤黄科（Guttiferae）藤黄属。

分布： 产于云南南部和西南部至西部（尤以南部西双版纳分布较集中）及广西西南部（零星分布）；广东有引种栽培；生于海拔（100～）600～1000（～1400）m 的沟谷和丘陵潮湿的密林中；喜马拉雅山东部，孟加拉国东部经缅甸、泰国至中南半岛及安达曼岛也有分布，日本有引种栽培。

功用： 果成熟后食用，其味较酸。可食部分 92.1%、含水率 86.5%、总糖 0.56%、总酸 2.58%、维生素 C 58.6mg/kg、可溶单宁 0.03%、粗纤维 1.87%、淀粉 1.52%、粗脂肪 4.75%。种子含油量 17.72%，可作工业用油；黄色树脂滴入鼻腔，可驱使蚂蟥自行退出。同属植物多花山竹子（*G. multiflora*），果实甘美可食，但内含黄色胶质，略带涩味，多食能致腹痛。种子含油率 51.22%，种仁含油率 55.6%，可供制肥皂和机械润滑油用。多花山竹子树皮或果实药用。树皮：性味涩苦凉；果实性味甘酸凉，有小毒。两者有消炎止痛、收敛生肌之效。临床治疗烧伤、烫伤、湿疹、疮疡溃烂，用树皮或果实研粉撒患处，或用果油涂患处。如果铁砂入肉不出，用鲜果捣烂敷患处。木材暗黄色，坚硬，可供船板、家具及工艺雕刻用材。

（六）槟榔青 *Spondias pinnata*（L. f.）Kurz

其他资料见野菜植物部分。

功用：果实可食部分69.3%、含水率79.5%、总糖3.90%、总酸2.73%、维生素C 98.0mg/kg、淀粉2.02%、粗脂肪1.53%（任新军等，2001）。

（七）橄榄 *Canarium album*（Lour.）Rauesch.

别名：黄榄（云南金平），青果（通称），山榄、白榄（广东、广西），红榄、青子（广东），谏果、忠果（古称）。

科属：橄榄科（Burseraceae）橄榄属。

分布：产于福建、台湾、广东、广西、云南；生于海拔1300m以下的沟谷和山坡杂木林中，或栽培于庭园、村旁；越南北部至中部也有分布，日本及马来半岛有栽培。

功用：果实可食部分78.1%、含水率75.5%、总糖2.95%、总酸1.63%、维生素C 50.4mg/kg、可溶单宁2.03%、粗纤维2.08%、淀粉3.80%、粗脂肪0.10%（任新军等，2001）。果生食或渍制；药用治喉头炎、咯血、烦渴、肠炎腹泻。核供雕刻，兼药用，治鱼骨鲠喉。种仁可食，也可榨油，用于制肥皂或作润滑油。木材可造船，作枕木，制家具、农具及建筑用材等。《岭表录异》指树脂和糖，“谓之橄榄糖，用灌船损，干后牢于胶漆，着水益干坚”。又据《群芳谱》，树脂“热之，甚清烈，谓之榄香”。

（八）火棘 *Pyracantha fortuneana*（Maxim.）Li

详细资料见色素植物部分。

功用：果实含有丰富的有机酸、蛋白质、氨基酸、维生素和多种矿质元素，可鲜食，也可加工成各种饮料，如火棘果饮、火棘果醋、火棘保健酒等系列产品。火棘树形优美，夏有繁花，秋有红果，果实存留枝头甚久，可以在庭院中做绿篱以及园林造景材料。其根皮、茎皮、果实含丰富的单宁，可提取鞣料；根可入药，其性味苦涩，有止泻、散淤、消食等功效，果实、叶、茎皮也具类似药效；树叶可制茶，具有清热解毒，生津止渴、收敛止泻的作用；果实中含有谷甾醇、北美圣草素、芦丁、芒苷、异槲皮苷、槲皮素、槲皮素-3-鼠李糖苷和反式-肉桂酸。

（九）川梨 *Pyrus pashia* Buch.-Ham. ex D. Don

别名：棠梨刺（云南），波沙梨，刺梨，棣梨，唐梨，棠刺梨，野棠梨，郁李仁，拍沙梨，maguogai（D-DH），meguoxi（JP），hipong（ZW）。

科属：蔷薇科（Rosaceae）梨属。

分布：产于四川、云南、贵州、西藏；生于海拔650～3000m的温暖潮湿的山谷斜坡、丛林中；印度、缅甸、不丹、尼泊尔、老挝、越南、泰国也有分布。

功用： 成熟果实矿物元素含量普遍较高，特别是磷、钾、钙、镁和锰。果实生食有涩味；可作蜜饯、果酱等，也可酿酒。根、叶润肺止咳、清热解毒，治疗急性眼结膜炎；果实健胃、止痢。树形优美，花色洁白，可用于街道庭院及公园的绿化。果实、树皮等可药用。本种抗旱，耐寒，通常可做栽培梨的砧木。结果期早，寿命很长。木材致密，可作各种器物。树皮含鞣质，可提制栲胶并入药。

（十）林生芒果 *Mangifera sylvatica* Roxb.

别名： 冬芒果，冬桃，林生藪果，野杧果，mamonpa (D-BN)，paimuo (JN)。

科属： 漆树科（Anacardiaceae）芒果属。

分布： 产于云南南部；生于海拔 620～1900m 的山坡或沟谷林中；尼泊尔、印度、孟加拉国、缅甸、泰国、柬埔寨也有分布。

功用： 果肉（mg/100g）含维生素 C 56.4～137.5（可高达 189），糖 14%～16%；种子中含蛋白质 5.6%，脂肪 16.1%，碳水化合物 69.3%。还富含维生素 A、维生素 B、维生素 C。果实酸甜，果味极浓，色、香、味俱佳，有果王之称，果实营养丰富。果实成熟时作为风味水果鲜食。枝条可作嫁接芒果的砧木；其木材和树脂均可利用。

第八章　油脂植物

第一节　概　　述

一、概念

油脂是油（oil）和脂肪（fat）的合称，在室温（20℃）下呈液体状态的称为油，呈固体状态的称为脂。植物体内含有油脂的植物称油脂植物（oil plant）。植物体内油脂属于各种脂肪酸甘油酯的混合物，但主体部分是甘油酯；此外，还有少量的非甘油酯类化合物，如黏蛋白、甾醇、色素、蜡、维生素、磷脂和游离酸等。构成植物油脂的脂肪酸种类繁多，主要是不饱和脂肪酸（unsaturated fatty acid）中的油酸和亚油酸，以及亚麻酸、芥子酸等；此外有饱和脂肪酸（saturated fatty acid）中的硬脂酸、棕榈酸、月桂酸和癸酸等。

油脂植物是人们生活中不可或缺的油料及工业原料来源，与国民经济的发展有着密切的关系。植物性油脂除人们日常食用外，还广泛用于制皂、油漆、润滑油等方面，有的在国防工业上有特殊用途，也是化学、医药、轻纺等工业的重要原料。

二、油脂植物的类别

植物的果实、种子、花粉、孢子、茎、叶、根等器官都含有油脂，但一般以种子含油最丰富（贾良智等，1987）。一般地，根据油脂植物栽培和野生的状况，将其分为两大类：栽培油料作物和野生油脂植物。

1. 栽培油料作物

目前生产植物油脂的主要原料，包括有一定栽培规模的农作物或木本油料，如大豆、油菜（*Brassica campestris* var. *oleifera*）、花生（*Arachis hypogaea*）、向日葵（*Helianthus annuus*）、芝麻（*Sesamum indicum*）、泡核桃（*Juglans sigillta*）、油橄榄、油茶、油棕、椰子（*Cocos nucifera*）、腰果、可可、鳄梨（*Persea americana*）、小葵子（*Guiaotia abysinica*）、油莎草、红花、油桐、乌桕（*Sapium sebiferum*）、蓖麻（*Ricinus communis*）等。

2. 野生油脂植物

野生油脂植物是处于野生状态或半野生状态、有一定含油率（10%以上）的植物，如竹柏（*Podocarpus nagi*）、华山松、香叶树（*Lindera communis*）、油渣果（*Hodgsonia nuacrocarpa*）等。

不同的植物油脂，脂肪酸的类别不同。例如，①向日葵油、大豆油、玉米胚油、橄榄油、花生油、核桃油、茶油等，是以含油酸或亚油酸为主的脂肪油；②椰子油在东南亚各国有食用习惯，以月桂酸等饱和脂肪酸为主；③菜子油是中国的主要食用油料，现在种植的品种一般含30%～40%的芥酸，如此高芥酸的油脂不是优良食用油，因此，培育无芥酸油菜已取得成功。

三、资源与分布

中国已发现油脂植物近千种，隶属于100多科，其中以菊科、樟科、山茶科、十字花科、大戟科、芸香科、卫矛科、忍冬科和蔷薇科等的油脂植物种类最多，含油也丰富。油脂植物种类虽然全国各地均有分布，但主要分布于中国热带和亚热带地区。

油脂植物的资源与分布具有3个方面的特性（贾良智和周俊，1987）。

1. 科属集中性

有些植物的科属富含油脂，称之为富油科属，有些则相反，称之为贫油科属。通常定义的富油科属，是指科果实、果仁、种子或种仁含油率一般在20%以上，并在该科中占有较多的属或较多的种，包括大戟科、樟科、山茶科、芸香科、葫芦科、卫矛科等。其他一些科属也有大量的种类富含油脂，如唇形科22种（平均含油率29%）、玄参科（Scrophulariaceae）3种（平均含油率45%）、蔷薇科40种（平均含油率31%）、伞形科3种（平均含油率16%）、毛茛科6种（平均含油率26%）。尽管这些科都不算富油大科，但一些科中的属，如蔷薇科的李属、唇形科的香薷属可称为富油属。

2. 地域不均性

与其他资源植物分布类似，油脂植物也表现为南多北少的分布格局，这与大部分植物分布于热带、亚热带的气候特征相关。以秦岭、太行山大致区分南北的界限并扣除全国广布的栽培种，则油脂植物约有1/4的种类分布于中国北方，3/4的种类分布于中国南方。北方的少数种则常常占有广大的分布区。此外，油脂植物种类与地域植物种类多寡相关，与富油科的分布密切相关。例如，4个富油大科芸香科、大戟科、茶科、樟科的大部分属是热带区系成分，主要分布于热带、亚热带，仅少数属的少数种分布至温带。葫芦科如扣除外来种和栽培种，富油属栝楼属也主要分布于热带、亚热带。卫矛科虽南北皆有，但富油种多数分布在南方。另外14个科中，小富油科，如肉豆蔻科、藤黄科、虎皮楠科、檀香科皆为热带区系成分并分布于热带、亚热带。其他的中小富油科的木兰科、无患子科、漆树科等，仅有文冠果、五味子、盐肤木等少数油脂植物分布到北方。20个富油科以外的88科，多数以南方分布为主，仅少数以北方分布为主，其他是南北均有分布。

3. 木本植物性

按植物的生长属性而言，油料植物种类木本多于草本。樟科、茶科、芸香科、卫矛科4个富油大科的含油种类多为木本，大戟科有少数草本，葫芦科为草本或藤本。14个中科、小科中仅锦葵科有草本。总计20个富油科中草本不超过60种。

四、油脂植物利用的历史

植物油脂与人类的生活密切相关，其利用也可追溯到远古时期。例如，油莎草是埃及最古老的作物之一，菊科红花自古就被亚洲和非洲当地居民利用，花生远在欧洲人到达南美洲之前就已被印第安人栽培利用，向日葵在哥伦布发现新大陆之前，已是北美洲的栽培作物。

中国很早就开始了对油脂植物的开发与利用。河南郑州大何村遗址出土了目前最早发现的新石器时代的大麻（*Cannabis sativa*）籽，河南、湖南和广西也在西汉古墓中出土了大麻籽，说明该植物早已广泛种植。在浙江钱山漾和杭州水田坂发现了4500多年前的芝麻，钱山漾和江西修水跑马岭遗址中，出土了4700多年前炭化的“花生仁”，说明早期就开始利用油脂植物的历史。

大量的古籍也记载了中国早期对油脂植物的开发与利用。《诗经》有“艺之荏菽，荏寂旆旆”。《墨子》（公元前5世纪）记载“耕稼树艺，聚菽、粟，是菽、粟多而民足乎食。”其菽即指大豆。《神农书》记载大豆在槐树出叶时种植，经90d开花，再过60d成熟。西汉末年铜方斗为五谷图，有“嘉豆”及“嘉麻”图，两者分别指大豆和大麻。《尔雅》（约公元前2世纪）所称的“荏”，即紫苏；东汉服虔（2世纪）《通俗文》，以及《图经本草》（北宋苏颂，1061年）谓“出油胜诸子，油人蔬清香，造烛甚明，点灯光亮，涂发黑润。”所记“芸薹”，皆指油菜。《尔雅》古名荣、荏桐，《本草衍义》（北宋寇宗奭，1116年）谓“荏桐早春先开花，淡红色，状如鼓子花，花落成果，子可做桐油。”皆指油桐。油茶古名员木，则见于南宋郑樵（1150年）的《通志》中“大方山多植其木。”《齐民要术》（后魏贾思勰，534年或稍后）也有乌桕栽培利用的叙述。

油脂植物的加工，也有古籍记载。《名医别录》（陶弘景，526年前后），谓“窄其子作油，日煎之，即今油帛及和漆所用者。服食断谷亦用之，名为重油”，即指苏子油。《齐民要术》对苏子亦有“收子压油”的记载。《晋书》（唐代房乔，公元646年）记载濬王卒水军攻吴时，曾作火炬，油以麻油，燃火炬烧吴军没于江中铁锥，说明晋时麻油已大量生产。北宋的《物类相感志》（1102年前后）有“豆油煎豆腐，有味”，记载豆油的利用。《王桢农书》（元代王桢，1313年）也详述了榨油的方法，并斌诗云“巨材成榨床，细榴刻槃口。麻烂人重圈，机械应心手。取之亦多方，脂膏竟谁有。回顾室中妇，何尝润蓬首。”《天工开物》（明代宋应星，1637年）第十二卷膏液篇，记述“凡油供撰食食用者，胡麻、莱菔子、黄豆、松菜子为上，苏麻、芸薹次之，亚麻子次之，棉花子次之”，并详述了获取油的4种方法：榨法、两镬煮取法、舂法和磨法。

新中国成立后，油脂植物得到了重视，出版了一系列有关此方面的文献。

《野生油脂植物图说》（中国科学院华南植物研究所，1959），记载了40科、81种油脂植物，包括拉丁名、别名、科名、形态特征、分布、经济价值等内容。

《东北油脂植物及油脂成分测定法》（中国科学院林业土壤研究所植物室植物化学组，1980），收录了产于东北的41科、90种油脂植物。介绍了植物油脂理化常数的测定、反相图纸层析法和气相色谱法测定植物油中的脂肪酸等方法。

《中国油脂植物》（贾良智和周俊，1987），分总论、各论和附录3部分。总论部分介绍油脂植物及其油脂的研究应用概况，中国油脂植物的分布及其脂肪酸的分布情况；各论部分按植物分科的系统排列，重点记载中国108科、397属、814种油脂植物的形态特征、产地、生境、种子或果实的含油率、油脂理化性质及脂肪酸组成等，并附有植物形态插图379幅；附录部分载有低含油植物160种的含油率、油脂理化性质和脂肪酸组成，植物油脂分析方法，植物油脂生产技术和高等植物油脂脂肪酸成分一览表等，是一部对中国油脂植物资源开发利用颇有参考价值的基本资料。

《四川油脂植物》（何宗英等，1987），全书分三部分。第一部分概论，叙述植物油脂在国民经济中的意义、四川主要油脂植物以及植物油脂的应用途径。第二部分介绍各科油脂植物，计油脂植物235种，包括中名、学名、形态、生境、分布、油脂含量及理化常数、脂肪酸组成等，多数种附有形态插图。第三部分叙述植物油脂分析方法，较详细地介绍植物油脂含量、密度、折光率、酸值、碘值、皂化值及脂肪酸成分的测定方法。书末附有其他油脂植物、植物油脂脂肪酸一览表、植物中文名和拉丁学名索引及主要参考资料。

《植物油脂生产与综合利用》（刘玉兰，1999），介绍油料及油脂的种类、化学结构、理化性质，以及油料的预处理、压榨法和浸出法取、油脂精炼、油脂的改性及调制等方法，并综述了副产品的综合利用。

《特种油料作物栽培与综合利用》（严兴初，2000），介绍蓖麻、向日葵、红花、胡麻、苏子、黑芝麻的栽培与利用。包括各种的经济价值及市场前景、生长发育及与环境条件的关系、丰产栽培技术、品种、加工与综合利用等。

《迎接21世纪的中国油料科技》（中国作物学会油料作物专业委员会，2002），收录17篇中国油料植物的综述性论文，并分油菜、花生、芝麻、特种油料等收录论文若干。

《植物油料资源综合利用》（谷克仁等，2001），主要介绍由植物油料资源生产肥皂、甘油、脂肪酸、脂肪酸衍生物、环氧化油脂、蛋白质、植酸钙、肌醇、谷维素、磷脂、糠蜡、糠醛等工艺及技术。

《植物油料资源综合利用（第2版）》（梁少华，2009），包括以油脂为原料生产油脂化工产品的理论和技术，以植物油料这一再生资源为原料生产能源产品、植物蛋白产品、植物油料及其副产物中生物活性成分或功能性成分的提取及衍生的理论和技术等内容。

此外，《中国资源植物》（朱太平等，2007）、《植物资源学》（王振宇等，2007；杨利民，2008）、《野生植物资源学》（戴宝合，2003）、《资源植物学》（何明勋，1996）等包括油脂植物的相关章节。

五、油脂植物的利用

油脂来源于植物和动物，但以植物油脂所占比例为多。植物油脂占世界总油脂产量的70%（贾良智和周俊，1987）。油脂是人类食物的主要营养物质之一，其在世界的食用比例远远大于非食用性油脂（估计为4∶1），且植物性油脂被广泛地利用。

1. 食用

植物油以含不饱和脂肪酸的甘油酯为主要成分，可预防心血管病，甚至有一定的治疗作用；而饱和脂肪酸含量高的动物和植物油类，会促进血液中胆固醇的聚积，使血管壁硬化，可能与肥胖症、高血压和冠心病等有密切的关系。因此，在现代生活中，植物油脂在食用方面有可能逐步取代大部分动物脂肪。

有人曾以不同的植物油和动物油脂给19～21岁的健康妇女食用，每天用量60g。一周之后检查表明：吃米糠油的测试者，血清中胆固醇下降18%；吃玉米胚芽油的测试者，胆固醇下降17%左右；吃向日葵油的测试者，胆固醇下降9%～16%；吃红花种子油的测试者，胆固醇下降 13%～16%；吃芝麻油的测试者，胆固醇下降 2%；吃大豆油和花生油的，胆固醇下降 1%左右；吃棉籽油和菜籽油的，几乎没有变化；吃茶油的，胆固醇上升 2%左右；吃猪油的，胆固醇上升 15%～17%；吃天然奶油的胆固醇上升高达 35%以上（朱太平等，2007），与植物油中含不饱和脂肪酸含量高低有关。

又如，山核桃果肉中含有 22 种矿物质元素，特别是钙、钾、锌含量远高于一般干果的含量；巴旦杏含有维生素 A、维生素 B_1、维生素 B_2、杏仁苷、消化酶、杏仁素酶及钙、镁、钠、钾、铁、钡、硒等化学元素，营养价值极高。因此，在选择食用植物油脂时，向日葵油、大豆油、玉米胚油、橄榄油、花生油、核桃油等属于最为理想的食用油。

2. 药用

木本油脂植物果实内含物以脂肪酸类为主，不饱和脂肪酸含量极高，多数可达 90%以上，主要成分是油酸、亚油酸等，并含有丰富的蛋白质、糖类、矿物质、维生素及人体所需的各种氨基酸，因此，在医疗保健方面广泛应用（段丽娟等，2009）。

若膳食油中缺少亚油酸，会引起人的皮肤干燥、生长迟缓及白内障等病变，而植物油脂普遍富含人体必需的亚油酸和不饱和酸。例如，红花和向日葵的种子油含 40%～70%的亚油酸和其他多种不饱和酸；月见草（*Oenothera biennis*）种子含油率达 18%以上，并且不饱和脂肪酸含量占 70%，特别是 γ-亚麻酸含量达 8%～9%，以小剂量服用即能产生显著抗血栓的形成，并有降血脂，减少胆固醇和动脉硬化的明显效果。此外还有治疗肥胖症、风湿性关节炎、抑制癌细胞生长等作用。

光皮梾木（*Cornus wilsoniana*）全果的精炼油含不饱和脂肪酸 77.68%，其中，油酸占 38.3%，亚油酸占 38.35%，经临床应用治疗高血脂症的有效率达 93.3%、降低胆固醇的有效率为 100%。经国家粮食部门鉴定为一级食用油。

茶油中含有微量油茶苷、油茶皂苷、茶多酚等活性物质，其中油茶苷可强心，油茶皂苷可溶血栓，茶多酚有降低胆固醇的作用。翅果油树中含有丰富的维生素 E 和微量元素，维生素 E 含量高达 1558.1mg/100g，在天然植物资源中实属罕见，可治疗幼儿贫血、心血管病、内分泌腺病变等。榧树、榛子中含抗癌活性成分紫杉醇。

3. 工业利用

随着石油资源开发成本越来越高，植物油脂在化学工业上的应用越来越得到重视，近年来有试图用植物油脂作为生物能源补充石油需求的不足。此外，大量的植物油脂直接用于制蜡烛、肥皂、各种润滑油、油漆、橡胶工业的促进剂、纺织印染工业的打光剂、食品工业的乳化剂，以及其他如文教用品、机械、电镀、皮革、塑料和化学工业等领域。

1）*油漆和涂料*　油漆包括清漆和其他保护性涂料。由于植物油作干性油用，具有空气中干燥、柔软、黏合等优点，以石油为原料的合成漆不能完全代替。因此，植物油脂被作为重要的制作漆的原料，如桐油、乌桕油、紫苏油、脱水蓖麻油等。据油漆制造业报道，以亚麻子油和红花油为原料与丙烯酸酯和乙酸乙烯酯共聚合成新涂料，其产品呈乳白色，光泽度和黏附性都较好。臭椿种仁含油量为 57%，其油可代替亚麻油生产醇酸清漆。野桐（*Mallotus japonicus* var. *floccosus*）、猕猴桃等植物的油脂可用作油漆。美国植物学家罗伯特·珀杜从斑鸠菊（*Vernonia galamenis*）的种子中提取的油脂黏度低、不挥发，用它代替溶剂稀释干油漆，可消除新刷的油漆难闻的气味，减少空气污染（张庆会，1997）。

2）*表面活性剂*　肥皂、香皂是人们生活中使用的清洁材料，尽管合成洗涤剂目前更为风行。此外牙膏、洗发香波等日用品不可缺少的发泡原料，往往使用的是脂肪醇的磺酸盐，如月桂醇磺酸钠，由于其对皮肤刺激性小，有高泡沫和良好的去污能力，因此广泛使用。樟科植物的脂肪油含月桂酸较高，可以代替尚需进口的椰子油作为合成脂肪醇磺酸钠的原料，如山鸡椒种子含油率为6%，月桂酸占83%（Princen，1983）。

脂肪胺的氯化物，是一种阳离子表面活性剂，大量用作纺织品的柔软剂、石油设备的防蚀剂以及作为杀菌、杀霉及抗静电的添加成分等。此外，脂肪酸、脂肪醇与环氧乙烷反应产物的非离子表面活性剂，被广泛用做印染助剂、洗净剂和乳化剂，蔗糖的脂肪酸酯等则普遍作为食品的理想乳化剂。

3）*润滑剂*　润滑剂是工业中使用较多的油脂物质，以棕榈油、蓖麻油和棉籽油等植物油脂用量较大。冶金工业的高速冷轧镀锡板生产的工艺润滑油，往往使用棕榈油。

含羟基的脂肪酸可制成锂基酯，如蓖麻酸锂基酯、马桑酸锂基酯等。马桑酸锂基酯作为高速运转部件的润滑油。壬二酸二辛酯、壬二酸二癸酯具有高温时性能稳定，低温时黏度低的特性，也作高速润滑剂用。以 C_{10}～C_{16}的饱和脂肪酸生产的醇和酯衍生物可作各种润滑油的抗凝和增黏添加剂，如弹裂碎米荠（*Cardamine impatiens*）的种子含油率为33%～36%，主要成分是 C_{22} 和 C_{21} 二羟基酸组成的混合酸，可开发润滑油添加剂。分布于美国的雷斯克勒（*Lesquerella densipila*）种子油含50%的 C_{18} 单羟基单烯酸，同属的 *L. gracilis* 种子油含72%的 C_{20} 单羟基双烯酸，且没有毒，有希望取代有毒的蓖麻油作为新的优良润滑油（王幼平等，1996）。

4）*增塑剂*　植物油脂产生的各种壬酸酯、月桂酸酯、肉豆蔻酸酯、棕榈酸酯、硬脂酸酯、油酸酯、蓖麻酸酯、癸二酸酯等，可作为增塑剂，目前主要在环氧十八酸丁酯等生产中使用增塑剂。例如，菜籽油经硫化处理生产的黑油膏、白油膏，是天然橡胶和合成橡胶的软化剂；经硫酸化和磺化后可代替蓖麻油生产太古油；太古油又可进一步制成制革工业的软化剂——软皮白油。菜籽油经水解分离可获得高芥酸油，其制成的芥酸酰胺，是生产聚乙烯和聚丙烯薄膜的增塑剂和稳定剂；芥酸油经氧化裂解后产生的壬酸，是制造合成润滑油的原料，所产生的十八碳酸是制造麝香类香料的重要原料。

第二节　特色油脂植物

一、油茶 *Camellia oleifera* Abel

异名： *Camellia drupifera* Lour.；*C. oleifera* var. *monosperma* H. T. Chang；*Thea biflora* Hayata；*T. oleifera*（Abel）Rehd. & Wils.；*T. podogyna* Levl.；*T. sasanqua*（Thunb.）Cels var. *loureiroi* Pierre

别名： 白花茶，白花油茶，普通油茶，山茶，山茶树，野茶籽。

科属：山茶科（Theaceae）山茶属。

形态特征：灌木或中乔木。叶椭圆形、长圆形或倒卵形，上面中脉有粗毛或柔毛，下面浅绿色，无毛或中脉有长毛。花顶生，苞片与萼片约10片，由外向内逐渐增大，背面有贴紧柔毛或绢毛，花后脱落，花瓣白色，5～7片，先端凹入或2裂，基部狭窄，近于离生，背面有丝毛，至少在最外侧的有丝毛；外侧雄蕊仅基部略连生，花药黄色，背部着生；子房有黄长毛，3～5室，花柱先端不同程度3裂。蒴果球形或卵圆形，直3片或2片裂开，果片木质，中轴粗厚；苞片及萼片脱落后留下的果柄粗大，有环状短节。花期冬春间。

分布与生境：长江流域至华南各地广泛栽培，是主要的木本油料植物。长期栽培，变化较多，花大小不一，蒴果3室或5室，花丝也出现连生的现象。海南省海拔800m以上的原始森林有野生种，呈中等乔木状。

成分与利用：种子含油率30.1%，种仁59.2%；是一种优质食用油，油外用能润泽肌肤，可治烫伤、烧伤、燥裂、体癣、慢性湿疹、软组织挫伤等；中药常用油茶籽油调制药膏、药丸；还可制成医用注射剂。

采收与加工：10月采收，此时树上5%的茶果微裂，易剥开，种子乌黑有光泽或呈深棕色。采后堆3～4d，晴天摊开翻晒2～3d后，茶果自然开裂，然后过筛扬净，再晒1～2d至全干用于榨油。

繁殖与栽培：种子或扦插繁殖。油茶林地选择土层深60cm以上，土质疏松、肥沃、湿润、地下水位1m以下、海拔为100～700m、排水良好的酸性（pH为5.0～6.5）红壤、黄红壤，以阳光充足的阳坡和半阳坡、无风寒、坡度25°以下的中下坡为宜。

资源与开发：油茶是中国南方重要的木本油料树种，也是基本的木本食用油料树种，遍布中国16个省（自治区）及越南等国。在中国，油茶已有2300多年的栽培历史，其分布区域广。选择高产、稳产、高含油率和抗逆性强的优良品种发展油茶是其得以开发利用的必由之路。

二、油橄榄 *Olea europaea* L.

异名：*Olea pallida* Salisb.

别名：木犀榄（《植物分类学报》）、齐墩果（《酉阳杂俎》），洋橄榄，木樨榄，欧橄榄。

科属：木犀科（Oleaceae）木犀榄属。

形态特征：常绿小乔木。小枝具棱角，密被银灰色鳞片。叶片披针形，有时为长圆状椭圆形或卵形，上面深绿色，稍被银灰色鳞片，下面浅绿色，密被银灰色鳞片；叶柄密被银灰色鳞片，两侧下延于茎上成狭棱。圆锥花序腋生或顶生；花序梗被银灰色鳞片；苞片披针形或卵形；花梗短；花芳香，白色，两性；花萼杯状，浅裂或几近截形；花冠深裂几达基部，边缘内卷；花丝扁平，花药卵状三角形；子房球形，花柱短，柱头头状，2裂。果椭圆形，成熟时呈蓝黑色。花期4～5月，果期6～9月。

分布与生境：分布于地中海区域各国，主产国有西班牙、意大利、希腊、葡萄牙、突尼斯、土耳其、法国、阿尔巴尼亚等；湖北、四川、陕西、福建、云南、甘肃、重庆引种。

成分与利用：果实含油率35%～70%。果实可直接食用，也可制作罐头和蜜饯等食品；油橄榄油用于烹饪及凉拌等食用，也用于制药、化妆品、润滑油、制皂、土耳其红油、纺织用油和磺化油等。

采收与加工：油橄榄是一种以高含油、优质、多效为特征的世界名贵木本油料作物。可作为食用、工业、药用油的原料，国际上被誉为“飘香的软黄金”。

繁殖与栽培：种子、扦插或嫁接繁殖。油橄榄是地中海地区的典型植物。生产区划和选地建园首先必须考虑气候和土壤条件，大致是1月平均气温3～9℃，极端最低气温－9～－3℃；年日照时数1800h以上；年平均相对湿度60%左右。以沙质土占60%、粉粒和黏粒各占20%、pH7～8、有机质1.7%以上、$CaCO_3$大于1%的土壤较为适宜。

资源与开发：中国目前油橄榄种植面积不大，产量很低。根据引种地的自然、气候条件筛选最适宜，而且高产、稳产和抗逆性强的品种或单株，开展良种繁育和一定面积的栽培是解决油橄榄开发利用的关键。

三、椰子 *Cocos nucifera* Jacq.

异名：*Calappa nucifera*（L.）Kuntze；*Cocos indica* Royle；*C. nana* Griff.；*C. nucifera* var. *synphyllica* Becc.

别名：可可椰子（《台湾木本植物志》），油椰子，mawen（D-DH），mewunpun（JP），zongshigang（ZW），oconut palm。

科属：棕榈科（Palmae）椰子属。

形态特征：乔木状大型草本。叶羽状全裂，簇生于茎顶，羽片外向折叠，线状披针形，下部的退化成针刺状。花雌雄同株异序，雄花序由多个指状的穗状花序组成，穗状花序，上面着生密集的花朵，穗轴顶端呈突出的尖头状，苞片长圆形，顶端为刺状小尖头；雄花萼片与花瓣长圆形，顶端急尖；雌花序近头状，密集，苞片大，顶端的刺长7～30cm；雌花萼片与花瓣卵形或卵状长圆形。果实卵球形或倒卵球形，熟时橙红色。种子近球形或卵球形。花期6月，果期9月。

分布与生境：产于中国广东南部诸岛及雷州半岛、海南、台湾及云南南部热带地区；广布于热带海岸。

成分与利用：椰油中含36种甘油三酯，其中以辛酸双月桂酸甘油酯（12.48%）、癸酸双月桂酸甘油酯（7.69%）、辛酸月桂酸肉豆蔻酸甘油酯（10.81%）、三月桂酸甘油酯和癸酸月桂酸肉豆蔻酸甘油酯（15.34%）、双月桂酸肉豆蔻酸甘油酯和癸酸月桂酸棕榈酸甘油酯（17.01%）、双月桂酸棕榈酸甘油酯和癸酸月桂酸硬脂酸甘油酯（11.09%）为主（邹建凯，2002）。重要的热带油料作物，其油可供食用和工业用。未熟胚乳作为热带水果食用；椰子水是可口的清凉饮料；成熟的椰肉含脂肪达70%，可榨油，还可加工各种糖果、糕点；椰壳可制成各种器皿和工艺品，也可制活性炭；椰纤维可制毛刷、地毯、缆绳等；茎干可作建筑材料；叶子可盖屋顶或编织；根可入药；椰子水除饮用外，因含有生长物质，是组织培养的良好促进剂。椰子树形优美，是热带地区绿化美化环境的优良树种。

采收与加工：采收椰水食用，椰肉加工。中国椰子以湿法加工工艺为主，主要产品有椰奶饮料、椰子糖和椰纤果，其次是椰蓉、椰子粉、椰子酱、浓缩椰奶和椰子饼干等产品，此外还有数量众多的利用椰子硬壳、椰衣纤维和椰子水等副产物为原料加工而成的产品。

繁殖与栽培：种子繁殖、组织培养。采用预备苗圃催芽法。选择半荫蔽、通风、排水良好的环境，清除杂草树根，深耕开沟，宽度比果稍宽，将种果一个接一个的斜靠沟底45°角，埋土至果实的1/2～2/3。当芽长10～15cm时，移芽到有适度荫蔽的苗圃中，注意浇水、排水、除草和施肥。一般一年左右，苗高约1m便可出圃定植。

资源与开发：栽培植物，产品开发较为成熟；大面积栽培多以种植园形式为主，可开展混交少量的高大用材乔木树种形成上层林冠，增加养分种类，促进营养循环。

四、油棕 *Elaeis guineensis* Jacq.

异名：*Elaeis dybowskii* Hua; *E. macrophylla* A. Chev.; *E. melanococca* var. *semicircularis* Oerst.; *E. nigrescens* (A. Chev.) Prain; *E. virescens* (A. Chev.) Prain; *Palma oleosa* Mill.

别名：油椰，油椰子，非洲油棕，African oil palm。

科属：棕榈科（Palmae）油棕属。

形态特征：直立乔木状大型草本。叶羽状全裂，簇生于茎顶，羽片外向折叠，线状披针形，下部的退化成针刺状。花雌雄同株异序，雄花序由多个指状的穗状花序组成，穗状花序，上面着生密集的花朵，穗轴顶端呈突出的尖头状，苞片长圆形，顶端为刺状小尖头；雄花萼片与花瓣长圆形，顶端急尖；雌花序近头状，苞片大，顶端具长刺；雌花萼片与花瓣卵形或卵状长圆形。果实卵球形或倒卵球形，熟时橙红色。种子近球形或卵球形。花期6月，果期9月。

分布与生境：产于亚洲的马来西亚、印度尼西亚，非洲的西部和中部，南美洲的北部和中美洲；中国引种油棕已有80多年的历史，主要栽培于海南、云南、广东、广西等热区。

成分与利用：果肉和种仁含油40.2%～81.9%和41.5%～53.9%；果肉油皂化值198.6～208.3，碘值51.5～60.0，酸值9.6～18.7；种仁油皂化值233.9～246.2，碘值15.2～19.4，酸值2.7～2.2。果肉油成分（%）：月桂酸微量，肉豆蔻酸1.1～2.9，棕榈酸38.0～46.0，硬脂酸3.6～4.7，花生酸0至微量，油酸38.8～45.0，亚油酸7.0～16.0；种仁油则为辛酸3.0～4.9，癸酸3.0～7.2，月桂酸36.5～52.0，肉豆蔻酸14.0～22.0，棕榈酸6.5～9.4，硬脂酸1.0～3.7，油酸12.0～19.0，亚油酸0.5～3.2（王宗训，1989；程树棋和程传智，2005）。油棕有“世界油王”之称。一株油棕每年可产油30～40kg，是营养价值极高的食用油脂，可制造人造奶油；还可制皂、润滑油、化妆品等，也是纺织与制革业、铁皮镀锡的辅助剂等。棕仁粕是很好的饲料和肥料；果壳可制活性炭，用作脱色剂和吸毒剂。未成熟的花序割开后流出的汁液，可酿酒、制糖和做饮料。株型优美，树冠巨大，浓密，是重要的林荫树种，适宜种植于公园、小区，广泛作为热区城镇行道树。

采收与加工：果实成熟时采收。采收后，果肉易被酶分解，不易久藏，应及时加工。

繁殖与栽培：种子繁殖和组织培养。适宜栽培在水肥条件极好的热带地区。

资源与开发：栽培植物。在热带地区可零星、适量发展。

五、华山松 *Pinus armandii* Franch.

异名：*Pinus excelsa* var. *chinensis* Patschke；*P. komarovii* Levl.；*P. levis* Lemée et H. Lév.；*P. quinquefolia* David；*P. scipioniformis* Mast.

别名：白松（河南），五须松（四川），果松、青松（云南），五叶松（《中国裸子植物志》），葫芦松，嗑松，马袋松，五针松，五指松，赤松，Armand pine。

科属：松科（Pinaceae）松属。

形态特征：乔木。针叶5针一束，稀6～7针一束，边缘具细锯齿。雄球花黄色，卵状圆柱形，基部围有近10枚卵状匙形的鳞片，多数集生于新枝下部成穗状，排列较疏松。球果圆锥状长卵圆形，幼时绿色，成熟时黄色或褐黄色，种鳞张开，种子脱落；中部种鳞近斜方状倒卵形，鳞盾近斜方形或宽三角状斜方形，不具纵脊，先端钝圆或微尖，不反曲或微反曲，鳞脐不明显；种子黄褐色、暗褐色或黑色，倒卵圆形，两侧及顶端具棱脊，稀具极短的木质翅。花期4～5月，球果翌年9～10月成熟。

分布与生境：产于山西南部中条山、河南西南部及嵩山、陕西南部秦岭、甘肃南部、四川、湖北西部、贵州中部及西北部、云南及西藏雅鲁藏布江下游海拔1000～3300m的地带；气候温凉而湿润、酸性黄壤、黄褐壤土或钙质土地带，形成纯林或与针叶、阔叶树种混交；稍耐干旱瘠薄的土地，能生于石灰岩石缝间；江西庐山、浙江杭州等地有栽培。

成分与利用：种子和种仁含油20.9%～42.76%和56.1%～58.1%，油的相对密度（20℃）0.9198，折光率（20℃）1.4744，皂化值191.63～196.6，碘值128.2～132.2，酸值3.1～3.6。种子油成分（%）中棕榈酸4.5～5.9，硬脂酸1～9，十六碳烯酸微量，油酸23.4～28.7，亚油酸43.5～48.1，十八碳二烯（5,9）酸微量至4.1，十八碳三烯（5,9,12）酸13.9～21.2，二十碳三烯（5,11,14）酸1.5，未鉴定酸0.4～0.8（程树棋和程传智，2005；黎明，2009；王宗训，1989）。种子含粗蛋白19.88%、粗脂肪51.71%、粗纤维4.14%、总糖13.44%、可溶性糖11.55%、粗灰分3.65%、维生素C 19.28mg/100g，维生素B_2 0.417mg/100g；氨基酸及其他含量（%）：天冬氨酸1.44、苏氨酸0.458、丝氨酸0.799、谷氨酸2.707、脯氨酸1.150、甘氨酸0.652、胱氨酸0.250、缬氨酸0.704、蛋氨酸0.144、异亮氨酸0.486、亮氨酸0.986、酪氨酸0.524、苯丙氨酸0.522、赖氨酸0.755、组氨酸0.303、精氨酸2.590、色氨酸0.833；棕榈酸3.03、棕油酸4.33、硬脂酸2.25、油酸12.49、亚油酸35.77、亚麻酸37.93、花生烯酸2.02（何发理等，1992）。种子食用，也可榨油供食用或工业用油；针叶可提炼芳香油；木材纹理直，材质轻软，相对密度0.42，树脂较多，耐久用。可供建筑、枕木、家具及木纤维工业原料等用材；树皮可提取栲胶。是风景名树及薪炭林，还能涵养水源，保持水土，防治风沙，是很好的建筑木材和工业原料；花粉在医学上称为“松黄”，浸酒温服，可医治创伤出血、头昏脑胀之症。

采收与加工： 种子采集应于每年8～10月，分布区间有异。采回的球果及时晾晒，待完全开裂后，用木棍敲打，收取松子，落水选种后及时在阳光下晾晒干。

繁殖与栽培： 种子繁殖、组织培养。

资源与开发： 进行果和材用，或果材两用良种的选育，分类经营是华山松开发利用和种质资源保护的关键，尤其是果用型的选育和栽培，可解决产区生态和经济发展的矛盾。同科植物有许多种类含油率极高，包括铁坚油杉（*Keteleeria davidiana*）、云南油杉（*K. evelyniana*）、油杉（*K. Fortune*）、红松（*P. koraiensis*）、油松（*P. tabulaeformi*）、铁杉（*Tsuga chinensis*）等。

六、樟 *Cinnamomum camphora*（L.）Presl.

异名： *Camphora officinarum* Nees; *C. officinarum* var. *glaucescens* A. Braun; *Cinnamomum camphora* var. *glaucescens*（A. Braun）Meisner; *C. camphora* var. *nominale* Hayata; *C. camphoroides* Hayata; *C. nominale*（Hayata）Hayata; *C. simondii* Lec.; *C. taquetii* H. Lévl.; *Laurus camphora* L.; *Persea camphora*（L.）Spreng.

别名： 香樟、芳樟、油樟、樟木［南方各省（自治区）］，乌樟（四川），瑶人柴（广西融水），栳樟、臭樟、乌樟（台湾），樟木子，独脚樟，栲樟，芒樟，脑樟，山乌樟，小叶香樟，maizonghuan（D-DH），camphortree。

科属： 樟科（Lauraceae）樟属。

形态特征： 常绿大乔木。叶互生，卵状椭圆形，上面绿色或黄绿色，有光泽，下面黄绿色或灰绿色，晦暗，两面无毛或下面幼时略被微柔毛，具离基三出脉，有时过渡到基部具不显的5脉，侧脉及支脉脉腋上面明显隆起，下面有明显腺窝，窝内常被柔毛。圆锥花序腋生，具梗，与各级序轴均无毛或被灰白色至黄褐色微柔毛，被毛时往往在节上尤为明显。花绿白色或带黄色。花被外面无毛或被微柔毛，内面密被短柔毛，花被筒倒锥形，花被裂片椭圆形。能育雄蕊9，花丝被短柔毛。退化雄蕊3，箭头形，被短柔毛。子房球形。果卵球形或近球形，紫黑色；果托杯状，顶端截平，具纵向沟纹。花期4～5月，果期8～11月。

分布与生境： 产于南方及西南各省（自治区），主要分布于台湾、福建、江西、广东、广西、湖南、湖北、浙江、四川、贵州和云南等地的低山平原地区，台湾的野生分布区可达海拔1800m；常生于山坡或沟谷中，但常有栽培的；越南、朝鲜、日本也有分布，其他各国常有引种栽培；喜阳光，但幼树需要适当遮阴，以温暖湿润气候最适宜生长；苗期耐寒力差。

成分与利用： 樟树的树根、树干、树皮和叶均含精油，主要成分有樟脑、1,8-桉叶油素、芳樟醇、叶醇、α-蒎烯、莰烯、β-蒎烯、柠檬烯、龙脑、乙酸龙脑酯等。种子含油37.2%～44.2%，叶和干含精油1.0%和3.0%～4%，树皮含挥发油0.8%～2.0%，根含油5%～6%。樟油的相对密度（15℃）0.915～0.960、折光率（20℃）

1.4540～1.480、皂化值 292.33、碘值 2.7～7.03、酸值 14.5。种子油成分（%）：棕榈酸 0.3～1.1、硬脂酸 0.2～0.4、辛酸 0.4～0.5、花生酸微量、癸酸 49.0～52.3、油酸 3.5～3.7、亚油酸 1.0～2.0、月桂酸 37.2～48.4、肉豆蔻酸 0.5～1.1、亚麻酸 0.2～0.7、十六碳烯酸微量；树干精油成分（%）：樟脑 30～55、1,8-桉叶油素 14～22。枝叶油含（%）：樟脑 80～90、β-石竹烯 3.5。樟油含樟脑 30%～55%、桉叶素、黄樟素、1-,d-蒎烯、1-莰烯、二戊烯、α-萜品烯、香芹酚、T 香酚、α-樟脑二萜烯等 70 余种成分（黎明，2009；程树棋和程传智，2005；戴宝合，2003；杨期和，2009）。种子油是较好的皂用油脂及工业润滑油，可作农药、选矿、制皂、假漆及香精等原料；制作的樟脑供医药、塑料、炸药、防腐、杀虫等用；种子入药，用于肠胃炎、胃腹冷痛；叶可治皮肤瘙痒及熏烟灭蚊；树皮有抑菌作用，外用可治下肢慢性溃疡；木材耐腐、防虫、致密、有香气，是家具、雕刻的良材；叶除提取樟油外，还可饲养樟蚕。寿命长、冠幅大、树姿雄伟、四季常青，枝叶浓密，树形美观，广泛用于绿化行道树及防风林；有很强的吸烟滞尘、涵养水源、固土防沙和美化环境的能力；此外，樟有较强的抗海潮风、耐烟尘和抗有毒气体能力，较能适应城市环境，而成为南方许多城市和地区园林绿化的首选树种。

采收与加工：采收时间以秋冬季节的樟叶含樟油量最高。利用间伐、修枝或采叶等方式取得原料，采其枝叶摊在地上阴干 3～5d，待枝、叶柔软时再分别加工。

繁殖与栽培：种子繁殖。喜深厚肥沃、湿润，中性或酸性的沙质壤土、轻沙壤土、黏质土壤和冲积土壤，较耐水湿，但不耐干旱、瘠薄和盐碱土；最适宜生长的地方年平均温度 16～17℃，绝对最低温度不低于－7℃。

资源与开发：本科较多种类种子含油量高，作为油脂植物或芳香植物（参考芳香植物部分），包括云南樟（*C. glanduliferum*）、黄樟（*C. porrectum*）、香叶树（*Lindera communis*）、山胡椒（*L. glauca*）、黑壳楠（*L. megaphylla*）等。

七、青刺尖 *Prinsepia utilis* Royle

别名：扁核木（《中国植物志》），枪刺果（云南曲靖）、打油果、鸡蛋果（云南），炮筒果、梅花刺、蒙自扁核木，青刺果，总花扁核木，总状扁核木，a'nasi（NX），woduozu（ZW）。

科属：蔷薇科（Rosaceae）扁核木属。

形态特征：落叶灌木。枝具棱，具枝刺。单叶互生或丛生，狭卵形至披针形；托叶细小，宿存或脱落。总状花序腋生或生于侧枝顶端，有花 3～8，白色；萼片 5，近圆形；花瓣 5，倒阔卵形或扁圆形；雄蕊多数多列；雌蕊 1，子房上位。核果椭圆形，成熟时暗紫红色，有粉霜，基部有花后膨大的萼片。花期 3～4 月，果期 6～7 月。

分布与生境：分布于云南、贵州、四川、台湾等地；生于山坡或溪谷两岸灌木丛中及洼地、路旁。

成分与利用：果实成分和含量（%）：水分 71.31、灰分 4.17、粗纤维 7.00、粗脂肪 5.40、粗蛋白 1.21、总糖 46.71。氨基酸含量（mg/g）：谷氨酸 1.21、缬氨酸 0.61、丙氨酸 0.28、天冬氨酸 0.42、半胱氨酸 0.29、酪氨酸 0.14、丝氨酸 0.46、亮氨酸

0.54、蛋氨酸 0.23、组氨酸 0.26、赖氨酸 0.19、异亮氨酸 0.35、苏氨酸 0.38、甘氨酸 0.62、苯丙氨酸 0.60、脯氨酸 0.31、精氨酸 0.16。果实中矿物质含量（μg/g）：钠 11.34、镁 21.56、铁 0.53、钾 283.15、钙 58.63、铜 0.46、锌 0.31、钴 0.11、磷 11.32、锰 0.52（袁瑾等，2002）。种子油富含多种不饱和脂肪酸，是优质保健食用油。茎叶入药，治痈疽毒疮、蛇咬伤、风火牙痛、骨折、枪伤；根治虚咳；果治消化不良、食积。

采收与加工：根全年可采；叶、果夏季、秋季采。青刺果成熟期为每年的 3～5 月，成熟时果实由青转紫，由紫转黑，分批成熟。成熟果实采摘后，剔除杂物及不成熟的青刺果，除去果肉、果皮，洗净、晒干、扬净后即可用于提取果油。

繁殖与栽培：种子繁殖。青刺果对圃地土质要求不严，但土壤过于黏重，苗木容易发生根腐病，因此青刺果育苗应选择土质疏松的轻壤土为圃地。青刺果种子属小粒种子，育苗时覆土不宜过厚，过厚会导致出苗率低，苗木细弱。

资源与开发：种子油具有十分广泛的应用价值，有效地开发利用青刺果将在产区产生经济、社会和生态效益。

八、榧树 *Torreya grand* is Fort. ex Lindl

异名：*Caryotaxus grandis* Henkel et Hochst.；*Torreya grandis* var. *chingii* Hu；*T. grandis* var. *dielsii* Hu；*T. grandis* f. *majus* Hu；*T. grandis* f. *non-apiculata* Hu；*T. nucifera*（L.）Sieb. et Zucc.；*Tumion grandis* Greene

别名：圆榧、芝麻榧、了木榧、米榧、栾泡榧、细圆榧、大圆榧（浙江），野杉（江西、浙江），药榧（安徽黄山），钝叶榧树、小果榧树（《中国树木分类学》），榧、凹叶榧、小果榧（《中国裸子植物志》）。

科属：红豆杉科（Taxaceae）榧树属。

形态特征：乔木。叶条形，列成两列，通常直，先端凸尖，上面光绿色，下面淡绿色，气孔带常与中脉带等宽，绿色边带与气孔带等宽或稍宽。雄球花圆柱状，基部的苞片有明显的背脊，雄蕊多数，各有 4 个花药，药隔先端宽圆有缺齿。种子椭圆形、卵圆形、倒卵圆形或长椭圆形，熟时假种皮淡紫褐色，有白粉，顶端微凸，基部具宿存的苞片，胚乳微皱；初生叶三角状鳞形。花期 4 月，种子翌年 10 月成熟。

分布与生境：中国特有树种，产于江苏南部、浙江、福建北部、江西北部、安徽南部，西至湖南西南部及贵州松桃等；生于海拔 1400m 以下，温暖多雨，黄壤、红壤、黄褐土地区。云南昆明栽培。

成分与利用：榧树包括细榧、茄榧、米榧、芝麻榧 4 类。种子的含油率（%）：细榧 54.48、米榧 53.52、芝麻榧 51.66、茄榧 47.48，其中不饱和脂肪酸含量（%）：细榧 81.68、米榧 80.60、芝麻榧 78.09、茄榧 77.78。榧树种子中油酸和亚油酸含量呈明显的负相关。油的主要脂肪酸（大于 1%）有软脂酸、硬脂酸、油酸、亚油酸、二十烷酸和山嵛酸，次要脂肪酸有亚麻酸和花生酸。榧树油中油酸和亚油酸占脂肪酸总量的 74.68%～79.79%，对人体吸收、消化较为有利，血脂高的人食用尤为适宜。榧树种子还含有粗蛋白 11%～13%、糖 3.4%～4.8%和碳水化合物 28%等（刘孟军，1998），为著名干果，也可榨食用油；其假种皮可提炼芳香油（榧树壳油）。边材白色，心材黄色，纹理直，结构细，硬度适中，有弹性和香气，不反挠和开裂，耐水湿，相对密度为0.56。为建筑、造船、家具等的优良木材。

采收与加工： 种子成熟即可采摘。

繁殖与栽培： 榧树是一种喜光树种，枝叶向光性强，在温暖湿润、阳光充足的条件下，大量结果，但幼树期喜荫蔽怕日灼。榧树对土壤条件适应性较强，适生于pH4.8～8.3的土壤条件。土壤深厚肥沃，通透性良好的沙质壤土或石灰质土壤生长较好。良好经营管理前提下黏重的红壤、黄壤也能正常生长。榧树根系务必通气，最怕积水。其在积水或板结泥泞土壤上，易导致枝叶发黄和肉质根腐烂，严重时死亡。在海拔1000m以下，土层深厚肥沃湿润，通透性良好的微酸到中性的沙质壤土上，为榧树最丰产生境。

资源与开发： 浙江省诸暨县的榧树驰名中外，有悠久的栽培历史。茄榧、米榧、芝麻榧等各有优缺点，其具有丰富多样的遗传资源，应对优良品种进行定向培育。同属其他种类有较大的开发潜力，包括香榧（*T. grandis* cv. Merrillii）和云南榧（*T. yunnanensis*）等。

九、油瓜 *Hodgsonia macrocarpa* (Blume) Cogn.

异名： *Hodgsonia heteroclita*（Roxb.）Hook. f. et Thoms.；*Trichosanthes heteroclita* Roxb.；*T. macrocarpa* Bl.

别名： 油渣果（《中国植物志》）、猪油果、有棱油瓜、油渣瓜，猴子面瓜果，牛蹄果，油面瓜，蔓胡桃。

科属： 葫芦科（Cucurbitaceae）油渣果属。

形态特征： 木质藤本。叶片3～5深裂、中裂、浅裂或有时不分裂。卷须颇粗壮，2～5歧。雌雄异株。雄花：总状花序；苞片肉质；花梗短粗；花萼筒狭管状，淡黄色，5裂，裂片三角状披针形；花冠辐状，外面黄色，里面白色，5裂，先端流苏状（长达15cm）；雄蕊3，花丝不明显，花药靠合。雌花：单生，花梗粗壮；子房近球形，花柱长，柱头3，顶端2裂。果实扁球形，淡红褐色，有12条槽沟，具绒毛，有6枚大型种子（另外6枚不育）。种子长圆形。花果期6～10月。

分布与生境： 产于云南南部、西藏东南部和广西；生于海拔300～1500m的灌丛及山坡路旁，也有栽培。

成分与利用： 种仁含油60.6%～71.3%。油成分（%）：肉豆蔻酸0～0.3、棕榈酸11.02～44.4、硬脂酸7.1～37.73、花生酸0～0.6、十六碳烯酸0～0.4、油酸15.1～27.3、亚油酸28.1～43.9、亚麻酸23.41、次亚麻酸0.27、亮氨酸+异亮氨酸+苯丙氨酸14.52、缬氨酸0.2、蛋氨酸0.25、赖氨酸9.73、色氨酸3.53（程树棋和程传智，2005；蔡宪元，1963）。种子富含油脂，可榨油食用，是一种很好的油料植物。

采收与加工： 果实成熟时采收。采后去瓜蒂及厚皮，捣烂鲜用；或去皮晒干备用。

繁殖与栽培： 种子繁殖。

资源与开发： 自植物学家蔡希陶先生1933年在云南发现油瓜以来，就开始了油瓜的驯化栽培研究。因产量低的因素，无规模化的栽培。应选择高产、稳产的优良品种，可利用田边地头、林缘、疏林等土地进行栽培。

十、其他常见油脂植物

（一）猪油果 *Pentadesma butyracea* Sabine

别名： butter tree。

科属： 藤黄科（Guttiferae）猪油果属。

分布： 原产于热带非洲西部塞拉利昂的沿海地区，热带亚洲最早于 1897 年引入斯里兰卡，种植成功；1959 年首次引入中国福建试种，1963 年自加纳引入云南西双版纳试种，于 1973 年开花结实。

功用： 在原产地作食用油料，或可可油的代用品。

（二）三尖杉 *Cephalotaxus fortunei* Hook. f.

详细资料见药用植物。

功用： 种子含油 61.5%，油的碘值 140.2～146.4、皂化值 184.1～190.9、不皂化物 2.8%～3.8%、酸值 0.3～1.2。油的脂肪酸组成（%）：月桂酸微量、肉豆蔻酸微量、棕榈酸 3.8～6.7、硬脂酸 2.0～2.9、油酸 23.4～28.2、亚油酸 51.7～53.0、二十碳二烯酸微量、亚麻酸 1.0～2.3、十八碳三烯（5,9,12）酸 9.1～11.7、二十碳三烯（5,11,14）酸 1.0～8.2，种仁含油率 52.28～63.1（黎明，2009；贾良智和周俊，1987；王宗训，1989）。种仁油用于制皂。

（三）西双版纳粗榧 *Cephalotaxus mannii* Hook. f

别名： 印度三尖杉（《中国树木分类学》），藏杉（《中国裸子植物志》）。

科属： 三尖杉科（Cephalotaxaceae）三尖杉属。

分布： 产于云南南部西双版纳地区；生于海拔 740～800m 的杂木林中，少见；越南、缅甸、印度也有分布。

功用： 种仁含油 59.6%～67.3%；有的折光率（20℃）1.4820、皂化值 186.0～187.4、碘值 126.2～133.7。油的脂肪酸组成（%）：棕榈酸 4.8～11.3、脂肪酸 1.5～3.1、山萮酸 7.5～13.2、油酸 38.4～54.9、亚油酸 21.1～33.6、月桂酸微量、肉豆蔻酸微量、亚麻酸 0.9～2.6、未知酸 2.9～7.4、十六碳烯酸 0～0.3、二十碳烯酸 0.9～2.1、二十碳三烯酸 5.3～7.3（黎明，2009）。

（四）野漆 *Toxicodendron succedaneum*（L.）O. Kuntze

别名： 野漆树《植物名实图考》，大木漆（湖北），山漆树（安徽），痒漆树（广西、四川、河南），漆木（广西），檫仔漆、山贼子（台湾）。

科属： 漆树科（Anacardiaceae）漆属。

分布： 华北至长江以南各省（自治区）均产；生于海拔(150～)300～1500(～2500)m 的林中；印度、中南半岛、朝鲜和日本也有分布。

功用： 果实含油 40.0%～65.0%；油的相对密度（15℃）0.975～1.0000、折光率

(22℃) 1.4742、皂化值 195～227、碘值 5～84.4、酸值 6～17.0。油的脂肪酸组成(%)：棕榈酸 30.5～67.5、硬脂酸 1.7～11.6、油酸 12.7～22.0、亚油酸 43.1、肉豆蔻酸 1.9、亚麻酸 1.7、二十三碳二元酸 5.3（黎明，2009；王宗训，1989）；种子油可制皂或掺和干性油作油漆；中果皮之漆蜡可制蜡烛、膏药和发蜡等；树皮可提栲胶；树干乳液可代生漆用；根、叶及果入药，有清热解毒、散淤生肌、止血、杀虫之效，治跌打骨折、湿疹疮毒、毒蛇咬伤，又可治尿血、血崩、白带、外伤出血、子宫下垂等症；木材坚硬致密，可作细木工用材。

（五）黄连木 *Pistacia chinensis* Bunge

别名： 木黄连、黄连芽（湖南），木萝树、田苗树、黄儿茶（湖北），鸡冠木、烂心木（台湾），鸡冠果、黄连树（云南），药术（甘肃），药树（陕西），茶树（云南、陕西），凉茶树（贵州），岩拐角（四川），黄连茶（云南、福建、湖北、江苏、山东），楷木（湖南、河南、河北）。

科属： 漆树科（Anacardiaceae）黄连木属。

分布： 产于长江以南各省（自治区）及华北、西北；生于海拔 140～3550m 的石山林中；菲律宾也有分布。

功用： 果实含油 13.3%～37.8%。种子含油 25.6%～52.6%；油的相对密度(25℃) 0.9095、折光率（25℃）1.4634、皂化值 184.17、碘值 92.2～111.0。果实油成分(%)：棕榈酸 17.2、硬脂酸 0.8～2.3、花生酸 1.7、油酸 37.8、亚油酸 23.2～45.5、亚麻酸 16.9、十六碳烯酸 1.0～1.9，山嵛酸、肉豆蔻酸、亚麻酸微量（程树棋和程传智，2005；黎明，2009）。种仁含油 42.46%，油的折光率（20℃）1.4659、皂化值 194.04、碘值 82.32、酸值 4.04；含量(%)为饱和酸（包括肉豆蔻酸、棕榈酸、硬脂酸、花生酸、山嵛酸、廿四碳烷酸）20.66、油酸 52.73、亚油酸 26.61（王宗训，1989）。黄连木种子油可用于制皂、润滑油、照明、治牛皮癣，也可食用；粕饼可作饲料和肥料。树皮含鞣质，叶和果实含鞣质分别为 10.8%和 5.4%，可提制栲胶；果、叶也可做黑色染料；木材鲜黄色，可提黄色染料。树皮、叶可入药，根、枝、叶皮也可作农药。鲜叶可提芳香油、制茶。木材坚重，纹理致密，结构匀细，不易开裂，耐腐，钉着力强，可供建筑、车辆、农具、家具、雕刻等用。

（六）灯油藤 *Celastrus paniculatus* Willd.

别名： 滇南蛇藤（《中国树木分类学》）、打油果、红果藤、小黄果（云南俗名）、圆锥南蛇藤（《拉汉种子植物名称》），锥序南蛇藤，多花滇南蛇藤，铁藤果，圆锥灯油藤。

科属： 卫矛科（Celastraceae）南蛇藤属。

分布： 产于台湾、广东、海南、广西、贵州、云南；分布南达印度；生长于海拔 200～2000m 的丛林地带。

功用： 种子含油 59.79%，油的皂化值 217.3、碘值 103.9、酸值 22.9、不皂化物 31.%。脂肪酸组成分(%)：肉豆蔻酸 0.1、棕榈酸 22.3、硬脂酸 4.3、花生酸 0.3、油酸 17、亚油酸 43、亚麻油酸 13.4（王宗训，1989），云南常榨油作灯用油或制皂；

种子入药，能缓泻、催吐、兴奋、治风湿麻痹等症。

（七）油莎草 *Cyperus esculentus* L.

别名：油莎豆，yellow nutsedge。

科属：莎草科（Cyperaceae）莎草属。

分布：原产于西亚和非洲，中国甘肃、广东、广西、江西、四川、云南、山东、北京地区有引种；北方可作为一年生草本栽培，喜温暖湿润气候，宜生长在疏松肥沃的沙壤土或壤土上。

功用：块茎含油16.3%～27.4%，油的相对密度（20℃）0.9181、折光率（20℃）1.4716、皂化值190.7～192、碘值78～82.9、酸值2.3。油的脂肪酸组成（%）：棕榈酸16.2、硬脂酸2.5、油酸64～64.9、亚油酸11～15.5、亚麻酸0.9（黎明，2009；王宗训，1989）；块茎营养丰富，味甜美，其油色浅黄，可食用；块茎可生食、炒食、榨油，还可用于提取淀粉、酿造乙醇等，综合利用价值较高。

（八）榆树 *Ulmus pumila* L.

别名：榆（尔雅），白榆（江苏、山西、甘肃），家榆（河北、河南），钻天榆、钱榆（江苏），长叶家榆、黄药家榆（《东北木本植物图志》）。

科属：榆科（Ulmaceae）榆属。

分布：分布于东北、华北、西北及西南各省（自治区）；生于海拔1000～2500m的山坡、山谷、川地、丘陵及沙岗等处；长江下游各省有栽培；朝鲜、前苏联、蒙古国也有分布。

功用：翅果含油18.7%～25.5%，其折光率（20℃）1.4520～1.4485、皂化值255.6～271.0、碘值4.5～29.8。油成分（%）：辛酸7.2～11.9、癸酸56.8～71.6、月桂酸3.3～5.8、肉豆蔻酸2.1～4.3、棕榈酸3.3～10.8、硬脂酸0.5～1.3、油酸3.0～7.9、亚油酸3.0～8.0、亚麻酸0.8～2.5（程树棋和程传智，2005；黎明，2009）。油可供医药和轻工业、化工业用；边材窄，淡黄褐色，心材暗灰褐色，纹理直，结构略粗，坚实耐用；供家具、车辆、农具、器具、桥梁、建筑等用。树皮含淀粉及黏性物，磨成粉称榆皮面，掺和面粉可食用，并为醋原料。枝皮纤维坚韧，可代麻制绳索、麻袋或人造棉与造纸原料；幼嫩翅果与面粉混拌可蒸食；叶可作饲料；树皮、叶及翅果均可药用，能安神、利小便。

（九）野核桃 *Juglans cathayensis* Dode

别名：山核桃（云南、湖北），胡桃秋，核桃楸，东北山核桃，马核果，满洲核桃，楸马核果，楸子树，山核桃楸，山楸子，华核桃，maduaiten（D-DH），buzha（JP），butan（ZW）。

科属：胡桃科（Juglandaceae）胡桃属。

分布：产于新疆、江苏、江西、浙江、四川、贵州、甘肃、陕西，以及东北、华北大部，海拔800～2000m。

功用：果实富含维生素C，含（%）脂肪40～45、蛋白质15～20、糖1～15。种子油可食用，也可制皂，或作润滑油；壳可做优质颗粒活性炭原料，可与椰壳媲美；果仁是一种优质健脑食品，还有壮阳功能。木材坚实，经久不裂，可作各种家具。树皮和外果皮含鞣质，可作栲胶原料；内果皮厚，可制活性炭；树皮的韧皮纤维可作纤维工业原料。外果皮和根皮果可供药用，鲜根皮煎汤浸洗，治脚痔（脚趾缝湿痒），鲜外果皮汁液擦治皮肤癣症。同属、同科还有其他较为重要的油脂植物，包括胡桃楸（*J.mandshurica*）、胡桃（*J.regia*）、山核桃（*Carya cathayensis*）等。

（十）竹柏 *Nageia nagi*（Thunb.）Kuntze

别名：椰树（浙江平阳），罗汉柴（福建南平），椤树、山杉（台湾），糖鸡子（江西），船家树（广东增城），宝芳、铁甲树（海南岛），猪肝树（广西临桂），大果竹柏（《经济植物手册》）。

科属：罗汉松科（Podocarpaceae）竹柏属。

分布：产于浙江、福建、江西、湖南、广东、广西、四川、云南；日本也有分布。其垂直分布自海岸以上丘陵地区，上达海拔1600m的高山地带，多生于常绿阔叶树中。

功用：种子含油率45.7%，油的碘值151.8、皂化值151.8（贾良智和周俊，1987）；种仁含油55%，其皂化值294.2、碘值117.1、酸值8.4。脂肪酸主要成分为亚油酸，其次为油酸、棕榈酸和硬脂酸（王宗训，1989）。种仁油供食用及工业用油；边材淡黄白色，心材色暗，纹理直，结构细，硬度适中，相对密度0.47～0.53，易加工，耐久用，为优良的建筑、造船、家具、器具及工艺用材；叶形奇异，终年苍翠；树干修直，树态优美，叶茂荫浓，抗病虫害强，为常绿观赏树木，可在公园、庭园、住宅小区、街道等地段内成片栽植，也可与其他常绿落叶树种混交种植。

（十一）榛 *Corylus heterophylla* Fisch.

别名：榛子（东北），平榛，毛榛，胡榛子，火榛子，木榛子，山板栗，山核桃，榛柴，榛紫棵，滇榛，红榛柴，毛胡桃。

科属：桦木科（Betulaceae）榛属。

分布：产于黑龙江、吉林、辽宁、河北、山西、陕西；生于海拔200～1000m的山地阴坡灌丛中，江苏有栽培；朝鲜、日本、俄罗斯东西伯利亚和远东地区、蒙古国东部也有分布。

功用：果仁含油46.7%～61.0%。油成分（%）：棕榈酸2.7～3.5、硬脂酸1.3～1.6、十六碳烯酸0～0.3、油酸59.8～82.5、亚油酸12.7～35.0、亚麻酸微量至1.2、十六碳烯酸0.2～0.5（程树棋和程传智，2005；黎明，2009）。种子可食，并可榨油。榛子是世界四大坚果（榛子、核桃、扁桃、腰果）之一，含有大量脂肪、蛋白质、碳水化合物以及维生素A、B、E和铁、钙等矿质元素，具有极高的营养价值和经济价值。果实不仅口味好，而且可加工成多种营养品，也入药，是中国出口创汇的传统商品，又是国际贸易重要的干果之一。榛仁加工可作榛粉、糖果及糕点。榛仁油是制作肥皂、蜡烛和化妆品的原料；油渣为饲料或肥料。同属毛榛（*C.mandshurica*）种子可食；果仁含油率 63.77％～63.8％。

（十二）文冠果 *Xanthoceras sorbifolium* Bunge

别名： 崖木瓜，文光果。

科属： 无患子科（Sapindaceae）文冠果属。

分布： 产于中国北部和东北部，西至宁夏、甘肃，东北至辽宁，北至内蒙古，南至河南；野生于丘陵山坡等处，各地也常栽培。

功用： 种仁含油 59.9％，种子含油 21.2％。种子油的成分（％）：肉豆蔻酸微量、棕榈酸 10.1、硬脂酸 1.6、花生酸 8.7、山萮酸 2.9、油酸 34.3、二十碳烯酸微量、亚油酸 34.5、亚麻酸 7.9。种仁油的成分（％）：肉豆蔻酸微量、棕榈酸 5.0、硬脂酸 2.0、花生酸微量、山萮酸微量、二十四碳烷酸微量、油酸 30.4、二十碳烯酸 2.6、亚油酸 42.9、二十碳二烯酸 0.9、亚麻酸 0～3（程树棋和程传智，2005）。文冠果油淡黄色、碘值 114.9、皂化值 187.7（贾良智和周俊，1987）。种仁中含（％）棕榈酸甲酯 H 1.58、棕榈酸 2.37、(Z)-十八-13-烯酸甲酯 31.03、硬脂酸甲酯 1.08、(Z,Z)-亚油酸 43.89、(E)-十八-9-烯酸 5.33、二十碳酸烯酸甲酯 3.43、花生酸甲酯 0.13、油酸 3.02 等（付玉杰等，2007），以及脂肪 57.18、蛋白质 29.69、淀粉 9.04、灰分 2.65。叶含（％）鞣质 18.7、黄酮醇 3.16、三萜皂苷 5.5～6.7、羟基香豆精 2.18、水杨苷 4、叶蛋白 19.8，并含 16 种氨基酸（其中赖氨酸 35mg/kg），以及杨梅树皮苷、甾醇、挥发油、糖、有机酸、生物碱、油脂等，还含有锶、锌、钡、硼、铁、铬、铜、锰等 12 种矿质元素，其中铁含量（255.5μg/g）比牛肝高 1 倍，锌含量（21.4μg/g）接近牛肉，铜含量为 12μg/g（刘孟军，1998）。油属纯天然的高级营养油，含有丰富的不饱和脂肪酸、亚油酸、亚麻酸、二十碳烯酸等人体不能合成而必需的成分（缺少此类成分会脱发及诱发各种皮肤病等）。枝、叶、干可治疗风湿关节炎。粕饼蛋白质含量高，无毒，口感好，是重要的蛋白质食品原料。此树种也广泛用于防风固沙、水土保持、园林绿化、美化等。

第九章 淀粉植物

第一节 概　　述

一、概念

淀粉（starch）是二氧化碳和水通过植物的光合作用合成的天然有机物质，是由众多的脱水葡萄糖单元通过糖苷键连接而成的高分子化合物，分子式为（$C_6H_{12}O_6)n \cdot H_2O$。

淀粉植物（starch plant）是指那些在植物体的某些器官（果实、种子、根等）中储藏有大量淀粉的植物种类。

二、淀粉植物的分布

中国淀粉植物资源非常丰富，约有300种，其分布具有明显的特征。

1）*科属集中性*　淀粉植物以壳斗科、禾本科、蓼科、百合科、天南星科、旋花科等科的种类较多，而且以种子的淀粉含量最丰富；其次是蕨类、豆科、防己科、睡莲科、桔梗科、菱科、银杏科等科，这些科的种类虽然少，但淀粉含量却很高。朱太平等（2007）列举的171种淀粉植物中，壳斗科有45种，其中栎属有14种，属果实富含淀粉的种类。

2）*地域性*　中国淀粉植物属的地理分布以热带和亚热带区系成分为主，温带也有丰富的种类分布；此类植物主要分布于横断山以东、秦岭淮河以南的区域，包括浙江、江苏、江西、福建、广东、广西、湖南、湖北、四川、重庆、云南、贵州、海南、台湾等省（自治区、直辖市）的全部或大部，在该区域分布的淀粉植物占中国淀粉植物总数的80%以上（赵琦和王文国，2013）。

3）*低海拔分布性*　淀粉植物的85%以上种类分布于海拔1000m以下，随着海拔升高淀粉植物减少。与其他种类的植物类似，温度和降水量对淀粉植物的分布影响较大，超过80%的淀粉植物分布在秦岭淮河以南湿润的亚热带地区（赵琦和王文国，2013）。

三、淀粉植物的分类

淀粉植物可以根据原料来源、淀粉的分子结构、按淀粉在植物体的器官等进行分类。

1. 按原料来源

按原料来源分为薯类淀粉、谷类淀粉、豆类淀粉、其他原料淀粉。目前，中国生产的淀粉品种有玉米淀粉、木薯淀粉、马铃薯淀粉和小麦淀粉等，其中玉米淀粉占90%左右，木薯淀粉约占7%，马铃薯淀粉约占2%，小麦及其他淀粉约占1%（王国扣，2002）。

2. 按淀粉的分子结构

按淀粉的分子结构分为直链淀粉和支链淀粉。组成淀粉的葡萄糖单体如果由 α-1,4 键连接形成多糖大分子，为直链淀粉；葡萄糖的单体由 α-1,6 或 α-1,3 键连接而成多糖大分子则为支链淀粉。

3. 按淀粉在植物体的器官

按淀粉在植物体的器官分为果实淀粉、根茎淀粉两类（徐芬芬等，2006；黄榕辉和彭继舜，1997；周以良等，2003；田春龙等，2005；郭小强等，2002；董晓东，1997）。

1）*果实含淀粉植物*　果实淀粉种类多、含量因种类不同而呈现显著的差异。例如，各类果实的淀粉含量：板栗 62%，锥栗 50%，茅栗 60%～70%，槲栎（*Quercus aliena*）和白栎（*Q. fabri*）含 30%，蒙古栎 50%～75%，麻栎 50%，乌冈栎（*Q. phillyraeoides*）40%；甜槠 25%～30%，苦槠（*Castanopsis sclerophylla*）25%～30%，栲树（*C. fargesii*）含 45%，钩锥 25%～30%，青冈栎（*Cyclobalanopsis glauca*，干果）60%～70%，绵柯（*Lithocarpus harlandil*）40%～50%；菱角 68%～46%；芡实（*Euryale ferox*，种子）49.5%；地榆 25%～30%；木薯（干果）70%；草木犀（*Melilotus officinalis*，种子）29.11%；光头稗（*Echimochloa colonum*，籽粒）50%，薏苡（*Coix ealryma-jobi*，籽粒）52%～58%，金狗尾草（*Setaria glauca*，种子）48%～51%，狗尾草（*S. viridis*，种子）48%～51%，高粱（*Sorghum bicolor*，籽粒）66%～77%，小麦（籽粒）65%，玉米（*Zea mays*，籽粒）99.5%；银杏（干种子）67.7%。

2）*根茎淀粉植物*　除果实外，根、块茎也是富含淀粉的器官。例如，以下植物的根或块茎的淀粉含量分别达：①茎或块根，包括蕨 20%～46%，狗脊蕨（*Woodwardia japonica*）30%，福建莲座蕨（*Angiopteris foriensis*）30%～35%；葛根 48%，千金藤（*Stephania taponica*）33%；何首乌 57%，羊蹄（*Rumex japonicus*）22%，土茯苓（*Smilax glabra*）69%，粉菝葜（*S. glaueochina*）55.8%，玉竹根 25%～30%，黄精 25%～30%；荠苨（*Adenophora coronapifolia*）39%，轮叶沙参（*Aeinophora tetraphylla*）28%，羊乳（*Codonopsis lanceolata*）24%，木防己（*Cocculus orbiculatus*）65%，栝楼 65%，苍术 22.2%。②块茎或鳞茎，包括石蒜（*Lycoris radiata*）48%～79%，百合（*Lilium brownii*）71%，黄独（*Dioscorea bulbifera*）40%以上，日本薯蓣 25%，慈姑 25%～30%，荆三棱（*Scirpus yagara*）58%。

四、淀粉植物的利用

淀粉具有增稠、凝胶、黏结、成膜、润胀、糊化，改善质构、防止老化、避免析水，类似脂肪组织结构的替代性等特性（苏琼和王彦斌，2004；赵凯，2009），不仅是食物主要成分，也是化工、轻工、医药以及饲料等的重要原料。广泛应用于酿酒、造纸、黏合剂、纺织及生物降解塑料等行业，生产黏合剂、味精、葡萄糖、果糖、麦芽糖、山梨醇、维生素 C、甜味剂、糖的衍生物、有机酸、氨基酸、燃料乙醇等，市场消耗量大。淀粉植物具有资源丰富、价廉可再生、不枯竭及生物可降解等特性，具有重要的使用价值。

1. 食用

无污染、安全性高、具有天然风味、口感纯正、营养丰富，是构成食品和医药（如胶囊等）的重要原料之一。例如，莲藕淀粉是历史悠远的传统食品，富含钙、磷、铁等多种人体必需元素，清热凉体，人们普遍接受作为早餐或蔬菜等；葛根淀粉中除含有大量蛋白质、碳水化合物外，还含有异黄酮类化合物，如葛根素、木糖苷、谷甾醇、大豆黄酮、大黄酮苷花生酸等各种成分，对高血压、冠心病等心血管病有比较明显的疗效，是优良的保健食品原料；魔芋、金缨子、火棘、板栗等，果肉中富含淀粉和其他营养素，是加工豆腐、糕点、酿酒的天然优质原料。

2. 药用

淀粉植物除淀粉为主要成分外，其富含的氨基酸和微量元素等多种成分，对人体健康具有良好的功效，被作为药食兼用或提取药品的原料之一。例如，葛根，可治高血压、冠心病、心绞痛以及眼科疾病等，用现代生物技术提取的“葛根素”，是调节和增强人体免疫功能、抗癌治癌的新特药物；竹芋的淀粉粒细小，洁白细腻，糊化后黏度高，其味甘、性凉，可清肺热、利尿，主治肺热咳嗽、小便赤痛等；芭蕉芋淀粉的成膜性和凝胶性好，糊化温度低，存放不容易霉变，含有人体所需的维生素和微量元素钙、铁、磷等，有增强肠蠕动，预防某些恶性肠胃疾病之功能，特别适于制作婴儿和患者食品，还具有滋补等保健功能，是保健美容和老年健骨食品的重要原料（杨丽英等，2005）。

3. 工业用

淀粉植物除开发作为直接食用淀粉和医药原料外，工业生产中也广泛应用。例如，造纸业的胶黏剂；棉、麻、毛等纺织业的浆料；医药的片剂、丸剂、粉剂等填充物；酿造业的酿酒原料（酿造食用酒或医疗、工业用的乙醇）；淀粉也是铸造、陶瓷、石油等工业生产中不可缺少的原料，如木薯淀粉作为工业用变性淀粉生产，产品有山梨醇、山梨酸、饲料添加剂、表面活性剂等，广泛应用丁30多个领域。还利用淀粉植物的秸秆、甘蔗渣等开发燃料乙醇，作为新的能源使用。

4. 其他

畜牧业方面，如薯类、葛根、莲藕等淀粉糟渣经干燥粉碎后可配制成优质的全价配合饲料，是发展养殖业不可缺少的饲料。在环保方面，利用山林坡地、河边堤岸来种植淀粉植物，可防洪固堤，减少水土流失，增加地面绿化，净化空气。

第二节　特色淀粉植物

一、芭蕉芋 *Canna indica* L. cv. Edulis

异名： *Canna edulis* Ker-Gawl.

别名： 旱藕，蕉藕，姜芋（广东），mandong（D-BN），zhangduoliang（D-DH），leanai（JP），ponei（ZW）。

科属： 美人蕉科（Cannaceae）美人蕉属。

形态特征： 茎粗壮。叶片长圆形或卵状长圆形，叶面绿色，边绿或背面紫色。总状花序单生或分叉，少花，被蜡质粉霜，基部有阔鞘；花单生或2朵聚生，小苞片卵形，淡紫色；萼片披针形，淡绿而染紫；花冠管杏黄色，花冠裂片杏黄而顶端染紫，披针形；外轮退化雄蕊2（～3）枚，倒披针形，基部杏黄，其中1枚微凹；唇瓣披针形，卷曲，顶端2裂，上部红色，基部杏黄；发育雄蕊披针形，杏黄而染红；子房圆球形，绿色，密被小疣状突起。花柱狭带形。花期9～10月。

分布与生境：中国南部及西南部有栽培；原产于西印度群岛和南美洲。

成分与利用：块茎含淀粉约40%。块茎可煮食或提取淀粉，适于老弱和小儿食用或制粉条、酿酒以及供工业用；芭蕉芋淀粉是酿造发酵、食品和饲料加工的优质原料；还可用于造纸、制鞋、制帽、服装和文化用品等；纺织工业用其淀粉浆纱，具有比粮食淀粉的黏结度高、光洁度好等特点；茎叶纤维可造纸、制绳等。芭蕉芋的块茎含有大量淀粉，淀粉颗粒粒径大，糊化温度低，明度好，直链淀粉含量高，成膜性好，分子质量大，与马铃薯淀粉接近，应用前景广阔。

采收与加工：一般在7～9月采收，挖掘后洗去泥土，除去外皮切片晒干，放入粉碎机或磨上进行粉碎，制作淀粉，可食用也能用于工业浆纱。

繁殖与栽培：常用块茎分株（块茎切小块）或小块茎繁殖。

资源与开发：芭蕉芋既耐寒又耐旱，可在山地种植，是集食物、能源及饲料于一体的多用途特色经济作物，资源可实现规模化栽培。

二、木薯 *Manihot esculenta* Crantz.

异名：*Janipha aipi*（Pohl）J. Presl；*J. manihot*（L.）Kunth；*Jatropha manihot* L.；*J. stipulate* Vellozo；*Mandioca aipi*（Pohl）Link；*M. dulcis* Parodi；*M. utilissima*（Pohl）Link；*Manihot aipi* Pohl；*M. edulis* A. Richard；*M. utilissima* Pohl.

别名：木番薯，树薯，树葛，臭薯，葛薯，苦木薯，木藷，树番薯，mangniu（D-BN），liujingho（D-DH），azheme（JN），kedongnai（JP），lebangmiu（ZW），cassava。

科属：大戟科（Euphorbiaceae）木薯属。

形态特征：直立灌木。叶轮廓近圆形，掌状深裂几达基部，裂片3～7片，倒披针形至狭椭圆形；叶柄稍盾状着生，具不明显细棱；托叶三角状披针形，全缘或具1～2条刚毛状细裂。圆锥花序顶生或腋生，苞片条状披针形；花萼带紫红色且有白粉霜；雄花：花萼裂片长卵形，内面被毛；花药顶部被白色短毛；雌花：花萼裂片长圆状披针形；子房卵形，具6条纵梭，柱头外弯，折扇状。蒴果椭圆状，表面粗糙，具6条狭而波状纵翅；种子多少具三棱，种皮硬壳质，具斑纹。花期9～11月。

分布与生境：原产于美洲热带，主要分布在巴西、墨西哥、尼日利亚、玻利维亚、泰国、哥伦比亚、印度尼西亚等国，现全世界热带地区广泛栽培；中国于19世纪20年代引种栽培，现已广泛分布于华南地区，广东和广西的栽培面积最大，福建和台湾次之，云南、贵州、四川、湖南、江西等省也有少量栽培。

成分与利用：鲜根含淀粉27.65%，脂肪0.26%，蛋白质0.96%，单宁0.36%，水分63.8%，其他6.12%（王宗训，1989）。并含松柏醛、异香草醛、胆甾醇、β-谷甾醇、东莨菪亭、丁香醛、松脂醇、香草二乙胺和β-胡萝卜苷等。木薯粉平均含粗蛋白

(1.94±0.8)%、粗脂肪(1.12±1.07)%、粗纤维(2.57±0.4)%、粗灰分(2.29±0.4)%、无氮浸出物(92.11±1.4)%、钙(0.12±0.06)%、磷(0.08±0.02)%，消化率为(86.6±7.8)%，消化能(猪)为(15.01±0.6)MJ/kg，代谢能(鸡)为(14.09±0.4)MJ/kg；每千克干物质含铁(170±51)mg、铜(10±5)mg、锰(45±15)mg、锌(62±16)mg(杨亮宇等，2002)。木薯含干淀粉达70%左右，是世界公认具有极大乙醇开发潜力的原料之一；块根可食，可磨木薯粉、做面包，提供浆洗用淀粉等；在发酵工业上，木薯淀粉或干片可制乙醇、柠檬酸、谷氨酸、赖氨酸、木薯蛋白质、葡萄糖、果糖等，这些产品在食品、饮料、医药、纺织(染布)、造纸等方面均有重要用途。木薯中含有一定量的氰苷类物质，未经加工转化前有毒。

采收与加工：一般在种植12个月后收获，多年宿存，故也可栽培18个月至多年收获。待木薯叶色稍转黄，基部老叶逐渐脱落，薯块表皮色泽变深且粗糙，以手用力摩擦薯块表皮易脱皮时，即可收获。收获木薯时，先将茎离表面6～10cm处砍除，再用锄掘起块根，如土壤松软，可用手拔出。其生产工艺流程包括运输→清洗→碎解→浸渍→筛分→漂白→除砂→分离→脱水→干燥→风冷→包装等工序。

繁殖与栽培：木薯适应性强，耐旱耐瘠。在年平均温度18℃和无霜期8个月以上的山地、平原均可种植；降水量600～6000mm，热带、亚热带海拔2000m以下，土壤pH3.8～8.0的地方都能生长，最适于在年平均温度27℃左右，日平均温差6～7℃，年降水量1000～2000mm，且分布均匀，pH6.0～7.5，阳光充足，土层深厚，排水良好的土地生长。

资源与开发：木薯的栽培较粗放，且产量高，是中国南部山区常见的杂粮作物，因块根含氰酸毒素，需经漂浸处理或高温蒸煮后方可食用，一些低毒品种，如面包木薯，剥去皮层后，便可除毒。木薯在中国栽培已有百余年，通常有枝、叶淡绿色或紫红色两大品系，前者毒性较低。

三、魔芋 *Amorphophallus rivieri* Durieu

异名：*Amorphophallus konjac* K. Koch；*Brachispatha konjac* Schott ex Miq.；*Conophallus konjak* Schott；*Hydrosma rivieri* Engl.；*Proteinophallus rivieri* Hook. f.

别名：蒟蒻、蒻头(《开宝本草》)、鬼芋(《图经本草》)、花梗莲(江西新建)、虎掌(江西万年)、花伞把(江西定南)、蛇头根草(江西丰城)、花杆莲、麻芋子(陕西)、野魔芋、花杆南星、土南星(江西)、南星、天南星(广西河池)、花麻蛇(云南思茅)，花魔芋，huoyiuo(D-BN)，mu(D-DH)，songlang(JP)，guimiao(ZW)，devil's tongue。

科属：天南星科(Araceae)魔芋属。

形态特征：多年生草本。叶片3裂；侧脉多数，纤细，平行，近边缘联结为集合脉。花序柄色泽同叶柄。佛焰苞漏斗形，基部席卷，管部苍绿色，杂以暗绿色斑块，边缘紫红色；檐部心状圆形，外面变绿色，内面深紫色。肉穗花序比佛焰苞长1倍，雌花序圆柱形，紫色；雄花序紧接(有时杂以少数两性花)；附属器为伸长的圆锥形，中空，深紫色。子房苍绿色或紫红色，2室，花柱与子房近等长，柱头边缘3裂。浆果球形或扁球形，成熟时黄绿色。花期4～6月，果8～9月成熟。

分布与生境： 自陕西、甘肃、宁夏至江南各省（自治区）都有；生于疏林下、林椽或溪谷两旁湿润地，或栽培于房前屋后、田边地角；喜马拉雅山地至泰国、越南也有分布。

成分与利用： 魔芋干片含淀粉42.05%。主要成分为葡甘露糖，富含食物纤维、多种氨基酸和微量元素。魔芋含有的葡苷聚糖，是一种高分子化合物，具有很强的吸水性，吸水后体积可膨胀80～100倍，食后不易被消化吸收。并能吸附胆固醇和胆汁酸，对降低血压、减少心血管病发作有一定效果。块茎可加工成魔芋豆腐（别名褐腐）供蔬食。淀粉的膨胀力大，黏着力强，可用作浆纱、造纸、瓷器或建筑等的胶黏剂。块茎入药能解毒消肿，灸后健胃，消饱胀。治流火、疔疮、无名肿毒、瘰疬、眼镜蛇咬伤、烫火伤、间日疟、乳痈、腹中痞块、疔癀高热、疝气等。全株有毒，以块茎为最，中毒后舌、喉灼热、痒痛、肿大。民间用醋加姜汁少许，内服或含漱，可以解毒。

采收与加工： 采收须在叶茎倒伏10d以上，待叶柄基部与球茎的离层老化，球茎充分成熟，含水量下降时进行。采收时，应从叶柄下挖出球状块茎。采后在常温下预储3～4d，待皮层干爽并形成愈伤组织后再储藏。

繁殖与栽培： 种子播种或球茎繁殖。

资源与开发： 随着魔芋保健食品和高新技术产品的开发与应用，魔芋原材料的需求量越来越大。因此，如何有效地组织魔芋规模化、集约化生产，并建立产、供、销一条龙服务体系，将成为魔芋生产与开发的重点。

四、薯蓣 *Dioscorea opposita* Thunb.

异名： *Dioscorea batatas* Decne.；*D. doryphora* Hance；*D. oppositifolia* L.；*D. potaninii* Prain et Burkill；*D. pseudobatatas* (Hauman) Herter；*D. rosthornii* Diels；*D. swinhoei* Rolfe

别名： 野山豆（江苏唯宁），野脚板薯（湖南南岳），面山药（甘肃徽县），淮山药（贵州德江），多穗薯蓣，山药蛋（云南），山药（《负暄杂录》，《滇南本草》），理毛条（弥渡），野山芋、山苕药（陕西），薯子（江西），野白薯、山薯（湖南），脚板苕（四川）。

科属： 薯蓣科（Dioscoreaceae）薯蓣属。

形态特征： 缠绕草质藤本。单叶，在茎下部的互生，中部以上的对生，很少3叶轮生；叶片变异大，卵状三角形至宽卵形或戟形，边缘常3浅裂至3深裂，中裂片卵状椭圆形至披针形，侧裂片耳状，圆形、近方形至长圆形；幼苗时一般叶片为宽卵形或卵圆形，基部深心形。雌雄异株。雄花序为穗状花序，2～8个着生于叶腋，偶尔呈圆锥状排列；花序轴明显地呈之字状曲折；苞片和花被片有紫褐色斑点；雄花外轮花被片为宽卵形，内轮卵形；雄蕊6。雌花序为穗状花序，1～3个着生于叶腋。蒴果不反折，三棱状扁圆形或三棱状圆形，外面有白粉；种子着生每室中轴中部，四周有膜质翅。花期6～9月，果期7～11月。

分布与生境： 产于东北、河北、山东、河南、安徽淮河以南、江苏、浙江、江西、福建、台湾、湖北、湖南、广西、贵州、云南、四川、甘肃、陕西等；生于海拔150～1500m的山坡、山谷林下、溪边、路旁的灌丛中或杂草中；或为栽培；朝鲜、日本也有分布。

成分：鲜山药含量为（mg/100g）蛋白质1500，碳水化合物14 000、粗纤维900、胡萝卜素0.02、维生素B_1与B_2约0.02、尼克酸0.3、维生素C 4.0、钙41、磷42、铁0.3、镁15、钾290、钠15、氯37；氨基酸含量（%）：天冬氨酸0.912、谷氨酸0.905、丝氨酸1.121、组氨酸0.147、甘氨酸0.351、苏氨酸0.254、精氨酸0.730、丙氨酸0.499、脯氨酸0.351、酪氨酸0.176、胱氨酸0.156、缬氨酸0.335、亮氨酸0.422、苯丙氨酸0.292、异亮氨酸0.227、亮氨酸0.422、赖氨酸0.303（杨学梅，2012；陈艳和姚威，2004）。

功能与利用：块茎含淀粉43.7%，性平味甘，食之补而不腻；具有补脾养胃、生津益肺、补肾涩精之功能。块茎为常用中药“淮山药”，有强壮、祛痰的功效；山药多糖是山药中的主要活性成分，具有较好的功能保健作用，含有较多的药用保健成分，如黏多糖、尿囊素、山药素、胆碱、盐酸多巴胺等。是中国著名的补益中药，也是传统的保健菜肴。

采收与加工：冬季茎叶枯萎后采挖，切去根头，洗净，干燥。

繁殖与栽培：种子或小球茎（山药豆）繁殖。

资源与开发：薯蓣深加工技术及综合开发利用已逐渐受到重视，在食品、药品、酿造、化妆品等行业应用广泛。

五、锥栗 *Castanea henryi*（Skam）Rehd. et Wils.

异名：*Castanea fargesii* Dode；*C. sativa* Skan；*C. vilmoriniana* Dode；*Castanopsis henryi* Skan

别名：尖栗、箭栗（湖南），旋栗（湖北），棒栗（四川），珍珠栗，金丝栗，毛锥栗，甜槠，甜椎，甜锥，铁钉砧，小叶栎，茅栗，甜栗。

科属：壳斗科（Fagaceae）栗属。

形态特征：大乔木。叶长圆形或披针形，顶部长渐尖至尾状长尖，新生叶的基部狭楔尖，两侧对称，成长叶的基部圆或宽楔形，一侧偏斜，叶缘的裂齿有线状长尖，嫩叶有黄色鳞腺且在叶脉两侧有疏长毛；开花期的叶柄长1～1.5cm，结果时延长至2.5cm。雄花序长5～16cm，花簇有花1～3（～5）朵；每壳斗有雌花1（偶有2或3）朵，仅1花（稀2或3）发育结实，花柱无毛，稀在下部有疏毛。成熟壳斗近圆球形，刺或密或稍疏生；坚果，顶部有伏毛。花期5～7月，果期9～10月。

分布与生境：广布于秦岭南坡以南、五岭以北各地，仅台湾及海南不产；生于海拔100～1800m的丘陵与山地，常见于落叶或常绿的混交林、山地阔叶林中。

成分与利用：种子含淀粉50%，种仁含油20%（王宗训，1989）；富含脂肪、糖、蛋白质、氨基酸、维生素C，还含抗坏血酸、胡萝卜素。果实淀粉供工业使用，也可酿酒，作饲料；果实甜可食；壳斗与树皮提栲胶。果实具养胃、健脾、补肾、强筋、活血等功能。

采收与加工： 9～10 月果实成熟时采集。日晒后除去壳斗，晒干，在干燥通风处保存。

繁殖与栽培： 种子繁殖。

资源与开发： 高大乔木，树干挺直，生长迅速，属优良速生树种。在福建某些地方，已成片造林，并选出了一些优良品种，其果比野生的大且多，可开发干果类食用或做淀粉、酿酒原料等。同属有些种类淀粉含量高，可以开发利用，包括茅栗（*C. seguinii*）、锥（*C. chinensis*）、高山锥（*C. delavayi*）、红锥（*C. hystrix*）、蒺藜锥（*C. tribuloides*）等。

六、葛 *Pueraria lobata* (Willd.) Ohwi

异名： *Dolichos hirsutus* Thunb.; *D. lobatus* Willd.; *Pueraria argyi* H. Lév. et Vaniot; *P. bodinieri* H. Lév. et Vaniot; *P. caerulea* H. Lév. et Vaniot; *P. koten* H. Lév. et Vaniot; *P. pseudohirsuta* Tang et Wang; *P. thumbergiana* (Sieb. et Zucc.) Benth.; *P. triloba* (Houtt.) Makino

别名： 葛根（《植物名实图考》），野葛（《本草纲目》），葛藤，hehun（D-DH），kudzu。

科属： 蝶形花科（Papilionaceae）葛属。

形态特征： 粗壮藤本，全体被黄色长硬毛。羽状复叶具 3 小叶；托叶卵状长圆形，具线条；小托叶线状披针形，与小叶柄等长或较长；小叶三裂，偶尔全缘，上面被淡黄色、平伏的疏柔毛，下面较密；小叶柄被黄褐色绒毛。总状花序；苞片线状披针形至线形，早落；小苞片卵形；花 2～3 朵聚生于花序轴的节上；花萼钟形，被黄褐色柔毛，裂片披针形，渐尖，比萼管略长；花冠紫色，旗瓣倒卵形，基部有 2 耳及一黄色硬痂状附属体，具短瓣柄，翼瓣镰状，基部有线形、向下的耳，龙骨瓣镰状长圆形，基部有极小、急尖的耳；子房线形，被毛。荚果长椭圆形，扁平，被褐色长硬毛。花期 9～10 月，果期 11～12 月。

分布与生境： 产于中国南北各地，除新疆、青海及西藏外，分布几遍全国；生于山地疏林或密林中；东南亚至澳大利亚也有分布。

成分与利用： 每 100g 鲜根可食部分热量 113kJ，水分 68.6g，蛋白质 2.1g，脂肪 0.1g，总糖 27.8g，纤维素 0.7g，灰分 1.4g，钙 15mg，磷 18 mg，铁 0.6mg；100g 葛粉有 340kJ 热能，水分 16.5g，蛋白质 0.2g，脂肪 0.1g，碳水化合物 83.1g，灰分 0.1g，钙 35mg，磷 18mg，铁 2mg，钠 2mg（王宗训，1989）。根、茎、叶、花均可入药，尤其是葛根，素有“亚洲人参”之美誉，在工业、农业、医药等方面都有极高的开发价值。块根含淀粉约 20%，可生食，酿酒，每 100kg 鲜葛根可酿 56°酒 12kg；葛根淀粉质地洁白细腻，是加工保健食品的优质原料；葛根其味甘凉可口，常作煲汤之用。据《本草纲目》记载，“葛根具有生津止渴、清祛火、解暑、止血痢、治伤寒、痢疾等功效”，有解表退热、生津止渴、止泻的功能，并能改善高血压患者头晕、头痛、耳鸣等症状。葛花可制茶；葛藤麻可作为天然纤维墙纸、地毯、造纸用，葛衣、葛巾均为平民服饰，葛纸、葛绳应用亦久，葛粉用于解酒。由于葛生长快、易栽培、抗逆性强，具有抗寒、抗热、耐旱、耐瘠薄、抗病虫等生物学特性，适应性广。

采收与加工： 葛根栽后2年采收。秋冬地上部分枯萎时挖出块根。

繁殖与栽培： 种子繁殖、扦插繁殖。葛藤适应性极强，在光照充足，土层深厚、疏松肥沃的地块种植产量高、质量好。栽培地应选择土质疏松且排水良好具有一定坡度的地块。

资源与开发： 野生资源破坏较大，现主要应用人工栽培的作为产品或原料。

七、其他常见淀粉植物

（一）银杏 *Ginkgo biloba* L.

别名： 白果（《植物名实图考》），公孙树（《汝南圃史》），鸭脚子（《本草纲目》），鸭掌树（北京），白果树，maidenhair tree。

科属： 银杏科（Ginkgoaceae）银杏属。

分布： 产于山东、江苏、四川、河北、湖北、河南、甘肃等地，中生代孑遗的稀有树种，仅浙江天目山有野生，生于海拔500～1000m、酸性（pH5～5.5）黄壤、排水良好地带的天然林中，常与柳杉、蓝果树等针阔叶树种混生，生长旺盛。栽培区甚广，北自东北沈阳，南达广州，东起华东，西南至贵州、云南西部（腾冲）。

功用： 干种子含淀粉67.7%，单糖6.0%，蛋白质13.10%，脂肪1.90%。肉质外种皮含白酸、氢化白果酸、氢化白果亚酸、白果酚、白果二酚及白果醇，种仁还含微量氢氰酸。种子可炒食，种仁炖肉、做羹汤和制蜜饯、甜食。食用种子不宜过多，多则中毒。

（二）槲栎 *Quercus aliena* Blume

别名： 细皮青冈，大叶青冈，大叶栎树，白栎树，板栎树，青冈树，柞栎。

科属： 壳斗科（Fagaceae）栎属。

分布： 产于陕西、山东、江苏、安徽、浙江、江西、河南、湖北、湖南、广东、广西、四川、贵州、云南；生于海拔100～2000m的向阳山坡，常与其他树种组成混交林或成小片纯林。

功用： 种子富含淀粉（46.40%），单糖2.53%，鞣质17.74%，蛋白质2.17%，脂肪3.85%，纤维素3.46%，维生素B_2 0.673%，灰分2.59%（王宗训，1989）；壳斗、树皮富含单宁。叶中含有槲栎醇、羽扇豆醇、B-谷甾醇。种子可酿酒，也可制凉皮、粉条和做豆腐及酱油等，也可榨油；木材坚硬，耐腐，纹理致密，供建筑、家具、薪炭、枕木、坑木、器具和机械等用材；壳斗、树皮富含单宁，为提制栲胶的重要原料；树皮和种子入药常做收敛剂；叶可饲养蚕或用作食品包装材料；槲栎叶片大且肥厚，叶形奇特、美观，叶色翠绿油亮、枝叶稠密，可作为观叶树种，适宜浅山风景区造景之用。同科的同属还有一些种类含淀粉，可以开发利用，包括麻栎（*Q. acutissima*）、栓皮栎（*Q. variabilis*）、包果柯（*Lithocarpus cleistocarpus*）、泥柯（*L. fenestratus*）、耳叶柯（*L. grandifolius*）等。

第十章　香料植物

第一节　概　　述

一、概念

香料植物（aromatic plant/fragrant plant）是指植物体某些器官中含有芳香油、挥发油或精油的一类植物，也称芳香植物。

芳香油是由萜烯、倍半萜烯、芳香族、脂环族和脂肪族等多种有机化合物组成的混合物，常温下大多数为油状液体，具有挥发性，易燃，除极少数（如檀香油）外，均比水轻，不溶或微溶于水，易溶于各种有机溶剂、动物油脂、乙醇及树脂中。

二、中国香料植物资源

中国芳香植物多达600余种，分属77科、192属；种子植物中，有60多科、170余属的植物含有芳香油。

芳香植物最重要的有20余科，如松科、柏科、樟科、芸香科、唇形科、桃金娘科、伞形科、菊科、蔷薇科、牻牛儿苗科、莎草科、败酱科、檀香科、木樨科、龙脑香科、金粟兰科、金缕梅科、堇菜科、禾本科、姜科、木兰科等。中国每个省都有近百种或更多的香料植物，其中四川、云南、广西、贵州分布种类较多。

三、香料植物的类别

香料植物依据其利用的部位分为6类。

1. 根类

根类是指利用根，包括块茎、鳞茎 块根等的香料植物种类。例如，茴香砂仁（*Achasma yunnanense*）、姜黄、姜（*Zingiber officinale*）、红球姜（*Z. zerumbet*）、香葱（*Allium ascalonicum*）、蒜、香根草、鸢尾等，属根类香料植物。

2. 茎/干皮类

茎/干皮类为主要利用干/茎或皮作为香料或提取香料的原料的植物种类。肉桂、香竹、檀香、玫瑰木、柏木等为该类香料植物。

3. 叶或茎叶类

叶或茎叶类是指香料来源于叶子或叶子连同茎的香料植物，如柚子、柠檬、香椿、清香木、芫荽、刺芫荽、草八角、水薄荷、薄荷、罗勒、姜、葱、香茅等。

4. 花类

花类是指花含芳香油或挥发性油的植物种类。该类植物通常被作为高级的香精、香料，如玫瑰、茉莉、熏衣草、水仙、含羞草、依兰、晚香玉（*Polianthes tuberosa*）等。

5. 果或种子类

果或种子类指植物果或种子的某一部分或全部含芳香油的植物种类，如八角、木姜子、胡椒、花椒、茴香（*Foeniculum vulgare*）、草果、柠檬。

6. 树脂类

树脂类是指树液树脂中含有芳香成分，可提取香精香料的种类，如秘鲁香脂、松脂、安息香树脂等。

第二节 特色香料植物

一、肉桂 *Cinnamomum cassia* Presl

异名： *Camphorina cassia*（Nees & T. Nees）Farw.；*Cinnamomum longifolium* Lukman.；*C. medium* Lukman.；*Persea cassia*（L.）Sprengel.

别名： 桂（《南方草本状》，广东高要），玉桂、肉桂、桂枝、桂皮（广东），筒（广西），牡桂，官桂，辣桂，jikuwei（D-BN），maimubi（D-DH）。

科属： 樟科（Lauraceae）樟属。

形态特征： 乔木。当年生枝密被灰黄色短绒毛。叶互生或近对生，长椭圆形至近披针形，下面淡绿色，晦暗，疏被黄色短绒毛；叶柄粗壮，被黄色短绒毛。圆锥花序腋生或近顶生，三级分枝，总梗与各级序轴被黄色绒毛。花白色；花梗被黄褐色短绒毛。花被内外两面密被黄褐色短绒毛，花被筒倒锥形，花被裂片，近等大。能育雄蕊 9。退化雄蕊 3，位于最内轮，被柔毛。子房卵球形，花柱纤细，与子房等长，柱头小，不明显。果椭圆形，成熟时黑紫色；果托浅杯状，边缘截平或略具齿裂。花期 6～8 月，果期 10～12 月。

分布与生境： 原产于中国，广东、广西、福建、台湾、云南等省（自治区）的热带及南亚热带地区广为栽培，其中尤以广西栽培为多；印度、老挝、越南至印度尼西亚等地栽培。

成分与利用： 桂枝和桂皮中含有肉桂酸、香豆素、β-谷甾醇、丁香醛、原儿茶酸、胡萝卜苷、2-羟基桂皮醛、桂皮醇、桂皮酸、2-甲氧基桂皮酸、桂皮醛等（刘江云等，2002）。肉桂油成分和含量（%）：苯甲醛 0.09、苯丙醛 0.39、(E)-肉桂醛 0.66、肉桂醛 93.94、肉桂醇乙酸酯 1.55、2-对甲氧基桂皮醛 1.32、邻苯二甲酸二乙酯 1.31、三氟代乙酰基-*O*,*O*′,*O*″-三（三甲基硅烷基）去甲肾上腺素 0.09、α-杜松醇 0.22、3,5-二硝基苯甲酸-3,7,11-三甲基十二-2,6,10-三烯酯 0.43（陈立平等，2012）。肉桂的树皮、叶及“桂花”（初结的果）均有强烈的肉桂味，其中以桂花最浓，其次为花梗、树皮及叶。枝、叶、果实、花梗可提制桂油，桂油为合成桂酸等重要香料的原料，用作化妆品原料，也供巧克力及香烟配料，药用作矫臭剂、祛风剂、刺激性芳香剂等，并有防腐作用。肉桂被作为食品调味香料广为使用。在烹饪中可作增香、增味剂，如烧鱼、五香肉、煮茶叶蛋等均可用，还可用于咖啡、红茶、泡菜等调香。入药因部位不同，药材名称不同，树皮称肉桂，枝条横切后称桂枝，嫩枝称桂尖，叶柄称桂芋，果托称桂盅，果实称桂子，初结的果称桂花或桂芽。干燥的树皮（中药称桂皮）、树枝（称桂枝）、幼果

（称桂子）以及枝叶所蒸馏的肉桂油均可供药用。肉桂具有壮阳作用（明显改善阳虚症）、解热镇痛（压尾法、扭体法、热板法）、扩张血管（中枢性和外周性→降低血压）、抗溃疡（胃溃疡）、促进消化、排除肠道积气，抑制 G^+ 细菌、真菌等作用。肉桂多用于腰膝冷痛、虚寒胃痛、慢性消化不良、腹痛吐泻、受寒经闭、阳痿、宫冷、闭经、痛经等症。桂枝有发汗解肌、温通经脉功能，治外感、风寒、肩臂肢节酸痛，桂枝煎剂对金黄色葡萄球菌、伤寒杆菌和人型结核杆菌有显著抗菌作用。肉桂油为祛风和健胃中成药的主要原料。

采收与加工：同产品的采收和加工各异。①桂皮：肉桂定植后 15 年生以上，韧皮部已积累大量油层，可于春季或秋季采伐剥桂皮。采剥时，按先上后下，先剥枝丫皮，后剥树干皮的顺序进行。用刮桂刀先在分枝处横切树皮 1 圈，深达木质部，再依次往下 40～50cm 处环切一圈，深达木质部，然后在两圈之间纵切一刀，用竹片插入割缝上下徐徐剥动，将整块桂皮剥下，晒干即成商品。采伐后的树桩具有萌发力，进行第二轮（矮林）培育。②桂枝：于每年修剪时，将 0.7～0.9cm 粗的枝条或砍伐后将不能剥皮的细枝梢，去叶切成 40cm 长的小段，晒干即成。或趁鲜切成桂枝片，晒干直接供饮片药用。③桂子：于霜降前后，采摘尚未成熟的果实，晒干去果柄即成商品。④桂油：将叶片、小枝、果实、碎桂等蒸馏后可得桂油（韩学俭，2002）。

繁殖与栽培：种子繁殖。喜温暖湿润气候，适生于亚热带地区无霜的环境。幼树喜荫蔽，忌烈日直射；成株喜阳光充足，可提高结实力和促进桂皮油分充足，质量好。肉桂属深根性树种，要求土层深厚，土质疏松，排水良好，通透性强的沙壤土和壤土，喜微酸性和酸性土壤，在 pH 为 4.5～6.5 的红壤、黄壤土中生长最理想。

资源与开发：本种原产于中国和越南，并在马来群岛和喜马拉雅地区有栽培和种植。肉桂在中国已有 2000 多年的栽培历史，其主要分布在北回归线附近地区，广东和广西是肉桂的主产区，海南、福建（南部）、云南（南部）和四川也有少量栽培。经过长期的人工栽培与自然选择，肉桂类植物已形成了许多品种或品系。在广西，肉桂按产地分为“东兴桂”和“西江桂”，“东兴桂”别名“防城桂”，主要种植在广西的防城、上思、龙州、大新等地；“西江桂”，别名“浔桂”，主要在平南、藤县、桂平等地有栽培。

二、木姜子 *Litsea pungens* Hemsl.

异名：*Litsea kangdingensis* H. S. Kung

别名：木香子、山胡椒、猴香子、陈茄子、兰香树、生姜材（四川），香桂子（云南），黄花子、辣姜子（陕西）。

科属：樟科（Lauraceae）木姜子属。

形态特征：落叶小乔木。叶互生，常聚生于枝顶，披针形或倒卵状披针形，膜质，羽状脉，侧脉每边 5～7 条，叶脉在两面均突起；叶柄纤细。伞形花序腋生；每一花序有雄花 8～12 朵，先叶开放；花梗被丝状柔毛；花被裂片 6，黄色，倒卵形；能育雄蕊 9；退化雌蕊细小。果球形，成熟时蓝黑色；果梗先端略增粗。花期 3～5 月，果期 7～9 月。

分布与生境：产于湖北、湖南、广东北部、广西、四川、贵州、云南、西藏、甘肃、陕西、河南、山西南部、浙江南部；生于海拔 800～2300m 的溪旁和山地阳坡杂木林中或林缘。

成分与利用：种仁含油 55.4％，果实含精油 4.0％，干果和鲜果含挥发油分别为 2％～6％和 3％～4％。种仁油成分（％）：辛酸 0.1、癸酸 41.7、月桂酸 39.54、肉豆蔻酸 1.0、棕榈酸 0.6、油酸 1.7、亚油酸 2.9、癸烯酸 2.7、十二碳烯酸 8.1、十四碳烯酸 1.0。果实精油含柠檬醛 60％～90％、香叶醇 5％～19％，其余尚含柠檬烯等（程树棋和程传智，2005；黎明，2008）。叶精油中含有 α-蒎烯、莰烯、β-蒎烯、1,3-环庚二烯、香叶烯、β-松油烯、α-松油烯、γ-松油烯、δ-蒈烯、1,8-桉油醇、α-萜烯、柠檬烯、玫瑰醚、α-松油醇、(-)-异薄荷酮、柠檬醛、香茅醇、香茅醛、百里香酚、顺式-8-孟烯、橙花醇乙酯、香树烯、乙酸桂皮酯、β-子丁香烯、γ-杜松萜烯等（张振杰等，1992）。果含芳香油，可作食用和化妆品香精，现已广泛作为高级香料、紫罗兰酮和维生素 A 的原料；种子含脂肪油，可供制皂和工业用。

采收与加工：通过蒸馏法提取精油。

繁殖与栽培：种子或扦插繁殖、组织培养。

资源与开发：木姜子挥发油具有重要的利用价值，应对资源进行更加深入地开发，提高其经济效益。

三、山苍子 *Litsea cubeba*（Lour.）Pers.

异名：*Benzoin cubeba*（Lour.）Hatus.；*Laurus cubeba* Lour.；*Lindera dielsii* H. Leveille；*Litsea cubeba* f. *obtusifolia* Yang et P. H. Huang；*L. dielsii*（H. Levl.）H. Levl.；*L. mollifolia* var. *glabrata* Diels；*L. mollis* var. *glabrata* Diels.

别名：山鸡椒（《中国高等植物图鉴》），山苍树（广东、广西、湖南、江西、四川、云南），木姜子（广西、江西、四川），荜澄茄、澄茄子（江苏、浙江、四川、云南），豆豉姜、山姜子（广东），臭樟子、赛梓树（福建），臭油果树（云南），山胡椒（《台湾植物志》），shahaiteng（D-BN），mazhang（D-DH），zhenlinpun（JP），bengshibi（ZW）。

科属：樟科（Lauraceae）木姜子属。

形态特征：落叶灌木或小乔木。叶互生，披针形或长圆形，上面深绿色，下面粉绿色，羽状脉。伞形花序单生或簇生，总梗细长；苞片边缘有睫毛；每一花序有花 4～6 朵，先叶开放或与叶同时开放，花被裂片 6，宽卵形；能育雄蕊 9，花丝中下部有毛，第 3 轮基部的腺体具短柄；雌花中退化雄蕊中下部具柔毛；子房卵形，花柱短，柱头头状。果近球形，幼时绿色，成熟时黑色，果梗先端稍增粗。花期 2～3 月，果期 7～8 月。

分布与生境：产于广东、广西、福建、台湾、浙江、江苏、安徽、湖南、湖北、江西、贵州、四川、云南、西藏；生于海拔 500～3200m 的山地、灌丛、疏林或林中路旁、水边；东南亚各国也有分布。

成分与利用：果实和种子含油分别为 41.0％和 46.0％～52.2％。果实油成分

(%)：癸酸 8.9、月桂酸 17.6、肉豆蔻酸 3.3、棕榈酸 13.5、花生酸 2.8、油酸 22.5、亚油酸 25.5、未鉴定酸 5.9。种子油成分（%）：辛酸 0 至微量、癸酸 12.2～15.2、月桂酸 38.5～61.5、肉豆蔻酸 2.0～3.1、棕榈酸 1.8～10.5、硬脂酸 0.4～2.2、顺-4-癸烯酸微量至 1.6、顺-4-十二碳烯酸 5.4～7.2、顺-4-十四碳烯酸 1.0～2.3、十六碳烯酸微量至 0.4、油酸 6.5～16.2、亚油酸 2.4～9.6。果皮精油成分（%）：α-蒎烯 0.03、β-蒎烯 2.75、莰烯 2.27、罗勒烯 77.99、壬醛 1.08、癸醛 0.03、1,8-桉叶油素 2.47、龙脑 0.21、柠檬醛 0.42、对-伞花烃 0.63、黄樟油素 2.60、乙酸龙脑酯 0.60、τ-广藿香烯 0.69（程树棋和程传智，2005）。花蕾挥发油成分（%）：桉油精 39.86、松油醇 15.62、α-蒎烯 4.96、α-水芹烯 4.79，占总含量的 65.23%（罗爱嵘等，2012）。根、茎、叶和果实均可入药，用于治疗风寒感冒、劳倦乏力、久行脚肿、急性乳腺类疾病、虚寒型胃痛、外伤出血、毒蛇咬伤、痧胀腹痛腹胀和风湿关节痛等疾病，也能治疗血吸虫病，有抗血栓、抗哮喘病和抗过敏功效。油主要提制柠檬醛作为制造紫罗兰酮、甲基紫罗兰酮、乙位紫罗兰酮及维生素 A 的主要原料。除维生素 A 是医药制品外，其他的均是配置香精的主要原料，用于食品、化妆品和其他香精等。山苍子皮油、叶油、花油经精制后直接用于化妆品和皂用香精中。种子可榨取脂肪油，可代替椰子油，用于制造脂肪酸、醛、醇脂及高级肥皂，油粕可作肥料。山苍子油还是精细化工的重要优质原料，广泛应用于制药、合成香料、油脂等产业，是中国出口创汇的重要林产品。等量的山苍子叶和水煮沸后过滤，用滤液喷洒，可防治稻螟、棉蝉等，杀虫率可达 70%。本种木材材质中等，耐湿不蛀，但易劈裂，可供普通家具和建筑等用。

采收与加工：果实成熟后及时采摘。果实受热、受潮易霉烂、氧化，采收后务必尽快加工，一般都是就地土法蒸馏提取山苍子油，异地二次蒸馏获得柠檬醛含量更高的精油。

繁殖与栽培：种子或扦插繁殖，也可组织培养。山苍子为速生树种，寿命较短，早熟早衰，通常栽培 1～2 年后开花结实，3～5 年后果实趋盛，10 年后果实产量衰退。山苍子适宜在偏酸性的土壤条件下生长，土壤中有机质含量、土壤全氮、全磷和全钾等元素的含量对山苍子生长都有影响，特别是土壤中的有机质含量的影响最大。山苍子的种子不能在长期积水的苗床上发芽。因此，苗圃地选择务必避开地下水位较高的地块，并注意排水。

资源与开发：随着医学和化工业的发展，市场对山苍子油的需求量日益加大，山苍子油的价格也逐年攀升。开发与利用山苍子资源，为环境保护、调整产业结构和南方山区人民脱贫致富开辟了一条新的途径。本属和本科还有其他种类属芳香油植物，包括豹皮樟（*L. coreana* var. *sinensis*）、石木姜子（*L. elongata* var. *faberi*）、清香木姜子（*L. euosma*）、滇南木姜子（*L. garrettii*）、潺槁木姜子（*L. glutinosa*）、毛叶木姜子（*L. mollis*）、杨叶木姜子（*L. populifolia*）、豺皮樟（*L. rotundifolia* var. *oblongifolia*）、月桂（*L. nobilis*）等。

四、八角 *Illicium verum* Hook. f.

异名：*Illicium san-ki* Perr.

别名： 八角茴香（《本草纲目》），大茴香，八月珠，五香八角，怀香，野八角，baguo（D-DH），bago（JP），majiao（Zu，广西），baguo（ZW），staranise tree。

科属： 八角科（Illiciaceae）八角属。

形态特征： 乔木。叶不整齐互生，在顶端3～6片近轮生或松散簇生，倒卵状椭圆形、倒披针形或椭圆形；在阳光下可见密布透明油点；中脉在叶上面稍凹下，在下面隆起。花粉红色至深红色，单生叶腋或近顶生；花被片7～12片；雄蕊11～20枚；心皮通常8，有时7或9，很少11。聚合果，饱满平直，蓇葖多为8，呈八角形，先端钝或钝尖。正糙果3～5月开花，9～10月果熟，春糙果8～10月开花，翌年3～4月果熟。

分布与生境： 主产于广西西部和南部（百色、南宁、钦州、梧州、玉林等地区多有栽培）海拔200～1600m的山区；福建南部、广东西部、云南东南部和南部也有种植。

成分与利用： 果实中含有木樨草素、β-谷甾醇、胡萝卜苷、异槲皮苷、莽草酸、莽草酸甲酯、原儿茶酸、槲皮素和莽草酸等（杨金等，2010；袁经权等，2010）。果为著名的调味佐料，味香甜，也供药用，有祛风理气、和胃调中的功能，用于中寒呕逆、腹部冷痛、胃部胀闷等。但多食会损目发疮。果皮、种子、叶都含芳香油，称八角茴香油（简称茴油），是化妆品、甜香酒、啤酒和食品工业的重要原料。木材淡红褐色至红褐色，纹理直，结构细，质轻软，有香气，可供细木工、家具、箱板等用材。

采收与加工： 八角通常每年结果两次，4月成熟的果实称为春果或四季果，产量较少，9～10月成熟的果实称为秋果或大糙果。当果实由青色变为黄色时采收。采收不宜过早，秋果宜在8月下旬至10月采收，春果在4月采收。八角果实成熟时，树上还有花和幼果，所以采果不可用竹竿打落，也不宜摇动树枝和折枝，只能上树采摘。虽然这种采果方法较费工、费时，但采收的果实能加工出优质品。采果宜在晴天进行，阴雨天气果实采摘后堆放易发霉变质，故不宜采收。采收的果实加工必须经过杀青和干燥两个工序。

繁殖与栽培： 种子或嫁接，或扦插繁殖。喜冬暖夏凉的山地气候，适宜种植在土层深厚，排水良好，肥沃湿润，偏酸性的沙质壤土或壤土；干燥瘠薄或低洼积水地生长不良。

资源与开发： 八角和茴油除国内销售外，又是重要的出口商品，中国八角占世界市场的80%以上。本属有些种类已可提取香精，包括红茴香（*I. henryi* Diels；芳香油含量分别为0.24%和0.126%）、红毒茴（*I. lanceolatum* A. C. Smith；芳香油含量为0.66%）、野八角（*I. simonsii* Maxim.；叶、果含芳香油，鲜果出油率0.24%）等。

五、香薷 *Elsholtzia ciliata*（Thunb.）Hyland.

异名： *Elsholtzia ciliate* var. *brevipes* C. Y. Wu & S. C. Huang；*E. ciliate* var. *depauperata* C. Y. Wu & S. C. Huang；*E. ciliate* var. *ramose*（Nakai）C. Y. Wu & H. W. Li；*E. ciliate* var. *remota* C. Y. Wu & S. C. Huang；*E. cristata* Willdenow；*E. formosana* Hayata；*E. minina* Nakai；*E. patrini*（Lepechin）Garcke；*E. patrini* var. *ramose* Nakai；*E. pseudocristata* H. Lévl. & Vaniot；*Hyssopus ocymifolius* Lam.；*Mentha baicalensis* Georgi；*M. cristata* Buch.-Ham. ex D. Don；*M. ovata* Cavanilles；

M. patrini Lepechin; *Perilla polystachya* D. Don.; *Sideritis ciliate* Thunb.

别名：水芳花、山苏子（黑龙江、吉林、河北、山西），青龙刀香薷（黑龙江），荆芥、小荆芥、拉拉香、小叶苏子（辽宁）、蜜蜂草、水荆芥、臭香麻、真荆芥（河北），臭荆芥（辽宁、甘肃华池、河北），荆芥（甘肃成县），边枝花（浙江），酒饼叶（广西阳朔），排香草（广西），山苏子、香草、蜜蜂草（福建福州），野紫苏（四川灌县），鱼香草（四川南川），香茹草、德昌香薷（四川），蚂蝗痧（云南文山），野芝麻（云南镇雄），野芭子（云南保山），ahuan（D-DH），crested latesummer mint。

科属：唇形科（Lamiaceae）香薷属。

形态特征：直立草本。叶卵形或椭圆状披针形，基部楔状下延成狭翅，边缘具锯齿，主脉上疏被小硬毛，余部散布松脂状腺点；叶柄边缘具狭翅，疏被小硬毛。穗状花序，偏向一侧，由多花的轮伞花序组成。花冠淡紫色，冠檐二唇形，上唇直立，先端微缺，下唇开展，3裂，中裂片半圆形，侧裂片弧形，较中裂片短。雄蕊4，前对较长，外伸。花柱内藏，先端2浅裂。小坚果长圆形，棕黄色。花期7～10月，果期10月至翌年1月。

分布与生境：除新疆、青海外，全国各地有分布；可达海拔3400m的路旁、山坡、荒地、林内、河岸；前苏联、蒙古国、朝鲜、日本、印度、中南半岛也有分布，欧洲及北美洲引入。

成分与利用：挥发油含量（%）为α-蒎烯0.004、樟烯0.20、β-蒎烯0.34、月桂烯0.002、对-聚伞素0.08、柠檬烯5.31、β-萜烯0.28、Δ3-蒈烯0.09、2-甲氧基-1,3,5-三甲基苯10.02、辛烯醇-1-乙酸酯0.004、乙酸乙酯0.01、香薷酮16.66、1,1-二甲基-对-丙基酚0.68、d-香芹酮5.70、β-去氢香薷酮44.32、百蕊烯0.39、β-石竹烯0.10、香橙烯8.69、β-甜没药烯0.08、β-绿叶烯0.06、氧化石竹烯0.25、4-甲基-2,6-二叔丁基苯酚1.33、β-榄香烯0.28（石晓峰等，1994）。植株芳香，可提取芳香油。全草入药，治急性肠胃炎、腹痛吐泻、夏秋阳暑、头痛发热、恶寒无汗、霍乱、水肿、鼻出血、口臭等症。嫩叶可喂猪。

采收与加工：可夏末秋初开花时采全草。当香薷半花半籽、大部分植株叶片变成淡黄色时，将全株拔起，抖尽泥土，晒至全干，扎成小捆，待用。

繁殖与栽培：种子繁殖。适应性强，一般土壤均可栽培，但以排水良好的沙壤土为宜。

资源与开发：香薷近年来应用较为广泛，大部分地区仍然是采挖野生资源为主，对香薷资源造成严重破坏。因此，目前针对香薷的资源采集和栽培技术等方面的研究已刻不容缓。同属、同科许多种类含有芳香油成分，包括四方蒿（*E. blanda*）、东紫苏（*E. bodinieri*）、吉龙草（*E. communis*）、野草香（*E. cypriani*）、野苏子（*E. flava*）、野拔子（*E. rugulosa* Hemsl.）、紫苏（*Perilla frutescens*）、野生紫苏（*P. frutescens* var. *acuta*）等。

六、玫瑰 *Rosa rugosa* Thunb.

异名：*Rosa ferox* Lawrence; *R. pubescens* Baker.

别名：赤蔷薇，刺玫，刺玫瑰，红玫瑰，徘徊花，洋玫瑰，野玫瑰，红刺玫，梅槐，rugosa rose。

科属：蔷薇科（Rosaceae）蔷薇属。

形态特征：直立灌木；小枝密被绒毛，并有针刺和腺毛，皮刺外被绒毛。小叶 5～9；小叶边缘有尖锐锯齿，下面密被绒毛和腺毛；叶柄和叶轴密被绒毛和腺毛；托叶大部贴生于叶柄，离生部分卵形，边缘有带腺锯齿，下面被绒毛。花单生于叶腋，或数朵簇生，苞片卵形，边缘有腺毛，外被绒毛；花梗密被绒毛和腺毛；花萼片卵状披针形，先端尾状渐尖，常有羽状裂片而扩展成叶状，上面有稀疏柔毛，下面密被柔毛和腺毛；花瓣倒卵形，重瓣至半重瓣，芳香，紫红色至白色；花柱离生，被毛，稍伸出萼筒口外，比雄蕊短很多。果扁球形，砖红色，平滑，萼片宿存。花期 5～6 月，果期 8～9 月。

分布与生境：原产于中国华北以及日本和朝鲜。中国各地均有栽培。

成分与利用：精油的化学成分（%）为苯甲醇 4.31、苯乙醛 0.39、双环 [7.1.0] 癸烷 0.39、乙酸苯甲醇酯 0.339、芳樟醇 0.66、香茅醇 90.37、顺式玫瑰醚 0.63、反式玫瑰醚 0.29、薄荷醇 0.69、3,7-二甲基-（z)-1,3,6-辛三炔 0.51、氧化芳樟醇 0.18、反式石竹萜烯 0.56、金合欢烯 0.27、α-紫罗兰酮 0.28（李玉杰等，2009）。鲜花主要挥发性物质化学成分：α-蒎烯、水芹烯、β-蒎烯、月桂烯、D-柠檬烯、罗勒烯、苯乙醇、松油醇、香叶基乙烯基醚、香茅醇、橙花醛、香叶醇、香叶醛、正十二烷、香叶酸甲酯、香茅醇乙酸酯、橙花醇乙酸酯、香叶醇乙酸酯、丁香酚甲醚、雪松烯、石竹烯、愈创木二烯、金合欢烯、α-蛇麻烯、大根叶烯-D、正十五烷、金合欢烯等（陈红艳等，2011）。花中含有黄酮和花色苷两大类色素，其组分为黄酮醇类和矢车菊花色苷元-3-葡萄糖苷（杜鹃等，2012）。玫瑰有着较高的药用、食用和观赏价值，鲜花可以蒸制芳香油，油的主要成分为左旋香芳醇，含量最高可达 0.6%，供食用及化妆品用，花瓣可以制饼馅、玫瑰酒、玫瑰糖浆，干制后可以泡茶，花蕾入药治肝、胃气痛、胸腹胀满和月经不调。果实含丰富的维生素 C、葡萄糖、果糖、蔗糖、枸橼酸、苹果酸及胡萝卜素等。种子含油约 14%。其根集生，具有一定的防风固沙作用。

采收与加工：药用玫瑰花在南方一般分三批采收。一般地，第一批于 4 月下旬至 5 月下旬盛花期前，采收已充分膨大但未开放的花蕾，其肉质厚、香味浓、含油量高、质量最佳，多称为“头水花”。其后，视开花情况进行第二、第三批的采收，称为“二水花”和“三水花”。提炼玫瑰精油主要于 4 月上旬、中旬采收花朵刚开放、呈环状，或者花已盛开，但花心保持黄色的花，此阶段花的玫瑰油含量最高；如花心变红时采收，则精油含量和质量明显下降。采花时间从清早开始，8～10 时采收的玫瑰花油量最高；如遇低温，花未开放，则可推迟采花时间。食用花一般收集采花阶段中的散瓣花。药用花需采用火烘干；玫瑰精油用蒸馏法提取。鲜玫瑰花，经有机溶剂萃取制成油膏状的产品，称为玫瑰浸膏。新鲜玫瑰花瓣可制成玫瑰糖酱，用于制作各种玫瑰糖和点心等。

繁殖与栽培：分株、压条、扦插、埋条法，或嫁接繁殖。玫瑰耐旱，忌涝，玫瑰对土壤要求不严，但最适宜的土壤是土层厚度 60cm 以上，疏松肥沃，湿润而又排水良好的微酸性和中性土壤。

资源与开发：野生玫瑰已被列为国家二级濒危保护植物，其已处于岌岌可危的灭绝边缘，尽快摸清中国玫瑰种质资源状况，是保护和拯救玫瑰珍稀濒危物种的有效途径，也将为合理开发和利用玫瑰资源奠定坚实的基础。本属有些种类可提取香精，如木香花（*R. banksiae*）、美蔷薇（*R. bella*）、粉团蔷薇（*R. multiflora* var. *cathayensis*）和悬钩子蔷薇（*R. rubus*）等。

七、依兰 *Cananga odorata*（Lamk.）Hook. f. et Thoms.

异名：*Canangium odorata*（Lamk.）Baill.；*Unona odorata* DC.；*Uvaria odorata* Lamk.

别名：加拿楷（《中国植物学杂志》），依兰香（《热带植物研究》），香水树（台湾），guolashabanwo（D-BN），ilang-ilang。

科属：番荔枝科（Annonaceae）依兰属。

形态特征：常绿大乔木；小枝有小皮孔。叶大，卵状长圆形或长椭圆形，叶背仅在脉上被疏短柔毛。花序单生于叶腋内或叶腋外，有花2～5朵；花大，黄绿色，芳香，倒垂；总花梗、花梗被短柔毛，有鳞片状苞片；萼片卵圆形，外反，绿色，两面被短柔毛；花瓣内外轮近等大；雄蕊线状倒披针形，基部窄，上部宽，药隔顶端急尖，被短柔毛；心皮长圆形，被疏微毛，老渐无毛，柱头近头状羽裂。成熟心皮10～12，有长柄，成熟的果近圆球状或卵状，黑色。花期4～8月，果期12月至翌年3月。

分布与生境：中国栽培于台湾、福建、广东、广西、云南和四川等；原产于缅甸、印度尼西亚、菲律宾和马来西亚；现世界热带各地区均有栽培。

成分与利用：花精油的成分（%）主要为α-蒎烯0.01、β-蒎烯0.02、对-甲酚甲醚2.41、苯甲酸甲酯0.66、芳香醇0.41、乙酸苄酯0.05、草蒿脑0.04、香叶醇2.48、香叶醛0.94、丁香酚0.25、α-胡椒烯0.51、乙酸香乙酯6.21、β-丁香烯33、α-葎草烯7.69、γ-穆罗烯19.82、香柠檬烯5.40、金合欢烯3.29、β-杜松烯1.74、苯甲酸苄酯5.30、乙酸金合欢醇0.91、水杨酸苄酯0.34（孙汉董等，1985）。花有浓郁的香气，可提制高级香精油，称“依兰”油及“加拿楷”油，是用途极广的重要日用化工原料。主干通直，生长迅速，形态优美，花多且香味清新，是美化环境的特色园林绿化树种，可用作行道树、庭院树等。

采收与加工：花朵开放时，晴天清晨采花，以黄绿色的花品质最优。依兰香新鲜花瓣通过蒸馏提取精油。

繁殖与栽培：种子繁殖、组织培养。引种试验结果表明，其能够适应南亚热带季风气候，推广种植依兰香需重点考虑引种地区的气候条件。目前，已有矮化品种专供采花栽培。

资源与开发：依兰香为热带的常绿大乔木，具有极高的经济和观赏价值。其变种小依兰（*Cananga odorata* var. *fruticosa*），可提制高级香精油。

八、米籽兰 *Aglaia odorata* Lour.

异名：*Aglaia chaudocensis* Pierre；*A. duperreana* Pierre；*A. oblanceolata* Craib；

A. odorata var. *microphyllina* C. DC.；*A. pentaphylla* Kurz；*A. repoeuensis* Pierre；*A. sinensis* Pierre；*Camunium chinense* Roxb.；*Opilia odorata*（Lour.）Spreng.

别名：山胡椒、暹罗花（广东），树兰（台湾、广东），鱼子兰（广西），兰花米、珠兰、木珠兰（四川），碎米兰（《中国经济植物志》）。

科属：楝科（Meliaceae）米仔兰属。

形态特征：灌木或小乔木。叶轴和叶柄具狭翅，一回羽状复叶，小叶 3～5 片；小叶对生，顶端 1 片最大，下部的远较顶端的为小。圆锥花序腋生；花芳香；雄花的花梗纤细，两性花的花梗稍短而粗；花萼 5 裂，裂片圆形；花瓣 5，长圆形或近圆形；雄蕊管略短于花瓣，花药 5，卵形，内藏；子房卵形，密被黄色粗毛。果为浆果，卵形或近球形，初时被散生的星状鳞片，后脱落；种子有肉质假种皮。花期 5～12 月，果期 7 月至翌年 3 月。

分布与生境：产于广东、广西；常生于低海拔山地的疏林或灌木林中；福建、四川、贵州和云南等省常有栽培；东南亚各国也有分布。

成分与利用：花精油的化学成分有正十一烷、癸醛、胡椒烯、β-丁香烯、β-芹子烯、蛇麻二烯酮、蛇麻烯环氧物、十三酸甲酯、蛇麻醇乙酸酯、杜松脑、正十七烷、深谷醇乙酸酯、正十八烷、正十九烷、正二十烷、正二十一烷、正二十二烷，以及顺式氧化芳樟醇、反式氧化芳樟醇、芳樟醇、α-荜澄茄油烯、古巴烯、β-乙香草烯、石竹烯、α-蛇麻烯、别香橙烯、α-姜黄烯、长叶烯、水菖蒲烯、绿叶烷、西车烯、β-法呢烯、γ-衣兰油烯、雪松烯、桧醇、斯巴醇、大根香叶烯-D、喇叭茶醇、β-榄香烯、S-杜松烯、茉莉酮酸甲酯、别香橙烯氧化物、反式橙花叔醇、石竹烯氧化物、白菖油环氧化物、丁子香乙酯、库贝醇、β-榄香醇、红没药烯环氧化物、异香橙烯氧化物、棕榈酸甲酯、棕榈酸乙酯、亚油酸甲酯、亚麻酸甲酯、油酸甲酯、亚油酸乙酯、亚麻酸乙酯、油酸乙酯、硬脂酸乙酯等（林正奎等，1981；张峻松等，2007）。花为薰茶的香料，也可提取芳香油。既可观叶又可赏花，为优良的芳香植物，开花季节浓香四溢。枝、叶入药，用于治疗跌打、痈疮等。米仔兰属的许多物种是传统的民间药物，东南亚部分地区有将米仔兰属植物的花用做驱虫剂的传统。

采收与加工：枝叶一年四季均可采摘，采下晾干备用；花期较长，在热带可长年采收。

繁殖与栽培：种子或扦插繁殖。米仔兰是阳性植物。喜温暖湿润的气候条件，畏寒、怕干旱，忌涝。要求土质深厚肥沃，排水良好的微酸性壤土或沙质壤土。

资源与开发：人工栽培较多，目前多为盆栽或庭院栽培。芳香油具有较好的开发前景。

九、荆芥 *Nepeta cataria* L.

异名：*Calamintha albiflora* Vaniot；*Cataria tomentosa* Gilib.；*C. vulgaris* Gaterau；*Glechoma cataria*（L.）Kuntze；*G. macrura*（Ledeb. ex Spreng.）Kuntze；*Nepeta bodinieri* Vaniot；*N. cataria* var. *citriodora*（Dumort.）Lej.；*N. laurentii* Sennen；*N. macrura* Ledeb. ex Spreng.；*N. minor* Mill.；*N. vulgaris* Lam.

别名： 薄荷（陕西），香薷（甘肃），小荆芥（湖北），土荆芥、大茴香（四川叙永），薄荷、小薄荷（四川青川），巴毛（四川奉节），凉薄荷（四川南川），樟脑草（广西南宁）。

科属： 唇形科（Lamiaceae）荆芥属。

形态特征： 多年生草本。叶卵状至三角状心脏形，边缘具粗圆齿或牙齿，上面黄绿色，被极短硬毛，下面略发白，被短柔毛但在脉上较密。花序为聚伞状，下部的腋生，上部的组成连续或间断的、较疏松或极密集的顶生分枝圆锥花序，聚伞花序呈二歧状分枝；苞叶叶状，或上部的变小而呈披针状，苞片、小苞片钻形。花萼花时管状，外被白色短柔毛，内面仅萼齿被疏硬毛，齿锥形，后齿较长，花后花萼增大成瓮状，纵肋十分清晰。花冠白色，下唇有紫点，外被白色柔毛，内面在喉部被短柔毛，冠筒极细，自萼筒内骤然扩展成宽喉，冠檐二唇形，上唇短，先端具浅凹，下唇 3 裂，中裂片近圆形，基部心形，边缘具粗牙齿，侧裂片圆裂片状。雄蕊内藏，花丝扁平。花柱线形，先端 2 等裂。花盘杯状，裂片明显。小坚果卵形，几三棱状，灰褐色。花期 7～9 月，果期9～10 月。

分布与生境： 产于云南、四川、贵州、新疆、甘肃、陕西、河南、山西、山东、湖北等；生于海拔 2500m 以下的宅旁或灌丛中；自中南欧经阿富汗，向东分布到日本，在美洲及非洲南部逸为野生。

成分与利用： 穗挥发油化学成分与含量（%）为香芹醇 0.35、3-蒈烯-2-醇 0.49、柠檬烯 1.64、1,3,8-薄荷三烯 0.36、薄荷酮 13.26、薄荷呋喃 0.45、二氢黄蒿萜酮 1.62、异胡薄荷醇 0.59、莰非啶 0.84、瓜菊醇酮 0.33、三环辛烷 0.14、除虫菊醇酮 1.23、丁香醛 0.26、丁香酚甲基醚 0.12、香荚乙酮 0.22、石竹烯 0.72、薄荷呋喃酮 4.57、长叶烯 0.24、松油二醇 1.50、石竹烯氧化物 0.95、雪松烯醇 0.55、α-布黎烯 0.30、二甲氧基杜烯 0.20、刺柏樟脑 0.14、异长叶烯-5-酮 3.43、十四酸 0.22、蓝桉醇 0.22、喇叭烯氧化物 0.14、邻苯二甲酸丁酯 0.29、十六烷酮 0.18、十六碳烯氧化物 0.32、苹波烯 0.33、1,4-二十碳二烯 0.79、棕榈酸 3.33、叶绿醇 0.07、亚油酸氯化物 8.25、十八酸 0.71、二十一烷 0.29、二十四烷 0.91、9-辛基-二十六烷 0.53、法尼基乙酸酯 0.43、二十六碳烷 4.28、二十七碳烷 0.53、二十八碳烷 0.25、三十四碳烷 1.62、四十烷 0.67 等（邱琴等，2005）。全草富含芳香油。嫩枝叶作蔬菜，如荆芥炒牛肉是傣族著名风味菜品，也作为蔬菜、肉食调香的主要配料。全草及花穗为常用中药，多用于发表，可治风寒感冒、头痛、咽喉肿痛、月经过多、崩漏、小儿发热抽搐、疔疮疥癣、风火赤眼、风火牙痛、湿疹、荨麻疹，以及皮肤瘙痒。

采收与加工： ①蔬菜或调料，荆芥定植后，高 15～20cm 时开始采摘嫩茎叶，以后每隔 1～2 周采收 1 次。②药用，春播者，当年 8～9 月采收；夏播者，当年 10 月采收；秋播者，第二年 5～6 月才能采收。荆芥刚开花时采收，质量最好。选择晴天早晨露水刚过时，用镰刀从基部割下全株，边割边运，不能在烈日下暴晒。收割后运回，在阴凉处阴干，扎成小捆晾至全干即成商品。干品捆成把为全荆芥，割下的穗为荆芥穗，余下的秆为荆芥秸。荆芥挥发油可用水蒸气蒸馏、溶剂浸提、超临界流体萃取和微波辅助萃取等方法提取。

繁殖与栽培：种子或扦插繁殖。荆芥性喜温暖湿润环境，故应选阳光充足、排灌条件良好、疏松肥沃的沙壤土种植。北方宜春播，南方春播、秋播均可。春播种子质量较好，秋播产量较高。

资源与开发：荆芥目前在中国大部分地区均有种植，主要分布在河北、江苏、浙江、江西、湖北、湖南和东北三省等地。其中河北安国和浙江萧山最为有名。同属大花荆芥（*N. sibirica*），产于内蒙古西部、宁夏、甘肃中部及青海；生于海拔 1750～2650m 的山坡上；前苏联、蒙古国也有分布。植株地上部分含芳香油约 0.15%，油可用作化妆品香料。花大美观，在欧洲作为观赏植物引入栽培历史较长。

十、草果 *Amomum tsao-ko* Crevost et Lemaire

异名：*Amomum hongtsaoko* C. F. Liang et D. Fang

别名：红草果，土草果，广西草果，桂西草果，老蔻，mahao、manshanhuo（D-BN），shaoguo（D-DH），caoguo（JP），caoguo（ZW）。

科属：姜科（Zingiberaceae）豆蔻属。

形态特征：茎丛生，全株有辛香气，地下部分略似生姜。穗状花序不分枝，每花序有花 5～30 朵；总花梗被密集的鳞片；苞片披针形；小苞片管状，一侧裂至中部，顶端 2～3 齿裂，萼管约与小苞片等长，顶端具钝三齿；花冠红色；唇瓣椭圆；花药隔附属体 3 裂。蒴果密生，熟时红色，不开裂，顶端具宿存花柱残迹，果梗基部常具宿存苞片，种子多角形，有浓郁香味。花期 4～6 月，果期 9～12 月。

分布与生境：产于云南、广西、贵州等；栽培或野生于海拔 1100～1800m 的疏林下。

成分与利用：精油的成分和含量（%）为 α-侧柏烯 0.301、α-蒎烯 4.360、莰烯 0.107、桧烯 0.574、β-蒎烯 3.073、β-月桂烯 1.205、α-水芹烯 9.769、3-蒈烯 0.540、α-松油烯 0.293、1,8-桉树脑 40.891、(Z)-罗勒烯 0.990、γ松油烯 0.550、芳樟醇 0.453、(-)-4-松油烯醇（-）0.861、α-松油醇 2.274、(Z)-柠檬醛 3.684、香叶醇 2.691、(E)-2-癸烯醛 3.908、(E)-柠檬醛 4.949、4-丙基苯甲醛 6.988、茚满-4-甲醛 1.216、α-甲基肉桂醛 0.594、乙酸香叶醇酯 2.309、榄香醇 0.175、反式-橙花叔醇 1.461 等（陆占国等，2013）。全株可提取芳香油。干燥果实气味香，性温，味辛辣，既是食品调料的佳品，又是燥湿除寒、祛痰截疟、消食化积之良药，可用以治疗疟疾、痰饮痞满、脘腹冷痛、反胃、呕吐、泻痢、食积等症。

采收与加工：草果一般栽培 2～3 年即开花结果，6～7 年后进入丰产期。草果在 9～11 月，果实呈紫色时，采摘整个果穗，及时烘干。如果不及时烘干，容易发霉腐烂。在烘烤时，一般保持温度 50～60℃，并经常翻动，使其受热均匀，直至烘干；也可将鲜果用沸水烫 2～3min，取出置于太阳下晒干，再在室内堆放 5～7d，可使其色泽变为棕褐色，此加工方法易干，色泽新鲜。每 100kg 鲜果出干果 35kg 左右。

繁殖与栽培：种子或分株繁殖、组织培养。草果喜温和湿润气候，怕热、怕旱、怕霜冻，适生于冬暖夏凉、海拔较高、土质富含有机质、荫蔽度在 50%左右的林下。在广西和云南生长于海拔 1200～2000m，年均温度 18～20℃，树木稀疏，土壤肥沃的山地、沟边等。

资源与开发：草果需求不断增加，仅依赖野生资源远远不能满足需要。云南各地发展人工栽培，若在天然林内栽培，对森林有一定的破坏（郭婧琦，2009；郭婧琦等，2010）。提高草果种植技术和管理水平，尚需进一步研究（高治中，2010；李贵赞等，2011；李贵赞，2011；高治中等，2013）。

十一、香茅 *Cymbopogon citratus* (DC.) Stapf

异名：*Andropogon ceriferus* Hack.；*A. citriodorus* Desf.；*A. nardus* (L.) Rendle subsp. *ceriferus* (Hack.) Hack.；*A. nardus* var. *ceriferus* (Hack.) Hack.；*A. roxburghii* Nees ex Steud.

别名：柠檬草（《种子植物名称》、《中国植物志》），白茅，大风茅，枫茅，姜巴草，菁矛，茅香草，柠檬茅，柠檬香茅，香茅草，shahai（D-BN），hahua（D-DH），shakai（JN），gunbaban（JP），zaimo（ZW），lemon grass。

科属：禾本科（Gramineae）香茅属。

形态特征：多年生密丛型具香味草本。叶片线形，顶端长渐尖，平滑或边缘粗糙。圆锥花序具多次复合分枝，疏散，分枝细长，顶端下垂；总状花序不等长，具3～4节或5～6节；总状花序轴节间及小穗柄边缘疏生柔毛，顶端膨大或具齿裂。无柄小穗线状披针形；第一颖背部扁平或下凹成槽，无脉，上部具窄翼，边缘有短纤毛；第二外稃狭小，先端具2微齿，无芒或具长芒尖。花果期夏季，少见有开花者。

分布与生境：云南、广东、海南、台湾栽培，广泛种植于热带地区，西印度群岛与非洲东部也有栽培。耐干旱瘠薄，但在土壤深厚肥沃立地产量高。

成分与利用：叶芳香油含量为0.40%～0.80%，原油呈黄色至褐赤色，主要成分是柠檬醛（含量达74%～85%），其次还有微量香茅醇、牻牛儿醇和甲基庚烯酮等（王宗训，1989）。香茅油可直接提取香茅醛、香茅醇和香叶醇，是这三种香料最主要的天然来源；挥发油有抗真菌（如委内瑞拉链丝菌等）作用，用于杀虫剂、驱蚊药和皂用香料等。在亚洲许多国家，如印度、泰国、斯里兰卡、越南等，香茅是一种重要的食物调料。

采收与加工：当年种植，秋冬可收割1次，2年生以上的香茅每年可收割2～3次。香茅一般可生长4～8年，第1年产油量较少，第2～4年含油量最高，以后逐年减少。夏季、秋季可50～60d收割1次，冬季、春季80～90d收割1次。一般采用水蒸气蒸馏法提取香茅油。

繁殖与栽培：种子或分株繁殖。强阳性草本，山地土壤深厚肥沃地带较宜。香茅长时间连作，产量下降明显。

资源与开发：香茅油在国际市场上的价格较高。香茅生长周期短、栽培容易，管理粗放，投资小，见效快，易于发展大规模种植。种植时要注意筛选含油量高、成分优良的香茅品种，提高香茅油的产量和品质。同属植物的较多种均含有芳香油，可供利用，包括青香茅（*C. caesius*）、芸香草（*C. distans*）、曲序香茅（*C. Flexuosus*）、橘草（*C. Goeringii*）、细穗香茅（*C. Microstachys*）、亚香茅（*C. Nardus*）、扭鞘香茅（*C. hamatulus*）和枫茅（*C. winterianu*）等。

十二、千里香 *Murraya paniculata*（L.）Jack.

异名： *Murraya paniculata* var. *exotica*（L.）Huang

别名： 七里香，万里香，九秋香，九树香，过山香，黄金桂（广东），四季青（广西），九里香、青木香（云南），lonmaishuangaola（D-BN），mohuangaola（D-DH）。

科属： 芸香科（Rutaceae）九里香属。

形态特征： 小乔木。一回羽状复叶，小叶 3～7 片，小叶倒卵形或倒卵状椭圆形，两侧常不对称，顶端圆或钝，有时微凹，基部短尖，一侧略偏斜，边全缘。花序通常顶生，或顶生兼腋生，花多朵聚成伞状，为短缩的圆锥状聚伞花序；花白色；萼片卵形；花瓣 5 片，长椭圆形，盛花时反折；雄蕊 10 枚，长短不等，比花瓣略短，花丝白色，花药背部有细油点 2 颗；花柱稍较子房纤细，与子房之间无明显界限，均为淡绿色，柱头黄色，粗大。果橙黄至朱红色，阔卵形或椭圆形，顶部短尖，略歪斜，有时圆球形，果肉有黏胶质液，种子有短的棉质毛。花期 4～8 月，也有的秋后开花，果期 9～12 月。

分布与生境： 产于台湾、福建、广东、海南、广西、贵州、云南、湖南等；生于低丘陵或高海拔山地疏林或密林中；东自菲律宾，南达印度尼西亚，西至斯里兰卡也有分布。

成分与利用： 花及叶均含 15 种以上的精油，以 γ-elemene（占 30%）neriolidol、trans-caryophyllene 等为主，后两者各占 11%以上；又含黄酮类化合物，如 exoticin 等。花瓣、果、茎皮等含不少于 16 类的“简构”香豆素，如 coumurrayin 等。花、叶、果均含精油，出油率为 0.25%，精油可用于化妆品香精、食品香精。九里香根的 50%乙醇浸剂可用作口腔黏膜表皮麻醉剂，用两面针和千里香的根 50%的乙醇浸剂，可减轻局部刺激作用。根、叶用作草药。味微辛，苦而麻辣。性温，通经络，行气，活血，散瘀，止痛，镇惊，消肿，解毒。治感冒、头痛、胃痛、牙痛、风湿骨痛、跌打肿痛。其根皮松软，淡黄色。著名的胃药：三九胃泰，其配方中的主要成分为三桠苦和九里香，所以取名三九胃泰。

采收与加工： 采收枝叶可结合摘心、整形和修剪进行。成林植株每年可采收枝条 1～2 次。采花则于每天 10：00 后采摘将开放的花蕾，量少时可短期储备。枝叶和鲜花采收后，要及时提取精油。需短期储存时，一定要摊放在通风的地方。堆放太厚，时间过长，易发热或霉烂，降低精油质量和得油率。枝叶香精采用水蒸气蒸馏法，鲜花可制浸膏，或采用直接蒸气蒸馏提取精油。将九里香叶及时晒干，包装储藏，作为增香调料。

繁殖与栽培： 种子、嫁接或压条繁殖。九里香性喜温暖、湿润的气候环境。苗期耐荫蔽，成年植株要求光照充足，稍耐旱，忌积涝。对土壤要求不严，但以排水良好、疏松、肥沃、酸性至中性的红黄壤为佳，低洼地、盐碱地不宜栽种。

资源与开发： 九里香是著名胃药“三九胃泰”，妇科洗液驰名品牌“肤阴洁”的主要原料药之一，是重要的制药原料。随着医药市场的不断发展，九里香药材市场货源偏紧，且质量参差不齐，因而大规模开展九里香的规范化人工种植显得尤为必要。本属有几种含芳香油成分，可开发，包括翼叶九里香（*M. alata*）、调料九里香（*M. koenigii*）、广西九里香（*M. kwangsiensis*）、小叶九里香（*M. microphylla*）和九里香（*M. exotica*）等。

十三、其他常见香料植物

（一）刺芫荽 *Eryngium foetidum* L.

别名：刺芹（《中国植物志》），假芫荽、节节花、野香草（广东），假香荽（广西），缅芫荽、大芫荽、香菜（云南），pabuomenmang（D-BN），pajimenggua（D-DH）；zhashuo（HN），pabuoma（JN），gelapaji（JP）；wuomainma（Yao），mianpuji（ZW），spiritweed。

科属：伞形科（Lamiaceae）刺芹属。

分布：产于广东、广西、贵州、云南等；生于海拔100～1540m的丘陵、山地林下、路旁、沟边湿润处；南美洲东部、中美洲、安的列斯群岛以至亚洲、非洲热带地区也有分布。

功用：挥发油的化学成分及含量（%）为3-蒈烯0.11、1,3,5-三甲基苯0.57、1-甲基-3-异丙基苯0.28、1-甲基-3-亚乙基-环戊烯1.10、对甲基苯乙酸酯1.38、癸醛1.23、2,4,6-三甲基苯甲醛2.75、对乙基丙基苯42.31、十四烷醛3.76、环己基辛酮11.94、胡萝卜醇2.14、邻-甲酸乙酯-乙酸苯甲酯1.75、2-甲醇基-环己基己酮2.76、5-环乙烷戊醛0.52、对异丙基-4,4-二甲基苯-戊-1-醇0.39、十六烷酸0.97（叶碧波和林海丹，1996）。嫩叶作食用香料，气味同芫荽；在云南各少数民族中使用极多，是重要的调料植物。全草供药用，芳香健胃，祛风散热，治感冒、蛇伤、传染性肝炎、胸痛。在南美洲及其他热带地方，用于利尿、治水肿病与蛇咬伤有良效。

（二）白兰花 *Michelia alba* DC.

别名：缅桂、白兰（《中国树木志》），白玉兰、缅桂、白缅桂、缅桂花（《云南种子植物名录》），zhanghao（D-BN），mozhanghanpe（D-DH），zhangaban（JP），nuoranban（ZW）。

科属：木兰科（Magnoliaceae）含笑属。

分布：原产于印度尼西亚爪哇，现广植于东南亚。中国福建、广东、广西、云南等栽培极盛，长江流域各省（自治区）多盆栽，在温室越冬。

功用：精油成分为2-甲基丁酸甲酯、樟脑烯、β-蒎烯、α-水芹烯、β-香叶烯、柠檬烯、罗勒烯、蒈烯-3、邻-聚伞花素、α-毕拔烯、顺式-氧化芳樟醇、α-依兰烯、反式-氧化芳樟醇、芳樟醇等（朱亮锋等，1982）。花可提取香精或薰茶，也可提制浸膏供药用，有行气化浊、治咳嗽等效。鲜叶可提取香油，称“白兰叶油”，可供调配香精，是轻工业的重要原料。根皮入药治便秘。花洁白清香、香味浓烈，芬芳持久，夏秋间开放，花期长，叶色浓绿，为著名的庭园观赏树种，也作为行道树。本属一些种也为香料植物，包括黄兰（*M. champaca*）、含笑（*M. figo*）、醉香含笑（*M. macclurei*）、深山含笑（*M. maudiae*）和云南含笑（*M. yunnanensis*）等。

（三）黄姜花 *Hedychium flavum* Roxb.

别名： 黄花姜。

科属： 姜科（Zingiberaceae）姜花属。

分布： 产于西藏、四川、云南（贡山、洱源）、贵州、广西；生于海拔 900～1500m 的山谷密林中；印度也有分布。

功用： 花瓣主要挥发性成分（%）为 1,8-桉油醇 35.71、沉香醇 35.37、金合欢 17.70、香叶烯 3.39、莰烯 2.94、橙花叔烯 2.85；花柱主要挥发性成分（%）：1,8-桉油醇 37.19、沉香醇 26.45、金合欢烯 13.71、异法呢醇 5.31、吲哚 4.52、子丁香烯 4.46、橙花叔醇 3.75。此外花瓣和花柱中还含有吲哚、反式-α-金合欢烯、α-绿叶烯、α-子丁香烯、反式子丁香烯、四氢沉香醇、8-羟基沉香醇、α-萜品醇、二氢-α-紫罗酮、6-十一烷胺、4,8-二甲基-1,3,7-壬三烯、十六烷酸、反式-α-金合欢烯、2-乙基-1,1-二甲基-3-亚甲基环己烯、苯乙腈、4-咻基-5-甲基-2-呋喃酮等挥发性成分（范燕萍等，2003）。花挥发油可作香料，具有芳香健胃的功能。花可浸提姜花浸膏，用于调和香精。黄姜花姿态柔和、飘逸，花序大，香气浓郁，质地晶莹，白底黄斑，花形美丽，有令人愉悦的芳香，可用于鲜切花和园林观赏。本属姜花（*Hedychium coronarium*），花可浸提姜花浸膏，用于调和香精。

（四）薄荷 *Mentha haplocalyx* Briq.

别名： 野薄荷（各地），南薄荷、夜息香（山东），野仁丹草、见肿消（江苏），水薄荷、水益母、接骨草（云南昆明），水薄荷（云南），土薄荷、鱼香草、香薷草（四川），hongmolie（D-BN），buanholong（D-DH），gelapelin（JP），gelaangnan（ZW）。

科属： 唇形科（Lamiaceae）薄荷属。

分布： 产于全国南北各地；生于海拔 3500m 以下的水旁潮湿地；热带亚洲、前苏联远东地区、朝鲜、日本及北美洲（南达墨西哥）也有分布。

功用： 新鲜叶和干茎叶含挥发油分别为 0.18%～1%和 11.3%～20%。挥发油主要成分为左旋薄荷醇，含量 62%～87%，还含柠檬烯、薄荷酮、异薄荷酮、薄荷醇、胡薄荷酮、胡椒酮、胡椒烯酮、月桂烯、对伞花烃、香芹酚、顺式-罗勒烯、氧化胡椒烯酮、β-月桂烯、3-辛醇、氧化胡椒酮、氧化芳樟醇、乙酸松油酯、α-松油醇、β-蒎烯、莰烯、二氢香芹酮、香芹酮、乙酸薄荷酯、苯乙酮、壬醛、香薷酮、脱氢香薷酮等（桂新和周荣汉，1998）。幼嫩茎尖可作菜食，全草可入药，治感冒发热喉痛、头痛、目赤痛，皮肤风疹瘙痒，麻疹不透等症，此外对痈、疽、疥、癣、漆疮也有效。

（五）留兰香 *Mentha spicata* L.

别名： 绿薄荷、香花菜、香薄荷（广东），青薄荷、血香菜（贵州毕节），狗肉香（贵州都匀、独山），土薄荷（贵州黎平），鱼香菜（贵州独山），鱼香、鱼香草（四川），绿薄荷，狗肉香菜（广西百色），假薄荷（广西德保），土薄荷、香花菜（云南文山），spearmint。

科属： 唇形科（Lamiaceae）薄荷属。

分布： 原产于南欧、加那利群岛、马德拉群岛、前苏联；中国河北、江苏、浙江、广东、广西、四川、贵州、云南等地有栽培或逸为野生，新疆有野生。

功用： 植株含芳香油0.6%～0.7%，其油称留兰香油或绿薄荷油；主要成分为香旱芹子油菇酮（含量为60%～65%），此外也有柠檬烃、水芹香油烃等。芳香油用于糖果、牙膏用香料。嫩枝、叶常作调味香料食用。叶、嫩枝或全草也入药，治感冒发热、咳嗽、虚劳咳嗽、伤风感冒、头痛、咽痛、神经性头痛、胃肠胀气、跌打淤痛、目赤辣痛、鼻出血、全身麻木及小儿疮疖。

（六）檀香 *Santalum album* L.

别名： 真檀（《本草纲目》），白檀（《楞严经》），白旃檀，浴香，mailansa（D-DH）。

科属： 檀香科（Santalaceae）檀香属。

分布： 广东、台湾有栽培；原产于太平洋岛屿，现以印度栽培最多。

功用： 国产檀香油中含有除α-檀香醇和β-檀香醇（S和E）外，还有三环檀香醛、α-檀香烯、反式-α-香柠檬烯、香榧醇、α-檀香醛、β-檀香醛等（余竞光，1988；余竞光等，1993）。从檀香木中提取的檀香油在医药上有广泛的用途，具有清凉、收敛、强心、滋补、润滑皮肤等多重功效，可治疗胆汁病、膀胱炎、淋病以及腹痛、发热、呕吐等病症，以及龟裂、富贵手、黑斑、蚊虫咬伤等症，古时即为治皮肤病的重要药品。檀香树干的边材白色，无气味，心材黄褐色，有强烈香气，是贵重的药材和名贵的香料，并为雕刻工艺的良材。中国进口檀香的历史已有1000多年。檀香木木材细密，可提供优质木材作为家具用材，还可制成扇骨、箱匣、家具、念珠等物品，是珍贵的雕刻材料。树形优美，枝叶秀丽，春日白花，秋结蓝果，是良好的园林绿化点缀树种，茎皮纤维洁白柔软，土名懒汉筋。种子可榨油，供制油漆、肥皂等用；根皮与叶可作农药。

（七）阴香 *Cinnamomum burmanni*（Nees & T. Nees）Blume

别名： 桂树、山肉桂、香胶叶、山玉桂、野玉桂树、假桂树、野桂树、野樟树、山桂、香桂、香柴（广东海南），大叶樟（广东茂名），炳继树（广东惠东），桂秧（广东海南苗语），阿尼茶（云南玉溪），小桂皮（广西），广东桂皮，Padang cassia。

科属： 樟科（Lauraceae）樟属。

分布： 产于湖北西部、四川东部、贵州西南部、广西及云南东南部；生于海拔120～450m的河边山坡灌丛中；印度至印度尼西亚也有分布。

功用： 果实和种子含油率分别为49.4%和57.6%～61.2%，叶含精油0.4%。果实油成分和含量（%）：癸酸17.1、月桂酸64.3、肉豆蔻酸1.1、棕榈酸4.8、油酸9.8、亚油酸2.9；种子油成分和含量（%）：癸酸25.5、月桂酸4～5、棕榈酸3.9、硬脂酸微量、油酸3.6、亚油酸2.5；叶精油成分和含量（%）：龙脑32.6、1,8-桉叶油素20.8（程树棋和程传智，2005）。枝富含黄樟素，含量高达95%～99%，其油质佳，可直接用于洋茉莉醛和胡椒基丁醚等的合成原料（程必强，2004）；精油成分：α-侧柏烯、

α-蒎烯、莰烯、香桧烯、β-蒎烯、月桂烯、α-水芹烯、柠檬烯、1,8-桉叶烯、芳樟醇、松香芹醇、龙脑、α-松油醇、黄樟素、丁香酚、甲基丁香酚、α-胡椒烯、β-丁香烯、蛇麻烯、δ-杜松烯、橙花叔醇、肉豆蔻醇、海松-8,15-烯、金合欢醇等（程必强等，1992）。用于食用或皂用、化妆品香精。叶可代替月桂树的叶作为腌菜及肉类罐头的香料。果核也含脂肪，可榨油供工业用。植株含黄樟素，是合成洋茉莉醛等的主要原料，广泛用于调香，常作化妆品、香水、皂用香精等调和时的主剂或定香剂。据《岭南采药录》载："味辛，气香，取叶煎水，妇人洗头，能祛风；洗身，能消散皮肤风热；根煎服，止心气痛，皮三、四钱煎水，能健胃祛风；皮为末，用酒调敷，治恶毒大疮飞蛇疮等。"树皮作肉桂皮代用品。本种树干浓荫，为优良的行道树和庭园观赏树，也作为嫁接肉桂的砧木。木材纹理通直，结构均匀细致，硬度及密度中等，易于加工，纵切面光滑，干燥后不开裂，但会变形，含油及黏液丰富，耐腐，纵切面材色鲜艳有光泽，绮丽华美，适于建筑、枕木、桩木、矿柱、车辆等用材，供上等家具及其他细木工用材尤佳。本属有较多植物含有芳香油，被广泛利用，包括华南桂（*C. austro-sinense*）、钝叶桂（*C. bejolghota*）、猴樟（*C. bodinieri*）、樟（*C. Camphora*）、芳樟（*C. camphora* var. *linaloolifera*）、天竺桂（*C. japonicum*）、油樟（*C. longepaniculatum*）、银叶桂（*C. mairei*）、毛叶樟（*C. mollifolium*）、少花桂（*C. pauciflorum*）、香桂（*C. subavenium*）、细毛樟（*C. tenuipilum*）、川桂（*C. wilsonii*）、锡兰肉桂（*C. zeylanicum*）等。

（八）羯布罗香 *Dipterocarpus turbinatus* Gaertn. f.

别名： 油树（《云南经济植物》），双翅龙脑香，guomaimanyang（D-BN）、mailanmanyang（D-DH）。

科属： 龙脑香科（Dipterocarpaceae）龙脑香属。

分布： 产于云南西部（盈江）及南部（西双版纳栽培）、西藏东南部；印度、巴基斯坦、缅甸、泰国、柬埔寨等有分布。

功用： 云南产羯布罗香树脂中含有羟基达玛烯酮、达玛烯二醇、白桦脂酸、亚细亚酸、3,23-*O*-异丙叉亚细亚酸、崩大碗酸（王锦亮等，1991）。精油成分及含量（%）：δ-榄香烯 9.50、α-荜澄茄烯 0.16、依兰烯 0.53、α-古巴烯 2.90、β-榄香烯 0.90、α-古芸烯 27.87、石竹烯 1.98、β-荜澄茄烯 1.09、异喇叭茶烯 0.92、β-愈疮木烯 1.02、α-石竹烯 1.08、β-古芸烯 1.51 等（任洪涛和周斌，2007）。为珍贵用材树种，从树脂提出的油，商品名为羯布罗香油，油可作调香剂和定香剂，树脂可作药用；种子可榨油。云南羯布罗香树脂精油对金黄色葡萄球菌、黄曲霉菌、大肠杆菌等菌种有明显的抑制作用。

第十一章　色素植物

第一节　概　　述

一、概念

食用天然色素是由动物、植物组织及矿物中提取的一类食品着色剂，其中主要是植物色素（包括微生物色素），还有少量动物色素和无机物色素。色素植物（pigment plant）是指某些器官内含有丰富的，具有着色能力的化学衍生物的植物，称这些具有着色能力的植物成分为植物色素。常可提取用作食品、饮料的添加剂或做工业染料，也称天然色素。

利用植物天然色素取代合成色素，特别是在食用方面，是今后发展的趋势。野菊花黄素、葵花黄素、红花黄素和红素、姜黄素、苋菜红素、辣椒红素、栀子黄素，以及紫草红素与桑色素和叶绿素等，都是人们正在研究的、值得利用的天然色素（朱太平等，2007）。

从学术观点和行业方面角度，存在染料（dye）、色素（pigment）、着色剂（colorant）以及染料植物、色素植物、染色植物的争论。Demann（1980）定义色素为："一类从动物和植物中发现的天然着色剂（natural colorant）"。而 Herbst 和 Hunger（1992）将色素定义为"不溶于特定溶剂而能以此溶剂为媒介，与纤维织物结合的物质"，而染料为"能溶于或部分能溶于一定溶剂，并且能以此溶剂为媒介与纤维织物结合的物质"。彭正中（1983）定义染料为"具有染色性的生色基团"。陈维新（1987）认为"凡是有色的植物成分统称为植物色素，它不是一种化学类别"。

实际上，很难将某类具有着色能力的植物归类为色素或者染料，因为植物利用的多样性决定其既可以作为天然食用色素，也可作为工业染料，还可能有其他广泛的用途。因此，本书将染料植物、色素植物、染色植物统归入色素植物。

二、资源与利用

染料包括天然染料与合成染料，大约有 19 个化学类别，产品近 40 000 个。在相当长的一段时间里，由于合成产品原料容易获得，且生产方法简便，成本低廉，品色众多，成为染料的主角，因而使得天然染料产品几乎处于被替代的局面。食用合成色素也称为食用合成染料，属于人工合成色素，常用的有 10 余种。最常用的有苋菜红（amaranth）、胭脂红（erythrosine）、樱桃红（ponceau 4R）、柠檬黄（tartrazine）、日落黄（sunset yellow FCF）、酱色（carame）、靛蓝（indigo）等。这些人工合成色素一般较天然色素色彩鲜艳，黏附性和着色力强，稳定，容易根据需要进行任意色调的调色。然而，合成色素不仅无营养价值，而且多数对人体有害，有的甚至可致癌，如联苯胺类合成色素可引起皮肤癌。现知世界上曾使用过的 100 多种合成染料中，有近 70%的种类已被禁止使用，其中有20多种被证明有致癌作用。合成色素在食品中使用的危害性更大，必须严加控制（朱太平等，2007；周立国，1993）。英国食品标准署网站对外公布575种含有苏丹红一号（sudan red I）的食品对人体有致癌作用，即是合成染料有害的最好案例。天然色素不但对人体无害，而且富含一定的营养成分，随着社会和经济的发展，其替代合成染料是必然趋势，故发展潜力将越来越大。

与其他资源植物分布类似，色素植物也显现南多北少的分布格局，这与植物分布的多样性和民族文化有密切的关系。例如，初步调查发现西双版纳染色植物90种，隶属于46科、70属，包括野生植物51种，占56.67%，栽培、半栽培及逸野植物39种；当地原生植物60种，占66.67%；外来植物30种，占33.33%；染料植物中，可做食用色素的39种，物品染色的36种，美体染色的8种，涅齿用的27种；染色植物被广泛用于食品、饮料、纤维、渔网、工艺品、家具、美饰肌肤和染齿等（张国学等，2004；张国学，2007）。

人类利用天然色素作为染料，除用于食品、糖果、糕点和饮料生产外，在纺织、印染、油墨、油漆、涂料，以及橡胶、塑料制品、陶瓷、玻璃等行业的应用具有悠久历史。考古学证据显示，在距今7000年（公元前5000年）的古埃及，妇女使用绿铜矿（green copper ores）描绘眼睑（Francis，2002）；使用胭脂虫（*Dactylopius coccus*）提取的胭脂红（cochiheal）做唇膏，涂染嘴唇（Francis，1999；Schul，2000）；公元前1500年的古埃及墓葬的图画上已经出现彩色的糖果（Francis，2002）。中国周代设有“染人”，又称“染革之官”，主管理染色生产；《诗经》、《齐民要术》已有种植染料植物和染料加工的记载；《天工开物》“彰施”记载了各种颜色所用的染料和媒染荆（mordant)。秦代设“染色司”，汉—隋代设“司染署”，唐宋设有“染院”，明清则设有“蓝靛所”（吴淑尘和田自秉，1987），显示着我国染料植物悠久的应用历史。

近年来，有关色素植物或者染料植物的研究更加深入，特别是针对民族地区色素植物的利用，更为活跃。例如，云南罗平的布依族特色食物——花米饭，由红、紫、白、黑、黄、绿6种不同颜色的植物浸液浸泡糯米后蒸煮的糯米饭。其中红色用茜草的根，紫色用滇紫草（*Onosma paniculatum*）的茎和叶，黑色用乌饭树的叶子，黄色用密蒙花的花，绿色来源于苎麻叶子。除了染“花米饭”外，布依族还利用植物染布，即蜡染，所用植物是菘蓝（*Isatis minima*）（崔明昆等，2011）。广西壮族人民利用植物获取红、黄、蓝、黑等色素，制成五色食品，作为喜庆节日的贡品或待宾客佳品，或馈赠亲友（林宁，1993）。贵州黔西南地区布依族使用的染料植物有23种，隶属18科，其中较多种类为黄色和红色，仅有少部分是黑色、绿色、蓝色和紫色。在用途方面，有10种为家具染料，9种染布，4种染米，3种染纸，其中乌饭树、密蒙花和茜草具有多种用途；常用染料植物有乌饭树、苏木、密蒙花、茜草4种（张来和刘宁，2004）。

此外，众多学者对色素植物进行了研究（杨福顺等，1990；梁惠玲等，1991；邹澄和陈泗英，1991；郑惠兰等，1992；Tao，1996；何秀兰，1996；黄祥童，1997；余红英和艾训儒，1997；陈重明等，1998；陈建国，2000；Huai et al.，1998；谭国进等，2005；吕帮玉等，2007；沈宁东和韦梅琴，2009），丰富了天然染料的文献资料。

三、天然色素的分类

天然色素可根据形态、来源、化学成分、色调等分类（周立国，1993；项斌和高建英，2004；李君武和纪永年，1959）。

1. 根据利用前的加工类状况分类

1）直接利用类　不经加工，直接利用的天然物，如水果果酱、浓缩果汁类。

2）干燥粉末类　用干燥、粉碎等简单方法加工成的粉末类，如茶末、红甜菜根粉、姜黄粉等。

3）色素浓缩物或干燥粉末类　从天然资源（包括发酵产物）中提取获得的色素浓缩物或干燥粉末，如胭脂虫色素、红花黄、甜菜红、红曲色素等。

4）提取色素类　经化学处理或酶处理得到的色素，如焦糖、桃子蓝（酶法处理）。

5）合成色素　用化学方法合成与天然色素类似的同等物，如β-胡萝卜素、核黄素等。

2. 按来源分类

1）植物来源色素　从天然植物中提取的色素，占天然色素的大部分，对人体无害，并可能具有一定的营养价值，如类胡萝卜素类、胡萝卜素类、黄酮类、叶绿素、甜菜红、红花色素、辣椒红等。

2）动物来源色素　从动物体内各器官及分泌物中提取的有色物质，如胭脂虫色素、虫胶色素、血红蛋白、骨胶原色素、紫胶红色素、龙虾红色素、藻蓝色素等。

3）矿物来源色素　应用矿物质颜色作为染色的类型，如氧化铁红、朱砂、黑色硫化汞、赭石、孔雀石、兰玉髓等。

4）微生物发酵色素　色素来源于微生物发酵后的产物，如红曲色素、红曲米、栀子蓝色素、可可色素、竹黄色素、法夫酵母色素等。

3. 按色素的化学结构式分类

1）类胡萝卜素类　是一组由8个异戊二烯基本单位构成的碳氢化合物（胡萝卜素）和及其氧化衍生物（叶黄素）组成的化合物，如番茄色素（茄红素 lycopene）、胡萝卜色素（α-、β-、γ-、δ-胡萝卜素 carotene）、玉米黄（玉米黄素 zenxanthin、隐黄素 cryptoxanthin）、栀子黄色素、藏红花色素（藏红花素、藏红花酸-β-D-葡萄糖酯等）、栀子黄色素（糖苷α-藏花素）、栀子绿色素、辣椒红（辣椒红素、辣椒玉红素、玉米黄质、β-胡萝卜素等）、蒲公英色素、柑橘黄等。

2）胡萝卜素化合物　含β-胡萝卜素成分的化合物，如番茄红素、藏红花素、海胆酮、辣椒红呋喃素、玄参红酸、紫杉醇、柑橘黄质、金盏花黄质等。

3）类黄酮类　是植物重要的一类次生代谢产物，以结合态（黄酮苷）或自由态（黄酮苷元）形式存在于水果、蔬菜、豆类和茶叶等许多食源性植物中的色素类，如牵牛花色素、紫苏色素、高粱色素、甘草色素、菊花黄色素、红花红色素、红花黄色素、黑莓果天然黑红色素、黑芝麻色素、玫瑰色素、玫瑰茄红、构树果色素、杨梅色素、洋葱色素、苏木色素等。

4）多酚类化合物　由多个酚基团构成的化合物，如苏木黑、巴西红木红、茶黄素、茶黄色素、多穗柯棕、金樱子棕、儿茶黑色素、薯莨色素等。

5）醌类化合物　一类具有醌式结构的化合物，主要分为苯醌、萘醌、菲醌和蒽醌4种类型，黄钟花醌、胡桃醌、茜草酸、紫草红、紫草色素、紫蓝红色素、大黄素、海胆色素、虎杖色素、凤仙花红色素、决明子红色素等。

6）叶绿素类　含有叶绿素结构的色素类，叶绿酸、茶绿素、竹叶粉、菠菜色素、草莓绿色素等。

7）生物碱类化合物　含有色成分的生物碱构成的色素类，甜菜红、商陆色素、落葵红、盐酸小檗碱等。

8）双酮类化合物　含有双砼结构的化合物中的色素，如姜黄色素、水溶性姜黄色素、姜黄油树脂、姜黄、郁金香色素、郁金香红色素等。

9）吲哚类化合物　吲哚类化合物是自然界中分布最广的杂环化合物，可作为色素的此类化合物即为吲哚类化合物的色素，如靛蓝、靛白、靛红、野靛、尿蓝母、酸枣色素、枣红色素、大枣红色素、长叶牛膝色素等。

10）其他植物色素类　除以上各类以外的植物色素均归为该类，如乌贼色素、植物炭黑、植物油烟炭黑、龙葵色素、茄子色素、汤饭子色素、蛇莓红色素、石榴色素、萝卜缨绿色素、红豆皮色素、苹果皮色素、紫叶变叶木红色素、香蕉果皮色素、紫竹梅色素、枫叶黑色素、豹皮樟色素、菠萝色素等（项斌和高建荣，2004）。

4. 按色素颜色分类

1）红色素　胭脂虫色素、甜菜红、红曲色素、虫胶色素、红甘蓝色素、紫苏色素、木槿属色素、浆果类色素、高粱红、紫草红、越橘红、苋菜红色素等呈现红颜色的色素类。

2）红紫素　呈现紫色的色素类型，如葡萄果皮色素、茜草色素、栀子红、紫玉米色素等。

3）橙色素　如胭脂树色素、辣椒色素、β-胡萝卜素等，具有橙色染色效果的种类。

4）黄色素　染色效果为黄色系列的色素，如姜黄、栀子黄、红花黄、玉米黄色素、核黄素、沙棘黄、多穗柯色素。

5）蓝色素　如栀子蓝色素、螺旋藻蓝色素等，绿色系列的色素类。

6）绿色素　如叶绿素、叶绿素铜钠［由蚕砂（蚕粪）中提取，为蓝黑色带金属光泽粉末状或绿色的膏状］等，以绿色为主的色素类。

7）黑（褐）色素　以黑或褐色系列为主的色素类，如香蕉皮黑色素、葵花籽皮黑色素、黑芝麻黑色素、焦糖色素、可可色素、高粱色素等。

5. 按色素的溶解性分类

1）水溶性色素　水溶性天然色素一般是用水、酸碱水溶液或乙醇溶剂等萃取后经过滤、浓缩后制取的。水溶性天然色素一般用于水基类的食品中，如冰淇淋、奶制品饮料、果汁饮料、奶酪、谷物食品以及沙拉装饰等。

2）油溶性色素　油溶性天然色素常用植物油直接浸出或溶剂萃取的方法制备。

此类色素可用于黄油、冰淇淋、沏酥油、色拉油、糖果涂层、糖霜、各种饼及加工食品等。

3）乳浊型色素　乳浊型天然色素是通过添加乳浊剂的特殊加工方法生产。常用的乳浊剂有丙烯二醇、多山梨醇酯以及单酸甘油酯等。可直接将其加入水基或油基食品中，如黄油、冰淇淋、酸乳酪、果汁饮料、烘焙食品、快餐食品以及糖果等。

4）固体粉末型色素　粉末天然色素是萃取后的色素经浓缩、干燥后制备的。主要用于固体含量高、不依赖于水的食品类或需要高浓度色素的食品中，如干混食品、某些干燥食品、谷物食品、速溶食品以及烘焙食品等。

赵伯涛和钱骅（2006）按染色性质将染料植物分为 5 类。①还原型：某些染料不溶于水，需要使用还原剂使其溶解、染上纤维，然后再氧化复变为不溶性而固着在织物上的染料，如靛蓝染色。②直染型：某些植物染料的天然色素对水的溶解度好，染液能直接吸附到纤维上，可以采用直接染色法染色的染料，如红花、冻绿等。③媒染型：某些植物染料天然色素对水的溶解度颇好，染液成分虽然能直接吸附到纤维上，但染色牢度较差，需要采用辅助剂或媒染剂进行染色的一类染料。④直染、媒染型：既可直接进行染色，也可利用媒染剂进行染色的一类植物染料，如黄柏、姜黄、栀子等。⑤其他类型：利用植物染料中天然色素对酸碱性的溶解度不同，使之在纤维上固着染色，如红花、郁金等。

四、天然色素的特性

天然色素因其具有的特点和优势，受到普遍的关注，也成为各行业倡导的优选染料。

1）安全性能高　天然色素大多数从动物、植物组织中提取，这些动植物多数是人们能食用的，因此，天然色素一般对人体安全性较高。

2）兼有保健功能　许多天然色素的成分本身就是人体需要的物质，如维生素（核黄素），或具有维生素活性的β-胡萝卜素，即天然色素兼有营养的功效，有的还具有一定的药理作用，如强肝、利尿等。

3）色调自然　天然色素着色的食品，颜色天然自成，色调更接近天然食品，更为自然。

4）资源量大　动物、植物是可再生资源，能进行可持续地种植和养殖，合理经营管理，资源相对稳定。随着研究和开发的深入，大量的天然色素植物将被发掘。

5）利用率高　许多天然色素是从动物、植物提取其他成分后的残渣中再次获取的，也有从野生植物提取的，这些物质一般除提色素外，利用价值较低，例如，玉米黄浆粉是湿法摄取玉米淀粉过程中的副产品，玉米黄色素大多进入这一脚料中，提取玉米黄色素外，一直没有很好地利用；又如，葡萄皮提取红色素、蚕豆皮获取棕色素、高粱壳提取红色素、橘皮提取黄色素、竹叶中提取绿色素等，均属利用价值较低、深加工和综合利用率低的天然资源。

6）污染小　天然色素在提取过程中，多用对人体无害或毒性小的溶剂提取，并且这些溶剂多可回收再利用，所以天然色素生产过程对环境的污染小。

然而，任何事物都具有两面性，相对合成色素，天然色素也有不足之处（周立国，1993），主要表现在以下方面。

（1）天然色素从天然物中提取，因天然物成分复杂，有的还相互结合在一起，提取的色素中常存有其他成分，所以使用量相对合成色素多；由于共存成分的影响，有时有异味。

（2）有的色素随 pH 不同，稳定性也不同，色调变化相对较大。

（3）染着性一般较合成色素差。

（4）难于用不同色素配出任意色调。

（5）在加工及流通过程中，由于外界因素的影响，色素容易变质失色。

第二节 特色色素植物

一、密蒙花 *Buddleja officinalis* Maxim.

异名：*Buddleja officinalis* Maxim. var. *macrantha* Lingelsh.

别名：小锦花（《雷公炮炙论》），黄饭花（《南宁市药物志》），疙瘩皮树花（《中药材手册》），鸡骨头花（四川），羊耳朵（《滇南本草》），蒙花树（陕西平行），米汤花（四川），黄花树（广西那坡），糯米花、染饭花、羊耳花、羊叶子、酒药花（云南），假黄花（广西），断肠草（贵州），mohaolen（D-DH），huomihuoxie（JN），nongzhibu（JP），zhuohuibo（ZW）。

科属：马钱科（Loganiaceae）醉鱼草属。

形态特征：灌木。小枝、叶下面、叶柄和花序均密被灰白色星状短绒毛。叶对生，叶片狭椭圆形、长卵形、卵状披针形或长圆状披针形；托叶在两叶柄基部之间缢缩成一横线。花多而密集，组成顶生聚伞圆锥花序；花梗极短；小苞片披针形；花萼钟状；花冠紫堇色，后变白色或淡黄白色，喉部橘黄色，花冠管圆筒形，被疏柔毛，花冠裂片卵形；雄蕊着生于花冠管内壁中部，花药黄色，2 室；子房中部以上至花柱基部被星状短绒毛，花柱柱头棍棒状。蒴果椭圆状，2 瓣裂；种子狭椭圆形，两端具翅。花期 3～4 月，果期 5～8 月。

分布与生境：产于山西、陕西、甘肃、江苏、安徽、福建、河南、湖北、湖南、广东、广西、四川、贵州、云南和西藏等；生于海拔 200～2800m 的向阳山坡、河边、村旁的灌木丛中或林缘、荒地等，立地要求不严；不丹、缅甸、越南等有分布。

成分与利用：色素的主要成分为藏花素、西红花苷等（郝金声等，1994；邹澄和陈泗英，1991）。天然黄色食品染料，民间也代茶；可提芳香油。可供药用，气微香，味甘，性微寒，有清热养肝、明目退翳、抗菌消炎、镇静止咳之功，用于目赤肿痛、多泪畏光、眼生翳膜、肝虚目昏、视物昏花等；用花泡水或加蜂蜜、砂糖蒸服。根清热解毒。兽医用枝叶治牛和马的红白痢。茎皮纤维坚韧，可做造纸原料。花芳香而美丽，为南方庭园观赏和美化植物。

采收与加工：2～3 月采集簇生花蕾及花序，除净枝叶等杂质、晒干。根和叶也供药用，四季可采；晒干备用或鲜用。

繁殖与栽培： 种子繁殖，较易栽培。

资源与开发： 密蒙花分布广，栽培容易，开花量大，色素成分含量高，提取方便，成本较低，属安全的食品天然色素，具有染料开发前景。

二、火棘 *Pyracantha fortuneana* (Maxim.) Li

异名： *Photinia crenato-serrata* Hance; *P. fortuneana* Maxim.; *Pyracantha crenato-serrata* (Hance) Rehd.; *P. crenulata* Roem. var. *yunnanensis* M. Vilm. ex Mottet; *P. gibbsii* Jack. var. *yunnanensis* Osb.; *P. yunnanensis* Chitt.

别名： 火把果、救兵粮（云南）、救军粮（贵州、四川、湖北）、救命粮（陕西）、红子（贵州、湖北），饱饭花，红子刺，满山红，窄叶火棘，Chinese firethorn。

科属： 蔷薇科（Rosaceae）火棘属。

形态特征： 常绿灌木；侧枝短，先端呈刺状。叶片倒卵形或倒卵状长圆形。花集成复伞房花序，花梗和总花梗近于无毛；花萼筒钟状；萼片三角卵形，先端钝；花瓣白色，近圆形；雄蕊 20，花药黄色；花柱 5，离生，与雄蕊等长，子房上部密生白色柔毛。果实近球形，橘红色或深红色。花期 3～5 月，果期 8～11 月。

分布与生境： 产于陕西、河南、江苏、浙江、福建、湖北、湖南、广西、贵州、云南、四川、西藏；生于海拔 500～2800m 的山地、丘陵地阳坡灌丛草地及河沟路旁。

成分与利用： 火棘含红色和黄色色素，分别是醇溶性的花青苷类和脂溶性的胡萝卜素类物质，脂溶性色素主要化学成分为β-胡萝卜素、多顺式番茄红素及正廿九烷，水溶性色素主要为矢车菊-3-葡萄糖苷氯化物，还含有少量牵牛花素、飞燕草素、锦葵素等花青素类色素（周立国，1993；王敬勤等，1992）。果实含糖 19.62%，水分 50.93%，根皮含鞣质（王宗训，1989）。果皮可加工红色素，该色素安全无毒，着色力强，耐光性、水溶性和热稳定性好，是天然的优质食品添加剂，可用于饮料、软糖、色酒、果冻、蛋糕等食品的着色。中国西南各省（自治区）田边习见栽培作绿篱，果实磨粉可作代食品。

采收与加工： 火棘果实成熟时香气浓郁、酸甜略涩，风味独特，可直接食用。果实含有丰富的碳水化合物、维生素、氨基酸和矿物质等营养成分，具有较高的开发利用价值，可开发火棘系列产品。已经开发出的有火棘果饮、果醋、保健酒等系列产品，但生产与市场规模普遍较小。果实可治疗消化不良、肠炎、痢疾、小儿疳积、崩漏、白带、产后腹痛虚，其根可治疗虚痨骨蒸、潮热、肝炎、跌打损伤、筋骨疼痛、腰痛、崩漏、白带、月经不调、吐血、便血、清热凉血。

繁殖与栽培： 种子、扦插及压条繁殖。性喜水肥优越、光照充足、通风良好和温暖湿润的气候环境。火棘生命力顽强，耐涝、耐旱、耐盐碱、耐瘠薄、抗寒，适合在中国各地生长。火棘韧性好、耐修剪，通过修剪造型，可制作理想的花卉盆景；3～5 年生火棘树根也可做根雕艺术品。

资源与开发： 国内对火棘的精加工研究较少，火棘资源未被充分开发利用。火棘具有较高的食用价值和药用保健功效，绿化和美化方面开发潜力极大，可进行综合开发利用。

三、玫瑰茄 *Hibiscus sabdariffa* L.

异名： *Abelmoschus cruentus* Bertol.；*Furcaria sabdariffa* Ulbr.；*Hibiscus acetosus* Noronha；*H. cruentus* Bertol.；*H. cordofonus* Turcz.；*H. digitatus* Cavan.；*H. fraternus* L.；*H. gossypifolius* Mill.；*H. palmatilobus* Baill.；*Sabdariffa rubra* Kostel.

别名： 山茄子（广州），洛神花，洛神葵，山茄，洛济葵，niupasong（D-BN），magonggu（D-DH），roselle。

科属： 锦葵科（Malvaceae）木槿属。

形态特征： 一年生直立草本。叶异型，下部的叶卵形，不分裂，上部的叶掌状3深裂，裂片披针形，具锯齿；叶柄疏被长柔毛；托叶线形，疏被长柔毛。花单生于叶腋，近无梗；小苞片8～12，披针形，疏被长硬毛，近顶端具刺状附属物，基部与萼合生；花萼杯状，淡紫色，疏被刺和粗毛，基部1/3处合生，裂片5，三角状渐尖形；花黄色，内面基部深红色。蒴果卵球形，密被粗毛，果爿5；种子肾形。花期夏秋间。

分布与生境： 中国台湾、福建、广东和云南南部热区引入栽培；原产于东半球热带地区，现全世界热带地区均有栽培。

成分与利用： 花萼呈红紫色，其色素为花青苷类，主要成分是飞燕草素-3-接骨木二糖苷、矢车菊素-3-接骨木二糖苷、飞燕草素-3-葡萄糖苷和矢车菊素-3-葡萄糖苷等。其含有丰富的蛋白质、有机酸、维生素C、多种氨基酸、大量的天然色素及多种矿物质；花萼含水分10%，蛋白质3.5%，碳水化合物63.5%，纤维素11%，灰分125.0（王宗训，1989）。玫瑰茄中的常量元素（mg/g）：钠0.051、钾0.112、钙10.536、镁5.714。微量元素（μg/g）：锌36.306、铁247.236、锰194.098、铜6.487（黄顺，2004；李泽鸿等，2008）。鲜萼含量（%）：维生素C 0.93、维生素B 0.21、蛋白质0.45、灰分1.34、果胶1.39、水分87.86、胡萝卜素0.01、淀粉1.76、糖分（按葡萄糖计）2.55；干花萼含（%）总花青苷（色素）1.0～1.5、柠檬酸和木槿酸等有机酸10.0～15.0、还原糖16.0、蛋白质3.5～7.9、其他非含氮物质25.0、纤维11.0、灰分12.0；含量约1.0%的氨基酸17种（中国医学科学院药用植物开发研究所，1991）。玫瑰茄色素为水溶性类，浸膏和固体粉末均呈深暗红色，在酸性水溶液中呈鲜红色，随着pH由2变到7，颜色变化为鲜红—红—淡红—淡紫—淡蓝—淡绿；然而，色素的耐热、耐光性不良，可添加植酸等金属螯合剂或氯化物，以提高其耐热、耐光性。玫瑰茄色素在食品工业上是中国允许不限量使用的天然着色剂，可用于饮料、糖果、配制酒、糖浆、冷点、粉末饮料、果子露、冰糕、果冻等。花可炒食或做饮料，具消暑、健胃、促进食欲之效；花萼和小苞片肉质，味酸，常用以制果酱；茎皮纤维供搓绳索用。玫瑰茄含有木槿酸，被认为对治疗心脏病、高血压、动脉硬化等有一定疗效。提取物含有还原糖类、苷类、酚类、少量生物碱和树脂类等，对肠道、子宫肌肉有解痉作用，同时还有驱虫作用，对肠道中的细菌有抑菌作用，并促进胆汁分泌、降低血液浓度和刺激肠壁蠕动，适合于做清凉饮料。开花季节，花红、绿、黄相间，十分美丽，有“植物红宝石”的美誉。

采收与加工： 11月中旬、下旬，叶黄籽黑时，将果枝剪下，摘取花萼连同果实，晒 1d，待缩水后脱出花萼，置干净草席或竹箩上晒干。用玫瑰茄花萼经水或乙醇浸提，再过滤使色素萃取液与花萼分离。萃取液经低温减压浓缩，即为产品，或蒸干后制成粉状。100kg 干花萼可获约 1.5kg 总花色苷。

繁殖与栽培：种子繁殖。适应性强、耐旱、耐瘠薄，沙或黏质土均可生长，在红壤和砖红壤的平田或坡地都宜种植，但以土层深厚、排灌良好及肥沃的土壤有利于获得高产。

资源与开发：玫瑰茄饮料和其他制品作为天然保健食品，符合 21 世纪人们对食品的要求，应该具有一定的市场和经济效益。随着天然色素的广泛利用，玫瑰茄红色素的开发也将受到更多行业的关注。

四、番红花 *Crocus sativus* L.

别名：藏红花（《英拉汉植物名称》），西红花（广西）。

科属：鸢尾科（Iridaceae）番红花属。

形态特征：多年生草本。叶基生，9～15 枚，条形；叶丛基部包有 4～5 片膜质的鞘状叶。花茎甚短，不伸出地面；花 1～2 朵，淡蓝色、红紫色或白色，有香味；花被裂片 6，2 轮排列，内轮、外轮花被裂片皆为倒卵形，顶端钝；雄蕊直立，花药黄色，顶端尖，略弯曲；花柱橙红色，上部 3 分枝，分枝弯曲而下垂，柱头略扁，顶端楔形，有浅齿，较雄蕊长，子房狭纺锤形。蒴果椭圆形。

分布与生境：原产于欧洲南部，中国各地常见栽培。

成分与利用：藏红花挥发油的含量为 4.30%，已鉴定的化学成分多达 46 种，其中烯烃、烯烃氧化物及酸类化合物含量较高（回瑞华等，2009）。主要成分为苦藏花素，着色物质为藏花素。化学成分含番红花苷-1、番红花苷-2、番红花苷-3、番红花苷-4、番红花苦苷、番红花酸二甲酯、α-番红花酸、番红花醛、挥发油等。其柱头含多种胡萝卜素类化合物，含量约为 2%，其中含番红花苷-1、番红花苷-2、番红花苷-3、番红花苷-4、α-胡萝卜素、β-胡萝卜素、α-番红花酸、玉米黄质、番茄红素、番红花苦苷等。含挥发油 0.4%～1.3%，主要含番红花醛，为番红花苦苷的分解产物，其次含桉油精、蒎烯、异鼠李素、山柰素、维生素 B_1 和维生素 B_2 等。作为天然红色素用于食品等。花柱及柱头供药用，即藏红花；味辛、性温，可作为解痉药、助消化药、抗黏膜炎药、神经镇静药、通经药，及痛经和经前综合征、咳嗽、支气管痉挛、哮喘、出牙困难的治疗，或抗癌药，可治疗肝癌、脾癌、肾癌、胃癌、子宫癌等。藏红花作为妇科良药在欧洲和亚洲广泛应用，或开发功能性食品、保健性化妆品等；藏红花也可作为观赏植物。

采收与加工：花丝刚露头即采摘最佳，不宜过早或过晚；最佳采摘时间是每天上午 9 点以前，将花朵完整地采摘下来；采下的花朵需要轻轻地剥开花瓣及时取下花丝，取下的红色的花丝务必分开不相连，且不带黄色的根段部分。

繁殖与栽培：分球茎和播种繁殖，但以分球茎繁殖为主。每年 8～9 月将新球茎挖出栽种，当年可开花。种子繁殖需栽培 3～4 年才开花。喜冷凉湿润和半阴环境，较耐寒，宜排水良好、腐殖质丰富的沙壤土。球茎夏季休眠，秋季发根、萌叶。

资源与开发：藏红花仅柱头入药，产量极低；又因为其资源极其有限，致使其价格昂贵，一直被誉为“植物黄金”。藏红花原产于欧洲，中国历来都是进口供药用，虽然进行引种栽培，提供少量商品，但是种源少、适宜栽培的地区有限、立地条件要求苛刻等因素，满足不了市场的需求，因此供不应求。

五、栀子 *Gardenia jasminoides* Ellis

异名： *Gardenia augusta*（L.）Merr.；*G. florida* L.；*G. grandiflora* Lour.；*G. jasminoides* f. *oblanceolata*（Nakai）Nakai；*G. jasminoides* f. *maruba*（Sieber ex Blume）Nakai ex Ishii；*G. jasminoides* f. *ovalifolia*（Sims）Hara；*G. jasminoides* f. *simpliciflora*（Makino）Makino；*G. jasminoides* f. *variegata*（Carr）Nakai；*G. jasminoides* var. *boninensis*（Nakai）Nakai；*G. jasminoides* var. *longisepala*（Masam.）Metcalf；*G. radicans* Thunb.；*G. schlechteri* H. Lév.

别名： 水横枝、黄果子（广东），黄叶下（福建），山黄枝（台湾），黄栀子，黄栀，山栀子，水栀子，山黄栀，muosuailong（D-BN），mobeha（D-DH），moyaban（JP），mengyaban（ZW），Cape jasmine。

科属： 茜草科（Rubiaceae）栀子属。

形态特征： 灌木；嫩枝常被短毛。叶对生，少为 3 枚轮生，叶为长圆状披针形、倒卵状长圆形、倒卵形或椭圆形；托叶膜质。花芳香，通常单朵生于枝顶；萼管倒圆锥形或卵形，有纵棱，萼檐管形，膨大，顶部通常 6 裂，结果时增长，宿存；花冠白色或乳黄色，高脚碟状，喉部有疏柔毛，冠管顶部通常 6 裂。果卵形、近球形、椭圆形或长圆形，黄色或橙红色，有翅状纵棱 5～9 条，顶部具宿存萼片。花期 3～7 月，果期 5 月至翌年 2 月。

分布与生境： 产于山东、江苏、安徽、浙江、江西、福建、台湾、湖北、湖南、广东、香港、广西、海南、四川、贵州和云南，河北、陕西和甘肃有栽培；生于海拔10～1500m 处的旷野、丘陵、山谷、山坡、溪边的灌丛或林中；日本、朝鲜、越南、老挝、柬埔寨、印度、尼泊尔、巴基斯坦、太平洋岛屿和美洲北部也有野生或栽培。

成分与利用： 栀子黄色素是一种混合物，含类胡萝卜素的藏花素、藏花酸、环烯醚萜苷类的栀子苷、黄酮以及绿原酸（Francis，1999）。成熟果实可提取栀子黄色素，在民间作染料应用，化妆等工业用作天然着色剂原料。栀子色素着色力强，颜色鲜艳，具有耐光、耐热、耐酸碱、无异味等特点，可广泛应用于糕点、糖果、饮料等食品的着色剂。花可提制芳香浸膏，用于多种花香型化妆品和香皂的香精调合剂。性苦寒，无毒。入心、肝、肺、胃经，能清热泻火、凉血，主治热病虚烦不眠、黄疸、淋病、消渴、目赤、咽痛、吐血、衄血、血痢、尿血、热毒疮疡、扭伤肿痛。临床用于急性黄疸型肝炎、止血、扭挫伤等疾病。作盆景植物，称“水横枝”；花大而美丽、芳香，广植于庭园供观赏。

采收与加工： 每年 9～11 月，当大部分果实由青色转红黄色时采收。采收的鲜果可直接晒干或烘干，也可在锅内煮沸 3～5min 后，捞出晒干。

繁殖与栽培： 种子或扦插繁殖、组织培养、高空压条。土壤要求不严，耐旱，低洼积水地不宜种植。

资源与开发：中国广泛种植，其中湖南、江西两省种植最多，且栀子的质量较好。

六、鸡冠花 *Celosia cristata* L.

异名：*Celosia argrentea* L. var. *cristata* (L.) O. Ktze.

别名：鸡公花、鸡米花、鸡角枪（福建），鸡骨子花（广东），老来少（云南），luoguangai (D-BN)，pahuangai (D-DH)，wuzhuobanban (JP)，wopozhuobanbo (ZW)。

科属：苋科（Amaranthaceae）青葙属。

形态特征：一年生草本；茎直立，有分枝，绿色或红色，具显明条纹。叶片卵形、卵状披针形或披针形；花多数，极密生，成扁平肉质鸡冠状、卷冠状或羽毛状的穗状花序，一个大花序下面有数个较小的分枝，圆锥状矩圆形，表面羽毛状；花被片红色、紫色、黄色、橙色或红色、黄色相间。花果期7～9月。

分布与生境：中国南北各地均有栽培，广布于温暖地区。

成分与利用：鸡冠花主要是红色素。红色花序中主要含苋菜红素、黄色花序中含微量苋菜红素。鸡冠花色素可分离纯化出鸡冠花红色素和鸡冠花黄色素（李进等，2002）。种子含脂肪油，油的主要成分为青葙子油脂。鲜鸡冠花的花序成分和含量（g/100g）：蛋白质2.7、脂肪0.4、碳水化合物3.2、膳食纤维6.3，同时含丰富的钾、钠、钙、镁、铁、磷、锌、β-胡萝卜素、维生素B_1和维生素B_2、维生素C和维生素E等矿物质及维生素。嫩茎、叶和种子中蛋白质的含量也很高，占鲜重的2.29%～5.14%；另含一定量的脂肪、矿物质、维生素、天然辅酶等，对人体具有良好的滋补强身作用。色素中的主要化学成分为山柰苷、苋菜红苷、松醇及多量硝酸钾。红色花含苋菜红素，黄色花微量。花、叶、茎的黄酮含量分别为0.22%、1.40%和0.09%（侯冬岩等，2008）。鸡冠花红色素鲜艳，玫瑰红色，为花色苷类，适用于酸性食品的着色；品种因花序形态不同，可分为扫帚鸡冠、面鸡冠、鸳鸯鸡冠、缨络鸡冠等，栽培供观赏；花和种子供药用，收涩止血、止带、止痢。其种子具有凉血、止血，清肝明目、降血脂和抗疲劳等保健功能。

采收与加工：秋季花盛开时采收，晒干备用。

繁殖与栽培：种子繁殖。喜阳光充足、湿热，不耐霜冻，不耐瘠薄，喜疏松肥沃和排水良好的土壤。

资源与开发：鸡冠花适应能力强，易于栽种，分布范围很广。

七、木蓝 *Indigofera tinctoria* L.

异名：*Anila tinctoria* (L.) Kunt.；*A. tinctoria* var. *normalis* Kunt.；*Indigofera indica* Lam.；*I. sumatrana* Gaertn.；*I. tinctoria* var. *macrocarpa* DC.

别名：蓝靛、靛（广东），槐蓝、野槐树，kamezhang (JP)，meha (ZW)，true indigo。

科属：蝶形花科（Papilionaceae）木蓝属。

形态特征：直立亚灌木。羽状复叶；叶轴上面扁平，有浅槽，被丁字毛，托叶钻形；小叶4～6对，对生，两面被丁字毛或上面近无毛；小托叶钻形。总状花序，花疏生；苞片钻形；花萼钟状，萼齿三角形，外面有丁字毛；花冠伸出萼外，旗瓣阔倒卵形，外面被毛，瓣柄短，翼瓣长约 4mm，龙骨瓣与旗瓣等长；花药心形。荚果线形，种子间有缢缩，有种子 5～10 粒，内果皮具紫色斑点；果梗下弯。种子近方形。花期 5～10 月，果期 6～11 月。

分布与生境： 产于安徽（舒城）、台湾（高雄），海南有栽培；广泛分布于亚洲、非洲热带地区，并引入热带美洲。

成分与利用： 全草含靛苷，水解后生成 3-羟基吲哚，此成分氧化生成靛蓝。叶可提取蓝靛染料；是中国传统服饰大成蓝使用颜色的原料；种子含多糖；叶入药，能凉血解毒、泻火散郁；根及茎叶外敷，治肿毒、解毒凉血，泻火散郁，根及茎可治肿毒，可预防和治疗四氯化碳引起的急性肝损伤，使用安全。

采收与加工： 夏季、秋季采收，鲜用或晒干。

繁殖与栽培： 种子繁殖。土壤要求不严，在 pH5.6～8.7 的土壤上都能生长。对光照敏感，在光照充足的开阔地带生长旺盛、花期长、叶量丰富、种子饱满；在狭谷荫蔽地带，不仅分布稍少，而且很少结荚。

资源与开发： 野生资源因多散生而有限；木蓝适应性强，用途广泛，容易人工培育，可开展规模化栽培和产品利用的研发。

八、板蓝 *Baphicacanthus cusia*（Nees）Bremek.

异名： *Baphicacanthus cuaia*（Nees）Bremek.；*Dipteracanthus calycinus* Champ. ex Bentham；*Goldfussia cusia* Nees；*Ruellia indigofera* Griff.；*Strobilanthes balansae* Lindau；*S. champiori* T. Anders.；*S. cusia*（Nees）O. Kuntze；*S. flaccidifolius* Nees

别名： 马蓝、土靛、板蓝根、大青叶、南板蓝根，威灵仙，野蓝靛，yahuangou、huangman（D-BN），huan（D-DH），miao（HN），metai（JP），meha（ZW）。

科属： 爵床科（Acanthaceae）板蓝属。

形态特征： 草本，多年生一次性结实，茎直立或基部外倾。稍木质化，通常成对分枝，幼嫩部分和花序均被锈色、鳞片状毛，叶柔软，纸质，椭圆形或卵形，顶端短渐尖，基部楔形，边缘有稍粗的锯齿，干时黑色；侧脉每边约 8 条，两面均凸起。穗状花序直立；苞片对生。蒴果；种子卵形。花期 11 月。

分布与生境： 产于广东、海南、香港、台湾、广西、云南、贵州、四川、福建、浙江；常生于潮湿环境；孟加拉国、印度东北部、缅甸、喜马拉雅等地至中南半岛均有分布。

成分与利用： 叶中含有靛玉红、色胺酮、1H-吲哚-3-羧酸、(3H)-喹唑酮、2-氨基苯甲酸、尿苷等（刘远等，2009；魏欢欢等，2005）。叶可提取蓝色染料，用以染布；在合成染料发明以前，中国中部、南部和西南部都栽培板蓝作为蓝色染料。因其适应性强，栽培地多已逸野。根、叶入药，有清热解毒、凉血消肿之效，可预防流脑、流感，治中暑、腮腺炎、肿毒、毒蛇咬伤、菌痢、急性肠炎、咽喉炎、口腔炎、扁桃体炎、肝炎、丹毒等。

采收与加工： 板蓝根的收获时间一般根据植株内所含有效成分、不同加工用途、产量与季节等确定，当植株含有效成分达到要求时即可收获。种子繁殖定植到收获需13～15个月，扦插育苗只需7～8个月即可收获。生产靛蓝粉的植株可在定植后6～7个月的生长盛期收获；作制剂原料的多选择11月至翌年1月无雨季节收获；易发生霜冻的山区，则在11月初霜临前收获。收获时将全株挖出，抖去泥沙，平铺于地面晒1～2d后，将根与茎叶分开，风或晒干直至株内含水量低于14.2%，然后收储或将茎叶粉碎(800目以上)，包装待售。

繁殖与栽培： 种子、扦插繁殖、组织培养。板蓝适应性极广，喜温暖潮湿、阳光充足的气候环境。适宜在水源丰富、土壤深厚、肥沃的立地生长；一般海拔400～600m、水资源清澈无污染的山区或坝区，尤其适合板蓝的种植。

资源与开发： 板蓝栽培已有400多年的历史，但种苗紧缺和管理粗放，限制了板蓝的栽培生产，栽培面积一直增长缓慢。随着原料需求的增长，其资源日益减少，开展人工种植势在必行。

九、苏木 *Caesalpinia sappan* L.

异名： *Biancaea sappan* (L.) Tod.

别名： 苏方木（《植物名实图考》），天成沙（《本草拾遗》），棂木（台湾），苏枋，苏方，guomaifang、maipanliang (D-BN)，maifang (D-DH)，sappanwood。

科属： 苏木科（Caesalpiniaceae）苏木属。

形态特征： 小乔木；具疏刺，除老枝、叶下面和荚果外，多少被细柔毛；枝上的皮孔密而显著。二回羽状复叶；羽片7～13对，对生，小叶10～17对，小叶以斜角着生于羽轴上。圆锥花序顶生或腋生，长约与叶相等；苞片大，披针形，早落；花梗被细柔毛；花托浅钟形；萼片5，下面一片比其他的大，呈兜状；花瓣黄色，阔倒卵形，最上面一片基部带粉红色，具柄；雄蕊稍伸出，花丝下部密被柔毛；子房被灰色绒毛，具柄，花柱细长，被毛，柱头截平。荚果；种子3～4颗，长圆形。花期5～10月，果期7月至翌年3月。

分布与生境： 云南、贵州、四川、广西、广东、福建和台湾有栽培；云南金沙江河谷（元谋、巧家）和红河河谷有野生分布；原产于印度、缅甸、越南、马来半岛及斯里兰卡。

成分与利用： 心材含巴西苏木素，在空气中易氧化成巴西苏木色素，即为苏木红色色素。广泛应用于食品、日化、皮革及织物染料等；病理实验中作细胞组织切片的染色剂。苏木的心材中提取的苏木素，用于生物制片的染色，效果与进口的巴西苏木素等同。边材黄色微红，心材赭褐色，纹理斜，结构细，材质坚重，有光泽，干燥后少开裂，为细木工用材。心材入药，为清血剂，有祛痰、止痛、活血、散风之功效。

采收与加工： 苏木定植3～4年后出现红色或棕红色心材，用刀轻度砍伤主干可加速心材变红。5～6年后心材与边材有较明显的界限，可部分采伐。树龄越大，心材色泽越深，质量越好；干基部质量较佳，枝条次之。在秋冬季将树干从距地面15～20cm高处伐下，将树干和枝条锯成60cm的段，削去白色边材，晒干或阴干即可出售；采伐后的伐桩萌蘖芽可继续培育后采伐。

繁殖与栽培：种子繁殖。苏木喜温暖，适生于热带和南亚热带地区，海拔 500～1800m，年均温 20℃以上，能耐轻霜，但幼苗怕寒冷，当气温降至 8℃以下时受冻害死亡；在阳光充足的生境生长快，荫蔽条件下生长不良，忌积水；对土壤要求不严，在沙质黏性黄土和平原河旁冲积土等土壤上均能良好生长。

资源与开发：由于长期无计划的采收，野生资源日趋减少，应加快对苏木的人工培育。

十、紫草 *Lithospermum erythrorhizon* Sieb. et Zucc.

异名：*Lithospermum officinale* var. *erythrorhizon*（Siebold & Zucc.）Maxim.

别名：大紫草，红紫草，山紫草，野紫草，紫草根子，紫芙，紫草根。

科属：紫草科（Boraginaceae）紫草属。

形态特征：多年生草本。茎有贴伏和开展的短糙伏毛。叶卵状披针形至宽披针形，两面均有短糙伏毛，脉在叶下面凸起，沿脉有较密的糙伏毛。花序生茎和枝上部，果期延长；苞片与叶同形而较小；花萼裂片线形，背面有短糙伏毛；花冠白色，外面稍有毛，檐部与筒部近等长，裂片宽卵形，全缘或微波状，先端有时微凹，喉部附属物半球形；雄蕊着生花冠筒中部稍上；花柱柱头头状。小坚果卵球形，乳白色或带淡黄褐色，腹面中线凹陷呈纵沟。花果期 6～9 月。

分布与生境：产于辽宁、河北、山东、山西、河南、江西、湖南、湖北、广西北部、贵州、四川、陕西至甘肃东南部；生于山坡草地；朝鲜、日本也有分布。

成分与利用：根色素成分有紫草素、乙酰紫草素、去氧紫草素、异丁酰紫草素、异戊酰紫草素、紫草烷、紫草红等；紫草红色素为玫瑰红色，水、油溶解性均好，耐热、耐酸、耐光，着色力强，扩散性好，色泽鲜艳，无特殊气味和异味；脂肪酸成分主要为软脂酸、油酸和亚油酸等（王宗训，1989；肖培根，2002）。紫草色素是一种萘醌衍生物，属油溶性色素，不溶于水，但易溶于乙醇等有机溶剂，耐热、耐光、耐氧化。紫草色素在食品着色方面可用于饮料、蛋白食品、淀粉食品、调味品、肉制品等。还可用于印染、制药、化妆品等。紫草红色素稳定，安全无害，而且有利于人体的健康。紫草的根肥厚，其中含有的紫草宁是重要的天然化妆品原料，可用做口红，因不含人工色素而备受女性的欢迎；紫草宁也是重要的食品、饮料的天然无毒添加剂，被国际上称为天然红色素之王。紫草根除含紫草宁外，还含紫草宁的衍生物萘醌类化合物等多种有效成分，具有抗肿瘤、抗菌、抗病毒、消炎、促肉芽生长等功效，对皮肤癌、红斑狼疮、带状疱疹、湿疹、天花、麻疹等疾病有治疗作用，并且对肝癌、肺癌的化疗具有一定的辅助作用。

采收与加工：种植后第二年 10 月中下旬即可采收。采收时连同地上茎一起挖出，采挖时防止弄伤弄断根部，去净泥土，切忌水洗，去掉地上茎及芦头，晒干后捆成小把即可。以身干粗大、紫色者为佳。

繁殖与栽培：种子繁殖、组织培养。紫草喜凉爽湿润气候，耐寒，怕涝，怕高温，多生于山地草丛和干燥的石质山坡、山谷及灌木林下，对土壤要求不甚严格，但以腐殖质较多的壤土或沙壤土为好。

资源与开发： 由于紫草具有的药用价值，被大量采集，加之生态环境破坏等因素影响，使本来分布稀、数量少的紫草野生资源受到了严重破坏，导致其野生种类分布区域和数量迅速减少。为满足药用需求，有人试图进行人工栽培，但由于其种子少，难以收集，所以人工栽培挖取野生植株作为栽培的种源，进一步加剧了紫草野生资源的破坏。

十一、其他常见色素植物

（一）落葵 *Basella rubra* L.

别名： 蔠葵、蘩露（《尔雅》），藤菜（《本草纲目》），臙脂豆、木耳菜（《植物名实图考》），潺菜（广州），豆腐菜（云南），紫葵、胭脂菜、藤芭菜（福建）、染绛子。

科属： 落葵科（Basellaceae）落葵属。

分布： 原产于亚洲热带地区；中国南北各地多有种植，南方有逸为野生的。

功用： 从茎叶提取的色素称为落葵色素，主要成分为甜菜花青素和少量的甜菜红苷。有色成分为甜菜苷，为水溶性色素；安全、无毒、无副作用；用于果冻、冷饮、发酵食品和蜜饯等食品的红色着色剂，适宜于酸性食品。在生产、储存、使用过程中尽量避免长时间的光照和高温，尽量避免与 Fe^{2+}、Fe^{3+}、Cu^{2+} 的接触；使用时 pH 控制在3～7 范围内；也可根据需要加入适量的抗坏血酸稳定剂。叶含有多种维生素和钙、铁，栽培作蔬菜，也可观赏。全草供药用，为缓泻剂，有滑肠、散热、利大小便的功效；花汁有清血解毒作用，能解痘毒，外敷治痈毒及乳头破裂。果汁可作无害的食品着色剂。

（二）菘蓝 *Isatis tinctoria* L.

参见药用植物部分。

功用： 叶含靛蓝、色氨酸、靛红蓝 B、葡萄糖芸苔素、新葡萄糖芸苔素等。根含靛苷、靛红，板蓝根结晶乙、丙、丁，植物性蛋白，树脂状物，糖类等。叶可提取花色染料用于工业及医药；种子含油量约 30％，可榨油，供工业用油；根、叶药用。

（三）冻绿 *Rhamnus utilis* Decne.

别名： 红冻（湖北），油葫芦子，狗李，黑狗丹，绿皮刺，冻木树，冻绿树，冻绿柴（浙江），大脑头（河南），鼠李（江苏），Chinese buckthorn。

科属： 鼠李科（Rhamnaceae）鼠李属。

分布： 产于甘肃、陕西、河南、河北、山西、安徽、江苏、浙江、江西、福建、广东、广西、湖北、湖南、四川、贵州；生于海拔 1500m 以下的山地、丘陵、山坡草丛、灌丛或疏林下；朝鲜、日本也有分布。

功用： 茎皮、叶含绿色素，果实含黄色染料；种子油做润滑油。

（四）茜草 *Rubia cordifolia* L.

别名： 红丝线，八仙草，抽筋草，川地血，穿骨草，大活血丹，大茜草，地苏木，调经草，疔毒草，伏茜草，割子草，过江龙。

科属： 茜草科（Rubiaceae）茜草属。

分布： 产于东北、华北、西北和四川（北部）及西藏（昌都地区）等地；生于疏林、林缘、灌丛或草地上；也分布于朝鲜、日本和俄罗斯远东地区。

功用： 根含苷类物质茜根酸、茜紫素、假茜紫素和甲花茜素等。可提制茜草色素。

（五）红花 *Carthamus tinctorius* L.

别名： 红蓝花（《滇南本草》），藏红花，刺红花，草红花，safflower。

科属： 菊科（Compositae）红花属。

分布： 黑龙江、辽宁、吉林、河北、山西、内蒙古、陕西、甘肃、青海、山东、浙江、贵州、四川、西藏，特别是新疆广有栽培，山西、甘肃、四川也见有逸野；原产于中亚地区，前苏联有野生也有栽培，日本、朝鲜广有栽培。

功用： 红花的花中主要成分是二氢黄酮衍生物（红花苷、红花醌苷及新红花苷）。橘红色花含红花苷和红花醌苷，深黄色花含红花苷，淡黄色花含新花苷及微量红花苷。花瓣含有酶，可以促使黄色的红花苷氧化成红色的红花醌苷。含红花黄色素、红花红色素、异红花红色素、蜡质、树脂、脂肪油。红花中含有红色素与黄色素两种色素，黄色素溶于水，红色素溶于碱性水液中；红花色素可用于食品着色和药品着色，也是中国古代红色染织物的色素原料。明代宋应星的《天工开物》一书中记载了由花中提纯红色素的全过程。红花的花入药，通经、活血，主治妇科病。种子含油率极高，一般为34%～55%，多属不饱和脂肪酸油类，极适合作食用油，有降低人体胆固醇和血脂的作用。

（六）向日葵 *Helianthus annuus* L.

参见蜜源植物部分。

功用： 向日葵黄色素主要是三萜类皂苷，包括葵花皂苷 A、B、C，叶黄素。向日葵黄色素成品为棕黄色粉末状固体，溶于水，微溶于醇，不溶于乙醚、石油醚等有机溶剂。向日葵黄色素与合成黄色素相比成本低、安全、无毒、无副作用、原料来源丰富、价格低廉，工艺简单易行。黄色用途广泛，可作为轻化工原料和食品厂业添加剂的着色剂，可加入糕点、饮料、罐头、酒类中。

（七）可可 *Theobroma cacao* L.

别名： 可可树，卡卡阿，可加树，楂古韦，巧克力树，cacao。

科属： 梧桐科（Sterculiaceae）可可属。

分布： 中国海南和云南南部有栽培，生长良好。原产于美洲，现在世界 45 个国家里种植。全球的年产量平均在 300 万 t 左右：65%～70%生长于西部非洲——象牙海岸、加纳、尼日利亚及喀麦隆。12%～13%生长于中美洲及南美洲（哥伦比亚、厄瓜多尔、巴西、墨西哥、危地马拉、秘鲁等）。17%来自东南亚国家（印度尼西亚、马来西亚、巴布亚新几内亚）。

功用： 可可色素（cacao pigment）主要成分是可可豆中黄酮类物质氧化或缩合物、聚合物，是可可豆及其外皮中存在的褐色色素。该色素系可可豆在发酵、焙烤时由其中所含儿茶、花白素、花色苷等氧化或缩聚而成；作为食用巧克力色素，在国内外被广泛使用，食用安全、易溶于水、耐光、耐热、耐还原，且无异味、无臭，对淀粉和蛋白质的染色性均好，pH4～11 范围内稳定性高。广泛用于饼干、糕点、甜酒类、饮料、冷饮、糖果、糖衣、烧肉等食品的着色。

（八）红甜菜 *Beta vulgaris* L.

别名： 莙菜（《名医别录》），莙荙菜（《嘉祐本草》），牛皮菜（《滇南本草》、四川、贵州），石菜（《本草求原》），厚皮菜、光菜（《中国蔬菜栽培学》），海白菜（陕西），杓菜、猪菜（广州）。

科属： 藜科（Chenopodiaceae）甜菜属。

分布： 广为栽培，变异大，被分为若干亚种、变种和变型。中国现在栽培的品种也很多，种源杂。

功用： 甜菜红为天然红紫色食用色素，可用于果味水、果味粉、果子露、汽水、配制酒、糖果、糕点裱花、红绿丝、罐头、浓缩果汁、青梅等中。

（九）桑 *Morus alba* L.

别名： 家桑（四川），桑树（通称），蚕桑，岛桑，果桑，台湾桑，小叶桑，beimansuai（D-BN），maiming（D-DH），lebipun（JP），kangwa（ZW），white mulberry。

科属： 桑科（Moraceae）桑属。

分布： 原产于中国中部和北部，现东北至西南各省（自治区）、西北直至新疆均有栽培；朝鲜、日本、蒙古国、中亚各国、俄罗斯、欧洲等地以及印度、越南也均有栽培。

功用： 桑葚红色素主要成分为氰定-3-葡萄糖苷，还有少量天竺葵-3-葡萄糖苷和碧冬茄-3-芸香糖苷，是从紫红色的桑葚中提取的一种食用天然红色素。该色素适用于酸性或微酸性的饮料、食品、配制酒、果冻、冰糕、糖果等的着色，在酸性条件下色泽鲜艳稳定。

（十）番茄 *Lycopersicon esculentum* Mill.

别名： 西红柿，洋柿子，番柿，番李子，蕃柿，红茄，毛辣角，小金瓜，洋海椒，洋辣子。

科属： 茄科（Solanaceae）番茄属。

分布： 原产于南美洲；中国南北广泛栽培。

功用： 番茄红素（lycopene）是成熟番茄中红颜色的成分，主要是胡萝卜素类，尚有小量黄酮类化合物。成熟的红番茄中含量较高，约 0.028g/kg，提取红色素作食品着色，特别是番茄汁制品，加入该色素可使其增加颜色，其无毒，安全。

（十一）牵牛 *Ipomoea nil*（L.）Roth

参见指示植物部分。

功用： 牵牛花色素的主要有色成分是牵牛花素，从红色和紫色花中提取，分别为玫瑰色和葡萄紫色，溶于水；牵牛花色素添加到中性或酸性饮料中，呈现玫瑰红、红葡萄紫色，不仅增加食欲，还可起到解暑、助消化等作用；化妆品及日用化工品也用。除栽培供观赏外，种子为常用中药，名丑牛子（云南）、黑丑、白丑、二丑（黑、白种子混合），入药多用黑丑，白丑较少用。有泻水利尿、逐痰、杀虫的功效。

（十二）多穗柯 *Lithocarpus litseifolius*（Hance）Chun

参见甜味剂植物部分。

功用： 多穗柯叶制成棕色色素，可以取代可可色素，用作糖果、冷饮、饮料、糕点等食品的着色剂，也作为糖衣外壳着色剂；安全性高，着色力强且不易吸潮，储存、运输和使用都方便。加工以多穗柯的叶子为原料，将其晒干后捣碎，用0.1%的NaOH溶液（浸没为宜）加热煮沸1h，过滤后用同浓度的NaOH溶液煮一次，再过滤；合并两次滤液，冷却至15～20℃，用1∶1的盐酸调pH至1～2，静置1h，除去上层清液，得棕色沉淀物。沉淀物中加入3～4倍80%的乙醇，使其溶解，经离心分离得到液体；再用10%的NaOH溶液调pH至7.5，蒸馏回收乙醇后，在90～100℃真空干燥或喷雾干燥得粉状棕色素。

（十三）蒲公英 *Taraxacum mongolicum* Hand.-Mazz.

别名： 蒙古蒲公英、黄花地丁、婆婆丁、灯笼草（湖北），姑姑英（内蒙古）。

科属： 菊科（Compositae）蒲公英属。

分布： 产于黑龙江、吉林、辽宁、内蒙古、河北、山西、陕西、甘肃、青海、山东、江苏、安徽、浙江、福建、台湾、河南、湖北、湖南、广东北部、四川、贵州、云南等；生于中、低海拔地区的山坡草地、路边、田野、河滩；朝鲜、蒙古国、俄罗斯也有分布。

功用： 蒲公英花黄色素属于类胡萝卜素。以丙酮作为溶剂，色素浸膏得率为15.65%。色素的热稳定性较好，碱性条件下，色素颜色鲜艳，作食品添加剂较为稳定，属于脂溶性色素，用于日用化工产品，也作医药药片外衣或化妆品的着色（雷然，2007）。

（十四）玫瑰 *Rosa rugosa* Thunb

参见香料植物部分。

功用： 玫瑰花红色素是水溶性色素，属于花青苷类。以80%的酸性乙醇为溶剂，色素浸膏得率为38.96%。该色素在酸性条件下比较稳定，耐光性和耐热性较好，但应尽量避免长时间的加热和光照。柠檬酸对色素有增色作用，所以色素可用于柠檬酸饮料中。玫瑰花红素色泽亮丽，并带有香味，具有良好的开发前景（项斌和高建荣，2004；雷然，

2007)。

（十五）月季 *Rosa chinensis* Jacg.

别名：月月红（江苏浙江），月月花（四川），长春花（吉林长春），庚申蔷薇，mogailao（D-DH），enwaiban（JP），zujiban（ZW），Chinese rose。

科属：蔷薇科（Rosaceae）蔷薇属。

分布：产于贵州、湖北、四川等地，各地普遍栽培；园艺品种多，现遍布世界各地。

功用：月季花红色素为花青苷类色素。以 80%的酸性乙醇为溶剂，色素提取率为 38%。该色素在酸性条件下比较稳定，色泽鲜艳，可应用于酸性饮料和食品，维生素 C、柠檬酸对色素较稳定，色素耐糖性好，但色素的抗氧化性和耐还原性较差，且 Fe^{3+} 对色素稳定性有影响，使用时应避免与氧化剂、还原剂、铁器接触（项斌和高建荣，2004；雷然，2007）。

（十六）康乃馨 *Dianthus caryophyllus* L.

别名：香石竹（《中国植物志》、《中国高等植物图鉴》、《华北经济植物志要》），狮头石竹（《植物名实图考》），麝，大花石竹（《广州常见经济植物》），麝香石竹，大花石竹，大北石竹，康耐馨，carnation。

科属：石竹科（Caryophyllaceae）石竹属。

分布：欧亚温带有分布，中国广泛栽培供观赏，有很多园艺品种，耐瓶插，常用作切花，温室培养可四季开花，用种子或压条繁殖。

功用：康乃馨红色素是花青苷类色素，以 50%的酸性乙醇为溶剂，得率为 13.3%。色素颜色鲜艳，着色力强，在酸性条件下加热处理较稳定，柠檬酸对色素有增色作用，所以色素可应用于柠檬酸饮料中。色素的抗氧化和耐还原性较差，应避免与氧化剂和还原剂接触。康乃馨花色泽艳丽，花瓣采集后可提取芳香油和色素，鲜花糖渍或盐渍可作玫瑰馅及浸酒泡茶，可消肿、解毒止痛（项斌和高建荣，2004；雷然，2007）。

（十七）黄槐 *Cassia surattensis* Burm. f.

别名：黄槐决明（《中国植物志》），凤凰花（《植物名实图考》），glossy shower。

科属：云实科（Caesalpiniaceae）决明属。

分布：栽培于云南、广西、广东、福建、台湾等省（自治区）；原产于印度、斯里兰卡、印度尼西亚、菲律宾和澳大利亚、波利尼西亚等地，目前世界各地均有栽培。

功用：叶和花瓣粉着色力强，属于类胡萝卜素色素。采用乙酸乙酯作为提取剂，安全、廉价、易操作，色素浸膏得率 6.04%。黄槐花黄色素对热、酸、碱稳定，适用于各种 pH 的食品。资源丰富，安全系数高，有望在食品、化妆品、医药等方面得到广泛应用。广泛栽培作绿篱和庭院的观赏植物，植株生长迅速，花繁茂而美丽夺目，花果长年不断，开花期长，产花量大；叶、花可作饲料（项斌和高建荣，2004；雷然，2007）。

（十八）辣椒 *Capsicum annuum* L.

别名： 辣子，牛角椒，红海椒，长辣椒，朝天椒，番椒，海椒，青椒，小米椒，小米辣，cayenne pepper。

科属： 茄科（Solanaceae）辣椒属。

分布： 原分布于墨西哥到哥伦比亚；世界各国广泛栽培；中国有数百年栽培历史。

功用： 色素为隐黄素、辣椒红素（占色素总量50%）、微量辣椒玉红素、胡萝卜素、维生素C、柠檬酸、酒石酸、苹果酸等；果实含辛辣成分为辣椒碱、二氢辣椒碱、降二氢辣椒碱、高辣椒碱、高二氢辣椒碱、壬酰香夹兰胺、辛酰香夹兰胺；种子含龙葵碱、龙葵胺、澳洲茄边碱、澳洲茄胺、澳洲茄碱等生物碱，以及挥发油、脂肪油及蛋白质等。重要的蔬菜和调味品，种子油可食用、果也有驱虫和发汗之药效。辣椒红色素的加工方法：干辣椒→磨成粉→有机溶剂冷渗滤浸提→浸提液→蒸馏除去溶剂→辣椒油树脂→溶剂萃取除去辣椒素→减压浓缩→辣椒红色素。

（十九）大金鸡菊 *Coreopsis lanceolata* L.

别名： 剑叶金鸡菊（《广州习见经济植物》），线叶金鸡菊（南京），草子花，剑叶波斯菊，金鸡菊，狭叶金鸡菊，铜钱花。

科属： 菊科（Compositae）金鸡菊属。

分布： 原产于北美洲；中国各地庭园常有栽培。

功用： 菊黄色素由花提制，为黄色。主要用于饮料、糖果、糕点的着色。着色性能好，并有芳香气。无毒，价廉，是较理想的食品添加剂，定名为KPY-78菊黄色素。菊黄色素主要成分为大金鸡菊查尔酮苷、大金鸡菊查尔酮、大金鸡菊噢哢苷。大金鸡花还可提取香料，全草可入药，具清凉解毒的功能。

（二十）云南石梓 *Gmelina arborea* Roxb. ex Sm.

别名： 滇石梓（《云南植物志》），大叶石梓，甑子树，石梓，印度石梓，maisuo（D-BN），sejie（HN），numei（JN），gumhar。

科属： 马鞭草科（Verbenaceae）石梓属。

分布： 产于云南西部、南部（德宏、普洱、西双版纳）、海南；生于海拔1500m以下的路边、村舍及疏林中；印度、孟加拉国、斯里兰卡、缅甸、泰国、老挝、越南和马来西亚也有分布。

功用： 花含石梓黄色素，可提取色素和香料，色素性能好、无异味、在pH2～8时稳定性高，可用于糕点、冰棒、饮料、果酒、烤鱼等食品的着色（刘嘉宝等，1991）。加工方法：采集花→晒干→研磨成粉→过20目筛→用30%～40%乙醇浸提→挤压、过滤→薄膜浓缩→喷雾干燥→色素成品。

（二十一）苋 *Amaranthus tricolor* L.

别名： 雁来红（《救荒本草》），老少年（《盛京通志》），老来少、三色苋（《华北经济植物志要》)，小米菜（河北、云南），红苋菜（四川），青香苋（湖南），pahonliang (D-BN)，pahong (D-DH)，senageba (JP)。

科属：苋科（Amaranthaceae）苋属。

分布：中国各地均有栽培，有时逸为半野生；原产于印度，分布于亚洲南部、中亚、日本等地。

功用：苋菜红色素是由苋菜中提取的玫瑰红色色素，属偶氮类色素。苋菜有红苋菜和绿苋菜两大类，红苋菜除含红色素外，还含有其他营养成分（g/100g）：脂肪 0.28、水分 85、蛋白质 3.5、灰分 3.1、粗纤维 1.6、碳水化合物 6.6、磷 0.0074、钙 0.464、铁 0.0024。苋菜红色素色泽鲜艳，着色均匀，稳定，无异味，安全无毒，并具营养价值，使用不受限，可根据需要增减。色素可作为食品着色剂，用于水果硬糖、夹心饼干、花蛋糕、汽水、甜果冻、果汁饮料等食品，特别适宜低温食品着色用。酸性条件下比较稳定，色泽鲜艳，水溶性好，且蔗糖对色素液有一定的护色作用，故该色素适合应用在酸甜味产品（木尼热·阿不都克热木，2002）。茎叶作为蔬菜食用，常食可以减肥轻身，排毒，防止便秘；含丰富的铁、钙和维生素，具有促进凝血、增加血红蛋白含量、提高携氧能力、促进造血等功能。叶杂有各种颜色者供观赏；根、果实及全草入药，有明目、利大小便、去寒热的功效。

（二十二）姜黄 *Curcuma longa* L.

别名：郁金（《唐本草》），马述（《本草纲目》），宝鼎香，黄丝郁金，姜黄子，haoming、wanghuolong (D-BN)，min (D-DH)，mexiu (HN)，nanzhen (JP)，tunhui (ZW)，common turmeric。

科属：姜科（Zingiberaceae）姜黄属。

分布：产于台湾、福建、广东、广西、云南、西藏等省（自治区）；栽培，喜生于向阳的环境；东亚及东南亚广泛栽培。

功用：主要成分为姜黄素、脱甲氧基姜黄素和双脱甲氧基姜黄素。根茎含姜黄素 0.3%～4.8%、挥发油 1%～6%，阿拉伯糖 1.1%，果糖 12%，葡萄糖 28%，淀粉 30%～40%；油中主要成分为姜黄酮、二氢姜黄酮 50%、姜烯 20%、d-α-水芹烯 1%、桉油精 1%，少量脂肪油（王宗训，1989；周立国，1993）。姜黄色素为食用黄色素，可用于果味水、果味粉、果子露、汽水、配制酒、糖果、糕点裱花、红绿丝、罐头、浓缩果汁、青梅等的着色。本种和郁金的根茎均为中药材“姜黄”的商品原料，供药用，能行气破淤，通经止痛；主治胸腹胀痛、肩臂痹痛、月经不调、闭经、跌打损伤。

第十二章　甜味剂植物

第一节　概　　述

一、概念

甜味剂（sweeteners）是指具有甜味的物质，能赋予食品或饲料甜味的添加剂。甜味剂植物（sweetener plant）是指植物体内富含甜味剂资源的一类植物。甜味剂分为天然甜味剂和合成甜味剂两类。天然甜味剂通常指植物甜味剂。

植物甜味剂的分类包括糖类物质（主要为蔗糖、葡萄糖、果糖）和非糖类物质（具有甜味，无毒）。甜味剂添加入食品中增加甜味，非糖类甜味剂用于糖尿病等患者的食品。

非糖类天然甜味剂植物的果实、根、茎、叶等常含有非糖甜味物质，如从紫苏中提取的萜类紫苏，从油橄榄中提取的二萜糖苷类齐墩果烷，从绣球（*Hydrangea macrophylla*）中提取的二氢异香豆素类叶甜素，从肉桂中提取的芳香醛类的肉桂醛等，这些物质都具有很甜的甜味，往往比蔗糖还甜几十、几百甚至上千倍。此类非糖甜味物质几乎不含热量，适宜肥胖病糖尿病、高血压、高血糖的患者。

甜味剂是食品工业和医疗保健行业的重要原料，由于合成的甜味剂，如糖精等对人体有毒害，已被许多国家禁止或限制使用，而过多食用蔗糖则造成龋齿、肥胖、心脏病和糖尿病等病症，促使人们从植物中寻找安全、低能量、优质而价廉的天然甜味剂，筛选可利用的甜味植物资源。尤其随着人们生活水平的提高，摄入的食物热量过剩，合成甜味剂的安全性问题，使从植物中提取天然低热量或不含热量的甜味剂成为必然。

二、资源与分布

甜味植物在中国分布广泛，品种繁多。主要分属于10余科，包括蝶形花科、棕榈科、菊科、葫芦科、白花菜科等。近年来，甜味剂植物的开发主要集中于20多种，分属于竹芋科（Marantaceae）、防己科（薯蓣叶防己 *Dioscoreophyllum cumminsii*）、鼠李科（拐枣 *Hovenia dulcis*）、蝶形花科（甘草）、葫芦科（罗汉果 *Siraitia grosuenorii*）、菊科（甜叶菊）、唇形科（紫苏）、蔷薇科（广西甜茶 *Rubus suavissimus*）、玄参科（野甘草 *Scoparia dulcis*）、壳斗科（多穗柯）、葡萄科、胡桃科（黄杞 *Engelhardia roxburghiana*）等13个科。

植物小分子甜味剂的分布特点：并非同一属中不同种的植物都含有相似的甜味剂。因此，很难以植物的亲缘关系或者系统分类学作为寻找新的植物甜味剂的依据，其与药用植物、淀粉植物等的开发利用寻找新资源的途径不同。

三、甜味剂植物的类别

植物甜味剂的种类较多，依据化学成分分为 4 类。

1. 糖苷类

苷类化合物中有不少具有很甜的味道，具有口感好、安全等特点，如甘草甜素、甜菊苷、罗汉果甜素等。这类甜味剂植物包括甜叶菊、掌叶悬钩子、假秦艽、罗汉果、甘草、多穗柯等。例如，从原产于南美洲的菊科植物甜叶菊中所获得的甜叶菊苷，含量 6%～12%，其甜度是蔗糖的 250～300 倍；民间常用中药与调味用的植物甘草中和，含有的甘草甜素，即三萜皂苷甘草酸，甜度为蔗糖的 200～300 倍。葫芦科植物罗汉果的果实中提取的甜味质 S-5 配糖体，甜质成分为罗汉果苷，一种三萜苷类，含量 1%，其甜度比蔗糖高 250～300 倍，属良好的低卡甜味剂。一些苷类的衍生物，如柚皮苷、新陈皮苷、洋李苷等黄酮苷类化合物，经碱处理后，使之查耳酮化，再通过加氢产生的二氢查耳酮（dihydmchalcone，DHC），甜度为蔗糖甜度的 100～2000 倍。这些甜味 DHC 衍生物，如柚皮苷二氢查耳酮，甜度比蔗糖高 100 倍；新橙皮苷二氢查耳酮，甜度为蔗糖的 1000 倍；高新橙皮苷二氢查耳酮，甜度比蔗糖高 1000 倍；4-*O*-正丙基新圣草柠檬苷二氢查耳酮，甜度比蔗糖高 2000 倍；洋李苷二氢查耳酮，甜度为蔗糖的 40 倍（朱太平等，2007）。

2. 糖醇类

与蔗糖相似，系低热量的甜味剂。糖醇广泛存在于植物和动物中，如山梨糖醇、木糖醇、丙三醇和 D-核糖醇等。糖醇类也可由糖类经过氢化产生。糖醇具有耐热、不易着色、难消化、不易发酵和产生热量低等特性，是蔗糖不具备的。

1）木糖醇（xylitol） 存在于许多植物中，如香蕉、胡萝卜、杨梅、莴苣（*Lactuca sativa*）、花椰菜（*Brassica oleracea* var. *botrytis*）、菠菜（*Spinacia oleracea*）和洋葱（*Allium cepa*）等。工业上采用还原木糖（xylose）的方法制取。而木糖醇的代谢与胰岛素无关，但不影响糖原的合成，因此是糖尿病患者疗效食品中的理想甜味剂。它在人体内代谢完全，也是一种能源物质，含热量与蔗糖相似，为 17kJ/g，甜度略高于蔗糖。在水中的溶解度略低于蔗糖，为 64.2%（25℃），吸湿性小。酵母菌和细菌不能使其发酵，可作防龋齿能量甜味剂，掺在食糖中应用。例如，野甘草的木糖醇，国外已大量用于糖尿病及肥胖症等的饮食中。

2）山梨糖醇（sorbitol） 是一种六元醇。工业上用葡萄糖在 150℃和 100kPa 气压下还原制得。山梨糖醇摄入后，在血液中不转化为葡萄糖，不受胰岛素的控制，适合作为糖尿病、肝病和胆囊炎病患者食品中的甜味剂，在人体内产生 15.57kJ/g 热量。山梨糖醇有保湿性，可维持一定的水分，能防止食品干燥，防止糖及盐从食品中析出结晶，也有改善食品风味的作用。甘露醇以游离态存在于苹果、梨、桃、杏、樱桃、葡萄和红藻等植物中，甜度为蔗糖的 0.5～0.66 度，在食品中有广泛的用途。

3）甘露醇（mannitol） 是由 D-甘露糖和 D-果糖还原产生的。甘露糖醇主要存在于菠萝、胡萝卜、洋葱、海藻和一些树木中。在食品中甘露糖醇仅作为胶姆糖及饴糖等的防黏剂，其他方面则少用，它的甜度为蔗糖的 0.6～0.7 度。

4）麦芽糖醇（maltitol）　是由麦芽糖经氢化还原的一种双糖醇，在水中的溶解度大，配成75%～80%的溶液，其甜度接近蔗糖。麦芽糖醇被人体摄入后不转化为能源，在小肠内的分解量仅为同量麦芽糖的1/40，所以不使血糖升高，不增加胆固醇，是心血管病、动脉硬化和高血压患者及糖尿病患者理想的医疗用食品甜味剂。酵母、细菌也不能使其发酵，是很好的防龋齿甜味剂，已被应用于果酱、果冻、糖果、糕点及一些食疗食品制造中。其甜度为蔗糖的0.8～0.95度。

3. 多肽类

也称甜味蛋白。包括二肽衍生物甜味剂，如天冬氨酰二肽衍生物具有甜味，是由L-天冬氨酸与L-苯丙氨酸两种氨基酸结合的缩二线基酸甲酯，简称APM。APM为一种白色无臭粉末，其甜度比蔗糖高150～200倍。据报道，在天冬氨酰二肽衍生物中，最甜的是天冬氨酸氨基丙二酸菧醇甲醇二酯，其甜度是蔗糖的27 000倍。例如，热带非洲产马槟榔（*Capparis masaikai*）种仁含的马槟榔甜蛋白，热带非洲竹竿科植物西非竹竿（*Thaumatococcus danielli*）果实含的甜味蛋白，其甜度为蔗糖的160倍，但对热不稳定。

4. 变味蛋白

不改变食物的味道，但够改变人的味觉的蛋白质，如热带非洲山榄科植物神秘果（*Synsepalum dulcificum*）的果实，食后可使味觉改变，对酸味产生甜味感。中国科学院西双版纳热带植物园已经成功引进栽培。

第二节　特色甜味剂植物

一、罗汉果 *Siraitia grosvenorii* (Swingle) C. Jeff. ex Lu et Z. Y. Zhang

异名： *Momordica grosvenorii* Swingle; *Thladiantha grosvenorii* (Swingle) C. Jeff.

别名： 光果木鳖（《中国高等植物图鉴》），光果木，假苦瓜，金不换，拉汉果。

科属： 葫芦科（Cucurbitaceae）苦瓜属。

形态特征： 攀援藤本。叶片卵形心形、三角状卵形或阔卵状心形。雌雄异株。雄花序总状，6～10朵花生于花序轴上部；花萼筒宽钟状，喉部常具3枚长圆形膜质鳞片，花萼裂片5，三角形；花冠黄色，被黑色腺点，裂片5，常具5脉；雄蕊5，插生于筒的近基部，两两基部靠合，1枚分离，花丝基部膨大，被短柔毛，花药1室，药室S形曲折。雌花单生或2～5朵集生于总梗顶端，总梗粗壮；花萼和花冠比雄花大；退化雄蕊5枚，成对基部合生，1枚离生；子房长圆形，密生黄褐色茸毛，花柱短粗，柱头3，膨大，镰形2裂。果实球形或长圆形。种子多数，近圆形或阔卵形，扁压状，两面中央稍凹陷，周围有放射状沟纹，边缘有微波状缘檐。花期5～7月，果期7～9月。

分布与生境： 产于广西、贵州、湖南南部、广东和江西；常生于海拔400～1400m的山坡林下及河边湿地、灌丛；广西永福、临桂等地作为经济植物栽培。

成分与利用： 果实含罗汉果苷Ⅳ、罗汉果苷Ⅴ、罗汉果苷Ⅲ、罗汉果苷ⅡE、罗汉果苷ⅢE、罗汉果苷Ⅵ、罗汉果苷A、罗汉果新苷、赛门苷Ⅰ、罗汉果二醇苯甲酸酯、罗汉果醇苯甲酸酯、厚朴酚、山柰酚、琥珀酸等（李典鹏和张厚瑞，2000；廖日权等，

2008)。果实味甘甜，甜度比蔗糖高150倍，入药有润肺、祛痰、消渴之效，也可做清凉饮料，煎汤代茶，能润解肺燥；叶子晒干后治慢性咽炎、慢性支气管炎等。

采收与加工：罗汉果种植当年即结果。果实一般授粉70～80d后成熟，果柄变为黄褐色、果皮转呈淡黄色、果实较富于弹性时即可采收。采收时选择晴天，用剪刀将平果蒂处果实剪下，剪平花柱和果柄。剪果、装筐、运输时轻拿轻放，防止损伤果皮。

繁殖与栽培：种子繁殖、组织培养。罗汉果性喜温暖湿润，昼夜温差大的气候条件，对低温敏感，不耐高温，要有适宜的光照；成年植株喜光照但又忌强光暴晒，幼苗植株耐阴。全生长期喜空气湿润、多雾、雨量充沛均匀，忌积水；对土壤要求深厚、疏松而肥沃，微酸性黄壤、红壤或黄红壤。罗汉果为雌雄异株，种植时应雌雄株配置，一般种植100株雌株，配置3～5株雄株。

资源与开发：罗汉果栽培面积大，产量高，主要出口销往美国、韩国、新加坡等欧美及东南亚的20几个国家和地区。随着罗汉果研究和开发的不断深入，罗汉果出口量和栽培面积将呈现快速增加的趋势。

二、野甘草 *Scoparia dulcis* L.

异名：*Capraria dulcis* (L.) Kuntze；*Scoparia dulcis* L. var. *tenuifolia* Griseb.

别名：冰糖草，土甘草，米碎草，甜珠仔草，yahaibuwu (D-BN)，licorice weed。

科属：玄参科（Scrophulariaceae）野甘草属。

形态特征：直立草本或为半灌木状。叶对生或轮生，菱状卵形至菱状披针形，枝上部叶较小而多。花单朵或更多成对生于叶腋；萼分生，齿4，卵状矩圆形，顶端有钝头，具睫毛，花冠小，白色，有极短的管，喉部生有密毛，瓣片4，上方1枚稍稍较大，钝头，而缘有啮痕状细齿；雄蕊4，近等长，花药箭形，花柱挺直，柱头截形或凹入。蒴果卵圆形至球形，室间室背均开裂，中轴胎座宿存。

分布与生境：分布于广东、广西、云南、福建；原产于美洲热带，现已广布于全球热带；喜生于荒地、路旁，也偶见于山坡。

成分与利用：根含甘露醇约1%，并含鞣质等；甘露醇是良好的利尿剂、脱水剂、食糖代用品等。全株入药，具有清热解毒，疏风止咳，利尿消肿的功效，主治感冒发热、肺热咳嗽、暑热吐泻、脚气水肿、小儿麻疹、湿疹、热痱子、高血压和丹毒等症；提取的阿迈灵可缓解糖尿病患者的症状，在1月内尿糖、血糖皆有显著下降，而降低是逐步进行的；与胰岛素不同，血糖水平不会降至正常值以下，有些有酮尿、蛋白尿、酸血症的患者，症状也可减轻。糖尿病患者的贫血也可得到纠正，并使过高之血磷有所降低，高胆甾醇血症也有所减轻。

采收与加工：全年可采，鲜用或晒干。

繁殖与栽培：种子繁殖、组织培养。多生长于荒地、山坡、路旁，喜生于湿润环境，海岸沙地也能生长。花果期夏秋季或几全年。

资源与开发：均为野生，过度采挖造成野生资源的破坏，应加快对其组织培养及快速繁殖研究，建立野甘草无性繁殖体系，为种质资源快速繁殖规范化和产业化提供有效途径。

三、马槟榔 *Capparis masaikai* Levl.

异名：*Capparis sikkimensis* Kurz；*C. sikkimensis* subsp. *masaikai*（H. Lév.）Jacobs

别名：水槟榔、山槟榔（云南西畴），紫槟榔、太极子（《云南中药别名》），马金囊，马金南，pamuxiu（D-BN）。

科属：山柑科（Capparaceae）山柑属。

形态特征：灌木或攀援植物。叶椭圆形、长圆形、椭圆状倒卵形。亚伞形花序腋生或在枝端再组成圆锥花序，花序中常有不正常发育的小叶，各部均密被锈色短绒毛；亚伞形花序有花 3～8 朵；花中等大小，白色或粉红色；萼片外面密被锈色短绒毛；花瓣长上面 2 个较宽，基部包着花盘，下面 2 个较狭；子房卵球形。果球形至近椭圆形，成熟及干后紫红褐色，表面有 4～8 条纵行鸡冠状肋棱，顶端有喙；花梗及雌蕊柄果时木化增粗；果皮紫红色。种子数至 10 余粒，种皮紫红褐色。花期 5～6 月，果期 11～12 月。

分布与生境：产于广西（约在南丹一都安一南宁一线以西）、贵州南部、云南东南部；生于海拔 1600m 以下的沟谷或山坡密林中，也常见于山坡道旁及石灰岩山上。

成分与利用：成熟种子中含有 2 种甜味蛋白，分别为马槟榔甜蛋白Ⅰ及Ⅱ。中国唯一产甜蛋白植物，种子所含甜蛋白，其甜度是蔗糖的 400 倍。因其性味先涩后回甜，放入口中咀嚼后，越饮水越甜，为清热解毒、生津润肺及清喉火的常用药。种子去皮入药，为“上清丸”的重要药源，据典籍所载，还有催产及避孕之功效。

采收与加工：冬季采收成熟果实，击破硬壳，取出种子晒干。

繁殖与栽培：种子繁殖、压条繁殖、组织培养。同时马槟榔对其生长环境中水分及温度的要求较高，对光照的要求根据其生长阶段不同而不同，马槟榔在苗期时喜阴凉潮湿环境，而花期攀援至高大乔木争夺阳光。

资源与开发：马槟榔在中国仅分布于 27 个县市，发现活体马槟榔植株 145 株，且 85%以上的植株为单株生长。野生条件下，马槟榔种子的自然繁殖率极低，且未发现人工栽培的马槟榔。根据 IUCN 制定的物种濒危标准，中国的野生马槟榔植物资源处于濒危状态。应当加强对野生资源的保护（于旭东，2009）和人工繁育研究。

四、拐枣 *Hovenia dulcis* Thunb.

异名：*Hovenia dulcis* var. *glabra* Makino；*H. dulcis* var. *latifolia* Nakai ex Kimura；*H. dulcis* var. *tometnella* Makino；*H. pubescens* Sweet

别名：万寿果、北枳椇（《中国植物志》），枳椇（《中国树木分类学》），鸡爪梨、枳椇子（北京），甜半夜。

科属：鼠李科（Rhamnaceae）枳椇属。

形态特征：乔木。叶互生，宽卵形、椭圆状卵形或心形，边缘常具整齐的浅而钝的细锯齿，上部或近顶端的叶有不明显的齿，稀近全缘，下面沿脉或脉腋常被短柔毛或无毛。二歧式聚伞圆锥花序，顶生和腋生，被棕色短柔毛；花两性；萼片具网状脉或纵条纹；花瓣椭圆状匙形，具短爪；花盘被柔毛；花柱半裂，稀浅裂或深裂。浆果状核果近球形，成熟时黄褐色或棕褐色；果序轴明显膨大；种子暗褐色或黑紫色。花期 5～7 月，果期 8～10 月。

分布与生境：产于甘肃、陕西、河南、安徽、江苏、浙江、江西、福建、广东、广西、湖南；生于海拔 2100m 以下的开旷地、山坡林缘或疏林中；庭院宅旁常有栽培；印度、尼泊尔、不丹和缅甸北部也有分布。

成分与利用：新鲜拐枣含（%）总糖 24.9、总还原糖 16.8、葡萄糖 8.9。总脂仅占湿重的 0.58%，其中中性脂肪微量（占 0.025%），胆固醇占 0.12%，属高糖低脂型可食类。蛋白质含量占湿重的 3.26%。维生素含量（%）：维生素 B_1 0.27，维生素 B_2 0.67，总维生素 C 2.36，还厚型维生素 C 4.3，胡萝卜素 0.42。无机元素含量（μg/g）：钾 13 100、镁 2300、钙 990、钠 350、铁 58、锰 13.6、铜 8.4、钴 0.7、锌 2.2（王艳林等，1994）。果序轴肥厚，含丰富的糖，可生食、酿酒、熬糖，民间常用以浸制"拐枣酒"，能治风湿；可作果露、香槟、汽酒、汽水等饮料，还可加工成罐头、蜜饯、果脯、果干等；采用先进工艺，进行深加工，可制成方便饮料——拐枣晶。种子为清凉利尿药，能解酒毒，适用于热病消渴、酒醉、烦渴、呕吐、发热等症。果实和种子、叶、根、皮及木汁均可入药，中药称其果实为枳椇子。枳椇子中含有麦草碱、B-咔啉、枳椇苷 C、枳椇苷 D、枳椇苷 G、枳椇苷 H、鼠李碱等，具有抗脂质过氧化和降低血压等作用。树冠伞形，树态优美，叶大荫浓，是理想的园林绿化树种，既可孤植作为庭荫树，列植作为行道树，或丛植、群植而形成片林；还因其适应性强，生长快，被作为农村"四旁"绿化、美化树种。木材细致坚硬，为建筑和制细木工用具的良好用材。

采收与加工：冬季 11 月后经过几次霜冻，果梗变为红褐时方可采摘。霜降前后 3 天采收。在果梗下 10cm 处剪断，轻轻放入盛果箱中，做到轻剪轻装轻运，切勿折压。不可用竹竿敲落果枝，因果梗皮极薄，容易造成创伤导致腐败。果实采回后，及时分离果梗与果实，将果梗储于通风、阴凉处，后熟 7～10d，即可鲜品出售，也可经压榨、过滤、分离、加工成各种果茶饮料。还可以精加工，制作解酒、补身饮料。果实经晒干，搓去果皮，去除杂质，风选后袋装储运。根皮四季可采挖，但应尽量少挖。树皮宜在夏季剥取。

繁殖与栽培：种子繁殖。喜温暖湿润的气候。但空气不宜过度干燥，喜阳光充足，潮湿环境，生长适温 20～30℃，对土壤要求不严，酸性、碱性土壤均能生长，适应性较强。

资源与开发：拐枣是一种开发前景十分广阔的野生树种，既可果用、药用，又是极珍贵的优良木材，利用价值非常高，对其进行综合利用既能适应工业和用材的需求，又能为山区、林区脱贫致富提供产品生产。南方分布的拐枣，应是枳椇（*H. acerba*）。

五、多穗柯 *Lithocarpus litseifolius*（Hance）Chun

异名：*Lithocarpus mucronata*（Hick. et A. Camus）A. Camus；*L. synbalanos*（Hance）Chun；*L. viridis*（Schott.）Rehd. et Wils.；*Pasania litseifolia*（Hance）Schott.；*P. lysistachya* Hu；*P. mucronata* Hick. et A. Camus；*P. synbalanos*（Hance）Schott.；

P. viridis Schott.；*P. wenshanensis* Hu；*Quercus litseifolia* Hance；*Q. synbalanos* Hance；*Synaedrys litseifolia*（Hance）Koidz.；*S. synbalanos*（Hance）Koidz；*S. viridis*（Schott.）Koidz.

别名：木姜叶柯（《中国植物志》），甜茶（通称），甜叶子树（云南），胖稠（广东），甜味菜、大叶稠子、甘茶（贵州）、多穗石柯，多穗石栎，木姜石栎，甜叶子树，大叶稠，多穗稠，箭杆柯，姜叶柯，姜叶石栎，缙云甜茶，木姜叶栎，甜菜稠。

科属：壳斗科（Fagaceae）石栎属。

形态特征：乔木。叶椭圆形、倒卵状椭圆形或卵形，两面同色或叶背带苍灰色，有紧实鳞秕层。雄穗状花序多穗排成圆锥花序；雌花序有时雌雄同序，通常 2～6 穗聚生于枝顶部，花序轴常被稀疏短毛；雌花每 3～5 朵一簇。果序轴纤细；壳斗浅碟状或上宽下窄的短漏斗状，向下明显增厚呈硬木质，小苞片三角形，覆瓦状排列，或基部的连生成圆环，坚果为顶端锥尖的宽圆锥形或近圆球形，栗褐色或红褐色，常有淡薄的白粉。花期 5～9 月，果翌年 6～10 月成熟。

分布与生境：产于秦岭南坡以南各省（自治区）；缅甸东北部、老挝、越南北部也有分布。

成分与利用：叶成分（g/100g）为水分 9.8、粗蛋白 10.2、总糖 15.32、还原糖 4.38、灰分 4.24、水溶性灰分 2.68、水浸出物 46.82。矿物质含量（mg/100g）钾 582、钠 241、钙 60.5、镁 0.26、铁 0.52、锌 0.15、锰 0.05、硒 0.2；氨基酸含量（mg/100g）：天冬氨酸 662、苏氨酸 297.6、丝氨酸 328.4、谷氨酸 784.4、脯氨酸 510.33、甘氨酸 343.7、丙氨酸 352.85、缬氨酸 318.31、异亮氨酸 256.06、亮氨酸 543.2、酪氨酸 353.62、苯丙氨酸 305.85、赖氨酸 432.4、组氨酸 154.62、精氨酸 320.1。维生素含量（μg/g）维生素 C 1810、维生素 E 86、维生素 B_1 0.85、维生素 B_2 4.2、维生素 A 21.0；以及茶多酚 18.6g/100g、咖啡碱 1.4g/100g、总黄酮 22.2g/100g（廖晓峰等，2003）。嫩叶有甜味，嚼烂时为黏胶质，其香气浓郁，色泽鲜艳，回味甘甜持久，风味独特，长江以南多数山区居民用其叶作茶叶代品，通称甜茶。材质颇坚重，不甚耐腐。多穗柯甜茶具有降血糖、抗过敏、抗氧化、抑菌、改善记忆能力等药理活性，并未发现有任何毒副作用，能清热利尿，防治湿热痢疾、皮肤瘙痒、痈疽恶疮等。种子可酿酒，壳斗提栲胶。

采收与加工：按照茶叶的传统加工方法，可将甜茶芽叶加工为蒸青甜茶、炒青甜茶、乌龙甜茶和红碎甜茶，包括不发酵、半发酵和发酵的甜茶。

繁殖与栽培：种子或扦插繁殖。在选择造林地时，首先考虑远离污染源，保证产品的洁净。造林地以板页岩发育的红壤、黄红壤和黄壤为好，海拔 400～1200m 均可。

资源与开发：资源量大，但仅有少量开发利用，是一种很有利用价值和开发潜力的野生植物资源，可同时作为甜味剂和色素进行开发利用。

六、广西甜茶 *Rubus suavissimus* S. Lee

别名：掌叶悬钩子（《广西植物》），甜叶悬钩子，甜茶，甜叶子。

科属：蔷薇科（Rosaceae）悬钩子属植物。

形态特征：落叶灌木。单叶互生，初生叶5深裂，绝不为3深裂；叶近圆形，掌状7深裂或5深裂，极罕6裂或8裂，裂片披针形或椭圆形，中央裂片较长，先端渐尖成尾状渐尖，边缘具重锯齿。花单生于短枝先端；花萼5深裂，内外两面均密被灰褐色或灰白色短柔毛，裂片披针形或椭圆形，先端具骤然突出的细尖头；花瓣5片，与花萼裂片互生，倒卵形；雄蕊多数；插生在花萼口部，基部合生，排成不规则的三层；花丝扁，花药背着；雌蕊多数，生于突起的花托上，子房密生灰白色短柔毛，花柱丝状，柱头小头状。聚合果卵球形，幼时灰青色，熟时橙红色，味甜可食。

分布与生境：产于广东、广西等地（广西的金秀、桂平、荔浦、象州、永福和岑溪等县市，两广交界的广东连山县也有少量分布）；垂直分布区海拔170～1000m，其中以海拔500～1000m的丘陵山地常绿阔叶疏林、林缘、松杉疏林或灌丛中较为常见。

成分与利用：甜茶叶片的营养保健成分为蛋白质、氨基酸、维生素A、维生素B_1、维生素C、维生素E、叶酸、尼克酸、类胡萝卜素、黄酮苷、茶多酚、甜茶素、纤维素、微量元素等含量丰富，特别是甜茶黄酮苷、茶多酚、甜茶素等的存在，使甜茶叶片更具营养保健功能和开发价值（邓绍林，2000）。甜茶主要成分是甜茶素，是斯替维醇和葡萄糖结合而成的二萜苷；还含有悬钩子苷，甜度约为蔗糖的115倍。叶片含甜茶素5%，可作甜味调料，其甜味较甜叶菊的嗜口性好，食后有较长时间的甘甜感。叶中还含12%的粗蛋白、糖类13%、维生素C，多酚类化合物及矿物质等。甜茶叶长期当茶叶饮用，有滋肝补肾、清热解毒、生津润肺、止咳化痰和利咽的功效；对胃酸过多者，有健胃祛滞和开胃助消化的作用；饮酒过量者饮用，可提神醒酒；同时具有提高人体免疫力、防治冠心病、糖尿病、关节炎，以及抗衰老、美容、清热润肺、祛痰止咳、消肿止痛等功效；并用于糖尿病、高血压等疾病的辅助治疗；还具有较强的抗过敏作用。果酸甜可口；民间也有用其根作消肿、止血、促进伤口愈合以及治疗跌打损伤等。

采收与加工：6～10月叶片中甜茶素含量较高，此时采收质量较好。采收时应考虑枝条生长情况。二年生枝条的叶片5月采收，当年生枝条的叶片8～10月采收。鲜叶采收后，去除杂质、晒干备用。但晒干前不能用沸水烫煮，以免甜茶素流失。

繁殖与栽培：种子繁殖。广西甜茶适应性较强，对温度的适应范围较宽，既能在炎热的桂南地区生长，也能在冬季绝对温度在0℃以下的桂中山区栽培；对土壤要求不甚严格，多种母岩发育成的黄壤、红壤、紫色土等各种土壤都能生长；但广西甜茶是一种喜阳植物。

资源与开发：广西甜茶具有“茶、糖、药”三种功效，与罗汉果、甜叶菊并称广西三大甜味植物，已获得美国FDA认证，是一种极具开发价值的糖类替代品和保健品。甜茶叶所含甜茶素是一种低热值的非蔗糖天然甜味剂，其甜度相当于蔗糖的300倍，有望成为食品工业中的一种新型甜味剂。同属植物掌叶覆盆子（*R. chingii* Hu），果大，味甜，可食、制糖及酿酒。

七、甜叶菊 *Stevia rebaudiana*（Bert.）Hemsl

异名：*Eupatorium rebaudianum* Bert.

别名：甜菊，糖草，甜草，甜泽兰，candyleaf。

科属：菊科（Compositae）甜叶菊属。

形态特征：多年生半木质草本植物。茎直立，单生或丛生，幼时绿色，密生乳白色短绒毛，随茎枝老化，绒毛脱落，表面呈黄绿色，半木质化后呈紫色。叶对生或轮生，叶片倒卵形至披针形，两面有短绒毛，中部、上部叶缘有粗锯齿。花两性，由4～6朵小花集成头状花序，着生在茎和枝的顶端，呈伞房花序排列。花多为白色，基部淡红色。瘦果黑色，长纺锤形，有长毛。花期7～10月，果期9～12月。

分布与生境：产于南美洲的巴拉圭、巴西、阿根廷等国，广泛引种栽培于世界各地。中国1976年引进，南方20多个省有栽培，以江苏、福建、广东、浙江等省栽培面积较大。

成分与利用：甜叶菊的茎叶含甜叶菊苷，是一种四环双萜类配糖体，易溶于水、乙醇及其他溶剂中。熔点196～198℃，遇强酸水解，失去甜味。据报道，甜叶菊的甜味成分还含莱鲍迪苷类（有A、C、D、E四种）和杜尔可苷（有A、B两种）。叶中甜叶菊苷含量为6%～12%，最高可达25%，干物质中甜叶菊苷含量占10%左右，其甜度为蔗糖的150～300倍，为"世界第一甜"；据报道，茎叶中含有一种新的甜叶菊苷，其甜度是甜叶菊苷的1.5倍。茎叶甜，是南美洲土著早期的食物甜味剂植物。甜菊菊苷无毒，属低能量甜味剂，在人体内不会代谢，也不会残留或产生副作用，美国国立癌症研究所也确认其为"非致癌物质"。甜叶菊糖不但对人体没有任何不良影响，还对胃病等有良好的部件效果，适合糖尿病、肾脏病、心脏病等患者食用，有降血压、治疗胃酸过多、促进代谢、强壮身体等功能。对热、酸、碱等较稳定，没有苦味及发泡性，溶解性极好，不但为"甜味世界"的冠军，还被称作"时髦的甜味品"。

采收与加工：甜叶菊苷随着叶片的生长而不断积累增加，到现蕾期达到最高含量，此时收获最为适宜，田间群体的1/4植株始蕾作为标准收获期。长江流域以7月下旬收割较为适宜。广东、广西南部地区，由于日照短、气温高，营养生长期短，不仅现蕾早，收割期提前，而且收割后易现蕾开花，因此可以多次收割。收割时割取部位越低，再生能力越差，割取部位高，又会损失产量。一般留茬高度应保留4～6片叶。为使采收的叶迅速干燥，保持鲜绿色外观以及防止甜味成分损失，应选择持续3～4个晴天时进行。经干燥、粉碎过筛后备用。干燥的甜叶菊易吸湿霉变，因此，包装储藏必须注意防潮。加工时，将粉碎过筛后的甜叶菊用热水反复浸提至无甜味后，压滤，去其残渣。滤液浓缩至糖浆状，加95%乙醇，至含醇量相当于70%时静置过滤，沉淀去杂。以后，把乙醇液浓缩至糖浆状，加95%乙醇至含醇量相当于80%以上时再次沉淀去杂。去杂后的乙醇液再次浓缩至无醇味时，用蒸馏水稀释，加活性炭脱色，过滤。滤液干燥即得甜叶菊苷粗制品，含量约为30%。若精制，可将粗制品通过聚酞胺柱进行层析分离，再用水、甲醇液分段收集甜味洗脱液，并将洗脱浓缩，用甲醇进行结晶干燥（戴宝合，2003）。

繁殖与栽培：种子、扦插、压条、分株等方式繁殖。黄壤、沙壤、草甸土等土壤均能种植。土壤pH以中性为佳。地理上适应地区为长江流域中游、下游诸省。华北、东北及西北地区存在越冬冻害问题，所以该地区以一年生栽培较为适宜。

资源与开发：已广泛人工栽培。

八、其他常见甜味剂植物

（一）藤茶 *Ampelopsis grossedentata*（Hand. -Mazz.）W. T. Wang

别名：显齿蛇葡萄（《中国植物志》、《植物分类学报》），甜茶藤，白茶，棒棒茶（贵州梵净山）。

科属：葡萄科（Vitaceae）蛇葡萄属。

分布：产于江西、福建、湖北、湖南、广东、广西、贵州、云南；生于海拔200～1500m的沟谷林中或山坡灌丛。

功用：藤茶内含丰富的氨基酸、维生素及黄酮类、糖苷类、酚类物质、有机酸、水杨梅素和钾、钙、镁、锌、锰等元素；对高血脂、高血压等患者有良好的保健功效。民间的长期实践和现代科学证实，藤茶具有生津止渴、甘喉润肺、护肝益血、降虚火、助消化、消炎解毒、降压减肥、润肤美容等奇效。尤其适合肥胖者、吸烟人士及酒后饮用。全株药用，味甘、淡、性凉，具有清热解毒、祛风湿、强筋骨等功效。民间将其嫩茎叶制成保健茶，用于治疗感冒发热、咽喉肿痛、黄疸型肝炎、痈疖等症。藤茶的总黄酮含量为43.4%～44.0%，双氢杨梅素含量为37.4%～38.5%，杨梅素含量为1.72%～1.78%。

（二）假秦艽 *Phlomis betonicoides* Diels

别名：甘草、上甘草、白洋参、白元参（云南丽江），白玄参（四川盐源），水糙苏，cugong（NX）。

科属：唇形科（Labiatae）糙苏属。

分布：产于云南西北部、四川西南部及西藏东部；生于海拔2700～3000m的林间草地、林下或草坡上。

功用：从根中分离的3种二萜糖苷，名为白云苷和糙苏苷Ⅰ及Ⅱ。其得率为：白云苷0.23%，糙苏苷Ⅰ 0.01%，糙苏苷Ⅱ 0.01%。3种苷共有配糖醇，总含量0.11%；甜度为蔗糖的500倍。甜味持续时间长。民间以其根入药，治腹胀、腹痛、腹泻及风寒；能健胃。

（三）紫苏 *Perilla frutescens*（L.）Britton

别名：苏，桂荏（尔雅），荏，白苏（《名医别录》、《植物名实图考》），荏子（甘肃、河北），赤苏（山西、福建），红勾苏、香荽、假紫苏、聋耳麻（广东），红紫苏（河北、江苏、广东、广西），黑苏（江苏），白紫苏（西藏），青苏（浙江），鸡苏（湖南、江西、福建），香苏（东北、河北），臭苏（广东），野紫苏（湖南、江西、四川、云南），苏麻（湖北、四川），大紫苏、水升麻、薄荷（湖北），野藿麻（云南），孜珠（四川）。

科属：唇形科（Lamiaceae）紫苏属。

分布：中国各地广泛栽培；不丹、印度、中南半岛、南至印度尼西亚（爪哇），东至日本、朝鲜也有分布。

功用：紫苏茎叶含挥发油，挥发油中含有40%～50%的紫苏醛，此化合物经过肟化形成的紫苏肟，即紫苏甜素，是很甜的物质，其反式肟紫苏甜素的甜度比蔗糖高2000倍。本品目前仅用于香烟制造，以增加卷烟的甜味。茎叶含挥发油，供药用。

（四）西非竹芋 *Thaumatococcus danielli* L.

别名：索马甜，非洲竹芋。

科属：竹芋科（Marantaceae）西非竹芋属。

分布：分布在塞拉利昂到扎伊尔的热带雨林中，安哥拉等地也有分布；云南引种栽培。

功用：从假种皮中可分离出两种糖蛋白，称为西非竹竽素Ⅰ和西非竹竽素Ⅱ。甜度比蔗糖高2000～3000倍。商业上提取的西非竹竽素可制成结晶状，含有193种氨基酸，蛋白质中是以丙氨酸作为N端氨基酸的单个多肽链。从果实提取的西非竹竽素是天然甜味蛋白质，是目前人类已知的最甜物质之一，属无热量甜味和调味剂。供一般食品和保健食品之用。宜与蔗糖等糖类配合使用于咖啡、巧克力、胶姆糖、饮料、冷饮、甜点、焙烤制品等。还具有香味剂的潜在用途，可改善某些氨基酸和咖啡因的苦味、鞣酸类涩味，增强乳品和可可风味，用于香辛料等。

（五）神秘果 *Synsepalum dulcificum* Daniell

别名：变味果，奇迹果，甜蜜果，miraculous berry。

科属：山榄科（Sapotaceae）神秘果属。

分布：原产于西非、加纳、刚果一带，性喜高温多湿，生长适温为20～30℃，田间种植以排水良好、富含有机质、pH 4.5～5.8的酸性沙质土壤为佳；云南引种栽培。

功用：果肉含有丰富奇特的糖蛋白、维生素C、KI、柠檬酸、琥珀酸、草酸等，种子含有天然固醇等，叶子含有钠、钾、钙、镁等微量矿物元素。含芳香油，据四川资料，干果含芳香油2%～6%，鲜果含3%～4%，主要成分为柠檬醛（60%～90%），香叶醇（5%～19%）；种子含脂肪油48.2%。果实含有的糖蛋白，可将较酸的水果转化成琼浆玉露般的甘甜。常生吃熟果或浓缩锭剂具有调整高血糖、高血压、高血脂、痛风、尿酸等达正常值稳定之功效，治头痛等。果汁涂抹于蚊虫叮咬处能消炎消肿。种子可解心绞痛、喉咙痛、痔疮等。叶子泡茶或做菜能调整高血糖、高血压，保护心脏，美颜瘦身，排毒通便，控制尿酸，减轻痛风痛症，且能解酒。果肉中含有能将酸味变甜的活性成分即神秘果素果。果油可作食用和化妆香精，现已广泛用于高级香料、紫罗兰酮和维生素甲的原料；种子油可供制皂和工业用。

第十三章　饮料植物

第一节　概　　述

一、概念

凡是在果实、根、茎、花和叶等植物器官中，有一种或多种可作为原料加工成饮料的植物，称为饮料植物（beverage plant）。饮料植物一般多为木本植物，少数为藤本和多年生草本植物。

饮料植物中含有多种营养成分，如多种维生素（如维生素 A、维生素 B、维生素 C、维生素 D、维生素 E、维生素 K、维生素 P 等）、胡萝卜素、叶酸、氨基酸（包括多种人体必需氨基酸）、蛋白质、糖类、微量元素（铁、锌、铜、铝、锰等）、单宁、果胶、淀粉、脂肪等。饮料植物作为食用植物的一部分，不仅含有上述营养成分，而且还具有预防和治疗感冒、结石、糖尿病、动脉硬化、心血管等疾病，以及止痛、消炎、抗癌等多种功效。

二、资源与分布

饮料植物资源丰富，除传统的茶、咖啡、可可等植物外，在世界不同地区还有相当数量的植物被用作饮料。尤其在少数民族居住的地区，用作饮料的植物资源更为丰富。例如，西双版纳州曼伞、曼安两个傣族村寨的传统饮料植物调查显示，两个村寨传统饮料植物共有 114 种，隶属 43 科、93 属，其中 65.8%具有药用价值（潘玉梅等，2006）。因自然条件和文化差异，南方饮料植物资源多于北方的，如哈斯巴根（1990）对蒙古族传统茶饮植物调查研究结果，鉴定了 11 科、20 种可作为茶饮料植物；湖南境内具有开发利用价值的野生饮料植物约有 46 科、73 属、110 多种（王大来，1998）；海南五指山黎族传统饮料植物有 18 科、18 属、28 种（邢增通等，2012）；而潘玉梅（2006）仅调查 3 个傣族村寨，其传统饮料植物多达 52 科、116 属、142 种。据刘国民（2003）的统计，中国代茶植物多达 250 余种。

随着人们生活水平的提高，烈度酒类消费的下降，饮料的消费需求越来越大，每年以约 30%的比例增加，碳酸饮料比例逐年下降，天然饮料却呈上升趋势，特种饮料和保健饮料从无到有，发展速度强劲（汪东风和王常红，1994）。饮料植物的开发利用前景更加广阔。

三、饮料植物的分类

根据饮料利用器官的不同，分为 4 类。

1. 花类饮料植物

取花或花蜜、花粉作为饮料的原料，如菊花、鸡蛋花（*Plumeria rubra* cv. Acutifolia）、玫瑰茄、金银花、茉莉花、玫瑰花和云南松花粉等。

2. 果类饮料植物

用其果实加工或直接晒干作为饮料的原料，如咖啡（*Coffea arabica*）、罗汉果、糖椰（*Borassus flabellifer*）、黄葵（*Abelmoschua moschatwa*）、芍药、刺梨、西番莲、金樱子、猕猴桃、酸角、云南沙棘、多依、荚蒾（*Viburnum* spp.）、野海棠（*Bredia hirsuta* var. *scandens*）、毛樱桃、刺葡萄、桃金娘、牛奶子、胡颓子、余甘子和杨梅等。

3. 叶类饮料植物

取叶加工或直接晒干作为饮料的原料，如茶、甜叶菊、豆腐柴（*Premna microphyna*）、古柯（*Erythroxylum cocalam*）、柿（*Diospyvos kaki*）、黄牛木（*Cratoxylum cochinchinense*）、多穗柯、紫背天葵（*Begonia fimbristipuh*）、黄连木、悬钩子、绞股蓝（*Gynostemma pentaphyllum*）、杜仲、桑叶、野海棠、斑果藤（*Stixis suaveolens*）和掌叶梁王茶（*Nothopanax delavayi*）等。

4. 根、茎类饮料植物

利用植物的根、茎加工作为饮料的原料，如甘草、葛根、石斛和买麻藤等。

第二节 特色饮料植物

一、茶 *Camellia sinensis*（L.）O. Ktze.

异名： *Camellia arborescens* H. T. Chang, F. L. Yu et Wang; *C. longlingensis* F. C. Zhang, G. B. Chen et M. D. Tang; *C. sinensis* f. *macrophylla* (Sieber) Kitam.; *C. sinensis* f. *parvifolia* (Miq.) Sealy; *C. sinensis* f. *rosea* (Makino) Kitam.; *C. sinensis* var. *waldenae* (S. Y. Hu) H. T. Chang; *C. thea* Link; *C. waldenae* S. Y. Hu; *Thea bohea* L.; *T. cantonensis* Lour.; *T. chinensis* Sims; *T. cochinchinensis* Lour.; *T. grandifolia* Salisb.; *T. oleosa* Lour.; *T. sinensis* L.; *T. viridis* L.

别名： 檟、茗、荼（《尔雅》、《图经本草》），葭、荈（《茶经》），长叶茶、高树茶（《中山大学学报》），龙陵茶（《云南植物研究》），felie（D-DH），palan（JP），cha（ZW），tea。

科属： 山茶科（Theaceae）山茶属。

形态特征： 灌木或小乔木。叶长圆形或椭圆形，下面无毛或初时有柔毛，边缘有锯齿。花 1～3 朵腋生，白色；苞片 2 片，早落；萼片 5 片，阔卵形至圆形，宿存；花瓣 5～6 片，阔卵形；雄蕊基部连生 1～2mm；子房密生白毛；花柱先端 3 裂。蒴果 3 球形或 1～2 球形，每球有种子 1～2 粒。花期 10 月至翌年 2 月。

分布与生境： 野生种遍见于长江以南各省的山区，为小乔木状，叶片较大，常超过 10cm 长，长期以来，经广泛栽培，毛被及叶型变化很大。

成分与利用： 茶花粉成分（%）为还原糖 27.72、蔗糖 8.57、蛋白质 29.18、脂肪 2.34、含水量 10.69、水活度 0.21、灰分 2.76、亚油酸 0.21；营养成分（mg/100g）：维生素 A 0.79、维生素 D 0.02、维生素 B_1 0.09、维生素 B_2 2.74、维生素 C 1.20、维生素 E 6.6、维生素 K 0.3、钙 300、钠 30、磷 100、镁 100、硅 30、铁 602、铜 16、铝

0.6、钴 64、锌 65、钡 2.34、锰 20、钛 2、锆 0.5、镍 2、硼 3、铅 0.06、铬 0.57、钇 0.08、钒 0.03、硒 0.01、锂 0.26、钼 30；其他含量（μg/g）SOD 203.80，以及淀粉酶 6.67、过氧化氢酶 321.90；氨基酸含量（g/100g）：天冬氨酸 2.4903、苏氨酸 1.066、丝氨酸 1.1990、谷氨酸 2.8184、甘氨酸 1.0688、丙氨酸 1.2913、胱氨酸 0.2907、缬氨酸 1.2061、甲硫氨酸 0.6162、异亮氨酸 1.0742、亮氨酸 1.8888、酪氨酸 0.7901、苯丙氨酸 1.3186、赖氨酸 1.6194、氨 0.2266、组氨酸 0.5724、精氨酸 1.3309、脯氨酸 2.2761（苏松坤等，2000）。茶叶具有兴奋中枢神经、扩张心血管、强心、利尿、解痉、止咳及抗菌、抗肿瘤等药理作用。茶产品开发主要有低咖啡因茶、有机茶、茶饮料、速溶茶、超细微茶粉、鲜茶汁、茶酒、茶天然产物的提取与利用（茶多酚、咖啡因、脂多糖、茶氨酸等）、茶籽综合利用、茶花、茶饲料与茶兽药等。

采收与加工：因为年份的不同及各地地势、气候的差异，春茶萌发有早有迟；更因采摘的嫩度要求不同，故采摘开始有先后。开采期是根据已达到采摘标准的嫩枝数决定的。采制毛尖细茶，要求的嫩度高，应早采。当已有 5%的嫩芽达到采摘标准时，就应开采；制青茶或红茶，则可以等到符合采摘标准的嫩芽占 10%时开采。茶叶采摘可分为幼龄茶园和成龄茶园采摘两种。幼龄茶园采摘，实行打头采摘，按以养为主、以采为辅、采养结合的原则，采用打顶留侧、打高留低、采中留边的方法。成龄茶园采摘，一是按标准采名优茶的原料，以采摘一芽一叶初展至一芽二叶初展的幼嫩芽叶为标准，大宗茶的原料以采摘一芽二叶、三叶的正常新梢和幼嫩的对夹叶为主；二是做到及时分批采摘提高茶叶产量和品质，调节好采摘与制茶设备和劳力的矛盾；三是做到留叶采摘，不能采摘过度。

繁殖与栽培：种子或扦插繁殖、组织培养。茶树适宜生长在酸性或微酸性土壤，pH4.0～6.5 均可生长，忌胶泥土、沙性较重土壤。茶园土壤底层应没有硬盘层，否则当茶树根系发展到硬盘层后，将阻碍其深入和养分、水分吸收，导致发育不良，缺失水分和养分。

资源与开发：中国是世界上茶资源最丰富的国家，也是世界上茶资源最多的生产国、消费国和贸易国。中国茶叶实现产品由数量型向质量型转变、增长方式由粗放型向集约型转变、从单一资源利用型向复合立体科技型转变以及单纯追求增长向增长与发展同步转变。进一步探明茶叶中有效成分的新作用，使茶叶功能性成分在新的领域得到广泛应用。

二、咖啡 *Coffea arabica* L.

异名：*Coffea bourbonica* Pharm. ex Wehmer；*C. corymbulosa* Bertol.；*C. moka* Heynh.；*C. sundana* Miq.；*C. vulgaris* Moench

别名：小粒咖啡，小果咖啡，magapi（D-DH），gapigezhi（JP），gapizai（ZW），Arabian coffee。

科属：茜草科（Rubiaceae）咖啡属。

形态特征：小乔木或大灌木。叶卵状披针形或披针形；托叶阔三角形。聚伞花序数个簇生于叶腋内，每个花序有花 2～5 朵；花苞片基部多少合生，二型，其中 2 枚阔三角形，长和宽近相等，另 2 枚披针形；萼管管形，萼檐截平或具 5 小齿；花冠白色，顶部常 5 裂，裂片常长于花冠管，顶端常钝；花药伸出冠管外，柱头 2 裂。浆果成熟时阔椭圆形，外果皮硬膜质，中果皮肉质，有甜味；种子背面凸起，腹面平坦。花期 3～4 月。

分布与生境：原产于埃塞俄比亚或阿拉伯半岛。福建、台湾、广东、海南、广西、四川、贵州和云南均有栽培。

成分与利用：果实成分和含量（%）为水分 6.45、还原糖 1.23、蔗糖 8.90、淀粉 3.11、粗纤维 17.14、脂肪 13.21、蛋白质 14.94、咖啡碱 2.18、灰分 3.99（陈建白，1986）。云南小粒咖啡香气成分（%）：糠醇 32.799、糠醛 6.367、5-甲基呋喃醛 7.630、2-甲基吡嗪 4.673、2-乙基-5-甲基呋喃 3.641、2-乙基吡嗪 1.103、*N*-甲基-2-吡咯甲醛 1.269（周斌等，2013）。“镂花白玉叶，珊瑚珠子结。冒雨看咖啡，留连不忍归。花开常带雨，香味浓如乳。山鸟夜来呼，明朝拾落珠。”从描述福山咖啡的诗词中，咖啡的优雅浓香一览无遗。作为重要的饮料植物，咖啡每年销售量跃居三大饮料之首，是可可的 3 倍，茶叶的 4 倍。云南的小粒咖啡，被称为“国际上质量最好的咖啡”。

采收与加工：由于咖啡通常分批开花，果实分批成熟，因此咖啡果实也分批采收，随熟随采。咖啡果实的采收必须是红色成熟的果实（用手轻轻挤压，若咖啡豆能轻易弹出表明其已充分成熟），成熟度不够的果实坚决不采。如果无法在咖啡果实刚好成熟的时候采收，则应当在加工之前将过熟果和青果分开。采收后，将咖啡果实用清洗干净的篮子或袋子盛装，并尽量于当天运往工厂加工，以避免果实在田间发酵而影响咖啡质量。

繁殖与栽培：种子繁殖。年均气温 19～21℃，绝对最低温 0℃以上；年均降水量 1000～2500mm；年均日照时数 1800～2200h，年活动积温 6500～7500℃。最适海拔 800～100m，海拔不宜超过 1150m；坡度小于 25°，丘陵地或平地；要求静风，风速小于 2m/s，pH0～6，土层厚度 60～100cm，地下水位低于 1m。

资源与开发：本种为咖啡属中最广泛栽植种。由于其抗寒力强，又耐短期低温，在热带地区可生长于海拔 2100m 的高山，但不耐旱；枝条比较脆弱，不耐强风；抗病力比较弱；果成熟后易脱落；经加工后咖啡味香醇和含咖啡因成分较低。

三、苦丁茶 *Ilex kudingcha* C. J. Tseng

异名：*Ilex latifolia* Thunb. f. *puberula* Fang et Z. M. Tan

别名：扣树（海南）。

科属：冬青科（Aquifoliaceae）冬青属。

形态特征：常绿乔木；小枝粗壮，被微柔毛。叶生于 1～2 年生枝上，叶片长圆形至长圆状椭圆形，边缘具重锯齿或粗锯齿；叶柄被柔毛；托叶早落。聚伞状圆锥花序或假总状花序生于当年生枝叶腋内；雄花：聚伞状圆锥花序，小苞片卵状披针形，具小缘毛；花萼盘状，4 深裂，膜质；花瓣 4，卵状长圆形；雄蕊 4，短于花瓣；不育子房卵球形。果球形，成熟时红色；宿存花萼伸展，4 裂片三角形，宿存柱头脐状。分核 4，内果皮石质。花期 5～6 月，果期 9～10 月。

分布与生境：产于湖北（兴山、来凤）、湖南（保靖）、广东（高要、乳源、英德）、广西（武鸣、大新、天峨）、海南、四川（合川）和云南东南部（麻栗坡）；生于海拔1000～1200m 的密林中。

成分与利用：苦丁茶中含有苦丁皂苷、氨基酸、维生素 C、多酚类、黄酮类、咖啡碱、蛋白质等 200 多种成分，包括有咖啡酸甲酯、香草醛、没食子酸、咖啡酸、β-谷甾醇、对羟基苯甲醛、阿魏酸、羽扇豆醇、熊果酸、胡萝卜苷、甘露醇等（左文健等，2011；刘韶等，2003）。微量元素含量（$g\times10^{-6}$）：锌 25.30、铜 11.25、锰 83.35、钙 44.60、铁 46.15、镁 19.55、钴 0.35、锶 7.45、锂 1.45、铷 10.25、钾 70.38、镍 1.05（张鲁勉，2002）。茶清香有苦味、而后甘凉，具有清热消暑、明目益智、生津止渴、利尿强心、润喉止咳、降压减肥、抑癌防癌、抗衰老、活血脉等多种功效，素有保健茶、美容茶、减肥茶、降压茶、益寿茶等美称。

采收与加工：采摘的鲜茶叶，及时进行加工处理，切勿层积堆沤，以免叶落腐烂。苦丁茶加工过程为萎凋、杀青、揉捻、干燥。

繁殖与栽培：种子或扦插繁殖。苦丁茶喜温暖、湿润，怕浸耐阴。建园时应选择土壤深厚、肥沃、疏松的酸性土壤，以山下坡的缓地最好。

资源与开发：苦丁茶在中国有 2000 多年的饮用历史。但已销声匿迹近一个世纪，直到 20 世纪 80 年代末才被重新考究挖掘，由于市场好，发展十分迅速，已在海南、广东、云南等省（自治区）种植，产量逐年增加。苦丁茶种植推广容易，适应性广，具有十分丰富的营养保健成分，保健价值高，是一种理想的天然的保健食品，符合人们对食品的要求。然而，因其味苦，不易被大众所接受，市场开发受到一定的限制。

四、刺梨 *Rosa roxburghii* Tratt. f.

异名：*Rosa microphylla*（Roxb. ex Lind.）Desfontaines；*R. roxburghii* var. *plena* Rehder；*Saintpierrea microphylla*（Roxb. ex Lindl.）Germ.

别名：缫丝花（《植物名实图考》），刺糜（《植物名实图考》），chestnut rose。

科属：蔷薇科（Rosaceae）蔷薇属。

形态特征：灌木；小枝有基部稍扁而成对皮刺。小叶 9～15 片，小叶片边缘有细锐锯齿，下面叶脉突起，叶轴和叶柄有散生小皮刺；托叶大部贴生于叶柄，离生部分呈钻形，边缘有腺毛。花单生或 2～3 朵，生于短枝顶端；小苞片 2～3 枚，卵形，边缘有腺毛；萼片通常宽卵形，有羽状裂片，内面密被绒毛，外面密被针刺；花瓣重瓣至半重瓣，淡红色或粉红色，微香，倒卵形，外轮花瓣大，内轮较小；雄蕊多数着生在杯状萼筒边缘；心皮多数，着生在花托底部；花柱离生，被毛，不外伸，短于雄蕊。果扁球形，绿红色，外面密生针刺；萼片宿存。花期 5～7 月，果期 8～10 月。

分布与生境：产于陕西、甘肃、江西、安徽、浙江、福建、湖南、湖北、四川、云南、贵州、西藏等省（自治区），均有野生或栽培。也见于日本。

成分与利用：刺梨中粗纤维 7.75%；果实成分（mg/100g）：维生素 C 2087.80、维生素 B_1 0.025、维生素 B_2 0.02、维生素 E 2.35、胆碱（干基）140、胡萝卜素 1.80，其他成分（%）：维生素 PP 1.17、单宁 0.52、果胶 0.7、总糖 4.13、粗蛋白（干基）

5.10、粗脂肪（干基）4.74、粗灰分 4.68（蔡金腾和朱庆刚，1996）。叶含有 β-谷甾醇、大黄素甲醚、β-胡萝卜苷、刺梨苷、野蔷薇苷与桔酸乙酯。果实味甜酸，含多种维生素，包括维生素 A、维生素 C、维生素 D、维生素 E、维生素 B、维生素 B_2、维生素 B_{11}、维生素 K、维生素 P、叶酸、胡萝卜素等。维生素 C 含量为苹果的 800 余倍、中华猕猴桃的 10 倍、橘子的 100 倍，山楂的 23 倍，被誉为“维生素 C 之王”；花、叶、果、籽可入药，有健胃、消食、滋补、止泻的功效，用于消化不良、身体虚弱、食积腹胀、胃脘痛、牙痛、咽喉炎、血小板出血、缺铁性贫血、高血压、肥胖症、动脉硬化、自汗盗汗、久咳、久泻、遗尿、遗精及妇女白带、妇女月经过多等症的治疗；刺梨富含超氧化物歧化酶，其具有抗衰、防癌作用的活性物质；根煮水治痢疾；还可作为熬糖酿酒的原料；花朵美丽，可栽培供观赏用。

采收与加工：刺梨鲜果由于口味酸涩，鲜食很难入口，通过加工，才能进入消费市场。刺梨可制成罐头、果汁、清凉饮料、果酱、果酒等各种加工食品，使用先进的加工工艺，不仅能使刺梨产品营养丰富，味美可口，并且能保持较高含量的维生素 C 等营养物质。

繁殖与栽培：种子、扦插或根蘖繁殖。刺梨在 pH 5.5～6.5 的微酸性壤土、沙壤土、黄壤、红壤、紫色土都能栽培。不耐瘠薄，因此栽培时要求园地土壤的土层要深厚、肥沃，保水保肥力强；在保水保肥力差的土壤上，刺梨植株生长弱，产量低，品质差。

资源与开发：目前还处于半野生状态，野生刺梨大部分生长在偏远的山区，几乎不受污染，是难得的绿色天然原料，故被业内人士称为“第三代水果”。中国长江流域的气候适合刺梨的生长，发展中国的刺梨栽培与加工业，不仅可为消费者提供优质的保健食品，同时对水土保持及提高广大山区群众的生活条件具有重要意义。

五、西番莲 *Passiflora coerulea* L.

异名：*Passiflora chinensis* Hort ex Mast.；*P. loureirii* G. Don；*P. selloi* Dehnh.

别名：转心莲、西洋鞠（《越南笔记》）、转枝莲、洋酸茄花（云南）、时计草（广西），nuowangwai (D-BN)，mahohe (D-DH)，endingelinxi (JP)，lezhashi (ZW)。

科属：西番莲科（Passifloraceae）西番莲属。

形态特征：草质藤本；叶基部心形，掌状 5 深裂；叶柄中部有 2～4（～6）细小腺体；托叶较大、肾形，抱茎；聚伞花序退化仅存 1 花，与卷须对生；花大，淡绿色；苞片全缘；萼片 5 枚，外面淡绿色，内面绿白色，外面顶端具 1 角状附属器；花瓣 5 枚，淡绿色，与萼片近等长；外副花冠裂片 3 轮，丝状；内副花冠流苏状，裂片紫红色；具花盘；雄蕊 5 枚，花丝分离；花药长圆形；子房卵圆球形；花柱 3 枚，分离；柱头肾形。浆果卵圆球形至近圆球形，熟时橙黄色或黄色；种子多数，倒心形。花期 5～7 月。

分布与生境：栽培于广西、江西、四川、云南等地，有时逸生；原产于南美洲巴西，热带、亚热带地区常见栽培。

成分与利用：主要营养成分（mg/100g）：蛋白质 1940、水分 83 700、灰分 500、脂肪 1330、硫胺素 0.21、核黄素 0.30、抗坏血酸 25.6，以及胡萝卜素 513μg；微量元素（mg/100mL）：钾 95、钠 80、钙 45.7、镁 5.7、铁 0.2、磷 58.2、锌 0.29、铜 0.02、锰 0.02（殷建忠等，2004）。果皮中含有丰富的碳水化合物、多糖、黄酮和多酚类物质，其中果胶和粗纤维含量分别为 12.5%和 22.1%，多糖含量为（20.62±0.21）g/100g，总黄酮含量为（1180.67±16.73）mg/100g，总酚含量为（2811.24±22.74）mg/100g（文良娟等，2008）。西番莲果汁丰富，味道鲜美，风味独特，在国际饮料市场上占有重要的地位。其富含有益于人体的各种营养成分，既可鲜食、酿酒，又可加工成果汁、果酱、罐头等系列产品，还具有药用和保健作用。果实含有 132 种以上的芳香物质，最适于加工成果汁，其果汁酸甜可口，芳香怡人，是世界上最好的天然植物香精，俗称“百香果”。含有丰富的蛋白质、脂肪、还原糖、多种维生素和磷、钙、铁、钾等多达 165 种化合物以及人体必需的 17 种氨基酸，营养价值极高，其中维生素含量高，对防治心血管疾病有积极的作用，在国际饮料市场称之为果汁之王。与其他水果（如芒果、菠萝等）加工混配成混合果汁，可以显著地提高这些果汁的口感与香味；也可以做雪糕或其他食品的添加剂以增进香味，改进品质。种子含油率较高，为优质食用油。花大而奇特，可作庭园观赏植物。入药，具有祛风消热之效，治风热头昏等。

采收与加工：西番莲果实一般开花后 60～90d 成熟。果实采收标准：黄果型果皮由绿转黄色，紫果型由墨绿色转紫色。西番莲果实充分成熟后，连果柄一起自然脱落，落在地面上或搁在架上，用竹竿将搁在架顶的果实取下，并注意轻拿轻放防止果实受损。采收脱落果实落地时间不能超过 3d，新鲜果实容易失水变皱，影响外观。采后用薄膜袋包装储存保鲜，可提高果实商品价值；或加工成果汁饮用。

繁殖与栽培：种子或扦插繁殖。喜温暖至高温湿润的气候，不耐寒。生长快，开花期长，开花量大，适宜于北纬 24°以南的地区种植。对土壤的要求虽不很严格，但要丰产、稳产，则要求土壤疏松肥沃，有机质丰富、水分充足、排水良好、灌水方便的生长环境；要求温暖、全年无冻害的气候。

资源与开发：中国栽培西番莲历史悠久，在唐代、清代已作为观赏植物，称玉蕊花，但供食用的西番莲传入中国为时不久。中国台湾于 1913 年从菲律宾引入，广东、福建等省种植的紫果西番莲系 20 世纪五六十年代从印度尼西亚引入。因西番莲果汁散发石榴、菠萝、香蕉、草莓、柠檬等 10 多种水果的浓郁香味而被称为百香果。花果俱美，适于观赏，果实可简单加工成果汁，宜自制，因风味独特，市场前景广阔。

六、野山楂 *Crataegus cuneata* Sieb. & Zucc.

异名：*Crataegus argyi* H. Lév. et Vaniot; *C. chantcha* H. Lév.; *C. cuneata* f. *pleniflora* S. X. Qian; *C. cuneata* var. *shangnanensis* L. Mao et T. C. Cui; *C. kulingensis* Sarg.; *C. stephanostyla* H. Lév. et Vaniot

别名：小叶山楂、牧虎梨（河南），红果子、浮萍果、大红子（贵州），猴楂、毛枣子（江西），山梨（湖南），Chinese hawthor。

科属：蔷薇科（Rosaceae）山楂属。

形态特征：落叶灌木，分枝密，通常具细刺。叶片宽倒卵形至倒卵状长圆形，基部下延连于叶柄，边缘有不规则重锯齿，顶端常有 3 或稀 5～7 浅裂片；叶柄两侧有叶翼；

托叶大形，镰刀状，边缘有齿。伞房花序，具花 5～7 朵，总花梗和花梗均被柔毛。苞片披针形，条裂或有锯齿，脱落很迟；花萼筒钟状，外被长柔毛，萼片三角卵形，内外两面均具柔毛；花瓣近圆形或倒卵形，白色，基部有短爪；雄蕊 20；花药红色；花柱 4～5，基部被绒毛。果实近球形或扁球形，红色或黄色，常具有宿存反折萼片或 1 苞片；小核 4～5。花期 5～6 月，果期 9～11 月。

分布与生境：产于河南、湖北、江西、湖南、安徽、江苏、浙江、云南、贵州、广东、广西、福建；生于山谷、多石湿地或山地灌木丛中，海拔 250～2000m 的地带；日本也有分布。

成分与利用：果实成分与含量（%）为水分 71.31、灰分 4.17、粗纤维 7.00、粗脂肪 5.40、粗蛋白 1.21、总糖 46.71，以及营养成分（mg/g）：维生素 C 4.92、维生素 PP 3.3 971、维生素 B_1 0.8942、维生素 B_2 10.31、β-胡萝卜素 0.0162；微量元素（μg/g）钠 113.4、镁 215.6、铁 5.3、钾 2831.5、钙 586.3、铜 4.6、锌 3.1、钴 1.1、磷 113.2、锰 5.2；氨基酸含量（%）：谷氨酸 0.121、天冬氨酸 0.042、丝氨酸 0.046、组氨酸 0.026、苏氨酸 0.038、脯氨酸 0.031、缬氨酸 0.061、半胱氨酸 0.029、亮氨酸 0.054、赖氨酸 0.019、甘氨酸 0.062、精氨酸 0.016、丙氨酸 0.028、酪氨酸 0.014、蛋氨酸 0.023、异亮氨酸 0.035、苯丙氨酸 0.062（袁瑾等，2000）。果可食、酿酒或制果酱，入药有消食积、散淤血、驱绦虫、治肉积、痰饮、吞酸之效；嫩叶可以代茶，茎叶煮汁可洗漆疮。饮用野山楂类保健茶，对调节人体代谢功能，提高人体免疫能力及抗疲劳、促消化、降血脂、降血压等均有一定疗效。

采收与加工：野山楂果实成熟多在 8 月，果由青变大红时即可采摘食用。采收后置于阴凉处，避免发热霉烂。

繁殖与栽培：种子或根蘖分株繁殖。选择避风向阳、水源充足、地势平坦、土层深厚的中性至微酸性的沙壤土地栽培。

资源与开发：野山楂多处于野生状态，应加强野山楂资源的开发利用。

七、金樱子 *Rosa laevigata* Michx.

异名：*Rosa amygdalifolia* Ser.；*R. argyi* Levl.；*R. cucumerina* Tratt.；*R. laevigata* var. *kaiscianensis* Pampanini；*R. laevigata* var. *leiocarpa* Y. Q. Wang et P. Y. Chen；*R. nivea* DC.；*R. ternata* Poir.；*R. triphylla* Roxb. ex Lindl.

别名：刺梨子（《开宝本草》），山石榴、山鸡头子（《本草纲目》），和尚头（四川），唐樱竻（广东），油饼果子（安徽），molenman（D-DH），Cherokee rose。

科属：蔷薇科（Rosaceae）蔷薇属。

形态特征：常绿攀援灌木；小枝散生扁弯皮刺。一回羽状复叶，小叶常 3，稀 5；小叶边缘有锐锯齿；小叶柄和叶轴有皮刺和腺毛；托叶离生或基部与叶柄合生，披针形，边缘有细齿，齿尖有腺体，早落。花单生于叶腋；花梗和萼筒密被腺毛，随果实成长变为针刺；萼片卵状披针形，先端呈叶状，边缘羽状浅裂或全缘，常有刺毛和腺毛，内面密被柔毛，比花瓣稍短；花瓣白色，宽倒卵形，先端微凹；雄蕊多数；心皮多数，花柱离生，有毛，比雄蕊短很多。果梨形、倒卵形，稀近球形，紫褐色，外面密被刺毛，萼片宿存。花期 4～6 月，果期 7～11 月。

分布与生境：产于陕西、安徽、江西、江苏、浙江、湖北、湖南、广东、广西、台湾、福建、四川、云南、贵州等；生于海拔 200～1600m 的山野、田边、溪畔灌木丛中。

成分与利用：果实含有β-谷甾醇、亚油酸、亚油酸乙酯、亚油酸甘油三酯、野鸦春酸、2α-羟基乌苏酸、山柰酚、翻白叶苷 A、胡萝卜苷等（贺祝英和梁光义，1995）。多糖由葡萄糖、甘露糖、半乳糖、鼠李糖、阿拉伯糖和木糖组成。果肉含量（%）：棕榈酸 11.65、棕榈烯酸 6.48、硬脂酸 2.69、油酸 45.65、亚油酸 20.14、亚麻酸 9.38；其他成分（mg/100g）：天冬氨酸 258、苏氨酸 117、丝氨酸 98、谷氨酸 359、甘氨酸 138、丙氨酸 126、脱氨酸 76、缬氨酸 154、蛋氨酸 16、异亮氨酸 113、亮氨酸 171、酪氨酸 36、苯丙氨酸 195、赖氨酸 85、氨 86、组氨酸 40、精氨酸 126、脯氨酸 151、色氨酸 548（蔡金腾和丁筑红，1995）。营养丰富，维生素 C 比鲜枣高 3 倍，比橘子高 30 倍，比番茄高 140 倍。根皮含鞣质可制栲胶，果实可熬糖及酿酒。花、叶、根均可入药，性味酸、甘、平，有固精涩肠、缩尿止泻，治滑精、遗尿、小便频数、溃疡、疮毒、烫伤、脾虚腹泻、痢疾腹泻、自汗盗汗、崩漏带下等功效；果能止腹泻并对流感病毒有抑制作用。

采收与加工：一般于 10～11 月果实成熟后即可采收。其雄花在初开时可生食，味甜。成熟果实可生食，味甜；果实切开，去子、去刺毛，洗净后，可炖肉食；可煎成汁，去渣，取其汁入锅，打入鸡蛋，蛋熟后放入适量糖拌匀食；也可将其蒸熟浸酒，饮后有滋补强身作用；还可制糖。

繁殖与栽培：种子、扦插或分株繁殖。金樱子树势强健、喜光、耐阴、耐寒，对土壤要求不严，但以深厚肥沃、排水良好的中性或微酸性土壤生长最好；怕涝，积水时间稍长，枝干下部的叶片即易黄落，严重水涝会造成植株死亡。

资源与开发：中国中部及南部均有分布。

八、野菊 *Dendranthema indicum*（L.）Des Moul.

异名：*Chrysanthemum indicum* L.；*C. lushanense* Kitam.；*C. nankingense* Hand.-Mazz.；*C. procumbens* Lour.；*C. sabinii* Lindl.；*Matracaria indica*（L.）Desr.；*Pyrethrum indicum*（L.）Cass.；*Tanacetum indicum*（L.）Sch.-Bip.

别名：疟疾草（江苏）、苦薏、路边黄、山菊花（福建）、黄菊仔（广西）、菊花脑（南京），野菊花，野黄菊，mopinpapewan（D-DH），nanzemenban（JP）。

科属：菊科（Compositae）菊属。

形态特征：多年生草本。茎直立或铺散，分枝或仅在茎顶有伞房状花序分枝。基生叶和下部叶花期脱落。中部茎叶卵形、长卵形或椭圆状卵形，羽状半裂、浅裂或分裂不明显而边缘有浅锯齿。叶柄柄基无耳或有分裂的叶耳。两面同色或几同色。头状花序，多数在茎枝顶端排成疏松的伞房圆锥花序或少数在茎顶排成伞房花序。总苞片约 5 层，外层卵形或卵状三角形，中层卵形，内层长椭圆形。全部苞片边缘白色或褐色宽膜质，顶端钝或圆。舌状花黄色，舌片顶端全缘或 2～3 齿。瘦果。花期 6～11 月。

分布与生境：广布于东北、华北、华中、华南及西南各地；生于山坡草地、灌丛、河边水湿地、滨海盐渍地、田边及路旁；印度、日本、朝鲜、原苏联也有分布。

成分与利用：花中含有金合欢素、木犀草素、芹菜素、异泽兰黄素、麦黄酮、芹菜素-7-*O*-β-D-葡萄糖苷、木犀草素-7-*O*-β-D-葡萄糖苷、蒙花苷、β-胡萝卜苷、绿原酸、香草酸、蔗糖等（张聪等，2009）。花色泽金黄，芳香甘醇，可泡茶，饮用具有生津止渴，清热解毒，益肝明目，降压减肥等功效。具有较高的药用保健价值，是四季皆宜的健康饮品；叶、花及全草入药，性凉，味苦、辛，归肺、肝二经，疏风清热，消肿解毒，治疗风热感冒、肺炎、高血压、痢疾、口疮、丹毒等症，防治流行性脑脊髓膜炎，预防流行性感冒、感冒。其浸液对杀灭孑孓及蝇蛆非常有效。

采收与加工：以色黄无梗、完整、气香、花未全开者为佳。采摘的菊花还可制成保健茶。作为药用时于花盛开时连茎割下，扎成小捆倒挂于通风干燥处阴干。然后摘下花头，装入木板箱或竹篓备用。

繁殖与栽培：分株或扦插繁殖。

资源与开发：野菊花广泛分布于中国东北、华北、西北、华东、西南等地，野生资源丰富，但绝大部分未开发利用，现有的野菊花产品有野菊花栓、野菊花注射液、菊藻丸等。野菊花生物活性多样，且作用温和持久，在药品、食品、化妆品等领域具有开发价值。

九、茉莉 *Jasminum sambac*（L.）Ait.

异名：*Nyctanthes sambac* L.；*N. undulata* L.

别名：重瓣茉莉，mohaodian（D-DH），sebeban（JP），Arabian jasmine。

科属：木犀科（Oleaceae）素馨属。

形态特征：直立或攀援灌木。小枝疏被柔毛。单叶对生，叶片圆形、椭圆形、卵状椭圆形或倒卵形，侧脉在上面稍凹入或凹起，下面凸起，细脉在两面常明显，除下面脉腋间常具簇毛外，其余无毛；叶柄被短柔毛，具关节。聚伞花序顶生，通常有花 3 朵，有时单花或多达 5 朵；花序梗被短柔毛；苞片微小，锥形；花极芳香；花萼无毛或疏被短柔毛，裂片线形；花冠白色，花冠管裂片长圆形至近圆形，先端圆或钝。果球形，呈紫黑色。花期 5～8 月，果期 7～9 月。

分布与生境：原产于印度；中国南方和世界各地广泛栽培。

成分与利用：花蕾中含有苄基-*O*-β-D-葡萄吡喃糖苷、苄基-*O*-β-D-木吡喃糖基(1→6)-β-D-葡萄吡喃糖苷、芦丁、山柰酚 3-*O*-α-L-鼠李吡喃糖基（1→2）［α-L-鼠李吡喃糖基（1→6）］-β-D-半乳吡喃糖苷、槲皮素-3-*O*-α-L-鼠李吡喃糖基（1→2）［α-L-鼠李吡喃糖基（1→6）］-β-D-半乳吡喃糖苷等（刘海洋等，2004）。花极香，为著名的花茶原料及重要的香精原料；花、叶药用治目赤肿痛，并有止咳化痰之效。茉莉的根、叶、花均有药用价值。根有麻醉、止痛之功效，可以用于治疗失眠、头痛、龋齿、跌打损伤；叶用于治疗外感发热、腹胀腹泻；花可用于治疗腹胀腹泻、结膜炎、皮炎、疮毒等。

采收与加工：于花蕾即将开而未开时采收，群众称为“虎爪”状。茉莉花晚间开花，故采摘时间在下午 3～4 时为好。秋凉后，气温渐低，可在早晨采花。茉莉花边开边采，采收的鲜花要求带有花蕾、花柄，无病虫蕾、无黄青蕾，无茎叶等杂物。

繁殖与栽培： 扦插、压条或嫁接繁殖。茉莉性喜温暖湿润，生长适温为22～35℃；温度适宜、光照充足时，茉莉枝干粗壮，花蕾多，着色好，香气浓；冬季气温低于3℃时，枝叶易遭受冻害，如持续时间长，会导致死亡。

资源与开发： 已有学者研究了茉莉花香饮料等食品，效果良好。茉莉保健品研制开发方兴未艾，其商业开发颇具潜力。

十、其他常见饮料植物

（一）可可 *Theobroma cacao* L.

参见色素植物部分。

功用： 可可的种子为制造可可粉和巧克力糖的主要原料。茶叶、咖啡、可可是世界三大饮料，茶叶发源于亚洲，咖啡发源于非洲，可可发源于美洲。古时，印第安人使用的钱币是一种植物种子，其磨成粉掺在玉米粉中做饼，食后精神焕发，不知疲劳，称“巧克力脱”，西班牙人称它为“巧克力”。这种树被印第安人称为“可可呼脱力”，后来，植物学家根据这个发音把这种树定名为“可可树”。

（二）番石榴 *Psidium guajava* L.

参见野生果树部分。

功用： 果实营养丰富，特别是灰分中含磷、铁、钙，其中铁含量之多为热带水果所少有；维生素C含量丰富，比柑橘高8～9倍，比香蕉、凤梨、木瓜、番茄、西瓜等高30～80倍；性味甘、酸、涩、温、无毒，具有收敛止血、止痒的功用，治腹泻、久痢、湿疹、创伤出血等作用，还具有治疗糖尿病及降血糖的药效，对防止坏血病及缺乏尼克酸引起的皮炎、腹泻、阿尔茨海默病有辅助作用。果可生食或加工饮料。

（三）猕猴桃 *Actinidia chinensis* Planch.

参见野生果树部分。

功用： 果实富含糖类和维生素，维生素C是柑橘的3～14倍，甜橙的2～8倍，番茄的15～32倍，桃的17～70倍，苹果的20～84倍，梨的30～140倍。性酸、甘、寒，有调中理气、生津润燥、解热除烦之效。食用其制剂可助消化，增食欲、防呕吐、防治维生素C缺素症。

（四）杨梅 *Myrica rubra*（Lour.）Sieb. et Zucc.

参见野生果树部分。

功用： 果实含葡萄糖、果糖、柠檬酸、苹果酸、维生素B、维生素C等；可食部分占85%，成分（g/100g）：水分92.0，蛋白质0.7，脂肪0.3，碳水化合物6.3，热量31大卡，粗纤维0.4，灰分0.3，钙0.0012，磷微量，铁0.0006（王宗训，1989）。果实可食，有生津止渴的功效，做清凉饮料；树皮及根入药，味甘酸，性温、无毒，有生津解渴、和胃消食、涤肠胃和五脏的作用，可治烦渴、吐泻、痢疾、腹痛；树皮富含鞣质。

（五）金银花 *Lonicera japonica* Thunb.

别名：忍冬（《名医别录》），金银藤（江西铅山、云南楚雄），银藤（浙江临海、江苏），二色花藤（上海），二宝藤、右转藤（四川），子风藤（浙江丽水），蜜桷藤（江西铅山），鸳鸯藤（福建），老翁须（《常用中草药图谱》）。

科属：忍冬科（Caprifoliaceae）忍冬属。

分布：分布于北美洲、欧洲、亚洲和非洲北部温带至亚热带地区。

功用：含挥发油、黄酮类、三萜类、有机酸、醇类、微量元素等，制作金银花茶，或直接饮用，具有抗病原微生物、解热、抗炎、保肝、止血、抗氧化、免疫调节等作用。

（六）绞股蓝 *Gynostemma pentaphyllum*（Thunb.）Makino

参见药用植物部分。

功用：茶用全草。含丰富的绞股蓝皂苷、黄酮、多糖、人体必需的 8 种氨基酸和多种微量元素。功效为：①降血脂和抗血小板聚集及释放、延缓和阻止动脉硬化斑块发展；②调节脂肪代谢和减肥；③具有清热解毒、止咳祛痰、治疗慢性支气管炎、哮喘之症；④抗癌、护肝作用；⑤镇静、抗紧张、催眠、镇痛作用；⑥防偏头痛；⑦抗衰老，提高免疫；⑧绞股蓝皂苷对电解质氧自由基所致内皮损伤具有有益作用。

（七）银杏 *Ginkgo biloba* L.

参见淀粉植物部分。

功用：银杏叶活性成分具有良好的心脑血管活性、抗氧化及清除自由基等作用，饮用叶具有抗氧化、舒张血管、防治阿尔茨海默病等功能，提取物含银杏黄酮和萜内酯两类活性成分，能够扩张冠脉血管，增加心脑血流量，对抗血小板活化因子（PAF）。

（八）松针 *Pinus* spp.

包括：云南松、思茅松、华山松等。

科属：松科松属。

分布：不同区域分布不同的种类。

功用：松针制成的饮料，有较好的保健作用。古代的《隋书·隐选传》中记有一位叫徐则的人，到天台山修身养性，每日赖以维持生命，唯饮“松水”而已。这是最早用松针作为饮料的传说。《本草纲目》记载：“松叶细切更研，每日食前以酒调下二钱，亦可煮汁作粥食。初食稍难，久则自便矣。令人不老，轻身益气。久服不已，绝谷不饥不渴。”松针含有松香酸酐、松香酸、维生素 C 等多种成分，能防治流感病毒，对神经痛、夜盲症、贫血、支气管炎等都有一定疗效。

（九） 山茱萸 *Cornus officinalis* Sieb. et Zucc.

别名： 对节子、大山胡椒（云南维西），枣皮（药名）。

科属： 山茱萸科（Cornaceae）山茱萸属。

分布： 产于山西、陕西、甘肃、山东、江苏、浙江、安徽、江西、河南、湖南等；生于海拔 400～1500（～2100）m 的林缘或森林中；朝鲜、日本也有分布。

功用：《神农本草经》记载："味酸、平、主心下邪气，寒热，温中，逐寒湿痹，去三虫，久服轻身。"果实中主要含有生物碱、山茱萸苷、鞣质熊果酸、没食子酸、苹果酸、酒石酸、维生素 A 等成分。制作各种饮料口味宜人，酸甜适中，色泽透明。果原汁具有驱蛔、抗菌功能，对呕吐吞酸、脘腹冷痛、胃冷吐泻、疝痛、口舌生疮等症都有显著的疗效。果实称"萸肉"，俗名枣皮，供药用，味酸涩、性微温，为收敛性强壮药，有补肝肾止汗的功效。

（十） 悬钩子 *Rubus chingii* Hu

别名： 掌叶覆盆子（《中国植物志》、《中国高等植物图鉴》），大号角公、牛奶母（浙江）。

科属： 蔷薇科（Rosaceae）悬钩子属。

分布： 产于江苏、安徽、浙江、江西、福建、广西；生于低海拔至中海拔地区，在山坡、路边阳处或阴处灌木丛中常见；日本也有分布。

功用： 叶中含有甜味素，主要成分是萜类苷，比白糖约甜 300 倍，宜于饮用，还可制作糕点。其饮料药用，能止泻、清热、润肺、祛痰、止咳，对气管炎、小儿久咳均有良好的效果；还能治疗小孩尿床；果大味甜，可食、制糖及酿酒；又可入药，为强壮剂；根能止咳、活血、消肿。

（十一） 木半夏 *Elaeagnus multiflora* Thunb.

参见野生果树部分。

功用： 制作饮料，其味道清雅爽口，酸、甜、香俱佳，有特殊的果汁味。果实含糖、果胶、有机酸、脂肪油、胡萝卜素、番茄红素、番茄黄素、微量元素等营养物质。果实、根、叶可治跌打损伤、痢疾、哮喘；果实在医药上也作收敛用；食品工业上作果酒和饴糖等。其叶冬凋夏绿，春实夏熟，故称木半夏。

第十四章　饲 用 植 物

第一节　概　　述

一、概念

凡是能够被家畜、家禽或其他野生动物食用，并可被消化吸收，供动物正常生长、繁殖，并生产各种畜、禽产品的牧草和其他植物，通称饲用植物（forage plant）。

饲用植物是草食动物，特别是家畜的植物性食物。无论野生的或栽培的、以茎叶为主或以籽粒、块根块茎等为主饲喂家畜的植物，都属饲用植物范畴，包括牧草和饲料作物（李临杭等，2004）。而凡具有一定饲用价值，可供牲畜采食利用的乔木、灌木、半灌木、竹类植物等通称为木本饲用植物（孙祥，1999）。

二、资源与分布

饲用植物的种类极多，中国产牧草植物总数有500种以上，其中饲养家畜所需要的主要和次要饲用植物有200多种。野生饲料植物种类更多。吴永敷（1993）认为中国的野生饲用植物有4000余种，其中豆种有181属、1374种，占全世界豆科属、种总数的26.9%和8.7%；禾本科有252属、1617种，占全世界禾本科植物属、种总数的34.7%与11.1%，豆科与禾本科野生饲用植物共有2991种，约占全部野生饲用植物种数的3/4，但已开发利用的却为数甚少。饲用植物多是谷实类，其淀粉含量高，粗纤维含量少，故可利用能值高，是提供畜禽能量的主要来源，在全价配合饲料和精料混合料中的配比最高（韩一生和韩学林，2010）。

此外，还有大量的灌木型饲料植物有待开发，如胡枝子不仅可饲喂牛、羊，还可调制成草粉，作为鸡、猪、兔的饲料，其开发利用既能为畜禽提供营养丰富而廉价的饲料，还可保持水土，防风固沙，维护生态平衡；还可做燃料，做篱笆、围栏、绿肥、覆盖物等；此外，还可直接做人类的食品（李昌林和陈默君，1995）。饲用灌木能较快萌生或根蘖再生成林，放牧或砍伐后再生能力强，其枝叶产量高。嫩枝叶营养丰富，适口性好，不仅能为畜禽提供营养丰富的饲料，而且四季都能放牧家畜，与草本植物相比，具有耐践踏、耐牧、耐啃食和耐刈割的特性。灌木全年营养成分含量变异幅度比牧草小，可全年放牧利用。在冬季和早春枯草季节，常绿灌木饲用价值更大（曹国军和文亦芾，2006）。

除禾本科、豆科以外，还有许多科的植物也可作饲料，如桑科、毛茛科、玄参科、伞形科、旋花科、菊科、薯蓣科、天南星科、浮萍科（Lemnaceae）、茄科、藜科、苋科、十字花科、葫芦科、蓼科、唇形科、桦木科、杨柳科、莎草科、蔷薇科、马齿苋科等。

中国北部，饲用植物以草本为主，大面积的草原孕育了多样化的牧草；而南方，尽管也有大量的草质饲用植物，但灌木、藤本型饲用植物种类也占据重要的位置。例如，云南西双版纳饲用豆科植物有47属、136种，其中灌木类56种，占总数的41.2%；藤本类37种，占27.3%；一年生直立型草类35种，占25.7%；乔木类8种，占5.8%（钟声等，1998）。

三、利用

野生饲用植物既可直接应用于生产，也是培育新品种的原始材料。其一般具有很强的抗逆性和适应性，如抗寒、抗旱、耐盐碱、耐瘠薄、抗风沙、抗病虫害等。在一些气候、土壤条件恶劣的地区，开发利用并推广野生种类的栽培品种，在生产上具有特殊的意义（吴永敷，1993）。

《中国饲用植物志》（第1～6卷）（贾慎修，1987，1989，1991，1992，1995，1997）收录了应用较多的83科、943种饲用植物，涉及植物有3000多种。《中国饲用植物》（陈默君和贾慎修，2002）共记载104科、657属、3680种饲用植物。全书编排顺序以生产利用多寡为序，即禾本科、豆科、莎草科、菊科、藜科排在前面，其他科则按恩格勒分类系统排列。

饲料植物也是多用途植物，既可作为饲料植物，也是野菜、药用、蜜源或其他用途的资源植物。例如，甘薯，块茎为淀粉植物，茎叶为良好饲料植物，嫩茎叶可作蔬菜。此外，所有的粮食作物类均是畜、禽的精饲料。

第二节　特色饲用植物

一、白茅 *Imperata cylindrica*（L.）Beauv.

异名：*Calamagrostis lagurus* Koel.；*Imperata arundinacea* Cirillo；*I. arundinacea* var. *europaea* Anderss.；*I. arundinacea* var. *genuina* subvar. *europaea*（Anderss. ）Hack.；*I. cylindrica* subsp. *cylindrica* Tzvel. *I. cylindrica* var. *genuina*（Hack.）A. Camus；*Lagurus cylindricus* L.；*Saccharum cylindricum*（L.）Lam.；*S. laguroides* Pourr.

别名：印度白茅（《热带植物》），茅针，ha（D-BN），hashai（D-DH），wuji（HN），sheu（JP），gang（Yao），zai（ZW），cogongrass。

科属：禾本科（Gramineae）白茅属。

形态特征：多年生草本。叶鞘聚集于秆基；叶舌膜质，分蘖叶片扁平，质地较薄；秆生叶窄线形，顶端渐尖，呈刺状。圆锥花序稠密，基盘具长的丝状柔毛；两颖草质及边缘膜质，近相等，具5～9脉，常具纤毛，脉间疏生长丝状毛，第一外稃卵状披针形，长为颖片的2/3，透明膜质，顶端尖或齿裂，第二外稃与其内稃近相等，长约为颖之半，卵圆形，顶端具齿裂及纤毛；雄蕊2枚；花柱细长，基部多少连合，柱头2，紫黑色，羽状，自小穗顶端伸出。颖果椭圆形。花果期4～6月。

分布与生境：产于辽宁、河北、山西、山东、陕西、新疆等北方地区；生于低山带平原河岸草地、沙质草甸、荒漠与海滨；也分布于非洲北部、土耳其、伊拉克、伊朗、中亚、高加索及地中海区域也有分布。

成分与利用：营养成分（%）为①拔节期：粗蛋白 6.50、粗脂肪 1.90、粗纤维 35.30、粗灰分 8.10、无氮浸出物 48.20、钙 0.29、磷 0.15；②开花期：粗蛋白 5.83、粗脂肪 1.90、粗纤维 37.80、粗灰分 6.00、无氮浸出物 48.47、钙 0.09、磷 0.12（陈默君和贾慎修，2002）。牛羊的饲料；营养价值随草的粗老而逐渐下降。据测定，白茅对水牛的消化率，生长初期为 70%，生长 150d 后，下降到 40%。说明饲用价值随季节而变化，越至后期草质越劣。根茎含果糖和葡萄糖，味甜可食，入药作利尿剂、清凉剂，用于外伤止血，效果甚好；叶子可以编蓑衣。

采收与加工：白茅一般在 3 月中旬返青，5 月开花结实，12 月下旬停止生长。在生长季内每月刈割 1 次，全年可产干草 3367.5kg/hm^2。4～9 月生长快，生长速度最快可达 2.04cm/d，4～6 月再生草产量占全年总产量的 60%以上。

繁殖与栽培：根状茎和种子繁殖。适应性强，耐阴、耐瘠薄和干旱，喜湿润疏松土壤，在适宜的条件下，根状茎可长达 2～3m，能穿透树根，断节再生能力强。

资源与开发：有着较高的消化率和良好的适口性，是一种很有发展潜力的重要资源，可以进行充分合理地利用。本科的所有种类，几乎都可作为动物的饲料植物，已栽培的多做精饲料，野生的基本为牧草类。

二、洋槐 *Robinia pseudoacacia* L.

异名：*Robinia pringlei* Rose；*R. pseudoacacia* f. *oswaldiae* Oswald；*R. pseudoacacia* var. *rectissima* Raber

别名：槐树，刺槐，black locust。

科属：蝶形花科（Papilionaceae）刺槐属。

形态特征：落叶乔木，小枝具托叶刺。羽状复叶；小叶 2～12 对，常对生；小托叶针芒状，总状花序腋生，花多数；花萼斜钟状，萼齿 5；花冠白色，各瓣均具瓣柄，旗瓣近圆形，反折，内有黄斑，翼瓣斜倒卵形，基部一侧具圆耳，龙骨瓣镰状；雄蕊二体；子房线形，花柱钻形，顶端具毛，柱头顶生。荚果线状长圆形，先端上弯，具尖头，果颈短，沿腹缝线具狭翅；花萼宿存，有种子 2～15 粒；种子近肾形。花期 4～6 月，果期 8～9 月。

分布与生境：中国各地广泛栽植；原产于美国东部。

成分与利用：花含有丰富的蛋白质、脂肪、糖、多种维生素、矿物质、刀豆酸、黄酮类等。叶含粗蛋白，鲜叶或干叶适口性极好，各种畜禽都喜食，其干叶粉为调味饲料，也是配合饲料的组成成分，营养成分不亚于各种优良牧草；产量高，每公顷大约可收干叶和嫩枝 3450kg。花是优良的蜜源植物，蜜色白而透明，深受消费者欢迎；嫩叶花可食，为城市居民的绿色蔬菜；种子榨油，供做肥皂及油漆原料。对 SO_2、Cl_2、光化学烟雾等的抗性都较强，还有较强的吸收铅蒸气的能力。根系浅而发达，生长快，萌芽力强，为优良固沙保土树种，也习见为行道树、速生薪炭林树种。材质硬重，抗腐耐磨，宜作枕木、车辆、建筑、矿柱等多种用材。

采收与加工：全年中，叶 6 月上旬采收粗蛋白含量最高（达 36%），11 月上旬采收，粗蛋白含量只有 12%。从生长习性考虑，摘叶期以 8 月盛夏为好，此时生长旺盛，芽萌发力强，一次摘叶或嫩枝的 1/2，对其生长无较大影响。管理条件好，南方全年可摘叶 2～3 次。鲜叶的粗蛋白消化率为 68.4%、干叶为 57.9%，刺槐叶中含鞣酸较少，约为 0.5%（陈默君和贾慎修，2002）。叶加工方法有 2 种：一是将采集的树叶直接干燥，水分下降至 10%左右，用粉碎机粉碎；过筛，将均匀的粉末按要求包装直接供饲料应用。二是制备叶蛋白。

繁殖与栽培： 种子和扦插繁殖。强阳性树种，喜光。不耐阴，喜干燥、凉爽气候，较耐干旱、贫瘠，能在中性、石灰性、酸性及轻度碱性土上生长。

资源与开发： 刺槐几乎遍布中国各地，最适宜生长在海拔 400～1200m 的丘陵山地，是世界上人工林面积仅次于桉树的速生树种。

三、籽粒苋 *Amaranthus cruentus* L.

异名： *Amaranthus hybridus* L. subsp. *cruentus*（L/）Thel.；*A. hybridus* var. *paniculatus*（L.）Thel.；*A. paniculatus* L.

别名： 紫穗苋（《中国植物志》），天雪米、鸦谷（四川），selaolan（JP），nuo（ZW）。

科属： 苋科（Amaranthaceae）苋属。

形态特征： 一年生草本；叶片菱状卵形或菱状披针形，叶脉上稍有柔毛；叶柄长绿色或粉红色，疏生柔毛。圆锥花序直立或以后下垂，有多数分枝，中央分枝特长，由多数穗状花序形成，顶端钝，花密集成雌花和雄花混生的花簇；苞片及小苞片披针形，顶端芒刺显明；花被片红色，雌花苞片为花被片长的 1.5 倍；柱头 3。胞果近球形，上半部红色，和花被片等长。种子近球形。花期 7～8 月，果期 9～10 月。

分布与生境： 中国各地栽培，有时逸为野生；原产于热带，全世界各地栽培。

成分与利用： 粮、饲料、菜兼用作物，其茎叶柔软，适口性好，营养价值高，干物质含量（%）为粗蛋白 18～22，粗脂肪 3.4，粗纤维 9.32，无氮浸出物 41.2，赖氨酸 0.96mg/kg，钙 2.11mg/kg，磷 0.39mg/kg，铁 286mg/kg（魏彦武，2008）。籽粒具有较茎叶更高的蛋白质、脂肪、维生素、氨基酸和矿物质含量，高于大米、小麦和玉米等作物的籽粒；据测定，籽粒中不仅含较高的蛋白质和脂肪以及丰富的核糖核酸，且维生素含量也高，维生素 C 的含量高于菠菜（含量 51mg/100g）。氨基酸不仅含量高，而且种类多，其中 8 种必需氨基酸含量可与成人血浆媲美，特别是其他谷类作物所奇缺的赖氨酸及色氨酸，共含量高达 2.27mg/100g 和 3.74mg/100g，同时这 8 种氨基酸相互之间均处于平衡状态。新鲜茎叶具有较高的营养价值，苗期叶蛋白质含量高达 21.8%，赖氨酸为 0.74%；成熟期叶蛋白质含量仍可达 18.8%；整株植物粗蛋白、粗脂肪、赖氨酸和维生素含量均较高。由于富含蛋白质、多种氨基酸、维生素和多种微量元素，茎叶柔软多汁，是各类畜禽理想的青饲料，猪、鸡、鸭、鹅、牛、兔均喜食，也是鱼极好的青饲料。

采收与加工： 一般青饲喂猪、禽、鱼时在株高 45～60cm 时刈割，喂大家畜时于现蕾期收割，调制干草和青贮饲料时分别在盛花期和结实期刈割。刈割留茬 15～20cm，并逐茬提高，以便从新留的节上长出新枝，但最后一次刈割不留茬。每年可刈割 2～3 次，鲜草产量 45 000～150 000kg/hm^2。

繁殖与栽培：种子繁殖。短日照植物，喜温暖湿润气候，生育期要求有足够的光照。对土壤要求不高，适宜半干旱、半湿润地区。抗旱性强，其需水量相当于小麦的41.8%～46.8%，相当于玉米的51.4%～61.7%，因而是西北黄土高原、半干旱半湿润地区沙地上的理想旱作饲料作物资源。分枝再生能力强，适于多次刈割，刈割后由腋芽发出新生枝条。

资源与开发：籽粒苋茎秆粗壮，植株高大，可称之为“饲草巨人”。籽粒苋具有高产、高营养、适口性好的特点，推广种植前景较好。

四、刺苋 *Amaranthus spinosus* L.

异名：*Galliaria spinosa*（L.）Nieuwl.

别名：簕苋菜（《岭南采药录》），野簕刺苋（通称），酸酸苋（浙江），土苋菜、刺刺菜（福建），勒苋菜、猪食菜（广东），假苋菜（广西），刺酒米（云南），pala、pahongla（D-BN），pahonglan（D-DH），waqizhentong（JP）。

科属：苋科（Amaranthaceae）苋属。

形态特征：一年生草本。叶片菱状卵形或卵状披针形，无毛或幼时沿叶脉稍有柔毛；叶柄在其旁有2长刺。圆锥花序腋生及顶生，下部顶生花穗常全部为雄花；苞片在腋生花簇及顶生花穗的基部者变成尖锐直刺，在顶生花穗的上部者狭披针形；小苞片狭披针形；花被片绿色，顶端急尖，具凸尖，中脉绿色或带紫色，在雄花者矩圆形，在雌花者矩圆状匙形；雄蕊花丝略和花被片等长或较短；柱头3，有时2。胞果矩圆形，在中部以下不规则横裂，包裹在宿存花被片内。种子近球形，黑色或带棕黑色。花果期7～11月。

分布与生境：产于陕西、河南、安徽、江苏、浙江、江西、湖南、湖北、四川、云南、贵州、广西、广东、福建、台湾；生于旷地或园圃；日本、印度、中南半岛、马来西亚、菲律宾、美洲等也有分布。

成分与利用：粗蛋白、粗脂肪和粗灰分含量都比较高（陈默君和贾慎修，2002）。开花结实前叶片柔软，茎枝柔嫩多汁，但由于茎枝多刺，影响适口性。抽穗前，牛、羊喜食其嫩枝梢；切碎或加工成草浆，猪、鹅、鸭喜食。嫩茎叶作野菜食用；全草供药用，清热解毒、利尿、止痛、解毒消肿、杀虫疗伤，治疗痢疾、胃出血、便血、胆囊炎、咽喉肿痛等。

采收与加工：食用时采集野苋菜新鲜嫩茎和叶。

繁殖与栽培：种子繁殖。喜生长在干燥荒地。

资源与开发：产于南北各地，其分布广，营养丰富，生长速度快，适应性强，繁殖力、生命力都很强。

五、构树 *Broussonetia papyrifera*（L.）L′Hér. ex Ven

异名：*Morus papyrifera* L.；*Smithiodendron artocarpioideum* Hu

别名：楮桃（《救荒本草》），楮（《植物名实图考》），谷桑（《诗疏》），谷树（《诗经》），paper mulberry。

科属：桑科（Moraceae）构属。

形态特征：乔木；小枝密生柔毛。叶螺旋状排列，广卵形至长椭圆状卵形，边缘具粗锯齿，不分裂或3～5裂，表面疏生糙毛，背面密被绒毛；叶柄密被糙毛；托叶大，卵形。花雌雄异株；雄花序为柔荑花序，粗壮，苞片披针形，被毛，花被4裂，裂片三角状卵形，被毛，雄蕊4，花药近球形，退化雌蕊小；雌花序球形头状，苞片棍棒状，顶端被毛，花被管状，顶端与花柱紧贴，子房卵圆形，柱头线形，被毛。聚花果，成熟时橙红色，肉质；瘦果具与其等长的柄，表面有小瘤，龙骨双层，外果皮壳质。花期4～5月，果期6～7月。

分布与生境：产于中国南北各地；缅甸、泰国、越南、马来西亚、日本、朝鲜也有分布，野生或栽培。

成分与利用：叶含丰富的营养成分（%），其中粗蛋白21.42、水分5.15、粗灰分11.68、钙2.70、磷0.44、粗脂肪2.64、粗纤维10.00、无氮浸出物49.11，含有18种氨基酸，是良好的青饲料类（贵州植物志编委会，1982）。周峰（2005）研究表明，构树果实、叶或花序、聚合果至少含有16种以上的氨基酸，以天冬氨酸、谷氨酸、精氨酸、缬氨酸、脯氨酸、赖氨酸等为主。嫩枝叶、花序等可作为青饲料，猪最喜食，也可喂养鸡、鸭、鹅等；若加工成叶粉，作为配合饲料的原料，各种畜禽均喜食。叶含有丰富的粗蛋白、无氮浸出物，粗纤维很少，能量价值也较高，无论是总能还是对猪、羊、牛和鸡的消化能、代谢能、净能和可消化粗蛋白含量均相当高，具有很高的饲用价值，尤其适合猪、羊食用。种子及根、皮可供药用。中医学上称构树果为楮实子，具有补肾、利尿、强筋骨等功能；树液可治皮肤病。果实可食用或酿酒；种子出油率约21%，可食用或作工业用油；构树能抗SO_2、HF和Cl_2等有毒气体，可作大气污染严重工矿区的绿化树种，也可用作行道树。

采收与加工：热带、南亚热带，除落叶期外，四季均为采嫩枝叶作为青饲料或加工粉剂为配合饲料的原料。夏季、秋季采乳液、叶、果实及种子；冬季、春季采根皮、树皮，鲜用或阴干。

繁殖与栽培：种子或扦插繁殖。强阳性树种，适应性特强，抗逆性强。根系浅，侧根分布广，生长快，萌芽力和分蘖力强，耐修剪。

资源与开发：该树种具有速生、适应性强、分布广、易繁殖、热量高、萌芽和萌蘖力极强等特征，可作为重要的饲料植物进行开发利用；也是城乡绿化的重要树种，尤其适合用于矿区及荒山坡地绿化，也可做立地条件较差地区的防护林先锋或伴生树种。

六、其他常见饲用植物

（一）扁穗牛鞭草 *Hemarthria compressa*（L. f.）R. Br. Prodr.

别名：牛鞭草（《广州植物志》），马铃骨、牛仔蔗、牛草、鞭草（广东）。

科属：禾本科（Gramineae）牛鞭草属。

分布：产于广东、广西、云南；生于海拔2000m以下的田边、路旁湿润处，为一种杂草；印度、中南半岛各国也有分布。

饲用价值：植株高大，叶量丰富，适口性好，是牛、羊、兔的优质饲料。据试验，水牛的采食率为90%～94%、黄牛为92%～97%、西门塔尔牛为93%～96%、成都黑白花奶牛为91%～96%、萨能奶山羊为90%～95%、雅河猪为95.8%、长毛兔为88%～90%。一般作为青饲料，清香味甜，各种家畜都喜食。调制干草不易掉叶，但脱水慢、晾晒时间长，遇雨易腐烂，青贮效果好，利用率高（陈默君和贾慎修，2002）。

（二）垂穗披碱草 *Elymus nutans* Griseb.

别名： 垂穗披硷草，垂穗滨草，三颖披碱草，弯穗草。

科属： 禾本科（Gramineae）披碱草属。

分布： 产于内蒙古、河北、陕西、甘肃、青海、四川、云南（中甸、德钦）、新疆、西藏等省（自治区）；多生于草原或山坡道旁和林缘；前苏联、土耳其、蒙古国和印度也有分布。

饲用价值： 草质柔软，无刺毛、刚毛，无味，易调制干草。成熟后茎秆变硬，饲用价值降低。从返青至开花前，马、牛、羊最喜食，尤其是马最喜食；开花后期至种子成熟，茎秆变硬，只食其叶及上部幼嫩部分。调制的青干草（开花前刈割），是冬季、春季马、牛、羊良好的保膘牧草。开花前营养价值较高，开花后期营养价值略有下降，各个生长季节粗蛋白含量变化幅度较小；属中上等品质牧草（陈默君和贾慎修，2002）。

（三）羊草 *Leymus chinensis*（Trin.）Tzvel.

别名： 黑雅嘎，碱草，夏格，滨麦，宽穗赖草。

科属： 禾本科（Gramineae）赖草属。

分布： 产于东北、内蒙古、河北、山西、陕西、新疆等省（自治区）；生于平原绿洲；前苏联、日本、朝鲜也有分布。

饲用价值： 其耐寒、耐旱、耐碱，更耐牛马践踏，为内蒙古东部和东北西部天然草场的重要牧草之一。青绿时富含蛋白质，种子成熟后，茎叶绝大部分仍能保持绿色，既当饲草，又可收获种子，还可保持草原生产的稳定。各种牲畜全年对干草有不同的采食程度，对于幼畜的发育、成畜的育肥、繁殖，具有较高的营养价值。在东北及内蒙古东部草场中占有极重要的地位，牧民把羊草评为头等饲草，认为在春季有恢复体力，夏季、秋季有抓膘催肥，冬季有补料作用。其营养最高期胡萝卜素含量达98.8mg/kg（陈默君和贾慎修，2002）。

（四）扁穗雀麦 *Bromus catharticus* Vahl.

别名： 大扁雀麦，rescuegrass。

科属： 禾本科（Gramineae）雀麦属。

分布： 华东、江苏、台湾地区及内蒙古等地有引种栽培；生于山坡荫蔽沟边，常作短期牧草种植，牧草产量较高，质地较粗；原产于美洲，各国各地广泛引种。

饲用价值： 适应性广，有较强的再生性及分蘖能力，产量高，抗寒性较强，在南方是冬季、春季饲料的优良牧草。幼嫩时茎叶有软毛，成熟时毛渐少，适口性次于黑麦草、燕麦等。种子成熟后，茎叶仍为绿色，可保持较高的营养价值。抽穗期家畜所需要的必需氨基酸较丰富，赖氨酸含量尤其较高。

（五）无芒雀麦 *Bromus inermis* Leyss.

别名： 光雀麦，禾萱草，无芒草，无芒雀麦草，野大麦草，雀麦，无芒雀草，无芒雀麻，smooth brome。

科属： 禾本科（Gramineae）雀麦属。

分布： 产于黑龙江、吉林、辽宁、内蒙古、河北、山西、山东、江苏、陕西、甘肃、青海、新疆（伊吾、奇台、阜康、哈巴河）、西藏、云南、四川、贵州等省（自治区）；生于海拔1000～3500m的林缘草甸、山坡、谷地、河边路旁，为山地草甸草场优势种；广布于欧亚大陆温带地区。

饲用价值： 著名优良牧草，营养价值高，产量大，适口性好，利用季节长，耐寒旱，耐放牧，适应性强，为建立人工草场和环保固沙的主要草种，是新疆和北方各地重要的牧草。产量的高峰期在抽穗期，此时粗蛋白含量最高。可以刈割作为干草，也可放牧。制干草，每年刈割2次，再生草放牧。也可与豆科牧草混播。与紫花苜蓿混播，可以提供优质干草和放牧草地，显著提高载畜量和质量。还可以与红豆草（*Onobrychis viciifolia*）、红车轴草（*Trifolium pratense*）组成良好的刈草地、放牧草地。

（六）紫花棘豆 *Oxytropis subfalcata* Hance

别名： 米口袋（河北、山西），小黄芪（河北内丘），鸡窝子草（山西沁县），八头把子（山西灵石县），兰麻团（河北东灵山）。

科属： 蝶形花科（Papilionaceae）棘豆属。

分布： 产于内蒙古、河北、山西、甘肃（天祝）、青海（互助）及河南（西部、嵩县）等省（自治区）；生于海拔1200～3000m的山顶、山坡（阳坡）、石质山坡、路旁、沟谷阴湿处、草地、灌丛中及疏林下。

饲用价值： 茎叶柔嫩，各类家畜都喜食；根含淀粉和韧性强的纤维，为牛的优良饲料。叶多而密集，一个株丛可着生叶柄几十枚到200多枚。是放牧型牧草，耐牧，耐践踏，再生力强，在生长季节可以多次利用。适口性好，无论放牧牛、羊和马，常优先挑选此种采食，被视为育膘牧草。消化能、代谢能含量及消化率较高。其粗大的肉质主根含有丰富的营养物质，根量大，产风干根可达5100kg/hm^2，可培育干制枯草季节的储备干饲料。可在土层瘠薄的碎石山坡上培育；其兼具水土保持的功能，用以改良退化的山坡草地。种子硬实率约占33%，在雨季，无论开沟浅播或撒播后畜牧踩踏，均易出苗，种子发芽率一般40%以上。

（七）冷蒿 *Artemisia frigida* Willd.

别名： 白蒿（《中药志》），小白蒿（《东北植物检索表》），兔毛蒿（内蒙古），寒地蒿（甘肃），刚蒿（甘肃、宁夏），茵陈蒿（吉林、新疆）。

科属： 菊科（Compositae）蒿属。

分布： 产于黑龙江（西部）、吉林（西部）、辽宁（西部）、内蒙古、河北（北部）、山西（北部）、陕西（北部）、宁夏、甘肃、青海、新疆、西藏等省（自治区）；分布于海拔 1000～4000m 的森林草原、草原、荒漠草原及干旱与半干旱地区的山坡、路旁、砾质旷地、固定沙丘、戈壁、高山草甸等；蒙古国、土耳其、伊朗、原苏联（中亚、西伯利亚及欧洲部分地区）及北美洲的加拿大北部、美国西部、中部及西南部都有分布。

饲用价值：营养优良的牲畜饲料，草原和荒漠草原地带放牧场的饲用小半灌木。牧民对其评价极高，被认为是育膘、保膘与催乳的植物之一，生长冷蒿之多少成为选择草场的条件之一。适口性好，羊及马四季均采食，极喜食其营养枝及生殖枝。秋季可食率达 80%以上，采食后尚有驱虫之效。产羔母羊采食后，下奶快而多，羔羊健壮。牛也喜食，牧民认为牛食后上膘快。夏季适口性降低至中等，家畜主要采食其生殖枝。冷蒿对冬季家畜尤其产羔母畜的放牧具有很大价值，在霜冻之后或冬季，其营养枝尚保存良好，柔软而多汁，保持其原有色泽，因此，家畜，特别是绵羊、马极喜食；骆驼终年喜食。干草也为家畜喜食干饲料之一。全草入药，有止痛、消炎、镇咳作用，还作茵陈的代用品。

（八）东亚市藜 *Chenopodium urbicum* L. subsp. *sinicum* Kung et G. L. Chu

别名：东亚市蔡，市藜。

科属：藜科（Chenopodiaceae）藜属。

分布：产于黑龙江、吉林、辽宁、河北、山东、江苏北部、山西、内蒙古、陕西北部、新疆准噶尔；生于荒地、盐碱地、田边等处。

饲用价值：食口性好，猪、牛、羊、兔等多种家畜、家禽喜食。叶片肥厚，半肉质化，纤维少，叶茎比较高，具有较高的饲用价值，属优良牧草。营养生长期长，饲育期长达 150d 以上，是一种既可放牧，又可刈割的野生牧草。维生素含量也较丰富，每千克含（mg）：胡萝卜素 5.36，维生素 C 89，维生素 E 10.13，维生素 B_2 0.29。盛花期，嫩茎与叶生物量比 1∶0.65，干叶重占茎叶干物量的 56.8%。整个生长期至枯黄期前，青饲价值不减，是具有栽培前途的优良牧草和野生饲草资源。

（九）紫苜蓿 *Medicago sativa* L.

参见蛋白植物部分。

饲用价值：各种牲畜最喜食的优良牧草。其叶比茎含粗蛋白高 1～1.5 倍，粗纤维含量叶比茎少 50%。因此，越是幼嫩植株，叶的密度越大，营养价值越高。开花初期可刈割调制干草。播种后 2～4 年内生产力高，不宜作为放牧利用，以青刈或调制干草为宜；5 年以后，可作为放牧地，有计划地分区轮割或轮牧，建立人工放牧场，最好采用禾草与紫花苜蓿混播较为适宜。

（十）俄罗斯饲料菜 *Syrnprtytum peregrinum* Ledeb

别名：紫草根、肥羊草（北京），友谊草（吉林），俄罗斯紫草（日本），爱国草（朝鲜）。

科属：紫草科（Boraginaceae）聚合草属。

分布：产于黑龙江、吉林、辽宁、河北、山东、江苏北部、山西、内蒙古、陕西北部、新疆准噶尔。生于荒地、盐碱地、田边等处。

饲用价值：含有丰富的蛋白质和各种维生素，营养期刈割干物质含量（%）：粗蛋白为23.42～26.43，粗纤维8.43～12.97，粗灰分18.39～21.80，胡萝卜素200.00mg/kg，核黄素13.80mg/kg。蛋白质中富含赖氨酸、精氨酸和蛋氨酸等家畜必需氨基酸（姜东燕和刘斌，2007）。俄罗斯饲料菜、大中华冬牧草（*Secale* sp.）和籽粒苋被称为草业“三杰”，其叶片宽大肥厚，抗逆性强、根系发达、再生能力强、分蘖快，既耐寒又抗高温，随割随长。全年北方可割2～3茬，南方热区可割5～6茬，每茬鲜草产量30 000～45 000kg/hm^2，是苜蓿的10倍以上，因此，被称为饲草之王。俄罗斯饲料菜中的粗蛋白含量超过其他青饲料，营养丰富，适口性好，可鲜草生喂（切碎拌入其他干料饲喂），也可青贮或干贮，是牛、羊、猪、兔、鸡、鸭、鹅的优质饲草。

（十一）黑麦 *Secale cereale* L.

别名：南麦，洋麦，cereal rye。

科属：禾本科（Gramineae）黑麦属。

分布：中国栽培于北方山区或在较寒冷地区；现广泛种植于欧洲、亚洲和北美洲。

饲用价值：籽粒含量（mg/kg）为铁100.0、铜6.4、锰60.6、锌30.0、硫胺素0.6、核黄素1.5，微量元素较为丰富（陈默君和贾慎修，2002）。黑麦面粉，富有营养，含淀粉、脂肪和蛋白质、维生素B和磷、钾等。黑麦叶量大，茎秆柔软，营养丰富，消化率较高，适口性好，是猪、鸡、马、牛、羊的优质饲草，饲喂牲畜时常与其他饲料混合。其坚韧的纤维质麦秆很少用作饲草，多用作垫草，以及作为屋顶、床垫、草帽和造纸原料。碳水化合物含量高，含少量蛋白质、钾和B族维生素，主要用做面包，以及作为饲料和牧草。因蛋白质弹性较差常与小麦掺和做成黑面包，也可酿油、酿酒。秆编帽和造纸之用。但黑麦子房较易感染麦角菌，形成有毒的麦角。

第十五章　蜜源植物

第一节　概　　述

一、概念

凡具有蜜腺且能分泌甜液或产生花粉，为蜜蜂提供花蜜、花露、花粉等食料酿造蜂蜜的植物，统称为蜜源植物（honey plant）。这些植物是蜜蜂食料的主要来源，是发展养蜂生产的重要物质，如荔枝、龙眼、刺槐、枇杷、白刺花、野坝子等。有些植物有蜜腺，但不分泌甜液供蜜蜂采集；有些植物开花时虽然也分泌甜液，但因花管过深或有特殊味道，蜜蜂采不出来或不采集蜜源，这些植物均不能称为蜜源植物。

能产生较多的花粉，并为蜜蜂采集利用的植物，称为粉源植物。花粉是蜜蜂调制蜂粮的主要原料和蜜蜂生长发育所需的蛋白质、脂肪、维生素、矿质元素等的主要来源，是生产蜂花粉和蜂王浆的物质基础，如玉米、高粱、松等是粉源植物（何贤港，1995）。一些植物既有花蜜又有花粉供蜜蜂采集利用，称为蜜粉源植物。蜜粉源植物中，有些是蜜多粉多，如油菜等；有些是蜜多粉少，如荔枝、枣、刺槐等；有些是粉多蜜少，如蚕豆、紫穗槐等。在养蜂生产中，广义地把蜜源植物和蜜粉源植物甚至粉源植物，统称为蜜源植物。

二、资源与分布

中国蜜源植物种类繁多，四季开花，花期长，泌蜜丰富，蜜质优良，循环往复，是取之不尽，用之不竭的天然“蜜库”。统计表明，中国蜜源植物有 1 万多种，分属 140 多科，包括较多的栽培农作物、园林绿化、花卉、药材、牧草等资源植物，其中，能够生产大宗商品蜂蜜的全国性和区域性主要蜜源植物 50 多种。蜜源植物的分布呈现一定的区域性、季节性特点（马德风和梁诗魁，1993；何贤港，1995）。

1. 区域性

南方植物生长期长、种类多，四季有蜜源植物开花，供蜂群采集；北方气候寒冷，冬天漫长，不可能有蜜源植物开花，因此，北方冬季、春季缺乏蜜源，蜂群的越冬期长达数月。其中蜜源植物分布比较集中和主要蜜源植物在 2 种以上的地区约占全国的 1/3。包括：①华北、东北、西北的广大平原、丘陵、山区；②长江和黄河两大水系的中游、下游地区；③福建、广东、广西、贵州、云南、海南等省（自治区）的丘陵、浅山区、峡谷、山地和平原区域；④台湾地区主要集中在中部和南部各县市。每年蜂蜜产量在 1000t 以上的有四川、湖北、湖南、江西、浙江、江苏、河南、陕西、山东、河北、黑龙江、新疆等省（自治区），是中国蜂产品的重要生产区。

2. 季节性

蜜源植物分布及其利用状况显现季节性，分为 4 个季节，根据季节性蜂产品比例进行区域划分：①春季占35%～36%，长江以南地区以春季蜜粉源植物为主，兼有初夏、秋季、冬季蜜粉源植物，此区可作为蜂群繁殖，兼生产蜂产品的地区；②夏季占21.5%～22%，长江以北至长城以南的广大地区，以夏季蜜粉源植物为主，以生产蜂产品（蜂蜜、蜂王浆、蜂花粉）为主，兼顾蜂群繁殖；③秋季占27%～27.4%，长城以北地区和东北、西北等地，以夏季和秋季蜜粉源植物为主，生产蜂产品为主，后期兼顾越冬蜂的繁殖和越冬饲料的储藏；④冬季占15%～15.3%，南方温暖湿润的热带亚热带山区，是冬季主要蜜源植物分布区，中华蜜蜂可充分利用冬季蜜源，生产蜂产品，也是冬蜜生产的基地。

三、蜜源植物的分类

蜜源植物按起源、采集物质、泌蜜量、分布范围进行分类。

1. 根据植物起源分类

1）*野生蜜源植物*　指未经人工管理，在自然环境中生长的蜜粉源植物，如牛至（*Origanum vulgare*）、荆芥、香薷、党参等。

2）*栽培蜜粉源植物*　指通过人工栽培管理的各种可作为蜜粉源的作物、果树及观赏植物，如油菜、陆地棉、向日葵、苹果、柳（*Salix* spp.）等。

2. 根据蜜蜂的采集物质分类

1）*蜜源植物*　凡是能分泌花蜜供蜜蜂采集的植物称为蜜源植物，如油菜、荞麦、向日葵、蚕豆、紫苏、芝麻、南瓜、冬瓜、车轴草（*Galium odoratum*）、柳兰（*Chamaenerion angustifolium*）、百里香等。可进一步分类为：①粮油作物蜜源，如油菜、荞麦、向日葵、蚕豆（*Vicia faba*）、紫苏、芝麻等；②蔬菜作物蜜源：白菜、萝卜（*Raphanus sativus*）、甘蓝（*Brassica oleracea*）、芥菜、南瓜（*Cucurbita moschata*）、冬瓜（*Benincasa hispida*）、西瓜（*Citrullus lanatus*）、香瓜（*Cucumis melo*）、黄瓜（*C. sativus*）、韭（*Allium tuberosum*）、黄花菜、番茄、辣椒、芫荽（*Coriandrum sativum*）、茴香等；③果树蜜源：苹果、梨、枇杷、杏、桃、柑橘、甜橙（*Citrus sinensis*）、香橼（*C. medica*）、柚、柠檬、柿、君迁子、柿、板栗、芭蕉和香蕉等；④绿肥和牧草蜜源：木犀属（*Melilotus*）、三叶草属（*Trifolium*）、紫云英、紫花苕子（*Vicia angustifolia*）等；⑤绿化和经济等树种蜜源：刺槐、桉属（*Eucalyptus*）、乌桕、泡桐（*Paulownia* spp.）、漆树等。

2）*粉源植物*　能产生花粉供蜜蜂利用的植物称为粉源植物，如玉米、稻、高粱、柽柳、杨（*Populus* spp.）、柳、松类、杉木、柞栎、唐松草（*Thalictrum aquilegifolium* var. *sibiricum*）、猕猴桃等。

3）*有毒蜜粉源植物*　产蜜或产粉被蜜蜂采集，但蜜或粉内含毒、疑含毒，对蜜蜂或人有毒的植物称为有毒蜜源植物，如川乌头、鼠尾草（*Salvia* spp.）、博落回（*Macleaya cordat*）、苦皮藤（*Celastrus angulatus*）、醉鱼草（*Buddleja lindleyana*）、羊踯躅（*Rhododendron molle*）、藜芦等。

3. 根据泌蜜量分类

1）*主要蜜源植物*　指数量多，分布广，花期长，泌蜜丰富，蜜蜂喜采，能生产商品蜂蜜的植物，是蜂群周期性转地饲养的主要蜜源，如油菜、荔枝、野坝子、棉（*Gossypium* spp.）、红花、党参、糙苏（*Phlomis* spp.）等。

2）辅助蜜源植物　　指数量较多，能分泌花蜜、产生花粉，为蜜蜂采集利用，对维持蜜蜂生活与繁殖起作用的植物，如杨树、柳树、桑、榆及各种蔬菜、瓜类等。辅助蜜粉源植物具有种类繁多、零星分散、花期交错的特点。

4. 根据分布范围分类

1）广布性蜜源植物　　指分布区域广，数量多的蜜源植物，如油菜、向日葵、苹果等。

2）区域性蜜源植物　　指数量较少，分布范围局限于某一区域的蜜源植物，如刺山柑（*Capparis* spp.）、熏衣草、刺槐、板栗等。

此外，按植物的形态可分为草本和木本蜜源植物两大类；根据季节，分为春季、夏季、秋季及冬季蜜源植物 4 类。

第二节　特色蜜源植物

一、荔枝 *Litchichinensis* Sonn

异名： *Dimocarpus lichi* Lour.；*Litchi chinensis* var. *euspontanea* H. H. Hsue；*L. litchi*（Cambess.）Britton；*Nephelium chinense*（Sonn.）Druce；*N. litchi* Cambess.；*Scytalia chinensis*（Sonn.）Gaertn.

别名： 离枝（上林赋），丽枝，丽支，元红，丹荔，大荔，黄离，甘节（古籍），magai（D-BN，DH），abiu（JN），miwawameyanxi（JP），lizhishi（ZW）。

科属： 无患子科（Sapindaceae）荔枝属。

形态特征： 常绿乔木。小叶 2 对或 3 对，较少 4 对，顶端骤尖或尾状短渐尖，腹面深绿色，背面粉绿色；侧脉常纤细，在腹面不很明显，在背面明显或稍凸起。花序顶生，阔大，多分枝；花梗纤细，有时粗而短；萼被金黄色短绒毛；雄蕊 6～7，有时 8；子房密覆小瘤体和硬毛。果卵圆形至近球形，成熟时通常暗红色至鲜红色；种子全部被肉质假种皮包裹。花期春季，果期夏季。

分布与生境： 产于中国西南部、南部和东南部，尤以广东和福建南部栽培最盛；亚洲东南部也有栽培，非洲、美洲和大洋洲有引种记录。荔枝是中国南部有悠久栽培历史的著名果树，一般公认其原产地在中国南部的热带、南亚热带地区。据报道近年来在海南和云南人迹罕至的热带森林中先后发现野生荔枝，为上述结论提供了直接的证据。

成分与利用： 荔枝蜜的化学成分和含量（%）为果糖 41.3、葡萄糖 35、蔗糖 1.7、酶值 0.07（林盛秋，1989）。蜜为浅琥珀色，结晶乳白色，细腻，味芳香浓郁，具荔枝花香气，食后有辣感，为中上品，深受欢迎。也是热带、南亚热带的特色水果之一。荔枝果实除食用外，核入药为收敛止痛剂，治心气痛和小肠气痛。果皮、树皮、树根含有大量单宁，是制药的原料，种子也可入药。荔枝树干细密坚实，耐潮防腐，是修建房屋、舟船、桥梁和制造家具的优良木材。枝叶可作燃料。所以，荔枝全身是宝，可以综合利用。

开花与泌蜜特征： 花多，富含蜜腺，属春季蜜源植物，花期长而早；早熟荔枝一般在2月中旬泌蜜，但种植面积小，花期气温低，不宜生产商品蜜。中熟荔枝、晚熟荔枝一般在3月下旬至4月上旬开花流蜜。花期气温20～25℃，夜间有露水，早晨有雾气的晴天，荔枝大流蜜，特别是回潮天气，流蜜最涌（薛超雄，2011），宜生产商品荔枝蜜。

繁殖与栽培： 荔枝为热带、南亚热带树种，适生于高温高湿、阳光充足，年均温23℃以上，年降水量1000～1800mm的环境。对土壤适应性较强，红壤、黄壤、砾质土、冲积土等均能生长。

资源与开发： 因荔枝分布地有限，属特色蜜源植物，可发展特色蜂蜜。

二、槐 *Sophorajaponica* L.

异名： *Styphnolobium japonicum* Schott；*S. mairei* Levl.；*S. sinensis* Forrest；*Ormosia esquirolii* H. Lév.

别名： 守宫槐（《群芳谱》），槐花木，槐花树，豆槐，金药树。

科属： 蝶形花科（Papilionaceae）槐属。

形态特征： 乔木。羽状复叶；小叶4～7对，对生或近互生，下面灰白色；小托叶2枚，钻状。圆锥花序顶生，常呈金字塔形，花梗比花萼短；小苞片2枚，形似小托叶；花萼浅钟状，萼齿5，近等大，被灰白色短柔毛，萼管近无毛；花冠白色或淡黄色，旗瓣近圆形，具短柄，有紫色脉纹，先端微缺，基部浅心形，翼瓣卵状长圆形，龙骨瓣阔卵状长圆形；雄蕊近分离，宿存；子房近无毛。荚果串珠状，种子间缢缩不明显，种子排列较紧密，具肉质果皮，成熟后不开裂，具种子1～6粒。花期7～8月，果期8～10月。

分布与生境： 原产于中国，南北各省（自治区）广泛栽培，华北和黄土高原地区尤为多见；日本、越南、朝鲜也有分布；欧洲、美洲各国均有引种。

成分与利用： 槐花蜂蜜汁含蔗糖、葡萄糖、果糖的成分比较平衡，此外，还含刺槐苷和挥发油。蜜淡黄色，浓稠透明，味清香，可抗菌、防腐和止咳；清热解毒、祛皱消斑、养颜正气、解郁通络。花和荚果入药，有清凉收敛、止血降压的作用；叶和根皮有清热解毒的作用，可治疗疮毒；种子榨油制皂；槐角的外果皮可提馅糖等；木材耐水湿，有弹性，材质优良，供建筑或制农具和家具；对SO_2、Cl_2等有毒气体有较强的抗性。槐花芳香，是吉祥、幸福、美好的象征，是城乡人民自古以来就喜欢栽植的树种。槐花可作染料，《中国染料史话》（中华书局1962年8月版）载："栌木叶、黄檗、地黄、槐花、荩草、姜黄……都可以染黄色"。槐叶营养丰富，是家畜和家禽的饲料。槐花中含有芦丁，可作食品的添加剂和保健营养品。槐豆荚和槐豆含有丰富的淀粉和多糖类，可提取槐豆胶用于石油钻井、造纸、印染和纺织工业（杨鑫等，2011）。

开花与泌蜜特征： 夏季蜜源植物；花蜜和花粉较多，每群蜂可产蜜10～15kg（梁诗魁和任再金，1993）。夏季花未开放时采收其花蕾，称为槐米；花开放时采收，称为槐花。采收后除去花序的枝、梗及杂质，及时干燥，生用、炒用或炒炭用。

繁殖与栽培： 种子、扦插或嫁接繁殖。性耐寒，喜阳光，稍耐阴，不耐阴湿而抗旱，在低洼积水处生长不良，深根，对土壤要求不严，较耐瘠薄，石灰及轻度盐碱地（含盐量0.15%左右）上也能正常生长。但在湿润、肥沃、深厚、排水良好的沙质土壤上生长最佳。耐烟尘，能适应城市街道环境。病虫害不多。寿命长，耐烟毒能力强。

资源与开发：大量栽培，用途广泛，属典型的多用途树种，可开发槐系列产品。

三、向日葵 *Helianthus annuus* L.

异名：*Helianthus annuus* var. *lenticularis* (Douglas ex Lindl.) Steyerm.; *H. annuus* var. *macrocarpus* (DC.) Cockerell; *H. annuus* var. *texanus* (Heiser) Shinners; *H. aridus* Rydb.; *H. erythrocarpus* Bartling; *H. indicus* L.; *H. jaegeri* Heiser; *H. ovatus* Lehm.; *H. platycephalus* Cass.

别名：丈菊（《植物名实图考》），朝阳花，太阳花，nuowanwai（D-BN），mowaiwan（D-DH），shidaban（JP），buiban（ZW）。

科属：菊科（Compositae）向日葵属。

形态特征：一年生高大草本。叶互生，心状卵圆形或卵圆形，边缘有粗锯齿，两面被短糙毛，有长柄。头状花序极大，单生于茎端或枝端。总苞片多层，覆瓦状排列，卵形至卵状披针形，顶端尾状渐尖，被长硬毛或纤毛。花托平或稍凸、有半膜质托片。舌状花多数，黄色、舌片开展，长圆状卵形或长圆形，不结实。管状花极多数，棕色或紫色，有披针形裂片，结果实。瘦果倒卵形或卵状长圆形，稍扁压，有细肋，常被白色短柔毛，上端有2个膜片状早落的冠毛。花期7～9月，果期8～9月。

分布与生境：原产于北美洲，世界各国均有栽培，通过人工培育，在不同生境上形成许多品种，特别在头状花序的大小色泽及瘦果形态上有许多变异，并为综合利用的最好原料。

成分与利用：蜜的化学成分和含量（%）为果糖42.3、葡萄糖29.8、蔗糖3.0、酶值10.9（林盛秋，1989）。葵花蜜浅琥珀色，质地浓稠，结晶后为乳白色，气味芳香，甜度高，适口；对高脂血症及慢性高胆固醇血症都有一定的防治作用。种子含油量很高，为半干性油，味香可口，供食用。花穗、种子皮壳及茎秆可作饲料及工业原料，是人造丝及纸浆等的原料；花穗也供药用。向日葵收获脱粒、风选籽实的残余物及皮壳、花盘茎叶等都可以加工成粉或制颗粒饲料，1kg向日葵粉中含可消化蛋白质有31～112g，可折合为0.38～1.02个饲料单位。籽实加工的副产品油渣的脂肪含量高，是谷粒的8～10倍，赖氨酸、蛋氨酸、缬氨酸、甘氨酸等氨基酸含量比小麦、大麦碎粒的氨基酸含量多15%～20%。微量元素含量比谷粒高数倍，铁含量高6倍，铜、锌含量高2倍，钴含量高7倍（许景芝等，1996）。

开花与泌蜜特征：秋季蜜源植物；虫媒花植物，蜂群喜采集，一天当中一个花盘上来访蜜蜂达108次，在花盘上停留累计时间约3h，平均每6min就来访一次。一只蜂在一个花序上能采20～80朵花，一次能采400～700朵，授粉量极大；向日葵花盘的大黄花瓣张开后，花盘内结籽的小花蕊蜜腺自外向内依次开放，1.5～2cm宽一圈，整个花盘7d开完。花盘外圈先开的泌蜜多而且蜜色浅，中心部分后开的泌蜜少且蜜色深。无降水时整日都流蜜。早晨有露水时蜜汁稀，中午以后蜜汁浓而涌（王汉生，2009）。花期从 6 月下旬开始，向日葵蜜粉丰富，泌蜜适温 20～32℃，泌蜜一般从上午 8 点开始至下午 4 点结束；向日葵喜秋旱，厌高温，怕阴雨；前期泌蜜多，后期雨多时常影响泌蜜。

繁殖与栽培： 种子繁殖。向日葵性喜温暖，耐旱，对光线要求度较高，对温度则忍受范围大，适合温度 15～30℃。

资源与开发： 中国第二大油料作物，在农业生产、饲料工业和油料加工业中占有十分重要的地位。向日葵作为北方秋季重要蜜源植物，在养蜂生产中具有举足轻重的作用。

四、芝麻 *Sesamum indicum* L.

异名： *Sesamum orientale* L.；*Strobilanthes gentiliana* Levl.

别名： 胡麻（《名医别录》、《神农本草经》），脂麻（《本草衍义》），油麻（《食療本草》），guo、anuolang (D-BN)，aluo (D-DH)，laibiu (JN)，zhennan (JP)，nan (ZW)。

科属： 胡麻科（Pedaliaceae）胡麻属。

形态特征： 一年生直立草本。叶矩圆形或卵形，下部叶常掌状 3 裂，中部叶有齿缺，上部叶近全缘。花单生或 2～3 朵同生于叶腋内。花萼裂片披针形，被柔毛。花冠筒状，白色而常有紫红色或黄色的彩晕。雄蕊 4，内藏。子房上位，4 室（云南西双版纳栽培植物可至 8 室），被柔毛。蒴果矩圆形，有纵棱，被毛，分裂至中部或至基部。种子有黑白之分。花期夏末秋初。

分布与生境： 芝麻原产于印度，中国汉时引入，古称胡麻（今日本仍称之），但现在通称脂麻，即芝麻。本植物在中国栽培极广，历史悠久。

成分与利用： 芝麻蜜为浅琥珀色，结晶乳白色，甘甜可口，芳香，略带酸味；种子扁圆，有白色、黄色、棕红色或黑色，以白色的种子含油量较高，黑色的种子入药，味甘性平，有补肝益肾、润燥通便之功。芝麻的茎、叶、花都可以提取芳香油。芝麻性平，味甘，具有润肠、通乳、补肝、益肾、养发、强身体、抗衰老等功效。芝麻对于肝肾不足所致的视物不清、腰酸腿软、耳聋耳鸣、头发枯燥、头发脱落、头发早白、眩晕、眼花等疗效显著。芝麻干燥花，有生发、消肿之功效，可治疗脱发、冻疮、便秘等。民间单方芝麻花治疗寻常疣、扁平疣等。

开花与泌蜜特征： 秋季蜜源植物；芝麻花中有蜜腺，它与油菜、荞麦并称为中国三大蜜源作物，品质以芝麻蜜为上乘。主茎花先开，细枝后开，从上而下逐渐开放。上午 6～8 时为最盛期，占全天开花总数的 90%左右，10 时后逐渐减少。开花后 10～15d 为最盛。芝麻的蜜腺位于花冠基部和子房之间，气温 25～28℃泌蜜最丰富，超过 30℃时泌蜜减少。先开花的蜜多；生长于土壤 pH 为 7～8、松软、结构良好、有机质含量丰富的沙质土泌蜜多，产区群众称为“油沙土”或“潮沙土”，白天晒热后晚间可回潮，有利于花蜜合成和积累、分泌（林盛秋，1989）。

繁殖与栽培： 种子繁殖。芝麻系直根浅根群作物，以土层深厚沙壤土为宜，一般地力中等不积水的平地或坡地均可种植。为减少病虫害，获得高产稳产，前茬与高粱、玉米、谷子等作物进行轮作为好。

资源与开发： 芝麻富含多种营养，用途广泛，集油、饲、药、食品、化工为一体，是中国主要优质油料作物之一，也是中国西北地区发展潜力巨大的油料作物。

五、野坝子 *Elsholtzia rugulosa* Hemsl.

异名： *Aphanochilus rugulosus*（Hemsl.）Kudo；*Elsholtzia labordei* Vaniot；*E. mairei* H. Lév.；*Plectranthus labordei*（Vaniot）Diels

别名： 野巴子、狗尾巴香、香芝麻（滇西北），香苏草（昆明、玉溪），野苏、野香苏、野坝草、小紫苏（昆明），小铁苏、铁苏苏、小小苏、铁苏棵、小山苏、青牛藤（夕）、野巴篙、地檀香、蒿巴巴棵、扫把茶（思茅），腊悠麻、草拔子、白背蒿、半边香、倮倮茶（普洱），把子草（屏边），野苏子（玉溪），小香芝麻叶、狗巴子、矮香薷（云南），野坝篙（保山、四川），臭香薷（四川），layouma（D-BN），songhua（NX）。

科属： 唇形科（Lamiaceae）香薷属。

形态特征： 草本至半灌木。叶上面榄绿色，被粗硬毛，微皱，下面灰白色，密被灰白色绒毛；叶柄密被白色微柔毛。穗状花序着生于主茎及侧枝的顶部。花萼钟形，外面被白色粗硬毛，萼齿5，相等或后2齿稍长。花冠白色，有时为紫色或淡黄色，外面被柔毛，内面近喉部具斜向毛环，冠檐二唇形，上唇直立，下唇开展，3裂。雄蕊4，前对较长，伸出，花丝略被毛，花药球形，2室。花柱超出雄蕊，先端2裂。小坚果长圆形。花期、果期10～12月。

分布与生境： 产于云南、四川、贵州及广西；生于海拔1300～2800m的山坡草地、旷地、路旁、林中或灌丛中；热带亚洲、前苏联、朝鲜、日本及北美洲（南达墨西哥）也有分布。

成分与利用： 野坝子蜜的化学成分和含量（%）为果糖34.3、葡萄糖39.9、蔗糖1.1、酶值8.3（林盛秋，1989）。蜜浅琥珀色，结晶乳白色，细腻如脂，质地较硬，甜而芳香，色味俱佳，为上等蜜。枝叶可入药，为西南各省常用中草药，治伤风感冒、消化不良、腹痛腹胀、上吐下泻、胃肠炎、绞肠痧、伤寒发热、痢疾、鼻出血、咯血、产后腹痛、外伤出血、烂疮、蛇咬伤等症。

开花与泌蜜特征： 冬季主要蜜源植物；花期在10月下旬至12月上旬，花期约60d，开花泌蜜盛期30～40d。气温8℃以上开始泌蜜，泌蜜适温17～22℃，温度过高或过低对泌蜜都不利。如果霜期提早甚至有重霜，寒潮低温，对开花泌蜜有严重影响（何贤港，1995）。野坝子植物具有特殊的药用价值。采集加工方式为枝叶茂盛时采收，阴干，或切碎阴干。

繁殖与栽培： 种子繁殖。在适宜的水分、温度条件下，野坝子种子萌发仅需5～8d，10d后种子全部萌发，但幼苗期生长较为缓慢，出苗后第10～15天长出第1对真叶。播种期早的，植株比较高大，根系发达，冠幅大，穗多、长，结实量大，产量高；播种期晚的，植株矮小，根系不发达，冠幅小，穗少、短，结实量小，产量低。

资源与开发： 野坝子因具有多种功效，利用历史悠久，应用广泛，疗效确切，是一味具有开发价值的民族药。也是中国西南地区冬季特种蜜源之一，其对蜜蜂的生存繁衍有着重要意义，应加强对野生资源的合理保护。

六、紫云英 *Astragalus sinicus* L.

异名：*Astragalus lotoides* Lam.；*A. nokoensis* Smaki；*A. nankotaizanensis* Sasaki；*A. sinicus* L. var. *macrocolyx* Ulbr.

别名：沙蒺藜，马苕子，红花草，苕子菜，摇车，野蚕豆，紫花草，小巢菜，野蠶豆，hanluowan (D-DH)。

科属：蝶形花科（Papilionaceae）黄芪属。

形态特征：二年生草本。奇数羽状复叶，具7～13片小叶；托叶离生，卵形，先端尖，基部互相多少合生，具缘毛；小叶倒卵形或椭圆形，下面散生白色柔毛。总状花序生5～10朵花，呈伞形；总花梗腋生；苞片三角状卵形；花梗短；花萼钟状，被白色柔毛，萼齿披针形，长约为萼筒的1/2；花冠紫红色或橙黄色，旗瓣倒卵形，先端微凹，基部渐狭成瓣柄，翼瓣较旗瓣短，瓣片长圆形，基部具短耳，瓣柄长约为瓣片的1/2，龙骨瓣与旗瓣近等长，瓣片半圆形，瓣柄长约等于瓣片的1/3；子房无毛或疏被白色短柔毛，具短柄。荚果线状长圆形，稍弯曲，具短喙和隆起的网纹；种子肾形，栗褐色。花期2～6月，果期3～7月。

分布与生境：产于中国的长江地区；生于海拔400～3000m溪边、山坡及潮湿处，农村家庭的农田里常有种植。

成分与利用：蜜的化学成分（%）为果糖43.3、葡萄糖31.7、蔗糖1.7、酶值17.9，为上等蜜（林盛秋，1989；徐如意和胡业，1995）。优良的蜜源植物，泌蜜丰富；蜜为白色至浅色，结晶为乳白色，颗粒细腻，味鲜芳香，甜而不腻，甜美纯正。也是优良的绿肥和牧草植物，嫩茎叶可作蔬菜。

开花与泌蜜特征：紫云英花期长，开花期一般为30～40d；开花较适宜的气温为14～18℃，湿度80%以下，有阳光。主茎上花先开，细枝的花后开，先开的花蜜多，后开的花蜜少。开花初期花冠粉红色时，泌蜜较少，盛花期花冠变为鲜红时，泌蜜才达高峰。紫云英鲜嫩多汁，干物质中蛋白质含量丰富，营养价值高。饲用时，宜在开花初期刈割。

繁殖与栽培：种子繁殖。有一定耐寒能力，全生育期间要求足够的水分，土壤水分低于12%时开始死苗。对土壤要求不严，以pH5.5～7.5的沙质和黏质土壤较为适宜。耐盐性差，不宜在盐碱地上种植。紫云英生长在湿润沙土、重壤土、石灰质冲积土或施用有机肥、磷肥的土壤上，泌蜜量大，而在黏重、排水差、保肥力差的土壤上，泌蜜量小。初种第1～2年，泌蜜极少或无蜜，2～3年后，根瘤多，肥力增多，泌蜜量逐渐增多。

资源与开发：在水稻产区，用于冬季稻田种植的豆科绿肥植物。紫云英含氮量高，肥田效果好，也是重要的蜜源植物。因为其赖氨酸等必需氨基酸含量高，富含矿物质和维生素，也是养殖的优质青饲料，具有较好的经济价值和利用前景。

七、其他常见蜜源植物

（一）枇杷 *Eriobotrya japonica*（Thunb.）Lindl.

参见药用植物部分。

开花与泌蜜特征：冬季蜜源植物；枇杷蜜质优，蜜琥珀色，味香。根据枇杷花流蜜及利用情况，称10～11月开的花为头花，头花虽然花量多但在低温影响下，易受冻害。11～12月开的花称为二花，二花是枇杷流蜜盛期，是采蜜的最好时机，流蜜期长达40～50d，此期一般年景，每群蜂可取蜜15～20kg。三花在第二年的1～2月，受冻害更少；气温15℃开始泌蜜，20℃泌蜜增多，在昼热夜冷、南风回暖、空气温润的条件下，泌蜜更多（简旭东，2004）。

（二）紫苜蓿 *Medicago sativa* L.

参见饲用植物部分。

开花与泌蜜特征：花期长，泌蜜多，常年每群蜜蜂可产蜜15～30kg，为中国夏季主要的蜜源植物之一，新蜜浅琥珀色半透明，结晶白色，颗粒较粗、芳香、有豆香气味。原产于亚洲西南部的高原地区，现已成为世界上分布最广的牧草，主要分布于黄河中游、下游及西北地区。

（三）酸枣 *Ziziphus jujube* Mill.

别名：枣（《诗经》），枣树，枣子（俗称），大枣（湖北），红枣树、刺枣（四川）。

科属：鼠李科（Rhamnaceae）枣属。

分布：产于四川、云南、贵州、广东、广西、湖南、福建、江西、湖北、吉林、辽宁、河北、山东、山西、陕西、河南、甘肃、新疆、安徽、江苏和浙江；生长于海拔1700m以下的山区、丘陵或平原；广为栽培；原产于中国，现在亚洲、欧洲和美洲常有栽培。

开花与泌蜜特征及功用：花期长，泌蜜丰富，蜜蜂量大，产蜜量高，为中国大蜜源之一。蜜为琥珀色，质地黏稠，不易结晶，初食有饴糖味，尾时有浓郁的杏仁食味，有辣感。枣的果实味甜，含有丰富的维生素C、维生素P，除供鲜食外，常可以制成蜜枣、红枣、熏枣、黑枣、酒枣及牙枣等蜜饯和果脯，还可以作枣泥、枣面、枣酒、枣醋等，为食品工业原料。枣又供药用，有养胃、健脾、益血、滋补、强身之效，枣仁和根均可入药，枣仁可以安神，为重要药品之一。

（四）鹅掌柴 *Schefflera heptaphylla*（L.）Frodin

别名：七叶鹅掌柴，鸭脚木，鸭木树，大叶鹅掌藤。

科属：五加科（Araliaceae）鹅掌柴属。

分布：产于西藏（察隅）、云南、广西、广东、浙江、福建和台湾；热带、亚热带地区常绿阔叶林常见的植物，有时也生于海拔100～2100m的阳坡上；日本、越南和印度也有分布。

开花与泌蜜特征：鹅掌柴花序大，花朵数量多，一个花序有花数百朵至4000多朵，花期和泌蜜期长，泌蜜量大，常年每群蜂可产蜜10～15kg，丰年达30kg；不仅泌蜜量大，而且花粉多，对采蜜和冬季繁殖都有利；花蜜浓度高，蜂蜜可久存而不易变质，不经加工浓缩可直接出口的天然优良蜂蜜。既是营养滋补品，又可作药用。

（五）白刺花 *Sophora davidii*（Franch.）Skeels

参见野菜植物部分。

开花与泌蜜特征：蜜浅琥珀色透明，较稀薄，生蜜微带苦味，易结晶，结晶后为乳白色，晶粒细腻，带清香味，为一等蜜。本种耐旱性强，是水土保持树种之一。也可供观赏，多用于林缘、草坪、园路岔口等处，也适用于植做绿篱。白刺花开花量多，蜜汁十分丰富，夏季蜜源植物；每株有花序500～700个，一个花序始花至凋谢需9～13d，全株花期19～21d。花期3月下旬至5月中旬，5月中旬至6月上旬20d左右是白刺花产蜜盛期。气温25℃以上、湿度70%时泌蜜最多；干燥天气（40%以下）泌蜜极少或停止泌蜜，早上气温高，泌蜜增多；花期如果遇3～4级西南风，就可致蜜汁蒸发而使蜜腺萎蔫，严重影响采蜜。夜间雨，翌日晴，烈日普照，无风，阵雨后转晴，泌蜜量最大；连续高温或低温多雨，泌蜜即减少（马德风，1993；林盛秋，1989）。

（六）芸薹 *Brassica rapa* L. var. *oleifera* de Candolle

别名：油菜、野油菜（通称），寒菜，胡菜，苦菜，苔芥，youcai（D-DH），kangsao（JP），angcu（ZW）。

科属：十字花科（Brassicaceae）芸薹属。

分布：陕西、江苏、安徽、浙江、江西、湖北、湖南、四川、云南、甘肃等省大量栽培。

功用：油菜蜜含脯氨酸、没食子酸、咖啡酸、阿魏酸、槲皮素、山柰酚等成分（齐桂平等，2010），此外还含有葡萄糖、果糖、蔗糖、粗蛋白等。新蜜浅琥珀色，具辛辣和厌人的氨气味，不爽口，易结晶，结晶为乳白色，颗粒细腻。主要油料植物之一，种子含油量40%左右，油供食用；嫩茎叶和总花梗作蔬菜；种子药用，能行血散结消肿；叶可外敷痈肿。春季蜜源植物，花期长而早；当气温稳定在10℃以上时，油菜即开始开花，开花顺序同花序分化顺序相一致，先主序后分枝，由上而下逐渐开放，每个花序的花，则由下而上顺序开放；每天开花时间以上午9～11时最多，中午以后减少，每朵花从开放到花瓣脱落，约需3d，开放的当天即进行泌蜜吐粉，尤以第一、第二天蜜粉量最大；泌蜜适宜的空气相对湿度为70%～80%，如果不及此湿度，对泌蜜不利。虽气温7℃可泌蜜，但以18～25℃泌蜜最宜；油菜的蜜、蜜粉丰富，蜂蜜营养价值高（林盛秋，1989；黎九洲，1990）。

（七）荞麦 *Fagopyrum esculentum* Moench

别名：甜荞，花荞，南荞，荞子，野荞麦，hiao（D-DH），shiriman（JP），qiao（ZW）。

科属：蓼科（Polygonaceae）荞麦属。

分布：中国各地有栽培，有时逸为野生。生于荒地、路边；亚洲、欧洲有栽培。

开花与泌蜜特征：蜜的化学成分和含量（%）为果糖37.2、葡萄糖33.5、蔗糖3.4、酶值8.3（林盛秋，1989）。蜜为深琥珀色，结晶为琥珀色，颗粒较粗，有浓荞麦花味和异香。种子富含淀粉，供食用；全草入药，治高血压、视网膜出血、肺出血。可以作为绿肥、饲料或防止水土流失的覆盖植物。秋季蜜源植物，荞麦是越冬前的主要蜜源，花期一个月左右。在正常的天气，荞麦日出后逐渐开花，开始流蜜、吐粉，12 时左右流蜜最多，以后开始减少，下午 2 时后停止。但有些高原地区，日照充足，昼夜温差较大，遇到雨量适中、晴暖适宜的天气流蜜也能延迟到下午；荞麦生长前期喜雨，后期喜旱，初花期如有间断、适量雨水，长势正常，泌蜜良好。温差大，湿度大，泌蜜更旺；气温 12～26℃即流蜜，泌蜜较适宜气温为 25～30℃，湿度 80%～90%（林盛秋，1989）。

（八）龙眼 *Dimocarpus longan* Lour.

别名：桂圆（通称，河口）、圆眼（通称）、羊眼果树（景东）、圆圆（玉溪），madala（D-BN），maha（D-DH），berenmi（JP）。

科属：无患子科（Sapindaceae）龙眼属。

分布：中国西南部至东南部栽培极广，以福建最盛，广东次之；云南及广东、广西南部也见野生或半野生于疏林中；亚洲南部和东南部也常有栽培。

开花与泌蜜特征及功用：龙眼蜜又称“桂圆蜜”，在我国单花蜜中其蛋白质含量最高，达 1.699%。蜜浅琥珀色，浓稠，味芳香，甜度大，结晶乳白色，颗粒细，为上等蜜。龙眼蜜具有养血安神、开胃益脾、养颜、清热润燥、补中益气之功效，对心脾血虚引起的心悸不安、失眠和记忆力减退有辅助疗效。春季蜜源植物，花期长而早；龙眼蜜腺位于花萼基部，略鼓凸。各种性型的花均有蜜腺，蜜量以雌花最多。龙眼花于早上开花，蜂群于 5 时采蜜，至上午 9 时泌蜜最盛，午后渐减或无蜜。适宜开花气温约 20℃，在 25℃以上，相对湿度 85%时，泌蜜最好。在细雨中仍然开花泌蜜，蜂也出巢采集。在一株树上，向阳通风处，长势好的花先开（林盛秋，1989；徐万林，1992）。龙眼果实可鲜食、制罐头、酒、膏、酱等，也可加工成桂圆干肉等；因其假种皮富含维生素和磷质，有益脾、健脑的作用，故也入药；龙眼的叶、花、根、核均可入药。种子含淀粉，经适当处理后，可酿酒；木材木质坚硬，纹理细致优美，耐水湿，是造船、家具、细工等的优良材。

第十六章　蛋白植物

第一节　概　　述

一、概念

蛋白质（protein）包括植物蛋白和动物蛋白。植物中的豆类、小麦和稻谷都含有较多的植物蛋白（如大豆种子所含蛋白质的比例高达40%左右），各种肉类、奶制品、禽蛋中所含的蛋白质属动物蛋白。植物蛋白是蛋白质的一种，来源于植物，营养与动物蛋白相仿，但更易于消化。因此，蛋白植物（protein plant）是指植物中含有蛋白质，能为人类或其他动物利用的植物。

国外把植物蛋白分为两类：一类称为植物性蛋白（plant protein），指花、草、树木、灌木等植物中所含的蛋白质；另一类称为蔬食性蛋白（vegetable protein），即指大豆、花生等可食性果实或油料中所含的蛋白质。在国内将两者统称为植物蛋白质或植物蛋白（江连洲，2011）。

植物蛋白主要来源于米面类、豆类，但是米面类和豆类的蛋白质营养价值不同。米面类的蛋白质中缺少赖氨酸（人体必需的氨基酸）。此外，中国年产各种植物蛋白粕类5899.3万t，但绝大部分蛋白粕类资源应用于饲料工业，由动物经过二次转化后再被人类食用。然而，植物蛋白的这种转化模式有效性很低，据估计其有效利用率仅为30%左右（康立宁等，2011）。

二、资源与分布

中国植物性蛋白资源丰富，类别繁多，包括种子蛋白（谷物、油料蛋白、饼粕蛋白等）、叶蛋白、藻类蛋白、食用菌蛋白等。其中，大豆、花生、油菜籽、棉籽等可生产蛋白质的原料每年近1.4亿t，还有3万t左右的淀粉副产品——面筋。植物蛋白质有较高的营养价值，其氨基酸组成基本平衡，人体必需的氨基酸含量较高，易消化和吸收，是营养丰富的食品资源（陈贵堂等，2004）。1999年美国FDA发布关于大豆蛋白的健康声明每人“每天摄取25g大豆蛋白的低脂、低胆醇的饮食，可减少患心脏病的风险”（尹宗伦，2008；康立宁等，2011）。《中国食物与营养发展纲要》强调健康食物的基本概念，即“80%植物性食物+20%动物性食物”，大力开发利用植物蛋白资源和发展植物蛋白工业。

三、植物蛋白的特性

21世纪被称为植物蛋白世纪，发达国家的食品需求趋势，从单纯的动物蛋白向动植物蛋白科学合理搭配的结构型调整和回归，而欠发达国家和发展中国家正从温饱型向合理营养结构型发展。植物蛋白具有某些比动物蛋白优越的特性。

1. 经济性

同样面积的土地开发植物蛋白比动物蛋白更为经济有效。例如，若 $1hm^2$ 土地种草喂牛，从牛肉中可获得蛋白 26kg，种小麦则可获得蛋白 82kg、玉米约 147kg、大豆高达 227kg；大豆蛋白的生产成本为动物蛋白的 10%～20%，甚至更低。又如，将谷类、大豆等饲养家畜，转换生产蛋白质，其蛋白质利用率仅为肉牛约 12%、猪约 18%、鸡约 19%、鸡蛋约 21%、乳牛约 25%。可见生产植物蛋白的成本远低于动物蛋白的成本。

2. 营养性

以大豆为例，其蛋白的发热量和多种营养成分不亚于动物蛋白，且氨基酸组成比较齐全，蛋白质中人体必需氨基酸接近人体所需的成分和比例，仅含硫氨基酸含量略低；菜籽蛋白中氨基酸组成优于大豆蛋白，几乎不存在限制性的氨基酸，尤其是蛋氨酸、胱氨酸含量高于其他植物蛋白，其蛋白质消化率为 95%～100%，鸡蛋仅为 92%～94%，大豆蛋白为 88%～95%。

3. 保健性

植物蛋白对人体健康具有动物蛋白不可比拟的作用。①肝硬化患者的营养支撑：肝硬化导致机体蛋白质更新速率加快，分解速率升高，使体内蛋白质代谢处于不平衡状态；患者的消化与吸收功能较差，肝糖原储存下降、供能不足，肝脏中支链氨基酸脱羧酶活力降低，支链氨基酸只能在外周组织中通过转氨基作用被分解消耗。植物蛋白丰富而含量较高的支链氨基酸，口感好，有利于增加患者蛋白质的摄入，使机体处于正氮平衡，从而改善营养状态，有利于肝脏功能的恢复。②降低胆固醇水平：许多植物蛋白的酶解产物可显著降低血清胆固醇含量，在饮食中用大豆蛋白代替动物蛋白，可有效降低血浆总胆固醇和低密度脂蛋白胆固醇的含量，抑制低密度脂蛋白胆固醇的氧化；低密度脂蛋白胆固醇被氧化会诱发动脉粥样硬化。③降低心血管病的发生：因植物蛋白代替动物蛋白具有降低胆固醇水平的功能，从而降低心血管病的发生。增加植物性蛋白质的摄入，可有效地降低高血压患者的血压，预防心血管疾病。④抗肿瘤的作用：研究证实从苦瓜中分离的植物蛋白能抑制患白血病小鼠病情的发展，有效率达 80%。此外，大豆分离的蛋白质能够增强雌性大鼠肝脏和乳腺的代谢，抑制致癌物质的活性，减少肝癌和乳腺癌的发生。⑤有益于肾脏病的保健：肾脏病患者膳食治疗的重要原则是低蛋白的摄入，但在低蛋白条件下，肉、蛋、奶中的蛋白质仍会对肾脏产生不良影响。大豆蛋白替代动物蛋白，可有效降低肾脏过滤组织的渗透压和工作负荷，减少血液中白蛋白等有益成分随尿液流失（江连洲，2011），保障低蛋白维护身体需求。

4. 功能性

植物蛋白具有溶解性、吸水性、吸油性、起泡性、乳化性、黏性及凝胶形成性等良好的加工特性。①植物蛋白具有保水性、乳化性、弹性和黏结性，既可单独制成食品，也可以与蔬菜、肉类等配制成多种多样的食品；②植物蛋白的保水性和保型性，在机械成型、加热调理后不再产生收缩等变化，制品的品质均匀，利于长期保存。

四、蛋白植物的类别

植物蛋白根据来源，可以分为以下几类。

1. 油料种子蛋白

油料种子蛋白是指油料植物中存在的蛋白，包括大豆、花生、菜籽、棉籽、向日葵籽、芝麻等蛋白，其存在于加工油料种子所获得的饼粕中，是重要的食物蛋白资源之一。油料中的简单蛋白质主要是清蛋白、球蛋白、谷蛋白、醇溶蛋白等，其中球蛋白是油料种子蛋白质的主要成分，其含量可占总蛋白质含量的80%以上；油料中的结合蛋白主要有糖蛋白、核蛋白、脂蛋白、磷蛋白、色蛋白等。

2. 谷类种子蛋白

谷类种子蛋白是指禾谷类种子储存的蛋白，包括小麦、玉米、稻米、高粱、大麦、燕麦（*Avena sativa*）、荞麦等蛋白。我国以谷类食物为主，人体所需蛋白质约50%由谷类提供。谷类蛋白质含量一般为7.5%～15%，主要由谷蛋白、醇溶蛋白、球蛋白组成。一般谷类蛋白质的必需氨基酸组成不平衡，如赖氨酸含量少，苏氨酸、色氨酸、苯丙氨酸、蛋氨酸含量偏低，因此蛋白质的营养价值低于动物性食物。食品工业上常采用氨基酸强化的方法提高谷类食品蛋白质的营养价值，如以赖氨酸强化面粉，生产面条、面包等以解决赖氨酸少的问题；此外采用蛋白质互补的方法提高人体蛋白的营养价值，即将两种或两种以上的食物共食，使各食物的必需氨基酸得到相互补充，如粮豆共食、多种谷类共食或粮肉共食等。谷类蛋白质含量虽不高，但在我们的食物总量中谷类所占的比例较高，因此谷类是膳食中蛋白质的重要来源。

3. 新型植物蛋白

除油料和禾谷类种子外，被开发利用的其他来源蛋白资源属此类蛋白，包括如藻类蛋白质（如螺旋藻 *Spirulina platensis*、鱼腥藻 *Anabaena* spp.）、叶类蛋白质［如豆类、薯类、向日葵、甜菜、槐、桑、榆、胡枝子、苜蓿、白车轴草（*Trifolium repens*）等茎叶或全草］、食用菌等，均含蛋白质。此类蛋白质资源丰富，有待深入开发。

以螺旋藻为例，此藻深青色，由多细胞单列构成纤细的螺旋状藻体，其营养丰富，蛋白质具有独有的特征。①粗蛋白含量极其丰富：蛋白质含量高达58%～70%，相当于大豆的1.46～1.78倍，高蛋白奶粉的3.2～4.5倍，是全脂奶粉的2.88倍，全蛋粉的1.33倍。②蛋白质营养价值高：其蛋白质的功效比值为2.2～2.6，相当于74%～87%的酪蛋白；蛋白质净利用率达53%～61%，相当于85%～92%的酪蛋白；消化率83%～91%；蛋白质生物价77.6%～79.5%。③必需氨基酸的构成符合人体需要：含有人体所需的所有基本氨基酸，包括8种人体不能合成的必需氨基酸，其中苏氨酸、赖氨酸、蛋氨酸、胱氨酸是谷物所缺乏的。④脂质组成独特：螺旋藻总脂含量6%～7%，脂肪酸4.9%～5.7%，多数属不饱和脂肪酸。其亚油酸含量高达13 784mg/kg，γ-亚麻酸11 970mg/kg，在其他天然食物中极为罕见。⑤碳水化合物富含多糖：碳水化合物总含量占螺旋藻干粉的10%～18%，平均约16.5%，多糖含量丰富且品种多样，对人体健康极为有效。⑥维生素和矿物质组成丰富多样：维生素E、维生素B_1、维生素B_2、烟酸、叶酸和胡萝卜素都比较高，是保健品以及养鳗饲料、海珍品养殖饲料理想的原料（胡鸿钧等，2002）。美国食品药品监督管理局认定螺旋藻是“最佳蛋白质来源之一”。螺旋藻除可作食品、食品添加剂、饲料外，还可作为医药原料，市场上有许多螺旋藻保健品和添加螺旋藻的食品。

第二节 特色蛋白植物

一、大豆 *Glycine max*（L.）Merr.

异名： *Dolichos soja* L.；*Glycine angustifolia* Miquel；*G. hispida*（Moench）Maxim.；*Phalseolus max* L.；*Soja angustifolia* Miq.；*S. hispida* Moench；*S. japonica* Savi；*S. max*（L.）Piper；*S. viridis* Savi

别名： 菽（《诗经》），黄豆（通称），毛豆，秣食豆，青豆，tuhun（D-BN），tuohun（D-DH），laochi（JN），lexigeba（JP），numo（ZW），soybean。

科属： 蝶形花科（Papilionaceae）大豆属。

形态特征： 一年生草本。叶具 3 小叶；托叶宽卵形，具脉纹，被黄色柔毛；叶柄幼嫩时散生疏柔毛或具棱并被长硬毛；小叶顶生一枚较大，侧生小叶较小，通常两面散生糙毛或下面无毛；小托叶披针形。总状花序；总花梗常有 5～8 朵无柄、紧挤的花，植株下部的花有时单生或成对生于叶腋间；苞片披针形，被糙伏毛；小苞片披针形，被伏贴的刚毛；花萼密被长硬毛或糙伏毛，常深裂成二唇形，裂片 5，披针形，上部 2 裂片常合生至中部以上，下部 3 裂片分离，均密被白色长柔毛，花紫色、淡紫色或白色，旗瓣倒卵状近圆形，先端微凹并通常外反，基部具瓣柄，翼瓣蓖状，基部狭，具瓣柄和耳，龙骨瓣斜倒卵形，具短瓣柄；雄蕊二体；子房基部有不发达的腺体，被毛。荚果，密被褐黄色长毛；种子 2～5 颗，椭圆形、近球形、卵圆形至长圆形，种皮光滑。花期 6～7 月，果期 7～9 月。

分布与生境： 原产于中国；全国各地均有栽培，以东北最著名，也广泛栽培于世界各地。

成分与利用： 大豆含蛋白质约 40%，脂肪约 20%，还含有丰富的维生素，富含营养。除供直接食用外，可生产各种富含蛋白质的豆制食品，作酱、酱油等；茎、叶、豆粕及粗豆粉作肥料和优良的牲畜饲料。豆粕经加工制成的组织蛋白、浓缩蛋白、分离蛋白和纤维蛋白可是多种食品（如人造肉、干酪素、味精等）及造纸、塑胶工业、人造纤维、火药等的原料。豆油除主要供食用外，也是润滑油、油漆、肥皂、瓷釉、人造橡胶、防腐剂等的重要原料。榨油后的下脚料可提取许多产品，如用于食品工业的磷脂以及豆甾醇、谷甾醇等医药的廉价甾醇激素原料。大豆在工业的用途有 500 种以上。药用有滋补养心、祛风明目、清热利水、活血解毒等功效。是各种豆制品的原料，包括：①浸渍大豆制品，如豆浆、豆乳、豆腐、豆腐干等；②发酵大豆制品，如豆酱、豆腐乳、酱油；③家用大豆制品，如豆芽、煮豆、炒豆、膨化大豆；④大豆加工制品，如全脂豆粉、脱脂豆粉、浓缩蛋白等。

采收与加工： 品种和地区的气候不同，收获期也不相同，一般在 9 月下旬至 10 月上旬，茎叶和豆荚开始变黄，逐渐枯落即表明豆荚已经成熟，可以收获。大豆最好在早晨带露水时收割，可避免籽粒散失。

繁殖与栽培： 种子繁殖。土壤和气候适应性较强，可广泛栽培。

资源与开发： 中国重要粮食作物，已有 5000 年栽培历史。中国传统豆制品生产和消费，对大豆资源的利用比较低，应积极提高大豆资源的转化利用率。

二、紫苜蓿 *Medicago sativa* L.

异名：*Medicago afghanica* Vassilcz.；*M. alaschanica* Vassilcz.；*M. asiatica* Sinskaya subsp. *sinensis* Sinskaya；*M. beipinensis* Vassilcz.；*M. pekinensis* Vassilcz.；*M. rivularis* Vassilczenko；*M. roborovskii* Vassilcz.；*M. sativa* var. *tibetana* Alef.；*M. tibetana*（Alef.）Vassilcz.

别名：苜蓿（《植物名实图考》），alfalfa。

科属：蝶形花科（Papilionaceae）苜蓿属。

形态特征：多年生草本。羽状三出复叶；托叶大，卵状披针形；小叶长卵形、倒长卵形至线状卵形，等大，或顶生小叶稍大，楔形，边缘1/3以上具锯齿，下面被贴伏柔毛；顶生小叶柄比侧生小叶柄略长。花序总状或头状，具花5～30朵；总花梗挺直，比叶长；苞片线状锥形，比花梗长或等长；花萼钟形，萼齿线状锥形，比萼筒长，被贴伏柔毛；花冠各色，花瓣均具长瓣柄，旗瓣长圆形，先端微凹，明显较翼瓣和龙骨瓣长，翼瓣较龙骨瓣稍长；子房线形，具柔毛，花柱短阔，柱头点状，胚珠多数。荚果螺旋状旋转2～4（～6）圈，中央无孔或近无孔，被柔毛或渐脱落；有种子10～20粒。种子卵形。花期5～7月，果期6～8月。

分布与生境：中国各地都有栽培或呈半野生状态；生于田边、路旁、旷野、草原、河岸及沟谷等地；欧亚大陆和世界各国广泛种植。

成分与利用：叶蛋白营养物质含量丰富，其粗蛋白含量高（40%～65%），所含必需氨基酸中赖氨酸含量较高，叶蛋白消化率为62%～72%，能量代谢率为69%～90%，粗蛋白的生物价为73%～79%。每千克叶蛋白浓缩物代谢能2800～3200kcal，有效磷0.31%，碳水化合物5%～10%，矿物质3%～7%，纤维素约5%，胡萝卜500～1200mg，叶黄素1000～1800mg，还含有脂溶性维生素E和维生素K等（杨期和，2009）。紫苜蓿蛋白质含量高，不含毒性成分、含黏性成分少，是提取植物叶蛋白的首选材料。其叶蛋白属高蛋白、低脂肪，还含有丰富的矿物质元素及微量元素，氨基酸种类齐全，必需氨基酸含量占氨基酸总含量的40%～40.6%，必需氨基酸与非必需氨基酸含量的比值为0.663～0.683，分别高于FAD/WHO标准规定的40%和0.6%，同时其叶蛋白中的第一限制氨基酸与全鸡蛋蛋白的第一限制氨基酸不同，根据蛋白质互补法，将苜蓿叶蛋白以添加剂的形式加入到食品中，可以取长补短，充分利用其营养价值。因此，紫苜蓿属优质、高产、各类家畜喜食的牧草，并具有固土保水、固氮改土、保护环境等多种功效，也是优良的土壤改良和蜜源植物。

采收与加工：鲜割后应尽快加工处理。采用粉碎机和多功能双螺旋压榨机粉碎和压榨，加热凝聚法进行叶蛋白凝聚，然后热风干燥（烘干），打浆过程中应加入一些防腐剂，进行保存。

繁殖与栽培：种子繁殖。适应性极强，并可改善土壤的结构和养分状况，可广泛栽培，多作为绿肥与其他作物间作或轮作。

资源与开发：苜蓿属有70余种，分布于地中海区域、西南亚、中亚和非洲。中国有13种，1变种，多系重要的饲料植物，且叶片蛋白质含量较高，均可作为叶蛋白提取的原料植物，也可兼作为绿肥植物。

三、白车轴草 *Trifolium repens* L.

异名： *Lotodes repens*（L.）Kuntze

别名： 白三叶，荷兰翘摇。

科属： 蝶形花科（Papilionaceae）车轴草属。

形态特征： 多年生草本。掌状三出复叶；托叶卵状披针形；小叶倒卵形至近圆形。花序球形，顶生；总花梗甚长，比叶柄长近1倍，具花20～50（～80）朵，密集；无总苞；苞片披针形；花梗比花萼稍长或等长，开花立即下垂；萼钟形，具脉纹10条，萼齿5，披针形，稍不等长，短于萼筒，萼喉开张；花冠白色、乳黄色或淡红色。旗瓣椭圆形，比翼瓣和龙骨瓣长近1倍，龙骨瓣比翼瓣稍短；子房线状长圆形，花柱比子房略长，胚珠3～4粒。荚果长圆形；种子通常3粒。种子阔卵形。花果期5～10月。

分布与生境： 中国各地常见栽培，在湿润草地、河岸、路边呈半野生状态；原产于欧洲和北非，世界各地均有栽培。

成分与利用： 叶中粗蛋白含量28.7%，凝固法提取叶蛋白的提取率超过10%；干草中粗蛋白含量为46.7%，粗脂肪为11.1%，粗纤维仅有1.33%（杨期和，2009）。其含丰富的蛋白质和矿物质，是优良牧草，为各种畜禽所喜爱，营养成分及消化率高于紫苜蓿；也可作为绿肥、堤岸防护草种、草坪装饰，以及蜜源和药用等。

采收与加工： 鲜叶采用$(NH_4)_2SO_4$盐析法和加热法提取蛋白质。脱硫脱硝一体化技术提取叶蛋白，提取率可达76.32%。

繁殖与栽培： 种子繁殖。耐寒，耐热，耐霜，耐旱，不耐践踏，不耐阴，酸性和碱性土壤上均能适应，但pH5.5～7的土壤生长较好。

资源与开发： 同科的红车轴草（*Trifolium pratense*）、草木犀（*Melilotus officinalis*）也是重要的叶蛋白蜜源、绿肥和绿化植物。

四、其他常见蛋白植物

（一）花生 *Arachis hypogaea* L.

别名： 地豆（《滇海虞衡志》），番豆（《南城县志》），长生果（《赣州志》），地果，番果，蕃豆，落花参，落花松，生长果，花生藤，peanut。

科属： 蝶形花科（Papilionaceae）落花生属。

分布： 生于气候温暖，雨量适中的沙质土壤地区；在中国，山东生长最佳，全国均有栽培；现世界各地广泛栽培。

功用： 花生营养丰富而全面，根据分析，花生含有优质的蛋白质，种仁中含油脂可高达54%，稍低于芝麻，其脂肪酸组成也较合理，并具有怡人的香味；花生中还含有卵磷脂、嘌呤、花生碱、维生素A、维生素B、维生素C、维生素K、维生素E及钙、钾、铁、酶等多种元素；花生衣中提取的止血物质、花生壳中含有的降低胆固醇和抗氧化物质及大量的膳食纤维等都使花生的使用价值大增。花生还含有稀有元素硒，具有防癌的作用。现代医学也证实，花生对各种出血性疾病、降低血清中胆固醇、延缓人体细胞衰老、增强记忆力等都有明显的作用。种子油除食用外，也是制皂和生发油或化妆品等的原料；油麸为肥料和饲料；茎、叶为良好的绿肥，茎可供造纸。花中蛋白质含量为22%～36%，约10%是水溶性蛋白质（乳清蛋白），其余90%为花生球蛋白和伴花生球蛋白，分别占63%和33%。花生球蛋白的氨基酸质量分数为31%～38%，伴花生球蛋白的氨基酸质量分数为68%～82%。花生蛋白质的生物价为58，蛋白质效价为1.7（酪蛋白为2.5），消化率87%，易被人体消化和吸收。花生蛋白中含大量人体必需氨基酸，谷氨酸和天冬氨酸含量较高，赖氨酸含量比大米、面粉、玉米的高，其有效利用率高达98.94%。在人体必需的氨基酸中，花生蛋白除蛋氨酸含量较低外，赖氨酸、色氨酸和苏氨酸含量接近FAO规定的标准，苯丙氨酸、亮氨酸、异亮氨酸、缬氨酸含量超过FAO规定的标准。此外，花生蛋白具有浓香的天然香味，口感好，易于被大众接受；含有比大豆中更少的抗营养因子且在加工中易被去除，是优质的植物蛋白。

（二）芝麻 *Sesamum indicum* L.

参见蜜源植物部分。

功用： 芝麻是一种高含油和高蛋白量的作物，油量和蛋白含量因品种及产地的不同而呈现显著的差异，一般油脂含量为46%～62%，蛋白质含量为20%～22%。芝麻的氨基酸含量丰富，具有较高的营养保健功效和药用价值。①抗氧化，可延缓衰老：芝麻蛋白酶解物总还原能力、对羟基自由基的清除能力、对超氧阴离子自由基的清除能力随蛋白酶解物质浓度的增大而变强；芝麻蛋白酶解物可以有效地抑制猪油、亚油酸和卵黄脂蛋白体的氧化，可延长亚油酸的氧化诱导期，即芝麻蛋白具有抗氧化活性，可以清除人体内的对羧基自由基、对超氧阴离子自由基，延缓人体衰老。②预防富贵病：蛋氨酸和苏氨酸可稳定与促进氮平衡，防止脂肪肝发生，增加食欲，保持神经正常功能，促进胰岛素合成，防治糖尿病。③调整大脑机能：芝麻中富含的缬氨酸可调整小脑机能，防止脊髓退化、行动失调；色氨酸能消除失眠，缓解偏头痛或焦躁紧张情绪，增强记忆力；酪氨酸可使精力充沛，提高大脑的灵活性与创造力。谷氨酸促进脑细胞发育，增强记忆力，防止脑昏迷。④美容美发：芝麻富含的亮氨酸和异亮氨酸与缬氨酸共构氨基酸支链，使肌肉壮实，减少表皮皱纹；酪氨酸可促进黑色素细胞形成黑色素，使白发变黑；胱氨酸和半胱氨酸能有效地防止头发脱落。⑤调味功能：芝麻氨基酸经过一定的化学处理和反应后，可用于调味，具有良好地改良食品风味的功能。芝麻蛋白中必需氨基酸含量占氨基酸总量的30%，除赖氨酸和异亮氨酸含量低外，其余与牛肉蛋白或酪蛋白相当，接近或达到FAO/WHO建议的优质蛋白标准。另外，芝麻蛋白富含硫氨基酸，尤其是蛋氨酸含量高于其他植物蛋白。芝麻榨油后副产品麻渣或饼粕含蛋白质38%～50%。芝麻蛋白的蛋白净利用率为56%，若添加赖氨酸后，则可提高到81%。

（三）陆地棉 *Gossypium hirsutum* L.

参见蜜源植物部分。

功用： 棉籽蛋白是指棉籽经溶剂浸出油脂，同时降低其棉酚等毒性物质的棉籽粕，是一种浅黄色的片状或粉状物，有温和的香味，没有胰蛋白酶抑制因子等抗营养物质，营养价值比谷类蛋白的高。棉籽蛋白的主要成分是球蛋白（含90%左右），其次是谷蛋白，其氨基酸除蛋氨酸含量稍低外，其余必需氨基酸含量均达到FAO推荐的标准。因此，陆地棉属较好的蛋白质食物或饲料资源。棉酚也有其值得开发和利用的价值，其最主要的用途是用于医药，做抗肿瘤药物，已发现棉酚可有效医治肝癌、胃癌、结肠癌等病症，也可制防艾滋病和愈合伤口的软膏，另外，棉酚还是一种有效的男性避孕药。

（四）芸薹：*Brassica rapa* L. var. *oleifera* de Candolle

参见蜜源植物部分。

功用：油菜籽是中国主要油料作物之一，去油后菜籽饼粕中含35%～45%的蛋白质。菜籽蛋白为完全蛋白质，几乎不存在限制氨基酸，尤其蛋氨酸、胱氨酸含量高于其他植物蛋白。菜籽蛋白中80%以上的蛋白质是储藏蛋白，其余的为膜蛋白。有利用价值的是储藏蛋白，其由20%～25%的清蛋白、60%～70%的球蛋白和2%～3%的醇溶谷蛋白组成。菜籽蛋白效价比值为3.0～3.5，消化率为95%～100%，鸡蛋的消化率为92%～94%。大豆蛋白的消化率为88%～95%（江连洲，2011）。长久以来，菜籽饼粕的利用率不高，是由于油菜籽中含有抗营养因子，主要是4%～6%的硫代葡糖苷、2%左右的植酸、约10%的粗纤维等抗营养物质，不宜食用或饲用。脱毒菜籽饼粕和菜籽蛋白既可作动物饲料的配料，也可应用于食品中。

（五）向日葵 *Helianthus annuus* L.

参见蜜源植物部分。

功用：籽仁中含蛋白质21%～30.4%，取油后的葵花籽饼粕一般含蛋白质29%～43%。蛋白质中各种蛋白的含量：球蛋白55%～60%、清蛋白17%～23%、谷蛋白11%～17%、醇溶谷蛋白1%～4%（江连洲，2011）。葵花籽蛋白中氨基酸的组成除赖氨酸的含量较低外，其他各种氨基酸含量的平衡性较合理，制品具有良好的功能，特别是吸水性、吸油性、乳化性、泡沫性等，是食品工业广泛应用的基础。

（六）小麦 *Triticum aestivum* L.

别名：普通小麦，麸麦，浮麦，浮小麦，空空麦，麦子，软粒小麦，common wheat。

科属：禾本科（Gramineae）麦属。

分布：中国南北各地广为栽培，品种很多，性状均有所不同。

功用：小麦的蛋白质含量因其品种不同而异，一般为11%～16%。70%的蛋白质集中在小麦胚乳中，根据溶解特性将其分为清蛋白、球蛋白、醇溶蛋白和麦谷蛋白。醇溶蛋白不溶于水，占小麦总蛋白的40%～50%，它使小麦粉在加水后形成松软、有弹性、黏结在一起的面团。麦谷蛋白在面筋中与醇溶蛋白很难分离，占小麦总蛋白的36%～45%，麦谷蛋白完全不溶于水和乙醇，只稍溶于热的稀乙醇溶液中，冷却时变成絮状而沉淀。小麦中的清蛋白和球蛋白质含量较少。

（七）紫云英 *Astragalus sinicus* L.

参见蜜源植物部分。

功用：紫云英叶片含有丰富的维生素、蛋白质、胡萝卜素、叶绿素等，从其中提取的粗蛋白含有蛋白质（50%～60%）、脂肪（20%～25%）、维生素、叶绿素、胡萝卜素等。紫云英叶蛋白是一种营养价值较高的植物蛋白，它的氨基酸组成比较平稳。氨基酸含量（mg/100g）：天冬氨酸 5.6059、谷氨酸 0.3841、胱氨酸 0.8434、异亮氨酸 2.9924、苯丙氨酸 3.4205、精氨酸 3.3450、苏氨酸 2.6426、甘氨酸 2.8356、缬氨酸 3.2841、亮氨酸 5.3443、赖氨酸 2.9054、脯氨酸 3.0030、丝氨酸 2.5737、丙氨酸 3.3304、蛋氨酸 1.3853、酪氨酸 2.4066、组氨酸 1.3031。

第十七章　药用植物

第一节　概　　述

一、概念

人类与药用植物密不可分，药用植物作为治疗疾病、强身健体、延年益寿的物质，在人类的发展历史中，起着重要的作用。认识药用植物，需要理解药用植物的一些特定概念。

药物（drug）：指用于预防、治疗、诊断人类疾病，并有规定的适应证、用法和用量的物质。包括：①天然植物、动物、矿物及加工品，②人工合成的化学药物，③生化药物，④生物技术产品药物。

本草和生药：①本草（herba medicine），具有药效的植物；②生药（crude drug），指采用生物界的生货原药，即植物或动物的全部或一部分，或其分泌物，在收集后经简单加工的药物，包括天然的中药材、草药、民族药材和提制化学药物的原料药材。

中药与草药：①中药（traditional Chinese drug or medicines），是指中医用以治疾病的药物。是根据中医理论和临床经验用于医疗保健的药物。多在中医古籍有记载，药房有售，包括中药材、中药汤剂和中成药。②草药（medicinal herb），局部地区民间草医用以治疗疾病或地区性口碑相传的民间药，也是本草记载的药物；主要在民间传用，药房多不备。③中草药（Chinese traditional and herbal drugs），疗效较好的草药被中医用于治疗疾病或作药材收购，即中药和草药的总称。

中药和草药两者可互相转化：①中药长期不用即成草药，如《神农本草经》中的茵芋（*Skimmia reevesiana*）、杜若（*Pollia japonica*）、云实（*Caesalpinia decapetala*）、飞廉（*Carduus nutans*）、石龙芮（*Ranunculus sceleratus*）、马先蒿（*Pedicularis* spp.）、积雪草（*Centella asiatica*）、女菀（*Turczaninowia fastigiata*）、爵床（*Rostellularia procumbens*）、羊蹄、泽漆、乌韭（*Stenoloma chusanum*）、荩草（*Arthraxon hispidus*）、鹿藿（*Rhynchosia volubilis*）、接骨草（*Sambucus chinensis*）等。②草药渐被中医采用，运用中医理论诠释其药理则变为中药，如垂盆草（*Sedum sarmentosum*）、田基黄（*Grangea maderaspatana*）、百蕊草（*Thesium chinense*）、紫背金盘（*Ajuga nipponensis*）、徐长卿（*Cynanchum paniculatum*）、穿心莲、肿节风等。

由于使用地域、应用民族的不同，形成了民间药、天然药、道地药材、民族药等。

1）民间药（folk medicine）　指草药或民间医生用以防治疾病的天然药物及其加工产品，通常根据经验辨证施用，一般是自种、自采、自制、自用，少见或不见于典籍，而且受应用地区的局限，缺少比较系统的医药学理论及统一的加工炮制规范。

2）天然药（natural medicine）　包括一切民间药、中药、草药，源于自然界，非人为加工产品。

3）**道地药材**（famous-region drug）　即那些具有特定的产地，经过当地炮制加工，具有确切可靠治疗效果的药物。这些来源于特定产区的货真质优的生药，是中药材质量控制的一项独具特色的综合判别标准的体现（good agricultural practice，GAP——中药材生产质量管理规范）。例如，黑龙江的关黄柏、刺五加、防风、关苍术、升麻；吉林的人参、桔梗；辽宁的五味子、龙胆；山西的黄芪、党参；河南怀庆的牛膝、地黄、山药；甘肃的当归、秦艽；宁夏的枸杞、银柴胡；安徽的木瓜、牡丹皮、毫白芍；西藏的胡黄连、雪莲、番红花；四川的川黄连、川乌、川贝母、川木香（*Dolomiaea souliei*）；云南的天麻、三七、滇重楼（*Paris polyphylla* var. *yunnanensis*）、云黄连、云木香；贵州的杜仲、白芨；海南的豆蔻（*Amomum kravanh*）、土沉香；广西的肉桂、广防己等。

4）**民族药**（ethnic drug）　指除汉族外，各少数民族在本民族区域内使用的天然药物，有独特的医药理论体系，以民族医药理论或民族用药经验为指导，多源于自然、自用或采用巡回行医售药的经营方式应用，如藏药、蒙药、维药、傣药、壮药、苗药、瑶药等。

综上所述，药用植物（medicinal plant）是指对人类有直接或间接医疗和保健护理功能的植物。

二、资源与分布

中国横跨热带、亚热带和温带三大气候带，既有高山高原、丘陵盆地、平原，又有大江河流、众多湖泊，广阔肥沃的土地、优越的自然条件和传统药用植物利用的习俗，造就了中国药用植物种类、地域和利用的多样性。据中国第三次中药资源普查统计，中国共有药用植物 11 118 种（包括亚种、变种 208 个），约占中药资源（药用植物、动物、矿物）总数的 90%，分属于 383 科、2313 属。

由于中国区域地理独特，气候多样，各地均有药用植物分布，但种类各具特色，与其他的资源植物类似，总体表现出北少南多的规律：北方地区（包括东北、华北和西北），因气候寒冷干燥，分布的种类相对较少，除陕西和新疆超过 2000 种外，其他省（自治区）仅 600～1500 种；南方地区气候温和湿润，分布的种类较多，华东地区各省 1300～2000 种，中南地区各省 2000～4000 种，西南地区属于亚热带、热带气候，分布的种类最多，为 3700～4700 种。全国药用植物种类最多的是云南省，分布有 4700 多种，其次是四川、贵州、广西、湖北，均在 3000 种以上（何本鸿和朱敏英，2009）。

三、药用植物典籍

中国是世界上最早利用植物、动物、矿物药治病疗疾的国家之一，中华民族数千年对药用植物资源的探索和积累，形成了一套独特的中医药理论体系，奠定了博大精深的药用植物资源基础，形成了资源利用的自成一格的方式方法，成为中华民族繁荣昌盛的重要支撑，对人类文明作出了杰出的贡献。

伴随着中华民族生态文明的建设，从古至今，不同的历史时期，药用植物的编目与利用，都出现在古籍典籍和现代药物文献中，成为中华民族文化的瑰宝。

汉代：《神农本草经》（1～2 世纪），中国现存最早的药学典籍，收载药物 365 种，分上、中、下三品，植物药252种，占69%。①上品：120种，为君药，主要属养命、无毒、延年益寿药，如人参、大枣等；②中品：120种，为臣药，主要是养性，无毒或有毒，补虚弱药，如黄芪、百合、五味子等；③下品：125种，为佐使，大多数有毒，是治病药，如大戟、乌头、狼毒（*Euphorbia fischeriana*）等。

梁代：《本草经集注》（陶弘景，502～536年），7卷，收载药物730种，植物500余种。将药物按其自然属性分类。

唐代：《新修本草》（《唐本草》，苏敬等，659年），收载药物844种，植物药600种，占70%。由政府组织颁行，是世界上第一部药典（比《纽伦堡药典》早近900年）。

宋代：《经史证类备急本草》（简称《证类本草》，唐慎微，1082～1094年），是宋代以前本草发展最完整的文献。收载药物1746种，植物药1128种，附有药图。

明代：《本草纲目》（李时珍，1598年出版），52卷，收载药物1897种，附方11 096条，植物药1106种，占58%。是中国16世纪以前祖国药学或中药学全面的总结。兰茂《滇南本草》（1397～1476年）中国现存内容最丰富的古代地方本草典籍。

清代：《本草纲目拾遗》（赵学敏，1765年完成，1871年出版），是《本草纲目》的补充和续编，在《本草纲目》的基础上新增药物716种，增订161种。《植物名实图考》（吴其濬，1848年）是专论植物的著作，收载植物1714种，附图精细，考证详实。比《本草纲目》多519种植物的陈述。

晋：嵇含《南方草木状》（见《南方草木状考补》，杨竞生，1993），世界上最早的一部区域性植物志，主要记载中国两广及云南的重要资源植物。

新中国出版了《中国中草药汇编》、《中药大辞典》、《中华人民共和国药典》、《中国高等植物图鉴》、《中国植物志》、《中华本草》等涉及药用植物的文献。

《中国中草药汇编》（全国中草药汇编编写组编，1996）：分上、下两册，共收中草药2200种。按名称、来源、形态、生境、栽培、采制、化学、药理、性味功能、主治用法、附方制剂等顺序编写，并附墨线或彩色图。全书内容丰富，资料较准确可靠，绘图精致，可供科研和临床参考。

《中药大辞典》（赵国平等，2005）：收录植物药、动物药、矿物药共6008条（中药6000余味），分上、下、附编三册。上册、下册为正文部分，每一味药物下设异名、基原、原植（动、矿）物、栽培（饲养）、采收加工（或制法）、药材、成分、药理、炮制、药性、功用主治、用法用量、选方、临床报道、各家论述等内容。附编为索引和参考文献，是检索查阅《中药大辞典》的向导。包括的民族药有藏药404种、傣药400种、蒙药323种、彝药324种和畲药200种。

《中药志》（中国医学科学院药物研究所等，1959）：对全国常用的500余种中药资料进行系统的整理，含4册。第一册根与根茎类，第二册种子果实类，第三册花、叶、皮、藤木、全草类及其他，第四册动物与矿物类。每种药物均分别记述原植物、药材、效用及附注4项。并附有全部原植物的墨线图（少数彩色图）。书中将原植物与药材紧密结合，对药材的混杂品种也尝试澄清。

《中华人民共和国药典》（1953～2010年），作为国家药品标准，自1953年至2010年，共颁布9版，其中最新的《中华人民共和国药典》（2010年）。共收载品种4567

种，其中收载中药材和饮片 616 种，其中植物 543 种（占 88.15%）、动物 46 种、矿物和树脂类 27 种、其他类 2 种。

《中华本草》（国家中医药管理局《中华本草》编委会，1999 年）：共 35 卷，共收入中医药物达 8980 味，其中植物药 7815，占 87.4%。民族药卷分为藏药卷、蒙药卷、维吾尔药卷、傣药卷和苗药卷 5 卷，分别收载临床上常用、疗效确切的民族传统药材 396 味、422 味、423 味、400 味和 391 味，并配插图。

《中华人民共和国药典中药彩色图集》（卫生部药典委员会，1995）：是新中国成立以来编制的第一部药典中药彩色图集，是执行药典的重要系列丛书之一，精选了原植（动、矿）物、药材、彩色图片共计 1357 幅，真实、准确地反映出该药典中所收载中药材原植（动、矿）生境、药材形状、组织切片和表面观制片的显微特征。包括每种药品药物类别、主要的药理作用和适应证、体内吸收代谢和不良反应等内容，以及其合成路线或制取流程等。

《中国中药资源丛书》，包括《中国中药资源》、《中国中药资源志要》、《中国中药区划》、《中国常用中药材》、《中国药材资源地图集》和《中国民间单验方》专著 6 部，收录中药 12 807 种，其中，药用植物分属 383 科、2309 属、11 146 种；药用动物分属 395 科、862 属、1581 种；药用矿物 12 类、80 种，并制定了中药区划的原则和分区系统，将全国划分为 9 个一级区和 28 个二级区，提出了各区的发展方向。

《中药植物原色图鉴》（肖培根等，1999）：共收载了常用和较常用的中草药 600 种，每种均附有一幅形态逼真的彩色照片，并含正名、别名、来源、形态、分布、采制、成分、药理、功效以及临床应用等内容。

《中国中草药彩色图鉴》（高学敏，2012）：共 1～3 卷。选择最常见常用的 1000 味药物，系统地介绍了其名称、别名、生境分布、药材性状等。

此外，各地也出版了具有地方特色的药用植物书籍若干，如《云南中草药》（云南省卫生局，1975）、《云南天然药物图鉴》（1～6 卷，朱兆云等，2004～2010）、《云南中药资源名录》（云南省药材公司，1993）、《贵州中草药名录》（贵州省中医研究所，1988）、《贵州民族常用天然药物》（孙庆文和罗迎春，2013）、《西藏常用中草药》（西藏自治区革命委员会卫生局和西藏军区后勤部卫生处，1971）、《西双版纳药用植物名录》（中国医学科学院药用植物研究所云南分所，1991）、《中国道地药材论丛》（胡世林，1997）。各民族又有自己独特的医药书籍，如《中国民族药志 第一卷》（卫生部药品生物制品检定所和云南省药品检验所，1984）、《中国藏药》（青海省药品检验所，1996）、《藏药志》（杨永昌，1991）、《新修晶珠本草》（罗达尚，2004）、《维吾尔药志》（刘勇民和沙吾提，1986；刘勇民，1999）、《羌族医药》（张艺和钟国跃，2005）、《傣族传统医药方剂》（李朝斌，1995）、《中国傣医药彩色图谱》（林艳芳，2003）、《水族医药》（王厚安，1997）、《苗族药物集》（陆科闵，1988）、《中国拉祜族医药》（张绍云，1997）等。一些地方药物书籍收录了大量药用植物，如《云南民族药名录》（云南省药检所，1980～1989）收载了省内 21 个民族的 1250 种药物；《西双版纳傣药志》（中国科学院云南热带植物研究所等 1979；西双版纳州民族调研办公室，1980；中科院云南热带植物研究所和中医学院药物研究所，1981）收载了 520 种药物，其中最常用的有 71 种；《广西民族药简编》（黄燮才等，1980）收载了 7 个民族的 1021 种药物；《壮族民间用药选编》（方鼎等，1985）记载常用壮药 500 多种；

《维吾尔药志》上册收录维吾尔族常用药材 124 种，下册 195 种；《维吾尔医常用药材》（顾永寿和顾永福，1992）记载维吾尔族药 535 种；《蒙药标准》（中华人民共和国卫生部药典委员会，1998）收载药材和成药 522 种。

四、药用植物的开发利用现状

近年来，随着生活水平的提高，药用植物不仅用于治疗疾病，而且在美容、保健等行业，发挥着越来越重要的作用。植物药的开发和利用，显现新的发展方向，既延续治病救人的药用价值，也专注其他领域的开发利用。

1. 中药及天然药物开发

（1）利用生物的亲缘关系寻找新资源。根据“近缘植物具有相似化学成分”这一化学分类学原理，对同属植物的多种种乃至扩展到更高分类等级（属以上等级）进行研发利用，利用成分为指标进行比较研究，发掘新资源，寻找代用品，补充稀缺资源。

（2）从历代医书、本草记载中发掘新药源和开发新药。依据古籍或专著、文献等记载，发掘药源和新药。例如，从古书记载具有活血化淤功能的丹参开发出复方丹参片、复方丹参丸等用于治疗冠心病、脑血栓；大黄治疗胰腺炎、胆囊炎等。

（3）从民族药、民间药中开发新药资源。民族药、民间药是中国医药宝库的重要组成部分，中国民族药种类繁多，内容丰富，藏药计 3294 种，蒙药 1430 种，彝药 1189 种，羌药 2310 种，苗药 1300 种，纳西药 800 种以上，佤药 800 种左右，傣药 800 种以上，哈尼药 201 种（裴盛基等，2006）。已从民族药中开发出一批疗效显著的新药，从民族药调查中发现可替代进口中药材数十种。例如，通光藤（*Marsdenia tenacissima*）是傣族、拉祜族、苗族等的民族药，其茎有治疗感冒、消炎等作用，研究发现其含新型 C-21 甾族化合物的配糖体，故研发了口含消炎片；青叶胆在云南弥勒地区民间常用于治疗肝炎，其苦味部分具有较好的抗肝炎作用，曾列入国家药典，进一步研究发现几个抗肝炎病毒的活性物质，进而完成了獐牙菜苷等作为活性物质的药物“肝复康”的研制，同时为濒临灭绝的青叶胆找到了替代的新植物资源。滇重楼是云南著名的民间草药，是云南白药的主要组成之一，从中发现具有明显止血作用的 C-27 甾族化合物配糖体有效部位，在此基础上研制的宫血宁，是云南白药集团的拳头产品之一。白元参是纳西族用于活血祛淤的著名草药；紫金龙是大理白族多用于镇痛的草药；大麻药是云南著名的镇痛、止咳平喘的民间草药等（邱明华，2000），此类药物的进一步研发，将为中华医药的新药源和新药的开发利用作出有益的贡献。

（4）提取生药有效成分、有效部位开发新药。开展药用生理活性成分的筛选，进而开发利用，是以天然植物为原料的药物发展趋势，如来自 90 种植物的 119 种化合物，在一些国家作为常用的重要药物。在这 119 种药物中，约 74% 又是从传统药用植物中经活性成分的分离和化学研究结果而发现的。众所周知的抗疟疾药奎宁，分离自金鸡纳的树皮；止咳和止痛药可待因和吗啡［分离自罂粟（*Papaver somniferum*）］；具有镇静和降压作用的利血平，分离自蛇根木；又如，具有强心作用的洋地黄毒苷，分离自紫花洋地黄（*Digitalis putpurea*）等（孙汉董，2000）。

（5）以某些药用植物成分作为新药的半合成原料，或改造其化学结构开发高效、低毒新药。大多数中草药不可能像西药（合成药）那样只含有单一的有效成分，而是含有多种成分，这些成分可以发挥协同作用。研究有明确疗效的药用植物时，不能片面追求单一有效成分，而应实事求是注重提高疗效，研制出有客观质量标准的药物。例如，从黄花蒿中分离得到治疗恶性疟疾的高效、速效新药青蒿素；从太平洋紫杉（*Taxus brevifolia*）的茎皮中发现具有独特抗癌机理的抗癌新药紫杉醇；从治疗慢性白血病的复方“当归龙荟丸”中分离得到了活性成分靛玉红；对中风或脑栓塞疾病所引起的偏瘫治疗有特效的灯盏细辛，前期研究认为其主要活性成分为黄芩苷，近年的研究发现，除黄芩苷之外，灯盏细辛含酚性成分和其他小分子的化合物，是不可或缺的活性成分之一（孙汉董，2000）。

（6）利用生物技术开发新药和活性物质。利用生物技术和植物化学的分析手段，探讨药用植物的化学成分，进而开发新的药物，是资源植物开发的重要途径之一。例如，萝卜树（*Helicia reticulata*）是一种生长在云南干热河谷，多年生的小乔木，系山龙眼科山龙眼属植物，果实像板栗，民间传说人吃后会头晕，猪吃后会嗜睡，研究化学成分发现其含较高的新配糖体“豆腐果苷”，结构与天麻中有效成分天麻素类似，最终研制出了目前较为畅销的天然镇静药物“神衰果素”；青阳参（*Cynanchum otophyllum*）是分布于云南大部分地区的萝摩科鹅绒藤属植物，居住在滇西北的纳西族、白族常用青阳参治疗头风头痛、冬令进补，是有名的民族药，研究发现青阳参中有两个配糖体具有抗癫痫的作用，且毒性和副作用小，据此，研制了治疗癫痫的天然新药“青阳参苷”，是目前效果较好、比较畅销的药品；昆明山海棠是哈尼族和拉祜族的民族药，用于跌打损伤、结骨化淤，还用于治疗类风湿，对其进一步研发，制成了治疗风湿病的药物等。以上案例说明了现代接收结合传统中草药的利用，对新药源资源和新药的开发利用蕴藏着无尽的潜力。

2. 保健食品开发

卫生部定义的保健食品是指已证明具有特定保健功能的食品，即适宜于特定人群食用，具有调节机体功能，不以治病为目的食品。保健食品的保健作用体现在调整人体机能，预防疾病，阻断亚健康状态转化成疾病。因此，保健食品是医学、药学、营养学延伸的综合，牵涉西医学、西药学、营养学、中医学、中药学、食品科学的理论及相关制备技术（陈长洲，2006）。基于许多药用植物具有保健的功能，目前大量的药用植物被用于保健食品的开发。2000 年卫生部公布药食兼用产品 201 种，其中既是食品又是药品的产品共 87 种，可用于保健食用的产品 114 种。诸多的资源植物具有开发保健食品的潜能，如市场上销售的多维素等保健品，可从多种含维生素的植物中提取生产。资源植物可开发琳琅满目的保健食品不胜枚举。

3. 中药化妆品开发

化妆品已经成为现代生活不可或缺的物质。应用植物作为化妆品，在中国具有悠久的历史。各地民间流传诸多植物和果蔬作为美容化妆的方法，如用凤仙花染指甲，青黛描眉，紫茉莉种子白粉作香粉，皂角和茶籽洗发，黄瓜护肤等（董云发和凌晨，2005）。由于植物化妆品的天然性、缓和性、安全性、功能性和疗效性，集美容、营养、保健于一体，具有维护、调节和改善皮肤、毛发、口腔的正常生理功能，因此，植物化妆品是当前新型化妆品开发的必然趋势。据初步统计，作为化妆品研究的植物有 100 多科、

500 多种（董云发和凌晨，2005）。化妆品系列植物成分包括 5 大类。①植物香精：除调香和定香外，化妆品的植物香精因原植物不同，具有清新、提神等功能，其多以原植物种类命名，如玫瑰或茉莉香精等。②植物多糖：保湿，改善皮肤粗糙；使头发柔润、亮泽；还具有免疫和抗衰老等作用功能，如芦荟多糖、薏苡多糖、晚香玉中的酸性杂多糖、小脉夹竹桃（*Dyera costulata*）的胶乳等。③氨基酸和蛋白质：氨基酸是皮肤、毛发代谢中重要的营养成分，也是自然保湿因子中的组成成分，所以植物蛋白水解后的氨基酸，已经成为化妆品的重要原料之一，如添加 L-精氨酸的化妆品，可以增加皮肤的保湿和柔软；γ-氨基丁酸有抑制酪氨酸酶的作用，增白皮肤，同时改善角质化，促进胶原形成；含羞草氨酸有脱毛作用及表皮再生活性等。④植物油：主要作为基质的原料，使用比较多的有蓖麻油、橄榄油、椿树油、向日葵油、棕榈油等。⑤黄酮化合物：是天然黄色素，用于化妆品调色，具有多种生理功能，如抗菌消炎、抗氧化、抗衰老、吸收紫外线、亮肤等。例如，黄芩苷具有消炎作用；黄酮醇类芸香苷和槲皮素能吸收紫外线，起到防晒保护皮肤的作用，同时还有清除超氧化物的作用；银杏黄酮作为防衰老剂使用；异黄酮类化合物具有抗衰老作用；鸢尾中提取的鸢尾苷有防老化、促进皮肤细胞生长的作用，还有抗透明质酸酶的作用；葛根中的异黄酮葛根素及其衍生物具有增白皮肤、保湿、防晒等多种功能；柚皮中的柚皮苷属双糠黄酮苷化合物，可作为毛发保护剂；紫杉叶素及其落新妇苷是活性氧清除剂。此外植物体内的鞣质、醌类化合物、有机酸、皂苷、甾醇、维生素、生物碱等，也广泛用于化妆品中。

4. 其他

大量的药用植物也被用作其他用途，包括：①药膳、天然香料、香精、矫味剂、天然食用色素、天然甜味剂；②中药牙膏、香皂、保健药枕；③中药杀虫剂、杀菌剂；④中药保健香烟、中药戒烟剂、解酒剂等。

五、植物药的分类

植物药的分类有不同的系统，可根据药用部位、功效、临床应用等进行分类。

1. 按药用部位分

1）根及根茎类　指根、地下茎（鳞茎、球茎、块茎和块根）作为药用的植物，如人参、天麻、三七、黄连、半夏、百部等。

2）茎木类　茎、枝、刺药用的植物，如木通、通草（*Tetrapanax papyrifer*）、皂荚等。

3）皮类　树皮或根皮药用的植物，如厚朴、杜仲、肉桂皮等。

4）叶类　植物茎叶或全株药用的植物，如桑叶、侧柏（*Platycladus orientalis*）叶等。

5）花类　花、花蕾、花柱等药用的植物，如红花、金银花、番红花、蒲黄等。

6）果实类　成熟或未成熟果皮、果肉或果核、种仁等药用植物，如五味子、山楂等。

7）种子类　种子药用的植物，如车前（*Plantago asiatica*）、木鳖（*Momordica cochinchinensis*）、桃仁等。

8）全草类　全草均可药用的植物，如薄荷、藿香、茵陈蒿等。

2. 按化学成分分类

有利于研究有效成分、理化鉴定、品质及成分与科属之间的关系研究等。

1）含蒽苷类的药用植物　如大黄、虎杖（*Reynoutria japonica*）、芦荟、茜草等。

2）含黄酮类的药用植物　如葛根、银杏叶、野菊花等。

3）含皂苷类的药用植物　如人参、重楼、知母、麦冬、薯蓣等。

4）含强心苷类的药用植物　如羊角拗（*Strophanthus divaricatus*）、金盏花（*Calendula officinalis*）、铃兰、毛地黄、黄花夹竹桃（*Thevetia peruviana*）等。

5）含香豆素的药用植物　如车前、白芷、防风等。

6）含环烯醚萜类的药用植物　如龙胆、玄参（*Scrophularia ningpoensis*）、栀子等。

7）含木脂素类的药用植物　如厚朴、五味子等。

8）含挥发油成分的药用植物　如茴香、薄荷、广藿香等。

9）含生物碱类成分的药用植物　如罂粟、长春花（*Catharanthus roseus*）、川贝等。

10）含鞣质及多元酚类成分的药用植物　如贯众（*Cyrtomium fortunei*）、石榴（*Punica granatum*）皮、柳兰等。

11）含有机酸成分的药用植物　如山楂、梅、五味子等。

3. 按药理作用或临床疗效

为利于研究效用，指导临床用药，可分为 9 类（杨期和，2009）。

1）抗病原微生物的药用植物　如穿心莲、菘蓝、蕺菜、连翘（*Forsythia suspensa*）、蒲公英、红腺忍冬（*Lonicera hypoglauca*）、金银花和马齿苋等。

2）抗寄生虫病的药用植物　包括 4 类：①含有驱肠虫成分的植物，如槟榔、川楝、楝（*Melia azedarach*）、使君子（*Quisqualis indica*）、南瓜子、石榴（*Punica granatum*）和龙牙草（*Agrimonia pilosa*）；②抗阿米巴的植物，如白头翁（*Pulsatilla chinensis*）和鸦胆子；③抗疟的植物，如常山（*Dichroa febrifuga*）和黄花蒿；④抗滴虫的植物，如苦参和蛇床（*Cnidium monnieri*）等。

3）抗癌的药用植物　如美登木、三尖杉、红豆杉、香茶菜（*Rabdosia amethystoides*）、长春花、莪术（*Curcuma zedoaria*）、碎米桠（*Rabdosia rubescens*）、兰花猪屎豆（*Crotalaria sessilfora*）、粉防己（*Stephania tetrandra*）、雷公藤（*Tripterygium wilfordii*）、鸦胆子、马蔺、越南槐（*Sophora subprostrata*）、乌头、龙芽草、白花蛇舌草（*Hedyotis diffusa*）、黄独、大蒜、石蒜、龙葵（*Solanum nigrum*）、旱莲木（*Camptotheca acuminata*）、狼毒、月腺大戟（*Euphorbia ebracteolata*）、栝楼、胡萝卜、土木香（*Inula helenium*）和陆地棉等。

4）治疗神经系统疾病的植物药　包括 4 类：①具有麻醉作用的植物药，如洋金花（*Datum metel*）、毛曼陀罗（*D. innoxia*），具有局部麻醉作用的有乌头、华乌头（*Aconitum chinense*）、科细辛（*Asarum sieboldii*）、辽细辛（*A. heterotropoides*）、延胡索（*Corydalis yanhusuo*）和徐长卿；②具有镇静、催眠作用的植物药，如酸枣和何首乌；③具有抗惊厥作用的植物药，如天麻；④具有解毒作用的植物药，如北柴胡（*Bupleurum chinense*）、细叶柴胡（*B. scorzonerifolium*）、葛；⑤具有中枢兴奋作用的植物药，如马钱（*Strychnos nuxvomica*）、云南马钱（*S. pierriana*）、五味子和华中五味子（*Schisandra sphenanthera*）。

5）*治疗心血管疾病的药用植物* 如川芎、藁木、丹参、夏枯草（*Prunella vulgaris*）、益母草（*Leonurus artemisia*）、牡丹、芍药、三七、红花、水烛（*Typha angustifolia*）、决明（*Cassia tora*）、黄花夹竹桃、铃兰、乌头、当归、桃和槲寄生（*Viscum coloratum*）等。

6）*治疗呼吸系统疾病的药用植物* 如桔梗、杏、山杏、紫金牛（*Ardisia japonica*）、兴安杜鹃（*Rhododendron dauricum*）、芸香草、无花果（*Ficus carica*）、草麻黄、中麻黄和木贼麻黄（*Ephedra equisetina*）。

7）*治疗消化系统疾病的药用植物* 如山里红、山楂、佛手、吴茱萸、酸橙（*Citrus aurantium*）、乌药、水飞蓟（*Silybum marianum*）、垂盆草、栀子、青叶胆、掌叶大黄、大黄、草蔻（*Alpinia katsumadai*）和刺缬（*Amaranthus spinosus*）等。

8）*具有强壮作用的药用植物* 如人参、党参、蒙古黄芪、膜荚黄芪（*Astragalus membranaceus*）、白术（*Atractylodes macrocephala*）、枸杞、麦冬、淫羊藿、刺五加、女贞（*Ligustrum lucidum*）、锁阳、何首乌、巴戟天、补骨脂（*Psoralea corylifolia*）、枣和地黄。

9）*具有其他作用的药用植物* 包括利尿、抗生育、调整内分泌系统功能及泻下等作用的药用植物。①利尿作用的植物药，如小木通（*Clematis armandi*）、绣球藤（*C. montaha*）、木通、马兜铃和泽泻（*Alisma orientale*）；②抗生育作用的植物药，如姜黄、红花和蒲黄等；③调节内分泌功能的植物药，如海带（*Lamanaria japonica*）、昆布（*Ecklonia kurome*）、海篙子（*Sargassum pallidum*）和羊栖菜（*S. fufiforme*）；④泻下作用的植物药，如掌叶大黄、唐古特大黄、巴豆、芫花（*Daphne genkwa*）和尖叶番泻（*Cassia acutifolia*）等。

此外，按按中药功效分类，可分为解表药、清热药、行气药、理血药、补益药等。

第二节 特色药用植物

一、三七 *Panax pseudo-ginseng* Wall. var. *notoginseng*（Burkill）Hoo et Tseng

异名： *Aralia quinquefolia* Decne. & Planch. var. *notoginseng* Burkill；*Panax notoginseng* F. H. Chen ex C. Y. Wu & K. M. Feng

别名： 参三七、滇三七（云南曲靖），田七（广西），山漆、金不换（《本草纲目》），人参三七（《本草纲目拾遗》），参三七（《中国药用植物志》），盘龙七，sanqin（D-DH），sanci（JP），sanci（ZW）。

科属： 五加科（Araliaceae）人参属。

形态特征：多年生直立草本。指状复叶 3～6 个，轮生茎顶；托叶多数，线形；叶柄具条纹；叶片中央的最大，长椭圆形至倒卵状长椭圆形，两侧叶片最小，椭圆形至圆状长卵形，边缘具重细锯齿，齿尖具短尖头。伞形花序单生于茎顶，有花 80～100 朵或更多；总花梗有条纹，无毛或疏被短柔毛；苞片多数簇生于花梗基部，卵状披针形；花梗纤细，微被短柔毛；小苞片多数，狭披针形或线形；花小，淡黄绿色；花萼杯形，稍扁，边缘有小齿 5，齿三角形；花瓣 5，长圆形；雄蕊 5，花丝与花瓣等长；子房下位，2 室，花柱 2，下部合生，结果时柱头向外弯曲。果扁球状肾形；种子 2 粒，三角状卵形，微具三棱。花期 7～8 月，果期 8～10 月。

分布与生境：产于云南东南部（砚山、西畴、文山）；生于海拔 1200～1800m 的地带；广西、广东（乐昌、南雄、信宜）、福建（长泰、南靖、连城）、江西（庐山）以及浙江等地试种，植于海拔 400～1800m 的森林下或山坡上人工荫棚下。

成分与利用：根茎含人参皂苷 Rg_2、三七皂苷 R_2、韩国人参皂苷 R_1、人参皂苷 Rg_1、人参皂苷 Rg_3、三七皂苷 Fa、人参皂苷 F_1、人参皂苷 F_2、三七皂苷 E、人参皂苷Ⅱ、人参皂苷 Rh_4、人参皂苷 Rh_1、人参皂苷 Re、三七皂苷 R_1、人参皂苷 Rd、人参皂苷 Rb_1、三七皂苷 S、三七皂苷 T 等（周家明等，2007）。花含有丰富的人参二醇型皂苷、黄酮和多糖等生物活性成分（殷勤红等，2011）。果实含 β-谷甾醇、腺嘌呤核糖核苷、人参皂苷 Re、人参皂苷 Rd、人参皂苷 Rb_1、人参皂苷 Rb_3 等（时圣明等，2010）。三七的纺锤根是著名的跌打损伤特效药，叶、果以及花也可药用，具有扩张冠状动脉，改善心肌缺血，降低耗氧量，抗心律失常，降血压，抗脑缺血，抑制血小板聚集，促进造血干细胞生长，抗贫血，降血糖，保护肝脏、抗炎、镇静、镇痛，用于各种出血（止血）、贫血、跌打肿痛等症；花清热，平肝，降压。

采收与加工：一般种植 3～4 年收获，打掉花蕾、不留种采挖的三七，称为春七，每年 10～11 月采收，质量好，产量高；培育种子后采挖的三七，称为冬七；1～2 月采收，质量差，产量低。挖起的块根，洗净泥土，按大小放置，日晒或火烘（36～38℃）2～3d，约六成干时，将分支根、须根、根茎分别剪下，再分别进行日晒或火烘 2～3d，进行揉搓或放入转筒中滚动，使其互相摩擦，取出再晒或烘，反复 4～5 次，最后 1 次可加些龙须草或青小豆，直至块根光滑圆整，干透即可。

繁殖与栽培：种子繁殖。喜温暖而阴湿的环境，怕严寒和酷暑，也畏多水。土壤为疏松红壤或棕红壤，微酸性；年平均气温 16.0～19.3℃为宜。

资源与开发：野生资源几乎枯竭，现全为人工栽培。两变种药用，包括羽叶三七（*P. pseudo-ginseng* var. *bipinnatifidus*）、大叶三七（*P. pseudo-ginseng* var. *japonicus*）。

二、人参 *Panax ginseng* C. A. Mey.

异名：*Aralia ginseng* (C. A. Meyer) Baill.；*A. quinquefolia* Decne. & Planch. var. *ginseng* (C. A. Mey.) Regel & Maack；*Panax quinquefolium* L. var. *ginseng* (C. A. Mey.) Regel & Maack ex Regel；*P. schin-seng* Nees

别名：山参、园参、人衔、鬼盖，棒槌（《本经》），土精、神草、黄参、血参（《吴普本草》），地精（《广雅》），百尺杵（《本草图经》），海腴、金井玉阑，孩儿参（《本草纲目》)，棒槌(《辽宁主要药材》)，Chinese ginseng。

科属：五加科(Araliaceae)人参属。

形态特征：多年生草本。掌状复叶，3～6枚轮生茎顶，幼株的叶数较少；叶柄有纵纹；小叶片3～5，幼株常为3，边缘有锯齿，齿有刺尖，上面散生少数刚毛。伞形花序单个顶生，有花30～50朵，稀5～6朵；总花梗通常较叶长，有纵纹；花梗丝状；花淡黄绿色；萼边缘有5个三角形小齿；花瓣5，卵状三角形；雄蕊5，花丝短；子房2室；花柱2，离生。浆果状核果扁球形；种子肾形。花期5～6月，果期6～9月。

分布与生境：产于辽宁东部、吉林东半部和黑龙江东部；生于海拔数百米的落叶阔叶林或针叶阔叶混交林下；现吉林、辽宁栽培甚多，河北、山西有引种；原苏联、朝鲜也有分布；朝鲜和日本也多栽培。

成分与利用：人参皂苷是人参的主要化学活性物质，已分离鉴定40余种人参皂苷单体，其次还有多糖类、挥发成分、有机酸及其脂、蛋白质、酶类、甾醇及其苷、多肽类、含氮化和物、木质素、黄酮类、维生素、无机元素等成分。其主要的有效成分为人参皂苷和人参多糖：①皂苷类：齐墩果酸类(人参皂苷)、原人参二醇类(人参皂苷、丙二酸基人参皂苷、西洋参人参皂苷等)、原人参三醇类(葡萄糖基人参皂苷、三七人参皂苷、假人参皂苷、原人参三醇等)。②多糖类：人参含38.3%的水溶性多糖和7.8%～10.0%的碱性多糖，其中80%左右为人参淀粉，20%为人参果胶，少量糖蛋白，主要由半乳糖醛酸、半乳糖、葡萄糖、阿拉伯糖残基组成，也有少量鼠李糖及未知的戊糖衍生物。从人参热水提取物分离出两个蛋白质多糖部分，均含有苏氨酸和多糖的残基次氧苷键与蛋白质结合，其中的精氨酸等碱性氨基酸丰富，可与多糖的半乳糖醛酸以静电力结合(张前进，2011)。人参的肉质根为著名强壮滋补药，具有增强免疫力、镇静、兴奋、抗疲劳(人参三醇>人参二醇)、改善心血管和代谢功能、降血糖、促性腺作用、抑制肿瘤、降低甘油三酯和胆固醇，抗动脉粥样硬化、抗心肌缺血及并发的心律失常等功效，有补元固脱、益气生津、安神益智等功效，用于体虚欲脱、肢冷脉微、肺虚咳喘、惊悸失眠、神经衰弱、精神倦怠、气血津液不足等症。

采收与加工：①园参：9～10月采挖生长5～6年者，除去茎叶和泥土，加工成不同的商品。②野山参：5～9月采挖，将根和须根挖出去净泥土。园参经晒干或烘干，称生晒参；鲜根以针扎孔，用糖水浸后晒干，称糖参；山参经晒干，称生晒山参，蒸制后，干燥，称红参。选用身短、质较次的高丽参，用沸水烫煮片刻，然后晒干。用时除去芦头，切成薄片称为白参。

繁殖与栽培：种子繁殖。人参喜寒冷、湿润气候，忌强光直射，抗寒力强。种子可阴干储藏，种胚有形态和生理后熟特性；前者要求10～20℃变温，后者需要2～4℃低温，需时各为3～4个月，未完成后熟的种子不能发芽。对土壤要求严格，宜在富含有机质，通透性良好的沙质或腐殖质壤土栽培，忌连作。

资源与开发：由于过度采挖，资源枯竭，人参赖以生存的森林生态环境遭到严重破坏，需加强保护。现东北等地区发展红松林下人工种植，效果较好。

三、天麻 *Gastrodia elata* (Bl.) Lindl.

异名：*Gastrodia elata* f. *alba* S. Chow；*G. elata* f. *flavida* S. Chow；*G. elata* f. *glauca* S. Chow；*G. elata* var. *gracilis* Pampanini；*G. elata* f. *pilifera* Tuyama；*G. elata* f. *viridis* (Makino) Makino；*G. elata* var. *viridis* (Makino) Makino；*G. mairei* Schlechter；*G. viridis* Makino.

别名：赤箭（《神农本草经》），赤箭芝，赤天箭，棒锤幌子，赤麻，红天麻，山萝卜，黄天麻。

科属：兰科（Orchidaceae）天麻属。

形态特征：草本。根状茎肥厚，块茎状，椭圆形至近哑铃形，肉质。茎直立，无绿叶，下部被数枚膜质鞘。总状花序，通常具30～50朵花；花苞片长圆状披针形；花梗和子房略短于花苞片；花扭转，多色；萼片和花瓣合生成的花被筒顶端具5枚裂片；外轮裂片（萼片离生部分）卵状三角形；内轮裂片（花瓣离生部分）近长圆形；唇瓣3裂，基部贴生于蕊柱足末端与花被筒内壁上并有一对肉质胼胝体，上部离生，上面具乳突，边缘有不规则短流苏；蕊柱有短的蕊柱足。蒴果倒卵状椭圆形。花期6～7月，果期7～8月。

分布与生境：产于云南、四川、贵州、西藏、湖南、湖北、吉林、辽宁、内蒙古、河北、山西、陕西、甘肃、江苏、安徽、浙江、江西、台湾、河南等；生于海拔400～3200m的疏林下、林中空地、林缘、灌丛边缘；尼泊尔、不丹、印度、日本、朝鲜半岛至西伯利亚也有分布。云南东北部、贵州西部、四川南部所产为著名地道药材，质量尤佳。

成分与利用：天麻具有较多的化学成分，主要包括对羟基苯甲醇、腺苷、天麻苷、蔗糖、β-谷甾醇、棕榈酸、对羟苄基甲醚、对羟基苯甲醛、柠檬酸单乙酯、尿苷、腺嘌呤、肿根糖A、尿嘧啶、酪氨酸、天麻核苷、天麻素、派立辛、派立辛B、派立辛C、薯蓣皂苷元等（周俊等，1980；黄占波等，2005）。干燥块茎药用，具有镇静、抗惊厥、抗癫痫、降血压、增强免疫力、镇痛等功能；用于头痛眩晕、肢体麻木、惊厥、癫痫、破伤风等症。

采收与加工：春季、冬季均可采挖，冬至以前采挖者称冬麻，质佳。立夏之前采挖者称春麻，质次。采挖后洗净，用竹刀刮去外皮或用谷壳擦去外皮，蒸透，用无烟火烘干。

繁殖与栽培：主要用块茎繁殖，也可用种子繁殖。须与白蘑科真菌密环菌（*Armillariella mellea*）和紫萁小菇（*Mycena osmundicola*）共生，才能使种子萌芽，形成圆球茎，并生长成为常见的天麻块茎。紫萁小菇为种子萌发提供营养，蜜环菌为原球菌长成天麻块茎提供营养。半阴半阳的富含有机质的缓坡地、谷沟地栽种，土质以疏松的壤土、排水良好的沙壤土或沙土，尤以生荒地为佳；土壤pH5～6为宜；忌黏土和涝洼积水地，忌重茬。

资源与开发：人工有性繁殖在中国已经成功，对其生活史也有较深入的了解。

四、重楼 *Paris polyphylla* Smith

异名： *Paris debeauxii* Levl.；*P. mairei* Levl.；*P. marchandii* Levl.；*P. vanioti* Levl.

别名： 蚤休（《植物名实图考》），金线重楼、灯台七、铁灯台、草河车、白河车、枝花头、海螺七、螺丝七、独脚莲，多叶重楼（《云南植物志》）。

科属： 百合科（Liliaceae）延龄草属（有些归为延龄草科 Trilliaceae，如《云南植物志》）。

形态特征： 茎通常带紫红色，基部有灰白色干膜质的鞘 1～3 枚。叶（5～）7～10 枚；叶柄明显，带紫红色。花外轮花被片绿色，（3～）4～6 枚，狭卵状披针形；内轮花被片狭条形，通常比外轮长；雄蕊 8～12 枚，花药短，与花丝近等长或稍长，药隔突出；子房近球形，具棱，顶端具一盘状花柱基，花柱粗短，具（4～）5 分枝。蒴果紫色，3～6 瓣裂开；种子多数，具鲜红色多浆汁的外种皮。花期 4～7 月，果期 8～11 月。

分布与生境： 产于西藏（东南部）、云南、四川和贵州；生于海拔 1800～3200m 的林下；不丹、尼泊尔和越南也有分布。

成分与利用：《中华人民共和国药典》指定华重楼、滇重楼（见后）干燥根茎为重楼用品。重楼属植物中分离鉴定了 50 余种化合物，主要有 C_{27} 甾体皂苷、C_{21} 孕甾烷苷、脂肪酸酯、甾醇及其苷、黄酮苷、蜕皮激素及多糖；其中甾体皂苷 44 种，占总化合物的 80％以上，甾体皂苷元为螺甾烷醇类、异螺甾烷醇类、呋甾烷醇类以及变形螺甾类，均有很强的生理和药理活性（武珊珊等，2004）。根茎有抑菌、镇咳、平喘、溶血作用，能清热解毒，消肿止痛，凉肝定惊，用于治疗急性扁桃体炎、流行性腮腺炎等。

采收与加工： 全年均可采挖，但以秋季为好。秋季采挖，除去须根，洗净，晒干或切片晒干，或切片生用。

繁殖与栽培： 种子和根茎切块营养繁殖两种。重楼喜温，喜湿、喜荫蔽，但也抗寒、耐旱，惧怕霜冻和阳光直射。适宜在海拔 1300～1900m，年均气温 13～18℃，有机质、腐殖质含量较高的沙土和壤土种植，尤以河边、箐边和阴坡种植为宜。

资源与开发： 中国分布有 20 种重楼属植物，以横断山脉南段为核心的四川、云南两省是重楼属植物在欧亚大陆的地理分布中心。该属多变种和有些种类是重要的药用植物（参考《云南植物志 8》），包括华重楼（*P. polyphylla* var. *chinensis*）、狭叶重楼（*P. polyphylla* var. *stenophylla*）、长药隔重楼（*P. polyphylla* var. *thibetica* ）、滇重楼（*P. polyphylla* var. *yunnanensis*）、五指莲（*P. axialis*）、长柱重楼（*P. forrestii*）、毛重楼（*P. mairei*）、花叶重楼（*P. marmorata*）和南重楼（*P. vietnamensis*）等。

五、三尖杉 *Cephalotaxus fortunei* Hook. f.

异名： *Cephalotaxus filiformis* Knight ex Gord. ；*C. fortunei* Hook. f. cv. Brevifolia；*C. fortunei* var. *globosa* S. Y. Hu；*C. fortunei* var. *longifolia* Hort. ex Dallimore et Jackson；*C. kaempferi* Anon.

别名：藏杉（四川天全），桃松（成都），狗尾松（湖北兴山），三尖松（湖北宜昌），山榧树（浙江），头形杉（《中国裸子植物志》）。

科属：三尖杉科（Cephalotaxaceae）三尖杉属。

形态特征：乔木。叶排成两列，披针状条形。雄球花 8～10，聚生成头状；总花梗粗，基部及总花梗上部有 18～24 枚苞片，每一雄球花有 6～16 枚雄蕊，花药 3，花丝短；雌球花的胚珠 3～8 枚发育成种子。种子椭圆状卵形或近圆球形，假种皮成熟时紫色或红紫色，顶端有小尖头；子叶 2 枚，条形，先端钝圆或微凹，下面中脉隆起，无气孔线，上面有凹槽，内有一窄的白粉带；初生叶镰状条形，最初 5～8 片，形小，下面有白色气孔带。花期 4 月，种子 8～10 月成熟。

分布与生境：中国特有树种，产于四川、云南、贵州、广西、广东、浙江、安徽南部、福建、江西、湖南、湖北、河南（南部）、陕西（南部）、甘肃（南部）等省（自治区）；生于海拔 200～3000m 的针阔混交林中。

成分与利用：其活性成分为三尖杉酯碱和高三尖杉酯碱（何振伟，2006）。叶、枝、种子、根可提取多种生物碱（三尖杉碱、三尖杉酯碱、高三尖杉酯碱、乙酰三尖杉碱、台湾三尖杉碱、表台湾三尖杉碱）、双黄酮类，对治疗白血病、淋巴肉瘤、肺癌等有一定疗效。木材黄褐色，纹理细致，材质坚实，韧性强，有弹性，相对密度 0.59～0.77。可供建筑、桥梁、舟车、农具、家具及器具等用材。种子可榨油，出油率高，可供工业使用；同时也是润肺、止咳、消积、杀虫的良药。可作庭园观赏树种。

采收与加工：树皮、枝、叶全年或夏季、秋季采收，晒干，生用或用于提取内含物。种子秋季采摘，生用或炒熟用。

繁殖与栽培：种子和扦插繁殖。要求土层深厚、结构疏松、含腐殖质多、排水良好的土壤；也可选择针阔叶混交林内种植。

资源与开发：三尖杉因含生物碱，一直受医药行业的关注，对其药用功能及其开发利用的研究从未间断。同属一些种类药用，包括海南粗榧（*C. hainanensis*）、粗榧（*C. mannii*）、篦子三尖杉（*C. oliveri*）、榧（*C. sinensis*）和台湾三尖杉（*C. wilsoniana*）等。

六、红豆杉 *Taxus chinensis*（Pilger）Rehd.

异名：*Taxus baccata* L. subsp. *cuspidata* Sieb. et Zucc.；*T. baccata* L. var. *sinensis* Henry；*T. cuspidata* Sieb. et Zucc. var. *chinensis*（Pilger）Schneid. ex Silva；*T. wallichiana* Zucc. var. *chinensis*（Pilger）Florin

别名：卷柏（四川峨眉），扁柏（四川宝兴），红豆树（湖北宣恩），观音杉（湖北）。

科属：三尖杉科（Cephalotaxaceae）红豆杉属。

形态特征：乔木。叶排列成两列，条形，有两条气孔带，中脉带上有密生均匀而微小的圆形角质乳头状突起点。雄球花淡黄色，雄蕊 8～14 枚，花药 4～8。种子生于杯状红色肉质的假种皮中，间或生于近膜质盘状的种托（即未发育成肉质假种皮的珠托）之上，常呈卵圆形，上部渐窄，稀倒卵状，微扁或圆，上部常具二钝棱脊，稀上部三角状具三条钝脊，先端有突起的短钝尖头，种脐近圆形或宽椭圆形，稀三角状圆形。

分布与生境：中国特有树种，产于云南东北部及东南部、四川、贵州西部及东南部、湖北西部、湖南东北部、广西北部、甘肃南部、陕西南部和安徽南部（黄山）；生于海拔 1000m 以上的高山上部；江西庐山有栽培。

成分与利用：包括 taxinine J、1-hydroxy-baccatin I 和 taxol、巴卡丁Ⅲ、三尖杉宁碱、7-木糖紫杉醇、10-脱酰基紫杉醇等（陈未名，1990；官智等，1999）。药用枝叶及树皮，含紫杉烷二萜类（紫杉醇、短叶醇、紫杉宁），用于抗癌，如卵巢癌、乳腺癌、子宫内膜癌、肺癌、脑癌等。心材橘红色，边材淡黄褐色，纹理直，结构细，相对密度 0.55～0.76，坚实耐用，干后少开裂。可供建筑、车辆、家具、器具、农具及文具等用材。

采收与加工：树皮、枝、叶全年或夏季、秋季采收，晒干，生用或提取内含物；种子秋季采摘，其假种皮种子可泡酒。

繁殖与栽培：种子和扦插繁殖。红豆杉由于种子产量少、发芽率低，多以扦插育苗为主（李莲芳等，2000），随着红豆杉资源的保护，可采收的种子不断增加，种子繁殖也逐渐成为苗木繁殖的主要措施之一。栽培选择土层深厚、结构疏松、含腐殖质多、排水良好的土壤，也可在分布区的林下种植。

资源与开发：红豆杉植物体（根、茎、叶）内含有紫杉醇、紫杉烷等有效而安全的抗癌药物的主要成分及其合成前体，受到了人们的广泛关注，野生资源也受到破坏。获得紫杉醇原料最简单、最经济的方法之一，是红豆杉原料林的栽培。同属其他种类也作药用，包括南方红豆杉（*T. chinensis* var. *mairei*）、东北红豆杉（*T. cuspidata*）、西藏红豆杉（*T. wallichiana*）和云南红豆杉（*T. yunnanensis*）等。

七、铁皮石斛 *Dendrobium officinale* Kimura et Migo

别名：黑节草（《中国高等植物图鉴》、云南、贵州），云南铁皮（云南），枫斗，黑节石斛，hanlanwan（D-DH）。

科属：兰科（Orchidaceae）石斛属。

形态特征：叶两列，长圆状披针形，基部下延为抱茎的鞘，边缘和中肋常带淡紫色；叶鞘常具紫斑，老时其上缘与茎松离而张开，并且与节留下 1 个环状铁青的间隙。总状花序常从落了叶的老茎上部发出，具 2～3 朵花；花序柄基部具 2～3 枚短鞘；花序轴回折状弯曲，花苞片卵形，先端稍钝；萼片和花瓣黄绿色，近相似，长圆状披针形；侧萼片基部较宽阔；萼囊圆锥形，末端圆形；唇瓣白色，基部具 1 个绿色或黄色的胼胝体，卵状披针形，比萼片稍短，先端不裂或不明显 3 裂，中部以下两侧具紫红色条纹，边缘多少波状；唇盘密布细乳突状的毛，并且在中部以上具 1 个紫红色斑块；蕊柱黄绿色，先端两侧各具 1 个紫点；蕊柱足黄绿色带紫红色条纹，疏生毛；药帽白色，长卵状三角形，顶端近锐尖并且 2 裂。花期 3～6 月。

分布与生境：产于云南东南部（贡山、石屏、文山、广南、西畴、麻栗坡）、四川、广西西北部（天峨）、浙江东部（鄞县、天台、仙居）、福建西部（宁化）、安徽西南部（大别山）；附生于海拔 1600～2200m 的山地森林的树干、树枝或江边岩石上。

成分与利用：主要有石斛多糖（25.31%～45.98%）、生物碱、菲类化合物（鼓槌菲和毛兰素）、氨基酸（天冬氨酸、谷氨酸、甘氨酸、缬氨酸和亮氨酸）等（李满飞和徐国钧，1990；马国祥等，1994），还含石斛碱、双苄酚类及菲酚类等多种药效成分。古称“北有人参，南有枫斗”。枫斗的母体就是铁皮石斛，是名贵中药，素有“中华仙草”、“药中黄金”之美称，列“中华九大仙草”之首，被国际药用植物界称为“药界大熊猫”。其不仅是“脉络宁注射液”的原料，还是数十种中成药及保健品的主要原料。茎入药，有滋阴清热、生津益胃、润肺止咳、明目强身等功效。现代医学研究证明铁皮石斛对心脑血管疾病、多种癌症、糖尿病、前列腺疾病等有疗效，还具有抗衰老、增强人体免疫力的作用，是防老抗衰、养颜驻容、养肝明目的上等保健品。

采收与加工：铁皮枫斗的加工方法包括①原料处理：成熟的鲜石斛原料去根、花序梗并剥去叶鞘，短条留用，长条切成短段；②烘焙：低温烘焙，除去水分并软化，以便于卷曲，同时在软化过程中，尽可能除去残留的叶鞘；③卷曲加箍：加箍的目的是使卷曲紧密，不致散开，形态美观，均匀一致。加箍的制作材料一般是用稻草秆；④干燥处理：干燥的关键是低温烘烤，以避免枯焦，烤至金黄色；⑤分级处理：经干燥后的枫斗，按规格进行分级，并根据客户的需要进行外表拉毛或打光处理。此外也可以加工成胶囊、石斛酒等产品。

繁殖与栽培：分株、扦插或组培培育幼苗等。栽培可使用仿生贴树种植、林下栽培、露地栽培、床式树皮栽培、床式锯木屑栽培、床式圆木栽培、木槽栽培等方式培育原料。

资源与开发：在野生资源的集中分布区，实施退耕还林政策，保护资源的原生地环境，禁止毁林开荒、砍伐树木。同时，在气候条件适宜区域，建立收集、保存、繁殖栽培野生石斛基地，保存种质资源。利用仿生学、生物技术，人工发展铁皮石斛的种植，是保护野生资源，满足市场需求的有效方法。同属有许多种类药用，由于其具有非常大的商业价值，许多种类现栽培发展，如兜唇石斛（*D. aphyllum*）、叠鞘石斛（*D. aurantiacum* var. *denneanum*）、鼓槌石斛（*D. chrysotoxum*）、齿瓣石斛（*D. devonianum*）、流苏石斛（*D. fimbriatum*）、重唇石斛（*D. hercoglossum*）和石斛（*D. nobile*）等。

八、菘蓝 *Isatis tinctoria* L.

异名：*Isatis indigotica* Fortune；*I. oblongata* de Candolle var. *yezoensis* (Ohwi) Y. L. Chang；*I. tinctoria* var. *indigotica* (Fortune) T. Y. Cheo & K. C. Kuan；*I. tinctoria* var. *yezoensis* (Ohwi) Ohwi；*I. yezoensis* Ohwi.

别名：欧洲菘蓝（《中国植物志》），板蓝根，大青，大靛，大蓝根，大青叶，蓝靛叶，Dyer's woad。

科属：十字花科（Brassicaceae）菘蓝属。

形态特征：二年生草本。基生叶莲座状，长圆形至宽倒披针形，顶端钝或尖，基部渐狭，全缘或稍具波状齿；基生叶蓝绿色，长椭圆形或长圆状披针形，基部叶耳不明显或为圆形。萼片宽卵形或宽披针形；花瓣黄白色，宽楔形，顶端近平截，具短爪。短角果近长圆形，边缘有翅；果梗细长，微下垂。种子长圆形，淡褐色。花期 4～5 月，果期 5～6 月。

分布与生境：原产于中国，各地均有栽培；生于山地林缘较潮湿的地方；野生或栽培。

成分与利用：菘蓝含吡啶三羧酸、顺丁烯二酸、羟甲基糠酸、靛蓝、靛玉红、扶桑甾醇、尿苷、次黄嘌呤、尿嘧啶、水杨酸、青黛酮、胡萝卜苷、β-谷甾醇和棕榈酸等（黄家娣，2009；李玲等，1996）。根（板蓝根）、叶（大青叶）均供药用，具有抗病毒（流感、乙肝）、抗菌（G^+、G^-、钩端螺旋体）、解热、抗炎（用于病毒、细菌性感染）等作用，用于清热解毒、凉血消斑、利咽止痛等。叶还可提取蓝色染料；种子榨油，供工业用。

采收与加工：每年收割茎叶 2～3 次，秋季挖根或初冬采挖，去掉茎叶，洗净晒干，存放阴凉干燥处，防霉，免受潮遭虫蛀。

繁殖与栽培：种子繁殖。是一种喜温暖、湿润及阳光充足的植物，适宜生长在土层深厚、排水良好、中等肥沃的中性沙壤土中，最忌水涝。

资源与开发：已发展人工栽培，医药工业大量使用。

九、黄连 *Coptis chinensis* Franch.

异名：*Coptis teeta* Wall. var. *chinensis*（Franch. ）Finet et Gagnep.；*C. teeta* var. *chinensis* subvar. *rhizomatosa* Levl.

别名：味连，川连，鸡爪连。

科属：毛茛科（Ranunculaceae）黄连属。

形态特征：多年生草本。根状茎黄色，密生多数须根。叶卵状三角形，三全裂，中央全裂片卵状菱形，3 对或 5 对羽状深裂，边缘生具细刺尖的锐锯齿，侧全裂片斜卵形，不等二深裂，表面沿脉被短柔毛。花葶 1～2 条，二歧或多歧聚伞花序有 3～8 朵花；苞片披针形，三或五羽状深裂；萼片黄绿色，长椭圆状卵形；花瓣线形或线状披针形，顶端渐尖，中央有蜜槽；雄蕊约 20；心皮 8～12，花柱微外弯。蓇葖果；种子 7～8 粒，长椭圆形，褐色。花期 2～3 月，果期 4～6 月。

分布与生境：分布于四川、贵州、湖南、湖北、陕西南部。生于海拔 500～2000m 的山地林中或山谷阴处，需要温度低、空气湿度大的自然环境。野生或栽培。

成分与利用：含香草酸、落叶松树脂醇、原儿茶酸乙酯、小檗碱、丹参素甲酯、反式阿魏酰基酪胺、氧化小檗碱、降氧化北美黄连次碱、丹参素甲正丁酯、阿魏酸正丁酯、木兰花碱、格陵兰黄连碱、黄连碱、表小檗碱、非洲防己碱、药根碱和巴马汀等（李志峰等，2012；王琦等，2012）。根状茎为著名中药，可治急性结膜炎、急性细菌性痢疾、急性肠胃炎、吐血、痈疖疮疡等症。黄连的药理作用为①抑菌：抑制 RNA 及蛋白质合成，对 G^+、G^-、流感病毒、原虫、真菌有较强的抑制作用，以黄连碱最强，其次为小檗碱、药根碱、巴马汀；②抗炎：小檗碱型季铵碱；③抗溃疡：抑制胃酸分泌，抑制应激性溃疡；④降血压：抑制胆碱酯酶、抑制心脏功能；⑤利胆、兴奋子宫平滑肌。

采收与加工：秋季采挖，除去须根及泥沙，干燥，剪除残留须根。

繁殖与栽培：种子或根茎繁殖。怕高温和干旱。不能经受强烈光照，喜弱光，因此需要遮阴。根浅，分布于5～10cm的土层，适宜表土疏松肥沃，有丰富的腐殖质，土层深厚微酸性的土壤，pH5.5～6.5。

资源与开发：各地黄连资源破坏极大，急需保护。各区域有重要的黄连类群，应栽培以满足原料需求，包括短萼黄连（*C. chinensis* var. *brevisepala*）、三角叶黄连（*C. deltoidea*）、峨眉黄连［*C. omeiensis*（Chen）C. Y. Cheng］和云南黄连（*C. teeta*）等。

十、乌头 *Aconitum carmichaeli* Debx.

异名：*Aconitum bodinieri* Levl. et Vant.；*A. kusnezoffii* var. *bodinieri*（Levl. et Vant.）Finet et Gagnep.；*A. lushanense* Migo；*A. wilsonii* Stapf ex Veitch

别名：卡氏乌头（《神农本草经》），草乌（西南、广西、华东），川乌、乌药、盐乌头（四川、陕西），鹅儿花、铁花（四川峨眉山），五毒（河南鸡公山），Carmichael's monkshood。

科属：毛茛科（Ranunculaceae）乌头属。

形态特征：块根倒圆锥形。茎中部之上疏被反曲的短柔毛。叶片五角形，基部浅心形三裂达或近基部，中央全裂片宽菱形，二回裂片约2对，生1～3枚牙齿，侧全裂片不等二深裂；叶柄疏被短柔毛。顶生总状花序；下部苞片三裂，其他的狭卵形至披针形；小苞片生花梗中部或下部；萼片蓝紫色，外面被短柔毛，上萼片高盔形，喙不明显；花瓣唇微凹；雄蕊无毛或疏被短毛，花丝有2小齿或全缘；心皮3～5，子房疏或密被短柔毛，稀无毛。蓇葖果；种子三棱形，只在二面密生横膜翅。9～10月开花。

分布与生境：中国分布于云南东部、四川、湖北、贵州、湖南、广西北部、广东北部、江西、浙江、江苏、安徽、陕西南部、河南南部、山东东部、辽宁南部；生于海拔100～2150m的山地草坡或灌丛中；越南北部也有分布。

成分与利用：川乌地上部分含次乌头碱、新乌头碱、乌头原碱和β-谷甾醇（杨黎彬等，2011）。子根附子含海替生、次乌头碱、中乌头碱、北草乌、尼奥灵、附子灵、乌头碱、尿嘧啶、附子苷、海帕乌头碱、美沙乌头碱、尼奥灵、卡拉可林、北乌碱等（张思佳等，2010；徐暾海等，2004）。母根药用。具有抗炎（总碱抑制角叉莱胶、蛋清、组织胺、5-羟色胺引起的大鼠足肿胀）、祛风除湿，温经止痛（中枢性，乌头碱作用）、降压（乌头碱扩张血管引起过性降压）等作用，用于风寒湿痹、关节疼痛、心腹冷痛、寒疝作痛等病症。乌头属植物多数有毒，务必慎用。

采收与加工：6月下旬至8月上旬采挖，取母根及较大的子根，除去子根、须根及泥沙，晒干，即为生川乌。

繁殖与栽培：用种子或宿根繁殖。喜温、喜湿、喜光一年生作物，惧怕高温、干旱、怕涝等特性。栽培于平地肥沃的沙质土壤。

资源与开发：乌头一般指川乌头，还有草乌头，中药学上一般指的是野生种乌头和其他多种同属植物，如北乌头（蓝乌拉花）、太白乌头（金牛七）等。此外，还有很多乌头种类药用，包括滇南草乌（*A. austroyunnanense*）、短柄乌头（*A. brachy-*

podum）、展毛短柄乌头（*A. brachypodum* var. *laxiflorum*）、黄山乌头（*A. carmichaeli* var. *hwangshanicum*）、黄花乌头（*A. coreanum*）、紫乌头（*A. episcopale*）、拳距瓜叶乌头（*A. hemsleyanum* var. *circinatum*）、北乌头（*A. kusnezoffii*）、保山乌头（*A. nagarum*）、小白撑（*A. nagarum* var. *heterotrichum*）、船盔乌头（*A. naviculare*）、铁棒锤（*A. pendulum*）、岩乌头（*A. racemulosum*）、伏毛直序乌头（*A. richardsonianum* var. *pseudosessiliflorum*）、高乌头（*A. sinomontanum*）、狭盔高乌头（*A. sinomontanum* var. *angustius*）、亚东乌头（*A. spicatum*）、松潘乌头（*A. sungpanense*）、甘青乌头（*A. tanguticum*）、黄草乌（*A. vilmorinianum*）和深裂黄草（*A. vilmorinianum* var. *altifidum*）等。

十一、何首乌 *Fallopia multiflora*（Thunb.）Harald.

异名：*Pleuropterus cordatus*（Thunb.）Turcz.；*Polygonum hypoleucum* Ohwi；*P. multiflorum* Thunb. *P. multiflorum* var. *angulatum* S. Y. Liu；*P. multiflorum* var. *hypoleucum*（Nakai ex Ohwi）Liu et al.

别名：多花蓼、紫乌藤、夜交藤（《高等植物图鉴》），红首乌，三峡何首乌，赤首乌，首乌，heshouwu（D-DH）。

科属：蓼科（Polygonaceae）何首乌属。

形态特征：多年生草本；块根肥厚，长椭圆形。叶两面粗糙，边缘全缘；托叶鞘膜质。花序圆锥状，顶生或腋生，具细纵棱，沿棱密被小突起；苞片三角状卵形，具小突起，每苞内具 2～4 朵花；花梗细弱，下部具关节，果时延长；花被 5 深裂，白色或淡绿色，大小不相等，外面 3 片较大，背部具翅，果时增大，花被果时外形近圆形；雄蕊 8，花丝下部较宽；花柱 3，极短，柱头头状。瘦果卵形，具 3 棱，黑褐色，有光泽，包于宿存花被内。花期 8～9 月，果期 9～10 月。

分布与生境：产于四川、云南、贵州、华南、华中、华东、陕西南部、甘肃南部；生于海拔 200～3000m 的山谷灌丛、山坡林下、沟边石隙；日本也有分布。

成分与利用：根部含大黄酚、大黄素、大黄酸、淀粉 45.2%、粗脂肪 3.1%、卵磷脂 3.7%等、大黄素甲醚、大黄酚蒽酮和羟基蒽醌衍生物，即食用大黄苷和 2,3,5,4′-四羟基二苯乙烯 2-*O*-β-D 葡萄糖苷，后者被认为是何首乌降血脂的主要有效成分。生首乌经过炮制后，致泻的有效成分蒽醌衍生物含量降低，毒性明显得到降低。何首乌的块根中主要含有蒽醌类、二苯乙烯苷及磷脂类等活性成分（朱铁英，2006；管淑玉和苏薇薇，2008）。“何首乌，气温味苦、涩，苦补肾、温补肝，能收敛精气，所以能养血益肝，固精益肾，健筋骨，乌须发，为滋补良药”（《本草纲目》），块根入药，安神、养血、活络。何首乌的药理作用为①抗衰老：提高 SOD 活性，抑制 MAO-B 活性；②补益：促进脑发育，促进 RBC 新生与发育；③护肝：抑制脂质过氧化，减少脂肪堆积；④降血脂：减少胆固醇在肝内沉积，降低血清胆固醇，减轻动脉粥样硬化；⑤抑菌：结核菌、痢疾杆菌；⑥增强抵抗力。各部分功效不同。①生首乌：解毒、消痈、润肠通便，用于肠燥便秘、疮痈、高脂血症、淋巴结核。②制首乌：补肝肾、益精血、乌须发、壮筋骨。用于贫血、须发早白、腰膝酸软、肢体麻木、神经衰弱、高脂血症等。③首乌藤（夜交藤）：养心安神、祛风通络，用于神经衰弱、失眠多梦、风湿痹痛、贫血等。何首乌块根含淀粉 45.2%，可以制粉或酿酒，酒有药味，为滋补剂。其块根富含淀粉，药食两用，可制作首乌酒；保健方面，何首乌具有较好的滋补功能，可制作多种药膳，也可用于多种口服液和保健茶；在化工方面，何首乌是制作洗发剂的重要原料。

采收与加工： 在秋季霜降后、茎叶枯萎时采收，挖出块根。

繁殖与栽培： 种子、压条、扦插和根茎繁殖。喜温暖潮湿气候。忌干燥和积水，以选上层深厚、疏松肥沃、排水良好、腐殖质丰富的沙质壤土栽培为宜。

资源与开发： 近年来，由于大肆采挖，何首乌野生资源被严重破坏。何首乌不仅是中国名贵中药资源，还具有极高的食用、保健和日用化工等广泛工业价值。在保护野生资源的同时，需尽快建立高产、质优的药材生产基地，从而达到野生资源的永续利用。

十二、当归 *Angelica sinensis* (Oliv.) Diels

异名： *Angelica polymorpha* Maxim. var. *sinensis* Oliv.

别名： 秦归（甘肃、四川），云归（云南），岷归（甘肃），西当归。

科属： 伞形科（Umbelliferae）当归属。

形态特征： 多年生草本。叶三出式二至三回羽状分裂，叶柄基部膨大成管状的薄膜质鞘，基生叶及茎下部叶轮廓为卵形，小叶片 3 对，末回裂片卵形或卵状披针形，2～3 浅裂；叶下表面及边缘被稀疏的乳头状白色细毛；茎上部叶简化成囊状的鞘和羽状分裂的叶片。复伞形花序，密被细柔毛；伞辐 9～30；总苞片 2，线形；小伞形花序有花 13～36；小总苞片 2～4，线形；花白色，花柄密被细柔毛；萼齿 5，卵形；花瓣长卵形，顶端狭尖；花柱短，花柱基圆锥形。果实椭圆形至卵形，背棱线形，隆起，侧棱成宽而薄的翅，与果体等宽或略宽，翅边缘淡紫色，棱槽内有油管 1，合生面油管 2。花期 6～7 月，果期 7～9 月。

分布与生境： 主产于甘肃东南部，以岷县产量多，质量好，其次为云南、四川、陕西、湖北等省，均为栽培；国内有些省（自治区）也已引种栽培。

成分与利用： 川芎含洋川芎内酯 G、洋川芎内酯 H、洋川芎内酯 I、洋川芎内酯 J、香草醛、对甲基苯酚、阿魏酸、阿魏醛、正丁基苯酞、反式阿魏酸、厚朴酚、黄芩苷、酒渣碱、菠菜甾醇、异欧前胡素、发卡二醇、丁二酸、尿嘧啶、菸酸、腺嘌呤、藁本内酯、β-谷甾醇等（林茂等，1979；宋秋月等，2011）。根为著名中药当归，能补血、和血、调经止痛，润肠滑肠；治月经不调，经闭腹痛，症瘕结聚、崩漏、血虚头痛、眩晕、痿痹、肠燥便难，赤痢后重、痈疽疮疡、跌打损伤。

采收与加工： 秋末采挖，除去须根及泥沙，待水分稍蒸发后，捆成小把，上棚，用烟火慢慢熏干。

繁殖与栽培： 种子繁殖。喜冷凉湿润气候，幼苗喜阴，宜在高寒山区栽培，以土层深厚、排水良好、肥沃疏松的沙质壤土种植为好。

资源与开发： 同属较多种类药用，如东当归（*A. acutiloba*）、重齿当归（*A. biserrata*）、白芷（*A. dahurica*）、紫花前胡（*A. decursiva*）、福参（*A. morii*）、青海当归（*A. nitida*）等。

十三、柴胡 *Bupleurum chinense* DC.

异名： *Bupleurum falcatum* Shan; *B. falcatum* subsp. *eufalcatum* Wolff var. *scorxorcerifolium* (Willd.) Wolff. f. *ensifolium* Wolff

别名： 北柴胡（《中药志》），竹叶柴胡（《植物名实图考》），硬苗柴胡（《东北药用植物图志》），韭叶柴胡（安徽）。

科属： 伞形科（Umbelliferae）柴胡属。

形态特征： 多年生草本。基生叶倒披针形或狭椭圆形；茎中部叶倒披针形或广线状披针形，顶端渐尖或急尖，有短芒尖头，基部收缩成叶鞘抱茎；茎顶部叶同形，但更小。复伞形花序很多，花序梗细，常水平伸出，形成疏松的圆锥状；总苞片2～3，狭披针形；伞辐3～8；小总苞片5，披针形，顶端尖锐，向叶背凸出；花5～10；花瓣鲜黄色，上部向内折，中肋隆起，小舌片矩圆形，顶端2浅裂；花柱基深黄色，宽于子房。果广椭圆形，棱狭翼状，每棱槽油管3，很少4，合生面4条。花期9月，果期10月。

分布与生境： 产于东北、华北、西北、华东和华中；生于向阳山坡路边、岸旁或草丛中。

成分与利用： 花含槲皮素、芦丁、麦角甾醇、异鼠李素等（张丽等，2010）；茎叶含香草酸、水杨酸、咖啡酸乙酯、原儿茶酸、柴胡色原酮酸、山萘酚、芦丁、七叶内酯、东莨菪内酯等（刘培等，2008；王鸣等，2009）。全草入药，具有镇静、安定、解热、镇痛、镇咳、抗炎、降血脂、降压、促进肝细胞核糖核酸及蛋白质合成，抑制结核杆菌、感冒病毒，增强免疫、抗溃疡（柴胡多糖）等作用，用于透表泄热、疏肝解郁、升举阳气等。

采收与加工： 播种后生长2年即可采挖。春季、秋季采挖根部，除去茎叶及泥沙，切段，晒干。全草在春末、夏初拔起草晒干除去杂质及残茎，洗净，润透，切厚片，干燥。

繁殖与栽培： 种子繁殖，可直接播种或育苗后移栽。大面积生产多用种子直播。喜温暖湿润气候，耐寒、耐旱怕涝，适宜土层深厚、肥沃的沙质壤土中种植。种植应选择沙壤土或腐殖质土的山坡梯田栽培。

资源与开发： 本种分布广泛，中药材称北柴胡的多为本种及其三个变型，医药应用极广泛。同属一些种类具有极高的药用价值，包括川滇柴胡（*B. candollei*）、马尾柴胡（*B. microcephalum*）和黑柴胡（*B. smithii*）等。

十四、甘草 *Glycyrrhiza uralensis* Fisch.

异名： *Glycyrrhiza asperrima* L. var. *desertorum* Regel; *G. asperrima* var. *uralensis* Regel; *G. shiheziensis* X. Y. Li

别名： 国老（《名医别录》），甜草（东北、内蒙古），甜根子（陕西）。

科属： 蝶形花科（Papilionaceae）甘草属。

形态特征： 多年生草本。叶互生，奇数羽状复叶，小叶5～17枚，两面均密被黄褐色腺点及短柔毛。总状花序腋生，具多数花，总花梗短于叶，密生褐色的鳞片状腺点和短柔毛；苞片长圆状披针形，外面被黄色腺点和短柔毛；花萼钟状，密被黄色腺点及短柔毛，基部偏斜并膨大呈囊状，萼齿 5，上部 2 齿大部分连合；花冠紫色、白色或黄色，旗瓣长圆形，基部具短瓣柄，翼瓣短于旗瓣，龙骨瓣短于翼瓣；子房密被刺毛状腺体。荚果弯曲呈镰刀状或呈环状，密集成球，密生瘤状突起和刺毛状腺体。种子 3～11，圆形或肾形。花期 6～8 月，果期 7～10 月。

分布与生境：产于东北、华北、西北各省（自治区）及山东；生于干旱沙地、河岸沙质地、山坡草地及盐渍化土壤中；蒙古国及俄罗斯西伯利亚地区也有分布。

成分与利用：含廿四烷酸、β-谷甾醇、廿二烷醇、白桦脂酸、甘草西定、齐墩果酸、华良姜素、新甘草酚、异甘草醇、甘草素、黄羽扇豆怀特酮、甘草香豆素、甘草芳香豆素、甘草瑞酮、异甘草素、甘草醇、芒柄花素、甘草利酮、格里西轮、芒柄花苷、甘草苷、芹糖异甘草苷、甘草酸、芹糖甘草苷、异甘草苷、新异甘草苷、槲皮素、甘草次酸、阿魏酸、异驴食草酚、甘草酚、刺甘草查耳酮、甘草查耳酮 B、甘草宁 G 等（刘育辰等，2011；贾世山等，1990）。根及根茎药用；具有抗溃疡（降低胃酸）、抗炎（糖皮质激素作用）、镇咳祛痰（中枢性，甘草次酸）、护肝解毒（甘草甜素吸附毒素）、促进毒素排出（甘草甜素水解产生葡萄糖醛酸）、抗心律失常、抗动脉粥样硬化等功效，用于清热解毒、祛痰止咳、消化性溃疡、支气管哮喘、胃肠痉挛、解毒等症。禁与海藻同食，久服致水肿。

采收与加工：春季、秋季采挖，除去须根，晒干。加工时做到皮净身干，单条顺直，两头见刀，口径整新，根茎分拢，按类归等。采挖以秋季为好。栽培的甘草 9 月上旬开始采挖，可延续至 11 月底。野生的一般在春季、秋季采挖，以秋季、冬季为主；有性繁殖的甘草一般生长 3～4 年后采收，育苗移栽、根茎分栽的一般生长 2～3 年后采收。在秋季 9 月下旬至 10 月初，地上茎叶枯萎时采挖。甘草根深，必须深挖，不可刨断或伤根皮，挖出后去掉残茎。黏带的泥土忌用水洗，趁鲜分出主根和侧根，去掉芦头、毛须、支杈，晒至半干，捆成小把，再晒至全干；也可在春季甘草茎叶出土前采挖，但秋季采挖质量较好。

繁殖与栽培：种子或根茎繁殖，根茎分栽的生长较快。喜阳光充足，日照长，气温低的干燥气候。宜选土层深厚，排水良好的沙质壤土栽培。

资源与开发：本属洋甘草（*G. glabra*）、胀果甘草（*G. inflata*）、粗毛甘草（*G. aspera*）、云南甘草（*G. yunnanensis*）等有相似的功效。

十五、沉香 *Aquilaria sinensis* (Lour.) Spreng.

异名：*Agallochum grandiflorum* (Benth.) Kuntze；*A. sinense* O. Ktze.；*Aquilaria chinensis* Spreng.；*A. ophispermum* Poir.；*A. grandiflora* Benth.；*Ophiospermum sinense* Lour.

别名：土沉香（《中国经济植物志》），香材（《海南植物志》），白木香（广州、云南双江、思茅），牙香树、女儿香（广东），栈香（《本草纲目拾遗》），青桂香、崖香、芫香（广东）。

科属：瑞香科（Thymelaeaceae）沉香属。

形态特征：乔木。叶圆形、椭圆形至长圆形，有时近倒卵形，上面暗绿色或紫绿色，下面被淡绿色毛；叶柄被毛。花芳香，多朵，组成伞形花序；花梗密被黄灰色短柔毛；萼筒浅钟状，两面均密被短柔毛，5 裂，裂片卵形，两面被短柔毛；花瓣 10，鳞片状，着生于花萼筒喉部，密被毛；雄蕊 10，排成 1 轮，花药长圆形；子房卵形，密被灰白色毛，2 室，每室 1 胚珠，花柱极短或无，柱头头状。蒴果果梗短，卵球形，幼时绿色，顶端具短尖头，基部渐狭，密被黄色短柔毛，2 瓣裂，2 室，每室具有 1 种子，种子褐色，卵球形，疏被柔毛，基部具有附属体。花期 3～4 月，果期 5～6 月。

分布与生境：产于广东、海南、广西、福建、云南等热带或南亚热带区域；生于低海拔的山地、丘陵以及路边向阳处疏林中。

成分与利用：含二萜类化学成分，包括去氢松香酸、去氢松香酸甲酯、海松酸、海松醇等，以及色酮类化学成分（杨林等，2011；陈亚等，2011）。沉香木是珍贵的香料，被用作燃烧熏香、提取香料、加入酒中，或直接雕刻成装饰品。木材、树头和树根都可用来制作高级线香，用于拜祭和熏香。在美容品中，沉香是各种高级香料和美容品的香味固定剂。沉香树全年常青，会散发出独特优雅的香味，沉香林因叶光亮和树冠紧凑呈现优美的景观，令人感觉舒畅，加之香气四溢，极适合游憩。沉香还有一神奇特性是驱虫而不杀虫，不会排斥其他种类的植物，可与周边植物共生共荣，从而真正的有益于生态维护，净化空气，美化环境。城市街道两旁、办公楼周围、居住小区、庭院绿化甚至阳台盆栽均可。其树皮色白质细，纤维柔韧，自古以来便是制造高级纸张的原料，用沉香树做原料制成的纸统称蜜香纸、香皮纸。果实可榨油提取香精制作化妆品或者香油，叶子可制茶。沉香辛、苦、温，能归脾、胃、肾、肺经，具有降气温中、暖肾纳气之功效，治气逆喘息、呕吐呃逆、脘腹胀痛、腰膝虚冷、大肠虚秘、小便气淋、男子精冷等。白木香酸有镇痛作用，用于胸腹胀痛、胃寒呕吐等症。

采收与加工：枝叶全年可采收，生用。老茎受伤后所流出累积的树脂，俗称沉香，可作香料原料，属治疗胃病的特效药；树皮纤维柔韧，色白而细致，可做高级纸原料及人造棉；木质部可提取芳香油，花可制浸膏。

繁殖与栽培：种子繁殖，培育苗木后移栽。喜温暖湿润气候，耐短期霜冻，耐旱。幼龄树耐阴，成龄树喜光，对土壤适应性较广，可在红壤或山地黄壤上生长，在富含腐殖质、土层深厚壤土上生长较快，但结香不多。瘠薄土壤上生长缓慢，长势差，但利于结香。

资源与开发：云南沉香（*A. yunnanensis*），茎皮药用能温中理气、健脾、益肾，可治消化不良、胃胀、气痛等。

十六、刺五加 *Acanthopanax senticosus*（Rupr. & Maxim.）Harms.

异名：*Acanthopanax cuspidatus* var. *tienchuanensis* C. Ho; *A. senticosus*（Rupr. et Maxim.）Harms; *A. senticosus* var. *brevistaminea* S. F. Gu; *A. senticosus* var. *brevistamineus* S. F. Gu; *A. senticosus* var. *subinermis*（Regel）Kitag.; *Eleutherococcus senticosus* f. *inermis* Kom.; *E. senticosus* var. *subinermis* Regel; *Hedera senticosa* Rupr. et Maxim.

别名：坎拐棒子（吉林），一百针（河北兴隆），老虎潦（河北琢鹿），hongjian（D-DH），Siberian ginseng。

科属：五加科（Araliaceae）五加属。

形态特征：灌木；通常密生刺，稀仅节上生刺或无刺；叶有小叶 5，稀 3；叶柄常疏生细刺；小叶片纸质，椭圆状倒卵形或长圆形，上面粗糙，下面淡绿色，边缘有锐利重锯齿；小叶柄有棕色短柔毛，有时有细刺。伞形花序单个顶生，或 2～6 个组成稀疏的圆锥花序，有花多数；花梗无毛或基部略有毛；花紫黄色；萼边缘近全缘或有不明显的 5 小齿；花瓣 5，卵形；雄蕊 5；子房 5 室，花柱全部合生成柱状。果实球形或卵球形，有 5 棱，黑色，花柱宿存。花期 6～7 月，果期 8～10 月。

分布与生境：产于黑龙江（小兴安岭、伊春市带岭）、吉林（吉林市、通化、安图、长白山）、辽宁（沈阳）、河北（雾灵山、承德、百花山、小五台山、内丘）和山西（霍县、中阳、兴县）；生于海拔 2000m 以下的森林或灌丛中；朝鲜、日本和原苏联也有分布。

成分与利用：刺五加含五加酮、刺五加苷 B_1、β-谷甾醇、胡萝卜苷、香草醛、香草酸、丁香苷、白桦脂酸、苦杏仁苷、刺五加酮、异秦皮定、五加苷、刺五加苷 B_1、刺五加苷 D、甘露醇、丁香醛、新刺五加酚、阿魏酸葡糖苷、东莨菪内酯、对羟基苯乙醇、异香草醛等（李志峰等，2009；苑艳光等，2002）。《神农本草经》列为上品，乃指无毒，久服可以轻身、延年益寿而无害，自古即被视为具有添精补髓及抗衰老作用的良药。根皮和根状茎皮药用，有舒筋活血、祛风湿之效；根皮祛风湿、强筋骨，泡酒制五加皮酒（或制成五加皮散）；各个部位均含有不同的化学成分，具有极强的生理活性，兼具营养、保健及药用等作用，用于脾肾阳虚、体虚乏力、食欲缺乏、腰膝酸痛、失眠多梦等症。春天采摘嫩芽可食用，是优质的山野菜；种子可榨油，油供制皂。

采收与加工：栽后 3～4 年于夏季、秋季采收，挖取根部，除掉泥土、须根，刮皮，抽去木心，晒干或烘干。

繁殖与栽培：种子、扦插及分株繁殖。喜温暖湿润气候，耐寒、耐微荫蔽。宜选向阳、腐殖质层深厚、土壤微酸性的沙质壤土。种子有胚后熟物性，种胚要经过形态后熟和生理后熟之后才能萌发。

资源与开发：同属一些种类药用，包括锈毛吴茱萸五加（*A. evodiaefolius* var. *ferrugineus*）、五加（*A. gracilistylus*）、康定五加（*A. lasiogyne*）、无梗五加（*A. sessiliflorus*）、白簕（*A. trifoliatus*）和轮伞五加（*A. verticillatus*）等。

十七、枸杞 *Lycium chinense* Mill.

异名：*Lycium barbarum* β *chinense* Aiton；*L. chinense* var. *ovatum* C. K. Schneid；*L. megistocarpum* Dunal var. *ovatum* Dunal；*L. rhombifolium* Dip；*L. sinense* Grenier et Godron；*L. trewianum* Roerner et. Schultes

别名：枸杞菜（广东、广西、江西），红珠仔刺（福建），牛吉力（浙江），狗牙子（四川），狗牙根（陕西），狗奶子（江苏、安徽、山东）。

科属：茄科（Solanaceae）枸杞属。

形态特征：灌木。单叶互生或2～4枚簇生，形态多样。花在长枝上单生或双生于叶腋，在短枝上则同叶簇生；花梗向顶端渐增粗。花萼通常3，中裂或4～5齿裂，裂片多少有缘毛；花冠漏斗状，淡紫色，筒部向上骤然扩大，稍短于或近等于檐部裂片，5深裂，裂片卵形，顶端圆钝，平展或稍向外反曲，边缘有缘毛，基部耳显著；雄蕊较花冠稍短，或因花冠裂片外展而伸出花冠，花丝在近基部处密生一圈绒毛并交织成椭圆状的毛丛，与毛丛等高处的花冠筒内壁也密生一环绒毛；花柱稍伸出雄蕊。浆果红色，卵状，栽培者可成长矩圆状或长椭圆状，顶端尖或钝。种子扁肾脏形。花果期6～11月。

分布与生境：产于中国东北、河北、山西、陕西、甘肃南部以及西南、华中、华南和华东各省（自治区）；生于山坡、荒地、丘陵地、盐碱地、路旁及村边宅旁；朝鲜、日本、欧洲有栽培或逸为野生。

成分与利用：枸杞总糖量为46.5%，主要活性成分是枸杞多糖，含量5.42%～8.23%。一等品枸杞含量（%）：总糖量39.5、还原糖33.39、果糖7.24、蔗糖5.552、醛基糖16.37等；枸杞还含邻苯二甲酸二丁酯、β-谷甾醇、烟酰胺、东莨菪素、5-羟甲基糠醛、反式松柏醇、槲皮素、东莨菪苷等（倪慧和何爱华，1993；徐飞等，2012）。果实含甜菜碱、酸浆红色素、隐黄尿圜以及胡萝卜素（维生素A）、硫胺素（维生素B_1）、核黄素（维生素B_2）、抗坏血酸（维生素C），并含烟酸、钙、磷、铁等。中药称枸杞果实为枸杞子，性味甘平，有滋肝补肾、益精明目的作用；根皮中药称地骨皮，有解热止咳之效，可加工各种食品、饮料、保健酒、保健品等。嫩叶可作蔬菜；煲汤或者煮粥时也常加入枸杞；种子油可制润滑油或食用油，还可加工成保健品；由于耐干旱，可生长在沙地，因此可作为水土保持的灌木；因其耐盐碱，为盐碱地绿化的先锋植物。外果柄及叶是猪、羊的良好饲料。

采收与加工：枸杞子6～11月果实陆续红熟时分批采收，迅速将鲜果摊在芦席上，厚不超过3cm，一般以1.5cm为宜，放阴凉处晾至皮皱，然后暴晒至果皮起硬，果肉柔软时去果柄，再晒干。枸杞叶春季至初夏采摘，洗净，多鲜用。

繁殖与栽培：种子、扦插、分株、压条或组织培养繁，其中种子和扦插繁殖速度快、成活率高，生产实用性较强。枸杞适应范围广，对土壤要求不严，耐干旱、瘠薄、盐碱、沙荒，通透性良好的沙质壤土中生长最好。

资源与开发：含人体所需要的多种营养成分，因此作为滋补药畅销国内。宁夏枸杞（*L. barbarum*）、中华枸杞（*L. chinense*）、云南枸杞（*L. yunnanense*）、柱筒枸杞（*L. cylindricum*）都是重要的药用植物。

十八、千年健 *Homalomena occulta*（Lour.）Schott

异名：*Calla occulta* Lour.；*Homalomena cochinchinensis* Engl.；*H. tonkinensis* Engl.；*Spirospatha occulta*（Lour.）Raf.；*Zantedeschia occulta*（Lour.）Spreng.

别名：香芋、团芋（云南思茅），一包针（广西金秀），假苏芋（广东海南），wanhong（D-BN）。

科属：天南星科（Araceae）千年健属。

形态特征： 多年生草本。鳞叶线状披针形。叶柄下部具宽的鞘；叶片膜质至纸质，箭状心形至心形；Ⅰ级侧脉 7 对，其中 3～4 对基出，Ⅱ级、Ⅲ级侧脉极多数。花序 1～3，生鳞叶之腋，序柄短于叶柄。佛焰苞绿白色，长圆形至椭圆形，花前席卷成纺锤形，盛花时上部略展开成短舟状。肉穗花序具短梗或否。子房长圆形，基部一侧具假雄蕊 1 枚，柱头盘状；子房 3 室，胚珠多数，着生于中轴胎座上；种子褐色，长圆形。花期 7～9 月。

分布与生境： 产于海南、广西西南部至东部、云南南部至东南部热带、南亚热带地区；生于海拔 80～1100m 的沟谷密林下，竹林和山坡灌丛中；中南半岛也有分布。

成分与利用： 含挥发油，包括 α-蒎烯、β-蒎烯、芳樟醇等，以及 β-谷甾醇、β-胡萝卜苷、棕榈酸、十五碳酸、葡萄糖、D-半乳糖醇、赤鲜醇等（谢丽莎等，2011）。挥发油化学成分及含量（%）：白柠檬醚 0.417、β-月桂烯 0.137、δ-3-蒈烯 0.034、1,4-桉叶素 0.106、α-松油烯 0.085、对伞花烃 0.580、柠檬烯 0.324、β-水芹烯 0.069、乙酸 2-庚酯 0.034 等（余汉谋等，2011）。根茎入药，为瑶族群众所习用，可治跌打损伤、骨折、外伤出血、四肢麻木、风湿腰腿痛、类风湿关节炎、胃痛、肠胃炎、痧症等。

采收与加工： 春季、秋季截取地上茎，洗净，除去外皮，晒干。拣净杂质，用水稍浸，捞出润透，切片晒干。种植 3～5 年后，肉质茎长至 40cm 以上时即可采收。一般以秋季、冬季采收为宜。截取地上茎，除去外皮及泥沙杂质，切成长 15～40cm 的节段，晒干或低温干燥。切忌将千年健切成片或纵切成细条晒干，否则其有效成分挥发油散失太多，降低药效。据测定云南产的粗加工千年健茎片，其挥发油含量仅为 0.2%，而正常加工的梗子所含挥发油为 0.7%～0.8%。

繁殖与栽培： 千年健用茎分切繁殖。除 12 月至 2 月低温季节外，其他季节均可繁殖。喜温暖、湿润、庇荫生境，怕寒冷、干旱和强光直射，是比较典型的喜阴植物。一般在年平均气温 22℃左右、年降水量 1000mm 以上、空气相对湿度 80%以上地区可栽培，要求郁闭度 70%～90%林下等生境条件。土壤含水量在 30%～40%的肥沃沙壤土生长良好。能耐 0℃左右短时低温。过于干旱，植株易枯萎死亡。在强光下植物生长缓慢，叶子变黄，甚至发生灼伤现象。千年健生长缓慢，在生长期间随地上茎的增高，不断从基部节上抽出新芽，长出新的分株，形成植株丛。一年四季都可抽芽形成新的分株，营养生长期抽芽成株多，花期抽芽成株少。

资源与开发： 由于生境破坏严重，野生资源量少，需人工繁殖栽培满足药用需求。

十九、罗芙木 *Rauvolfia verticillata* (Lour.) Baill.

异名： *Dissolaena verticillata* Lour.；*Ophioxylon chinense* Hance；*Rauwolfia chinensis* Hemsl.

别名： 萝芙藤（《中国树木分类学》），鸡眼子、染布子、白花丹（广东），野辣椒、辣椒树（广西），三叉叶、麻桑端（云南），山马蹄（台湾），mobehayan（D-DH）。

科属： 夹竹桃科（Apocynaceae）罗芙木属。

形态特征： 灌木。叶 3～4 叶轮生，稀为对生，椭圆形、长圆形或稀披针形。伞形式聚伞花序，生于上部的小枝腋间；花小，白色；花萼 5 裂，裂片三角形；花冠高脚碟状，花冠筒圆筒状，中部膨大；雄蕊着生于冠筒内面的中部，花药背部着生，花丝短而柔弱；花盘环状，长约为子房之半；子房由 2 个离生心皮所组成，一半埋藏于花盘内，花柱圆柱状，柱头棒状，基部有一环状薄膜。核果卵圆形或椭圆形，由绿色变暗红色，然后变成紫黑色，种子具皱纹；胚小，子叶叶状，胚根在上。花期 2～10 月，果期 4 月至翌春。

分布与生境：产于中国西南、华南及台湾等省（自治区）；生于林边、丘陵地带的林中或溪边较潮湿的灌木丛中；越南也有分布。

成分与利用：植株含阿马里新、利血平、萝芙甲素及山马蹄碱等生物碱，为降压灵的原料。并含有邪蒿素、花椒树皮素甲、丁香脂素、胡萝卜苷、育亨宾、阿马里新、哈尔满，以及萝芙碱 B、山德维辛碱、萝尼生、7-羟基-吖啶酮等（李文静等，2013；洪博等，2012）。根、叶供药用，民间治疗高血压、高热症、胆囊炎、急性黄疸型肝炎、头痛、失眠、玄晕、癫痫、疟疾、蛇咬伤、跌打损伤等病症。

采收与加工：定植 2～3 年便可采挖膨大的根，全年均可采收，以 10 月采收生物碱含量较高。先离地面 10cm 左右砍断茎秆，清除枝叶，将根挖出，洗净泥土，粗根切成 1cm 厚的薄片，细根砍成短节，晒干即成。叶全年可采收。

繁殖与栽培：种子或扦插繁殖。喜温暖湿润环境，不耐寒。土壤以肥沃、疏松、湿润的沙壤及壤土较好。

资源与开发：由于连年大量采挖，资源日渐减少，药用部分由根扩展到全株。同属一些种类药用，包括药用萝芙木（*R. verticillata* var. *officinalis*）、海南萝芙木（*R. verticillata* var. *hainanensis*）、风湿木（*R. latifrons*）、蛇根木（*R. serpentina*）、四叶萝芙木（*R. tetraphylla*）、催吐萝芙木（*R. vomitoria*）和云南萝芙木（*R. yunnanensis*）等。

二十、美登木 *Maytenus hookeri* Loes.

异名：*Gymnosporia acuminata* Hook. f.；*Maytenus hookeri* var. *longiradiata* S. J. Pei et Y. H. Li

别名：云南美登木（《云南植物研究》），maidinlang（D-BN），mailiang（D-DH）。

科属：卫矛科（Celastraceae）美登木属。

形态特征：灌木。叶椭圆形或长方卵形，边缘有浅锯齿。聚伞花序 1～6 丛生短枝上，花序多 2～4 次单歧分枝或第一次二歧分枝；花序梗细线状，有时无梗，小花梗细线状；花白绿色；花盘扁圆；雄蕊着生花盘外侧下面；子房 2 室，花柱顶端有 2 裂柱头。蒴果扁，倒心状或倒卵状；果序梗短；种子长卵状，棕色；假种皮浅杯状，白色干后黄色。花期 4 月，果熟期 5 月。

分布与生境：产于云南西南部西双版纳、双江等地；生长于山地或山谷的丛林中；分布达缅甸、印度。

成分：美登木枝干含美登木素、美登普林、卫矛醇及β-香树脂醇，其愈伤组织的化学成分有β-谷甾醇、胡萝卜苷、五层龙籽酸和2α-羟基美登酮酸等（鲁春华等，2002）。

功能与利用：美登木有一种特别的清香味道。可化淤消症、清火解毒、消肿止痛，可防治早期癌症。采鲜叶或晒干泡水喝能增进食欲。西双版纳的傣族用其根、枝干、叶捣碎泡酒治疗跌打损伤。

采收与加工： 春季、夏季采收枝干切段晒干。

繁殖与栽培： 扦插和种子繁殖。喜较阴湿的环境。对土壤要求不甚严格，在林下的森林红壤、腐殖土、沿河冲积土、石灰岩裸露的缝隙、砂岩半风化的表土均能生长。

资源与开发： 野生资源极少，需要人工栽培。同属一些种类药用，包括密花美登木（*M. confertiflorus*）和广西美登木（*M. guangxiensis*）等。

二十一、绞股蓝 *Gynostemma pentaphyllum* (Thunb.) Makino

异名： *Alsomitra cissoides* Roem.; *Enkylia digyna* Griff.; *E. trigyna* Griff.; *Gynostemma pedata* Bl.; *G. pedatum* Bl. var. *hupehense* Pamp.; *G. pedatum* Bl. var. *trifoliatum* Hayata; *Pestalozzia pedata* (Bl.) Zoll. et Mor.; *Vitis mairei* Levl.; *V. martini* Levl. et Vaniot; *V. pentaphylla* Thunb.; *V. quelpaertensis* Levl.; *Zanonia pelota* (Bl.) Miq.

别名： 七叶胆，公罗锅底、落地生（云南嵩明），小苦药，遍地生根，punshilan (JP)，neike (ZW)。

科属： 葫芦科（Cucurbitaceae）绞股蓝属。

形态特征： 草质攀援植物。叶鸟足状，具3～9小叶，通常5～7小叶；小叶片卵状长圆形或披针形。卷须纤细，2歧，稀单一，无毛或基部被短柔毛。花雌雄异株。雄花圆锥花序，花序轴纤细，多分枝，有时基部具小叶，被短柔毛；花梗丝状，基部具钻状小苞片；花萼筒极短，5裂，裂片三角形，先端急尖；花冠淡绿色或白色，5深裂，裂片卵状披针形，先端长渐尖，具1脉，边缘具缘毛状小齿；雄蕊5，花丝短，联合成柱，花药着生于柱之顶端。雌花圆锥花序远较雄花之短小，花萼及花冠似雄花；子房球形，2～3室，花柱3枚，短而叉开，柱头2裂；具短小的退化雄蕊5枚。果实球形，内含倒垂种子2粒。种子卵状心形，两面具乳突状凸起。花期3～11月，果期4～12月。

分布与生境： 产于陕西南部和长江以南各省（自治区）；生于海拔300～3200m的山谷密林中、山坡疏林、灌丛中或路旁草丛中；也分布于印度、尼泊尔、孟加拉国、斯里兰卡、缅甸、老挝、越南、马来西亚、印度尼西亚（爪哇）、巴布亚新几内亚，北达朝鲜和日本。

成分与利用： 绞股蓝主要有效成分为多糖类、黄酮类、皂苷类及微量元素类，绞股蓝茎叶中含有蛋白质、脂肪、膳食纤维、碳水化合物、钙、磷、铁、胡萝卜素、维生素 B_1、维生素 B_2、尼克酸、维生素C以及多种微量元素等成分。全草入药，有消炎解毒、止咳祛痰的功效。促进人体脂肪类物质代谢、营养人体细胞，广泛用于高血脂、脂肪肝、肥胖、便秘、失眠、乙肝、慢性呼吸道炎症（咽喉炎、肠胃炎等）的治疗与保健。

采收与加工： 每年夏季、秋季可采收3～4次，洗净、晒干。

繁殖与栽培： 种子及根茎繁殖。喜荫蔽环境，上层覆盖度50%～80%，通风透光，富含腐殖质壤土的沙地、沙壤土或瓦砾处、中性微酸性土或微碱性土都能生长。

资源与开发： 是绞股蓝属植物中分布最广种类，但资源有限，需要开展人工栽培。

二十二、青阳参 *Cynanchum otophyllum* Schneid.

异名： *Cyathella otophylla*（C. K. Schneid.）C. Y. Wu et D. Z. Li；*Cynanchum deltoideum* Hook. f.；*Vincetoxicum deltoideum* O. Kuntze；*V. otophyllum*（C. K. Schneid.）P. T. Li

别名： 青羊参（《植物名实图考》），千年生（云南），奶浆藤（四川），白芍（云南楚雄），青洋参、白岑（云南昆明），白芪、白药（云南丽江）。

科属： 萝藦科（Asclepiadaceae）牛皮消属。

形态特征： 多年生草质藤本。叶对生，卵状披针形，两面均被柔毛。伞形聚伞花序腋生，着花20余朵；花萼外面被微毛，基部内面有腺体5个；花冠白色，裂片长圆形，内被微毛；副花冠杯状，比合蕊冠略长，裂片中间有1小齿，或有褶皱或缺；花粉块每室1个，下垂；柱头顶端略为2裂。蓇葖双生或仅1枚发育，短披针形，向端部渐尖，基部较狭，外果皮有直条纹；种子卵形，种毛白色绢质。花期6～10月，果期8～11月。

分布与生境： 产于湖南、广西、贵州、云南、四川和西藏等省（自治区）；生于海拔1500～2800m的山地、溪谷疏林中或山坡路边。

成分与利用： 青阳参根茎含青阳参苷甲、青阳参苷乙、青阳参苷A、青阳参苷B和青阳参苷C等，栽培的青阳参总苷有显著抗抑郁作用（赵益斌等，2009；杨庆雄，2007）。根入药，有清热镇凉、祛风、杀虫等功效，对治疗癫痫及延性、慢性肝炎也有较好疗效。云南丽江地区民间称本种植物的根部为白首乌。枝、叶有毒质，制成粉剂可防治农田害虫。根毒性剧烈，据记载可以毒杀虎及其他野兽。因此，此种包括同属其他种类务必慎用之。

采收与加工： 秋季采挖，洗净，切片晒干备用。

繁殖与栽培： 种子和扦插繁殖。

资源与开发： 同属诸多种类药用，包括紫花合掌消（*C. amplexicaule* var. *castaneum*）、白薇（*C. atratum*）、牛皮消（*C. auriculatum*）、白首乌（*C. bungei*）、蔓剪草（*C. chekiangense*）、刺瓜（*C. corymbosum*）、竹灵消（*C. inamoenum*）、朱砂藤（*C. officinale*）、徐长卿（*C. paniculatum*）、变色白前（*C. versicolor*）和隔山消（*C. wilfordii*）等。

二十三、肾茶 *Clerodendranthus spicatus*（Thunb.）C. Y. Wu ex H. W. Li

异名： *Clerodendron spicatum* Thunb.；*Clerodendranthus stamineus*（Benth.）Kudo；*Ocimum aristatum* Bl.；*Orthosiphon aristatus*（Bl.）Miq.；*O. spicatus*（Thunb.）Back.；*O. stamineus* Benth.

别名： 猫须草（台湾、广东、云南），猫须公（广东），肾菜，yanumiao（D-BN），yalunmiao（D-DH）。

科属： 唇形科（Labiatae）肾茶属。

形态特征： 多年生草本。叶卵形、菱状卵形或卵状长圆形，上面榄绿色，下面灰绿色，两面均被短柔毛及散布凹陷腺点，上面被毛较疏。轮伞花序有6朵花，在主茎及侧枝顶端组成具总梗的总状花序；苞片圆卵形，下面密被短柔毛，边缘具小缘毛；花梗与序轴密被短柔毛。花萼卵珠形，外面被微柔毛及突起的锈色腺点，二唇形，上唇圆形，边缘下延至萼筒，下唇具4齿，齿三角形，先端具芒尖，前2齿比侧2齿长一倍，边缘均具短睫毛，果时花萼增大，10脉明显，其间网脉清晰可见，上唇明显外反，下唇向前伸。花冠浅紫色或白色，外面被微柔毛，在上唇上疏布锈色腺点，内面在冠筒下部疏被微柔毛，冠筒狭管状，近等大，冠檐大，二唇形，上唇大，外反，3裂，中裂片较大。雄蕊4，花丝长丝状，花药小，药室叉开。花柱长长地伸出，先端棒状头形，2浅裂。小坚果卵形。花果期5～11月。

分布与生境：产于广东、海南、广西南部、云南南部、台湾及福建；生于海拔1050m以下的林下潮湿处，也见于无荫平地上，多为栽培；印度、缅甸、泰国，经印度尼西亚、菲律宾至澳大利亚及邻近岛屿也有分布。

成分与利用：含黄酮、黄酮苷类、酚性、香豆素类、高氧化度的二萜和甾醇类等化合物，包括鼠尾草素、泽兰黄素、异橙黄酮、黄芪苷、异槲皮素、咖啡酸、对-羟基苯甲醛、对-羟基苯甲酸、原儿茶醛、原儿茶酸、迷迭香酸、迷迭香酸乙酯、秦皮乙素、β-谷甾醇等（赵爱华，2003）。其中迷迭香酸在抗炎、抗花生四烯酸代谢、免疫调节、抗氧化等方面均有显著作用（刘鹰翔和计志忠，1993）。《中药大辞典》谓其“性甘淡，味苦、凉”，“能清热祛湿，排石利水。治急慢性肾炎、膀胱炎、尿路结石、风湿性关节炎”。肾茶具有8大功效，即洗肾排毒、养肾强身、清热解毒、补虚益精、排石利水、清理尿路、滋肾润肺、补肝明目。其作用机理包括①抗炎：迷迭香酸可抑制花生四烯酸代谢中5-脂氧酶，熊果酸可抑制花生四烯酸代谢中的过氧化酶及环氧化酶，还能抑制PGE，合成中环氧化酶-2蛋白的翻译。②抗菌：肾茶对金黄色葡萄球菌、大肠杆菌、变形杆菌、溶血链球菌有抑制作用。③利尿：肾茶既可以增加尿量与尿酸排泄，还可以减少肾小管对钠离子和氯离子的重吸收，增加排泄量。④免疫调节作用：肾茶能显著增强腹腔巨噬细胞吞噬功能，ConA诱导的脾淋巴细胞增殖反应及NK细胞活性，增加溶血空斑形成细胞数目，具有免疫调节功能。⑤慢性肾衰竭的改善作用：肾茶水提液对腺嘌呤所致慢性肾衰竭大鼠进行灌胃，发现血中尿素氮和肌酐含量有效地降低，可改善贫血症状，增加内生肌酐清除率及尿肌酐的排泄。这种促进毒性代谢产物排泄的作用与其增加肾小球滤过率和肾血流量有关。⑥排石：肾茶可以通过利尿和尿碱化作用，增加尿酸排泄量而促使排尿石。⑦细胞毒、抗肿瘤作用：黄酮、橙黄酮及四甲基黄芩素在离体条件下对艾氏腹水瘤细胞有细胞毒作用；肾茶的某些化学部位在体外对黑素瘤细胞株有抑制作用。肾茶所含有的多种黄酮类成分和二萜类成分体外对小鼠肝转移性结肠癌细胞26-L5有细胞毒活性。

采收与加工：终年生长，可随时采用。成熟枝叶采集晒干即可。

繁殖与栽培：扦插、分株和压条繁殖，其中扦插繁殖是满足产业化生产苗木培育的最佳方法。扦插繁殖的材料为5～12个月的茎干。在保持土壤湿度和适当光照的情况下，扦插繁殖生根率高，生长快，扦插20d后可进行大田栽培。

资源与开发：肾茶资源丰富，结合现代化学与药理研究成果，对肾茶有效成分进一步研究利用，发掘新药。

二十四、五味子 *Schisandra chinensis* (Turcz.) Baill.

异名： *Kadsura chinensis* Turcz.；*Maximowiczia amurensis* Rupr.；*M. chinensis* Rupr. ex Maxim.；*Schisandra chinensis* var. *leucocarpa* P. H. Huang et L. H. Zhuo

别名： 山花椒，秤砣子，北五味子，花椒藤，五梅子，药五味子，山药椒秧。

科属： 五味子科（Schisandraceae）五味子属。

形态特征： 落叶木质藤本。叶宽椭圆形、卵形、倒卵形、宽倒卵形，或近圆形，上部边缘具胼胝质的疏浅锯齿；叶柄两侧由于叶基下延成极狭的翅。雄花：花梗中部以下具狭卵形的苞片，花被片粉白色或粉红色，6～9片，长圆形或椭圆状长圆形，外面的较狭小；无花丝或外3枚雄蕊具极短花丝，药隔凹入或稍凸出钝尖头；雄蕊仅5（6）枚，互相靠贴，直立排列于长的柱状花托顶端，形成近倒卵圆形的雄蕊群；雌花：花被片和雄花相似；雌蕊群近卵圆形，心皮17～40，子房卵圆形或卵状椭圆体形，柱头鸡冠状，下端下延成附属体。聚合果，具柄；小浆果红色，近球形或倒卵圆形，果皮具不明显腺点；种子1～2粒，肾形，淡褐色，种皮光滑，种脐明显凹入成U形。花期5～7月，果期7～10月。

分布与生境： 产于黑龙江、吉林、辽宁、内蒙古、河北、山西、宁夏、甘肃、山东；生于海拔1200～1700m的沟谷、溪旁、山坡；也分布于朝鲜和日本。

成分与利用： 五味子果实中含有甘五酸、富马酸单乙酯、廿四烷酸、内消旋二氢愈疮木酸、为五味子甲素、柠檬酸、异金雀花素、槲皮素-3-*O*-芸香糖苷等（王丽薇等，2006；戴好富等，2006）。藤茎中含有五味子醇B、五味子素C、五味子甲素、尿嘧啶、五味子丙素、五味子乙素、戈米辛N、β-谷甾醇、五味子醇乙、五味子醇甲、黑五味子酸、南五味子酸、5-羟甲基糠醛、胡萝卜苷等（李莹等，2009；史琳等，2009）。著名中药，其果含有五味子素、维生素C、树脂、鞣质及少量糖类，具有适应原样作用（增强对非特异性刺激的抵抗能力，抗应激性溃疡，延长异体移植存活期）、抗肝损伤、抗氧化、中枢调节（改善智力）、兴奋呼吸（对抗吗啡的抑制作用）、改善心功能（降压、对抗去甲肾上腺素的收缩血管作用）、收敛固涩、益气生津、补肾宁心等功效，用于久咳虚喘、遗精、自汗盗汗、久泻、神经衰弱、肝炎等症。其叶、果实可提取芳香油。种仁含有脂肪油，榨油可作工业原料、润滑油。茎皮纤维柔韧，可供绳索之用。

采收与加工： 栽后4～5年大量结果，9～10月果实呈紫红色时，随熟随采，晒干或烘干，搓去果柄，挑出黑粒即可入库储藏。

繁殖与栽培： 除种子繁殖外，主要靠地下横走茎繁殖。也有人采用扦插繁殖，但生根困难，不易大批量扩繁。种子繁殖方法简单易行，并能在短期内获得大量苗子。

资源与开发： 同属一些种类药用，如翼梗五味子（*S. henryi*）、兴山五味子（*S. incarnata*）、滇藏五味子（*S. neglecta*）、合蕊五味子（*S. propinqua*）、华中五味子（*S. sphenanthera*）。

二十五、益智 *Alpinia oxyphylla* Miq.

异名： *Amomum amarum* P. Smith；*Languas oxyphylla*（Miq.）Merr.

别名： 益智子（《开宝本草》）、益智仁（《得配本草》），小良姜，摘芋子。

科属： 姜科（Zingiberaceae）山姜属。

形态特征： 茎丛生。叶片披针形，边缘具脱落性小刚毛；叶舌2裂，被淡棕色疏柔毛。总状花序在花蕾时全部包藏于帽状总苞片中，花时整个脱落，花序轴被极短的柔毛；大苞片极短；花萼筒状，一侧开裂至中部，先端具3齿裂，外被短柔毛；花冠裂片长圆形，白色，外被疏柔毛；侧生退化雄蕊钻状；唇瓣倒卵形，粉白色而具红色脉纹，先端边缘皱波状；子房密被绒毛。蒴果鲜时球形，干时纺锤形，被短柔毛，果皮上有隆起的维管束线条，顶端有花萼管的残迹；种子不规则扁圆形，被淡黄色假种皮。花期3～5月，果期4～9月。

分布与生境： 产于海南、广东、广西；云南、福建也有少量引种；生于林下阴湿处或栽培。

成分与利用： 益智的成分和含量（mg/kg）为多酚类2100、氨基酸29 000、总糖1600、总酸度1600、锰143.72、铁32.16、锌9.42、钙4339.2、磷369.850；氨基酸含量（%）：天冬氨酸0.323、甘氨酸0.145、异亮氨酸0.157、赖氨酸0.204、苏氨酸0.158、丙氨酸0.187、亮氨酸0.216、组氨酸0.056、丝氨酸0.172、胱氨酸0.085、酪氨酸0.107、精氨酸0.165、谷氨酸0.365、缬氨酸0.217、苯丙氨酸0.151、脯氨酸0.197等（李远志和简洁莹，1996）。果实含挥发油约0.7%，油中主要成分为桉油精，占55%，姜烯、姜醇等倍半萜类。果实供药用，有益脾胃、理元气、补肾虚等功能，治脾胃（或肾）虚寒所致的泄泻、腹痛、呕吐、食欲缺乏、唾液分泌增多、遗尿、小便频繁等症。

采收与加工： 定植后2～3年，于夏、秋间果实由绿变红、果皮茸毛脱落、果肉带甜、种子辛辣时选晴天将果穗剪下，除去果柄，晒干或低温干燥。

繁殖与栽培： 种子或分株繁殖。喜温暖，年平均气温为24～28℃最适宜，20℃以下则不开花或不能完全开花，10℃以下则开花结实受到严重影响，不散粉，不能实现授粉而造成落花落果。喜湿润的环境，要求年降水量为1700～2000mm，空气相对湿度为80%～90%、土壤湿度25%～30%最适宜植株生长。半阴生植物，一般要求上层遮阴达30%～50%。土壤疏松、肥沃、排水良好、富含腐殖质的森林土、沙土或壤土适宜栽培。

资源与开发： 同属许多种类药用，包括云南草蔻（*A. blepharocalyx*）、华山姜（*A. chinensis*）、红豆蔻（*A. galanga*）、山姜（*A. japonica*）、草豆蔻（*A. katsumadai*）、高良姜（*A. officinarum*）、箭秆风（*A. stachyoides*）和艳山姜（*A. zerumbet*）等。

二十六、砂仁 *Amomum villosum* Lour.

异名： *Cardamomum villosum*（Lour.）Kuntze；*Elettaria villosa*（Lour.）Miq.

别名： 阳春砂仁，长泰砂仁（福建），春砂仁，绿壳砂仁，勐腊砂仁，缩沙蜜，sharen（D-DH），sharen（JP），sharen（ZW）。

科属： 姜科（Zingiberaceae）豆蔻属。

形态特征： 多年生草本。叶两面光滑无毛，无柄或近无柄；叶舌半圆形；叶鞘上有略凹陷的方格状网纹。穗状花序椭圆形，总花梗被褐色短绒毛；鳞片椭圆形；小苞片管状，一侧有一斜口；花萼管顶端具三浅齿，白色；花冠管裂片白色；唇瓣圆匙形，白色，顶端具二裂、反卷、黄色的小尖头，基部具两个紫色的痂状斑，具瓣柄；药隔附属体三裂；腺体 2 枚，圆柱形；子房被白色柔毛。蒴果椭圆形，成熟时紫红色，干后褐色，表面被不分裂或分裂的柔刺；种子多角形，有浓郁的香气，味苦凉。花期 5～6 月，果期 8～9 月。

分布与生境：产于福建、广东、广西和云南；栽培或野生于山地阴湿之处。阳春砂分布于东经 99°56′～112°26′，北纬 21°27′～23°27′的热带、亚热带季风气候地区，气候温暖，年平均气温 19～22℃；低温期及霜冻期短，光照充足，雨量充沛，年降水量在 1000mm 以上，空气相对湿度在 90％以上的广东、云南、广西、福建等省（自治区），多为栽培。

成分与利用：种子含挥发油 1.7％～3％，挥发油化学成分有三环烯、α-侧柏烯、α-水芹烯、α-蒎烯、莰烯、冬青油烯、β-蒎烯、香叶烯、水芹烯、-聚伞花素、柠檬烯、桉油素、α-萜品烯、-氧化芳樟醇、异松油烯、芳樟醇、小茴香醇、α-龙脑烯醛、诺蒎酮、松香芹醇、樟脑、马鞭草烯醇、α-崖柏酮、松香芹酮、异龙脑、乌药醇、4-萜醇、α-松油醇、反香芹醇、枯茗醛、乙酸龙脑酯、乙酸异冰片酯、α-萜品烯、丁香酚、β-榄香烯、石竹烯、α-蛇麻烯、香橙烯、肉桂酸乙酯、喇叭烯、牛儿烯、匙叶桉油烯醇、蓝桉醇、γ-古芸烯、α-蛇麻烯、花姜酮、十六烷酸、油酸、胆甾醇等（许文学等，2012）。果实供药用，主治脾胃气滞、宿食不消、腹痛腹胀、噎膈呕吐、寒泻冷痢。

采收与加工：一般在 8 月中旬至 9 月中旬砂仁果实成熟时，及时采收。采收过早影响品质，过晚遭野鼠危害。割取果穗，不能用手拉，以防撕破根茎，影响砂仁生长。采回后摘下果实，按不同品种分别加工成壳砂、砂仁、砂壳等。

繁殖与栽培：种子或分株繁殖、组织培养。喜高温，阴湿，多雾的气候。年平均温度 22～38℃生长良好，但遇短暂的低温，或偶尔有短期霜冻仍能越冬生长，花果期对气温要求严格，22℃以下开花不正常，25℃以上有利授粉，结果率高。荫蔽度 50％～70％为宜。

资源与开发：以云南引种区产量最大，广东阳春所产最为地道，质量最好。宜栽地有限，应研发丰产栽培技术。

二十七、金线兰 *Anoectochilus roxburghii*（Wall.）Lindl.

异名：*Anoectochilus yungianus* S. Y. Hu；*Chrysobaphus roxburghii* Wallich；*Zeuxine roxburghii*（Wallich）M. Hiroe.

别名：金线兰（福建），花叶开唇兰（《中国高等植物图鉴》、《海南植物志》、《浙江植物志》、《福建植物志》、《中国兰花全书》），金丝线（广西）。

科属：兰科（Orchidaceae）开唇兰属。

形态特征：草本。叶片卵圆形或卵形，上面暗紫色或黑紫色，具金红色带有绢丝光泽的美丽网脉，背面淡紫红色。总状花序具 2～6 朵花；花序轴淡红色，和花序梗均被柔毛，花序梗具 2～3 枚鞘苞片；花苞片淡红色，卵状披针形或披针形；子房长圆柱形，被柔毛；花白色或淡红色；萼片背面被柔毛，中萼片卵形，凹陷呈舟状，先端渐尖，与花瓣黏合呈兜状；侧萼片张开，偏斜的近长圆形或长圆状椭圆形，先端稍尖；花瓣质地薄，近镰刀状，与中萼片等长；唇瓣呈 Y 字形，基部具圆锥状距，前部扩大并 2 裂，其裂片近长圆形或近楔状长圆形，中部收狭成长 4～5 的爪，其两侧各具 6～8 条长的流苏状细裂条，上举指向唇瓣，末端 2 浅裂，内侧在靠近距口处具 2 枚肉质的胼胝体；蕊柱短，长约 2.5mm，前面两侧各具 1 枚宽、片状的附属物；花药卵形；蕊喙直立，叉状 2 裂；柱头 2 个，离生，位于蕊喙基部两侧。花期（8～）9～11（～12）月。

分布与生境： 产于浙江、江西、福建、湖南、广东、海南、广西、四川、云南、西藏东南部（墨脱）等省（自治区）；生于海拔 50～1600m 的常绿阔叶林下或沟谷阴湿处；日本、泰国、老挝、越南、印度（阿萨姆至西姆拉）、不丹至尼泊尔、孟加拉国也有分布。

成分与利用： 含黄酮类化合物（槲皮素、异鼠李素）、甾体类化合物（24-异丙烯基胆甾醇、开唇兰甾醇、麦角甾醇、豆甾醇、菜油甾醇、β-谷甾醇等）、三萜类化合物（木栓酮、琥珀酸、香豆酸、阿魏酸、胡萝卜苷、棕榈酸、齐墩果酸、熊果酸）、糖类成分（多糖 13.326%，低聚糖 11.243%，还原糖 9.73%）、生物碱（石杉碱甲和乌头碱）、酯类、牛磺酸、强心苷类、氨基酸、微量元素（铁、锰、锌、钴、铜）、无机元素、生物碱等多种成分，其中生物碱有较强的生物活性（林丽清等，2006；Zhang et al.，2007）。开唇兰属有 23 种左右，其中部分种全草民间作药用，为珍稀名贵中药材，通称金线莲，有药王、金草、神草、鸟人参等称谓。药食兼用，具有清热凉血，除湿解毒，平衡阴阳、扶正固本，阴阳互补、生津养颜、调和气血、降压和降血糖、抗衰老、提高机体免疫能力、保肝抗炎、抗肿瘤等功效，主治肺热咳嗽、肺结核咯血、尿血、小儿惊风、破伤风、肾炎水肿、风湿痹痛、跌打损伤、毒蛇咬伤、支气管炎、膀胱炎、糖尿病、血尿、急慢性肝炎、风湿性关节炎、肿瘤等疑难病症。

采收与加工： 种植 4 个月即可采收。全株鲜叶、茎食用或加工干品均可。

繁殖与栽培： 喜阔叶林下的潮湿地带，性喜阴凉、潮湿，生长适温 20～30℃，忌直射光，喜漫射光（林分郁闭度 0.8 以上），在枯枝落叶多、腐殖质层厚的疏松土壤中生长良好。人工栽培以 70%泥炭土＋25%树皮＋5%其他原料效果最好，种植密度 5cm×5cm，种植深度 1cm 最佳。也可采用标准蘑菇房形式栽培，喷洒迟效性有机肥（如黄豆饼发酵后的稀释液等），栽植的株行距为 5cm×10cm，定植 200 株/m^2左右。

资源与开发： 非常重要的林下种植药食兼用植物，福建、广东、贵州等有栽培。

二十八、槟榔 *Areca catechu* L.

异名： *Areca catechu* Willd.；*A. cathechu* Burm. f.；*A. faufel* Gaertn.；*A. himalayana* Griff. ex H. Wendl.；*A. hortensis* Lour.；*A. nigra* Giseke ex H. Wendl.；*Sublimia areca* Comm. ex Mart.

别名： 槟榔子（《名医别录》、《本草纲目》），大腹子（《开宝本草》），宾门（广东），橄榄子（福建），青仔（台湾），guoma（D-BN），mabu（D-DH），binlang（JP），binlang（ZW）。

科属： 棕榈科（Palmae）槟榔属。

形态特征： 乔木状。叶簇生于茎顶，羽片多数，狭长披针形，上部的羽片合生，顶端有不规则齿裂。雌雄同株，花序多分枝，花序轴粗壮压扁，分枝曲折，上部纤细，着生 1 列或 2 列的雄花，而雌花单生于分枝的基部；雄花小，无梗，通常单生，很少成对着生，萼片卵形，花瓣长圆形，雄蕊 6 枚，花丝短，退化雌蕊 3 枚，线形；雌花较大，萼片卵形，花瓣近圆形，退化雄蕊 6 枚，合生；子房长圆形。果实长圆形或卵球形，橙黄色，中果皮厚，纤维质。种子卵形，基部截平，胚乳嚼烂状，胚基生。花果期 3～4 月。

分布与生境： 产于云南、海南及台湾等热带地区；亚洲热带地区广泛栽培。

成分与利用： 含异鼠李素、槲皮素、甘草素、(+)-儿茶素、反式白黎芦醇、阿魏酸、香草酸、β-谷甾醇、环阿尔廷醇、B-月桂烯、柠檬烯、3,7-二甲基-1,6-辛二烯-3-醇、薄荷醇、乙基麦芽酚、槟榔碱、脱氢乙酸、香兰素、大黄酚和大黄素甲醚等（杨文强等，2012）。中国四大南药之一（其他三种为益智、砂仁、巴戟），含有多种人体所需的营养元素和有益物质，具有消积、化痰、疗疟、杀虫等功效，是历代医家治病的药果；南方一些少数民族将果实作为一种咀嚼嗜好品。槟榔子是劣等儿茶的原料，其含槟榔碱，兽医用作驱虫药。

采收与加工： 于 8～11 月果实完全成熟之前即采收，去皮，煮沸，切成薄片晒干，干后呈深褐色或黑色。一般采收分两个时期。第一个时期，11～12 月采收青果加工成榔干。以采收长椭圆形或椭圆形、茎部带宿萼、剖开内有未成熟瘦长形种子的青果加工成榔干品质为佳。第二时期，3～6 月采收熟果加工榔玉。以采收圆形或卵形橙黄或鲜红熟果，剖开内有饱满种子的成熟果实加工成榔玉为佳品。榔干加工：采下青果去枝，然后置果实于锅内加水煮沸约 30min，捞出晾干，再将果实放置于烤灶内用湿柴文火烘烤。烤 2～3d 翻炒 1 次，连翻两次便可。8～10d 用木棒从上面直插底层，如一插便入，说明底层已干，此时取出即成榔干。一般 100kg 鲜果可烤得 20～25kg。榔玉加工：将成熟果实晒 1～2d，然后放在烤灶内用干柴火慢慢地烤干，7～10d 取出待冷，砸果取榔玉再晒 1～2d 即可。一般 100kg 鲜果可加工成榔玉 17～19kg。大腹皮将成熟果实纵剖成半，剥下果皮，晒干，打松干燥即得。槟榔花取尚未开放的雄花干燥而成。以土黄色或淡绿色为佳品。

繁殖与栽培： 种子繁殖。喜高温湿润气候，耐肥，不耐寒，16℃就落叶现象，5℃受冻害，最适宜生长年均温 25～28℃。年降水量 1500～2200mm 地区适宜生长。幼苗期荫蔽度 50%～60%为宜，成年树应全光照。以土层深厚、有机质丰富的沙质壤土栽培为宜。种子有后熟特性。

资源与开发： 中国热区栽培。

二十九、其他常见药用植物

（一）大黄 *Rheum officinale* Baill.

别名： 药用大黄（《植物分类学报》），蜀大黄，锦纹大黄，牛舌大黄。

科属： 蓼科（Polygonaceae）大黄属。

分布：产于陕西、四川、湖北、贵州、云南等省及河南西南部与湖北交界处；生于海拔1200～4000m的山沟或林下，喜欢阴湿的环境，野生或栽培。

功用：大黄主要的活性成分为蒽类衍生物。蒽类衍生物包括蒽醌类大黄素、大黄酸、大黄酚、大黄素甲醚、芦荟大黄素和土大黄素等有效成分；大黄还含有大黄蒽类衍生物与葡萄糖结合成的苷类和蒽酮类，如番泻苷A、B、C、D、E、F等，以及其他苷类、鞣质、多糖化合物、有机化合物和无机物等（何正显等，2007）。药用大黄非蒽醌类化学成分rheosmine、胡萝卜苷、d-儿茶素、没食子酸、D-山梨醇等（李军林等，2000）。粗大的根状茎及根供药用，功能多样。①泻下作用：减少大肠对水分的吸收、促进肠蠕动（番泻苷、大黄酸苷）。②抗菌作用：大黄酸、大黄素、芦荟大黄素，降低血清尿素氮，改善肾功能。③止血：促进血小板聚集、抑制凝血酶活性，抗真菌、抗病毒、抗阿米巴原虫。④利胆、降血脂、抗肿瘤，用于便秘、积滞腹痛、湿热黄疸、淤血闭经、食物或药物中毒等，经期、孕妇慎用。

（二）罂粟 *Papaver somniferum* L.

别名：鸦片、大烟、米壳花、罂子粟（《本草纲目拾遗》），御米、象谷、米囊、囊子（《开宝本草》）、阿芙蓉（《滇南本草》），yafeng（D-BN），yapian（D-DH），gani（JP），yapian（ZW），opium poppy。

科属：罂粟科（Papaveraceae）罂粟属。

分布：原产于南欧，中国有关药物研究单位有栽培；印度、缅甸、老挝及泰国北部也有栽培。

功用：罂粟主要有效成分为吗啡、可待因、罂粟碱等生物碱类成分（刘永利等，2011）。罂粟籽油的挥发油化学成分及含量（%）为2-壬酮0.18、1-戊醇0.12、己醛4.46、（E）-2-己烯醛0.28、2-庚酮0.31、庚酮0.32、3-辛烯-2-酮0.23、环十二烯0.32、廿九烷0.49等（陈永宽等，2003）。嫩苗（罂粟嫩苗）、果实的乳汁（鸦片）、果壳（罂果壳）等也供药。以罂粟壳入药，处方又名御米壳或罂壳。在夏季“割烟”后采收，去蒂头和种子，晒干醋炒或蜜炙备用。未成熟果实含乳白色浆液，制干后即为鸦片。果壳含吗啡、可待因、罂粟碱等多种生物碱，加工入药，有敛肺、涩肠、止咳、止痛和催眠等功效，治久咳、久泻、久痢、脱肛、心腹筋骨诸痛。种子含油50%，可供食用。花大，色艳，重瓣的栽培品种为庭园观赏植物。因其可用于制毒品，除特批外，不允许栽培。

（三）黄花蒿 *Artemisia annua* L.

别名：臭蒿（《日华本草》），犱蒿（《蜀本草》），黄蒿（俗称），臭黄蒿（内蒙古），茼蒿（山西），黄香蒿、野茼蒿（江苏），秋蒿、香苦草、野苦草（上海），鸡虱草（江西），黄色土因呈（湖南），假香菜、香丝草、酒饼草（广东、海南岛），苦蒿（四川、云南），yamie（D-DH），shalaweng、molin-shalierri（MG），kangpa（WWE），kelang（ZZ）。

科属：菊科（Compositae）蒿属。

分布：遍及全国；东半部分布在海拔1500m以下的地区，西北及西南部于海拔

2000～3000m 的地区野生，西藏分布在海拔 3650m 的地区；生长在路旁、荒地、山坡、林缘等处；广布于欧洲、亚洲的温带、寒温带及亚热带地区，在欧洲的中部、东部、南部及亚洲北部、中部、东部最多，向南延伸分布到地中海及非洲北部，亚洲南部、西南部各国；还从亚洲北部迁入北美洲，并广布于加拿大及美国。

功用：黄花蒿的化学成分主要有倍半萜类、黄酮类、香豆素类和挥发油类，其中倍半萜类和甲氧基黄酮类成分较为丰富，且甲氧基黄酮类对黄花蒿的抗疟活性具有促进作用（王鸿博等，2011）。含挥发油，并含青蒿素、青蒿内酯 I、青蒿内酯 II、a-蒎烯、樟脑、桉叶油素、青蒿酮等，此外还含黄酮类化合物；地上部分还含东莨菪内脂类化合物。挥发油成分（%）：蒿酮 33.4、右旋樟脑 15.7、1,8-桉叶素 8.7 和石竹烯 7.1（张书锋等，2012）。所提青蒿素为倍半萜内酯化合物，为抗疟的特效药，治各种类型疟疾，具有速效、低毒的优点，对恶性疟及脑疟尤佳。入药作清热、解暑、截疟、凉血、利尿、健胃、止盗汗，也作外用药。同属较多种类药用，如奇蒿（*A. anomala*）、艾（*A. argyi*）、茵陈蒿（*A. capillaris*）、青蒿（*A. carvifoli*）、臭蒿（*A. hedinii*）、牡蒿（*A. japonica*）、白苞蒿（*A. lactiflor*）、矮蒿（*A. lancea*）、野艾蒿（*A. lavandulaefolia*）、蒌蒿（*A. selengensi*）等，功能类似黄花蒿。

（四）桑 *Morus alba* L.

参见色素植物部分。

功用：叶含 8-异戊烯基-7,2′-二羟基-4′-甲氧基黄烷、7-羟基香豆素、邻苯二甲酸丁二酯、3,4-二羟基苯甲酸、β-谷甾醇、大黄素甲醚、卅四烷酸、卅四醇、豆甾醇、羽扇豆醇、硬脂酸、胡萝卜苷、茄尼醇等（杨永玉等，2011；邱进等，2008）。叶中脂肪酸的成分和含量（%）为肉豆蔻酸 1.09、棕榈油酸 3.05、棕榈酸 26.87、十七烷酸 1.00、亚油酸 13.40、亚麻酸 22.99、油酸 3.17、硬脂酸 6.99、十九烷酸 0.57、花生四烯酸 1.26、花生酸 3.43、十一烷酸 0.70、山嵛酸 2.93、廿三烷酸 T0.71、木焦油酸 1.44、鲨烯 1.07、廿五烷酸 0.24、蜡酸 1.63、褐煤酸 0.64（周永红，2004）。叶、果和根皮可入药。各部成分、功能和利用不同。①桑白皮：含黄酮类成分，如桑皮素、桑黄素、环桑皮素、环桑黄素、桑皮呋喃、抗真菌成分（库瓦酮 G、H）等。有降压、利尿、导泻、镇静等作用，用于咳喘、尿少、水肿、糖尿病等。②桑葚：含芸香苷、花青素葡萄糖苷、白藜芦醇苷、胡萝卜素、维生素 B_1、维生素 B_2、维生素 C、糖类、亚油酸等。能增强免疫、促进 T 淋巴细胞成熟和转化、促进造血、升高外周 WBC、降低 RBC 膜 Na^+-K^+-ATPase 活性，用于治疗贫血、血虚便秘、须发早白等症。③桑枝（桑嫩枝）：含桑木素、桑橙素、桑皮素等黄酮类。有抗菌、抗病毒、抗癌、扩张血管、利尿等作用，用于治疗高血压、淋病等。④桑叶：含甾体及三萜类化合物、黄酮类、香豆素类、植物雌激素、昆虫蜕皮素等成分。有抗菌、抗炎、降血糖、降血压、降血脂、兴奋子宫平滑肌、利尿、抗肿瘤等作用，治疗高血压、水肿等症。

（五）厚朴 *Magnolia officinalis* Rehd. et Wils.

别名：川厚朴。

科属：木兰科（Magnoliaceae）木兰属。

分布：产于陕西南部、甘肃东南部、河南东南部（商城、新县）、湖北西部、湖南西南部、四川（中部、东部）、贵州东北部；生于海拔 300～1500m 的山地林中；广西北部、江西庐山及浙江有栽培。

功用：厚朴营养成分（%）为水分 28.86、粗脂肪 5.16、灰分 7.70、粗蛋白 9.33、粗纤维 48.98、总糖 4.99；矿质元素及含量（μg/g）：钠 66.96、铜 0.99、镁 190.32、锌 1.68、铁 10.78、钴 0.76、钾 23.56、磷 15.81、钙 56.02、锰 0.91；氨基酸及含量（mg/g）：谷氨酸 5.46、赖氨酸 0.890、天冬氨酸 0.82、甘氨酸 0.62、丝氨酸 0.47、精氨酸 0.56、组氨酸 0.86、丙氨酸 1.68、苏氨酸 0.34、酪氨酸 0.58、脯氨酸 0.50、蛋氨酸 0.92、缬氨酸 0.66、异亮氨酸 0.18、半胱氨酸 0.28、苯丙氨酸 0.29、亮氨酸 0.49；维生素 C 4.26、维生素 PP 0.65、维生素 B_1 1.37、维生素 B_2 2.19、β-胡萝卜素 0.91（袁瑾，2011）。树皮、根皮、花、种子及芽皆可入药，以树皮为主，为著名中药。具有中枢抑制（厚朴酚、和厚朴酚）、肌松（厚朴酚、异厚朴酚、木兰箭毒碱）、平滑肌（小剂量——兴奋、大剂量——抑制）、抗溃疡（幽门结扎、水浸应激）、抗菌（广谱）等功效，用于消化不良、呕吐、泻痢、咳喘、祛风镇痛等；种子有明目益气功效，芽作妇科药用。同属一些种类也药用，如夜香木兰（*M. coco*）、玉兰（*M. denudata*）、荷花玉兰（*M. grandiflora*）、辛夷（*M. liliflora*）、长喙厚朴（*M. rostrata*）、武当木兰（*M. sprengeri*）、西康玉兰（*M. wilsonii*）等。

（六）黄芩 *Scutellaria baicalensis* Georg

别名：山茶根，土金茶根。

科属：蝶形花科（Papilionaceae）黄芩属。

分布：产于黑龙江、辽宁、内蒙古、河北、河南、甘肃、陕西、山西、山东、四川等地，江苏有栽培；生于海拔 60～1300（1700～2000）m 的向阳草坡地、撂荒地；前苏联东西伯利亚、蒙古国、朝鲜、日本均有分布。

功用：根含β-谷甾醇、苯甲酸、千层纸素-A、汉黄芩素、黄芩素、黄芩黄酮-Ⅱ、苯乙酸、对羟基苯乙醇葡萄糖苷、黄芩苷、汉黄芩苷等（徐丹洋等，2011；周锡钦等，2009）。根入药，有清热燥湿，凉血安胎，解毒之功效。根茎为清凉、解热消炎药，对上呼吸道感染，急性胃肠炎等有效，少量服用有苦补健胃的作用。据国外的研究，黄芩制剂、黄芩酊可治疗植物性神经的动脉硬化性高血压，以及神经系统的机能障碍，可消除高血压引起的头痛、失眠、心胸苦闷等症；外用有抗生作用，如对白喉杆菌、伤寒菌、霍乱、溶血链球菌 A 型、葡萄球菌均有不同程度的抑制效用（见《东北药用植物志》）。根对防治棉铃虫、梨象鼻虫、天幕毛虫、苹果巢虫均有效（见《中国农药志》）。茎秆可提制芳香油，也可代茶用而称为芩茶。据分析黄芩主要有两种黄芩碱素的衍生物，即汉黄芩素及黄芩苷。同属多种类也药用，如滇黄芩（*S. amoena*）、半枝莲（*S. barbata*）、异色黄芩（*S. discolor*）、岩藿香（*S. franchetiana*）、丽江黄芩（*S. likiangensis*）、直萼黄芩（*S. orthocalyx*）、四裂花黄芩（*S. quadrilobulata*）、石蜈蚣草（*S. sessilifolia*）、偏花黄芩（*S. tayloriana*）、红茎黄芩（*S. yunnanensis*）等。

（七）川芎 *Ligusticum sinense* Oliv. cv. Chuanxiong

别名：芎䓖（《神农本草经》），山鞠穷、胡䓖、芎䓖、雀脑芎、京芎、贯芎。

科属：伞形科（Umbelliferae）藁本属。

分布：栽培植物，主产于四川（灌县），在云南、贵州、广西、湖北、江西、浙江、江苏、陕西、甘肃、内蒙古、河北等省（自治区）均有栽培。

功用：根茎含川芎三萜、孕（甾）烯醇酮、镰叶芹二醇、洋川芎内酯 F、洋川芎内酯 I、4-羟基-3-丁基苯肽、阿魏酸、单棕榈酸甘油酯、琥珀酸、咖啡酸、大黄酚、咖啡酸、原儿茶酸、胡萝卜苷、芥子酸、β-谷甾醇等（常新亮等，2007；肖永庆等，2002）。根茎供药用，具有心血管扩张（扩张冠脉，增加血流量，改善心肌供氧，降低血压，抑制血小板聚集）、解痉（抑制小肠、妊娠子宫平滑肌收缩）、镇静（对抗咖啡因的兴奋作用）、抗菌（革兰氏阴性菌），用于行气开郁，祛风燥湿，活血止痛，治头痛眩晕、肋痛腹疼、月经不调、闭经痛经、难产、痈疽疮疡等症。根据《地理标志产品保护规定》，国家质检总局组织了对川芎地理标志产品保护申请的审查。经审查合格，批准自 2006 年 9 月 4 日起对川芎实施地理标志产品保护，保护区为四川省都江堰市现辖行政区域。同属其他种类以药用，如辽藁本（*L. jeholense*）、藁本（*L. sinense*）、细叶藁本（*L. tenuissimum*）等。

（八）大蓟 *Cirsium japonicum* DC.

别名：蓟（《江苏南部种子植物手册》），山萝卜（广东），罗平蓟、三头菊（云南），地萝卜、天冬草、刺菜、野萝卜菜（广西），野麦子、勒菜、棘蓟（江西），番红花、地蜈蚣（秦岭），lanxin duolong（D-DH），Japanese thistle。

科属：菊科（Compositae）蓟属。

分布：广布于河北、山东、陕西、江苏、浙江、江西、湖南、湖北、四川、贵州、云南、广西、广东、福建和台湾等省（自治区）。生于海拔 400～2100m 的山坡林中、林缘、灌丛中、草地、荒地、田间、路旁或溪旁；日本，朝鲜有分布。

功用：大蓟全草含生物碱、挥发油。根含乙酸蒲公英甾醇、豆甾醇、α-香树脂醇、β-香树脂醇、β-谷甾醇。鲜叶含柳穿鱼花苷 2.1%。根含挥发油，油中含 4 种不饱和碳氢化合物，为单紫杉烯、二氢单紫杉烯、四氢单紫杉烯、六氢单紫杉烯。含有（-）2-（3′-甲氧基-4′-羟基-苯基）-3,4-二羟基-4-（3″-甲氧基-4″-羟基-苄基）-3-四氢呋喃甲醇、络石苷、蒙花苷、柳穿鱼叶苷、粗毛豚草素、芹菜素、咖啡酸、对-香豆酸、丁香苷、蒙花苷、β-谷甾醇、胡萝卜苷、金合欢素、槲皮素、香叶木素、田蓟苷、尿嘧啶、胸腺嘧啶等（陆颖等，2009；植飞等，2003；蒋秀蕾等，2006）。全草或根入药，性味甘、凉，有凉血、止血、祛淤、消痈肿的作用。

（九）昆明山海棠 *Tripterygium hypoglaucum*（Levl.）Hutch.

别名：火把花，断肠草，紫金皮，紫金藤，雷公藤，掉毛草，胖关藤，红毛山藤。

科属：卫矛科（Celastraceae）雷公藤属。

分布： 产于安徽、浙江、湖南、广西、贵州、云南、四川；生长于山地林中。

功用： 根皮化学成分为木栓酮、3-乙酰氧基齐墩果酸、雷酚内酯（山海棠素）、雷酚萜甲醚、二十三酸、β-谷甾醇、硬脂酸、棕榈酸、胡萝卜苷、齐墩果酸乙酸酯、齐墩果酸、雷公藤内酯乙、雷公藤内酯甲、山海棠素、雷酚新内酯、β-谷甾醇、胡萝卜苷、3-氧代齐墩果酸、木栓酮、原花青素 B_2（刘珍珍等，2011；王芳等，2011）。全株有毒，以嫩芽、嫩叶和嫩枝毒性最大，根次之。民间称为“断肠草”，有“牛羊吃后痛断肠，不死皮毛也脱光”之说。根或根皮，祛风除湿，活血止血，舒筋接骨，解毒杀虫，主治风湿痹痛、半身不遂、疝气痛、痛经、月经过多、产后腹痛、出血不止、急性传染性肝炎等。

（十）三颗针 *Berberis pruinosa* Frnch.

别名： 粉叶小檗、大黄连刺（《植物名实图考》）、石妹刺、宽叶鸡脚黄连。

科属： 小檗科（Berberidaceae）小檗属。

分布： 产于云南、贵州、四川、西藏；生于海拔 1800～4000m 的灌丛中、高山栎林、云杉林缘、路边或针叶林下。

功用： 含小檗碱、药根碱和掌叶防己碱等原小檗型生物碱，是西南几省提取黄连素的主要原料之一（王东等，2000；李启任等，1995）。其根可入药。同属众多种类入药，如堆花小檗（*B. aggregata*）、黄芦木（*B. amurensis*）、短柄小檗（*B. brachypoda*）、直穗小檗（*B. dasystachya*）、首阳小檗（*B. dielsiana*）、大叶小檗（*B. ferdinandi-coburgii*）、川鄂小檗（*B. henryana*）、叙永小檗（*B. hsuyunensis*）、豪猪刺（*B. julianae*）、天台小檗（*B. lempergiana*）、细叶小檗（*B. poiretii*）、刺黄花（*B. polyantha*）、粉叶小檗（*B. pruinosa* var. *pruinosa*）、刺黑珠（*B. sargentiana*）、西伯利亚小檗（*B. sibirica*）、日本小檗（*B. thunbergii*）、匙叶小檗（*B. vernae*）、疣枝小檗（*B. verruculosa*）、庐山小檗（*B. virgetorum*）、金花小檗（*B. wilsonae*）等。

（十一）十大功劳 *Mahonia fortunei*（Lindl.）Fedde

别名： 黄天竹，土黄柏，刺黄柏，刺黄连，刺黄芩，大黄连，独叶十大功劳，细叶十大功劳，狭叶十大功劳，小叶十大功劳，福氏十大功劳，阔叶十大功劳，湖北十大功劳。

科属： 小檗科（Berberidaceae）十大功劳属。

分布： 产于广西、四川、贵州、湖北、江西、浙江；生于海拔 350～2000m 的山坡沟谷林中、灌丛中、路边或河边。各地有栽培，为庭园观赏植物；日本、印度尼西亚和美国等地也有栽培。

功用： 植株含有小檗碱、药根碱、5′-甲氧基大风子品-D、木犀草素和β-谷甾醇、小檗碱、巴马亭、四氢药根碱、小檗胺、尖刺碱、异汉防己甲素、木兰花碱、木兰胺（樊丽博等，2011；顾关云和蒋昱，2005）。全株可供药用，有清热解毒、滋阴强壮之功效。

（十二）防风 *Saposhnikovia divaricata*（Turcz.）Schischk.

别名： 北防风、关防风（东北），哲里根呢（内蒙古），铜芸、回云、回草、百枝、百种。

科属： 伞形科（Umbelliferae）防风属。

分布： 产于黑龙江、吉林、辽宁、内蒙古、河北、宁夏、甘肃、陕西、山西、山东等；生长于草原、丘陵、多砾石山坡。

功用： 含防风嘧啶、亥茅酚苷、亥茅酚、紫花前胡苷元、升麻素苷、升麻素、5-*O*-甲基维斯阿米醇苷、异紫花前胡苷、腺苷、胡萝卜苷、β-谷甾醇、异香柑内酯、欧前胡素、廿五烷酸、川白芷内酯、紫花前胡素、紫花前胡醇、当归酰酯、花椒毒酚、香柑内酯、杨芽黄素、东莨菪素、防风色原酮、升麻苷、补骨脂内酯、珊瑚菜内酯、石防风素、川白芷内酯、甘露醇、汉黄芩素、丁烯二酸、4-羟基-3-甲氧基苯甲酸、花椒毒内酯、异紫花前胡内酯、东莨菪内酯、香草酸、D-甘露醇、蔗糖（姜艳艳等，2007；果德安等，1992）；挥发油成分及含量（%）为乙酸 0.6、2,2-二甲基丁烷 0.05、乙醛 0.03、糠醛 0.09、庚醛 0.08、苯甲醛 0.01、辛醛 0.28、2-壬酮 0.04、壬醛 0.08、2-壬醛烯 0.21、1-辛烯-3-醇 0.01、辛酸 0.21、2-癸烯醇 0.23、壬酸 0.03、棕榈酸 1.20、人参醇 82.6、亚油酸甲酯 0.25、亚油酸 0.09、油酸 0.09 等（吉力等，1995）。根供药用，为东北地区著名药材之一。有发汗、祛痰、祛风、发表、镇痛的功效，用于治感冒、头痛、周身关节痛、神经痛等症。

（十三）麻黄 *Ephedra sinica* Staof

别名： 草麻黄（通用名），华麻黄（《中国植物图谱》）。

科属： 麻黄科（Ephedraceae）麻黄属。

分布： 产于辽宁、吉林、内蒙古、河北、山西、河南西北部及陕西等省（自治区）；生于山坡、平原、干燥荒地、河床及草原等处，常组成大面积的单纯群落；蒙古国也有分布。

功用： 根含麻黄根素 A、麻黄宁 A、麻黄宁 B、麻黄宁 D、芹菜素、山柰酚、槲皮素、二氢槲皮素、3′,4′,5,7-四羟基二氢黄酮、儿茶素、表儿茶素、阿夫儿茶精、表阿夫儿茶精、β-谷甾醇、豆甾醇-3-*O*-β-D-吡喃葡萄糖苷、麻黄宁 E、麻黄酚 A、辛酸乙酯（陶华明等，2011；杨艳芳等，2012）。草质茎（麻黄）及根（麻黄根）入中药。预防和治疗轻度、中度支气管哮喘，预防低血压、拔牙、鼻腔术后止血，缓解感冒症状；解热、缓解鼻塞，利尿消肿，强心等。

（十四）芍药 *Paeonia lactiflora* Pall.

别名： 白芍（秦岭、山西、四川、湖北），川白芍（四川），赤芍（湖北、河北、《中国经济植物志》），金芍药（陕西），山芍药（河北）。

科属： 芍药科（Paeoniaceae）芍药属。

分布： 产于东北、华北、陕西及甘肃南部；生于海拔 480～2300m 的山坡、山谷的灌木丛或草丛中；四川、贵州、安徽、山东、浙江等省及各城市公园也有栽培；朝鲜、日本、蒙古国及俄罗斯西伯利亚地区也有分布。

功用：含芍药苷、苯甲酰芍药苷、没食子酰芍药苷、胡萝卜苷、芍药苷亚硫酸酯、白芍苷、邻苯三酚、没食子酸、没食子酸甲酯、没食子酸乙酯、儿茶素、蔗糖、β-谷甾醇、芍药内酯苷、白芍苷 R_1、白芍新苷等（张晓燕等，2001；谭菁菁等，2010）。根药用，称白芍，药理作用为①解痉：抑制副交感神经，松弛胃肠平滑肌；拮抗催产素作用，抑制子宫平滑肌。②镇静催眠：抑制 CNS，延长睡眠时间。③解热：降低体温。④抗病原微生物：抑制 G^+、G^-、病毒、致病真菌。⑤抑制血小板聚集：抗血栓形成。⑥抗溃疡：应激性。⑦增强巨噬细胞的吞噬能力、调节免疫，保护肝脏等，用于平肝止痛、养血调经、头痛眩晕、胸胁痛、腹痛、四肢疼痛、血虚萎黄自汗、盗汗等。花朵采摘后炕干，用作花茶。种子含油量约 25%，供制皂和涂料用。同属多种类药用，如野牡丹（*P. delavayi*）、狭叶牡丹（*P. delavayi* var. *angustiloba*）、黄牡丹（*P. delavayi* var. *lutea*）、美丽芍药（*P. mairei*）、草芍药（*P. obovata*）、毛叶草芍药（*P. obovata* var. *willmottiae*）、牡丹（*P. suffruticosa*）、紫斑牡丹（*P. suffruticosa* var. *Papaveracea*）、川赤芍（*P. veitchii*）等。

（十五）木防己 *Cocculus orbiculatus*（L.）DC.

别名：土防己（江西），青藤根（广东），青藤香、钻骨龙、金锁匙（广东）。

科属：防己科（Menispermaceae）木防己属。

分布：中国大部分地区都有分布（除西北部和西藏），长江流域中下游及其以南各省（自治区）常见；生于灌丛、村边、林缘等处；广布于亚洲东南部和东部以及夏威夷群岛。

功用：根含双苄基异喹啉生物碱，包括异木防己碱、木防己碱、*N*-氧化异木防己碱及 *N*-去甲基木防己碱。木防己汤可治疗痛风性关节炎（朱崇昭，2005；陈海生等，1991）。具有镇痛、抗炎、抗过敏、抑制肿瘤、降低血压、松弛骨骼肌等功效，用于风湿痹痛、高血压、祛风通络、利尿解毒等症。

（十六）黄芪 *Astragalus membranaceus*（Fisch.）Bunge

别名：黄耆（《神龙本草经》、《中国植物志》），膜荚黄耆（《中国主要植物图说》豆科），棉芪，箭芪。

科属：蝶形花科（Papilionaceae）黄耆属。

分布：产于东北、华北及西北。生于林缘、灌丛或疏林下，也见于山坡草地或草甸中，全国各地多有栽培，为常用中药材之一；前苏联有分布。

功用：含皂苷类（黄芪皂苷、大豆皂苷）、黄酮类（山柰酚、槲皮素、异鼠李素、鼠李柠檬素等黄酮苷元及黄酮苷）、多糖类（含量较高）、其他（GABA、3-羟基-2-甲基吡啶、亚油酸等）。药理作用与应用包括①调节免疫：提高网状内皮系统和巨噬细胞的吞噬功能，促进淋巴细胞产生和分化、成熟，提高补体；②抗衰老：延长培养细胞寿命；③抗应激：多糖有适应原样作用，抗疲劳，提高对缺氧、低压、高温、低温的耐受能力；④保护肝、肾：治疗肾炎、肝炎，改善蛋白质代谢；⑤抗心肌缺血：总黄酮；抗溃疡、镇静、镇痛、抗骨质疏松；⑥有补气、利尿、排毒的功效，用于冠心病、体虚（乏力、自汗、脱肛、子宫脱垂等）、肾炎等。同属一些种类药用，如斜茎黄耆（*A. adsurgens*）、地八角（*A. bhotanensis*）、背扁黄耆（*A. complanatus*）等。

（十七）桔梗 *Platycodon grandiflorus*（Jacq.）A. DC.

别名： 梗草、僧冠帽、六角荷、铃销花、包袱花、道拉基。

科属： 桔梗科（Campanulaceae）桔梗属。

分布： 产于东北、华北、华东、华中各省以及广东、广西（北部）、贵州、云南东南部（蒙自、砚山、文山）、四川（平武、凉山以东）、陕西；生于海拔2000m以下的阳处草丛、灌丛中，少生于林下；朝鲜、日本、俄罗斯的远东和东西伯利亚地区的南部也有分布。

功用： 含有齐墩果酸、木栓醇、黄芩素-7-甲醚、胡萝卜苷、α-菠菜甾醇、白桦脂醇、β-谷甾醇、蜜橘素等（贾正等，2009；李凌军等，2006）。根药用，含桔梗皂苷，具有抗缺氧、抗放射线、抗低温、调节免疫、心血管、肾上腺皮质素、抗溃疡、抗炎、抗肿瘤、镇痛、降压等功效，用于心悸气短、虚喘咳嗽、咽喉肿痛、食少便溏等症。

（十八）木瓜 *Chaenomeles sinensis*（Thouin）Koehne

别名： 木瓜海棠、榠楂（《图经本草》），木李（《诗经》），海棠（广州），楙，mawaozuze（D-DH）。

科属： 蔷薇科（Rosaceae）木瓜属。

分布： 原产于中国，山东、陕西、湖北、江西、安徽、江苏、浙江、广东、广西和云南等习见栽培。

功用： 果实中含棕榈酸、乌索酸-3-*O*-山嵛酸酯、乌索酸、3-乙酰乌索酸、3-乙酰坡模醇酸、胡萝卜苷、桦木酸（孙连娜等，1999）；有机酸成分和含量（%）：十六烷0.62、氧代戊酸甲酯0.63、十八烷0.83、月桂酸甲酯1.56、十九烷0.80、苹果酸二甲酯14.20、(E)-(E)-3-苯基-2-丙烯酸甲酯0.19、十五烷酸甲酯0.19、磷酸三丁酯0.27、壬二酸二甲酯0.38、羟基-苯丙酸甲酯0.56、十七烷酸甲酯0.37等（李琼等，2008）。抗炎、抗菌作用较强，护肝、抗肿瘤、延缓体外培养细胞生长速度、改善微循环。用于风湿性关节痛、消化不良、吐泻等症；果实味涩，水煮或浸渍糖液中供食用，入药有解酒、去痰、顺气、止痢之效。果皮干燥后仍光滑，不皱缩，故有光皮木瓜之称；木材坚硬可作床柱用。木瓜树可以作为行道树栽植，木瓜非常适合做景观植物。同属毛叶木瓜（*C. cathayensis*）、皱皮木瓜（*C. speciosa*）等的果实可供食用、药用，同时花色美丽，也供观赏。

（十九）枇杷 *Eriobotrya japonica*（Thunb.）Lindl.

别名： 卢桔（广东），芦橘（古称），mahonghan（D-DH），zhuangshi（ZW），loquat。

科属： 蔷薇科（Rosaceae）枇杷属。

分布： 甘肃、陕西、河南、江苏、安徽、浙江、江西、湖北、湖南、四川、云南、贵州、广西、广东、福建、台湾栽培，四川、湖北有野生；日本、印度、越南、缅甸、泰国、印度尼西亚也有栽培。

功用： 叶含阿江榄仁酸、马斯里酸甲酯、齐墩果酸、熊果酸、2 α-羟基熊果酸、2 α-羟基齐墩果酸、鼠李柠檬素、廿三碳酸、苯丙酸、芦丁、坡模酸、绿原酸、芦丁等（陈剑等，2006）；花含齐墩果酸、熊果酸等（成丽等，2001）。叶和果实入药，有清热、润肺、止咳化痰等功效；蒸制其叶取露，取名"枇杷叶露"，有清热、解暑热、和胃等作用；枇杷干燥叶是一味常用中药，收载于历版《中华人民共和国药典》，用于治疗肺热咳嗽、气逆喘气、胃热呕逆、烦热口渴等。果味甘酸，供生食、蜜饯和酿酒用，有化痰止咳、和胃降气之效。种子可酿酒及提炼乙醇；木材红棕色，可作木梳、手杖、农具柄等用。杷树形整齐美观，叶大荫浓，四季常春，春萌新叶白毛茸茸，秋孕冬花，春实夏熟，在绿叶丛中，累累金丸，古人称其为佳实，是美丽观赏树木和果树，又为极好的蜜源植物。

（二十）大麻 *Cannabis sativa* L.

别名： 山丝苗（《救荒本草》）、线麻（东北）、好麻、野大麻、山麻（山东）、野大麻（内蒙古）、胡麻、野麻（江苏）、火麻、糖麻（湖北）、大火麻（安徽）、状元红（云南楚雄）、火麻（云南楚雄、镇雄、思茅、临沧）、黄麻、线麻（云南文山），guobanlong（D-BN），duanban（D-DH），zhi（ZW），marijuana。

科属： 大麻科（Cannabaceae）大麻属。

分布： 原产于不丹、印度和中亚细亚，现各国均有野生或栽培；全国各地有栽培或逸为野生。

功用： 叶中含有多种活性物质，可分为大麻酚类化合物和非大麻酚类化合物。大麻酚类化合物主要有四氢大麻酚、大麻酚、大麻二酚、四氢大麻酚酸、大麻萜酚、大麻环萜酚等，其中，前三者占大麻酚类化合物的90%以上。非大麻酚类化合物为正廿四烷、十四烷酸、β-谷甾醇、豆甾醇、齐墩果烯、齐墩果酸（李春雷等，2009）；火麻仁含β-谷甾醇、胡萝卜苷、正廿四烷酸、甘露醇、棕榈酸等（沈谦等，2009）。中医称果实为火麻仁或大麻仁，入药，性平、味甘；花称麻勃，主治恶风、经闭、健忘；果壳和苞片称麻蕡，有毒，治劳伤、破积、散脓，多服令人发狂；叶含麻醉性树脂可以配制麻醉剂，有成瘾性。

（二十一）淫羊藿 *Epimedium brevicornu* Maxim.

别名： 短角淫羊藿（《秦岭植物志》），仙灵脾。

科属： 小檗科（Berberidaceae）淫羊藿属。

分布： 产于陕西、甘肃、山西、河南、青海、湖北、四川；生于海拔650～3500m的林下、沟边灌丛中或山坡阴湿处。

功用： 淫羊藿中含有淫羊藿苷、淫羊藿苷Ⅰ、淫羊藿苷Ⅱ、淫羊藿定A、淫羊藿定B、淫羊藿定C、β-谷甾醇、对羟基苯甲醛、丁二酸、对羟基苯乙醇、硝基乙基苯酚、毛柳苷（沙立苷，Ⅱ）、宝藿苷Ⅰ、宝藿苷Ⅱ、淫羊藿苷C等（王明权等，2005；张树军等，2008）。全草供药用。具有壮阳作用（提取液有雄激素样的作用，叶、根→果实→茎）、提高免疫功能（淫羊藿多糖和总黄酮）、有利心血管系统（降血压、增加冠脉血流量、降低心肌耗氧量）、抗菌抗病毒（脊髓灰质炎病毒、葡萄球菌）、镇咳、祛痰、平喘、降血糖、抗炎、调节免疫等功效，治疗阳痿遗精、风寒湿痹、腰酸腿痛、四肢麻木、半身不遂、神经衰弱、健忘、耳鸣、目眩、支气管炎、高血压、冠心病等症。同属一些种类药用，包括粗毛淫羊藿（*E. acuminatum*）、黔北淫羊藿（*E. boreali-guizhouense*）、朝鲜淫羊藿（*E. koreanum*）、柔毛淫羊藿（*E. pubescens*）和三枝九叶草（*E. sagittatum*）等。

（二十二）红景天 *Rhodiola rosea* L.

别名：蔷薇红景天，土三七，saoluomabuer（ZZ），oseroot stonecrop。

科属：景天科（Crassulaceae）景天属。

分布：产于新疆、西藏、山西、河北、吉林；生于海拔1800～2700m的山坡林下或草坡上；欧洲北部至前苏联、蒙古国、朝鲜、日本也有分布。

功用：根茎中含红景天苷、蔗糖、酪醇、山柰酚、大花红景天素、β-谷甾醇、胡萝卜苷等（包文芳等，1992；王晓梅等，2010）。根和根茎入药，全株也可入药。具有增强脑干网状结构兴奋性，提高抗应激能力，促进蛋白质合成，提高抗疲劳能力，改善长期工作后的自我脑力和体力恢复；补气清肺、益智养心、收涩止血、散淤消肿等功效，用于抗压、补肾、理气养血、活血止血、清肺止咳、解热，并止带下、高原反应等。一些种类也药用，如唐古红景天（*R. algida* var. *tangutica*）、小丛红景天（*R. dumulosa*）、菱叶红景天（*R. henryi*）、狭叶红景天（*R. kirilowii*）和云南红景天（*R. yunnanensis*）等。

（二十三）白豆蔻 *Amomum kravanh* Pierre ex Gagnep.

别名：豆寇，piela（HN）。

科属：姜科（Zingiberaceae）豆蔻属。

分布：云南、广东有少量引种栽培；原产于柬埔寨、泰国。

功用：白豆蔻挥发油及含量（%）为α-崖柏烯0.144、α-蒎烯1.801、莰烯0.081、桧烯0.949、β-蒎烯2.458、β-月桂烯0.755、α-水芹烯0.252、δ-3-蒈烯0.085、对伞花烯1.318、1,8-桉树脑59.702、反式-β-罗勒烯0.209、γ-松油烯0.634、cis-β-顺-松油醇0.262、药酮0.190、δ-芳樟醇0.333、樟脑0.084、δ-松油醇0.123、4-松油醇0.196、α-松油醇0.816、γ-松油醇0.454、乙酸芳樟酯0.538、氧化薄荷酮0.200、α-乙酸松油醇酯5.099、柯拜巴烯0.618、β-榄香烯0.186、反-石竹烯0.288、α-香柠檬烯0.204、α-葎草烯0.232、别-香树烯0.091、β-荜澄茄烯0.425、β-蛇床烯0.269、γ-榄香烯0.342、β-甜没药烯0.213、γ-杜松烯0.177、δ-杜松烯0.439、反式-γ-甜没药烯0.213、D-橙花醇0.189、α-雪松醇0.132、异环氧香树烯0.076、正廿三烷1.458、正廿七烷1.458、17-卅五碳烯0.252（吴惠勤等，2006）。果实药用，作芳香健胃剂，味辛凉，有行气、暖胃、消食、镇呕、解酒毒等功效。具有化湿消痞、行气温中、开胃等药用功能，主治湿浊中阻、不思饮食、湿温初起、胸闷不饥、寒湿呕逆、胸腹胀痛、食积不消等病症，同时还广泛用作食品调味剂。

第十八章　农药植物

第一节　概　　述

一、概念

农药（pesticide）是指用于防治危害农林牧业生产和卫生的有害生物（害虫、害螨、线虫、病原菌、杂草及鼠类等）和调节植物生长的药剂。按照来源，可分为矿物（源）农药、化学合成农药及生物（源）农药（沈寅初和张一宾，2000；洪华珠等，2005）。但通常也把改善作物病虫害防治或生长有效成分的物理、化学性质的各种辅助剂包括在农药的范畴内（吴文君和高希武，2004）。

生物农药（biopesticide/biocide）是指利用生物活体或生物代谢过程产生的具有生物活性的物质，或从生物体中提取的物质，作为治理作物病、虫、草、鼠或对作物具有其他功能的农药（王运兵等，2005）。《登记资料要求》定义“生物农药包括生物化学农药和微生物农药两类”。生物化学农药必须符合两个条件：其一，对防治对象没有直接毒性，而只有调节生长，干扰交配或引诱等特殊作用；其二，必须是天然化合物，如果是人工合成，其结构必须与天然化合物相同（允许异构体比例的差异）。生物化学农药分为 4 类：信息素（包括外激素、利己素、利它素）、激素、天然物生长调节剂和昆虫生长调节剂、酶。微生物农药包括自然界存在的用于防治病、虫、草、鼠害的真菌、细菌、病毒和原生动物或被遗传修饰的微生物制剂（洪华珠等，2005）。

用具有杀虫、杀菌、除草及植物生长调节等活性的植物的某些器官产物，或提取其有效成分，加工而成的药剂，即为植物农药（沈寅初和张一宾，2000；王运兵等，2005）。

因此，农药植物（pesticide plant）是指植物体内含有驱拒、干扰或毒杀害虫，抑制病菌和除草等物质的一类植物。农药植物有效成分多为生物碱、苷类、挥发油、鞣质、树脂、鱼藤酮、蜕皮激素等。

二、资源与分布

全世界有杀虫植物 2400 种、杀菌植物 2000 余种、除草植物 100 余种（万树青，2003）。中国具有非常丰富的农药植物资源，不同类别，种类繁多，如杀虫（包括驱虫、拒食、绝育和影响激素平衡）植物有樟、桉、楝、肉桂、檀香、土荆芥（*Chenopodium ambrosioides*）、夜来香（*Telosma cordata*）、玫瑰、番荔枝（*Annona squamosa*）、芫荽、香附子、使君子、花椒、银杏、鸦胆子、茴香、夹竹桃（*Nerium indicum*）、烟草（*Nicotiana tabacum*）、鱼藤（*Derris trifoliata*）、水蓼（*Polygonum hydropiper*）、酒饼叶、雷公藤、苦皮藤、苦参、喜树（*Camptotheca acuminata*）、藜芦、藿香蓟（*Ageratum conyzoides*）、万寿菊（*Tagetes erecta*）、香茅、巴豆、除虫菊、博落回、罂粟、菖蒲（*Acorus calamus*）等。其中，川楝、花椒、雷公藤具有较高的商业价值；桉油、樟油、薄荷油、香茅油、黄皮油已广泛用于驱蚊。作为杀菌的植物有大蒜、薄荷、黄柏、玉簪（*Hosta plantaginea*）、大黄、厚朴、山苍、连翘、板蓝根、茶籽、小藜（*Chenopodium serotinum*）等。商陆（*Phytolacca acinosa*）、皂角等被用于灭螺制剂的原料等。

农药植物资源科属相对集中，主要集中于30多科（洪华珠等，2010），如蝶形花科（豆薯 *Pachyrhizus erosus*、紫穗槐、苦参、补骨脂）、苏木科（皂荚）、大戟科（大戟、泽漆、乌桕、蓖麻、油桐）、楝科（川楝、苦楝、香椿、印楝 *Azadirachta indica*、鹧鸪花 *Trichilia connaroides*、米仔兰）、卫矛科（苦皮藤、南蛇藤 *Celastrus orbiculatus*）、防己科（木防己）、罂粟科（博落回、白屈菜 *Chelidonium majus*）、茄科（曼陀罗 *Datura stramonium*、天仙子 *Hyoscyamus niger*、烟草、番茄、龙葵、三分三 *Anisodus acutangulus*、山莨菪）、瑞香科（瑞香狼毒、了哥王 *Wikstroemia indica*、芫花）、胡桃科（胡桃、枫杨 *Pterocarya stenoptera*）、杨柳科（垂柳 *Salix babylonica*）、毛茛科（翠雀 *Delphinium grandiflorum*、毛茛 *Ranunculus japonicus*）、夹竹桃科（夹竹桃、羊角拗、长春花）、石蒜科（石蒜、仙茅）、天南星科（半夏、独角莲、菖蒲、犁头尖 *Typhonium divaricatum*、天南星 *Arisaema heterophyllum*）、马鞭草科（马鞭草 *Verbena officinalis*、黄荆 *Vitex negundo*）、百合科（藜芦、石刁柏 *Asparagus officinalis*）、蓼科（水蓼、大黄、羊蹄）、芸香科（芸香、花椒、香椒子）、菊科（欧蓍 *Achillea millefolium*、土木香）、唇形科（半枝莲、薄荷）、番荔枝科（圆滑番荔枝 *Annona glabra*）、杜鹃花科（羊踯躅）、木兰科（厚朴）、百部科（百部）等。

三、农药植物分类

农药植物的分类系统较多，可以根据用途、作用方式、化学成分等分类（洪华珠等，2010；王运兵等，2005；魏艳敏，2007）。

（一）按用途（或防治对象）分类

1. 杀虫剂类农药植物

杀虫剂类农药植物是指含有对害虫有毒杀作用物质的植物种类；可按化学成分、使用方式、作用机理进一步分类。

植物杀虫剂从活性成分化学组成可分为①生物碱：生物碱作为植物源农药的有效成分最为重要，如烟碱、苦参碱、藜芦碱、雷公藤碱等；②氨基酸、蛋白质类：如甘氨酸、天冬氨酸、碱性蛋白、蛋白质类似物等；③萜类与挥发油（精油）：如除虫菊酯，雷公藤素甲、乙，雷公藤酮，香茅醛，柠檬檬醛，樟脑等；④三萜类与甾体类化合物，如川楝素、海葱糖苷等；⑤其他：糖苷类，如异硫氰酸酯贰苷、硫苷芥子苷；黄酮类，如鱼藤酮等。

按作用方式分为：①生长抑制剂植物：抑制昆虫取食和生长发育等作用的植物，如印楝、川楝、苦楝等；②触杀性杀虫剂植物：主要起触杀作用而使昆虫致死的植物，如除虫菊、鱼藤、烟草、假木贼碱等；③胃毒杀虫剂植物：昆虫摄食后发挥药效作用而使昆虫中毒死亡的植物，如苦皮藤、藜芦等；④昆虫激素类植物：指由植物中提取的昆虫激素类似物，其具有破坏昆虫生态作用的植物，如藿香蓟（提取早熟素 Prococene）等；⑤拒食类植物：利用植物产生的能抑制昆虫味觉感受器，而阻止其摄食的活性物质，使昆虫拒食而达到保护作物的植物，如印楝中的印楝素、从柑橘中提取的类柠檬苦素等，多为萜烯类和香豆素类；⑥引诱和驱避类：指由植物产生的对特定昆虫具有引诱或驱避作用的活性物质，以引诱害虫，聚而歼之；或驱赶昆虫，保护作物，如由丁香中提取的丁香油可引诱东方果蝇，而由香茅提取的香茅油则可驱避蚊子；⑦绝育类：指用植物产生的能使昆虫绝育的活性物质，其可破坏昆虫生育繁殖，如印度菖蒲根中的β-细辛脑能阻止雌虫卵巢发育；⑧增效类：植物产生成分能使农药（主要为杀虫剂）增效而起防治作用的物质，具有此活性物质的植物成分即为此类，如芝麻油中的芝麻素即具有此作用。

植物杀虫剂根据作用机理可分为 6 种。①影响昆虫激素代谢，如印楝素抗昆虫蜕皮激素，干扰昆虫蜕皮，导致昆虫产生形态上的缺陷，还可影响昆虫的交配及卵的发育，从而干扰其繁育、抑制种群增加。②影响昆虫神经系统，如烟碱作用于昆虫神经细胞的乙酰胆碱酯酶受体，使神经体持续激活，虫体持续痉挛，麻痹死亡；植物香油通过抑制乙酰胆碱酯酶，也可产生同样的效果。③影响昆虫呼吸系统：鱼藤酮是呼吸作用电子传递链中的Ⅰ位点抑制剂，影响昆虫的呼吸系统；萘醌类物质作用于线粒体复合体，抑制呼吸作用；导致呼吸受阻死亡。④影响昆虫消化系统：植物蛋白酶抑制剂与昆虫肠道内的蛋白质结合并抑制其活力，影响昆虫的消化功能；川楝素通过破坏菜青虫的中肠组织而起作用。⑤影响昆虫离子通道：除虫菊酯与细胞膜上的钠离子通道结合，延长其开放时间，引起昆虫休克死亡；鱼尼丁能与肌质网上的钙离子通道结合，使钙离子进入肌细胞，很快引起细胞死亡，对特定种类昆虫的防治有效。⑥其他：苦豆子中的金雀花碱和苦豆碱对昆虫的同工酶有显著的抑制作用等，导致死亡。

2. 杀菌剂类农药植物

杀菌剂类农药植物是指含有对植物病菌有杀灭作用物质的种类。

依据抗菌成分在植物体内的产生过程将其分为原抑制素、后抑制素、植物保卫素和植物抗病毒素等。①原抑制素：指感染前存在于健康植物中的一种成分，对侵入体内的微生物的生长发育具有抑制作用，如柑橘中的橘皮晶和川皮苷、松科木材中的银松素、核桃木材中的胡桃醌等都是抗菌物质。②后抑制素：在健康的植物体内主要以配糖体的形式存在，它本身并无显著的抗菌活性。有适当机械损伤和微生物侵入而使组织遭受破坏时，则在组织局部渗出各种水解酶或氧化酶，将后抑制素分解、阻碍其渗入组织使其徽活，从而显示出显著的抗菌活性。从大蒜提取的蒜素、黑麦发芽产生的苯唑啉酮，郁金香的花冠和球茎根中的山慈姑内酯和羟基山慈姑内酯都是后抑制素。③植物保卫素：植物受到病原物侵染后或受到多种生理或物理的刺激后，产生或积累的一类相对低分子质量抗菌性次生代谢产物，如蝶形花科分离出的类异黄酮，豌豆中的豌豆素等。④植物抗病毒素，即植物中提取的具有抗病毒活性或具有诱导植物抗病毒性作用的物质，如商陆的汁液可以抗病毒；又如健康植物组织含的酚类、香豆素，可因病原菌的侵入而显著增加其效果，对病原微生物的生长起抑制作用。

3. 除草剂类农药植物

除草剂类农药植物是指含有对杂草有抑制或杀灭作用物质的种类，如肉桂酸和苯酸衍生物、香豆素及其衍生物、萜类、噻吩类、聚乙炔类、醌类、生物碱和脱落酸等，可抑制多种杂草的生长。

4. 除鼠剂植物

除鼠剂植物是具有除鼠作用的一类植物。《中国土农药志》记载的 403 种植物和《中国有毒植物》记载的 943 种植物均具有杀鼠作用，如海葱糖苷、马钱子碱等毒素，可研制成杀鼠剂；曼陀罗秋季采花，秋末采果，其提取物东莨菪碱、阿托品等，可使鼠烦躁不安，先兴奋后抑制，最后呼吸衰竭而死；天南星块茎提取皂苷及似毒芹碱样物质，能致鼠舌喉发痒、灼热、肿大、窒息；白头翁春季、夏季、秋季取根茎，提取白头翁素、皂苷和白头翁酸，能引起老鼠剧烈腹泻，使胃肠黏膜肿胀、脱落出血，呼吸衰竭，最后死亡。

5. 生长调节剂类农药植物

生长调节剂类农药植物是指植物产生的调节自身生长发育过程的非营养性微量活性物质，包括生长素类、赤霉素类、细胞分裂素类、乙烯、脱落酸 5 类。这类物质在很低浓度时就有很强的调节作用。其作用主要促进自身加速生长而抑制外来的病、虫、鼠或杂草危害。

6. 异株克生类

植物能产生某些次生代谢物质以影响附近同种或异种植物的生长，其包括刺激或抑制作用。肉桂树中的肉桂酸即为此类物质。

（二）按作用方式分类

1. 寄生性农药植物

寄生性农药植物也称微生物农药，指利用寄生植物（主要是细菌、真菌等）的寄生作用杀灭病虫害和病菌。

2. 毒杀性植物农药

毒杀性植物农药是利用植物的次生代谢产物杀灭虫害和植物病菌，如假木贼 *Anabasis elatior*（假木贼碱）、除虫菊（除虫菊素）等。

3. 激素性生物农药

植物产生调节自身生长发育非营养性微量活性物质，如油菜（芸薹素内酯）等。

4. 驱拒性植物农药

驱拒性植物农药是利用植物中含有害虫所不喜欢或讨厌的某些物质，以防御害虫取食，进而使害虫饥饿而死亡，如樟类（樟脑丸、避蚊油）等。

（三）按利用的化学成分

分为酚类、萜类、生物碱类、炔类、蛋白质毒素、生氰酸苷及各种信息素或激素类等植物次生代谢化合物。

四、农药植物的特点和利用

相对化学农药，植物农药具有以下特点。

1. 专一性强，毒害性低

植物农药最显著特点就是专一性强，活性较高、用量较少，对非靶性生物的毒性低，对病虫害的特异性强，不杀伤害虫的天敌和有益生物。例如，川楝素对菜青虫、蚜茧蜂、瓢虫及食蚜蝇等昆虫天敌无显著影响，78%川楝素原粉对非靶标生物均为低毒，0.5%川楝素乳油仅对鹌鹑中毒，对蝌蚪高毒；川楝素原粉和乳油对家蚕急性毒性为低毒。

2. 不易残留，环境相容性高

植物农药均是天然存在的活体生物或化合物，有自然的降解途径，故在环境中会自然代谢，参与能量与物质循环。施用于大气、土壤、水体、作物或作物上，易于分解，不易产生残留，不会引起生物富集现象。特别适用于蔬菜、水果和茶叶等被人直接食用的作物，对作物也不产生药害。

3. 作用方式特异，抗药性较低

大多数植物农药作用成分和机理复杂，病虫草鼠害对其抗药性发展很慢。特别是活体植物农药，其活体生物在与植物病原体、害虫长期共同生活的过程中进化，能适应它们的防卫体系，依靠它们而生存下来，并可作用于有害生物的多个器官系统，因此多数植物农药本身能够在适应抗性的过程中发展。同时，可用现代生物技术手段对产生菌及其发酵工艺进行改造，不断改进性能和提高品质，由多种因素和成分发挥作用，害虫和病菌难以产生抗药性，如植物体农药可通过捕食、寄生等起到控制靶标害物的作用。信息素类植物农药通过引诱、忌避、聚集等起作用。蛋白或糖激发子等植物农药通过诱导寄主植物产生抗性而避免或减弱有害生物的影响。植物源杀虫剂除具有与有机合成杀虫剂相同的作用方式（触杀、胃毒、熏蒸）外，还表现出拒食、抑制生长发育、忌避、忌产卵、麻醉、抑制种群形成等特异的作用方式，且往往同一种农药具有多种作用方式。例如，川楝素对菜青虫具有拒食、胃毒、抑制生长发育作用，对橘二叉蚜具有较好的忌避作用；万寿菊根甲醇提取物对小菜蛾成虫产卵有强烈的忌避作用等。上述特殊的作用方式并不直接杀死害虫，而是阻止害虫直接为害，或抑制种群形成，达到对害虫的可持续控制（张兴，2010）。

4. 资源丰富，开发途径多

植物农药来源于种类繁多的植物原料，分布广，产量大。通过生物技术和基因重组等方式，可以开发多种植物农药，如植物杀虫剂、杀菌剂、除草剂等。有些植物性农药还可以促进作物的生长，如烟草和鱼藤。农药植物原料易得到，制造方法简单，成本低廉，市场广阔。

农药植物利用有着悠久的历史，早在公元前5～7世纪，中国就使用莽草、嘉草等植物进行杀虫。在19世纪中期，除虫菊、鱼藤和烟草这三大植物农药开始在世界市场上销售。随着开发利用的强度越来越大，植物农药已在农业、林业、卫生等产业大量应用，尤其是在棉花、水稻、小麦、果树、蔬菜、桑树、茶叶、中草药等领域，应用更为广泛。

农药植物分离提取有效成分可采用4类方法，包括熬煮法、蒸馏法、浸泡压榨法和制粉法。民间自制自用，通常采集含有效成分的器官进行浸泡或煮水等方法，获取水溶液，喷洒于受害或需要防治的植物或土壤浇灌进行防治。现配现用，多用于叶面或土壤病虫害类的防治。

第二节　特色农药植物

一、除虫菊 *Pyrethrum cinerariifolium* Trev.

异名： *Chrysanthemum cinerariifolium*（Trev.）Vis.；*Tanacetum cinarariifolium*（Trev.）Sch.-Bip.

别名： 白花除虫菊。

科属： 菊科（Compositae）匹菊属。

形态特征： 多年生草本。基生叶花期生存，卵形或椭圆形，二回羽状分裂。一回为全裂，侧裂片 3～5 对，卵形或椭圆形；二回为深裂或几全裂，裂片全缘或有齿。中部茎叶渐大，与基生叶同形并等样分裂。向上叶渐小，二回羽状或羽状分裂或不裂。叶两面银灰色，被贴伏压扁的丁字形毛及顶端分叉的短毛。头状花序单生茎顶或茎生 3～10 个头状花序，排成疏松伞房花序。总苞片约 4 层。外层披针形，几无膜质狭边，中内层披针形至宽线形，边缘白色狭膜质。全部苞片硬草质，外面有腺点及短毛，外层的毛较多。舌状花白色，顶端平截或微凹。瘦果。花果期 5～8 月。

分布与生境： 陕西、山东、黑龙江、吉林、辽宁、江苏、浙江、安徽、江西、湖南、四川、广东、云南都有栽培；原产于欧洲南斯拉夫；中国 20 世纪 20 年代引种栽培。

成分与利用： 头状花序含有 4 种含量 0.4%～2%的杀虫成分，即除虫菊素甲、除虫菊素乙及灰菊素甲、灰菊素乙。杀虫效果以除虫菊素甲最强，但上述 4 种成分性质不稳定，容易水解而失效。神经毒性的杀虫剂，主要为触杀作用，且速效。除虫菊粉的活性物质使昆虫和冷血脊椎动物产生接触性中毒，但用作杀虫剂的除虫菊粉浓度对植物及高等动物无害。外用治疥癣，杀灭疥虫，通常制成油膏；或驱蚊（用除虫菊粉，制成蚊香，点燃烟熏），是蚊香的原料，也可制成粉剂或乳油剂；或杀灭孑孓，把除虫菊直接投放于孑孓滋生的水域中或用除虫菊水浸液。用于制作高效、低毒、广谱、速效、无残留晶体除虫菊酯类农药及蚊香、臭虫粉、灭蚁粉，灭虱药等。对人及畜禽无害，对环境无污染，但对鱼类等水生生物和蜜蜂有毒。

采收与加工： 除虫菊可采用以下两种方法采收。手工采摘，当花盘小花有 2/3 开放时即可采收，一般采收 2～3 次；机械收获，当全田 80%的花朵开放至 8 成时，选晴天上午采用打谷机一次性采收，并单独存放。除虫菊头状花序所含各种杀虫成分容易水解失效，故收割后快速干燥，且防潮避光保存；如储存过久，其杀虫驱虫毒力大减。

繁殖与栽培： 种子繁殖。喜光照、凉爽气候，适应性强；喜干燥，宜于排水良好的中性或微碱性沙质壤土，不宜连作。

资源与开发： 同属红花除虫菊（*T. coccineum*），也有与除虫菊类似的农药功能。

二、印楝 *Azadirachta indica* A. Juss

异名： *Antelaea azadirachta*（L.）Adelb.；*Azadirachta indica* subsp. *vartakii* Kothari et al.；*A. indica* var. *minor* Valeton；*A. indica* var. *siamensis* Valeton；*Melia azadirachta* L.；*M. indica*（A. Juss.）Brandis

别名：印度楝，印度丁香，黄金树，neem。

科属：楝科（Meliaceae）印楝属。

形态特征：落叶乔木，树形伞状，树皮灰褐色，小枝灰黄色。二至三回羽状复叶互生；羽叶4～5对，小叶5～11对，狭卵形，先端渐尖或长渐尖，全缘或少有疏锯齿。圆锥花序腋生，花萼5～6裂，花瓣5～6个，淡紫色，雄蕊10～12个，花丝合生成筒，子房上位，瓶状，6～8室。核果圆形或长圆形，黄色或栗棕色。花期4～5月，果期10～12月。

分布与生境：原产于印度、缅甸、巴基斯坦等国，后引种到亚洲、非洲、大洋洲、北美洲、南美洲的50多个国家。在亚洲南部、非洲和南美洲的70多个国家已引种栽培；云南省有一定面积的栽培。

成分与利用：种子、叶子、树皮和树根中均含有具杀虫作用的印楝素等有效成分。印楝素是一类高度氧化的柠檬素，带有许多相似的官能团。从印楝种子中曾分离出AZ-A～AZ-G共7种活性化合物，其中A是最主要杀虫成分。种仁中含有印楝素A等。印楝素同系物活性成分，主要为四环三萜类化合物，对害虫具有显著的忌避拒食作用和生长抑制作用（何静等，2007），种仁中的挥发性成分含量最高的丙基，烯丙基三硫化物，占总挥发性成分的55.83%，这些含硫的化合物可分为脂肪族的二硫、三硫或四硫化物和硫代杂环化合物两大类（谭卫红等，2004）。印楝素对昆虫具有强烈拒食作用，鳞翅目害虫对其敏感。昆虫经印楝素处理后，能抑制卵孵化或幼虫发育，阻止幼虫或成虫蜕变，阻断雌雄虫间信息传递或交尾，对幼虫或成虫的忌避作用，阻止雌虫产卵而不孕，使成虫或幼虫中毒；阻断取食，抑制中肠的蠕动，丧失吞咽能力，在各发育期阶段传达错误生理信息，干扰正常的变态作用，抑制几丁质形成。印楝素可防治200种以上害虫，包括螟虫、蝗虫、线虫、菜青虫、蚜虫、螨类、白蚁、臭虫等，对环境不产生污染，对益虫如蜻蜓或鱼类没有不良影响。可用于棉花、水稻、玉米、小麦、蚕豆、花卉等作物，防治舞毒蛾、日本金龟子、烟芽夜蛾、谷实夜蛾、斜纹夜蛾、小菜蛾、潜叶蝇类、草地夜蛾、蝗虫类、玉米螟、稻褐飞虱等害虫。也可防治储粮害虫。它对人、畜、鸟类和蜜蜂均十分安全，并容易降解。

采收与加工：印楝栽培后2～3年开花挂果，8年后进入盛果期，单株产籽10～15kg，收获期可达100年以上。4月下旬至5月开花，边开花边挂果，6～8月籽种成熟。果实一旦成熟，应立即组织采收，一般为手工采集。在果实掉落前清除地表枯枝落叶，敲打树上的果穗，收集地上的成熟果实。

繁殖与栽培：种子、嫁接或扦插繁殖。印楝属喜光树种，根系发达，耐旱，能在干热河谷等地区生长，喜沙壤土和中性偏酸的土壤生长，在干旱瘠薄的石质山地上也能正常生长，但不耐水淹和盐渍。热带树种，对气温要求较高。

资源与开发：中国20世纪80年代引种试验，90年代云南扩大面积引种栽培，在金沙江、红河、澜沧江等流域的干热河谷地区种植的印楝生长正常，并已开花结实，且部分种源的印楝素含量还高于原产地。可直接用水浸液或煮液现配现用防治病虫害。

三、雷公藤 *Tripterygium wilfordii* Hook. f.

异名：*Aspidopterys hypoglauca* H. Lév.；*Tripterygium bullockii* Hance；*T. hypoglaucum*（Lévl.）Hutch.；*T. regelii* Sprague et Takeda；*T. wilfordii* Hook. f. var. *bullockii*（Hance）Matsuda

别名：黄藤，黄腊藤，菜虫药，红药，水莽草，断肠草，山砒霜，蝗虫药。

科属：卫矛科（Celastraceae）雷公藤属。

形态特征：藤本灌木。叶缘有细锯齿；叶柄密被锈色毛。圆锥聚伞花序较窄小，通常有3～5分枝，花序、分枝及小花梗均被锈色毛；花白色；萼片先端急尖；花瓣长方卵形，边缘微蚀；花盘略5裂；雄蕊插生花盘外缘；子房具3棱，花柱柱状，柱头稍膨大，3裂。翅果长圆状，中央果体较大，占全长的1/2～2/3，中央脉及2侧脉共5条，分离较疏，占翅宽2/3，小果梗细圆；种子细柱状。花期5～10月，果期8～11月。

分布与生境：产于台湾、福建、江苏、浙江、安徽、湖北、湖南、广西；生于山地林内阴湿处；朝鲜、日本也有分布。

成分与利用：含有秦皮素、β-谷甾醇、胡萝卜苷、琥珀酸、卫矛碱、雷公藤内酯甲、雷酚新内酯、雷公藤醌A、蜜橘黄素、齐墩果酸等（阙慧卿等，2005；彭晓云和杨培明，2004；余继华等，2003）。目前认为雷公藤红素、雷公藤内酯、雷公藤甲素和雷公藤乙素是主要的活性成分。以根、叶、花及果入药。雷公藤总生物碱对5龄菜青虫有很强的麻醉、拒食和毒杀作用，同时还对黏虫、玉米象有一定的胃毒作用，对棉铃虫也有一定的抑制生长发育的作用。味苦、辛，性凉，大毒。归肝、肾经，也作为药用植物，有祛风除湿、通络、消肿止痛、解毒杀虫之功效。用于湿热结节、癌瘤积毒，临床上用其治疗麻风反应、类风湿性关节炎等，药理研究也表明其有抗肿瘤、抗炎等作用。但其有大毒，应用务必须谨慎。

采收与加工：叶夏季采；花、果夏季、秋季采；根秋季采挖，去净两层皮，晒干，生用。

繁殖与栽培：种子或扦插繁殖。喜阴凉山坡，以偏酸性、肥沃、土层深厚的沙质土或黄壤土最宜生长。

资源与开发：资源较多，可进行深加工和新产品、药品开发。

四、马桑 *Coriaria nepalensis* Wall.

异名：*Coriaria sinica* Maxim.；*C. kweichowensis* Hu；*Morus calva* H. Lév.

别名：千年红、马鞍子、水马桑、野马桑（云南），马桑柴（贵阳），乌龙须、醉鱼儿、闹鱼儿（成都），黑龙须、黑虎大王（云南曲靖），紫桑（云南文山）。

科属：马桑科（Coriariaceae）马桑属。

形态特征：灌木。叶对生，两面无毛或沿脉上疏被毛；叶疏被毛，基部具垫状突起物。花序生于两年生的枝条上，雄花序先叶开放，多花密集，序轴被腺柔毛；苞片和小苞片卵圆形，上部边流苏状细齿；萼片卵形，上部具流苏状细齿；花瓣极小，卵形，里面龙骨状；雄蕊10，花丝线形，花药长圆形，具细小疣状体，药隔伸出，花药基部短尾状；不育雌蕊存在；雌花序与叶同出，序轴被腺状微柔毛；苞片稍大；萼片与雄花同；花瓣肉质，龙骨状；雄蕊较短，心皮5，耳形，侧向压扁，花柱具小疣体，柱头上部外弯，具多数小疣体。果球形，果期花瓣肉质增大包于果外，成熟时由红色变紫黑色；种子卵状长圆形。

分布与生境：产于云南、贵州、四川、湖北、陕西、甘肃、西藏；生于海拔400～3200m的灌丛中；也分布于印度、尼泊尔。耐干旱、瘠薄和寒冷的环境，萌发力极强。

成分与利用：根中含布拉易林、去甲布拉易林、双氢马桑毒素、马桑毒素、羟基马桑毒素、马桑亭、阿朴羟基马桑毒素、羟基马桑亭、没食子酸、廿三碳酸、廿七碳酸、廿九碳酸、卅一碳酸、廿七碳酸乙酯、正卅二烷、豆甾醇、β-谷甾醇、槲皮素、熊果酸、β-胡萝卜苷等（张雁冰等，2005，2009；刘建超等，1996）。全株含有马桑毒素，尤以嫩叶及未成熟果实含有毒物质最多，成熟果实毒性极大降低，具兴奋延脑和脊髓、抑制钩端螺旋体之效。马桑内酯具有强烈的中枢神经兴奋及致痫作用，主要通过作用于害虫的神经系统，使其产生肌肉兴奋、呼吸亢奋、血管收缩、激活心动抑制中心，产生抽搐、昏迷、惊厥、癫痫等反应。其有毒成分为马桑内酯、吐丁内酯等。果可提乙醇；种子榨油可作油漆和油墨；茎叶可提栲胶。根系发达，萌蘖能力强，可作为立地较差地区的水土保持灌木。

采收与加工：以根、叶和树皮入药。根冬季采挖，刮去外皮，晒干；叶夏季采，晒干。

繁殖与栽培：种子、分株或扦插繁殖。

资源与开发：野生资源较少，人工栽培易，可在立地条件恶劣的干热河谷、适宜生长区造林困难的荒山荒地结合退化地的修复和水土保持灌木的造林，开发生物农药。

五、水蓼 *Polygonum hydropiper* L.

异名：*Persicaria hydropiper*（L.）Spach.；*P. vernalis* Nakai；*Polygonum hydropiper* L. var. *hispidum*（Hook. f.）Stew.；*P. hydropiper* L. var. *longistachyum* Chang et Li；*P. hydropiper* var. *vulgare* Meisner；*P. schinzii* J. Schuster.

别名：辣蓼（通称），蓼芽菜（救荒本草），长穗水蓼，红辣蓼，胡椒蓼，紫蓼，meidian（D-BN），feihuan（D-DH），mekuonan（JP），mukuo（ZW）。

科属：蓼科（Polygonaceae）蓼属。

形态特征：一年生草本。叶全缘，具缘毛，被褐色小点，有时沿中脉具短硬伏毛，叶腋具闭花受精花；托叶鞘筒状，疏生短硬伏毛，具短缘毛，通常托叶鞘内藏有花簇。总状花序呈穗状，顶生或腋生，通常下垂，花稀疏，下部间断；苞片漏斗状，边缘膜质，疏生短缘毛，每苞内具3～5花；花梗比苞片长；花被5深裂，稀4裂，上部白色或淡红色，被黄褐色透明腺点，花被片椭圆形；雄蕊6，稀8，比花被短；花柱2～3，柱头头状。瘦果卵形，双凸镜状或具3棱，密被小点，包于宿存花被内。花期5～9月，果期6～10月。

分布与生境：产于中国南北各省（自治区）；生于海拔50～3500m的河滩、水沟边、山谷湿地；朝鲜、日本、印度尼西亚、印度、欧洲及北美洲也有分布。

成分与利用： 含金丝桃苷、芦丁、斛皮素、异鼠李素、山萘酚（张国英和曾韬辣，2005）。挥发性活性化学成分（%）：乙-异丙醚 0.09、琥珀氰 0.11、α-萘酚 0.24、消螨酚 0.34、丙戊醚 0.15、甲基-乙烯酮 0.06、甲胺 0.18、顺-2,3-二甲基环氧乙烷 0.14、丙内酯 0.07、环丙烷 0.11、乙酰氨基乙醛 0.09、*N*-甲砜-咪唑 0.21 等（刘信平等，2009）。对害虫有刺激麻痹作用，可防治稻飞虱类、蚜虫类、茶毛虫、菜豆虫类等，对小麦锈病类、棉炭疽病有一定效果。也作药用植物，全草均可入药，其性辛、温，具有除湿化滞、消肿止痛、杀虫止痒、抗微生物活性、抗氧化、抗衰老活性以及抗病毒作用等功效，也可做调味剂。

采收与加工： 秋季开花时采收，晒干。

繁殖与栽培： 种子或分株繁殖；选择水湿优越的河、溪、沟或池塘等湿地栽培。

资源与开发： 野生资源较多，然而，作为批量的产品开发，应人工集约栽培。

六、胡桃 *Juglans regia* L.

异名： *Juglans duclouxiana* Dode; *J. orientis* Dode; *J. regia* L. var. *sinensis* C. DC.

别名： 核桃（通称），铁核桃、核桃（《本草纲目》），羌桃，新疆薄皮核桃，长寿果，厚壳核桃（云南），maduai（D-DH），enbupun（JP），bushi（ZW）。

科属： 胡桃科（Juglandaceae）胡桃属。

形态特征： 乔木。奇数羽状复叶，叶柄及叶轴幼时被有极短腺毛及腺体；小叶通常5～9枚，稀3枚，边缘全缘或在幼树上者具稀疏细锯齿。雄性葇荑花序下垂；雄花的苞片、小苞片及花被片均被腺毛；雄蕊6～30枚，花药黄色。雌性穗状花序通常具1～3（～4）雌花。雌花的总苞被极短腺毛，柱头浅绿色。果序短，具1～3果实；果实近于球状；果核稍具皱曲，有2条纵棱，顶端具短尖头；内果皮壁内具不规则的空隙或无空隙而仅具皱曲。花期4～5月，果期8～10月。

分布与生境： 产于华北、西北、西南、华中、华南和华东；生于海拔400～1800m的山坡及丘陵地带，中国平原及丘陵地区常见栽培；中亚、西亚、南亚和欧洲也有分布。

成分与利用： 防治棉红蜘蛛，效果达100%；防治秧田螟虫、负泥虫及菜青虫，效果也良好，用量为600～750kg/hm²。根皮、树皮、青果皮和叶含有的核桃醌（jaglone）能显著抑制核桃园的多种杂草生长（张兴，2010）。叶、果皮有毒，用于解毒，消肿。春季研皮汁洗头，可黑发。将皮煎水，可染粗布。种仁含油量高，可生食，也可榨油食用；果实供生食及榨油，也可药用。木材坚实，供做枪托及贵重家具雕刻等用。核桃树冠雄伟，树干洁白，枝叶繁茂，绿荫盖地，在园林中可作道路绿化，起防护作用。

采收与加工： ①叶切碎，加水3倍，放在锅内熬1h，取出冷却去渣，原液加生石灰1/2量，作喷雾剂，防治棉红蜘蛛。②叶晒干切碎，研成细粉喷撒，防治秧田螟虫。③外果皮与楸树皮捣烂，装入麻袋放在稻田进水缺口处，或捣碎拌土撒田内，防治稻负泥虫。④外果皮熬成原液，喷治菜青虫（浙江省吴兴县科学研究所和浙江省湖州市科学研究所，1958）。

繁殖与栽培： 种子繁殖。喜光，耐寒，抗旱、抗病能力强，适应多种土壤生长，喜肥沃湿润沙质壤土，同时对水肥要求不严，落叶后至发芽前不宜剪枝，易产生伤流。

资源与开发： 人工栽培较多。

七、毒鱼藤 *Derris elliptica* (Roxb.) Benth.

异名： *Galedupa elliptica* Roxb.；*Pongamia elliptica* Wall.

别名： 白药根、雷公藤蹄，毛鱼藤（《中国树木分类学》）。

科属： 蝶形花科（Papilionaceae）鱼藤属。

形态特征： 攀援状灌木。羽状复叶；叶柄、叶轴上面有槽沟，密被棕褐色柔毛；小叶 4～6 对，厚纸质，上面无毛或仅沿叶脉被毛，下面粉绿色，薄被棕褐色绢毛；小叶柄密被棕褐色柔毛。总状花序腋生；花序轴、总花梗和花梗密被棕褐色柔毛；花萼浅杯状；花冠淡红色或白色，外面被黄褐色柔毛，旗瓣近圆形，先端 2 裂，基部内侧有附属体 2；雄蕊单体；子房密被黄褐色柔毛。荚果扁平，幼时被柔毛，老时无毛，种子1～4 粒。花期 4～5 月，果期 9～11 月。

分布与生境： 广东、广西有栽培；印度、中南半岛、马来半岛有分布。

成分与利用： 含鱼藤酮、鱼藤素、毛鱼藤酮、鱼藤醇酮、灰豆素、毛鱼藤醇酮、脱氢鱼藤酮、脱氢鱼藤素、脱氢毛鱼藤酮（曾鑫年等，2002）。叶、根、茎及果实有毒。可用以捕鱼，或作农作物杀虫剂，还可毒杀蚊类幼虫。近年，发现鱼藤素及鱼藤酮类化合物具有抗癌作用。枝和叶外用治湿疹，风湿关节肿痛，跌打肿痛（皮肤未破）。

采收与加工： 根全年均可采挖，洗净，切片，晒干；茎叶夏季、秋季采收，多鲜用。

繁殖与栽培： 种子繁殖。

资源与开发： 同属锈毛鱼藤（*D. ferrugiatea*），含鱼藤酮、鱼藤素、灰叶素、灰叶酚及拟鱼藤酮类化合物。以根部含量最高。主要利用根。鱼藤酮是一种有效的植物杀虫剂，有强烈的触杀、胃毒作用。虽杀虫作用较迟缓，但较为持久，残效期 10d 左右，无残留污染，无不良气味，对植物无药害。主要用于果树、蔬菜、烟草、茶树、桑树、粮食、棉花等作物的蚜虫和多种咀嚼式口器害虫。还可防止卫生害虫及家畜体外寄生虫，如虱类和疥疮等。但不可与碱性药剂混用。已研制的鱼藤精农药，在蔬菜生产中广泛应用。

八、楝 *Melia azedarach* L.

异名： *Melia azedarach* subvar. *intermedia* Makino；*M. azedarach* var. *intermedia* (Makino) Makino；*M. azedarach* var. *subtripinnata* Miq.；*M. azedarach* var. *toosendan* (Sieb. & Zucc.) Makino；*M. japonica* G. Don var. *semperflorens* Makino；*M. toosendan* Sieb. & Zucc.

别名： 苦楝（通称），楝树、紫花树（江苏），森树（广东），野苦楝（云南富宁、河口），mameihong (D-DH)，Chinaberrytree。

科属： 楝科（Meliaceae）楝属。

形态特征： 落叶乔木。叶为 2～3 回奇数羽状复叶；小叶对生，顶生一片通常略大，边缘有钝锯齿，幼时被星状毛，后两面均无毛。圆锥花序约与叶等长，无毛或幼时被鳞片状短柔毛；花萼 5 深裂，先端急尖，外面被微柔毛；花瓣淡紫色，倒卵状匙形，两面均被微柔毛；雄蕊管紫色，有纵细脉，管口有钻形、2～3 齿裂的狭裂片 10 枚，花药 10 枚，着生于裂片内侧，且与裂片互生；子房近球形，5～6 室，每室有胚珠 2 颗，花柱细长，柱头头状，不伸出雄蕊管。核果球形至椭圆形，内果皮木质，4～5 室，每室有种子 1 颗；种子椭圆形。花期 4～5 月，果期 10～12 月。

分布与生境：产于中国黄河以南各省（自治区）；生于海拔 700～1900m 的旷野、路旁或疏林中，广泛栽培；广布于亚洲热带和亚热带地区，温带地区也有栽培；主产于亚洲南部和澳大利亚。

成分与利用：提取川楝素，又名楝素，与印楝提取物相同，是一种具有拒食和胃毒作用的植物杀虫剂。苦楝皮含 4,8-二羟基-1-四氢萘醌、梣酮、苦楝皮萜酮、苦楝萜酮内酯、南岭楝酮 B、苦楝酸、β-谷甾醇、丁二酸、5-（羟甲基）-2-呋喃甲醛、苦楝萜醇内酯、苦楝萜酸甲酯及 β-谷甾醇等（刘少超等，2011；颜滢和黄晨，2011）。苦楝子含 β-谷甾醇、香草醛、苯甲酸、香草酸、胡萝卜苷、松柏醛、苦楝新醇、原儿茶醛、芦丁等（种小桃等，2011）。对多种害虫有极高的毒杀活性，可用于防治各种鳞翅目幼虫。大多与其他农药混用，如与氰戊菊酯、灭幼脲等混用，作为防治菜青虫等害虫农药。鲜叶可灭钉螺。也作为药用植物，根皮可驱蛔虫和钩虫类寄生虫，但有毒，根皮粉调醋可治疥癣，苦楝子做成油膏可治头癣。边材黄白色，心材黄色至红褐色，纹理粗而美，质轻软，有光泽，易加工，是家具、建筑、农具、舟车、乐器等良好用材；果核仁油可供制油漆、润滑油和肥皂。

采收与加工：春季、秋季剥取树皮及根皮，晒干，或除去粗皮，晒干。

繁殖与栽培：播种育苗，条播。本植物喜光，不耐庇荫，喜温暖、湿润气候，耐寒力强。在湿润的沃土上生长迅速，对土壤要求不严，在酸性土、中性土与石灰岩及含盐量 0.3%以下的盐碱土地区均能生长；喜生于肥沃湿润的壤土或沙壤土，是平原及低海拔丘陵区的良好造林树种，在村边路旁种植更为适宜。

资源与开发：同属川楝（*M. toosendan*），采其熟后的果实晒干，内含川楝素、生物碱、山柰醇、树脂及鞣质。川楝的抽提物对多种农业害虫、仓库害虫、白蚁等都有较高的杀虫活性和抑制生长发育的作用。用川楝素加少量化学杀虫剂配制成的川楝素乳油（商品名“蔬果净”）对菜青虫的防治优于乙酰甲胺磷，对害虫天敌影响小，无污染，是防治蔬菜害虫理想的杀虫剂。作为药用植物，其味苦性寒，有小毒，有泻火、止痛、杀虫作用，主治胃痛、虫积腹痛、疝痛、痛经等。木材用途同楝，用树皮和根皮的二层皮有杀虫作用，可治蛔虫病。川楝树皮中提取出川楝素，并制成“川楝素片”用于驱蛔虫和治疗蛔虫引起的肠梗阻，排虫率高达 90%以上，服用方便，副作用小。

九、其他常见农药植物

（一）醉鱼草 *Buddleja lindleyana* Fortune

参见有毒植物部分。

功用：全株可用作农药，专杀小麦吸浆虫类、螟虫及灭孑孓等。

（二）陆均松 *Dacrydium pierrei* Hickel

别名：泪柏（《中国树木分类学》），卧子松（《中国裸子植物志》），黄液松、红松、逼赏松、山松（海南岛）。

科属：罗汉松科（Podocarpaceae）陆均松属。

分布：产于海南岛五指山、吊罗山、尖峰岭等，生于海拔500～1600m的地带，常形成针阔叶混交林或成块状纯林；越南、柬埔寨、泰国也有分布。

功用：树皮含较丰富的蜕皮激素。从树皮中分离出三种结晶，结晶Ⅰ是β-蜕皮素，结晶Ⅱ是筋骨草酮C，结晶Ⅲ中含百日青甾酮A和海南陆均松甾酮两种成分。三者总得率为0.4%（戴宝合，2003）。可提取制蜕皮激素类农药。陆均松树干挺直，生长较快，可作热带地区的庭院植物；也是海南高山森林更新和荒山造林的树种。木材纹理直，结构细密，相对密度0.60～0.71，供建筑、造船等用材。

（三）北乌头 *Aconitum kusnezoffii* Reich.

别名草乌：（东北、华北），蓝靰鞡花、鸡头草、蓝附子、五毒根（东北），鸦头、小叶鸦儿芦、穴种（河北），小叶芦、勒革拉花（山西）。

科属：毛茛科（Ranunculaceae）乌头属。

分布：产于山西、河北、内蒙古、辽宁、吉林和黑龙江；生于海拔200～2400m的山地草坡、疏林、草甸上；朝鲜、俄罗斯西伯利亚地区也有分布。

功用：全草及根为农药杀虫、杀菌剂，防治稻螟虫、棉蚜等虫害，以及棉花立枯病、小麦秆锈病等病害，也可消灭蝇蛆、孑孓等（《中国土农药志》）。根的水浸液对小麦秆锈病防治效果达68.4%；全草提取液防治大豆蚜虫，杀虫率达到44.6%。本种含有乌头碱、下乌头碱、中乌头碱、去氧乌头碱、北草乌碱。块根有剧毒，经炮制后可入药，治风湿性关节炎、神经痛、牙痛、中风等症。

（四）白屈菜 *Chelidonium majus* L.

别名：土黄连（内蒙古、吉林、黑龙江、山东、山西、河南、甘肃），水黄连、水黄草（河南），断肠草（辽宁、甘肃），小人血七、小野人血草、雄黄草、见肿消、水黄连、观音草（秦岭南北坡），黄连、八步紧、山黄连（辽宁）。

科属：罂粟科（Papaveraceae）白屈菜属。

分布：中国大部分省（自治区）均有分布；生于海拔500～2200m的山坡、山谷林缘草地或路旁、石缝；朝鲜、日本、俄罗斯及欧洲也有分布。

功用：全草的浸提液可防治菜青虫。开花期割取全草，阴干，揉成粉末，洒在菜地，对驱除地蚤有特效。另外，全草熏园中的无脚蝎及蝶类有效。全草的水浸液对大豆蚜虫杀虫率达80%。也为药用植物，种子含油40%以上；全草入药，有毒，含多种生物碱（白屈菜碱，前鸦片碱，白屈菜红碱，血根碱，小檗碱等），有镇痛、止咳、消肿、利尿、解毒之功效，治胃肠疼痛、痛经、黄疸、疥癣疮肿、蛇虫咬伤，外用消肿，也可作农药（戴宝合，2003）。此外，含有维生素A 4.9%～10.1%，维生素C 0.14%～0.17%。

（五）苦参 *Sophora flavescens* Aiton

别名：地槐（《本草纲目》），白茎地骨（《新本草纲目》），山槐、野槐。

科属：蝶形花科 Papilionaceae 苦参属。

分布：产于中国南北各省（自治区）；生于海拔 1500m 以下的山坡、沙地、草坡、灌木林中或田野附近；印度、日本、朝鲜、俄罗斯西伯利亚地区也有分布。

功用：根中含苦参碱、金雀花碱、氧化苦参碱、槐醇碱、槐国碱、臭豆碱、氧化国槐碱、苦参素、次苦参素、次苦参醇和红车轴草根苷（戴宝合，2003）。种子可作农药；根的提取液可以防治稻飞虱、金龟子、蝼蛄、地老虎、菜青虫，效果良好；地上部分的水浸液对大豆蚜虫的杀虫率达 81.4%。根的 5 倍水浸液对小麦秆锈病杀菌效果达 100%。春季、夏季、秋季采集根茎，提取金雀碱（神经系统毒剂），可致鼠痉挛和呼吸麻痹。茎皮纤维可织麻袋等。也作为药用植物，根含苦参碱和金雀花碱等，入药有清热利湿，抗菌消炎，健胃驱虫之效，常用作治疗皮肤瘙痒，神经衰弱，消化不良及便秘等症。

（六）厚果崖豆藤 *Millettia pachycarpa* Benth.

别名：厚果鸡血藤（《豆科图说》），苦檀子（《草木便方》），冲天子（广东、云南）。

科属：蝶形花科（Papilionaceae）鸡血藤属。

分布：产于浙江（南部）、江西、福建、台湾、湖南、广东、广西、四川、贵州、云南、西藏；生于海拔 2000m 以下的山坡常绿阔叶林内；缅甸、泰国、越南、老挝、孟加拉国、印度、尼泊尔、不丹也有分布。

功用：根、叶、果实和种子均含鱼藤酮、拟鱼藤酮等有效成分，种子中含量较高，磨粉可作杀虫药，能防治多种粮棉害虫。可在清晨有露水时直接撒在作物上杀虫；也可按每千克种子粉加水 100kg，再加入 200～300g 肥皂（用井水溶化），配制成悬浮液后杀虫。厚果崖豆藤的种子对昆虫具有强烈的触杀作用，可用于防治多种棉、粮、蔬菜的害虫以及蚊蝇等害虫，对蚜虫类、金花虫、椿象的毒效更大。

（七）臭椿 *Ailanthus altissima*（Mill.）Swingle.

参见抗污染植物部分。

功用：叶含臭椿酮，具有较强的抗阿米巴原虫作用。臭椿对害虫具有触杀作用，可防治蚜虫、黏虫、红铃虫、菜青虫等。

（八）狼毒 *Euphorbia fischeriana* Steud.

参见有毒植物部分。

功用：有效成分为 12-异丁酰基-13-乙酰基-20-当归酰基佛波醇酯、*O*-乙酰基-*N*-（*N*-‘苯 PA-L-苯丙氨酰）-L-苯丙氨醇及树脂等成分（戴宝合，2003）。根为农药杀虫、杀菌剂。根的水浸液对大豆蚜、菜蚜防治效果较好。根的 10 倍水浸液对小麦秆锈病防治效果达 65%。

（九）大戟 *Euphorbia pekinensis* Rupr.

别名： 京大戟（《北京植物志》、《福建植物志》），湖北大戟（《湖北植物志》）。

科属： 大戟科（Euphorbiaceae）大戟属。

分布： 广布于中国（除台湾、云南、西藏和新疆外），北方尤为普遍；生于山坡、灌丛、路旁、荒地、草丛、林缘和疏林内；朝鲜和日本有分布。

功用： 大戟根含三萜成分（为大戟苷等）、生物碱、大戟色素体等，对害虫有胃毒作用。可防治黏虫、棉蚜、小麦锈病、红蜘蛛等。也作药用植物，根入药，逐水通便，消肿散结，主治水肿，并有通经之效；也可作兽药用；有毒，宜慎用。

（十）泽漆 *Euphorbia helioscopia* L.

别名： 五朵云，五灯草，五风草。

科属： 大戟科（Euphorbiaceae）大戟属。

分布： 广布于全国（除黑龙江、吉林、内蒙古、广东、海南、台湾、新疆、西藏外）；生于山沟、路旁、荒野和山坡，较常见；分布于欧亚大陆和北非。

功用： 泽漆茎叶，含槲皮素-5,3-D-半乳糖苷、泽漆皂苷、三萜、丁酸、泽漆醇、β-二氢岩藻甾醇、葡萄糖、果糖、麦芽糖等。乳汁含间-羟苯基甘氨酸、3，5-二羟基苯甲酸。干乳汁含（%）橡胶烃（聚萜烯）13、树脂 62、水溶性物 25（戴宝合，2003）。茎叶滤液对害虫有触杀、胃毒作用。用于防治红蜘蛛、黏虫、棉蚜、麦蚜等。对小麦锈病、赤霉病有抑制作用。也是药用植物，全草入药，有清热、祛痰、利尿消肿及杀虫之效；种子含油量达 30%，可供工业用。

（十一）藜芦 *Veratrum nigrum* L.

别名： 黑藜芦，山葱。

科属： 百合科（Liliaceae）藜芦属。

产地： 产于东北、河北、山东、河南、山西、陕西、内蒙古、甘肃、湖北（房县）、四川和贵州；生于海拔 1200～3300m 的山坡林下或草丛中；亚洲北部和欧洲中部也有分布。

功用： 藜芦根、根茎含芥芬胺、假芥芬胺、玉红芥芬胺、秋水仙碱、计明胺及藜芦酞棋盘花碱等生物碱。根、根茎可防治蚜虫、蓟马、蝇类等害虫。

（十二）瑞香狼毒 *Stellera chamaejasme* L.

别名： 狼毒（通称《中国植物志》），断肠草（内蒙古），拔萝卜、燕子花（河北），馒头花（青海）。

科属： 瑞香科（Thymelaeaceae）狼毒属。

分布： 产于中国北方各省（自治区）及西南地区；生于海拔 2600～4200m 的干燥而向阳的高山草坡、草坪或河滩台地；俄罗斯西伯利亚也有分布。

功用： 根中含萜类树脂、有毒的高分子有机酸及瑞香狼毒苷、狼毒素、二氢山萘酚等黄酮化合物。还含有香豆素、茴香素、异茴香素、异佛手柑内酯及牛防风素（戴宝合，2003）。根及全草可防治多种害虫；根晒干磨成细粉，深翻到地里可防治地下害虫；根的水浸液可防治菜青虫、猿叶虫；全草加水煮成原液可杀死多种害虫。也是药用植物，根入药，有祛痰、消积、止痛之功能，外敷可治疥癣。根还可提取工业用乙醇。

（十三）羊踯躅 *Rhododendron molle*（Blume）G. Don

参见有毒植物部分。

功用：有毒成分为闹羊花毒素和马醉木素。全株都可利用。防治水稻螟虫、蚜虫、稻飞虱、地下害虫及蔬菜害虫。

（十四）露水草 *Cyanotis arachnoidea* C. B. Clarke

别名：蛛丝毛蓝耳草（《植物分类学报》、《中国植物志》）珍珠露水草（云南曲靖），鸡冠参（昆明）。

科属：鸭跖草科（Commelinaceae）蓝耳草属。

分布：产于台湾、福建（仙游、平和、南靖、彰浦）、江西（龙南）、广东（梅县、翁源、鼎湖、连山、连平、怀集、广州、惠阳）、海南（澄迈、保亭）、广西（南宁、灵川、隆林、上林、桂平、贺县、临桂）、贵州（盘县、兴仁、安龙）、云南（砚山、蒙自、沧源、腾冲、屏边、西双版纳、凤庆、景东、昆明、曲靖）；生于海拔 2700m 以下的溪边、山谷湿地及湿润岩石上；印度、斯里兰卡至越南、老挝、柬埔寨也有分布。

功用：全草含 β-蜕皮激素和 β-蜕皮激素的 2 位乙酸酯。β-蜕皮激素达全草干重的 1.2%，根部可达干重的 3%。也作药用植物，根入药，通经活络、除湿止痛，主治风湿关节疼痛。

（十五）百部 *Stemona japonica*（Bl.）Miq.

别名：蔓生百部（《中药志》），婆妇草（浙江），药虱药（河南）。

科属：百部科（Stemonaceae）百部属。

分布：产于浙江、江苏、安徽、江西等省；生于海拔 300～400m 的山坡草丛、路旁和林下。日本曾引入栽培，有变为野生者。

功用：百部根提取百部碱、百部定、异百部定及对叶百部碱等。百部碱对害虫具有触杀与胃毒作用，也可杀卵。百部根冷浸液和煮液对菜青虫、红蜘蛛、蚜虫、猿叶虫（*Calaphellus* spp.）等多种昆虫有触杀作用。也是药用植物，根入药，外用于杀虫、止痒、灭虱；内服有润肺、止咳、祛痰之效。

（十六）黄荆 *Vitex negundo* L.

别名：黄荆条，牡荆，黄荆子，布荆，荆条，五指风，五指柑。

科属：马鞭草科（Verbenaceae）牡荆属。

分布：主要产于长江以南各省（自治区），北达秦岭淮河；生于山坡、路旁或灌木丛中；非洲东部经马达加斯加、亚洲东南部及南美洲的玻利维亚也有分布。

功用： 黄荆叶的挥发油主要成分为石竹烯、桉树脑、β-水芹烯、别-香树烯和β-法呢烯，可驱除玉米象、谷蠹、绿豆象等储粮害虫。果实和根也有良好的杀虫和驱虫效果，根可以驱蛲虫，叶片晒干点燃后的特殊气味，可代蚊香驱虫使用。

（十七）烟草 *Nicotiana tabacum* L.

别名： 烟叶（北方），返魂烟，旱烟，红花烟草，黄花烟草，普通烟草，红花烟，cultivated tobacco。

科属： 茄科（Solanaceae）烟草属。

分布： 原产于南美洲；中国南北各省（自治区）广为栽培。

功用： 来自卷烟厂的下脚烟草粉末、烟茎、烟筋生产烟碱。1690 年欧洲用烟草萃取液作为杀虫剂。1893 年皮纳确定了其结构，1902 年皮克森特合成了烟碱。烟碱通过抑制乙酰胆碱酯酶受体而致效。主要用于蔬菜、果树、茶树、水稻等作物，防治蚜虫、甘蓝夜蛾、蓟马、蝽象、叶跳虫、大豆食心虫、菜青虫、潜叶蝇、潜叶蛾、桃小食心虫、梨小食心虫、螨、黄条跳甲、稻螟、叶蝉、飞虱等。残效期约 7d。使用时在稀释液中加入一定量的肥皂和碱以提高药效。烟碱对人畜高毒。烟草叶的水浸提物，对爪哇根结线虫具有明显的毒杀作用。作烟草工业的原料。也可药用，作麻醉、发汗、镇静和催吐剂。

（十八）苦皮藤 *Celastrus angulatus* Maxim.

别名： 苦树皮（山东），马断肠、老虎麻（《中国高等植物图鉴》），棱枝南蛇藤（《华北经济植物志要》），苦皮树、老麻藤（《浙江植物名录》）。

科属： 卫矛科（Celastraceae）南蛇藤属。

分布： 产于河北、山东、河南、陕西、甘肃、江苏、安徽、江西、湖北、湖南、四川、贵州、云南及广东、广西；生长于海拔 1000～2500m 的山地丛林及山坡灌丛中。

功用： 根皮及茎皮为杀虫剂和灭菌剂。根中提取苦皮藤素，具有胃毒作用。主要用于防治蔬菜、茶树、水稻、瓜类等各种作物的鳞翅目、直翅目和鞘翅目害虫，诸如菜青虫、稻苞虫、黏虫、尺蠖、黄守瓜等害虫。也可用于防治仓储害虫，如玉米象、米象等。对人畜十分安全，对鸟类、水生动物、蜜蜂及众多天敌也无影响。树皮纤维可供造纸及人造棉原料；果皮及种子含油脂可供工业用。

（十九）百里香 *Thymus mongolicus* Ronn.

别名： 地薑（甘肃镇原），千里香（甘肃天水，山西武宁），地椒叶（陕西靖边、安塞、子洲），地角花（河北）。

科属： 唇形科（Labiatae）百里香属。

分布： 产于甘肃、陕西、青海、山西、河北、内蒙古；生于海拔 1100～3600m 的多石山地、斜坡、山谷、山沟、路旁及杂草丛中。

功用： 百里香油的化合物香芹酚，是一种具杀菌活性的植物农药。用于防治苹果、桃、梨、柑橘、花生、棉花的曲霉病及果实、薯块的木霉病。对人畜比较安全。

（二十） 断肠草 *Gelsemium elegans*（Gardn. & Champ. ）Benth.

别名：钩吻（《神农本草经》），野葛（《唐本草注》），胡蔓藤（《南方草本状》），断肠草（《梦溪笔谈》），烂肠草（《本草纲目》），朝阳草（《生草药性备要》），大茶药（岭南采药集），大茶藤（《中国药用植物图鉴》），荷班药（《岭南草药志》），猪人参（《广西中药志》），狗向藤（广东大埔），柑毒草（福建），猪参（台湾），大茶叶（广西），wendahai（D-BN）。

科属：马钱科（Loganiaceae）断肠草属。

分布：产于江西、福建、台湾、湖南、广东、海南、广西、贵州、云南等省（自治区）。生于海拔 500～2000m 的山地、路旁灌木丛中或潮湿肥沃的丘陵山坡疏林下；印度、缅甸、泰国、老挝、越南、马来西亚和印度尼西亚等也有分布。

功用：全株有大毒，根、茎、枝、叶含有钩吻碱甲、乙、丙、丁、寅、卯、戊、辰 8 种生物碱，可作农药，防治水稻螟虫；取全株切碎水煮，制成毒饵。鼠中毒后呕吐，震颤抽搐，呼吸抑制而死亡。也作药用植物，有消肿止痛、拔毒杀虫之效；华南地区常用作中兽医草药，对猪、牛、羊有驱虫功效。

（二十一） 马钱子 *Strychnos nux-vomica* L.

别名：番木鳖、苦实把豆儿（《飞鸿集》），火失刻把都（《本草纲目》），苦实（《本草原始》），马前、牛眼（《本草求原》），大方八（《中药材手册》），马钱树（广西）。

科属：马钱科（Loganiaceae）马钱属。

分布：中国台湾、福建、广东、海南、广西和云南南部等地有栽培；产于印度、斯里兰卡、缅甸、泰国、越南、老挝、柬埔寨、马来西亚、印度尼西亚和菲律宾等；生于深山老林中，喜热带湿润性气候，怕霜冻，以石灰质壤土或微酸性黏壤土生长较好。

功用：采集种子，提取士的宁、马钱子碱等。作用于老鼠脊髓，表现为颈项僵硬、瞳孔散大、呼吸急促且困难、抽搐、角弓反张而后死亡。也作药用植物，种子极毒，主要含有马钱子碱和番木鳖碱等多种生物碱，用于健胃药。中医学上以种子炮制后入药，性寒，味苦，有通络散结，消肿止痛之效。西医学上用种子提取物，作中枢神经兴奋剂。木材灰白色，结构坚硬致密，可供车辆及农具用料。

第十九章　有毒植物

第一节　概　　述

一、概念

有毒植物（poisonous plant）是指对人和家畜等能产生有害作用的植物。通常指有毒陆生高等植物和毒蕈，一般不将能产生毒素的细菌和藻类包括在内。

许多植物富含生物碱、苷类、萜类等有毒成分，往往是在植物体内代谢生成的，从而成为有毒植物。一些植物是富集某些特殊的化学成分而产生毒害作用。而一些外源性污染（如霉菌、农药）而产生毒素的植物，不属于有毒植物。

许多有毒植物是重要的经济植物，其兼具食用、药用、观赏等作用，经过加工处理和配制，成为重要的食用、药物、杀虫剂、灭菌剂等。但如果处理不当或者食用量太多，则产生毒害作用。例如，美国生活科学网评出了世界十大有毒植物，依次是紫藤（*Wisteria sinensis*）、毛地黄、绣球、铃兰、花烛（*Anthurium* spp.）、菊花、夹竹桃、小叶橡胶树、杜鹃花、水仙花。这些外表诱人、貌似普通的观赏植物，能引发头痛、抽搐甚至致人、畜或禽死亡的严重后果。

二、有毒植物的资源与分布

中国有毒植物资源十分丰富，有1300多种，隶属于140科，绝大部分为被子植物，如毛茛科、杜鹃花科、大戟科、茄科、天南星科、百合科、菊科等。其地理分布与植被区域有密切关系。有毒植物多集中分布于亚热带常绿阔叶林区和热带雨林区，特别是西南的云南、四川和华南的广西、广东以及福建等省（自治区）。其他地区，如青藏高原、西沙群岛等地也都有重要的有毒植物种分布。华东、华中和华北是中国经济文化发达地区，自然植被已受到严重破坏，有毒植物种类分布较少（陈翼胜和郑硕，1987）。

云南有毒植物主要有杜鹃花科、茄科、毛茛科、天南星科、大戟科、马桑科和百合科的一些种类，特别是杜鹃花科杜鹃花属和毛茛科乌头属的种类最为集中；中国特有的茄科山莨菪属也是有毒植物，主要分布在云南。西南地区的有毒植物种类，如大白花杜鹃、南烛（*Vaccinium bracteatum*）、金叶子（*Craibiodendron stellatum*）、三分三、假烟叶、伏毛铁棒锤（*Aconitum flavum*）、短柄乌头、海芋（*Alocasia macrorrhiza*）、大狼毒（*Euphorbia jolkinii*）、马桑、蒙自藜芦（*Veratrum mengtzeanum*）、赪桐（*Clerodendrum japonicum*）、昆明山海棠、钩吻（*Gelsemium elegans*）、大蝎子草（*Girardinia diversifolia*）等。华南地区主要有毒植物有豆科、夹竹桃科、大戟科、天南星科的一些种，如鱼藤、海红豆（*Adenanthera pavonina* var. *microsperma*）、海杧果（*Cerbera manghas*）、羊角拗（*Strophanthus divaricatus*）、巴豆、海芋（*Alocasia macrorrhiza*）、野芋（*Colocasia antiquorum*）、羊踯躅、莽草、钩吻、箭毒木

(*Antiaris toxicaria*) 等。远离大陆的西沙群岛也有十余种有毒植物，如榼子藤(*Entada phaseoloides*)、海刀豆(*Canavalia maritima*)、海杧果(*Cerbera manghas*)、飞扬草(*Euphorbia hirta*)、洋金花、蓖麻等。浙江、福建、台湾等地主要种类有厚果岩豆藤、巴豆、羊角拗、野漆、莽草(*Illicium lanceolatum*)、八角枫(*Alangium chinense*)等(陈翼胜和郑硕，1987)。

江苏、安徽以及黄河的中下游地区、东北地区的北部、西北地区、青藏高原等区域，有毒植物较少。雅鲁藏布江中下游河谷地带，有毒植物种类较多。

按科属，毛茛科、杜鹃花科、大戟科、茄科、百合科等科的有毒种最多，约330种，且广泛分布。毛茛科、杜鹃花科、茄科不仅有毒物种丰富，而且有一些剧毒的物种。毛茛科有毒植物主要集中在乌头属、银莲花属、翠雀属、毛茛属；杜鹃花科主要集中在杜鹃花属，大戟科主要集中在大戟属。其他有毒植物相对较多的科有天南星科、萝藦科、菊科、罂粟科、芸香科、夹竹桃科、伞形科、防己科、马钱科、瑞香科、木兰科、荨麻科(Urticaceae)、漆树科等。马桑科、商陆科虽属小种科，但多数种有毒，在有毒植物中占有重要地位。中国常易引起中毒的一些有毒植物苍耳(*Xanthium sibiricum*)、乌头、莽草、油桐子、马桑、昆明山海棠、藜芦、百部、天南星、大戟、鸦胆子、曼陀罗、狼毒、钩吻、夹竹桃、乌桕、杏仁等。

一些重要的论著，收录了中国有毒植物。例如，《本草纲目》记载了有毒植物150多种；《植物名实图考》收录40种有毒植物；《植物名实图考长编》记载49种有毒植物；《全国中草药汇编》载录了有毒植物548种。

《南方主要有毒植物》(广东省农林水科学技术服务站经济作物队，1970)是一本科学普及手册，收集南方主要有毒植物154种，包括部分引种栽培的有毒植物；另外还收集了常见的、平时因误食或食法不当易引起中毒的栽培植物19种。每种有毒植物都有简单文字描述，并附插图对照；书中较为详尽地陈述了各种有毒植物的有毒部位、含毒成分、中毒症状以及解救方法等。此外，书中还介绍民间常用解毒植物10种以供参考。

《中国有毒植物》(陈翼胜和郑硕，1987)：论述了有毒植物的基本概念及其化学成分，有毒植物的毒性毒理和急性中毒治疗措施；对中国90多科的943种有毒植物，按科、种分别叙述其名称、形态、分布和生境；重点介绍植物的毒性、有毒化学成分及其毒理作用。重要种附有插图；重要有毒化学成分附有结构式和毒性数据。附有常见有毒植物的中毒急救和治疗方法、化学成分英中名称对照和植物中文名及拉丁学名索引等。

《中国草地重要有毒植物》(史志诚，1997)，论述了草原有毒植物研究的历史、重要的有毒植物及其危害、防除、开发和利用，并对一些分布于草原的重要有毒植物科属种类进行了详细的描述。附录了中国有毒植物133科、1383种。

《动物毒素与有害植物》(孙友富，2000)，介绍了常见的有毒动物、植物和矿物中药种类，包括有毒植物50种，每种涉及别名、植物科、用途、毒害性、中毒表现、治疗方法、预防措施等内容。

《南方有毒植物及其中毒的处理》(罗深秋和俞守义，2000)，介绍了有毒植物的一般特征和判断方法、中毒的症状和诊断、中毒的急救处理。并描述了150多种南方有毒植物及其中毒的处理方法。

《美丽杀手——常见有毒花木写真录》(顺庆生，2004)，收录了重要的观赏植物具有毒性的有毒植物 87 种，包括别名、简介、植物形态、分布、毒性分析、化学成分等内容。

《新居净化空气与有毒植物图鉴》(邹建中和马晓勇，2007)，列举了常见的 80 种净化空气植物和 30 种有毒植物。其中，有毒植物包括概述，中毒症状、中毒途径、防止中毒的措施和方法等内容。

三、有毒植物的分类

有毒植物可以按照含毒成分划分为 7 种类型（广东省农林水科学技术服务站经济作物队，1970；孙友富，2000）。

1. 含苷类植物

多见于蔷薇科、夹竹桃科、大戟科、萝藦科、卫矛科、百合科、无患子科和薯蓣科等的某些种类中：①含强心苷的类植物，如夹竹桃（黄花夹竹桃）、羊角拗、铃兰、侧金盏花（*Adonis amurensis*）；②含氰苷类植物，如木薯、苦杏仁、银杏（白果）；③含皂苷类植物，如皂荚、白头翁等。

2. 含生物碱类植物

含生物碱常见的有毒植物多数属于毛茛科、防己科、芸香料、马钱科、茄科、百合科、石蒜科、天南星科、百部科等，包括：①含颠茄类生物碱植物，如曼陀罗、颠茄（*Atropa belladonna*）、天仙子等；②含乌头类生物碱植物，如乌头等；③其他类生物碱，如毒芹（*Cicuta virosa*）、雷公藤、钩吻、山豆根（*Euchresta japonica*）、马钱子、槟榔、飞燕草（*Consolida ajacis*）、水仙、辛夷（*Magnolia liliflora*）等。

3. 含毒蛋白类植物

毒蛋白主要存在于种子中，经榨油后转存于油渣中，如蓖麻、麻疯树（*Jatropha curcas*）、油桐、巴豆、相思豆（*Abrus precatorius*）等。毒蛋白有剧毒，应慎处理之。

4. 含酚类化合物植物

含酚类化合物常见的有毒植物，如漆、大麻、草棉（*Gossypium herbaceum*）、常春藤、栎树、野葛等。

5. 毒鱼酮类植物

含毒鱼酮类有毒植物，如鱼藤、厚果崖豆藤等。

6. 含萜和内酯类植物

含萜和内酯类有毒植物，如苦楝、莽草、芫花（*Daphne genkwa*）、大戟、侧柏等。

7. 其他类植物

含其他化合物的有毒植物，如羊踯躅、含羞草（*Mimosa pudica*，含羞草碱，该碱是一种毒性氨基酸）、荔枝（可引起突发性低血糖症）、甜瓜蒂（*Cucumis melo*）、藜（*Chenopodium album*）、萱草（*Hemerocallis fulva*，根素中毒）、苍耳、益母草（益母草素中毒）、荨麻（*Urtica fissa*，刺毛有毒，主要为蚁酸）、桔梗（桔梗皂苷具有强烈的黏膜刺激性）、何首乌（有毒成分为大黄酸、大黄素等蒽醌类物质）、除虫菊（除虫菊素甲具有很大毒性）等。

四、有毒植物引起中毒的途径

有毒植物导致中毒，包括7个方面的途径。

（1）误食食用植物有毒部位和有毒成分　有些食用植物可食部位无毒，但非食用部位有毒，食入这些有毒部位即可造成中毒。例如，蔷薇科的杏、苹果、樱桃、桃、李、梨等水果，果肉鲜美，无毒可食，但其种仁、叶、花芽、树皮等多含氰苷，食用新鲜果仁可能造成中毒甚至死亡。

（2）食用植物的某个特定发育期有毒　有些食用植物在某些发育期有毒，如麦、玉米等粮食作物在幼苗期含氰苷，采食过量可造成牲畜中毒；未成熟的蚕豆，发芽的马铃薯等含有毒成分，不慎食用均可造成中毒。

（3）加工不当引起的中毒　有些植物的有毒成分可经加工除去毒性。例如，富含淀粉的块根植物木薯等含有毒成分，经水浸、漂洗、煮熟等处理后，可除去毒性供食用，但不经加工生食或处理不彻底均可引起中毒；菜豆（*Phaseolus vulgaris*）、小刀豆（*Canavalia cathartica*）等含有血球凝集素，须煮沸煮熟方可除去毒性，食法不当可引起中毒；菜子油、棉籽油、橡胶子油等必须经过炼制，以除去毒蛋白、毒苷、棉酚等成分方可食用。

（4）过量服用药用植物　如前所述，药用植物同时又是有毒植物，在允许剂量下有治疗作用，而过量即产生中毒。炮制、配伍不当或超剂量服用均可造成中毒。

（5）误食有毒植物　误用有毒植物为食物或药物，或将有毒植物伪充补品，如将莽草果实作为八角，马桑果误作桑葚，钩吻作为凉茶，桐油误为食用油，以乌头充作三七，商陆伪充人参等，均可造成中毒，甚至危及生命安全。

（6）接触有毒植物　有些有毒植物一经接触就会导致人体中毒，如大戟科、菊科、漆树科、天南星科等多种植物有刺激皮肤和黏膜的作用，导致皮肤过敏，甚至危及生命等。

（7）吸食植物毒品　有毒植物罂粟（别名鸦片，大烟）含有丰富的吗啡型生物碱，口服或皮下给药后引起兴奋，处于一种特殊的愉快状态，吸食数日到两周以上即可成瘾；大麻是另一重要的有毒植物，其雌花的花穗、小叶、细茎，提取物大麻精，口服可引起幻听、幻视等精神症状和酩酊状态，视觉兴奋，后失去知觉而深睡乃至昏迷。种类有毒植物吸食时间较长或过量，危及健康和生命。

第二节　特色有毒植物

一、夹竹桃 *Nerium indicum* Mill.

异名： *Nerium odorum* Soland; *N. oleander* L. var. *indicum* Degener et Greenwell

别名： 红花夹竹桃（广东广州）、柳叶桃树（河北）、洋桃（河南开封）、叫出冬（东北）、柳叶树（山东）、洋桃梅（山西）、枸那（花镜）、半年红，欧洲夹竹桃，hailu-oliang（D-BN），mobitaohuan（D-DH）。

科属： 夹竹桃科（Apocynaceae）夹竹桃属。

形态特征：常绿大灌木。叶3～4枚轮生，下枝为对生；叶柄内具腺体。聚伞花序顶生，着花数朵；总花梗被微毛；苞片披针形；花萼5深裂，内面基部具腺体；花冠深红色或粉红色，花冠为单瓣呈5裂时，其花冠为漏斗状，花冠喉部具5片宽鳞片状副花冠；花冠为重瓣，呈15～18枚时，裂片组成三轮，内轮为漏斗状，外面二轮为辐状，分裂至基部或每2～3片基部连合；雄蕊着生在花冠筒中部以上；无花盘；心皮2，离生，被柔毛，花柱丝状，柱头近球圆形，顶端凸尖；每心皮有胚珠多颗。蓇葖2，离生，平行或并连，具细纵条纹；种子长圆形，种皮被锈色短柔毛，顶端具黄褐色绢质种毛。花期几乎全年，夏秋为最盛，果期一般在冬春季。

分布与生境：中国各省（自治区）有栽培，尤以南方为多，常在公园、风景区、道路旁或河旁、湖旁周围栽培；长江以北栽培者须在温室越冬；原产于印度、伊朗、阿富汗、尼泊尔等地，现广植于世界热带地区。

成分与功用：富含多种强心苷，主要存在于叶、茎皮和根中，已分出20多种，系由洋地黄毒苷元、夹竹桃苷元、乌沙苷元、欧夹竹桃苷元、奈利苷元等与不同的糖组成，其中主要有欧夹竹桃苷丙、葡萄糖尼哥苷、龙胆二糖夹竹桃苷A等。此外，还含孕菌烯醇酮苷、孕甾烷、欧夹二烯酮A、糖醇白坚皮醇、橡胶肌醇、鸡蛋花素以及黄酮、三萜、甾醇等。叶含有夹竹桃苷、糖苷等多种物质，花含洋地黄苷、苷元、桃苷等成分。它们具有显著的强心利尿、发汗催吐和镇痛作用，效果与洋地黄相似，属于慢性强心苷类药物。夹竹桃全株及乳白色液有毒，新鲜树皮毒性比叶强，干燥后毒性减弱；花的毒力较轻。人每次服夹竹桃干燥叶3g足以致死。夹竹桃叶之提取物在胃、肠的吸收都比较快。主要引起胃肠道紊乱，再者是心脏和神经系统的毒性反应，主要表现为头痛、头晕、恶心、呕吐、腹痛、腹泻、烦躁、谵语；继则四肢麻木、冰凉、汗出、肢端紫斑、面色苍白、呼吸急促、体温血压下降；严重者心率失常，脉搏不规则，心跳缓慢，心房及心室纤颤；急性心源性及缺血综合征，表现为瞳孔放大，视力模糊，对光不敏感，嗜睡，昏迷，痉挛抽搐，休克，心跳停止而死亡。夹竹桃中毒与洋地黄中毒症状及心电图相似，如窦性心动过缓、心律不齐、期前收缩、房室从不完全到完全阻滞、室性心动过速、室颤、T波倒置等。叶、茎皮可提制强心剂，但有毒，用时需慎重。根及树皮含有强心苷和酞类结晶物质及少量精油；并可以制杀虫剂。其花色有红色和白色两种，花大、艳丽、花期长，常作观赏；茎皮纤维为优良混纺原料；种子含油量约为58.5%，可榨油供制润滑油。对SO_2、Cl_2等有毒气体有较强的抗性，对粉尘烟尘有较强的吸附力，因而被誉为绿色吸尘器。

采收与加工：叶入药，全年可采收；树皮及根在培育3～4年后采收，晒干。

繁殖与栽培：插条、压条繁殖，极易成活。性喜充足的光照，温暖和湿润的气候条件，不耐寒，忌水渍，耐一定程度空气干燥。适生于排水良好、肥沃的中性土壤，微酸性、微碱土也能适应。

资源与开发：该科植物羊角拗也是有毒植物。《本草求原》称羊角拗“有毒，能杀人，不可入口”。羊角拗的液汁、叶、种子及根均有毒。中毒时，先出现头痛、头晕、恶心、呕吐、腹痛、腹泻、烦躁及谵语，其后四肢冰凉而有汗，脸色苍白，脉搏不规则，散瞳，对光反射不敏感，继而出现痉挛，昏迷，心跳停止死亡。

二、苍耳 *Xanthium sibiricum* Patrin ex Widder

异名： *Xanthium indicum* Klatt；*X. japonicum* Widder；*X. strumarium* L.；*X. strumarium* L. var. *indicum* Debeaux；*X. varians* Greene；*X. wootonii* Cockerell

别名： 粘头婆、虱马头（广州）、苍耳子（四川、云南、河南、山东、山西、东北）、老苍子（辽宁、江西、河北）、野茄子、敝子（东北）、道人头、刺八裸（河南）、苍浪子、绵苍浪子、羌子裸子、青棘子（江苏）、抢子（安徽）、痴头婆、胡苍子（湖南）、野茄（河北）、猪耳、菜耳（甘肃）、螽麻头（广东）、粘粘葵、羊带来（福建）、豆芽菜，yaxiwen（D-BN），magingla（D-DH），dingxi（JP）。

科属： 菊科（Compositae）苍耳属。

形态特征： 一年生草本。叶三角状卵形或心形，边缘有不规则的粗锯齿，下面苍白色，被糙伏毛。雄性的头状花序球形，总苞片长圆状披针形，被短柔毛，花托柱状，托片倒披针形，有多数的雄花，花冠钟形，管部上端有5宽裂片；花药长圆状线形；雌性的头状花序椭圆形，外层总苞片小，披针形，被短柔毛，内层总苞片结合成囊状，在瘦果成熟时变坚硬，外面有疏生的具钩状的刺；喙坚硬，锥形，上端略呈镰刀状，常不等长。瘦果2，倒卵形。花期7～8月，果期9～10月。

分布与生境： 广泛分布于东北、华北、华东、华南、西北及西南各省（自治区）；生长于平原、丘陵、低山、荒野路边、田边；前苏联、伊朗、印度、朝鲜和日本也有分布。此植物的总苞常具钩状的硬刺，贴附于家畜和人体上，故易于散布。

成分与功用： 主要有毒成分为羧基苍术苷和苍术苷。本品含苍耳苷，叶含苍耳醇、异苍耳醇、苍耳酯等。苍耳子主要含有挥发油、脂肪油、酚酸、苍耳子噻嗪双酮等杂环类化合物、蒽醌、黄酮、生物碱及其他类成分，毒性成分为苍术苷及其衍生物（崔秀荣等，2012）。带总苞果实的化学成分为胡萝卜苷、反丁烯二酸乙酯、绿原酸甲酯、苍耳子噻嗪双酮苷、3′,4′-去二磺酸基苍术苷、羧基苍术苷、4′-甲氧基异黄酮-7-O-β-D-葡萄糖苷（邱玉玲等，2010）。全株有毒，幼芽和果实（苍耳子）的毒性最大，茎叶中含有对神经及肌肉有毒的物质。种仁和子叶含毒蛋白、毒苷等主要的有毒成分。中毒主要损伤肝脏，引起氮质血症，使肝脏充血、脂肪变性、肝功能急剧损害，在此基础上，继发脑组织水肿，引起惊厥和死亡（孙友富等，2000）。炒食种子25～400g可引起中毒，多在4～5h至3d内出现症状。苍耳子榨出的油可供工业用，油饼可作肥料，不能食用。如不小心将苍耳芽和苍耳子当野菜、野果采食，或者把苍耳油当作普通油食用，都会引起中毒。误食苍耳一般在食后两三天内发病，也有在几小时之后就发病的。中毒症状是头痛、头晕、恶心、呕吐，血压忽高忽低、呼吸困难、全身无力、烦躁不安；严重的还会出现黄疸，引起昏迷或广泛出血（包括脑出血）而死亡（群众出版社编辑部，1961）。种子可榨油，苍耳子油是一种高级香料的原料，与桐油的性质相仿，可掺和桐油制油漆，也可作油墨、肥皂、油毡的原料，又可制硬化油及润滑油；果实供药用，治麻风，种子利尿、发汗；茎叶捣烂后涂敷，治疥癣，虫咬伤等。苍耳子悬浮液可防治蚜虫，如加入樟脑，杀虫率更高，苍耳子石灰合液可杀蚜虫。苍耳子可做猪的精饲料。茎皮制成的纤维可以作麻袋、麻绳。

采收与加工：干燥成熟带总苞的果实药用。秋季果实成熟时采收，干燥，除去梗、叶等杂质，除去硬刺备用。

繁殖与栽培：种子繁殖，直播或育苗移法。苍耳喜温暖稍湿润气候，耐干旱瘠薄。以选疏松肥沃、排水良好的沙质壤土栽培为宜。

资源与开发：一种常见的田间杂草，资源量大。

三、乳浆大戟 *Euphorbia esula* L.

异名：*Euphorbia discolor* Ledeb.；*E. esula* L. var. *cyparioides* Boiss.；*E. esula* L. var. *latifolia* Ledeb.；*E. glomerulans* Prokh.；*E. jaxartica* Prokh.；*E. kaleniczenkii* Czern. ex Tramtv.；*E. lunalata* Bge.；*E. mandshurica* Maxim.；*E. minxianensis* W. T. Wang；*E. subcordata* Meyer ex Ledeb.；*E. tarokoensis* Hayata；

别名：猫眼草、烂疤眼（俗称）、华北大戟（《秦岭植物志》）、新疆大戟（《中国沙漠植物志》）、太鲁阁大戟（《台湾植物志》）、岷县大戟（《云南植物研究》）、东北大戟、松叶乳汁大戟、宽叶乳浆大戟（《东北草本植物志》）、乳浆草（《北京植物志》），leafy spurge。

科属：大戟科（Euphorbiacea）大戟属。

形态特征：多年生草本。茎单生或丛生。叶线形至卵形，多变化；不育枝叶常为松针状；总苞叶3～5枚，与茎生叶同形；伞幅3～5；苞叶2枚，常为肾形。花序单生于二歧分枝的顶端；总苞钟状，边缘5裂，裂片边缘及内侧被毛；腺体4，新月形，两端具角，角长而尖或短而钝，变异幅度大。雄花多枚，苞片宽线形；雌花1枚，子房柄明显伸出总苞之外；子房光滑；花柱3，分离；柱头2裂。蒴果三棱状球形，具3个纵沟；花柱宿存；成熟时分裂为3个分果爿。种子卵球状，成熟时黄褐色；种阜盾状。花果期4～10月。

分布与生境：产于中国（除海南、贵州、云南和西藏外），生于路旁、杂草丛、山坡、林下、河沟边、荒山、沙丘及草地；广布于欧亚大陆，且归化于北美洲。

成分与功用：含有槲皮素-3-*O*-α-L-鼠李糖苷、山萘酚-3-*O*-β-D-吡喃葡萄糖苷、槲皮素-7-*O*-β-D-吡喃葡萄糖苷、二萜化合物等（柴国生和赵明，2012；王玉波等，2010）。直接接触植物，可产生皮肤炎、鼻炎、结膜炎等刺激症状。内服可致咽喉部肿胀、充血、尿多，恶心、剧烈呕吐或致吐血、腹痛、腹泻，甚至排血性大便，严重者可致脱水及酸中毒。大剂量时可引起肾功能不良，甚至发生肾衰竭。严重时能使呼吸麻痹而死亡。大戟含有大戟树脂及生物碱等毒素，全草入药，具拔毒止痒之效。内服过量，对消化道有强烈刺激性，能引起急性泄泻，并呈利尿作用。可毒鼠、雀、蚊及其幼虫、蛆。全草切碎，投入粪池能杀蛆。种子含油量达35%，供工业用。

采收与加工：采集全草，晒干。

繁殖与栽培：种子繁殖；野生，荒地易自然扩散，可成片生长。

资源与开发：资源丰富，很少受病虫害的侵扰。

四、狼毒 *Euphorbia fischeriana* Steud.

异名：*Euphorbia fischeriana* var. *komaroviana* （Prokhanov） Y. C. Chu；*E. komaroviana* Prokhanov；*E. pallasii* Turczaninow；*E. verticillata* Fischer.

别名：狼毒大戟，白狼毒，猫眼草，狼毒疙瘩，东北狼毒，黄皮狼毒，猫眼根，猫眼睛草，山红萝卜根，大狼毒，短柱狼毒，短柱狼毒大戟，断肠草。

科属：大戟科（Euphorbiaceae）狼毒属。

形态特征：多年生草本。叶互生，茎下部鳞片状，向上渐大，逐渐过渡到正常茎生叶；总苞叶同茎生叶，常 5 枚；伞幅 5；次级总苞叶常 3 枚；苞叶 2 枚，三角状卵形。花序单生二歧分枝的顶端，无柄；总苞钟状，具白色柔毛，边缘 4 裂，裂片圆形，具白色柔毛；腺体 4，半圆形。雄花多枚，伸出总苞之外；雌花 1 枚；子房密被白色长柔毛；花柱 3，中部以下合生；柱头不分裂，中部微凹。蒴果卵球状，被白色长柔毛；花柱宿存；成熟时分裂为 3 个分果爿。种子扁球状，腹面条纹不清。花期 5～6 月，果期 6～7 月。

分布与生境：产于黑龙江、吉林、辽宁、内蒙古、河北、河南、山西、陕西、宁夏、甘肃、山东、江苏、安徽、浙江等省（自治区）；生于海拔 100～600m 的草原、干燥丘陵坡地、多石砾山坡及阳坡稀疏的松林下；蒙古国和俄罗斯东西伯利亚也有分布。

成分与功用：根含没食子酸乙酯、槲皮素、没食子酸、东莨菪内酯、七叶内酯、β-谷甾醇、没食子酸甲酯、β-香树脂醇乙酸酯等（马良等，2012；王金兰等，2010）。全株有毒，根毒性大。全草含刺激性乳汁，皮肤接触后，能引起水泡，误食引起口腔咽喉的刺激、恶心、呕吐、出血性下痢、腹痛、出冷汗、面色苍白、血压下降、烦躁，严重时精神失常，眩晕、站立不稳、抽搐、痉挛，有时引起死亡，因而有断肠草之称。可外用治头癣，杀鼠、杀蛆、灭孑孓。叶、根中可能含有蒽苷，能增强小肠蠕动，可治疗便秘。根入药，主治结核类、恶疮、癣类等，有毒，务必慎用之。近年临床多用于治疗肿瘤、皮肤病和结核病等。

采收与加工：春季、秋季采挖，除去残茎，洗净泥土，晒干切片。

繁殖与栽培：种子繁殖。野生，可成片生长。

资源与开发：分布较广，资源量大。

五、巴豆 *Croton tiglium* L.

异名：*Alchornea vaniotii* H. Léveillé；*Croton birmanicus* Müll. Arg.；*C. himalaicus* D. G. Long；*C. xiaopadou* H. S. Kiu

别名：巴菽（《神农本草经》）、老阳子（《本草纲目》）、巴霜刚子（《新本草纲目》）、巴仁、猛子仁、双眼龙、毒鱼子、銮豆，mahang（D-BN），mahu（D-DH），waisemian（JP），nenuogechang（ZW），purging croton。

科属：大戟科（Euphorbiacea）巴豆属。

形态特征：灌木或小乔木；嫩枝被稀疏星状柔毛。叶卵形，边缘有细锯齿，有时近全缘；基部两侧叶缘上各有 1 枚盘状腺体；托叶线形。总状花序，顶生，苞片钻状；雄花：花蕾近球形，疏生星状毛或几无毛；雌花：萼片长圆状披针形；子房密被星状柔毛，花柱 2 深裂。蒴果椭圆状，被疏生短星状毛或近无毛；种子椭圆状。花期 3～5 月，果期 6～7 月。

分布与生境：产于浙江南部、福建、江西、湖南、广东、海南、广西、贵州、四川和云南等；生于村旁或山地疏林中，或仅见栽培；亚洲南部和东南部各国、菲律宾和日本南部也有分布。

成分与功用：主要含有巴豆油、蛋白质、二萜及其酯类、生物碱等成分（金锋等，2013）。全株有毒，种子毒性大；食后引起口腔、咽喉、食道灼烧感，恶心、呕吐、上腹部剧痛、剧烈腹泻、严重者大便带血、头痛、头晕、脱水、呼吸困难、痉挛、昏迷、肾损伤，最后因呼吸及循环衰竭而死。孕妇食后可致流产。种子供药用，也称巴豆，种子的油称巴豆油。其性味：辛、热；有大毒；作腹泻药，外用于恶疮、疥癣等，也有抗肿瘤、抗病原微生物、镇痛等多种药理作用；根、叶入药，治风湿骨痛等；民间用枝、叶作杀虫药或毒鱼。巴豆的临床应用有防治白喉、治疗喉梗阻、治疗支气管哮喘及哮喘性支气管炎、治疗急、慢性肠炎及慢性痢疾、急性阑尾炎、神经性皮炎等。

采收与加工：栽种5～6年始结果，8～9月果实成熟时采收，晒干后，除去果壳，收集种子。巴豆仁：拣净杂质，用黏稠的米汤或面汤浸拌，置日光下暴晒或烘裂，搓去皮，簸取净仁。巴豆霜：取净巴豆仁，碾碎，用多层吸油纸包裹，加热微炕，压榨去油，每隔2d取出复研和换纸1次，如上法压榨六七次至油尽为度，取出，碾细，过筛。

繁殖与栽培：种子繁殖，一般8～9月采收留种。直播或育苗移栽。多利用荒坡、田边、土坎及住宅前后等空隙地零星栽种，不占地。向阳或排水良好的丘陵、荒坡均可栽植。

资源与开发：野生和栽培均有。

六、山杏 *Armeniaca sibirica*（L.）Lam.

异名：*Prunus sibirica* L.；*P. armeniaca* L. var. *sibirica*（L.）K. Koch

别名：西伯利亚杏（《中国树木分类学》），蒙古杏，野山杏。

科属：蔷薇科（Rosaceae）杏属。

形态特征：灌木或小乔木。叶片卵形或近圆形，叶边有细钝锯齿，下面脉腋间具短柔毛。花单生先，叶开放；花萼紫红色；萼筒钟形，基部微被短柔毛或无毛；萼片长圆状椭圆形，先端尖，花后反折；花瓣近圆形或倒卵形，白色或粉红色；雄蕊几与花瓣近等长；子房被短柔毛。核果扁球形，黄色或橘红色，有时具红晕，被短柔毛；果肉较薄而干燥，成熟时开裂，味酸涩不可食，成熟时沿腹缝线开裂；核扁球形，易与果肉分离，两侧扁，顶端圆形，基部一侧偏斜，不对称，表面较平滑，腹面宽而锐利；种仁味苦。花期3～4月，果期6～7月。

分布与生境：产于黑龙江、吉林、辽宁、内蒙古、甘肃、河北、山西等地；生于海拔700～2000m的干燥向阳山坡上、丘陵草原或与落叶乔灌木混生；蒙古国东部和东南部、俄罗斯远东和西伯利亚也有分布。

成分与功用：杏仁含蛋白质21%、脂肪50%、多种游离氨基酸及苦杏仁苷、苦杏仁酶、维生素和矿物盐类。苦杏仁苷水解后生成氰氢酸、苯甲醛和葡萄糖。氰氢酸有毒，食之过量易发生中毒现象。杏仁的营养丰富，含蛋白质23%～27%、粗脂肪50%～60%、糖类10%，还含有磷、铁、钾等无机盐类及多种维生素，含量最丰富的是维生素B_{17}等成分。山杏叶含粗蛋白12%，粗脂肪4%～8%。苦杏仁含油率为

42.64%～53.57%，含亚油酸、油酸、棕榈酸、硬脂酸、棕榈油酸以及亚麻酸6种脂肪酸；苦杏仁油中的总维生素E含量在19.40～55.83mg/100g，不同产地苦杏仁油中不饱和脂肪酸质量分数均在94%以上，其中油酸质量分数在62.8%以上，亚油酸质量分数在24%以上（马玉花等，2009）。苦杏仁中苦杏仁苷是有毒的化学成分。苦杏仁苷口服后易在胃肠道中分解出氢氰酸，故毒性要比静脉注射大40倍左右。人静脉注射约5g（相当于体重0.07g/kg）即可致死。苦杏仁苷在人咀嚼时和在胃肠道中经酶水解后可产生氢氰酸，其可抑制细胞内氧化酶活性，使人的细胞发生内窒息，同时氢氰酸可反射性刺激呼吸中枢，使之麻痹，造成人的死亡。发病时间多为误食后0.5～5h。中毒症状：①轻度中毒者多为头痛，眩晕，口内苦涩，流涎等，数小时后自行消失；②中度中毒者除上述症状外，常伴有呕吐，恶心，腹痛，腹泻，神志不清，呼吸困难，烦躁不安等症状；③重度中毒者的上述症状更加严重，呼吸困难，呈潮式呼吸，意识丧失，瞳孔散大，对光反射消失，血压下降，牙关紧闭，全身痉挛，四肢冰凉呈休克状，最后呼吸麻痹，心跳停止而死亡（孙友富等，2000）。杏果味甘，酸，性平，有润肺定喘，生津止渴功能，主治风寒肺病，生津止渴，润肺化痰，清热解毒，对肺癌、乳房癌、鼻咽癌有疗效（维生素B_{17}是极有效的抗癌物质，只对癌细胞有杀灭作用，对正常细胞和健康组织无毒性）。本种耐寒（可达－50℃低温），又抗旱，可作砧木，是选育耐寒杏品种的优良原始材料。青杏味酸能增进食欲，但生吃味道不佳，可加工制成青丝、果脯、果丹皮、话梅、罐头及酒等。杏仁的营养丰富，可制面糕。种仁供药用，可作扁桃的代用品，并可榨油。中国东北和华北地区大量生产种仁，供内销和出口。

采收与加工：山杏于6月下旬至7月上旬果实成熟。应在大部分山杏果皮软化，由绿色变黄色或红黄色并有开裂时，突击采收。根据不同用途进行加工，如果用则直接食用或加工成各种制品；如用杏仁则碾去果皮，将核洗净晾干储藏备用。

繁殖与栽培：种子繁殖。根系发达，抗旱、耐瘠薄、耐盐碱、不耐涝，抗低温能力强。

资源与开发：中国杏仁出口量占国际市场的70%。

七、曼陀罗 *Datura stramonium* L.

异名：*Datura stramonium* var. *tatula*（L.）Torrey；*D. tatula* L.

别名：枫茄花（上海），狗核桃（云南），万桃花（福建），洋金花（山东），野麻子，醉心花（江苏），闹羊花（广东），醉仙桃，疯茄儿，土木特张姑（内蒙古），紫花曼陀罗，无刺曼陀罗，风茄儿，酒醉花，老鼠刺，羊金花，maheba（D-BN），mahematen（D-DH），dongbaban（JP），tongpi（ZW），jimsonweed。

科属：茄科（Solanaceae）曼陀罗属。

形态特征：草本或半灌木状。叶广卵形，基部不对称楔形，边缘有不规则波状浅裂。花单生于枝杈间或叶腋，有短梗；花萼筒状，筒部有5棱角，顶端紧围花冠筒，5浅裂，裂片三角形，花后自近基部断裂，宿存部分随果实而增大并向外反折；花冠漏斗状，下半部带绿色，上部白色或淡紫色，檐部5浅裂；雄蕊不伸出花冠；子房密生柔针毛。蒴果卵状，表面生有坚硬针刺或有时无刺而近平滑，成熟后淡黄色，规则4瓣裂。

种子卵圆形，稍扁，黑色。花期 6～10 月，果期 7～11 月。

分布与生境：广布于世界各大洲；中国各省（自治区）都有分布；常生于住宅旁、路边或草地上，也有作药用或观赏而栽培的。

成分与功用：曼陀罗的花、种子、根、果实含生物碱，以花的含量最高，可达 0.43%。生物碱中以天仙子碱（别名东莨菪碱）为主，天仙子胺（别名莨菪碱）次之，还有少量的阿托品（孙友富等，2000）。种子脂肪酸含有 23.2%的脂肪酸，其主要化学成分（%）为 1,20-廿碳二酸 34.55、8,11-十八碳二烯酸 4.56、2,3,3-三甲基辛烷 4.35、7,10-十八碳二烯酸 3.61、亚油酸乙酯 2.64、α-亚麻酸 2.34、cis-乙酸环己脂-2-丙酸 2.34 等（张宏利等，2008）。全株有毒，以果实特别是种子毒性最大，嫩叶次之。干叶的毒性比鲜叶小。有剧毒的成分是东莨菪碱、天仙子胺和阿托品。《本草纲目》对其中毒表现有如下的描述："相传此花笑采酿酒饮，令人笑；舞采酿酒饮，令人舞。予尝试之，饮须半酣，更令一人或笑或舞引亡，乃验也。"这其实是饮用了过量洋金花药酒，中毒引起幻觉，谵妄等精神症状。中毒表现为：①副交感神经功能阻断症状：头痛头晕，行路不稳似醉酒，口干，皮肤干燥，声音嘶哑，心动过速，瞳孔散大，皮肤潮红等；②烦躁不安，谵妄，幻听、幻视，神志模糊，哭笑无常，阵发性抽搐及痉挛等。严重者在 10～24h 后进入昏睡，痉挛，发绀，最后昏迷死亡。个别患者可出现发烧，白细胞升高，中性粒细胞增加等。花不仅可用于麻醉，还可用于治疗疾病。叶、花、籽均入药，味辛性温，有大毒。花能去风湿，止喘定痛，可治惊痫和寒哮，煎汤洗治诸风顽痹及寒湿脚气。花瓣镇痛作用尤佳，可治神经痛等。叶和籽用于镇咳镇痛。本药系《中华人民共和国药典》规定的剧毒类中药之一，临床使用及用量均应以医生处方为准。严禁自采自配。曼陀罗植株高大，花朵硕大而美丽，宜作背景材料或种植观赏。种子油可制肥皂和掺和油漆用。

采收与加工：花于初放时采，种子老熟时采，夏季、秋季采全草鲜用或晒干。

繁殖与栽培：种子繁殖。喜温暖、向阳及排水良好的沙质壤土。

资源与开发：同属植物约 16 种，常见栽培的还有香花曼陀罗（*D. inoxia*）、红花曼陀罗（*D. sanguinen*）、白花曼陀罗（*D. metel*）等。

八、羊踯躅 *Rhododendron molle* (Blume) G. Don

异名：*Azalea mollis* Blume; *A. sinensis* Lodd.; *Rhododendron sinensis* (Lodd.) Sweet

别名：踯躅花、惊羊花（《神农本草经》）、黄杜鹃（《本草蒙荃》）、老虎花、石棠花、黄喇叭花、闹羊花（《本草纲目》）、羊不食草（《本草拾遗》）、玉枝（《名医别录》）、三戋三（广东、广西）、一杯倒（江西）。

科属：杜鹃花科（Ericaceae）杜鹃花属。

形态特征：落叶灌木。叶长圆形至长圆状披针形，幼时上面被微柔毛，下面密被灰白色柔毛，沿中脉被黄褐色刚毛；叶柄被柔毛和少数刚毛。总状伞形花序顶生，花多达 13 朵，先花后叶或与叶同时开放；花梗被微柔毛及疏刚毛；花萼裂片小，圆齿状，被微柔毛和刚毛状睫毛；花冠阔漏斗形，黄色或金黄色，内有深红色斑点，花冠管向基部渐狭，圆筒状，外面被微柔毛，裂片 5，椭圆形或卵状长圆形，外面被微柔毛；雄蕊 5，长不超过花冠，花丝扁平，中部以下被微柔毛；子房圆锥状，密被灰白色柔毛及疏刚毛。蒴果圆锥状长圆形，具 5 条纵肋，被微柔毛和疏刚毛。花期 3～5 月，果期 7～8 月。

分布与生境：产于江苏、安徽、浙江、江西、福建、河南、湖北、湖南、广东、广西、四川、贵州和云南；生于海拔 1000m 的山坡草地或丘陵地带的灌丛或山脊杂木林下。

成分与功用：叶含黄酮类、杜鹃花毒素、煤地衣酸甲酯；花含毒性成分梫木毒素和石楠素，并分离得到新的四环二萜类化合物羊踯躅素Ⅲ（刘助国和潘心富，1990）。植物体各部含有闹羊花毒素、马醉木毒素、ericolin 和 andromedotoxin 等有毒物质，梫木毒素与羊踯躅毒素对呼吸及心脏都有抑制作用，过量可引起死亡。如果不慎误食，会恶心、呕吐、腹痛、腹泻，心跳缓慢，血压下降，动作失调，呼吸困难，严重者可造成呼吸停止而死亡。心电图表现为 T 波低平或倒置、结性心律、室性期外收缩等。据说，曾有人用它的根泡酒，服后中毒死亡；羊食后往往踯躅而死亡，故此得名。近年来在医药中用作麻醉剂、镇疼药；全株可制土农药，防治农作物病虫害。《神农本草》、《植物名实图考》把其列入毒草类，可治疗风湿性关节炎，跌打损伤。

采收与加工：移栽 1～2 年后，每年 4～5 月开花。除留种外，可在开花盛期采收。晴天采摘后立即晒干或阴干，除去杂质及花梗，备用。

繁殖与栽培：播种、扦插、嫁接及压条方法繁殖。性喜强光和干燥、通风良好的环境，能耐－20℃的低温；喜排水良好的土壤，耐贫瘠和干旱，忌雨涝积水。

资源与开发：有一定量的野生资源，需要保护性开发利用。

九、毒药树 *Sladenia celastrifolia* Kurz

别名：肋果茶，肋果树，青皮茶，史拉登茶，铁榄树，maimang（D-BN）。

科属：山茶科（Theaceae）毒药树属。

形态特征：常绿乔木。叶互生，叶缘离基以上具小锯齿。花序两歧聚伞，腋生，被短柔毛，后秃净；花白色；萼片 5，薄革质，覆瓦状排列，矩圆形，边缘稀有纤毛，果时宿存；花瓣 5，覆瓦状排列，与萼片同形并约与之等长，基部稍合生；雄蕊 10～13 枚，基着药，花丝粗，花药矩圆形，基部有短柔毛，顶端分离呈叉状；子房上位，卵形，3 室，每室具 2 个悬垂、倒生的胚珠，花柱短，柱头 3 浅裂。蒴果，圆锥状，每室有种子 2 粒，具纵棱 10 条以上，熟时 3 裂；种子黄褐色，卵状披针形，有翅；花萼花柱宿存。

分布与生境：产于云南南部及贵州兴义、广西隆林县；生于海拔 760～2500m 的山地森林、沟谷林、丛林中；缅甸、泰国也产。

成分与功用：茎叶中含 3α,3′,5,4′,7-五羟基黄烷醇、3β,3′,5,4′,7-五羟基黄烷醇、3β,4′,5,7-四羟基黄烷醇、熊果酸、山楂酸、22E,24R-麦角甾烷-7,22-二烯-3α-*O*-D-葡萄糖苷、12-齐墩果烷-3,22,24-三醇-3β-*O*-L-阿拉伯糖苷。肋果茶中的叶片、树皮和根皮的提取物具有杀虫活性（何蓉等，2010）。民间用其树皮、果实“闹鱼”；木材稍轻软而力学品质上乘，适合制作家具、仪器箱盒、揉茶机、茶叶箱、人造板，也是室内装修、雕刻工艺、车旋木等的优良材种。树形优美、常绿，开花时香味浓郁，而且花期3个月，是重要的绿化树种。

采收与加工： 树皮、果实有毒，采集使用。

繁殖与栽培： 种子繁殖。

资源与开发： 植株的结实率极低，种群数量较少，为珍稀树种。毒药树还未被列为受威胁的物种，但它已具备IUCN所定义的受威胁物种的特点，对它的保护已十分必要。

十、莽草 *Illicium lanceolatum* A. C. Smith

别名： 红毒茴（《全国中草药汇编》）、披针叶茴香（《中国经济植物志》）、红茴香（《浙江天目山药用植物志》）、野八角、八角茴、蒙董香（江西、贵州）、野茴香、木蟹、木蟹树、山木蟹（江西、湖南）、山木蟹、木蟹柴、山马哈（浙江）、假茴香（福建）、三钱三（安徽）。

科属： 八角科（Illiciaceae）八角属。

形态特征： 灌木或小乔木。叶互生或稀疏簇生于小枝近顶端或排成假轮生。花腋生或近顶生，单生或2～3朵，红色、深红色；花梗纤细；花被片10～15，肉质；雄蕊6～11枚，花药分离；心皮10～14枚，花柱钻形，纤细，骤然变狭。果梗长，纤细、蓇葖10～14枚（少有9）轮状排列，单个蓇葖顶端有向后弯曲的钩状尖头。花期4～6月，果期8～10月。

分布与生境： 产于江苏南部、安徽、浙江、江西、福建、湖北、湖南、贵州；生于混交林、疏林、灌丛中，常生于海拔300～1500m的阴湿狭谷和溪流沿岸。有时可单独成纯林。

成分与功用： 莽草子含莽草毒素、莽草酸、莽草毒和挥发油。叶含芳香油0.66%。莽草果实挥发油中含43种成分，莽草枝叶挥发油中含54个成分，莽草根部挥发油中含36种成分（梁婕，2011）。莽草含一种惊厥毒素——莽草亭，系一种苦味内脂类化合物，与印防己毒素相类似，尚有毒蕈碱样作用，可兴奋延脑、间脑及神经末梢，作用于呼吸及血管运动中枢，大剂量时也能作用于大脑及脊髓。先是兴奋而后麻痹。若生吃5～8个莽草子即能使人中毒。食后0.5～1h内发病。中毒表现为恶心、呕吐（一般呈喷射状并可带血）、口渴、流涎、剧烈的腹痛、腹泻。有患者呈血样便、头痛、眩晕、血压升高、心律失常、四肢麻木、呼吸急促、出汗。中毒严重时，可有四肢抽搐或四肢阵发性痉挛性惊厥，角弓反张，牙关紧闭，呼吸浅促，脉细弱，血压下降，尿量减少甚至尿闭，昏迷。最后可死于呼吸衰竭及惊厥状态（孙友富等，2000）。莽草性味辛温，有毒。具有祛风，消肿之作用。用于治疗头风，痈肿，皮肤麻痹，瘰疬，乳痈，喉痹，疥癣，秃疮，牙痛等。本品仅供外用，研末调敷，或煎水洗或含漱。种子有毒、浸出液可杀虫，作土农药。本种果实也有毒，不可作八角茴香使用。果和叶有强烈香气，可提芳香油，为高级香料的原料。叶厚翠绿，树型优美；花红色或深红色，娇艳可爱，极耐阴，抗二氧化硫等有害气体。叶与果美丽奇特，有强烈香气。

采收与加工： 春季、夏季采摘，鲜用或晒干用。

繁殖与栽培：种子繁殖。怕晒，喜肥沃湿润土壤。种子宜随采随播或沙藏。荠草幼苗娇嫩，需加强肥水管理，注意遮阴。培育绿化大苗，需移栽稀植，带土球移栽。

资源与开发：野生和栽培均有。

十一、醉鱼草 *Buddleja lindleyana* Fortune

异名：*Adenoplea lindleyaita*（Fortune）Smalll；*Buddleja intermedia* Carr.；*B. insignis* Carr.；*B. insignis* Hort. ex Dipp.；*B. intermedia* Carr. var. *insignis*（Carr.）Rehd.；*B. japonica* Hemsl. var. *ixsignis*（Carr.）Wilson；*B. lindleyana* Fortune var. *sinuatodentata* Hemsl.；*Verbena lindleyana* Walp.

别名：闭鱼花（《本草纲目》），痒见消（《植物名实图考长编》），鱼尾草（《履巉岩本》）樚木（《普济方》），五霸蔷（《中国树木分类学》），阳包树（《中国药用植物志》），雉尾花（《云南植物志》），鱼鳞子（《安徽药材》），药杆子（《江苏植物药材志》），防痛树（《广西中兽医药用植物》），鲤鱼花草（《中国土农药志》），药鱼子（《除害灭病爱国卫生运动手册》），铁帚尾（《湖南药物志》），红鱼皂（《闽东本草》），楼梅草（《南方主要有毒植物》），鱼泡草（《福建中草药》），毒鱼草（《广西本草选编》），钱线尾（《全国中草药汇编》），Lindley's butterflybush。

科属：马钱科（Loganiaceae）醉鱼草属。

形态特征：灌木。小枝具四棱；幼枝、叶片下面、叶柄、花序、苞片及小苞片均密被星状短绒毛和腺毛。叶对生，叶片边缘全缘或具有波状齿。穗状聚伞花序顶生；苞片线形；小苞片线状披针形；花紫色；花萼钟状，外面与花冠外面同被星状毛和小鳞片，花萼裂片宽三角形；花冠管弯曲；雄蕊着生于花冠管下部或近基部，花丝极短，花药卵形，顶端具尖头，基部耳状；子房卵形，柱头卵圆形。果序穗状；蒴果长圆状或椭圆状，有鳞片，基部常有宿存花萼；种子淡褐色。花期 4～10 月，果期 8 月至翌年 4 月。

分布与生境：产于江苏、安徽、浙江、江西、福建、湖北、湖南、广东、广西、四川、贵州和云南等省（自治区）；生于海拔 200～2700m 山地路旁、河边灌木丛中或林缘；马来西亚、日本、美洲及非洲均有栽培。

成分与功用：全株有小毒，捣碎投入河中能使活鱼麻醉，便于捕捉，故有醉鱼草之称。花和叶含醉鱼草苷、柳穿鱼苷、刺槐素等多种黄酮类。花、叶及根供药用，有祛风除湿、止咳化痰、散淤之功效。兽医用枝叶治牛泻血。全株可用作农药，专杀小麦吸浆虫、螟虫及灭孑孓等。花簇生，紫色、白色、黄色或橙色，枝叶婆娑，花朵繁茂，幽雅芳香，适宜栽植于坡地、桥头、墙边，或作中型绿篱，或草地丛植、密植作花篱、花带。

采收与加工：夏季、秋季采收，切碎，晒干或鲜用。

繁殖与栽培：播种、扦插或分株繁殖。醉鱼草的适应性强，耐土壤瘠薄，抗盐碱，对土壤要求不严，在土壤通透性较好的壤土、沙壤土、沙土、砾石土等生长良好。喜温暖湿润气候和深厚肥沃的土壤，适应性强，但不耐水湿。

资源与开发：同属的观赏种类有大叶醉鱼草（*B. davidii*）、密蒙花、圆叶醉鱼草等。

十二、箭毒木 *Antiaris toxicaria* Lesch

异名： *Ambora toxicaria* Pers.

别名： 见血封喉、加布（海南），大药树，毒箭木，箭毒树，弩箭子，毒箭树，naiguang、guodiu（D-BN），maiduo（HN）。

科属： 桑科（Moraceae）见血封喉属。

形态特征： 乔木。叶椭圆形至倒卵形，幼时被浓密的长粗毛，边缘具锯齿，成长之叶长椭圆形，表面深绿色，疏生长粗毛，背面浅绿色，密被长粗毛，沿中脉更密，干后变为茶褐色；托叶披针形，早落。雄花序托盘状，围以舟状三角形的苞片，苞片顶部内卷，外面被毛；雄花花被裂片 4，稀为 3，雄蕊与裂片同数而对生，花药椭圆形，散生紫色斑点，花丝极短；雌花单生，藏于梨形花托内，为多数苞片包围，无花被，子房 1 室，胚珠自室顶悬垂，花柱 2 裂，柱头钻形，被毛。核果梨形，具宿存苞片，成熟的核果，鲜红色至紫红色；种子无胚乳，外种皮坚硬，子叶肉质，胚根小。花期 3～4 月，果期 5～6 月。

分布与生境： 产于广东、广西、海南、云南等；生于丘陵或平地树林中，村庄附近常见；印度、越南、老挝、柬埔寨等也有分布。

成分与功用： 树皮、枝条及乳汁中均含有强心苷。树干流出的新鲜乳汁中含强心苷、α-、β-见血封喉苷、口气弩箭子苷、弩箭子苷、铃兰毒苷、铃兰毒醇苷、伊夫单苷、马来欧苷、二氢马来欧苷及铃兰毒原苷等。种子含佩巴糖苷、羊角扔糖苷、弩箭子各糖苷及见血封喉别糖苷等。是一种剧毒植物和药用植物，历史上，产区猎人多用其树干汁液涂抹弓弩箭头射杀野兽。树皮和叶药用。树皮特别厚，富含细长柔韧的纤维。云南省西双版纳的少数民族常巧妙地利用它制作褥垫、衣服或筒裙。取长度适宜的一段树干，用小木棒翻来覆去地均匀敲打，当树皮与木质层分离时，就像蛇蜕皮一样取下整段树皮，或用刀将其剖开，以整块剥取，然后放入水中浸泡一个月左右，再放到清水中边敲打边冲洗，经这样除去毒液，脱去胶质，再晒干即得一块洁白、厚实、柔软的纤维层。用它制作的褥垫，既舒适又耐用，几十年还具有很好的弹性；用它制作的衣服或筒裙，既轻柔又保暖，深受当地居民喜爱。

采收与加工： 用鲜品，随用随采。

繁殖与栽培： 种子繁殖。

资源与开发： 资源量较少，务必加强保护。

十三、其他常见有毒植物

（一）马桑 *Coriaria nepalensis* Wall.

参见农药植物部分。

功用： 全株有毒，尤以嫩叶及未成熟的果实毒性较大，成熟果实毒性极大降低。因成熟果实颜色美丽并有甜味，小孩多采食，食少量不易中毒，不咬碎核也不易中毒。人误食青果 15～60g 可致中毒，1～3h 内发作。主要症状为全身发麻、出汗、缩瞳、流涎、恶心、呕吐、心跳过缓、呼吸加快、血压上升、烦躁不安、阵发性强直性痉挛以至昏迷，因呼吸衰竭而死亡。大量服用可因迷走神经中枢过度兴奋，心脏骤停呼吸衰竭死亡。

（二）木薯 *Manihot esculenta* Crantz

参见淀粉植物部分。

功用：木薯中含有一种亚麻配糖体，遇水时，经过其所含的亚麻配糖体酶作用，可析出游离的氢氰酸而致中毒。氢氰酸被吸入或内服达体重 1mg/kg 时，即可导致迅速死亡。但木薯内的配糖体不能在酸性的胃液中水解，其水解过程多在小肠中进行，或因亚麻糖体在烹煮过程中受到破坏而影响水解速度，故其中毒的潜伏期比无机氰化物中毒长（孙友富等，2000）。食用未经合理加工处理的木薯或生食木薯，即可使人发生中毒，有人认为成人生食木薯 400g 左右即可中毒，食至 1000g 左右即可致命。木薯中毒主要表现为中枢神经系统症状，其中毒症状与苦杏仁中毒相似。一般进食木薯 2～3h 后可出现症状，但多数中毒病例于 5～6h 后出现症状，最慢者可达 12h 时。中毒早期主要有恶心、呕吐、腹痛、头痛、头晕、心悸、脉速、无力、倦睡等，个别病例尚有腹泻症状。中毒较重病例，呼吸先频速，以后变为缓慢而深长，面色苍白，出冷汗抽搐，但无明显发绀。中毒极重者，出现呼吸困难，躁动不安或倦睡，抽搐，面色苍白青紫绀，瞳孔散大，对光反应迟钝或消失，意识模糊以至昏迷。部分患者发热，颈项强直、阵发性痉挛和腱反射亢进，生理反射消失，出现脉搏增快或过缓，心律失常，最后可因抽搐、缺氧、休克或呼吸衰竭而死亡。实验室检查：尿中可以分析出氰酸盐或硫氰酸盐。作饲料用的鲜薯叶子，要先用清水浸泡两三天，才能喂牲畜。浸泡木薯和薯叶的水都有毒，不能再喂牲畜，也不能倒入鱼塘中，应倒入牲畜不能喝水的地方或用土掩埋，以防牲畜和鱼类中毒（群众出版社编辑部，1961）。

（三）川乌 *Aconitum carmichaeli* Crantz

参见药用植物部分。

功用：草乌头的块根含有乌头碱等剧烈毒素，如果不慎误食，会出现口舌与指尖发麻、四肢麻木、吐泻、血压降低、瞳孔放大、呼吸困难等中毒症状，严重的会因心脏衰竭而死亡。也是著名的药用植物。

（四）蓖麻 *Ricinus communis* L.

参见能源植物部分。

功用：蓖麻子中含有剧毒的蓖麻子素，能使血液凝结，引起中毒甚至死亡。儿童吃 3 粒，成人吃 20 粒左右，就可能中毒死亡。通常在吃后半天即会出现中毒症状，先是肚子痛、吐泻，几天后发生血液凝结及溶血现象，严重的最后尿血、虚脱、抽搐而死。

（五）水仙 *Narcissus tazetta* L. var. *chinensis* M. Roem.

别名：金盏银台，凌波仙子，千叶水仙，水仙花，天葱，雅蒜，玉玲珑，中国水仙，shuixian（D-DH）。

科属：石蒜科（Amaryllidaceae）水仙属。

分布：原产于中国，水仙花分布于东亚以及中国浙江、福建沿海岛屿等地，其中福建漳州水仙驰名中国，也外销出口；目前各省（自治区）所见者全系栽培，供观赏。

功用：鳞茎多液汁，有毒，含有石蒜碱、多花水仙碱等多种生物碱。水仙总生物碱提取物、前多花水仙碱、水仙拉、水仙苷有抗癌和抗病毒作用。全草有毒，鳞茎毒性较大。误食后有呕吐、腹痛、脉搏频微、出冷汗、下痢、呼吸不规律、体温上升、昏睡、虚脱等，严重者发生痉挛、麻痹而死。鳞茎试剂对猫、兔的子宫都有很强的兴奋作用；牛羊误食鳞茎，立即出现痉挛、瞳孔放大、暴泻等。

（六）鸭胆子 *Brucea javanica*（L.）Merr.

别名：鸦蛋子（《植物名实图考》），苦参子（《本草纲目》），老鸦胆。

科属：苦木科（Simaroubaceae）鸭胆子属。

分布：产于福建、台湾、广东、广西、海南和云南等省（自治区）；生于海拔950～1000m的旷野、山麓灌丛或疏林中。亚洲东南部至大洋洲北部也有分布。

功用：鸭胆子含有鸭胆子苷、结晶形苦味物质及脂肪油等，有强烈的刺激性，可作药材和杀虫剂，但不能随便玩弄，更不能吃。如果不小心接触鸭胆子，皮肤就会发痛，起水泡，误食就会发生呕吐、腹泻、出血性胃肠炎、四肢麻痹、昏迷不醒等中毒症状。采摘时，必须注意防范。种子称鸦胆子，作中药，味苦，性寒，有清热解毒、止痢疾等功效。

（七）藜芦 *Veratrum nigrum* L.

参见农药植物部分。

功用：全株都含有藜芦碱等毒素，特别是其茎部毒性更强，可以作药材和杀虫剂，但不能吃。如果误食少量，就会立即呕吐，误食多量会出现肚痛、腹泻、瞳孔放大、麻痹、虚脱等中毒症状，严重的还会造成死亡。

（八）毒芹 *Cicuta virosa* L.

别名：野芹菜、白头翁、毒人参、芹叶钩吻、斑毒芹

科属：伞形科（Umbelliferae）毒芹属。

分布：产于黑龙江、吉林、辽宁、内蒙古、河北、陕西、甘肃、四川、新疆等；生于海拔400～2900m的杂木林下、湿地或水沟边。分布于俄罗斯远东地区、蒙古国、朝鲜、日本。

功用：毒芹的根、茎、叶都含有无晶形的有毒物质，即毒芹素和毒芹碱，误作芹菜采食，会引起中毒。毒芹中毒时，先是呕吐、头晕、精神萎靡、瞳孔放大、抽搐，继而瘫痪，最后常因惊厥昏迷、呼吸窒息而死亡。因此，对于池沼、水边等潮湿地方生长的类似芹菜的植物，千万不能采食，以防毒芹中毒（群众出版社编辑部，1961）。

（九）银杏 *Ginkgo biloba* L.

参见淀粉植物部分。

功用： 银杏中所含的化学成分银杏酸（白果酸）及银杏毒有溶血作用。《日用本草》称银杏“多食壅气动风。小儿多食昏霍，发惊引疳”。《本草纲目》称“多食令人胪胀”。又有古代医书《三元延寿书》言“昔有饥者，同以白果代饭食饱，次日皆死也”。多食银杏中毒表现为：①轻者仅有精神呆滞，反应迟钝，食欲缺乏，口干头晕，乏力等，1～2d遂愈；②严重者头痛，恶心呕吐，腹痛腹泻，反应迟钝，发热，极度恐惧，对光反射迟钝或消失；③少数患者有末梢神经功能障碍，如肢体弛缓性瘫痪，腱反射减弱，感觉减退等。此时进行脑脊液检查可发现细胞增多及蛋白增加（孙友富等，2000）。

（十）天仙子 *Hyoscyamus niger* L.

别名： 莨菪（《神农本草经》），牙痛子、牙痛草（青海），黑莨菪、马铃草（新疆），米罐子（甘肃），bengehalante（WWE），kelaimingduona（HSK）。

科属： 茄科（Solanaceae）天仙子属。

分布： 华北、西北及西南、华东有栽培或逸为野生；常生于山坡、路旁、住宅区及河岸沙地；蒙古国、前苏联、欧洲、印度也有。

功用： 天仙子各部分的主要化学成分为生物碱，主要是莨菪碱，其次为东莨菪碱及阿托品。此外尚含脂肪油，主要为油酸甘油酯及软脂酸甘油酯。过量服用天仙子可产生毒性反应，多在食后0.5～1h发生，由于腺体的分泌受到抑制，所以患者首先有口渴感，皮肤黏膜干燥潮红，伴有头痛，头晕，瞳孔放大，脉搏增速，大脑皮质显示先兴奋后抑制，开始表现为烦躁不安，以后谵妄、抽搐以至昏迷，中毒严重者甚至血压下降、呼吸麻痹（孙友富等，2000）。《神农本草经》称“多食令人狂走”，也有“冲人心，大烦闷，眼生星火”之说。根、叶、种子药用，含莨菪碱及东莨菪碱，有镇痉镇痛之效，可作镇咳药及麻醉剂。种子油可供制肥皂。

（十一）断肠草 *Gelsemium elegans*（Gardn. & Champ.）Benth.

参见农药植物部分。

功用： 钩吻的根、茎、叶均含吲哚类生物碱，有钩吻碱子、钩吻碱甲、钩吻碱寅、钩吻碱卯、钩吻碱辰、钩吻碱丙、钩吻碱丁及钩吻碱戊。其中以钩吻碱寅毒性最大，也是重要的有效成分。《名医别录》称“人误食其叶者致死”，《本草纲目》引藏器曰：“钩吻，食叶饮冷水即死。”“或取毒蛇杀之，覆以此草，浇水生菌，为毒药害人”。钩吻的毒性主要表现在心血管系统，呼吸系统，平滑肌等。中毒症状：①发病时间多在服药后0.5～2h，快者15min；②神经肌肉症状最为明显，出现眩晕，语言含糊，肌肉无力；③眼部出现复视，睑下垂，瞳孔放大；④循环呼吸系统为早期心跳缓慢，以后加快，呼吸困难和麻痹，于呼吸停止后心跳仍存。

（十二）魔芋 *Amorphophallus rivieri* Durieu

参见淀粉植物部分。

功用： 全株有毒，块茎毒性较大。新鲜的块茎有刺激性辛辣味，吞食时引起舌喉灼热、痒痛、肿大。长时间吸入块茎粉尘可引起支气管哮喘。因此，魔芋食用前必须经磨粉、蒸煮、漂洗等加工过程脱毒。块茎入药能解毒消肿，灸后健胃，消饱胀。治流火、疔疮、无名肿毒、瘰疬、眼睛蛇咬伤、烫火伤、间日疟、乳痈、腹中痞块、疔癀高烧、疝气等。地下块茎可加工成魔芋粉或魔芋豆腐后供食用。

第二十章　纤 维 植 物

第一节　概　　述

一、概念

纤维指柔软细长的丝状物，有一定强度、弹性和吸湿性，是纺织、编织和造纸等的原料。美国纺织化学师与印染师协会（American Association of Textile Chemists and Colorists，AATCC）技术手册定义纤维为：形成纺织品的最基本的元素，可以是任意一种类别的物质，通常具有弹性、细度以及较大的长度与横截面之比的特性（沈新元，2013）。纤维分为化学纤维和天然纤维。天然纤维包括植物纤维、动物纤维和矿物纤维。其中植物纤维是广泛分布在植物器官中的一种厚壁组织，其细胞细长，两端渐尖，具有较厚的次生壁，壁上常有单纹孔，成熟时一般没有活原生质体；常成束，或由束连成片，甚至成网状结构（杨期和，2009）。纤维植物（fiber plant）指植物体内含有大量纤维组织的一类植物。

纤维组织是植物各器官中机械组织的一种，它是一种细胞壁很厚，细胞较长，胞腔狭长，两端封闭渐尖的死细胞，由纤维素、半纤维素、果胶、木质素、蛋白质、脂肪、蜡质和水分等组成。纤维素、半纤维素和木素主要存在于细胞中（纤维是植物细胞中的一种主要细胞），其中纤维素是纤维的骨骼物质，而木素与半纤维素以包容物质的形式分散在纤维之中及其周围。纤维组织的成分与功能为①纤维素：决定植物纤维性能的基本物质；②蜡质：存在于纤维的表面，可以保护纤维强度及弹性；③木质素：主要存在于植物体的木质部，一般随着木质素含量的增高其木质化程度增高，纤维的韧性、弹性、伸长度都随之较差，反之则其各性能都相对较好。

二、纤维植物的资源与分布

中国纤维植物资源种类多，分布广，可开发利用的有1000多种，野生纤维植物有100多种，广泛应用于编织、造纸和纺织等。近年来，竹制纤维的发展迅速，竹纤维与其他天然植物纤维（棉、麻）、动物纤维（羊毛、丝绢）、蛋白质纤维（大豆纤维、牛奶纤维等）、再生纤维（lyocell纤维、modal纤维、黏胶纤维等）、合成纤维（涤纶、氨纶等）混纺出两组分或三组分及以上的纱线，用于针织物和机织物，织选出丰富多彩的竹纤维纺织品（张世源，2008）。中国竹类达700多种（易同培等，2007），大部分可制作纤维，以其天然赋予的吸湿性、悬垂性、染色性、会“呼吸”、抗菌除臭和抗紫外线功能，被称为“21世纪最具有发展前景的健康面料”，除用于纺织工业外，也是造纸工业的重要原料。

三、纤维植物的分类

纤维植物通常按原料来源、形态特征或存在部位分类。

（一）按原料来源分类

纤维按原料来源分有两大类，即天然纤维和化学纤维（叶润德和王欢，1997；杭伟明，2009；沈新元，2013）（图 20-1）。有些还分出一类无机纤维（李栋高，2006）。

- 纤维原料
  - 天然纤维
    - 植物纤维
      - 种子纤维：棉
      - 树皮纤维：苎麻、亚麻、黄麻、大麻等
    - 动物纤维
      - 毛发纤维：羊毛、兔毛、羊绒、驼绒、牦牛毛等
      - 分泌物纤维：桑蚕丝、柞蚕丝、蓖麻蚕丝及木薯蚕丝等
    - 矿物纤维：石棉等
  - 化学纤维
    - 人造纤维
      - 人造纤维素纤维：黏胶纤维、铜氨纤维、富强纤维、错酸纤维等
      - 人造蛋白质纤维：酪酸纤维、大豆纤维、花生纤维
      - 人造无机纤维：玻璃纤维、金属纤维维
    - 合成纤维
      - 聚酯纤维（涤轮）
      - 聚酰胺纤维（锦轮）
      - 聚丙烯晴纤维（晴轮）
      - 聚乙烯醇纤维（维轮）
      - 聚氯乙烯纤维（氯轮）
      - 聚丙烯纤维（丙轮）
      - 聚氨基甲酸醋纤维（氨轮）
      - 其他纤维：方纶等

图 20-1　纤维的分类（仿叶润德和王欢，1997）

（二）按形态特征分类

纤维按其形态特征分为木材纤维原料、非木材纤维原料和半木材纤维原料 3 大类（杨淑蕙，2001）。

1. 木材纤维原料

木材纤维原料按其来源的树种类型，又分针叶材和阔叶材原料 2 类。

1）针叶材原料　　指针叶植物原料。因原料的材质一般比较松软，又称软木，如云杉、冷杉、马尾松、落叶松（*Larix gmelini*）、湿地松、火炬松、思茅松等。

2）阔叶材原料　　指阔叶植物原料，由于其材质较坚硬，一般又称之为硬木。通常使用的仅是阔叶材中的材质较松软的树种，如杨、桦、桉等。

2. 非木材纤维原料非木材纤维原料包括如下 4 类。

1）禾本科纤维原料　　包括竹子、芦苇、芦竹、芒秆、高粱秆、稻草、麦草等。

2）韧皮纤维原料　　包括两类原料：①树皮类，部分树木的皮层中含有较多的纤维，如桑皮、构树皮、棉秆皮等；②麻类，包括大麻、黄麻（*Corchorus capsularis*）、苎麻、亚麻、罗布麻等。

3）籽毛纤维原料　　包括棉花、棉短绒、牛角瓜（*Calotropis gigantea*）、木棉等。

4）叶部纤维原料　部分植物的叶子中富含纤维，如香蕉叶、龙舌兰麻（如剑麻、龙舌兰等）、甘蔗叶、龙须草（*Eulaliopsis binata*）等。

3. 半木材纤维原料

这类原料主要指棉秆。棉秆的形态、结构介于木材和禾本科原料之间。

（三）按纤维存在部位分类

纤维植物按其存在于植物体的不同部位进行分类。

1）韧皮纤维　指双子叶植物茎干韧皮部的纤维，如亚麻、罗布麻、桑树皮等。

2）根纤维　指存在于根部的韧皮纤维，如马蔺、甘草等。

3）木材纤维　指存在于植物树干中的木质纤维，如红松、竹类。

4）叶纤维及茎秆纤维　指存在叶和茎纤维，如麦秸、芦苇、剑麻（*Agave sisalana*）。

5）果壳纤维　指存在于果壳中的纤维，如椰子壳纤维等。

6）种子纤维　指存在于植物种子表面的纤维，多为种毛，如棉、攀枝花等。

7）绒毛纤维　如香蒲（*Typha orientalis*）雌花序上的绒毛，棉、莎草（*Cyperus* spp.）花序上的毛，其可能是退化的苞片或花被。

四、纤维植物的利用

纤维植物的用途非常多。晏雄（2010）统计了中国产业用纤维制品共16大类、欧美国家产业用纤维制品共12大类。纤维的主要利用包括3大类。

1）纺织　主要使用木质素含量低、纤维素含量高的纤维；纺织用的野生植物纤维以用韧皮纤维的为多，其中以荨麻科、锦葵科、椴树科（Tiliaceae）、梧桐科、桑科植物的一些纤维较好种类。

2）编织　编织用的纤维，加工工艺比较简单，取材容易，许多草本和木本植物的茎干、枝条以及某些单子叶植物的叶子，都能编织各种草帽、凉席、筐、篓和家具、容器等。

3）造纸　多用木材纤维和叶纤维，包括木材、竹类等。

第二节　特色纤维植物

一、亚麻 *Linum usitatissimum* L.

异名： *Linum humile* Mill.

别名： 鸦麻（《图经本草》），山脂麻，壁虱胡麻（《本草纲目》），山西胡麻（《植物名实图考》），胡麻（华北通称），common flax。

科属： 亚麻科（Linaceae）亚麻属。

形态特征： 一年生草本。叶互生。花单生于枝顶或枝的上部叶腋，组成疏散的聚伞花序；萼片5，卵形或卵状披针形，有时上部有锯齿，宿存；花瓣5，倒卵形，蓝色或紫蓝色，稀白色或红色，先端啮蚀状；雄蕊5枚，花丝基部合生；退化雄蕊5枚，钻状；子房5室，花柱5枚，分离，柱头比花柱微粗，长于或几等于雄蕊。蒴果球形，干后棕黄色，顶端微尖，室间开裂成5瓣；种子10粒，长圆形。花期6～8月，果期7～10月。

分布与生境：中国各地皆有栽培，但以北方和西南地区较为普遍，有时逸为野生；原产于地中海地区，现欧洲、亚洲温带多有栽培。

成分与利用：化学成分和含量（%）为纤维素70～80，半纤维素12～15，木质素2.5～5.0，果胶5～14，蜡质1.2～1.8，灰分0.6～1.5，水分0.56，冷水抽出物5.94，乙醚抽出物2.34，果胶质9.29，克贝纤维素70.75；单纤维长8～40mm，平均长18mm左右，宽8～25μm，平均宽16μm（戴宝合，2003）。种子含14种黄酮苷，6种花青素，2种羟基香豆素和20种酚酸；种子油含26.3%游离生育酚和30.2%总生育酚。果实里氢氰酸含量较高，可以引起中毒。亚麻籽脱皮后亚麻籽仁与亚麻籽皮的比例为54∶46；木酚素、亚麻胶和膳食纤维分布在亚麻籽皮上，脂肪主要分布在亚麻籽仁中，蛋白质在亚麻籽仁与亚麻籽皮中的分布没有明显的差异；将亚麻籽脱皮后，用亚麻籽仁和亚麻籽皮分别提取加工亚麻籽仁油、亚麻籽蛋白、亚麻胶和木酚素等产品（胡晓军等，2012）。亚麻纤维具有吸湿优良、静电小、导热良好、保暖性强、抗拉力高、抗腐耐热、平直光洁、光泽柔和、纤细柔软、循环波浪等十大特点（贾丽华等，2007）。韧皮部纤维构造如棉，细长而有光泽，强韧弹性，黄白色；纤维长而韧、耐磨，是纺高支纱，制高级衣料、编织渔网等的上好原料。造就具有5种风格的纺织用品，即光明圣洁、端庄大方、卫生宜人、刚正坚韧、节奏自然。全草及种子可入药；种子榨油称为亚麻仁油，可以食用，是调制油漆、油墨的原料，也可作润滑剂和药用。

采收与加工：亚麻开花后10～15d，亚麻田有1/3的麻茎变为黄色，麻茎下部叶子有1/3脱落，1/3麻桃（蒴果）变成黄色时为收获适宜期。这时收获的亚麻质量符合要求，此时期称为工艺成熟期。秋季果熟时，采收种子，晒干备用；春季、秋季采挖根，洗净泥土，晒干，切段备用。

繁殖与栽培：种子繁殖。喜凉爽湿润气候，耐寒，怕高温。种子发芽最低温度1～3℃，最适宜温度20～25℃；营养生长适宜温度11～18℃。土壤含水量达到田间最大持水量的70%～80%。生长期70～80d。以土层深厚、疏松肥沃、排水良好的微酸性或中性土壤栽培为宜，含盐量在0.2%以下的碱性土壤也能栽培。

资源与开发：中国主要产区是内蒙古、甘肃、宁夏、河北、新疆等；现云南等省（自治区）也发展种植。纺织行业需求极大。

二、苎麻 *Boehmeria nivea*（L.）Gaudich.

异名：*Ramium niveum*（L.）Small；*Urtica nivea* L.

别名：野麻（广东、贵州、湖南、湖北、安徽），野苎麻（贵州、浙江、江苏、湖北、河南、陕西、甘肃），家麻（江西），苎仔（台湾），青麻（广西、湖北），白麻（广西），Chinese grass。

科属：荨麻科（Urticaceae）苎麻属。

形态特征：亚灌木或灌木；茎上部与叶柄均密被开展的长硬毛和近开展和贴伏的短糙毛。叶互生；叶片边缘在基部之上有牙齿，上面稍粗糙，疏被短伏毛，下面密被雪白色毡毛；托叶分生，钻状披针形，背面被毛。圆锥花序腋生。雄花：花被片 4，狭椭圆形，合生至中部，顶端急尖，外面有疏柔毛；雄蕊 4；退化雌蕊狭倒卵球形，顶端有短柱头。雌花：花被椭圆形，顶端有 2～3 小齿，外面有短柔毛，果期菱状倒披针形；柱头丝形。瘦果近球形，基部突缩成细柄。花期 8～10 月。

分布与生境：产于云南、贵州、广西、广东、福建、江西、台湾、浙江、湖北、四川，甘肃、陕西、河南南部广泛栽培；生于海拔 200～1700m 的山谷林边或草坡。我国分为 3 个麻区，即长江流域麻区（包括湖南、四川、湖北、江西、安徽等）、华南麻区（包括广西、广东、福建、云南、台湾等）和黄河流域麻区（包括陕西、河南及山东南部）。越南、老挝等也栽培。

成分与利用：苎麻含量（%）为综纤维素 65～75，半纤维素 11，木质素 1～2，果胶 3～6，脂肪和蜡质 0.21，灰分 2.6～3.4。鲜茎出麻率为 4%～6%，鲜皮出麻率为 10%～15%，单纤维长度为 60～250mm，直径 17～64μm（杨期和，2009）。根中的绿原酸，在稀酸中加热可生成咖啡酸及奎宁酸。种子含油量 15%～34%。麻类纤维中品质最优良的一种，其纤维洁白细长，富于韧性，拉力强，吸收、散发水分快，绝缘性良好，适于纺织夏季高级衣料、飞机的翼布，橡胶工业的衬布、电线包被、白热灯纱、渔网、制人造丝、人造棉等，与羊毛、棉花混纺可作高级衣料；短纤维可为高级纸张、火药、人造丝等的原料，又可织地毯、麻袋等。根为利尿解热药，并有安胎作用；叶为止血剂，治创伤出血；根、叶并用治急性淋浊、尿道炎出血等症。嫩叶可养蚕，作饲料。种子可榨油，供制肥皂和食用。

采收与加工：当秆停止伸长，黑秆 1/3～1/2，纤维含量高且品质好，中部叶变黄，下部叶脱落，梢部不易用于捏断，有些品种会萌发一些"催蔸芽"。收麻最好选择晴天，力争当天收，当天剥制纤维，当天晒干。长江流域一般头麻在 6 月上旬，二麻在 8 月上旬，三麻在 10 月中下旬收获。药用植株全年可采；冬季、春季采挖根，洗净，晒干。

繁殖与栽培：采用嫩梢扦插或分株繁殖。苎麻为短日照植物，较适应温带和亚热带气候。要求土层深厚、疏松、有机质含量高，保水、保肥、排水良好；土壤 pH 以 5.5～6.5 为宜，pH 低于 4.5 或高于 7.6 的，应加以改良；土质最好是沙壤到黏壤土；以土壤含水量 20%～24%，或相对土壤最大持水量的 80%～85%为宜，但地下水位在 1m 以内或易淹水的土地不宜种植。

资源与开发：苎麻于 18 世纪初先后输入到欧洲和北美洲。现在中国秦岭以南各省（自治区）栽培苎麻甚广，中国苎麻产量占世界总产量的 75%～80%。主产区在江西北部、湖南北部及四川中部等。

三、黄麻 *Corchorus capsularis* L.

异名：*Corchorus cordifolius* Salisb.；*C. marua* Buch.-Ham.；*Rhizanota cannabina* Lour. ex Gomes Mach.

别名：络麻（《便民图纂》）、绿麻、荚头麻，火麻，水麻，圆果黄麻，圆蒴黄麻，水络麻，jute。

科属：椴树科（Tiliaceae）黄麻属。

形态特征：一年生草本。叶卵状披针形至狭窄披针形，三出脉的两侧脉上行不过半，中脉有侧脉 6～7 对，边缘有粗锯齿；叶柄有柔毛。花单生或数朵排成腋生聚伞花序，有短的花序柄及花柄；萼片 4～5 片；花瓣黄色，倒卵形，与萼片约等长；雄蕊 18～22 枚，离生；柱头浅裂。蒴果球形，顶端无角，表面有直行钝棱及小瘤状突起，5 爿裂开。花期夏季，果秋后成熟。

分布与生境：产于广东、浙江、台湾等；长果黄麻起源于中国；圆果黄麻原产于印度、巴基斯坦。

成分与利用：黄麻纤维属木质纤维素韧皮纤维。成分（%）：总纤维素（48～63）、半纤维素（由缩戊糖和多缩己糖组成，12～19）、木质素（10～20）、果胶（0.5～1.0）和脂肪蜡质（0.2～0.5）及灰分（0.5～1.5）等。由于含有较多的木质素，所以纤维粗硬，并呈黄褐色，柔性差。单纤维是细长简状，两端渐细，顶端细长，有明显的节。单纤维长度为 2～5mm，宽度为 15～25μm（杨期和，2009）。黄麻的吸湿和散湿性能都极好，并具有一定的张力、弹性和抗腐蚀性，是最好的麻袋纺织原料。黄麻纤维容易染色，常用以编织地毯、制作粗帆布等制品。它还可以搓编绳索、麻线或电线包皮布、导火索等。麻骨制活性炭、纤维板。通过黄麻改性处理和化学精练的工艺，又开发出一批黄麻装饰织物或与化纤混纺交织成的装饰织物、服装原料、沙发布等（贾丽华等，2007）。全株有毒，种子毒性最大，其次是叶。嫩叶供食用；叶、根及种子入药。

采收与加工：黄麻植株半花半果时，即开花后半月时为工艺成熟收割期，收后沤麻脱胶清洗。叶、根及种子入药，夏季、秋季采收，分别晒干。

繁殖与栽培：系热带或亚热带的短日照作物，日照反应更为敏感。适于 20℃以上高温多湿气候，发芽最低温度 13～14℃。喜土质肥沃、排水良好的沙壤土。种子顶土力弱，应创造好播种出苗土壤环境。苗期生长慢，怕旱、涝，应勤中耕除草，排水防涝，早间苗、定苗。麻茎韧皮组织含初生纤维（来自原分生组织，束长、柔软、品质好）和次生纤维（由形成层分化、品质差）。合理密植可增加初生纤维比重，提高品质。

资源与开发：中国长江以南广泛栽培，也见荒野呈野生状态。

四、剑麻 *Agave sisalana* Perrine ex Engelm.

异名：*Agave amaniensis* Trel. & Nowell；*A. segurae* D. Guillot & P. Van der Meer；*A. sisalana* f. *armata*（Trel.）Trel.；*A. sisalana* var. *armata* Trel.

别名：菠萝麻（《种子植物名称》），西沙尔麻，波萝麻，剑兰，琼麻，万年麻，sisal hemp。

科属：龙舌兰科（Agavaceae）龙舌兰属。

形态特征：多年生植物。叶呈莲座式排列，叶刚直，剑形，初被白霜，后渐脱落而呈深蓝绿色，表面凹，背面凸，顶端有 1 硬尖刺，刺红褐色。圆锥花序粗壮；花黄绿色，有浓烈的气味；雄蕊 6，着生于花被裂片基部，花丝黄色；子房长圆形，下位，3 室，胚珠多数，花柱线形，柱头稍膨大，3 裂。蒴果长圆形。

分布与生境：原产于墨西哥；中国华南及西南各省（自治区）引种栽培。

成分与利用： 剑麻叶片内含丰富的纤维，纤维细胞呈长形结构，细胞腔大而长，壁厚。剑麻为世界有名的纤维植物，其纤维长，色泽洁白，质地坚韧、粗硬，富有弹性，拉力强，耐摩擦，耐酸碱，耐腐蚀，不易打滑等特点；在海水中耐磨性更好，供制海上舰船绳缆、机器皮带、各种帆布、人造丝、高级纸、渔网、麻袋、绳索等原料；与软质纤维混纺还可以织成服装布料、地毯和装饰用品等。叶片还可提取甾体激素。植株含甾体皂苷元，又是制药工业的重要原料。

采收与加工： 剑麻定植后，叶长 100cm 以上，叶片数达 50 片左右时就可以开割。割叶季节以冬季为好。

繁殖与栽培： 播种或分株繁殖。性喜高温，耐干旱，对土壤要求不严。适于生长的年平均气温为 21～37℃，最适温度为 25℃。适宜生长的年降水量为 800～1800mm，最适为 1000～1500mm，在阳光充足、排水良好的微碱性肥沃土壤中生长良好。

资源与开发： 当今世界用量最大、范围最广的一种硬质纤维。华南和西南多地有栽培。

五、棕榈 *Trachycarpus fortunei*（Hook.）H. Wendl.

异名： *Chaemaerops fortunei* Hook.；*Trachycarpus caespitosus* Becc.；*T. excelsus* H. Wendl.；*T. wagnerianus* Becc.

别名： 栟榈（《本草纲目》），棕树（通称）。

科属： 棕榈科（Palmae）棕榈属。

形态特征： 乔木状，树干圆柱形，被不易脱落老叶柄基部和密集网状纤维。叶片呈 3/4 圆形或者近圆形，深裂成 30～50 片具皱折的线状剑形，裂片先端具短 2 裂或 2 齿，硬挺甚至顶端下垂；叶柄两侧具细圆齿，顶端有明显的戟突。花序粗壮，多次分枝，从叶腋抽出。雌雄异株。雄花序具有 2～3 个分枝花序，一般二回分枝；雄花每 2～3 朵密集着生于小穗轴上，或单生；花萼 3 片，卵状急尖，几分离，花冠约 2 倍长于花萼，花瓣阔卵形，雄蕊 6 枚，花药卵状箭头形；雌花序梗上有 3 个佛焰苞包着，具 4～5 个圆锥状的分枝花序，2～3 回分枝；雌花淡绿色，通常 2～3 朵聚生；花球形，着生于短瘤突上，萼片阔卵形，3 裂，基部合生，花瓣卵状近圆形，长于萼片 1/3，退化雄蕊 6 枚，心皮被银色毛。果实阔肾形，有脐，成熟时由黄色变为淡蓝色，有白粉，柱头残留在侧面附近。种子胚乳均匀，胚侧生。花期 4 月，果期 12 月。

分布与生境： 原产于中国，现世界各地均有栽培，乃世界上最耐寒的棕榈科植物之一。棕榈在中国主要分布在秦岭、长江流域以南温暖湿润的多雨地区，以四川、云南、贵州、湖南、湖北、陕西最多，垂直分布海拔 300～1500m，西南地区可达海拔 2700m；日本也有分布。

成分与利用： 剥取其棕皮纤维（叶鞘纤维），作绳索，编扫帚、毛刷、蓑衣、枕垫、床垫、水塔过滤网和作沙发的填充料等；棕叶可用作防雨棚盖；嫩叶经漂白可制扇和草帽。适于四季观赏。木材可以制器具，叶可制扇、帽等工艺品；根入药。未开放的花苞别名棕鱼，可作蔬菜食用；棕皮及叶柄（棕板）煅炭入药有止血作用；花、果、棕根及叶基棕板可加工入药，主治金疮、疥癣、带崩、便血、痢疾等多种疾病。棕榈树形优美，常用于庭院、路边及花坛之中，对二氧化硫、氟化氢等多种有害气体具较强的抗性，并具有吸收能力，适于空气污染区大面积种植。茎干纹理致密，外坚内柔，耐潮防腐，是优良的建材；种子蜡皮则可提取工业用高熔点蜡；种仁含有丰富的淀粉和蛋白质，经磨粉后可作牲畜饲料。

采收与加工：叶鞘纤维（即叶柄基底部之棕毛）采集时，割取叶柄下延部分及鞘片，除去纤维状棕毛，晒干，待深加工。

繁殖与栽培：种子繁殖。棕榈性喜温暖湿润的气候，极耐寒，较耐阴，极耐旱，唯不能抵受太大的日夜温差。栽培土壤要求排水良好、肥沃。棕榈根系较浅，无主根，定植不宜过深，栽后穴面要保持盘子状。

资源与开发：各地栽培较多。特别是云南红河州红河县，人工种植 10 多万亩，对当地经济发展具有巨大的作用。

六、南巴省藤 *Calamus nambariensis* Becc.

异名：*Calamus banlingensis* C. Y. Yang, Z. H. Yang & J. Lu; *C. doriaei* Becc.; *C. inermis* T. Anderson; *C. inermis* T. Anderson var. *menghaiensis* S. Y. Chen, S. J. Pei & K. L. Wang; *C. khasianus* Becc.; *C. nambariensis* var. *furfuraceus* S. J. Pei & S. Y. Chen; *C. nambariensis* var. *menglongensis* S. J. Pei & S. Y. Chen; *C. obovoideus* S. J. Pei & S. Y. Chen; *C. polydesmus* Becc.; *Palmijuncus inermis* (T. Anderson) Kuntze.

别名：班岭省藤、勐海省藤、鳞秕省藤、勐龙省藤、倒卵果省藤，arui (JP)，lei (WZ)。

科属：棕榈科（Palmae）省藤属。

形态特征：攀援丛生藤类。叶顶端具长约 1m 的纤鞭；羽片近等距排列，披针形或披针状剑形具刚毛，边缘具紧贴的微刺；叶轴上面具小刺或爪，背面具单生或 3 个合生至半轮生的爪；叶柄很短，上面和边缘多少具刺。带鞘茎粗 3～4cm，裸茎粗 2～3cm；叶鞘上的囊状凸起处具刺，其余部分具单生或多少合生的近成列刺，大刺之间有许多长微刺。雌雄花序异型；雄花序三回分枝，顶端具长尾状附属物，每侧有 6～7 个分枝；一级佛焰苞管状，具少数爪状刺；雄花阔卵形；雌花序二回分枝，有 4～5 个分枝花序，顶端具皮刺的尾状附属物；分枝花序每侧有 6～7 个小穗状花序；一级和二级佛焰苞与雄的相似。果被明显梗状；果实近球形或椭圆形，鳞片 21～24 纵列，中央有深沟槽，边缘啮蚀状，具狭的内缘线。种子近球形至椭圆形，稍扁，表面具明显的瘤突和洼穴，合点孔穴椭圆形，胚乳嚼烂状，胚基生稍偏离。

分布与生境：产于云南西南部（盈江、陇川、瑞丽、沧源、镇康）、南部（勐海、景洪、勐腊）、东南部（绿春）；生于海拔 1300～1800m 的林中；广泛栽培；印度东北部也有分布。

成分与利用：表皮的维管束密度 8 个/mm^2，纤维含量约 30%，纤维束长度 150.0μm。藤茎材质优良，编制各种用具。去鞘藤径 22.0～28.0mm，平均 24.0mm；节间长 22.0～35.0cm，平均 28.0cm。原藤黄白色，直径较为均一匀称，藤材具有优良的工艺学特性。产地采集藤条作为绳索、编制农用器具和日常用品；工业上直接利用原藤条做家具的骨架，经加工劈制的藤篾、藤丝用于编制精美的工艺制品和器具。藤笋和果实可供食用。

采收与加工：近似黄藤。

繁殖与栽培：种子繁殖。

资源与开发：资源量小，需要保护。本种包括几个变种，其中高地省藤（*C. nambariensis* var. *alpinus*）、版纳省藤（C. *nambariensis* var. *xishuangbannaensis*）、盈江省藤（C. *nambariensis* var. *xishuangbannaensis*）是否合并到本种，仍然存在较大的争论（江泽慧和王慷林，2013），而几个变种在产区具有较大的经济价值；也作为林下栽培发展。

七、龙竹 *Dendrocalamus giganteus* Munro

异名：*Bambusa gigantea* Wall. ex Munro；*Sinocalamus giganteus*（Munro）A. Camus；*S. giganteus*（Wall.）Keng f.

别名：大麻竹（《植物学大辞典》），大白竹，沙麻竹，苏麻竹，亚鋩竹，印度麻竹，巨竹，老浓巨竹，maibo（D），ape（H），laoma（Y），wabo（K）。

科属：禾本科（Gramineae）牡竹属。

形态特征：竿高 20～30m，直径 20～30cm，梢端下垂或长下垂；节间长 30～45cm，幼时在外表被有白蜡粉；竿分枝习性高，每节分多枝，主枝常不发达。竿箨早落；箨鞘大形，背面贴生暗褐色刺毛；箨耳与下延之箨片基部相连，多少有些外翻，以后易脱落；箨舌显著，边缘有短齿状裂刻；箨片外翻，卵状披针形，其基部约占箨鞘顶端的 4/5。末级小枝具 5～15 叶，叶舌隆起，边缘具不整齐的齿裂；叶片长圆状披针形，大小变异较大下表面幼时生有微毛，次脉 8～18 对，再次脉约为 6 条，叶缘具小锯齿而极粗糙。

分布与生境：本种在中国云南东南至西南部均有分布，台湾也有栽培。国外在亚洲热带和亚热带各国都有栽培。

成分与利用：竹材化学成分（%）为 1% NaOH 抽出物 27.35、热水抽出物 12.89、冷水抽出物 10.76、乙醚抽出物 0.38、苯醇抽出物 4.56、木素 24.49、纤维素 43.32、多戊糖 15.72、二氧化硅 0.47、灰分 1.18（张宏健等，1998）。为良好的建筑和篾用竹材。其笋味苦，不宜蔬食，但加工漂洗和蒸煮后能制作笋丝和笋干（商品称为“玉兰片”），其色泽淡黄，颇受人们欢迎。

采收与加工：竹材砍采 2～3 年生的竹竿，根据用途进行加工。从竹笋开始出土到出土结束可划分为 3 个时期，即出笋初期（6～7 月），盛期（8～9 月），末期（10～11 月）。3 个时期出笋数量分别占总笋数量的 20%、60%、20%。竹笋主要加工方法有水煮、干制、罐制、发酵等。

繁殖与栽培：种子繁殖、主枝空中诱根、埋节、扦插或分篼移竹育苗。土壤 pH 以 5.5～6.5 为宜。立地条件好的地带生长良好；在黏性土中生长不良，应避免选择排水条件差的立地种植。

资源与开发：本种是牡竹属中栽培最广泛的竹种，中国滇西南可能是它的自然分布区。此为世界上最大的竹类之一。在亚洲热带和亚热带地区广泛栽培，也是云南栽培最为广泛、经济价值最高、用途最为广泛的大型丛生竹。

八、其他优良纤维植物

（一）小叶龙竹 *Dendrocalamus barbatus* Hsueh et D. Z. Li

别名：小龙竹，maisanglang（D-BN）。

科属：禾本科（Gramineae）牡竹属。

分布：云南东南至西南海拔360～1100m的地域，均是栽培。

功用：小叶龙竹灰分、SiO_2、冷水抽提物、热水抽提物、苯一醇抽提物、1% NaOH抽提物、木质素、戊聚糖、纤维素含量（%）分别为1.82、0.25、2.99、3.76、1.65、16.73、28.13、15.78和51.00；纤维平均长度为5.25mm、宽度为20.13μm、长宽比为260.80；小叶龙竹具有纤维平均长度较长、长宽比较高、纤维素含量较高、木质素含量较低的优势，其成浆容易，撕裂强度较高，是一种优良的竹类纤维原料（杨清等，2008）。其纤维比目前常用的纸浆树种云杉、马尾松、桉树的纤维长，比巨龙竹、毛竹、慈竹的比例高1.99～9.63倍，其长宽比为260.80，是慈竹、毛竹、巨龙竹、桉树的2倍左右，是云杉、马尾松的3.5倍以上；是目前纤维最长、长宽比最大的竹种之一。小叶龙竹纤维素含量（51.00%），明显高于毛竹、慈竹、巨龙竹，金平龙竹和版纳甜龙竹，比阔叶材桉树的纤维含量高5.41%，比针叶材造纸原料云杉的高4.08%，略低于马尾松的纤维素含量；木质素含量为28.13%，与慈竹相当，比毛竹低；戊聚糖含量为15.78%，比毛竹和慈竹的都低。其冷水抽提物、热水抽提物与毛竹、慈竹和巨龙竹相当；其1%NaOH抽提物远低于慈竹、毛竹，而略高于巨龙竹。小叶龙竹黑液的有机物含量占总固形物含量的65.02%，SiO_2含量高于落叶松，但远低于甘蔗渣、芦苇、麦草黑液的SiO_2含量，也低于毛竹和巨龙竹黑液的。黑液的燃烧值达13.28kJ/g，与马尾松、慈竹黑液的燃烧值相近。与常用制浆竹种相比具有硫酸盐法蒸煮成浆容易、撕裂强度高的特性，是一种优良的制浆造纸原料。

（二）巨龙竹 *Dendrocalamus sinicus* Chia et J. L. Sun

别名：歪脚龙竹（云南西双版纳），大竹（云南沧源），maibao（D-BN）。

科属：禾本科（Gramineae）牡竹属。

分布：产于云南南部至西南部；栽培于海拔650～1000m的地带。

功用：世界上最大的竹类。纤维长度0.45～6.00mm，宽度8.24～30.46μm，长宽比55.20～370.99，壁厚2.54～10.42μm，腔径2.50～18.29μm，壁/腔比0.38～5.47，属于长纤维植物；其他成分含量（%）为水分6.99、灰分1.91、冷水抽出物6.78、热水抽出物9.08、1%NaOH抽出物21.21、乙醚抽提物0.32，苯醇抽提物4.45、纤维素47.67、木质素22.54、多戊糖23.79（普晓兰等，2006；王文久等，2006）。因此，巨龙竹是优良特大型工业用材，可用于特大型秆材、特种工艺品（含特种竹家具)、新型竹建筑、竹质人造板、竹炭及其制品、竹浆及其造纸产业，以及民族竹文化旅游等诸方面的应用（辉朝茂等，2006）。

（三）黄竹 *Dendrocalamus membranaceus* Munro

别名： maisang（D），kakuda（KC），laowang（Y），etekan（Km）。

科属： 禾本科（Gramineae）牡竹属。

分布： 产于云南东南部至西南部，四川可能已栽培。生于海拔 1000m 以下的低山与河谷地区。栽培于缅甸、越南、老挝和泰国；原产于缅甸。

功用： 竹材化学成分（%）为 1%NaOH 抽出物 24.91～25.35、热水抽出物 8.60～8.68、冷水抽出物 6.27、乙醚抽出物 0.46、苯醇抽出物 4.53～7.17、木素 23.22～26.14、纤维素 43.94～52.45、多戊糖 15.03～17.78、二氧化硅 1.182、灰分 1.79～2.04、纤维长度 2.07～2.72mm、纤维宽度 14.73μm、纤维长宽比 140.5（张宏健等，1998；冯文英等，2005）。竿可用作造纸原料，建筑用材，扁担和劈细做筷子。笋漂洗加工可制作笋丝，据说每年生产都较多。

（四）白藤 *Calamus tetradactylus* L.

别名： 鸡藤。

科属： 棕榈科（Palmae）省藤属。

分布： 产于海南（三亚、万宁、保亭、儋州、文昌、琼中、白沙、琼海、澄迈、东方），广东南部及岛屿（阳江、珠海、合浦、徐闻），广西（博白、陆川），香港，福建；生于海拔 100～750m 的山谷、林中；柬埔寨、老挝（中部、南部）、泰国（东部、东南部）和越南也有分布。

功用： 白藤导管单管孔、近圆形；维管束的平均长宽比 1∶1.16，长 289μm，宽 249μm；藤茎外侧纤维细胞长 1.28mm，直径 10μm，中部及中央部纤维细胞长 1.20mm，宽 13.0μm。平均综纤维素含量 71.39%，平均总木质素含量 23.69%，平均聚戊糖含量 23.28%；苯醇抽出物含量 3.93 %，灰分含量为 1.43%。白藤的藤茎工艺性能良好，是藤编织家具及工艺品的优良材料，具有较高的经济价值和开发应用前景，为华南山区林地实行多种经营，广泛推广栽培的主要商品藤种之一。

（五）黄藤 *Daemonorops jenkinsiana*（Griffith）Martius

别名： 长嘴黄藤、长嘴红藤、红藤，大红藤。

科属： 棕榈科（Palmae）黄藤属。

分布： 产于海南（陵水、万宁、三亚、保亭、琼中），广东（肇庆）、香港、广西（东兴、陆川）；生于海拔 200～650m 的山谷、林中；云南西双版纳有栽培；老挝、越南、菲律宾、孟加拉国等国有分布。

功用： 黄藤维管束长径、短径分别为 468.933μm 和 333.838μm，维管束密度在轴向随着高度的增加逐渐增大，径向由内到外逐渐增加，平均为 5.63 个/mm^2。导管分子长度大多为 1～2mm，少数为 2.072～2.630mm，平均长 1621.796μm；导管分子宽度 0.151～0.300mm，平均宽 187.172μm。轴向向上导管分子密度大体上呈增加趋势，径向由内到外逐渐增大，平均密度为 5.65 个/mm^2。纤维长 990.476μm，长宽比为 86.23，直径为 12.041μm，腔径为 6.350μm，双壁厚为 5.691μm，壁腔比为 1.05。纤维微纤丝角 33.4°～38.7°范围内，平均为 36.1°。密度 0.446g/cm^3；抗拉强度在 20.8～73.8MPa。平均综纤维素含量为 63.15%，平均总木质素含量 23.09%，平均聚戊糖含量 20.43%。苯醇抽出物含量为 9.57 %，灰分含量为 1.19%，藤芯冷、热水抽提物含量分别为 18%和 22%，1%NaOH 抽提物含量为 42%，pH 为 4.3（江泽慧和王慷林，2013）。黄藤是华南热带及南亚热带地区森林的主要伴生藤本植物，藤茎具有良好的工艺特性，是藤制家具及工艺品的优良材料；藤嫩梢富含人体所需的多种营养成分，可做蔬菜食用；种子质地坚硬，是制作“佛珠”的传统材料。因此，黄藤是具有较高经济价值和开发前景的多用途珍贵森林植物，亦是华南地区广泛人工栽培的主要商品藤种之一。藤茎主要用于藤家具制作、藤工艺品和编织材料。

（六）蕉麻 *Musa textilis* Née

别名：马尼拉麻（通称），马尼拉蕉麻，马尼刺麻，芭蕉麻，abaca。

科属：芭蕉科（Musaceae）芭蕉属。

分布：广东、广西、云南及台湾等有栽培。原产于菲律宾，产量世界最大；也分布于印度尼西亚、危地马拉、洪都拉斯等。

功用：叶鞘中含 63%的全纤维素。假茎富含纤维，属硬质纤维，拉力强，多用于制作绳缆。从叶柄中获取纤维，其重要性在叶纤维中居第二位，可用于织蕉布。其纤维细长、坚韧、质轻，在海水浸泡不易腐烂，是做渔网和船用缆绳的优质原料，还可编织席子、地毯及优质麻织衣料。种子含油 30%左右，供工业用等；果为镇痉止咳、滋润止痛药；花、叶、油也可药用。

（七）青檀 *Pteroceltis tatarinowii* Maxim.

别名：檀（《诗经》），檀树（河北南口、河南、安徽），翼朴（《河北习见树木图说》），摇钱树（陕西华山），青壳榔树（四川巴东）。

科属：榆科（Ulmaceae）青檀属。

分布：产于辽宁（大连蛇岛）、河北、山西、陕西、甘肃南部、青海东南部、山东、江苏、安徽、浙江、江西、福建、河南、湖北、湖南、广东、广西、四川和贵州；常生于海拔 100～1500m 的山谷溪边石灰岩山地疏林中；在村旁、公园有栽培。

功用：檀皮成分（%）为综纤维素 61.43，纤维素 41～58.67，木质素 7.06～9.03，多缩戊糖 20.06，果胶 10.48；冷水抽出物 11.12，热水抽出物 15.14，苯醇抽出物 6.32；木质素含量较低，容易制浆，但制浆得率比较低。纤维长度主要集中在 2.50～3.30mm，占总量的 72.95%，平均长度为 2.95mm，均整性较好，平均宽度为 10.99μm，纤维的长宽比为 268（戴宝合，2003；杨期和，2009）。青檀经济价值高，是制宣纸、人造棉的原料。宣纸的润墨性、变形性和耐久性是其他纸张无法比拟的，因此驰名中外，历史悠久；其材质坚韧，纹理细密，耐腐耐水浸，是园艺和室内装饰的珍贵用材树种，可作建材及各种器具用材；小树枝或幼树可编制筐和箕之类的农副产品；叶和果实作饲料；茎叶可入药，具有祛风、止血和止痛的功效；林分具防风固沙，保持水土不之功能，可作石灰岩山地的造林树种。

（八）菽麻 *Crotalaria juncea* L.

别名： 印度麻（《广州常见经济植物》）、太阳麻（《中国高等植物图鉴》、《台湾植物志》），自消容（《亨利氏植物汉名集》），柽麻，赫麻，菽柽麻，猪屎豆，sunn hemp。

科属： 蝶形花科（Papilionaceae）野百合属。

分布： 福建、台湾、广东、广西、四川、云南、江苏、山东有栽培；生于海拔 50～2000m 的荒地路旁及山坡疏林中；原产于印度，现广泛栽培或逸生于亚洲、非洲、大洋洲、美洲热带和亚热带地区。

功用： 菽麻的原麻含量（%）为灰分 0.6，水分 9.6，水抽出物 2.8，脂肪和蜡 0.6，纤维素 80.0，果胶 6.4 等。单纤维长 5.0～10.0mm，宽 22.0～30.0μm。种子油脂 12.6%，其中有亚油酸 46.8%，亚麻酸 4.6%，油酸 28.3%，各种饱和脂肪酸 20.3%（杨期和，2009）。菽麻是古老而著名纤维植物之一，用于编织、地毯纱、香烟用纸、渔网、麻袋布、帆布、绳索、造纸等；改性的菽麻胶和 1%的明矾混合，可迅速地交连成冻胶，作为油田地质构造紧密油井的水基冻胶压裂液、石油钻井泥浆的增稠剂、轻纺工业的化学糨糊、无糖上浆和制药工业压片的填料等；根药用，可治疗跌打、白浊、尿结石、膀胱炎等症；种子含有胰蛋白酶抑制剂，具清血解毒的功能，用于癣疥，还可作通经剂，常作为解毒及麻醉的有效药。在印度作解毒及麻醉剂用；因含有丰富的氮、磷、钾，又可作绿肥，有改良土壤之效。

（九）苘麻 *Abutilon theophrasti* Medicus.

别名： 椿麻（湖北），塘麻（安徽），孔麻（上海），青麻（东北），白麻（《本草纲目》），桐麻（四川、陕西），磨盘草、车轮草（江西），野麻，椿麻，塘麻，火麻，桐麻秆。

科属： 锦葵科（Malvaceae）苘麻属。

分布： 除青藏高原不产外，其他各省（自治区）均产，东北各地有栽培；常见于路旁、荒地和田野间；也分布越南、印度、日本以及欧洲、北美洲等。

功用： 苘麻原麻含量（%）为纤维素 51.9，半纤维素 16.9，脂蜡质 0.9，水溶物 5.2，果胶物质 8.8，木质素 16.4、灰分 3.6，纤维含胶率为 29.6。本种的茎皮纤维色白，具光泽，用于织麻袋、搓绳、编麻鞋等，也用于造纸；同时也是良好的蜜源植物；全草药用，具有通乳汁、消乳腺炎、顺产等功效，根和苘实也可用于清热泻火和降血压；叶可制茶。种子含油量 15%～16%，供制皂、油漆和工业用润滑油；药用称冬葵子，润滑性利尿剂。苘麻的单纤维细而短，因木质素含量高，所以不易从束纤维中分离（杨期和，2009）。

（十）红麻 *Hibiscus cannabinus* L.

别名：大麻槿（《中国植物志》，《广州常见经济植物》），芙蓉麻（《华北经济植物志要》），洋麻（《经济植物手册》），槿麻、钟麻。

科属：锦葵科（Malvaceae）木槿属。

分布：黑龙江、辽宁、河北、江苏、浙江、广东和云南等栽培；原产于印度，现各热带地区均广泛栽培。

功用：红麻韧皮部含量（%）为综纤维素约 82.8，木质素 11.1，热水溶出物 10.8，聚戊糖 15.1，灰分 4.8。红麻韧皮纤维主要由长的厚壁纤维组成，与针叶木纤维形状和结构很相似，韧皮平均纤维长 2.7mm，平均宽 16.0μm，长宽比约为 178，细胞壁厚度 5.9μm。平均木质纤维长 0.8mm，平均宽度 34.0μm，长宽比约为 24，细胞壁厚度为 7.0μm（杨期和，2009）。红麻出麻率高达 6.4%，具有吸湿性强，纤维比较粗硬的特点；适于编织麻袋、麻布、麻地毯和绳索等。韧皮纤维可代替针叶树种的木材制浆；生产高级纸张或纸板面浆，全秆制浆可造优质印刷纸、书写纸和香烟纸，还可生产拉力要求很高的 9 券纸；秆芯有极细的微腔结构，可用作吸附剂和制作清洁剂；麻炭可制成吸附剂和活性炭等；叶片富含粗蛋白（14%～34%）、粗纤维（25%）和木槿酸；嫩叶可作蔬菜，老叶可作食品添加剂或家畜饲料；种子含油率为 19%～23%，且油脂富含亚油酸，可作保健食用油；花瓣富含木槿酸，可作保健茶饮料及染色剂；根含有丰富的生物活性物质，有去风湿、活血等功效；红麻生物产量是针叶树木材的 3～4 倍，红麻芯还可作栽培基质，也可生产生物能源物质，如乙醇和甲醇等；红麻还是极好的蜜源植物。

（十一）罗布麻 *Apocynum venetum* L.

别名：茶叶花（河北、陕西、甘肃），野麻（新疆、青海、甘肃），泽漆麻、女儿茶（江苏），茶棵子（山东），奶流（山西），红麻、红花草（陕西），吉吉麻（江苏），羊肚拉角（陕北），牛茶（吉林），野茶（山东、江苏），披针叶茶叶花，红麻，yewuqigan（WWE）。

科属：夹竹桃科（Apocynaceae）罗布麻属。

分布：产于新疆、青海、甘肃、陕西、山西、河南、河北、江苏、山东、辽宁及内蒙古等；野生于盐碱荒地和沙漠边缘及河流两岸、冲积平原、河泊周围及戈壁荒滩上；已有引种栽培驯化；现广布于欧洲及亚洲温带地区。

功用：罗布麻纤维是一种韧皮纤维，位于茎秆的韧皮组织内，纤维素含量 54.8%～58%。纤维横截面呈圆形或椭圆形，纵向有竖纹和竹节存在，长度 15～70mm，细度 12～17mm，断裂强度 7.4eN/dtex，伸长 3.4%（何军和陈东生，2006）。罗布麻耐旱、耐寒、耐碱，是中国大面积野生的纤维植物，在野生纤维中最优良。其茎皮纤维细长，具有柔韧、有光泽，耐磨、耐湿性能优良等特点，为高级衣料、床上用品、室内装饰品、渔网丝、皮革线、高级用纸等原料，在国防工业、航空、航海、车胎帘布带、机器传动带、橡皮艇、高级雨衣等方面均有用途。叶含胶量达 4%～5%，作轮胎原料；嫩叶蒸炒揉制后当茶叶饮用，有清凉去火、防止头晕和强心的功用；种毛白色绢质，可作填充物。麻秆剥皮后可作保暖建筑材料。根部含有生物碱供药用。本种花多，美丽、芳香，花期较长，具有发达的蜜腺，是一种良好的观赏和蜜源植物。

（十二）马蔺 *Iris lactea* Pall

别名：白花马蔺，箭杆风，兰花草，蠡实，马蔺花，马帚子，紫蓝草，大花马蔺。

科属：鸢尾科（Iridaceae）鸢尾属。

分布：产于黑龙江、吉林、辽宁、内蒙古、河北、山西、山东、河南、安徽、江苏、浙江、湖北、湖南、陕西、甘肃、宁夏、青海、新疆、四川、西藏；生于荒地、路旁、山坡草地，尤以过度放牧的盐碱化草场上生长较多；朝鲜、前苏联及印度也有分布。

功用：茎叶含量（%）为纤维 50，纤维素 43.39，水分 14.34，可溶性无氮物 26.93；根含纤维素 30.23，木质素 34.79，多缩戊糖 12.15，灰分 5.29，水分 10.73，苯醇抽出物 2.22，碱抽出物 40.25。纤维平均长 49.45mm，宽 59.08μm，平均单纤维强力 45.10g，公制支数 281，出棉率约 50%（戴宝合，2003）。马蔺是一种良好的纤维植物，根的木质部坚韧而细长，可制刷子；叶在冬季可作牛、羊、骆驼的饲料，并可供造纸及编织用；花和种子入药，马蔺种子中含有马蔺子甲素，可作口服避孕药。耐盐碱、耐践踏，抗寒、耐旱、耐污染、适应性强、分布广，根系发达，可用于水土保持和改良盐碱土，也用于城市绿化。

（十三）桑 *Morus alba* L.

参见药用植物部分。

功用：桑皮纤维，是一种采用现代生物技术分离提取纯天然纤维的植物，具有坚实、柔韧、密度适中和可塑性强等特点；制成织物吸湿透气、可染性强，而且还有护肤、养发、降压保健功能，又是一种新型保健纺织原料。桑皮纤维开发和利用，也是对农业废弃物的回收再开发过程，将桑皮纤维与棉、麻、丝、化纤长丝等混纺或交织，可开发出更多具有高附加值的新产品，有着广阔的市场前景（何军和陈东生，2006）。

（十四）构树 *Broussonetia papyrifera*（L.）L'Hér. ex Vent.

参见饲用植物部分。

功用：构树纤维性韧，富拉力，单纤维最长 14mm，最短 5.7mm，最宽 32μm，最窄 15μm；单纤维平均强力 12.65g；树皮的化学组成（%）为水分 11.20，灰分 2.70，冷水抽出物 5.85，热水抽出物 18.92，乙醚抽出物 2.13、0.1% NaOH 抽出物 44.61，聚戊糖 9.46，蛋白质 6.04，木质素 14.32，果胶质 9.46，硝酸乙醇纤维 39.98（王宗训，1989）。树皮纤维长而柔软，是优质造纸及纺织原料，既可用于制作复写纸、蜡纸、引线抄纸、电池隔膜纸等特种长纤维高档纸张，也可用于制作人造棉及高级混纺原料；树皮、茎、叶可提制栲胶。

（十五）木棉 *Bombax ceiba* L.

参见野菜植物部分。

功用：木棉纤维短而细软，无拈曲，中空度高达86％以上，远超人工纤维（25％～40％）和其他任何天然材料，不易被水浸湿，且耐压性强，保暖性强；天然抗菌，不蛀不霉，可填充枕头、褥、救生衣等填充材料。木棉纤维被誉为植物软黄金，是目前发现天然纤维中最细、最轻、中空度最高、最保暖的纤维材料。取材于木棉的果絮，称为桐锦，闻名中原；用木棉的花序或纤维作枕头、床褥的填充料，十分柔软舒适。树形高大雄伟，春季红花盛开，花大而美，是优良的行道树、庭荫树和风景树。木棉生长迅速，材质轻软，可供蒸笼、包装箱、箱板、火柴梗、造纸之用；产区群众多用木棉树干做饭甑，蒸熟的饭置于其内，不馊。花可供蔬食。以花、树皮和根入药，花清热除湿，能治菌痢、肠炎、胃痛；根皮祛风湿、理跌打。种子油可作润滑油、制肥皂。

第二十一章　鞣料植物

第一节　概　　述

一、概念

鞣质（tannins）又称单宁，是存在于植物体内的结构比较复杂的多元酚类化合物。Bate-Smith（1962）定义单宁：相对分子质量500～3000的能沉淀的生物碱、明胶及其他蛋白质的水溶性酚类化合物。这一定义对区别非单宁物质，仍然存在一定的困难。因此，孙达旺（1992）认为，凡能与生皮蛋白质结合成革的物质，在纯的状态下称为鞣质（或单宁），含有单宁的工艺制品称为鞣剂。从植物性物料提取的含有单宁为主的浓缩产品称为栲胶，用于制作栲胶的植物原料称为植物鞣料。鞣料植物（tannins plant）是指植物体内含有丰富的鞣质物质的一类植物的总称。

鞣质能与蛋白质结合形成不溶于水的沉淀，故可用来鞣皮，即与动物皮中的蛋白质相结合，使生皮成为致密、柔韧、难于透水，且不易腐败的皮革，因此称为鞣质。栲胶是植物性鞣料或鞣料浸膏，通过富含鞣质的树皮、木材、果实、根、茎、枝叶，经粉碎、浸提、蒸发、干燥等制成。鞣质是其主要的成分。栲胶是制革工业的鞣皮剂，并广泛用于胶黏剂、污水处理剂、涂料、染料及医药等，在国民经济中占有重要的地位。

二、鞣料植物的资源与分布

除菌类、藻类、地衣和苔藓外，诸多植物种类的不同部位都含有鞣质。高等植物中，裸子植物的松科、柏科、红豆杉科、粗榧科等，被子植物的壳斗科、蔷薇科、红树科（Rhizophoraceae）、漆树科、蓼科、桦木科、胡桃科、槭树科、大戟科、杨梅科等的种类富含鞣质。例如，落叶松、云杉、杨梅、余甘子、高山蓼（*Polygonum alpinum*）、拳蓼（*P. bistorta*）、地榆、酸模（*Rumex acetosa*）、皱叶酸模（*R. crispus*）等，不仅鞣质含量高，而且质量较好。

中国鞣料植物的分布也十分广泛，遍布中国各地，但产地不同含量存在差异。鞣质的含量受物种、气候、产地（包括海拔）、土壤、植物年龄、季节等因素的影响。总结其一般规律表现为5个方面。

（1）热带比温带鞣质植物种类多，鞣质含量高。例如，生长在寒带的针叶树鞣质一般含量约10%，而生长在热带地区的针叶树皮鞣质含量可达20%（王宗训，1989）。

（2）植物产地对鞣质有显著的差异的影响，如生于不同海拔的云杉，其鞣质含量差别较大；阴坡和阳坡对植物鞣质含量也有影响，如红树（*Rhizophora apiculata*）向阳生长者鞣质含量高，阴坡的则含量低。

（3）鞣质含量与土壤有关。有些树木生长于土壤肥沃的立地，鞣质含量高；反之，有的树木生长于干瘠的生境鞣质含量高。例如，槲栎生长于干燥瘠薄的环境，树皮鞣质含量高，生长在潮湿的低凹立地则含量低。

(4) 植物的年龄影响鞣质含量。中龄的植物通常比老龄植物的鞣质多，幼龄的植物鞣质含量高，如落叶松 60～100 年的树龄的鞣质含量高于幼龄和过老龄树皮。

(5) 鞣质含量与季节有关。温带气候春夏秋冬分明，季节变化对鞣质含量的影响较热带与亚热带明显。

三、鞣料植物的分类

1. 按植物学分类

按植物学科的归属进行分类，如壳斗或山毛榉鞣料（来源于板栗、栲树等山毛榉科植物），大戟科鞣料（来源于余甘子、油桐等），含羞草鞣料［台湾相思（*Acacia confusa*）、黑荆树等含羞草科来源的鞣料］，红树鞣料［海莲（*Bruguiera sexangula*）、角果木（*Ceriops tagal*）、秋茄树（*Kandelia candel*）等提取的鞣料］。根据植物科分类主要是来源清楚明了，但不反映其性质，实际应用较少。

2. 按利用部位分类

1）树皮类　树皮含鞣质，如云杉、铁杉、冷杉、黑荆树、落叶松、杨梅、栲等。

2）木材类　木材中含有鞣质，如板栗、栗木类、槲木等。

3）果实类　主要是果实部分含有鞣质，如栎属果壳（称橡椀子，包括麻栎、栓皮栎等）、云实荚、化香果、苏木果、桤木（*Alnus cremastogyne*）果等。

4）根皮类　植物的根部含有鞣质，如金樱子、拳蓼、翻白草（*Potentilla discolor*）等。

5）叶类　叶提取鞣质，如漆树、地榆、黄栌（*Cotinus coggygria*）、化香（*Platycarya strobilacea*）、赤杨（*Alnus japonica*）等。

3. 按所含单宁的类别分类

1）水解类鞣料　分子中具有酯键，是葡萄糖的没食子酸酯，通常以一个碳水化合物（或与多元醇有关的物质）为核心，通过酯键与多元酚羧酸连接而成，因此可在酸、碱或酶的作用下发生水解，产生糖、多元醇及多元酚羧酸。例如，板栗、栎（*Quercus* spp.）、五倍子、清香木叶、天竺葵、橄仁树树皮、余甘子、月见草叶、锦香草（*Phyllagathis rotundifolia*）枝叶和根、栾树（*Koelreuteria paniculata*）叶、粗叶悬钩子（*Rubus aleaefolius*）、石榴、芍药果实、胡黄连种子、叶下珠（*Phyllanthus urinaria*）、榛子、日本蛇菰（*Balanophora japonica*）等。水解类鞣料鞣制的皮革一般颜色淡亮，沉淀物很少，但皮革较硬。

2）凝缩类鞣料　也称不水解类鞣料。分子中的芳香环均与碳相连，不以构成分子的整体结构，因此难以水解，在强酸的作用下缩合成不溶于水的红色沉淀，俗称红粉，如黑荆树皮、落叶松皮、云杉树皮、红树皮、栲树皮、老鹳草（*Geranium niveum*）树皮、可可、乌药茎等。凝缩类鞣料鞣制的皮革颜色深红，沉淀多，皮革较丰满。

3）混合类鞣料　兼具水解类鞣料和凝缩类鞣料的特性，如杨梅等。

四、植物鞣质的特性

植物鞣质具有酚类物质的通性和本身的特征，其具有 8 个方面的特性（孙达旺，1992；张文德，1985）。

（1）天然的植物鞣质总是由多种植物多酚组成，一般为米色、浅褐色至红褐色无定形固体，少数在纯化后能形成晶体。

（2）鞣质有很强的极性，溶于水、甲醇、乙醇、丙酮，少溶于乙酸乙酯，难溶于或不溶于乙醚、不溶于苯、氯仿、石油醚、二硫化碳。少量水的存在能够增加鞣质在有机溶剂中的溶解度。

（3）鞣质能与蛋白质结合产生不溶于水的化合物，能使明胶从水溶液中沉淀出，使生皮成革。

（4）鞣质具有显著的涩味。鞣质与口腔的唾液蛋白、糖朊结合，使它们失去对口腔的润滑作用，并能引起舌的上皮组织收缩，产生干燥的感觉。但是，非鞣质酚在浓度较大时也有涩味。

（5）鞣质溶液与高铁盐发生颜色反应，呈蓝色或绿色。与重金属盐（如乙酸铅、乙酸铜）或碱土金属氢氧化物生成沉淀。

（6）鞣质与生物碱、亚甲基蓝形成不溶或难溶的沉淀物。

（7）鞣质能被高锰酸钾氧化，能还原斐林氏溶液。鞣质水溶液能吸收空气的氧进而氧化，氧化的最低 pH 约为 2.5，pH 3.5～4.6 后氧化速度加快，在碱性溶液或有氧化酶的条件下氧化很快。氧化后颜色变深。

（8）鞣质在水溶液中呈弱酸性，鞣质水溶液有半胶体溶液的性质。单鞣质胶体带负电，具有动电电位。加盐（氯化钠等）能使溶液中的一部分单宁受到盐析而沉淀出。

第二节　特色鞣料植物

一、黑荆树 *Acacia mearnsii* Willd.

异名： *Racosperma mearnsii*（De Wild.）Pedley

别名： 澳洲金合欢，黑栲皮树，栲皮树，毛黑荆，black wattle。

科属： 含羞草科（Mimosaceae）金合欢属。

形态特征： 乔木；小枝有棱，被灰白色短绒毛。二回羽状复叶，嫩叶被金黄色短绒毛，成长叶被灰色短柔毛；羽片 8～20 对，每对羽片着生处附近及叶轴的其他部位都具有腺体；小叶 30～40 对，排列紧密，线形，边缘、下面，有时两面均被短柔毛。头状花序圆球形，在叶腋排成总状花序或在枝顶排成圆锥花序；花序轴被黄色、稠密的短绒毛。花淡黄或白色。荚果长圆形，扁压，于种子间略收窄，被短柔毛，老时黑色；种子卵圆形，黑色，有光泽。花期 6 月，果期 8 月。

分布与生境： 原产于澳大利亚；浙江、福建、台湾、广东、广西、云南、四川有引种。

成分与利用： 黑荆树皮含单宁可达 48.82%，纯度 81.9%，每 2t 干皮即可提取 1t

栲胶；世界著名的速生、高产、优质的鞣料树种，也是当前的主要栲胶树种。产量占世界栲胶总产量的2/5以上，国际贸易量跃居第一位。树皮单宁供硝皮和作染料用。栲胶品质好，色泽光润，溶解度高，渗透快，沉淀少，缓冲性及鞣革性能均好，深受各国制革业的青睐。栲胶还用于钻探石油及铁路、纺织、医药、渔业等方面。黑荆树皮提取栲胶后，还可提焦油（达20%）。树皮提取物还可用作木制品的胶黏剂和矿物浮选剂。树皮也作止血剂和收敛剂。木材坚韧，可作坑木、枕木、电杆、船板、农具、家具、建筑等用材，还是较好的纸浆木材，木质素含量高而果胶，半纤维素等含量低，出纸率也高，其他剩余物做燃料。根系发达，有根瘤菌，可用作水土保持、改良土壤的绿化树种。黑荆树10年以上大树可产流胶，单株年产树胶2.3kg，可代阿拉伯胶使用。花期长，是良好的蜜源植物。

采收与加工：根皮和树皮，四季均可采收，秋冬采集时含量较高，也易于采剥。剥下的树皮或根皮要干净无泥土，晒干后打捆。

繁殖与栽培：喜阳光而又较耐阴，喜温暖湿润气候，又稍耐寒，能耐－5℃以上的低温。对土壤要求不严，喜深厚肥沃土壤，也能耐一定的干旱、贫瘠，但不耐渍水。

资源与开发：人工栽培。

二、化香 *Platycarya strobilacea* Sieb. et Zucc.

异名：*Fortunaea chinensis* Lindl.；*Petrophiloides strobilacea*（Sieb. et Zucc.）Reid et Chandler；*Platycarya kwangtungensis* Chun ex Kuang et A. M. Lu；*P. longipes* Wu；*P. simplicifolia* G. R. Long；*P. simplicifolia* var. *ternata* G. R. Long；*P. sinensis* Mottet；*P. strobilacea* Sieb. et Zucc. var. *kawakamii* Hayata

别名：花木香（山东），还香树、皮杆条（河南、湖北），山麻柳（四川、贵州），栲香（浙江），栲蒲（福建），换香树（四川），麻柳树（甘肃、陕西），板香树（湖南），化树、花龙树（江苏），山麻柳。

科属：胡桃科（Juglandaceae）化香属。

形态特征：落叶小乔木。羽状复叶具7～23枚小叶；侧生小叶边缘有锯齿，顶生小叶具长小叶柄。两性花序和雄花序在小枝顶端排列成伞房状花序束；两性花序通常1条，着生于中央顶端，雌花序位于下部，雄花序部分位于上部；雄花序通常3～8条，位子两性花序下方四周。雄花：苞片阔卵形；雄蕊6～8枚，花丝短，稍生细短柔毛，花药阔卵形。雌花：苞片卵状披针形；花被2，位于子房两侧并贴于子房，顶端与子房分离，背部具翅状的纵向隆起，与子房一同增大。果序球果状，卵状椭圆形至长椭圆状圆柱形；宿存苞片木质，略具弹性；果实小坚果状，两侧具狭翅。种子卵形。花期5～6月，果期7～8月。

分布与生境：产于甘肃、陕西、河南、山东、安徽、江苏、浙江、江西、福建、台湾、广东、广西、湖南、湖北、四川、贵州和云南；生于海拔600～2200m的向阳山坡及杂木林，有栽培；朝鲜、日本也产。

成分与利用：树皮、根皮、叶和果序均含鞣质，果实的鞣质含量10%～40%，种子含量最丰富，树皮含8%～26%，树叶含17%～30%。化香果作为鞣料益处较多，鞣质含量丰富，采集方便，每年可定期收获，而不影响树木的生长。国内重要的水解类栲胶原料之一，也作天然染料。树皮可剥取纤维，制人造棉和绳索；叶有毒，外用治疮毒，可作农药，捣烂加水过滤出的汁液对防治棉蚜、红蜘蛛、甘薯金花虫、菜青虫、地老虎等有效；又可供药用，能顺气、祛风、化痰、消肿、止痛、燥湿、杀虫；果序药用，活血行气、顺气祛风、消肿止痛；叶杀虫止痒。根部及老木含有芳香油，种子可榨油。树姿端庄，适应性和抗风力强，耐烟尘，木材纹理细，质坚，耐水，供桥梁、家具用材。因其形态特性，有观赏价值，在园林绿化中可作为点缀树种应用。

采收与加工：果实在尚未成熟前，呈黄色时采收，鞣质含量高，质量也好；树叶可在 6～9 月采收；树皮和根皮宜在 10 月下旬至翌年 4 月间采收。

繁殖与栽培：种子、扦插繁殖，以种子繁育为主。为喜光树种，喜温暖湿润气候和深厚肥沃的沙质土壤，对土壤的要求不严，酸性、中性、钙质土壤均可生长。耐干旱瘠薄，深根性，萌芽力强。

资源与开发：人工栽培；结实量大，具有开发潜力。

三、桃金娘 *Rhodomyrtus tomentosa*（Ait.）Hassk.

异名：*Cynomyrtus tomentosa*（Aiton）Scriv.；*Myrtus canescens* Lour.；*M. tomentosa* Aiton

别名：岗棯（广东），山棯，倒稔子，豆稔，rose myrtle。

科属：桃金娘科（Myrtaceae）桃金娘属。

形态特征：灌木；嫩枝有灰白色柔毛。叶对生，上面初时有毛，以后变无毛，下面有灰色茸毛。花有长梗，常单生，紫红色；萼管倒卵形，有灰茸毛，萼裂片 5，近圆形，宿存；花瓣 5，倒卵形；雄蕊红色；子房下位，3 室，花柱长 1cm。浆果卵状壶形，熟时紫黑色；种子每室 2 列。花期 4～5 月，果期 7～9 月。

分布与生境：产于台湾、福建、广东、广西、云南、贵州及湖南最南部；生于丘陵坡地，为酸性土指示植物；也分布于中南半岛、菲律宾、日本、印度、斯里兰卡、马来西亚及印度尼西亚等地。

成分与利用：根及皮含酚类、鞣质等。单宁提取物对烟草花叶病毒有抑制作用。根的酚类、鞣质，有治慢性痢疾、风湿、肝炎及降血脂等功效。具有明显的抗氧化、抗衰老等生理作用，是一种集营养、保健、药用功能于一体的优质天然生物资源。浆果成熟时则变成红色或者紫黑色，手指般大小，成熟时果肉红色，味甘，可食用。桃金娘生长迅速，耐贫瘠，抗逆性强，株形紧凑，四季常青，花先白后红，红白相映，艳丽秀美，甚为显目，且陆续开放，花期可达 2 个多月；枝干韧性强，可以制作盆景或在庭园中丛植或片植，具有良好的绿化美化效果，已逐渐被部分城市列入园林植物观赏花卉名录。果色鲜红转为酱红，均可观赏，园林绿化中可用其丛植、片植或孤植点缀绿地，可收到较好的效果。

采收与加工：秋季挖根，洗净，切片，晒干；根据利用目的进行加工。药用花 4～5 月采收，鲜用或阴干。果实于秋季成熟时采收，晒干。

繁殖与栽培：种子、扦插繁殖。光对其种子萌发有一定的促进作用；常温下水浸泡处理的种子发芽率达到35%，金属离子处理对种子发芽有明显的促进作用，其种子发芽率比对照高25%～35%。性喜高温高湿环境，因此对冬季的温度要求很严，环境温度低于10℃即停止生长，在霜冻出现时不能安全越冬；要求生长环境的空气相对湿度70%～80%，空气相对湿度过低，下部叶片黄化、脱落，上部叶片无光泽。

资源与开发：有一定的野生资源，可结合适宜地区的城市和庭院绿化，及荒山荒地或结合农业、林业发展资源，进行产品开发。

四、其他常见鞣料植物

（一）落叶松 *Larix gmelinii*（Rupr.）Kuzen.

别名：意气松、一齐松（东北）、兴安落叶松、大果兴安落叶松、粉果兴安落叶松、齿果兴安落叶松（《东北木本植物图志》），达乌里落叶松、达乌里落叶松兴安变种（《植物分类学报》）。

科属：松科（Pinaceae）落叶松属。

分布：中国北部林区的主要森林树种，分布于大兴安岭、小兴安岭海拔300～1200m的地带。

功用：凝缩类鞣料。一般落叶松树皮含鞣质9%～16%，纯度45%～65%。据内蒙古产树皮测定，鞣质含量达12.23%～16.92%，纯度74.49%～80.76%。外层树皮的鞣质含量高于内层树皮，60～100年树龄的鞣质含量高于幼龄和过熟老树的树皮（王宗训，1989）。树干可采脂，树皮可提取栲胶。落叶松为大兴安岭针叶林的主要树种，木材蓄积大，也是该地区荒山造林和森林更新的主要树种。木材略重，硬度中等，易裂，边材淡黄色，心材黄褐色至红褐色，纹理直，结构细密，相对密度0.32～0.52，有树脂，耐久用。可供房屋建筑、土木工程、电杆、舟车、细木加工及木纤维工业原料等用材。

（二）云杉 *Picea asperata* Mast.

别名：茂县云杉（《中国树木分类学》），茂县杉（《中国裸子植物志》），异鳞云杉、大云杉、大果云杉（《经济植物手册》），白松（甘肃）。

科属：松科（Pinaceae）云杉属。

分布：中国特有树种，产于陕西西南部、甘肃东部及白龙江流域、洮河流域、四川岷江流域上游及大小金川流域海拔2400～3600m的地带，常混生，或成纯林。

功用：树皮含单宁6.9%～21.4%，可提取栲胶。木材黄白色，较轻软，纹理直，结构细，相对密度0.55～0.66，有弹性。可作建筑、飞机、枕木、电杆、舟车、器具、家具及木纤维工业原料等用材。树干可割取松脂。根、木材、枝桠及叶均可提取芳香油。材质优良，生长快，适应性强，宜选为分布区内的造林树种。

（三）铁杉 *Tsuga chinensis*（Franch.）Pritz.

别名：假花板、仙柏、铁林刺、刺柏（四川），拇梅、展梅（《中国裸子植物志》）。

科属：松科（Pinaceae）铁杉属。

分布：中国特有树种，产于甘肃白龙江流域、陕西南部、河南西部、湖北西部、四川东北部及岷江流域上游、大小金川流域、大渡河流域、青衣江流域、金沙江流域下游和贵州西北部海拔1200～3200m的地带；喜生于雨量高、云雾多、相对湿度大、气候凉润、土壤酸性及排水良好的山区。

功用：鞣质含量按绝干计算铁杉为10%～18%。与其他树种不同于，其外皮层鞣质含量多于内层。胸径50cm的树皮平均鞣质含量最高，为14.95%，且铁杉鞣料中不含糖类物质。铁杉皮是鞣制底革、装具革的良好鞣质，也适于制造植鞣羊皮，比云杉皮渗透速度快，鞣革性能好。制成的革具有红色特征，是松科鞣质植物中最好的鞣质，具有较高的经济价值。木材白色，材质轻软，耐腐力弱；可供建筑、板料、家具及木纤维工业原料等用材。树干可割取树脂；种子可榨油。

（四）毛杨梅 *Myrica esculenta* Buch. -Ham.

别名：大树杨梅，火杨梅，毛杨梅皮，树杨梅，杨梅树，野杨梅。

科属：杨梅科（Myricaceae）杨梅属。

分布：产于四川中部以西、贵州西部及南部、广东西北部、广西和云南；生于海拔280～2500m的稀疏杂木林内或干燥的山坡上；也分布于中南半岛。

功用：树皮含单宁17%～24%，为混合类单宁；树皮生产的栲胶，单宁含量为66%～70%，可用于鞣制重革和轻革，鞣革时渗透速度快，革色泽浅红。

（五）麻栎 *Quercus acutissima* Carr.

别名：栎、橡碗树。

科属：壳斗科（Fagaceae）栎属。

分布：产于辽宁、河北、山西、山东、江苏、安徽、浙江、江西、福建、河南、湖北、湖南、广东、海南、广西、四川、贵州、云南等；生于海拔60～2200m的山地阳坡，成小片纯林或混交林；朝鲜、日本、越南、印度也有分布。

功用：麻栎壳斗，俗称橡椀，含鞣质14%～33%，属水解类单宁。用橡椀生产的栲胶，含单宁65%～71%，其鞣革时，成革坚实厚重，但色泽较深，呈暗黄，适合作底革。木材为环孔材，边材淡红褐色，心材红褐色，气干密度0.8g/cm^3，材质坚硬，纹理直或斜，耐腐朽，气干易翘裂；供枕木、坑木、桥梁、地板等用材；叶含蛋白质13.58%，可饲柞蚕；种子含淀粉56.4%，可作饲料和工业用淀粉；壳斗、树皮也可提取栲胶。

（六）栓皮栎 *Quercus variabilis* Bl.

别名：软木栎、粗皮青冈。

科属：壳斗科（Fagaceae）栎属。

分布：产于辽宁、河北、山西、陕西、甘肃、山东、江苏、安徽、浙江、江西、福建、台湾、河南、湖北、湖南、广东、广西、四川、贵州、云南等省（自治区）；华北地区通常生于海拔800m以下的阳坡，西南地区可达海拔2000～3000m。

功用：壳斗、树皮富含鞣质，可提取栲胶。栓皮栎壳斗也称橡椀，含水分18.64%～18.65%，水溶物46.19%～56.04%，非鞣质10.0%～13.8%，鞣质14.92%～22.08%。木材为环孔材，边材淡黄色，心材淡红色，气干密度0.87g/cm^3；树皮木栓层发达，是中国生产软木的主要原料；树皮含蛋白质10.56%；栎实含淀粉59.3%，含鞣质5.1%。

（七）粗根老鹤草 *Geranium dahuricum* DC.

别名：粗根老观草，灯笼花，块根老观苗，块根老鹳草，块根牻牛苗，老鸹筋，老鸹嘴，老鹳草，老鹳筋，老鹳嘴，仙鹤草，小黄苓，小黄芩，小老鸹筋，小老鸹嘴子，小老鹳筋，小老鹳嘴，粗根老冠草，达乌里老鹳草，红根草，块根老观草，兴安老鹊咀。

科属：牻牛儿苗科（Geraniaceae）老鹤草属。

分布：产于东北、内蒙古、河北、山西、陕西、宁夏、甘肃、青海、四川西部和西藏东部；生于海拔3500m以下的山地草甸或亚高山草甸；俄罗斯东西伯利亚、达乌里、远东和蒙古、朝鲜有分布。

功用：根、茎、叶均含鞣质。根含鞣质20.98%，叶含单宁37.5%，纯度70%。属水解类鞣料。

（八）秋茄树 *Kandelia candel*（L.）Druce.

别名：水笔仔、茄行树（台湾），红浪、浪柴（广东沿海岛屿）。

科属：红树科（Rhizophoraceae）秋茄树属。

分布：产于广东、广西、福建、台湾；生于浅海和河流出口冲积带的盐滩；印度、缅甸、泰国、越南、马来西亚、日本琉球群岛南部也有分布。

功用：树皮富含鞣质，其含单宁17%～30%，纯度50%～70%，可提制栲胶。属凝缩类单宁。材质坚重，耐腐，可作车轴、把柄等小件用材。

（九）地榆 *Sanguisorba officinalis* L.

别名：黄爪香，玉札，山枣子。

科属：蔷薇科（Rosaceae）地榆属。

分布：产于黑龙江、吉林、辽宁、内蒙古、河北、山西、陕西、甘肃、青海、新疆、山东、河南、江西、江苏、浙江、安徽、湖南、湖北、广西、四川、贵州、云南、西藏；生于海拔30～3000m的草原、草甸、山坡草地、灌丛中、疏林下；广布于欧洲、亚洲北温带。

功用：根、茎、叶含鞣质，可提取栲胶，根、叶和果实鞣质含分别为11.5%～14.6%、10.1%～16.3%和21.67%，根和叶的鞣质纯度36.7%～51.8%和25.95%～50.03%；主要提制栲胶。根为止血药及治疗烧伤、烫伤；根、叶作农药，可防治棉蚜虫、红蜘蛛、大豆蚜虫等；全草水浸液，对防治小麦秆锈病有效；嫩叶可食，又作代茶饮。

（十）木麻黄 *Casuarina equisetifolia* J. R. Forst. & G. Forst.

别名： 短枝木麻黄，驳骨树（广州），马尾树（《中国种子植物分类学》）。

科属： 木麻黄科（Casuarinaceae）木麻黄属。

分布： 广西、广东、福建、台湾沿海地区普遍栽植，已渐驯化；原产于澳大利亚和太平洋岛屿，现美洲热带地区和亚洲东南部沿海地区广泛栽植。

功用： 树皮含单宁11%～26%，纯度74%～86%，为凝缩类单宁，是栲胶原料和医药上的收敛剂，也可制作染料。幼嫩枝叶可作家畜饲料，种子可饲养家禽；枝叶药用，治疝气、阿米巴痢疾及慢性支气管炎。木材坚重，但在南方易受虫蛀，且有变形、开裂等缺点，经防腐防虫处理后，可作枕木、船底板及建筑用材；本种生长迅速，萌芽力强，对立地条件要求不高，根系深广，耐干旱、抗风沙和耐盐碱，因此成为热带海岸防风固沙的优良先锋树种，也为防风树、庭园绿化和优良薪炭材。

（十一）赤杨 *Alnus japonica*（Thunb.）Steud.

别名： 日本桤木（《中国植物志》），水柯子（台湾）。

科属： 桦木科（Betulaceae）桤木属。

分布： 产于吉林、辽宁、河北、山东；生于山坡林中、河边、路旁；江苏北部有栽培；俄罗斯远东地区、日本、朝鲜也有分布。

功用： 树皮、叶和果实含鞣质分别为6.80%、24.60%和16%，是一种较好的制革用鞣料资源。生长迅速，可作造林树种。

（十二）余甘子 *Phyllanthus emblica* L.

参见野生果树部分。

功用： 果实富含鞣质，含量高达45%，未成熟果实鞣质可达30%～35%，干燥果实尚含14%。成分包括没食子酸、鞣花酸、葡萄糖没食子鞣质、诃子酸、原诃子酸、诃黎勒酸、鞣云实素、余甘子酸、余甘子酚、诃子裂酸、1,6-二-*O*-没食子酰基-β-D-葡萄糖、1-*O*-没食子酰基-β-D-葡萄糖、核实木素A等。树皮、叶、幼果可提制栲胶。树根和叶供药用，能解热清毒，治皮炎、湿疹、风湿痛等。叶晒干供枕芯用料。种子含油率16%，供制皂；根、叶、树皮等也可入药。木材棕红褐色，坚硬，结构细致，有弹性，耐水湿，供农具用材，也为优良的薪炭柴。

第二十二章　材用植物

第一节　概　　述

一、概念

材用植物（timber plant）通常是指能向人们提供木材的乔木类植物，故此，材用植物也称用材树种（timber tree）。木材是天然高分子有机体，由纤维素、半纤维素、木素等组成。纤维素、半纤维素和木素等分子的结构和性质以及它们之间的关系，决定了木材的各种性质，并且对木材的加工工艺和木材产品的特性也有很大影响。组成木材的物质可分为四大类：①多糖类，纤维素和半纤维素；②木素，属于芳香族化合物质；③可提取物，树脂、挥发性油类、单宁、色素等；④灰分（矿物质）。

二、材用植物的资源与分布

中国高等植物3万多种，绝大部分木本植物均有材用价值。而材质优良、经济价值较高的达千余种（黄庆维和梁福铭，1988）。大部分珍贵用材植物分布在中国南部的亚热带、热带地区。其中种植较多的有杉木、马尾松、云南松、湿地松、火炬松、日本落叶松（*Larix kaempferi*）、黄花落叶松（*L. olgensis*）、杨、柠檬桉（*Eucalyptus citriodora*）、兰考泡桐（*Paulownia elongata*）（鲍甫成和江泽慧，1998），以及西南桦、思茅松、柚木、毛竹等。

三、木材的优缺点

木材作为利用最为广泛的材料，具有其他材料不可比拟的特殊优越性（申宗圻，1993）。

1）*易于加工*　　用简单的手工工具就可以加工，除了可以用各种形式的榫结合外，一般可以使用钉子、螺丝钉、各种金属连接器以及胶粘剂就可以结合装配。木材经过锯、铣、刨、钻等工序可以做成各式各样轮廓的零部件，同时可以蒸煮后进行弯曲、通缩等加工。

2）*强度与重量的比值好*　　木材质轻而强度高。例如，鱼鳞云杉顺纹理的抗拉强度等于133MPa，基本密度为0.378g/cm^3，因此，强度与密度的比值约为351.8；钢材的抗拉强度和密度分别为1960MPa和7.88g/cm^3，强度与密度的比值等于251.3。

3）*良好的热绝缘和电绝缘材料*　　一般器皿需要绝热的都可以使用木材做把柄。利用木材的电绝缘性可以在加工中使用高频胶合工艺等技术。

4）*吸收能量的作用*　　乘客乘坐在木枕铺的铁轨上运行的火车比在水泥枕铺的舒适。观察正在运行的列车，可以看到铁轨不时地压低木枕，驶过后又被回弹回原先的形状，这就是木材对能量的吸收效果。

5）*较好的弹性-塑性体*　在损坏时往往有一定的预兆（出现裂痕或变形等），也就是有一定的信号，让使用者有安全感。例如，矿柱损坏时除了会发生咔嚓声外，在损坏前外形有裂纹等迹象，可以提前预防。

6）*良好的装饰性*　木材具有天然的美丽花纹、光泽和颜色，作为装饰材料，除具有自然的特征外，颜色、花纹等的天然效果优于其他材料的，质感、外观等营造舒适感。

然而，木材也有其缺点。①湿胀、干缩。木材的尺寸会随其含水率的变化而不稳定。木材的胀缩各向异性的，干缩率或湿胀率随着木材的纹理方向而不同，因此木材的几何形状也是不稳定的。②木材容易腐朽和虫蛀。当木材的含水率和温度适宜时，木材易引起木腐菌的入侵并繁殖，发生腐朽；同时木材的糖等内含物，也容易吸引虫蛀。③木材用作沿海水工建筑材料或木船等，则常为海生钻孔动物所侵害。因木材结构相对松软，故此类动物易损坏之。④木材易于燃烧。薄的刨花板很容易点燃，尺寸较大的木材则比较难于燃烧，尺寸越大，越不易燃烧。⑤木材的性质不同于金属或一些合成材料，变异性较大。同一树种的木材也有相当大的变异性，受年轮宽度、晚材率、密度等影响。⑥木材有不可避免的天然缺陷，如节疤、斜纹、油眼等。随着科学技术的发展，木材加工技术的提高和创新，其多数缺陷均可得到改善，如碳化材可克服以上木材缺陷的四五个方面。由此，木材不因其存在缺陷而影响利用，其需求随着人口的增加和社会的发展而不断增加。

四、木材的利用

刘鹏等（1993）根据木材的用途，把木材的利用划分为37类。

1）*房屋建筑*　主要是指柱子、梁、托梁、椽子等。要求木材纹理直，有适当的强度，握钉力强，加工容易。较耐久等。必要时需进行防腐，防虫处理。适宜树种有榄仁树、黄樟、铁刀木（*Mesua ferrea*）等。

2）*室内装修*　主要是指门、窗、地板、楼梯、走廊扶手等。门、窗要求木材不宜过重，干缩小，不易翘曲和开裂，窗子还需要耐腐。地板，楼梯，走廊扶手要求木材不翘，不裂，耐磨，花纹美丽，有适当的硬度等。适宜树种有石栗（*Aleurites moluccana*）、秋枫（*Bischofia javangca*）、橡胶树、银叶锥（*Castanopsis argyrophylla*）等。

3）*耐久性用材*　主要是指桥梁，码头，枕木，矿柱，电杆。要求木材耐久性强，抗压、抗腐、抗冲击等。适宜树种有竹节树（*Carallia brachiata*）、天料木（*Homalium cochinchinense*）、柏木等。

4）*造船材*　主要包括船架（龙骨、龙筋、肋骨）、船壳、甲板等。船架部分要求木材坚韧，耐久，抗弯和抗冲击力强度高；船壳要求木材抗冲击，耐磨损，能抗海生钻木动物危害；甲板要求木材无干缩湿胀现象，尺寸性能稳定，耐磨损，有适当抗冲击能力。适宜树种有铁力木、铁刀木、红椿（*Toona ciliata*）等。

5）*车辆材*　指车梁、骨架，车厢板、底板等。主要关注承重和装饰两个方面。适宜树种有木麻黄、榄仁树、天料木等。

6）*纺织材*　主要指木梭、纱管等。木梭要求木材具有一定的重量和硬度，抗震动；沙管要求木材车旋性能好。两者都要求木材尺寸性能稳定，加工性能好。适宜树种有厚皮树（*Lannea coromandelica*）、细青皮（*Altingia excelsa*）、番龙眼（*Pometia pinnata*）等。

7）家具　指桌、椅、箱、柜、床等。分普通和高级家具两大类。普通家具采用一般的木材制作，不特意挑选树种或木材，松属树种最常用；高级家具则务必挑选特定的树种，要求木材具一定的特征，如颜色、花纹、密度、耐久性等诸多方面，此类家具多选用红木，如海南黄檀、印度黄檀、红椿、桃花心木（*Swietenia mahagoni*）、樟科的桢楠属等树种。

8）单板　要求木材经适当加工能展示美丽的图案。适宜树种有红厚壳（*Calophyllum inophyllum*）、桃花心木、红椿等。

9）胶合板　只要木材有适当径级，通直，少节都可以。几能做单板的树种均适宜做胶合板。大多数的树种都可应用于胶合板。

10）人造板　主要指刨花板、木丝板、纤维板等。多数树种都可用于此类产品的制造。

11）体育用材　指单杠、双杠、标枪、铁饼、跳板、垒球棒、高尔夫球棍，网球及羽毛球球拍等。通常木材结构要求细密，弹性好，抗冲击力强，加工后不缩不胀尺寸稳定，无缺陷等。适宜树种有海棠木、红胶木（*Tristania conferta*）、天料木等。

12）乐器材　乐器种类很多，此处指强乐器、管乐器、打击乐等。乐器种类不同对材质要求也不同，通常有习用树种，难以改变。适宜树种有桃花心木、红椿、柏木等。

13）文化用品材　指丁字尺、三脚架、制图版、铅笔杆、算盘等。一般要求纹理直，结构细而匀，干缩小，不开裂，不变形等。算盘还需要重而硬，材色深，车旋性能好，油漆后光亮。适宜树种有盆架树、细青皮、番龙眼等。

14）医疗器材　指假肢、夹板、拐杖等。假肢和夹板习惯上用柳属、枫杨、槭树属等。

15）农具用材　指一般农业机械及普通农具，如播种机、插秧机、板车、各种手工农具的柄、把等，要求木材抗撞击力强，易刨光等。

16）包装箱　通常分机械等重型包装和一般包装。前者应考虑木材有足够强度，后者应考虑木材不宜太硬，太重，而且易于钉钉等。根据不同的类型选用不同树种，多数树种均可最为包装箱用材。

17）食品包装　要求木材无气味，色浅，易于钉钉和握钉力强等。旱冬瓜是最好的此类用材，木材与其类似的树种均可作为食品包装箱用材。

18）木模型　要求木材结构均匀，胀缩性小，切削面光滑，横切面不掉渣等。适宜树种有红椿、柚木、盆架树等。

此外还有：液体木桶、生活器具、车旋材、雕刻、工具柄、装饰品、枪托、弯曲木、油榨、火柴材、铅笔杆、蓄电池隔电板、救生材料、燃材、纸浆树、卫生筷子、摩擦板、木丝、垫木等。

以上类型中，尚未包括目前利用最多的纸浆材及一些新开发的产品类，如超市普遍利用的木托盘等。随着社会的发展、改性木材的不断创新，除以上用途外，木材的利用也在不断地延伸，如有些树种木材可抽丝纺织为高级纺织品等。

第二节 特色材用植物

用材树种极多，相关的专著也较多，木材的相关知识可阅读专著。因此，此处仅介绍一些独具特色的树种。

一、黄檀 *Dalbergia hupeana* Hance.

异名： *Dalbergia sacerdotum* Prain

别名： 白檀（《亨利氏中国植物名录》），檀木，檀树，望水檀，不知春。

科属： 苏木科（Caesalpiniaceae）黄檀属。

形态特征： 乔木。羽状复叶，3～5对小叶。圆锥花序顶生或生于最上部的叶腋间，疏被锈色短柔毛；花密集；花梗与花萼同疏被锈色柔毛；基生和副萼状小苞片卵形，被柔毛，脱落；花萼钟状，萼齿5，上方2枚阔圆形，近合生，侧方的卵形，最下一枚披针形，长为其余4枚之倍；花冠白色或淡紫色，长倍于花萼，各瓣均具柄，旗瓣圆形，翼瓣倒卵形，龙骨瓣关月形，与翼瓣内侧均具耳；雄蕊10，成5+5的二体；子房具短柄，除基部与子房柄外，花柱纤细，柱头小，头状。荚果长圆形或阔舌状，果瓣薄革质，对种子部分有网纹，有1～2（～3）粒种子；种子肾形。花期5～7月。

分布与生境： 产于山东、江苏、安徽、浙江、江西、福建、湖北、湖南、广东、广西、海南、四川、贵州、云南；生于海拔600～1400m的山地林中或灌丛中。

材性与利用： 木材横断面生长轮不明显，心材、边材区别也不明显，木材黄白色或黄淡褐色，结构细密、质硬重，切面光滑、耐冲击、易磨损、富于弹性、材色美观悦目，油漆胶黏性好。是细木工用材；可作各种负重力及拉力强的用具及器材，是运动器械、玩具、雕刻及其他细木工的优良用材。民间利用此材作斧头柄、农具等。干或枝皮和根皮有毒。根药用，可治疗疮；果实可以榨油；是四旁绿化和山区绿化的优良树种。

繁殖与栽培： 种子繁殖。喜光，耐干旱瘠薄，不择土壤，适应性强，在酸性、中性土及石灰质土上均能生长。但以在深厚湿润排水良好的土壤生长较好，忌盐碱地；深根性，萌芽力强。

资源与开发： 由秦岭、淮河以南至华南、西南等区均有野生。各地普遍野生，可进行人工培育利用。

二、紫油木 *Pistacia weinmannifolia* J. Poisson ex Franch.

异名： *Pistacia coccinea* Collett et Hemsl.

别名： 清香木（《中国高等植物图鉴》），对节皮（云南文山），昆明乌木（《植物名实图考》），细叶楷木（四川），香叶树、紫叶（云南），馨香木（昆明），黄楝树，土檀香，乌木，细叶楷叶，紫柚木。

科属： 漆树科（Anacardiaceae）黄连木属。

形态特征： 灌木或小乔木；幼枝被灰黄色微柔毛。偶数羽状复叶互生，有小叶4～

9对，叶轴具狭翅，被灰色微柔毛，叶柄被微柔毛；小叶先端微缺，具芒刺状硬尖头。花序腋生，与叶同出，被黄棕色柔毛和红色腺毛；花小，紫红色，苞片1，卵圆形，内凹，外面被棕色柔毛，边缘具细睫毛；雄花：花被片5～8，长圆形或长圆状披针形，外面2～3片边缘具细睫毛；雄蕊5，稀7，花丝极短，花药长圆形；不育雌蕊存在；雌花：花被片7～10，卵状披针形，外面2～5片边缘具睫毛；无不育雄蕊，子房圆球形，花柱极短，柱头3裂。核果球形，成熟时红色。

分布与生境：产于云南、西藏（东南部）、四川（西南部）、贵州（西南部）、广西（西南部）；生于海拔580～2700m的石灰山林下或灌丛中；也分布于缅甸掸邦。

材性与利用：世界上最重的木材，密度达1190kg/m^3；紫油木是国产珍贵材之一，木材黄色，质坚致密，花纹色泽极为美观，材质硬重，干后尺寸稳定性好。可代替进口红木制作乐器（如琴弓、琵琶背板、二胡琴筒及珍柄等）、高级家具、雕刻工艺品座子、算盘珠框、烟斗、手杖、珠宝箱盒、镶嵌、玩具、各种用具柄及其他耐振、耐磨材料。经过改性处理使其成黑色，颇似进口乌木，即可代替乌木使用。幼叶鲜嫩，可做蔬菜和代茶。药用有清热解毒、止渴消炎之效。种子富含油分，作润滑油或制皂。叶及树皮供药用，有消炎解毒、收敛止泻之效。树皮可提取单宁，用作药物单体，化妆品及作鞣革原料。叶可提芳香油，民间常用晒干叶碾粉制香。也是良好的猪饲料。枝叶青翠适合作整形、庭植美化、绿篱或盆栽，有净化空气，驱避蚊蝇的作用。美容：鲜叶捣成泥状敷面，可使粗大毛孔收缩、绷紧而减少皱纹，使皮肤细腻。能抑制酪氨酸酶和过氧化氢酶的活性，也能使黑色素还原脱色，还能有效清除活性氧，具有美白效果。

繁殖与栽培：种子或扦插繁殖。为阳性树，也耐一定的庇荫，喜温暖，可甚至于土壤干旱瘠薄的立地和土壤，此类生境多生长为灌木；土层深厚水湿条件优越立地，则生长为乔木。萌发力强，生长缓慢，寿命长，幼苗的抗寒力差，植株能耐短暂－10℃的低温。

资源与开发：各地栽培，在立地良好的立地，可作为珍贵树种进行培育；立地较差的适宜区，可作为植被恢复的绿化、美化和水土保持树种培育；同时，在城镇利用其萌发力强的特性，进行修剪造型，作为绿化、美化的树种大规模种植。

三、轻木 *Ochroma lagopus* Swartz

别名：百色木，巴沙木，白塞木。

科属：木棉科（Bombacaceae）轻木属。

形态特征：常绿乔木。叶片心状卵圆形，掌状浅裂或否，背面多少被星状柔毛，基出掌状脉7条，中肋两侧羽状脉5～6对，近对生，其余掌状脉外侧具羽状脉，网状细脉多数，均于背面密被，上面疏被褐色星状柔毛；叶柄密被褐色星状柔毛；托叶明显，早落。花单生近枝顶叶腋；花梗和花萼均被褐色星状毛；萼筒厚革质，萼裂片其中三枚宽卵圆形，另2枚锐三角形；花瓣匙形，白色；雄蕊管下部细圆筒形，上部扭转，扩成漏斗状，有缕丝状花丝痕纹；花柱圆柱形，有纵沟，藏于雄蕊管内，柱头59相互扭转成螺旋状纺锤形，伸出于花药之上。蒴果圆柱形，内面有绵状簇毛，室背5爿裂，成熟时果爿脱落，簇毛散开成猫尾状，种子多数，淡红色或咖啡色，疏被青色丝状绵毛。花期 3～4 月。

分布与生境：云南及台湾热带地区少量栽培。原产于美洲热带。分布于西印度群岛、墨西哥南部至秘鲁、玻利维亚等热带国家的低海拔地区，是一种典型的热带速生用材树种，其年平均胸径生长可达 30～40cm，性喜高温、高湿热带气候的土壤深厚、排水良好、肥沃立地条件，对立地要求极高。现亚洲、非洲两洲热带国家有引种栽培。

材性与利用：木材具光泽；无特殊气味和滋味；纹理直；结构粗，均匀。重量甚轻，为已知木材最轻的（一个正常的成年人可以举起约等于自身体积 8 倍的轻木），密度 0.1～0.17g/cm^3，含水率 12％时密度 0.13～0.25g/cm^3，平均密度 0.16g/cm^3，干缩大，炉干材干缩率径向 3.0％，弦向 7.6％，体积 10.8％，硬度（端面硬度 1628N）和强度均极低（刘鹏等，1993）。木质细白，虫不吃，蚁不蛀。边材浅黄白色，心材绿或浅绿，久则变浅。加工切削容易，表面光滑，容易旋切，油漆后光亮性颇佳，容易胶黏。原木端面，绿色斑点密布。径切面显深浅不同的绿色，有细长的深绿色或深褐色条纹；如果为弦切面，由年轮组成的轮廓纹理十分明显。绿色沉积物在心材部分的管孔及薄壁组织中均有分布。木材新切面清香扑鼻，锯解时芳香四溢，木屑呈绿色且发黏，浸水水色也为浅绿或深绿色。在其最适生境条件下生长迅速，树干高大笔直。可广泛用于航空、航海、隔音、隔热、室内装饰等方面，效果极佳。种子纤维在商业上称为草鸭绒或兔子爪，用作床垫和坐垫的填料；纤维与一些其他种子纤维的混合绒，常作植物纤维出售。种毛尚可作枕、褥的填充材料。

繁殖与栽培：种子繁殖。赤道热带雨林型的代表树种，要求湿热的气候条件；年降水量 1200mm 以上，年平均相对湿度 75％以上，年平均气温 21℃以上，最低气温 7℃以上，气温 4～5℃以下时则造成严重寒害。幼苗期需要适当隐蔽，或在夏季阳光很强时才能稍耐侧方庇荫。病虫害较多，无萌芽性，速生，寿命短。喜欢生长在潮湿深厚的森林土壤或河岸冲积土上。在砖红壤性土或黏土上生长缓慢。积水的沼泽地对轻木生长最不适宜。栽种在瘠薄的山坡，由于冲刷，轻木长势欠佳，而且木质有老化现象。

资源与开发：引种栽培，因对气候和土壤要求极严，国内仅在植物园等少量栽培；此类特用材通常仅作为订单培育。

四、团花 *Anthocephalus chinensis*（Lam.）A. Rich. ex Wslp.

异名：*Nauclea cadamba* Roxb.；*Anthocephalus cadamba*（Roxb.）Miq.；*Sarcocephalus cadamba*（Roxb.）Kurz；*Anthocephalus indicus* A. Rich. var. *glabrescens* Li

别名：黄梁木，大叶黄梁木，卡邓伯木，毛茶，maiguodong（D-BN）。

科属：茜草科（Rubiaceae）团花属。

形态特征：落叶大乔木。叶对生，椭圆形或长圆状椭圆形，上面有光泽，下面无毛或被稠密短柔毛；叶柄粗壮；托叶披针形，跨褶，脱落。头状花序单个顶生，花序梗粗壮；花萼管无毛，萼裂片长圆形，被毛；花冠黄白色，漏斗状，花冠裂片披针形。果序成熟时黄绿色；种子近三棱形，无翅。花果期 6～11 月。

分布与生境：产于广东、海南、广西和云南；生于山谷溪旁或杂木林下。越南、马来西亚、缅甸、印度和斯里兰卡也有分布。

材性与利用：木材具光泽；无特殊气味和滋味；纹理直；结构细而匀。木材轻，质软，干缩甚小，气干材的干缩率：径向 0.8%、弦向 2.1%；木材强度低（刘鹏等，1993）。"十年树木，百年树人"——团花树被各国专家公认为奇迹式的树木（世界上生长最快的树种），其生长十分迅速，比其他任何树种都长得快。10 年生前的团花，年平均胸径、树高和材积生长可达 4.5～5.5cm、2～3m，直径增长和 80～90m³/hm²，被誉为奇迹之树、宝石之树。材质良好，锯刨切削容易，顺纹刨面光滑，且干燥快，变形较小。木材适用于作箱侧板、火柴杆、茶叶箱或其他包装箱；在建筑上可用作门窗、檩条、椽子、天花板、室内装修等。其纤维长 1.49mm 左右，故又是人造纤维、纤维板、胶合板和浆粕等工业的理想原料。

繁殖与栽培：种子繁殖。喜光，喜高温高湿，适宜于雨量充足，湿度大的热带地区培育。耐受绝对最高温度 30～40℃，绝对最低温度 4～10℃；降水量 1500～5000mm，基本无霜，属热带气候型。为深根性树种，枝疏叶大，侧根发达，易种易管。

资源与开发：此树种对气候和立地要求甚严，林木分化极大，抗风力较差，仅适宜在原产地的高温、高湿、无台风的热带生长，因此，适宜发展的立地有限。应进行良种选育和开展无性系繁育技术研究，保障有限的林地发挥其最大的生产力。

五、柚木 *Tectona grandis* L.

异名：*Jatus grandis*（L. f. ）Kuntze；*Tectona grandis* f. *abludens* Koord. & Valeton；*T. grandis* f. *canescens* Moldenke；*T. grandis* f. *pilosula* Moldenke；*T. grandis* f. *punctata* Moldenke；*T. grandis* f. *omentella* Moldenke；*T. theca* Lour.；*Theka grandis*（L. f. ）Lam.

别名：脂树、紫油木（云南），胭脂木，血树，麻栗，泰柚，胭脂树，teak。

科属：马鞭草科（Verbenaceae）柚木属。

形态特征：大乔木。叶对生，卵状椭圆形或倒卵形，表面粗糙，有白色突起，沿脉有微毛，背面密被灰褐色至黄褐色星状毛。圆锥花序顶生；花仅有少数能发育；花萼钟状，萼管被白色星状绒毛，裂片较萼管短；花冠白色，被毛及腺点；子房被糙毛；花柱柱头 2 裂。核果球形，外果皮茶褐色，被毡状细毛，内果皮骨质。花期 8 月，果期 10 月。

分布与生境：云南、广东、广西、福建、台湾等地普遍引种栽培；生于海拔 900m 以下的潮湿疏林中；印度、缅甸、马来西亚和印度尼西亚（苏门答腊、爪哇）也有分布。

材性与利用：木材干缩大，比重大，强度中等。全干材的干缩率：径向 2.5%、弦向 5.8%、体积 7.0%；气干密度为 0.64g/cm³。含水率 11% 时，抗弯强度为 105.72MPa，抗弯弹性模量为 9905MPa，纵面硬度为 44.42～51.29MPa（卫广扬，1988）。柚木是质坚硬，木材黄褐色，密度较大，光泽美丽，纹理通直，抗腐耐磨，耐朽力强，反张力少，易施工。木材含有极重的油质，这种油质使之保持不变形，且带有一种特别的香味，能抗白蚁和不同海域的海虫蛀食，极耐腐，在日晒雨淋干湿变化较大的情况下不翘不裂；耐水、耐火性强；干燥性能良好，胶黏、油漆、上蜡性能好，因含硅易钝刀，故加工时切削较难。握钉力佳，综合性能良好，故为世界公认的名贵树种。木材适于造船、车辆、建筑、雕刻及家具之用。在国际市场上柚木的交易以斤论价。花、种子、木屑、茎、叶入药，花和种子利尿；木屑浸水可治皮肤病或煎水治咳嗽。

繁殖与栽培：种子和扦插繁殖。喜光树种，原产地年平均气温为 20～27℃，绝对低温 2℃，年降水量 1100～3800mm，干湿季明显。能生长于砂页岩、花岗岩发育成的红壤和赤红壤上；良好的生长对林地要求甚严，性喜深厚、湿润、肥沃、排水良好的土壤。根系浅，树冠大，易遭风害。柚木生长快，萌芽力强，伐后可萌芽更新。

资源与开发：柚木是世界名贵木材之一，被誉为万木之王。东南亚的主要造林树种；国内仅具有热带气候的省份适宜造林，因其对林地要求极严，可选择适宜生长区立地优越地段的最适生境与其他树种块状混交发展人工林。

六、楠木 *Phoebe zhennan* S. Lee et F. N. Wei

异名：*Machilus nanmu*（Oliv.）Hemsl.

别名：桢楠（成都），雅楠（《中国树木分类学》），金丝楠，豆瓣楠，香楠，龙胆楠。

科属：樟科（Lauraceae）楠木属。

形态特征：大乔木。叶椭圆形，少为披针形或倒披针形，上面光亮无毛或沿中脉下半部有柔毛，下面密被短柔毛，脉上被长柔毛；叶柄被毛。聚伞状圆锥花序十分开展，被毛，在中部以上分枝，每伞形花序有花 3～6 朵，一般为 5 朵；花中等大，花梗与花等长；花被片近等大，外轮卵形，内轮卵状长圆形，两面被灰黄色长或短柔毛，内面较密；子房球形，无毛或上半部与花柱被疏柔毛，柱头盘状。果椭圆形；果梗微增粗；宿存花被片卵形，紧贴，两面被短柔毛或外面被微柔毛。花期 4～5 月，果期 9～10 月。

分布与生境：产于湖北西部、贵州西北部及四川；野生或栽培；野生的多见于海拔 1500m 以下的阔叶林中，但因其优良的木材特性，被采伐破坏，保留的树木极少。

材性与利用：木材优良，具芳香气，色泽淡雅匀称，硬度适中，弹性好，易于加工，伸缩变形小，极少开裂和反挠。有的单株纹理丰富多变，质地温润柔和，纹理细腻通达，新切木表面黄中带绿，商品材名为"金丝楠"。为建筑、家具等的珍贵用材；除做几案桌椅之外，主要用做箱柜，是软性木材中最好的一种。木材和枝叶含芳香油，蒸馏可得楠木油，是高级香料。树干通直，叶终年不谢，是良好庭院或道路绿化树种。木材及枝叶药用。

繁殖与栽培：种子繁殖。幼时耐阴，喜温暖湿润气候及肥沃、湿润而排水良好之中性或微酸性土壤，特别是在山谷、山洼、阴坡下部及河边台地，土层深厚疏松，排水良好，中性或微酸性的壤质土壤生长尤佳。深根性树种，根部有较强的萌生力，能耐间歇性的短期水浸。寿命长，病虫害少，能生长成大径材。

资源与开发：在适宜生长区，选择最优的立地，进行人工林培育。"金丝楠"备受推崇，因此，应加强选育和遗传改良，开展优良家系的无性系繁殖研发，发展无性系林业培育商品材；同时，可结合庭院、公园或城镇小游园、道路绿化等扩大优良家系的栽培，绿化美化环境的同时，生产商品材。

七、红椿 *Toona ciliata* Roem.

异名：*Cedrela toona* Roxb. ex Rottler et Willd.；*Surenus S. toona*（Roxb. et Rottler）Kuntze；*Swietenia toona*（Roxb. ex Rottler）Stokes；*Toona australis*（Kuntze）Harms；*T. ciliata* var. *pubescens*（Franch.）Hand.-Mazz.；*T. ciliata* var. *sublaxiflora*（C. DC.）C. Y. Wu；*T. ciliata* var. *vestita*（C. T. White）Harms

别名：红楝子（云南）、赤昨工（海南），南亚红椿，香铃子。

科属：楝科（Meliaceae）香椿属。

形态特征：大乔木。叶为偶数或奇数羽状复叶，通常 7～8 对小叶；叶柄长约为叶长的 1/4；小叶对生或近对生。圆锥花序顶生，约与叶等长或稍短，被短硬毛或近无毛；花具短花梗；花萼短，5 裂；花瓣 5，白色，长圆形，先端钝或具短尖，无毛或被微柔毛，边缘具睫毛；雄蕊 5，约与花瓣等长，花丝被疏柔毛，花药椭圆形；花盘与子房等长，被粗毛；子房密被长硬毛，花柱柱头盘状，有 5 条细纹。蒴果长椭圆形，有苍白色皮孔；种子两端具翅。花期 4～6 月，果期 10～12 月。

分布与生境：产于云南东南部和西南部、广西东部、北部和西部、广东、海南、湖南西北部、四川东南部及福建；多生于海拔 300～800m 的低海拔沟谷林中或山坡疏林中；在云南分布较高，多见于海拔 1300～1800m 的中山地带。垂直分布于海拔 300～2260m，以海拔 1300～1800m 的亚热带地区较多。广东、广西的垂直分布海拔范围 800m 以下。印度、中南半岛、马来西亚、印度尼西亚等、越南等国也有分布。

材性与利用：木材有光泽；具芳香气味，无特殊滋味，纹理直；结构中至粗，略均匀。木材甚轻，干缩小，干缩率生材至气干径向 1.1%，弦向 2.7%；强度低（刘鹏等，1993）。心材深红褐色，边材色较淡，结构细致，花纹美观，材质轻软，防虫耐腐，干燥快，变形小，加工容易，油漆及胶黏性能良好。是建筑、家具、船车、胶合板、室内装饰良材，可作为红木用材。树皮含单宁 11%～18%，可提制栲胶。

繁殖与栽培：种子繁殖。种子容易丧失发芽力，宜即采即播。红椿为阳性树种，不耐庇荫，但幼苗或幼树可稍耐阴；在土层深厚、肥沃、湿润、排水良好的疏林中，生长较快。适宜砖红壤性及黄壤，在石灰岩淋溶土壤也可生长。本种萌芽更新能力较强，在空地或疏林下，特别是火烧迹地或退耕地，天然更新效果很好，但在密林下或庇荫地更新困难。

资源与开发：国家Ⅱ级重点保护野生植物，可培育大径级材。分布虽较广，但零星散生。由于过度砍伐，资源已日益减少，若不加以保护，将陷于濒临灭绝的境地。纯林易遭严重的病虫害，宜培育混交林。立地要求严格，木材价格昂贵，可选择立地优越的立地与其他树种小块状或行状、或零星混交，也可在庭院、公园等栽培。

八、紫檀 *Pterocarpus indicus* Willd.

异名：*Pterocarpus wallichii* Wight & Arn.；*P. zollingeri* Miq.

别名：青龙木（《植物学大辞典》），黄柏木（《松树植物名录》），花榈木，羽叶檀，印度紫檀，羽叶紫檀。

科属： 蝶形花科（Papilionaceae）紫檀属。

形态特征： 乔木；树皮灰色。托叶早落；羽状复叶长小叶 3～5 对，卵形。圆锥花序顶生或腋生，多花，被褐色短柔毛；花梗顶端有 2 枚线形，易脱落的小苞片；花萼钟状，微弯，萼齿阔三角形，先端圆，被褐色丝毛；花冠黄色，花瓣有长柄，边缘皱波状；雄蕊 10，单体，最后分为 5＋5 的二体；子房具短柄，密被柔毛。荚果圆形，扁平，偏斜，对种子部分略被毛且有网纹，周围具宽翅，有种子 1～2 粒。花期 5～7 月，果期 7～10 月。

分布与生境： 台湾、广东和云南（南部）等地有零星栽培，生于疏林中或栽培于庭园。印度、印度尼西亚、泰国、缅甸、越南、菲律宾、非洲、南美洲等为其主产区。

材性与利用： 干缩率略低，重量和硬度中等。全干材的干缩率：径向 2.8%，弦向 4.0%。含水率 12%时，气干密度为 0.64g/cm^3，抗弯强度 99.64MPa，抗弯弹性模量为 11 278MPa，侧面硬度 41.97～47.95MPa（卫广扬，1988）。珍贵用材，木其材质特殊，具辛辣味，蚊虫不生，疯蚤走避，色泽优美，条理分明，是自然界瑰宝，更是人类财富的象征。木边材狭，材质致密坚硬，入水即沉，心材鲜红或橘红色，久露空气后变紫红褐色条纹，纹理纤细浮动，变化无穷，有芳香，同时也是名贵的药材。木材做椅子，沙发有疗伤的功效，是中国自古以来认为最贵重的木材。心材红色，材坚硬致密，为优良的建筑、乐器及家具用材。树脂和木材药用，用于治疗泌尿系统结石症；也可作高级油漆的香料混合剂。树冠扩展，浓绿，优美，是优良庭院绿化树种。在北热带地区有较高栽培价值，可适当发展，在南亚热带地区可选择无霜冻的小气候环境栽培为绿化或观赏树种。

繁殖与栽培： 播种或扦插繁殖。阳性树种，喜高温，湿润气候，适生长温度 23～32℃。耐热，耐旱，耐瘠薄，抗风，抗污染。适应性强，生长迅速。在土层深厚，疏松，排水良好，日照充足的壤土或沙质壤土方可生长为良好的用材树木。

资源与开发： 培育为用材对立地要求甚严，难以一定面积的成片种植，可在热带地区或相当于热带气候的区域，选择土壤深厚、肥沃、水湿条件良好的小生境进行小面积或零星种植；也可作为庭院或行道树栽培；热带的垃圾填埋场为最适宜栽培。

九、西南桦 *Betula alnoides* Buch.-Ham. ex D. Don

异名： *Betula acuminate* Wall.；*B. alnoidea* var. *acuminata*（Wall.）H. Winkl.；*Betulaster acuminate*（Wall.）Spach

别名： 桦桃木（云南蒙自、双江），裂皮树、桦桃树（云南西畴、文山、龙陵），广西桦（广西），西桦（《中国森林树木图志》），蒙自桦（《云南种子植物名录》），zhigang（HN）。

科属： 桦木科（Betulaceae）桦木属。

形态特征： 乔木。叶披针形或卵状披针形，边缘具内弯的刺毛状的不规则重锯齿，下面的脉上疏被长柔毛，脉腋间具密髯毛，密生腺点；叶柄密被长柔毛及腺点。果序长圆柱形，（2～）3～5 枚排成总状；总梗、序梗均密被黄色长柔毛；果苞甚小，背面密被短柔毛，边缘具纤毛，基部楔形，上部具 3 枚裂片，侧裂不甚发育，呈耳突状，中裂片矩圆形，顶端钝。小坚果倒卵形，背面疏被短柔毛，膜质翅大部分露于果苞之外，宽为果的两倍。

分布与生境：云南、广东、海南和广西的热带和南亚热带，生于海拔 700～2100m 之山坡杂林中。越南、老挝、缅甸、泰国、尼泊尔和印度等国也有分布。

材性与利用：人工林西南桦木材化学成分为纤维素 47.51%、多戊糖 25.99%、木质素 24.57%、热水抽提物 4.41%、1%NaOH 抽提物 15.15%、苯醇抽提物 1.80%、pH 4.61（李莉和王昌命，2007）。木材力学强度和加工性能良好，刨切面光滑，油漆及胶黏性能良好；木材不翘不裂、干缩比小、不易变形，而且花纹色泽美观。树皮含鞣质 6.9%～11.6%，可提取栲胶。可培育大径级材，木材为传统家具、建筑、军工和工业特用材等，此外，普遍作为胶合板用材、木地板块及室内装饰材料。

繁殖与栽培：种子繁殖。强阳性树种，喜光，不耐荫蔽，适生于酸性土壤，对土壤肥力要求不严，具一定的耐贫瘠能力。北纬 25°以南的热带、南亚热带深厚、疏松、排水良好的山地土壤上生长快、产量高。

资源与开发：已在适宜区广泛开展人工林培育，特别是云南，近年来发展较快，如德宏州已营造 10 余万公顷人工林。与其他阔叶树种类似，西南桦林木分化极大，实生繁殖苗木营造人工林的林木生长参差不齐，分化极大，尤其是直径分化尤为突出（李莲芳等，2008），因此，有必要开展遗传改良和无性繁殖研发，通过无性系人工林培育，克服林木分化严重的缺陷，提高林地生产力。

十、其他常见用材植物

（一）云南松 *Pinus yunnanensis* Franch.

别名：青松、飞松、长毛松（云南），地盘松。

科属：松科（Pinaceae）松属。

分布：产于中国西南地区。在云南（个旧、文山、开远、广南、腾冲、龙陵、东部南盘江流域、西北部怒江流域、金沙江流域）、西藏东南部、四川（西昌、德昌、会理、木里、盐源、石棉、越西、泸定、天全）、贵州（毕节以西、七星关、普安、兴仁、安龙、册享）、广西（凌云、天峨、南丹、上思）、广西等，生于海拔 600～3100m 的地带。

功用：云南松为西南林区的主要森林组成和用材树种之一，木材淡红黄色，材质较轻软，细密，可培育大径级材，可供建筑、枕木、板材、家具及木纤维工业原料等用。

（二）思茅松 *Pinus kesiya* Royle ex Gordon var. *langbianensis*（A. Chev.）Gaussen

参见树脂树胶植物部分。

功用：树干高大笔直，速生高产，木材纤维长，可作为良好纤丝；木材因易加工而用途极广；树脂含量高，是我国主要的采脂树脂，其松脂在我国树脂中占有举足轻重的作用；云南南亚热带主要造林树种。思茅松虽然分布和可供造林的面积有限，但因其轮伐期短（18～20年），速生（年平均胸径、树高和材积生长量可超过1cm、1m和1m^3/亩），故应重视该树种的科学研究和人工林培育。

（三）铁力木 *Mesua ferrea* L.

别名：铁栗木，铁棱（《广西通志》），三角子，梅播郎，铁梨木，maibolang、nanmubolang、mola（D-BN），aiganguo（D-DH）。

科属：藤黄科（Guttiferae）铁力木属。

分布：产于云南南部（西双版纳、孟连）、西部（瑞丽、陇川、梁河）和西南部（耿马、沧源）、广东（信宜）、广西（藤县、容县）等地，通常零星栽培；中国只有在云南耿马县孟定，海拔540～600m的低丘坡地，尚保存小面积的逸生林；热带亚洲南部和东南部，从印度、斯里兰卡、孟加拉国、泰国经中南半岛至马来半岛等地均有分布。

功用：世界上较重的木材之一，密度1122kg/m^3；铁力木是几种硬木树种中最高大、价值又较低廉的一种。木质坚硬而沉重，心材淡红色，髓线细美，纹理稍斜，心材和边材明显，坚硬强韧，难于加工，唯耐磨、抗腐性强，抗白蚁及其他虫害，不易变形；属特种工业用材，可供军工、造船、建筑、特殊机器零件和制作乐器、工艺美术品之用。种子含油率高达78.99%，其油脂成分以油酸、亚麻酸为主，不饱和脂肪酸含量达65%～87.8%（杨德军等，2008），成熟种子直接榨取的油脂可用于制皂、点灯。经过精炼加工，可作为优良的食用油。也为庭院观赏树种。

（四）桃花心木 *Swietenia mahagoni*（L.）Jack.

别名：西印度群岛桃花心木，小叶桃花心木。

科属：楝科（Meliaceae）桃花心木属。

分布：栽培于福建（厦门）、台湾、广东、广西（南宁）、海南（尖峰岭）及云南等省区；原产于南美洲，现热带地区均有栽培。

功用：木材光泽；无特殊气味和滋味；纹理直或略交错；结构甚细，均匀。木材重量中等，干缩甚小，气干材干缩率：径向0.9%，弦向1.3%；强度低（刘鹏等，1993）。世界上最好的细木工材料之一，径向刨切单板花纹美丽，可用于装饰性单板；硬度适宜，易于打磨，且皱缩小，能抗虫蚀，木材适宜做家具、室内装修、镶嵌板、乐器、木模、车工、雕刻等。由于木材较脆不宜用作建筑材料。

第二十三章　树脂树胶植物

第一节　概　　述

一、树脂

（一）概念

树脂（resin）是植物体分泌的一种碳氢化合物，常存在于某些植物的根、茎、叶、果实和种子的树脂细胞、树脂道、乳管、瘤及其他储藏器官中，这类植物或植物的某个部分，在经受人为或自然机械损伤后，便会从体内分泌脂液，称为树脂。可采集树脂的植物，称为树脂植物（resin plant）。

树脂是一类由高分子化合物组成的复杂混合物，多带苦味，有芳香气味，在空气中树脂易变为硬而脆的无定形固体或半固体，通常透明或半透明，呈淡黄色至褐色，有特殊的光泽，不溶于水和稀酸，溶解于碱溶液、乙醚、苯、石油醚、丙酮、氯仿和二氯甲烷等有机溶剂，并具有绝缘性。一般不随水蒸气挥发，受热时变软，呈胶状黏稠液；燃烧时会产生浓烟和火焰。树脂中含较多的芳香油，称为香树脂，其与日光和空气接触，不变成固体，只呈半固体状黏稠胶体状态，入地多年以后，则会成为琥珀。

树脂、树液和树胶易混淆，树液只是指由植物韧皮部和木质部运输的水性物质。

（二）树脂植物的资源与分布

全世界高等植物中约有10%的科属含有树脂，其中的2/3分布在热带地区。中国主要的树脂植物包括松类和漆类。

松属中的思茅松、马尾松、云南松、南亚松、红松和油松是中国树脂资源。其中，思茅松产脂5.6kg/(株·年)［最高单株可达约30kg/(株·年)］、马尾松4～5kg/(株·年)、红松2kg/(株·年)、云南松5～6kg/(株·年)、南亚松优良单株14kg/（株·年）（松脂中松节油含量高达30%以上）。因全球气候变暖，森林资源不断减少，分布于干旱和半干旱亚热带的云南松，及分布与温带的红松等树种采脂越来越少。思茅松、马尾松等成为松类主要的采脂树种，尤其自然分布于云南南亚热带的思茅松，因其速生、单株产脂量高等，被作为重要的采脂树脂。

生漆资源也相当丰富，全国有40种以上，按其形态特征及经济性状分为大木漆树和小木漆树。大木漆树为野生，生长在高山地区和草原森林中，生漆燥性好，但年产漆较低；小木漆树均人工栽培，是家漆树，年产漆较高，但生漆燥性差。

（三）树脂植物的分类与利用

树脂可根据化学成分为几类，各类有不同的产物，利用于不同领域。

1. 树脂酸类（abietic acid resin）

这类树脂不具挥发性，有明显酸性；其中有些树脂酸容易结晶，能和金属氧化物生成易结晶的盐类。树脂酸常以游离状态存在于树脂中，为树脂的主要组成部分，含量高者可达 90%。海南松脂酸是著名树脂，是松香的主要成分。

松香是树脂酸的再生产物，呈淡黄色，透明，为硬脆的固态物，用途甚广。①造纸工业：为胶料和耐水剂，用它制成的黏胶纸、纸板，质地坚韧，遇水不松散。②肥皂工业：增加肥皂泡沫，加强其去污垢的能力。③制漆工业：可制造假漆，还可以用它作干燥剂、柔软剂与制作干性油和油墨等。④电器工业：制造绝缘材料，作电缆的填充剂等，在橡胶工业中作软化剂，能增加橡胶的弹性等。⑤燃料工业：松香经催化剂加热裂解催化，产生热值与辛烷值非常高的"液体燃料"，用这种燃料与汽油混合，可以提高汽油的热值与辛烷值。⑥其他：在国防、水泥、火柴，以及塑料、文教和酿造工业中也有广泛应用。

松脂除生产松香，还生产松节油。松节油是一种无色和有强烈芳香气味的油状液体，属于萜类的混合物，它的主要成分是 α-蒎烯，含量达 65%～70%；还常伴有 β-蒎烯和蒈烯，其中$\triangle^3$-蒈烯的含量可达 15%～25%，其他还有莰烯等。松节油是重要的溶剂，香料制造中常用于提制松油脑、人工薄荷脑、樟脑及其他香料；印染工业中作媒染剂。医药上，除作合成薄荷脑和樟脑外，可直接利用作皮肤兴奋剂和抗毒剂；内服作驱虫剂、利尿剂和祛痰剂等。松节油也是一种液体燃料。在制造油漆和皮革工业中也经常使用。

2. 树脂醇类（fragrant resin）

为具有一个或数个羟基的树脂类化合物，其中有的容易结晶，有的呈游离态存在于树脂之中，也有的以酯的状态存在。安息香树脂中发现的树脂醇成分，其化学式为 $C_{29}H_{44}O_2$ 和 $C_{30}H_{48}O_2$ 等。

3. 碱不溶性物质

这类物质在某些植物树脂中含量非常高，如大戟科的腺叶大戟（*Euphorbia biglandulosa*），其脂中含量高达 95%左右。

树脂可根据外形特征分为 3 类。①香树脂类：这类树脂含有芳香油成分，如松树脂，即各种松脂。②硬树脂类：树脂中不含芳香油，呈固体状的树脂，如琥珀树脂等。③树胶树脂类：这类树脂常含有较多的能溶于水的植物胶物质，此类树脂种类非常多，如云杉酯、柏木酯、阿魏脂、漆树脂等。

二、树胶

（一）概念

树胶（gum）是指由分泌树胶细胞产生的，积储于树胶管内或由于细胞壁受损伤而浆化成的多糖类衍生物。有的像树脂一样，从树干中流出或提取；有的则从植物的果实、种子中分离提取；有些则从海藻中提取获得。它们都是由多糖类组成的胶质类物质，是复杂的高分子化合物或多种成分的混合物，可溶于水并形成黏性溶液，在成分上与树脂完全不同（张卫明等，2008）。将可收集树胶的植物，称为树胶植物（gum plant）。

（二）树胶植物的资源与分布

常见的树胶有：①阿拉伯胶。主要是阿拉伯胶树（*Acacia senegal*）的分泌物。阿拉伯树胶是一种高分子化合物，为阿拉伯酸和阿拉伯酸钾盐以及钙盐的混合物。它们的分子结构中含有多个羟基（—OH），具有良好的亲水疏油性；为浅黄至黄褐色固体、性脆、有光泽。其溶液黏度低，能配成浓度为50%以上的溶液，其胶黏性能与黏度无关。阿拉伯胶是工业上用途最广的树胶，常用于食品、医药、化妆品、颜料、墨水、印刷、纺织等方面，也用于油库内壁防止渗漏的堵漏涂层。②黄蓍胶。胶黄蓍树（*Astragalus gummifera*）等的分泌物，是一种化学结构极复杂和多支链的弱性蛋白多糖混合物，含有钾、镁、钙盐和自由羧基的微酸性盐。相对分子质量在80万以上。黄蓍胶由两部分组成：溶于水形成真溶液的中性阿拉伯胶半乳聚糖；酸性的只能吸水分而溶胀成凝胶状物质的黄蓍胶酸，两者比例可以由90∶10～50∶50，其比例取决于分泌胶的树种。在树胶中以它的溶液的黏度最高，主要用于食品、医药和化妆品等方面。③桃胶。由桃的分泌物水解而制得，是半透明的多糖物质，主要含半乳糖、鼠李糖、α-葡萄糖醛酸等活性成分，多用于水彩颜料和印刷。④落叶松阿拉伯半乳聚糖。由落叶松属木材用水或稀碱液浸提加工而得，是一种具有生理活性的高分子结构多糖，属低黏度高分散性树胶，主要用于医药和食品等方面。

（三）树胶植物的分类与利用

树胶按其来源可分为：①植物分泌物，如阿拉伯胶、桃胶等；②植物的水浸提物，如果胶等；③种子胶，如瓜尔胶和角豆的豆胶等；④海藻胶，如琼胶和褐藻胶等；⑤制备树胶，如生物合成树胶和纤维素衍生物等。树胶的水分散体通常具有悬浮、分散、乳化胶粘或粘稠，以及凝胶等特性，常用作凝固剂、胶黏剂、润滑剂或成膜物质。

第二节　特色树脂树胶植物

一、马尾松 *Pinus massoniana* Lamb.

异名：*Pinus argyi* Lamee et Levl.；*P. argyi* Lemee et Levl. var. *longevaginans* Levl.；*P. canaliculata* Miq.；*P. cavaleriei* Lemée et H. Lév.；*P. crassicorticea* Y. C. Zhong et K. X. Huang

别名：青松、山松、枞松（广东、广西），枞柏（福建），Chinese red pine。

科属：松科（Pinaceae）松属。

形态特征：乔木。针叶2针一束，稀3针一束；树脂道4～8个，在背面边生，或腹面也有2个边生；叶鞘宿存。雄球花淡红褐色，圆柱形，聚生于新枝下部苞腋，穗状；雌球花单生或2～4个聚生于新枝近顶端，淡紫红色。球果卵圆形或圆锥状卵圆形，有短梗，下垂；中部种鳞近矩圆状倒卵形，或近长方形；鳞盾菱形，微隆起或平，横脊微明显，鳞脐微凹，无刺，生于干燥环境者常具极短的刺；种子长卵圆形，具翅。花期4～5月，球果第二年10～12月成熟。

分布与生境： 产于江苏（六合、仪征）、安徽（淮河流域、大别山以南）、河南西部峡口、陕西汉水流域以南、长江中下游各省（自治区），南达福建、广东、台湾北部低山及西海岸，西至四川中部大相岭东坡，西南至贵州贵阳、毕节及云南富宁；生于海拔1500m以下；越南北部有马尾松人工林。为喜光、深根性树种，不耐庇荫，喜温暖湿润气候，能生于干旱、瘠薄的红壤、石砾土及沙质土，或生于岩石缝中，为荒山造林的先锋树种。肥沃、深厚沙质壤土上生长迅速，钙质土上生长不良或不能生长，不耐盐碱。

成分与利用： 中国松香和松节油的主要来源。根干馏可以生产松焦油等。针叶可提取芳香油。树皮可做栲胶原料。种子可榨油。木材可做建筑、家具及木器用材，及纸浆材等。针叶还可加工成维生素粉做饲料添加剂。花粉可生产破壁花粉为保健品。

繁殖与栽培： 种子繁殖。阳性树种，不耐庇荫，喜光、喜温。适生于年均温13～22℃，年降水量800～1800mm，绝对最低温度高于－10℃。根系发达，主根明显，有根瘤菌。对土壤要求不严格，喜微酸性土壤，但怕水涝，不耐盐碱。

资源与开发： 中国南部主要材用树种，为中国长江流域各省重要的荒山造林先锋树种，也是江南及华南自然风景区和普遍绿化及造林的重要树种。

二、思茅松 *Pinus kesiya* Royle ex Gordon var. *langbianensis*（A. Chev.）Gaussen

异名： *Pinus insularis* Endl. var. *khasyana*（Griff.）Silba；*P. insularis* var. *langbianensis*（A. Chev.）Silba；*P. kesiya* var. *langbianensis*（A. Chev.）Gaussen ex Bui；*P. langbianensis* A. Chev.

别名： 卡锡松、喀西松、松毛尖（云南普洱），白松（云南南部）。

科属： 松科（Pinaceae）松属。

形态特征： 乔木。针叶3针一束；横切面三角形，树脂道3～6个，边生。雄球花矩圆筒形，在新枝基部聚生成短丛状。球果卵圆形，基部稍偏斜，通常单生或2个聚生，宿存树上数年不脱落；中部种鳞近窄矩圆形，先端厚而钝，鳞盾斜方形，稍肥厚隆起，或显著隆起呈圆锥形，横脊显著，间或有纵脊，鳞脐小，椭圆形，稍凸起，顶端常有向后紧贴的短刺；种子椭圆形，黑褐色，稍扁。球果当年成熟或翌年（稀第三年）成熟。

分布与生境： 产于云南，以普洱、景东、宁洱、墨江、镇源、景谷以及临沧市东北部海拔700～1200m为中心分布，红河州的南亚热带地区和德宏州等也有天然分布；越南、老挝、缅甸、印度也有分布。

成分与利用： 思茅松松节油含19种化学成分（%），包括α-蒎烯41.07、β-蒎烯38.19、3-蒈烯10.85、β-水芹烯4.95、异松油烯1.24、月桂烯1.04等（伍苏然等，2009）。树干可采松脂，是中国不可或缺的采脂树种；树皮可提取栲胶；树干笔直高大，是中国天然分布松属树种中最速生的种类（见二十二章）；材质优于云南松，木材用途广，供建筑、枕木，矿柱、胶合板、中密度纤维板、造纸等用。

繁殖与栽培： 种子或扦插繁殖。强阳性深根树种，幼苗不耐庇阴；在其分布区，培育专用的脂用或材用，应选择16立地指数级以上（含16立地指数）的林地造林。

资源与开发： 自20世纪90年代后，发展了大面积的人工林，属云南松人工林面积最大的树种之一，主要分布于普洱市。思茅松林木单株间树脂产量差异极大［1.5～30kg/(株·年）］，应加强高产脂优良单株的选育和人工林培育技术的研发，培育优质、高产脂的思茅松采脂专用人工林。

三、漆树 *Toxicodendron vernicifluum* (Stokes) F. A. Barkl.

异名： *Rhus succedanea* L. var. *himalaica* Hook. f.; *R. succedanea* L. var. *silvestrii* Pamp.; *R. vernicifera* DC.; *R. verniciflua* Stokes; *R. vernix* L.; *Toxicodendron vernicifera* (DC.) F. A. Barkl.; *T. verniciferum* (DC.) E. A. Barkl. y & F. A. Barkl.

别名： 干漆（《四川中药志》），大木漆、小木漆（湖北），山漆（福建、湖南），植苜（湖南），瞎妮子（山东）。

科属： 漆树科（Anacarabiaceae）漆树属。

形态特征： 落叶乔木。奇数羽状复叶互生，常螺旋状排列，有小叶4～6对；叶柄被微柔毛；小叶叶背沿脉上被平展黄色柔毛，稀近无毛。圆锥花序长与叶近等长，被灰黄色微柔毛，序轴及分枝纤细，疏花；花黄绿色，雄花花梗纤细，雌花花梗短粗；花萼无毛，裂片卵形，先端钝；花瓣长圆形，具细密的褐色羽状脉纹，先端钝，开花时外卷；花丝线形，与花药等长或近等长，在雌花中较短，花药长圆形，花盘5浅裂；子房球形，花柱3。果序多少下垂，核果肾形或椭圆形，成熟后不裂，中果皮蜡质，具树脂道条纹，果核棕色，与果同形，坚硬；花期5～6月，果期7～10月。

分布与生境： 除黑龙江、吉林、内蒙古和新疆外，其余省（自治区）均产；生于海拔800～2800（～3800)m的向阳山坡林内，也有栽培；印度、朝鲜和日本也有分布。

成分与利用： 漆树的树脂天然涂料，素有“涂料之王”的美誉。漆树主要含漆酚、儿茶酚、单宁酸、没食子酸、漆酶、漆树素、杧果酸、槚如酸、黄颜木素、硫磺菊素、杨梅树素、荠草酸、葡萄糖苷等。树蜡中含5种脂肪酸：棕榈酸、硬脂酸、油酸、亚油酸、花生酸。还含黄酮类成分：新野漆树双黄烷酮。叶含野漆树苷、没食子酸和并没食子酸、鞣云实精。果核与种子含并没食子酸和脂肪酸，还含黄酮类成分：扁柏双黄酮、贝壳杉双黄酮、南方贝壳杉双黄酮、穗花杉双黄酮、野漆树双黄酮、野漆树双黄烷酮、木蜡树双黄烷酮和新野漆树双黄烷酮。种籽油中脂肪酸成分至少有26种，其中亚油酸、油酸（E)、油酸、亚麻酸、棕榈油酸、棕榈酸、硬脂酸7种脂肪酸的含量总和分别占测定到总脂肪酸含量的97.35%、97.92%、98.16%；秦岭山区漆树种籽油中脂肪酸成分至少有23种（王森等，2011a，2010b)；漆酚与虫漆酚精油主要化学成分为3-C-(15)和C-(17)烃基取代的邻苯二酚化合物，其中三烯漆酚和单烯虫漆酚含量最高，气相色谱分离鉴定组分占精油含量的98%以上，原始漆树液中内含7%～9%漆酚聚合物（杜予民，1990)。树干韧皮部割取生漆，漆是一种优良的防腐、防锈的涂料，有不易氧化、耐酸、耐醇和耐高温的性能，用于涂漆建筑物、家具、电线、广播器材等。干漆在中药上有通经、驱虫、镇咳的功效。叶可提栲胶；种子榨油可制油墨，肥皂；果皮可取蜡，作蜡烛、蜡纸；木材可作家具及装饰品；以根、叶、树皮及果入药，叶、根可作土农药。此外，秋天叶色变红，也很美丽。漆液有刺激性，有些人会产生皮肤过敏反应，故园林中需慎用。

繁殖与栽培： 种子繁殖。喜光，忌风，宜于背风向阳立地，不耐庇荫；喜温暖湿润气候；对土壤条件要求不严，在灰岩、板岩、砂岩及千枚岩上发育的山地黄壤、山地黄棕壤、山地棕壤上均可生长；对土壤 pH 要求不严，而对土壤物理性质要求较高。

资源与开发： 漆树为天然涂料、油料和木材兼用树种，是中国主要采漆树种，已有 2000 余年的栽培历史；分布广泛，可在适宜生长区域发展。

四、橡胶 *Hevea brasiliensis* (Willd. ex A. Juss.) Muell.

异名： *Hevea brasiliensis* f. *acreana* (Ule) Ducke; *H. brasiliensis* f. *angustifolia* (Ule ex Huber) Ule; *H. brasiliensis* f. *latifolia* (Ule ex Huber) Ule; *H. brasiliensis* f. *randiana* (Huber) Ducke; *H. brasiliensis* var. *acreana* Ule; *H. brasiliensis* var. *angustifolia* Ule ex Huber; *H. brasiliensis* var. *granthamii* Barth; *H. brasiliensis* var. *janeirensis* (Müll. Arg.) Pax; *H. brasiliensis* var. *latifolia* Ule ex Huber; *H. brasiliensis* var. *randiana* (Huber) Pax; *H. brasiliensis* var. *stylosa* Huber; *H. camargoana* Pires; *H. granthamii* Bartlett; *H. janeirensis* Müll. Arg.; *H. paludosa* Ule; *H. randiana* Huber; *H. sieberi* Warb.; *Siphonia brasiliensis* HBK.; *S. brasilieusis* Willd. ex A. Juss.; *S. janeirensis* (Müll. Arg.) O. F. Cook; *S. ridleyana* O. F. Cook

别名： 巴西橡胶、橡皮树、三叶橡胶，巴西树胶树，三叶胶树，三叶橡胶树，三叶胶，橡胶，rubber tree。

科属： 大戟科（Euphorbiaceae）橡胶树属。

形态特征： 大乔木，有丰富乳汁。指状复叶具小叶 3 片；叶柄顶端有 2（3～4）枚腺体；小叶椭圆形，全缘；侧脉 10～16 对，网脉明显。花序腋生，圆锥状，被灰白色短柔毛；雄花：花萼裂片卵状披针形；雄蕊 10 枚，排成 2 轮，花药 2 室，纵裂；雌花：花萼与雄花同，但较大；子房（2～）3（～6）室，花柱短，柱头 3 枚。蒴果椭圆状，有 3 纵沟，顶端有喙尖，基部略凹，外果皮薄，干后有网状脉纹，内果皮厚、木质；种子椭圆状，淡灰褐色，有斑纹。花期 5～6 月。

分布与生境： 原产于巴西；现广泛栽培于亚洲热带地区；中国台湾、福建南部、广东、广西、海南和云南南部均有栽培，以海南和云南种植较多。

成分与利用： 天然橡胶因其具有很强的弹性和良好的绝缘性，可塑性，隔水、隔气性，抗拉和耐磨等特点，广泛地运用于工业、国防、交通、医药卫生领域和日常生活等方面，用途极广。种子榨油为制造油漆和肥皂的原料。橡胶果壳可制优质纤维；果壳能制活性炭、糠醛等的化工原料；木材质轻、花纹美观，加工性能好，经化学处理后可制作高级家具、纤维板、胶合板、纸浆等。种子可榨油，半干性油是油漆和肥皂的原料；种子和树叶有毒。

繁殖与栽培：割取树胶的苗木多采用高产胶优良无性系作为穗条进行嫁接繁殖。适于年平均温度 26～27℃，没有 15℃以下绝对最低温度的地带；年平均降水量 1150～2500mm；年平均相对湿度 80%以上；土层深 1m 以上，表层 20～30cm 含有机质 3%以上，土壤 pH5～6，土壤质地以壤质土最好，地下水位 1.5～2m 以上；海拔一般 300m 以下，无大风的地区种植。

资源与开发：海南、云南、广东热区栽培，适宜栽培地区已有大面积的发展。

五、其他常见树脂树胶植物

（一）云南松 *Pinus yunnanensis* Franch.

参见材用植物部分。

功用：富含松脂，松香含量占 65%～70%，松节油含量 15%～25%。树干可割取树脂。云南松松花粉具有营养保健功能；云南省主要用材树种，供建筑及家具用材，用于枕木、坑木、木纤维原料，树的干、枝、叶、皮、球果都用于柴火；树脂、松节油、枝叶、幼果、松花粉、树根等都可入药。树根可培育茯苓；树皮可提栲胶；松针可加工成松针粉，作饲料添加剂；花粉又可作药用，是美容护肤佳品；木材干馏可得多种化工产品。云南松因分布区处于半干旱或干旱的亚热带地区，有自然泌脂现象，其在空气中凝固而于树干周围林地上堆积有白色的凝固物，产量高的单株可于地面捡拾到约 0.5kg/(株·年) 的干固树脂。树干割采树脂，影响林木生长、健康和木材质量，同时易引起森林火灾。因此云南松树脂的采收利用提倡林下捡拾。

（二）杜仲 *Eucommia ulmoides* Oliv.

别名：银丝杜仲、树杜仲（曲靖），sigongzi（SS）。

科属：杜仲科（Eucommiaceae）杜仲属。

分布：产于陕西、甘肃、河南、湖北、四川、云南、贵州、湖南及浙江等，现各地广泛栽种。在自然状态下，生长于海拔 300～500m 的低山，谷地或低坡的疏林里，对土壤的选择并不严格，在瘠薄的红土，或岩石峭壁均能生长。

功用：树皮含杜仲胶 6%～10%，根皮含 10%～12%，树叶含杜仲胶 2%～4%。此外，还含糖苷 0.142%、生物碱 0.066%、果胶 6.5%、脂肪 2.9%、树脂 1.76%、有机酸 0.25%、酮糖（水解前 2.15%、水解后 3.5%）、维生素 C 20.7%。杜仲胶是杜仲中含量较高的一类成分，普遍存在于各组织中，成熟果实中含量最高，为 10%～18%，其次为干树根皮、树干的干皮、干树叶。杜仲胶是一种天然高分子材料，它与天然橡胶互为同分异构体，是易结晶的硬质塑料。杜仲胶具有绝缘性强、耐水湿、抗酸碱、热塑性好和形状记忆等特性，是一种重要的化工原料，也可用作新型的医用功能材料。干燥树皮药用，是中国名贵滋补药材，具补肝肾、强筋骨、降血压、安胎等诸多功效；作为强壮剂及降血压，并能医治腰膝痛，风湿及习惯性流产等。嫩叶（櫰芽）也供药用，以杜仲叶为原料的杜仲茶具补肝肾、强筋骨、降血压、安胎等诸多功效。种子含油率达 27%；木材供建筑及制家具。

（三）桃 *Amygdalus persica* L.

别名： 毛桃（《云南种子植物名录》），离核毛桃皮，普通桃，野桃，taokeri（MG）。

科属： 蔷薇科（Rosaceae）桃属。

分布： 原产于中国，各省（自治区）广泛栽培。世界各地均有种植。

功用： 桃胶含有阿拉伯糖、半乳糖、木糖、鼠李糖、葡糖醛酸等。桃树干上分泌的胶质，俗称桃胶，可用作黏接剂等，为一种聚糖类物质，桃胶呈桃红色或淡黄色至黄褐色，多呈半透明固体块状，外表平滑，易溶于水。桃胶可食用，也供药用，有破血、和血、益气之效。果实味道鲜美，营养丰富，是人们最为喜食的鲜果之一。除鲜食外，还可加工成桃脯、桃酱、桃汁、桃干和桃罐头。桃树很多部分还具有药用价值，其根、叶、花、仁可以入药，具有止咳、活血、通便等功能，桃仁含油量45%，可榨取工业用油，桃核硬壳可制活性炭，是多用途的工业原料。

第二十四章　能 源 植 物

第一节　概　　述

一、概念

能源包括化石能源、可再生能源和核能（核裂变）三类。化石能源包括石油、煤炭、沥青、天然气、油页岩和沥青砂。可再生能源包括生物质、水力、风能、太阳能（热能和光伏发电）、地热能和海洋能。核裂变能主要是铀和钍（丹米尔巴斯，2011）。容易再生的能源类型称之为可再生能源，包括生物质能、水力能、太阳能、风能、地热能、波浪能、潮汐能、生物气体以及海洋热能。而生物质（biomass）是所有植物性材料的通称，指由来源于生物资源的植物、动物和微生物形成的非化石的和生物降解的有机物质。广义上讲，生物质能是太阳能的一种表现形式。生物质能可转化为常规的固态、液态和气态燃料，取之不尽、用之不竭，是一种可再生能源，同时也是唯一的一种可再生的碳源（李宝银和周俊新，2010）。植物能源属于生物质能源的一部分。

能源植物（energy plant）又称石油植物、柴油植物或生物燃料油植物，是指那些具有利用光能效率高，合成较高还原性烃的能力，可产生类似石油成分、可替代石油使用或作为石油补充产品的植物，以及富含油脂、糖类、淀粉类、纤维素的植物。

一些学者提出燃料油植物的概念（程树棋和程传智，2005；石培礼和包维楷，1994；黎明，2009），即指含有燃料植物油成分的种和变种，主要包括油脂植物和具有制成成分接近石油，可替代石油使用的较高还原式烃能力的植物。由此产生的能源，称之为生物质能源。也有森林能源，即指在森林生物量，通过人为活动可以获得并可以直接或间接作为能源利用的森林生物量剩余物和能源林资源（张希良和吕义，2008）。生物质燃料油是以植物或动物及其产物为原料生产，可以作为石油、柴油代用品，已引起世界各国的高度重视（王涛，2005）。在本书中，统一称之为能源植物，及相应的植物能源。

能源林的营造是目前重要的研究课题。在森林资源较丰富的印度、法国、瑞士、加拿大等国，均采用速生和含油的大戟科、棕榈科、桃金娘科植物营造了能源林，一般能源林的栽培经营原理图解是：树种选择→栽培→经营→利用（覃尚民和石清峰，1994）。因此，能源植物的种类选择非常重要。

二、能源植物的资源与分布

中国能源植物资源十分丰富，仅含油的能源植物据统计共 151 科、697 属、1554 种（含变种）（程树棋，1998）。Esau 认为，大约有 900 属、12 500 种植物含有乳汁，其中水和碳氢化合物被认为是许多植物乳汁中的主要成分，乳汁中所含的碳氢化合物通常是异戊二烯的聚合物，经萃取后可作为石油替代品（傅登祺和黄宏文，2006）。

程树棋和程传智（2005）对 1468 种能源植物进行分析，概括为以下 8 个方面。

1）科属种分布集中　能源植物在各科、属中呈不均匀分布，最少的只有 1 属、1 种，多的有 51 属和 77 种。樟科、芸香科、蔷薇科、菊科、唇形科等的种类最多。然而，能源植物的重要性不与科属中种的多寡为判断依据，有些科虽然属、种极少，确是极为重要的能源植物，如龙脑香、胡麻、石蒜、龙舌兰、油棕、油莎草等。

2）类别分布不均　中国油脂植物类有 134 科、1148 种，挥发油植物 83 科、473 种，淀粉植物约 300 种。

3）分布的水平地带性明显　独特自然条件和地理景观多样性及其区域环境间差异，导致能源植物相应地带性分布呈现差异，从南往北，从东往西能源植物种类逐渐减少。

4）分布的垂直地带性显著　山体的垂直变化带造成山地气候和降水的垂直变化明显，导致能源植物种类的分布山下部多于山上部，从低海拔向高海拔逐渐减少。

5）随起源呈现种分布的差异　1554 种能源植物的 4 类起源中，野生、野生有栽培、栽培和外来引进的植物种类分别为 1174 种、104 种、147 种和 132 种，分别占总数的 75.4%、6.7%、9.5%和 8.5%；前两项相加为 82.1%，揭示中国能源植物以原产为主，野生半野生种最多的特点。含油植物种类较多的几个大科中，除十字花科以外，松科、樟科、大戟科、唇形科、蔷薇科、芸香料和山茶科等均以野生种和半野生种占绝对多数，分别占 75.0%、93.5%、83.4%、77.4%、79.7%、80.8%和 90.2%。这说明这些科是能源植物研究、发掘的重点对象。

6）生活型及分配　能源植物生活型所占大小比例顺序依次为高位芽（58.2%），一年生草本（14.8%），地面芽（12.9%），层外植物（即藤本植物，3.7%），地上芽植物（2.8%）。以高位芽占绝对优势。高位芽是以木本植物为主的，高于 30cm 以上的矮灌木、灌木、小乔木和大乔木，这类植物为多年生，多结实，营养枝生长良好，再生能力强。

7）含油植物器官的种分布　按植物含油器官分别统计：种子 807 种，种仁 219 种，果实 203 种，枝（枝叶共含油时统计在其他项）10 种，叶 79 种，干 25 种，地下部分 86 种，全株含油 179 种，其他部位 212 种。植物多个器官均含油，以种子含油植物最多。

8）不同含油率的科分布量　平均含油脂≥50%的科有粗榧（64.7%）、檀香（60.8%）、橄榄（58.1%）、金粟兰（Chloranthaceae，53.8%）、胡麻（52.3%）5 个科；平均含油率 40%～49%的有榛（46.0%）、夹竹桃（45.8%）、卫矛（44.4%）、樟（44.3%）、亚麻（44.0%）、山茶（43.8%）、铁青树（Olacaceae，43.8%）、五味子（41.5%）、使君子（41.5%）、大风子（41.3%）、八角（40.3%）、罂粟（40.1%）12 个科；含油脂率 30%～39%的有 29 个科，20%～29%的有 31 个科，10%～19%的 32 个科，余下的科含油脂率<10%。能源植物开发利用时，首先选择含油率高的科→属→种。

三、能源植物分类

能源植物根据植物的化合物类型及油脂的化学成分进行分类。

1. 按植物的化合物分类

1）*碳水化合物类能源植物* 此类能源植物富含糖、淀粉和纤维等碳水化合物。例如，富含糖的能源植物有菊芋、甘蔗、甜高粱等，其主要用于生产燃料乙醇；富含淀粉的能源植物有木薯、玉米、甘薯等，与富含糖的能源植物相同，淀粉主要也生产燃料乙醇；富含纤维的能源植物，如芒果、桉树等，其主要生产生物柴油和燃气（甲烷）。从 20 世纪 70 年代开始，巴西、美国等应用甘蔗、玉米等作物，研究与开发汽车用乙醇燃料，其中以巴西利用甘蔗生产乙醇作为汽车燃料最为成功（1979 年，首辆以含水乙醇为燃料的乙醇汽车问世）。2003 年巴西全国使用乙醇汽油燃料的汽车有 1550 万辆，完全用含水乙醇作燃料的汽车达 220 万辆，巴西已成为世界上唯一不供应纯汽油的做汽车燃料的国家（Borrero et al.，2003）。富含纤维的能源植物还可燃烧供发电等，如象草（*Pennisetum purpureum*），具有枝叶浓密、茎秆高大、萌发力强、耐瘠薄土地、生物质产量高等特点，是一种可供发电的能源植物（宋永芳，2006）。

2）*富含油脂的能源植物* 植物体或其某一器官含油脂的能源植物，如油菜、向日葵、棕榈、花生等。这类能源植物既是人类食物的重要组成部分，也是工业用途非常广泛的原料。例如，美国 5%以上的生物柴油用大豆生产（贾虎森和许亦农，2006）；双低油菜籽不饱和脂肪酸含量高，比较适合于生物柴油生产，其柴油面积产量可达 1t/1hm^2（管伟萍等，2006）。

3）*烃类成分能源植物* 即富含类似石油成分的能源植物。石油的主要成分是烃类，如烷烃、环烷烃等，此类植物是最佳的能源类，其生产成本低，利用率高，如麻疯树、油楠、续随子（*Euphorbia lathyris*）、绿玉树（*E. tirucalli*）等属此类能源植物。

2. 按植物的化学成分分类

如果仅以燃料油植物进行能源植物分类，通常可分为五类（程树棋和程传智，2005）。

1）*桉树油*（eucalyptol oil） 经过工业提取，从桉属植物的干、枝、叶中获得的油脂类。枝叶含挥发油和不挥发性油高达 6.6%～8.7%。桉树油主要成分为 10 碳烯酸，可作为内燃机的燃料油。

2）*黑皂油* 即高桐，也称麻风树种子油。黑皂油化学组成为碳 77.14%，氢 11.8%及氧 11.6%，热值 307.2～37 576.5kJ/kg。

3）*烃类* 含类似烃类物质的植物中提取的烃类生物燃料油，可替代柴油使用。富含类似烃类物质的植物有续随子、绿玉树及大戟科的一些植物。

4）*醇类* 油料植物的种子中直接提取或通过木纤维发酵获得，能够生产此类产品的植物即归并为此类。前者如产于菲律宾的“柴油树”——麻风树，果实含乙醇 15%，可直接用于内燃机燃烧，果实一年三熟。

5）*单脂类* 油料植物中提取脂肪酸，对脂肪酸进行酯交换，转化为单脂，用于内燃机和柴油机燃料。

四、能源植物的特点

相对于石油、煤炭等传统能源，能源植物具有以下 6 个方面的特点。

1. 可再生性

能源植物通过光合作用固定 CO_2 和水，并通过一系列的生物化学反应，形成各种化学物质，将太阳能以化学能形式储藏在植物中，这种能量形式是可再生的（吴国江等，2006）。

2. 低污染性

生物质能源燃烧所释放出的 CO_2 与其生长时通过光合作用所吸收的 CO_2 大体上相当，几乎没有 SO 产生（吴国江等，2006），可有效减少温室效应，有利于环境保护。发展林业生物质能源，不仅可以提供丰富的清洁能源，同时还可以显著增加森林资源，构建具有多种功能的森林生态系统，增加可再生能源的同时，对改善生态环境做出积极的贡献（江泽慧，2006）。

3. 竞争力强

能源植物分布面积广、资源种类丰富，不需勘探、钻井、采矿等投入成本，植物资源提取或转化得到的能源载体更具市场竞争力；同时，还可得到经济价值较高的副产品，供化工品、医药品等市场所需，属多用途的生产。一旦生物质能源的加工转化技术得到发展，成本降低，与石化等能源相比较，将显示其极强的市场竞争能力。

4. 提高土地利用率

有些能源植物，耐贫瘠或被侵蚀的土壤等，通常，此类土地不能种植粮食作物或经济植物，或用材林等，但总有外延广泛的能源，如马桑等，能在该类土地上良好生长。因此，能源植物种植，可以提高土地利用率，并改良土壤，改善生态环境。

5. 使用安全

相比核电等其他能源，植物能源使用安全，不会发生爆炸或泄漏等安全事故，储存和运输也安全。

6. 用途广泛

除开发为能源植物外，许多植物种类可用于医药、材用、园林观赏等诸方面。因此，能源植物应开展综合利用的研发，提高植物利用率的同时，通过多产品开发，降低成本。

五、能源植物的利用

能源植物生物质可被转化为液体、气体和固体燃料，直燃发电和供暖（谢光辉，2011）。

1. 液态燃料

包括乙醇、生物柴油和生物质裂解油。①生物乙醇：生物质经液化、糖化、发酵和蒸馏得到乙醇溶液，进一步脱水提高乙醇含量，再加上适量变性剂（无铅汽油）即为燃料乙醇，与汽油以一定的比例混配形成的一种新型汽车燃料。②生物柴油：植物油脱甘油甲酯化或乙酯化，即在植物油中加入一定量的甲醇或乙醇，在催化剂和 230～250℃温度下进行酯交换反应，生成脂肪酸甲酯或脂肪酸乙酯，再经洗涤、干燥获得生物柴油。生物柴油可以任意比例混合于矿物柴油中，甚至 100％的生物柴油都可用于当前的柴油发动机，具有燃烧充分、抗爆性良好以及储存、运输、使用安全等优良性能。③生物油：生物质快速热裂解生成的液体燃料被称为生物质裂解油，也称为生物油（bio-oil）或裂解油（pyrolysis oil）。

2. 气体燃料

包括生物质燃气、沼气和氢气。①生物质燃气：生物质置于高温环境，通过热分解将其转化为合成气体燃料，产生的气体称为“生物质燃气”或“燃气”；生物质燃料在自然状态下的热值为中等（15～20MJ/m^3），适用于驱动各种引擎和涡轮机。②沼气：有机物质在一定温度、湿度、酸碱度和厌氧条件下，经过沼气菌群发酵而获得，其主要成分是甲烷和 CO_2。生产原料主要是人、畜、禽粪便和农作物秸秆。一方面可以去除有机物废物，实现废物稳定化和无害化，另一方面是可利用其产生的沼气作能源，且发酵残渣还可作生物肥料，生态环保，是农村废弃物再利用、提供清洁可再生能源的有效途径。③氢气：利用微生物自身的代谢作用可将生物质转化为氢气，包括厌氧细菌或兼性厌氧产氢和光合成细菌进行光合成产氢；木质纤维素类能源植物是生物制氢的主要原料。

3. 固体燃料

将木质纤维素类生物质经压缩成型或炭化工艺能提高容重和热值，改善燃烧性能。广大农村一直使用秸秆、薪柴等作为炊事、保暖等的能源，其主要成分都是纤维素和木质素。

4. 直燃发电及供暖

高温高压下植物气化产生可燃气体或进一步发电。中科院广州能源研究所研发的“生物质气化发电系统”，利用谷壳等生物质在高温下制成可燃性气体，然后通过燃烧发电。柳树和杨树等诸多的木质纤维素类能源植物直燃作为发电的原料。

第二节　特色能源植物

一、续随子 *Euphorbia lathyris* L.

异名： *Epurga lathyris*（L.）Fourr.；*Euphorbia lathyris* var. *minor* Hook. & Arn.；*Euphorbion lathyrum*（L.）St.-Lag.；*Galarhoeus decussatus*（Salisb.）Gray；*G. lathyris*（L.）Haw.；*Keraselma lathyris*（L.）Raf.；*Tithymalus lathyris*（L.）Hill

别名： 千金子（《中国经济植物志》），神仙对座草（《云南种子植物名录》）。

科属： 大戟科（Euphorbiaceae）大戟属。

形态特征： 二年生草本。叶交互对生，基部半抱茎；总苞叶和茎叶均为 2 枚，卵状长三角形。花序单生，近钟状，边缘 5 裂；腺体 4，新月形，两端具短角，暗褐色。雄花多数，伸出总苞边缘；雌花 1 枚，子房柄几与总苞近等长；子房光滑；花柱细长，3 枚，分离；柱头 2 裂。蒴果三棱状球形，花柱早落，成熟时不开裂。种子柱状至卵球状，无皱纹，具黑褐色斑点；种阜无柄，极易脱落。花期 4～7 月，果期 6～9 月。

分布与生境： 产于吉林、辽宁、内蒙古、河北、陕西、甘肃、新疆、山东、江苏、安徽、浙江、江西、福建、河南、湖北、湖南、广西、四川、贵州、云南、西藏等地，栽培或逸为野生，分布极为广泛；也广泛分布或栽培于欧洲、北非、中亚、东亚和南北美洲。

成分与利用：种子含油 43.3%～47.0%，折光率（20℃）1.4820，皂化值 197.8，碘值 86.7。油成分（%）：月桂酸 0 至微量；棕榈酸 4.4～7.2；硬脂酸 1.9；花生酸 0～0.6；十六碳烯酸 0～2.2；油酸 59.2～81.3；廿碳烯酸 1～5；亚油酸 5.3～27.1，亚麻酸 1.2～2.8，未鉴定酸 0～1.9。种子油有毒，含千金子甾醇，殷金醇棕榈酸酯，殷金醇十四碳-2,4,6,8,10-酸酯，续随子醇二乙酸苯甲酸酯，续随子醇二乙酸烟酸酯、谷甾醇、卅一烷等。种子中尚有香豆精成分的白瑞香素、续随子素、马粟树皮苷等。叶中含山奈酚、谷甾醇、槲皮素的 3-葡萄糖醛酸等。茎中含卅一烷、谷甾醇、三萜成分蒲公英赛醇和白桦脂醇。浆汁中含二羟基苯丙氨酸及多种碳氢化合物等（程树棋和程传智，2005；黎明，2009）。种子油成分主要是 C16、C18、C20 脂肪酸组成结构，其油的脂肪酸组成与理想柴油替代品的分子组成相类似，表现为热质高、易转化、污染低等特点，是中国发展生物柴油的理想原料（危文亮和金梦阳，2008）。种子油可制肥皂和润滑油，近年国外已将该种的油作为汽油的代用品研究并取得良好进展。茎中有白色乳汁。种子也可入药，具利尿、泻下和通经等作用，外用治癣疮类；全草有毒。

采收与加工：夏季、秋季果实成熟时用割取法或摘取法采收。

繁殖与栽培：种子繁殖，直播法。喜温暖湿润气候，耐干旱。以阳光充足、疏松肥沃、排水良好、富含腐殖质的壤土栽培为宜。低洼地和黏土不宜栽培，易发生病害。

资源与开发：分布较广，有栽培；可作为主要的生物质能源，进行前瞻性的高含油的植株选育和扩繁和丰产栽培和加工利用研究。

二、绿玉树 *Euphorbia tirucalli* L.

异名：*Arthrothamnus tirucalli*（L.）Klotzsch & Garcke；*Euphorbia tirucalli* var. *rhipsaloides*（Willd.）A. Chev.；*Tirucalia tirucalli*（L.）P. V. Heath.

别名：绿珊瑚、青珊瑚（《台湾植物志》），光棍树（《北京植物志》），白蚁树，乳葱树，玉珊瑚。

科属：大戟科（Euphorbiaceae）大戟属。

形态特征：灌木或小乔木。叶互生，长圆状线形；生于当年生嫩枝上，稀疏且很快脱落，由茎行使光合功能，故常呈无叶状态。花序密集于枝顶，基部具柄；总苞陀螺状，内侧被短柔毛；腺体 5 枚，盾状卵形或近圆形。雄花数枚，伸出总苞之外；雌花 1 枚，子房柄伸出总苞边缘；子房光滑；花柱 3，中部以下合生；柱头 2 裂。蒴果棱状三角形，平滑，略被毛或无毛。种子卵球状，平滑；具微小的种阜。花果期 7～10 月。

分布与生境：广泛栽培于热带和亚热带，并逸为野生；原产于非洲东部（安哥拉）。

成分与利用：茎的乳汁含佛波醇-12,13-不饱和二酯化合物、4-去氧佛波醇-12,13-不饱和二酯化物、蒲公英甾醇、13-莴苣甾醇、大戟醇等，以及香树脂醇乙酸酯、羽扇烯酮、3-乙酰基-20-羽扇烷醇、环阿尔廷-25-烯-3β,24ζ-二醇、环阿尔廷-25-烯-3β-醇-24-酮、环阿尔廷-23（E）-烯-3β,25-二醇、大戟烷-25-烯-3α-醇、槲皮素、山柰酚、胡萝卜苷、谷甾醇（王晓阳等，2011）。茎干中的白色乳汁富含碳氢化合物，与石油的成分相似，是制取石油的重要原料，有研究指出 100kg 绿玉树茎可提取 8kg 的石油物质。低污染，可再生，是高效环保的能源植物。绿玉树在原产地被作为传统的药物、树胶、水土保持树种、能源林；可用于皮革加工业、沼气发酵；汁液可以作毒药（李凌和李政，2005）。乳汁有毒，能刺激皮肤，刺激眼睛，可致暂时失明，也有致泻作用，并可毒鱼。药用少量，有催乳、杀虫、解毒作用，主治产后乳汁不足、癣疮、关节肿痛等。绿玉树茎干秃净、光滑，圆柱状，无叶片，是较为奇异的观茎植物。可盆栽作室内陈设装饰。榨汁后剩余的纤维还可用作造纸原料。

采收与加工：一次性采割生物量榨取乳汁，作为生产石油的原料。

繁殖与栽培：扦插繁殖。喜温暖气候，需要在温室过冬；好光照，但也耐一定庇荫；耐干燥。适宜排水好的土壤。在南方温暖地带可以露地栽培，在长江流域及其以北地区务必在温室内栽培。一般是冬季在温室、夏季在露天生长。

资源与开发：中国南北方均有栽培，或作为行道树（南方）或温室栽培观赏（北方）；可前瞻性地开展乳汁和高有效成分含量的优良植株选育，及其丰产栽培技术研究，为进一步的开发利用进行种质资源和技术贮备。

三、油楠 *Sindora glabra* Merr. ex de Wit

别名：蚌壳树（海南岛），曲脚楠，煤油树，柴油树，曲脚树。

科属：苏木科（Caesalpiniaceae）油楠属。

形态特征：乔木。小叶 2～4 对；小叶对生，椭圆状长圆形，很少卵形。圆锥花序生于小枝顶端之叶腋，密被黄色柔毛；苞片卵形，叶状；花梗中部以上有线状披针形小苞片 1～2 枚，苞片、花梗及小苞片均密被黄色柔毛；萼片 4，两面均被黄色柔毛，2 型，最上面的 1 枚阔卵形，有软刺 21～23 枚，其他 3 枚椭圆状披针形，有软刺 6～10 枚；花瓣 1 枚，被包于最上面萼片内，长椭圆状圆形，基部近截平，有不明显的瓣柄，顶端圆钝，外面密被柔毛，边缘具睫毛；能育雄蕊 9 枚，雄蕊管两面被紧贴、褐色的粗伏毛，内面较密，花药几乎等大，顶端凹头，有时有小凸尖；子房密被锈色粗伏毛，有胚珠 4～5 颗，花柱丝状，旋卷。受伤时伤口常有胶汁流出；种子 1 颗。花期 4～5 月，果期 6～8 月。

分布与生境：产于海南；生于中海拔山地的混交林内；广东、广西和福建等省（自治区）已引种栽培；东南亚的越南、泰国、马来西亚、菲律宾等国也有分布。

成分与利用：油楠油液中 75%左右无色透明具有清淡木香气味的芳香油，25%是棕色树脂类残渣。依兰烯含量 40.80%，丁香烯 30.50%，杜松烯 6.4%，其他毕拔烯、蛇麻烯等都在 4.4%以下。胸径 80cm 以上的油楠可以在立木上凿孔插入竹管取脂，不需砍伐树木（郑万钧，1985）。油液的成分主要是烯类，可直接用于柴油机。出油率高达 90%，生产生物柴油。油楠具有特殊的木质，因此宜作为家具和地板的用材，色泽呈褐色。其特殊的结构能调节室内的温度、湿度，减少风湿病的发生，使居家冬暖夏凉，并能吸收紫外线。另外油楠木材还可用于制作乐器。在有油楠分布的东南亚各国，居民也常利用油楠木材耐腐的特性制作水车。油楠油还可作为食用香料，油楠的种子可治疗皮肤病。

采收与加工：油楠胸径 40cm 以上的即有油形成，削开它的韧皮部或砍断枝丫时，油脂就会从伤口自行溢出。通常在树干上钻个 5cm 大小的孔，然后插入竹筒，收集油液。每株的产量在 5kg 以上。

繁殖与栽培：种子繁殖。天然分布于热带季雨林和热带沟谷雨林，对立地要求较严，不宜大面积营造纯林，宜在适宜生长区，选择土壤深厚、肥沃的地段与阔叶树种混交。

资源与开发：油楠在中国有一定的蕴藏量，在石油等矿物资源不断枯竭的今天，人们再次把注意力转向可再生资源——森林，而生长在海南岛的油楠，是中国未来有希望的能源植物之一；应加强种质资源保护和遗传改良研究。

四、蓖麻 *Ricinus communis* L.

别名：红麻，草麻，八麻子，萆麻，红蓖，茌麻，castorbean。

科属：大戟科（Euphorbiaceae）蓖麻属。

形态特征：一年生草本或草质灌木；茎多液汁。叶近圆形，掌状 7～11 裂，裂缺几达中部，边缘具锯齿；掌状脉 7～11 条。网脉明显；叶柄顶端具 2 枚盘状腺体，基部具盘状腺体；托叶长三角形，早落。总状花序或圆锥花序；苞片阔三角形；雄花：花萼裂片卵状三角形；雄蕊束众多；雌花：萼片卵状披针形，凋落；子房卵状，密生软刺或无刺，花柱红色，顶部 2 裂，密生乳头状突起。蒴果卵球形或近球形，果皮具软刺或平滑；种子椭圆形，斑纹淡褐色或灰白色。花期几全年或 6～9 月。

分布与生境：中国作油脂作物栽培的一年生草本；华南和西南地区，海拔 20～500m（2300m）的村旁疏林或河流两岸冲积地常有逸野，呈多年生灌木。原产地可能在非洲东北部的肯尼亚或索马里；现广布于全世界热带地区或栽培于热带至温暖带各国。

成分与利用：种仁含油 62.0%，油的折光率（20℃）1.4688，密度（20℃）0.9517，皂化值 174.1，碘值 83.1，酸值 12.0。油的脂肪酸组成（%）：棕榈酸 0.8～3.4，硬脂酸 0.2～2.2，花生酸 1.3，油酸 4.0～10.8，亚油酸 8.6，亚麻酸 6.8，蓖麻酸 78.2（黎明，2009）。种子成分（%）：蛋白质 18～26、脂肪油 64～71、碳水化合物 2、酚性物质 2.50、蓖麻毒蛋白及蓖麻碱 0.087～0.15。脂肪油的组成绝大部分为三酸甘油（甘油三酯）及甘油酯，还有少量的甾醇、磷脂、游离脂肪酸、碳氢化合物及蜡，甘油酯的脂肪酸中蓖麻油酸 84～91、油酸 3.1～5.9、亚油酸 2.9～6.5、硬脂酸 1.4～2.1、棕榈酸 0.9～1.5；磷脂含量 0～0.12，其中磷脂酸乙醇胺及其降解产物占 83，磷脂酰胆碱占 13，其他磷脂占 4；磷脂的脂肪酸组成（%）：棕榈酸 27.7、硬脂酸 12.9、油酸 18.5、亚油酸 33.2，而不含蓖麻油酸；游离脂肪酸含量 0.3%，其中蓖麻油酸占 78.5%、十八碳二烯酸占 8.4%、十八碳烯酸占 5.2%；蓖麻毒蛋白有蓖麻毒蛋白 D、酸性蓖麻毒蛋白、碱性蓖麻毒蛋白、蓖麻毒蛋白 E 及蓖麻毒蛋白 T 等。种子还含凝集素和脂肪酶。蓖麻籽含油量高，是其他油料作物所不能及的。其籽油含 90%左右的羟基脂肪酸，独特的分子结构决定了蓖麻是一种重要的工业油料作物，被称为“绿色可再生石油资源”，是替代石油生产化工原料最理想的植物油脂。油蓖麻油可制表面活性剂、脂肪酸甘油酯、脂二醇、干性油、癸二酸、聚合用的稳定剂和增塑剂、泡沫塑料及弹性橡胶等，是高级润滑油原料；在医药上作缓泻剂。种子油的用途极广，是用于飞机、海轮、汽车、车床等机械上的润滑油，也作为纺织用助染剂和皮革的保护油。巴西的研究表明，20%的蓖麻油添加到普通柴油中可用于各种发动机，且不需要进行任何改装。蓖麻叶可以养蚕；茎皮富含纤维，为造纸和人造板原料；蓖麻的根、茎、叶、籽均可入药；种子含蓖麻毒蛋白及蓖麻碱，若误食种子过量（小孩 2～7 粒，成人约 20 粒）后，将导致中毒死亡。现代医学研究表明蓖麻毒素是重要的抗癌物质；蓖麻粕是优质有机肥，经脱毒后是高蛋白饲料，以及活性炭和胶卷原料。

采收与加工： 种子成熟后采集；药用根及叶于夏秋采，分别晒干或鲜用。

繁殖与栽培： 喜高温，不耐霜，酸碱适应性强。适宜生长地区常见于路边、村寨旁或荒地；耐一定的干旱、贫瘠。

资源与开发： 本种的栽培品种多，应选育结实多、种子油脂含量高，油脂中有效成分高的优良单株，进行扩繁，为推广栽培进行种质资源储备；适宜地区进行多种形式（田边、地头、四旁、荒山或大面积）的栽培。

五、麻疯树 *Jatropha curcas* L.

异名： *Manihot curcas*（L.）Crantz；*Curcas curcas*（L.）Britton & Millsp.；*Jatropha curcas* var. *rufa* McVaugh

别名： 小桐子（云南宾川），膏桐（云南河口），洋桐（云南马关），黑皂树，臭油桐，Barbados nut。

科属： 大戟科（Euphorbiaceae）膏桐属。

形态特征： 灌木或小乔木，具水状液汁。叶近圆形至卵圆形，全缘或 3～5 浅裂，上面亮绿色，下面灰绿色，初沿脉被微柔毛，后变无毛；掌状脉 5～7；托叶小。花序腋生，苞片披针形；雄花：萼片 5 枚，基部合生；花瓣长圆形，合生至中部，内面被毛；腺体 5 枚，近圆柱状；雄蕊 10 枚，外轮 5 枚离生，内轮花丝下部合生；雌花：花梗花后伸长；萼片离生；花瓣和腺体与雄花同；子房 3 室，花柱顶端 2 裂。蒴果椭圆状或球形；种子椭圆状。花期 9～10 月。

分布与生境： 福建、台湾、广东、海南、广西、贵州、四川、云南等省（自治区）有栽培或少量逸为野生。原产于美洲热带，现广布于全球热带地区。

成分与利用： 种子含油 39.8%；种仁含油 50.2%～59.7%。种子油成分（%）：肉豆蔻酸 0.2，棕榈酸 15.5，硬脂酸 7.0，十六碳烯酸 1.7，油酸 39.3，亚油酸 35.5，亚麻酸 0.8。种仁油成分（%）为月桂酸 0 至微量，肉豆蔻酸 0～0.3，棕榈酸 14.3～23.6，硬脂酸 1.8～6.7，花生酸 0～0.5，油酸 37.5～50.1，亚油酸 20.6～44.5，亚麻酸 0～微量，未鉴定酸 0～1.3；乳汁中已分离得到的物质有萜类、黄酮类、香豆素类、甾醇类和生物碱等（程树棋和程传智，2005）。种子含油率高，经过加工可制成生物柴油。此新型燃油适用于各种柴油机，如农用发电机、拖拉机和汽车等；在闪点、凝固点、硫含量、一氧化碳排放量、颗粒质等方面均优于国内零号柴油；种子、树皮、叶、根和乳汁中含有多种成分的生物药源，可提取制作生物医药和生物农药。种子加工后的油饼蛋白质含量较高，脱毒后可作生物饲料，未脱毒的可作优质的有机生物肥；茎叶有毒，牲畜不吃，病虫较少，不易燃烧，可作为田间地边的生物绿篱和防风防火屏障。种衣呈灰黑色，中医认为其性寒，有散淤、止痛作用，也可治跌打损伤及皮肤瘙痒；有的地方还用它治疗胃肠炎。茎、叶、树皮含丰富的白色乳汁，内含大量毒蛋白。种子毒蛋白浓度最高，毒性大，枝叶次之。种仁有泻下和催吐作用。其毒蛋白的毒性与蓖麻毒蛋白类似。毒蛋白有强烈的胃肠道刺激作用，甚至可以导致出血性胃肠炎。种仁是传统的肥皂及润滑油原料，并有泻下和催吐作用。根系发达，所以可用来护坡、护路。

采收与加工：种子一年多次成熟，边熟边采；入药树皮和叶四季可采，多鲜用。

繁殖与栽培：直播造林法、育苗移栽、硬枝插条；绿篱式种植法等。性喜温暖气候，在干旱、贫瘠、退化土壤上生长。适宜在热带、亚热带以及雨量稀少、条件恶劣的干热河谷地区种植，是保水固土、防沙化、改良土壤的主要种类。天然更新能力强，还耐火烧。

资源与开发：人工栽培较多。天然分布的麻风树，结实与果实成熟期、成熟延续时期等变异极大，若作为能源植物利用，首先应从良种选育和遗传改良开始；选择结实多、含油高、果实成熟期相对集中的优良单株作为良种，进行扩繁栽培。

六、油桐 *Vernicia fordii* (Hemsl.) Airy Shaw

异名：*Aleurites fordii* Hemsl.

别名：桐油树，桐子树，罂子桐（《本草拾遗》），荏桐（《本草衍义》），高脚桐（云南西畴），家桐（云南广南），三年桐，虎子桐，罂子树，罂子桐，tungoil tree。

科属：大戟科（Euphorbiaceae）油桐属。

形态特征：落叶乔木。叶卵圆形，顶端短尖，基部截平至浅心形，下面被贴伏微柔毛；掌状脉 5（～7）条；叶柄与叶片近等长，顶端有 2 枚扁平、无柄腺体。花雌雄同株，先叶或与叶同时开放；花萼 2（～3）裂，外面密被棕褐色微柔毛；花瓣白色，有淡红色脉纹，倒卵形，顶端圆形，基部爪状；雄花：雄蕊 8～12 枚，2 轮；外轮离生，内轮花丝中部以下合生；雌花：子房密被柔毛，3～5（～8）室，每室有 1 颗胚珠，花柱与子房室同数，2 裂。核果近球状，果皮光滑；种子 3～4（～8）颗，种皮木质。花期 3～4 月，果期 8～9 月。

分布与生境：产于陕西、河南、江苏、安徽、浙江、江西、福建、湖南、湖北、广东、海南、广西、四川、贵州、云南等省（自治区）。通常栽培于海拔 1000m 以下的丘陵山地。越南也有分布。

成分与利用：种仁含油 50.2%～71.5%，密度（25℃）0.937，折光率（25℃）1.5213，皂化值 186.7，碘值 175，酸值 0.2。油的脂肪酸组成（%）：月桂酸 0.3，肉豆蔻酸 0.3，棕榈酸 3.9～9.3，硬脂酸 1.7～9.3，花生酸 3.0，十六碳烯酸 0～6，油酸 11.3～20.1，廿碳烯酸 9.4，亚油酸 12.1～26.2，亚麻酸 1.7，桐酸 79.1～80.01，未知酸 2.1（黎明，2009）。中国重要的工业油料植物和外贸商品、燃料油植物。其油脂为黄色或褐色的浓稠液体，属于干性油，干燥快，加热 220～250℃时，可自行聚合成凝胶，甚至完全固化，是其他干性油所没有的特性。桐油密度轻，具有干燥快、有光泽、耐碱、防水、防腐、防锈、不导电等特性，涂刷轮船、渔具，可防止海水腐蚀；其调制的清漆与色漆，是飞机部件、汽车车身、火车车厢和各种机械外壳的最好涂料；桐漆涂刷的各种木制家具、门窗、农具、乐器等，美观耐用。同时，桐漆在塑料、电器、军械、橡胶、涂料、印刷、皮革、医药等制造工业，应用也十分广泛。叶、树皮、种子、根均含有毒成分，种子的毒性最大，吃一颗甚至可能会致死；主要有毒成分为桐子酸及异桐子酸，对胃肠道有强烈刺激作用，并可损害肝、肾。榨油后的桐油饼所含毒苷，毒性大于桐油。其果皮可制活性炭或提取碳酸钾。

采收与加工：冬季采果，主要利用种子榨油。霜降前后，果实开始呈黄铜色或褐色时采收果实，此期种子含油量最高；采回的桐果，应堆在阴湿处，上盖稻草，待果皮软化腐熟后，及时剥离种子。根常年可采。夏秋采叶及凋落的花，晒干备用。取出，分别晒干备用。种子油另行加工。

繁殖与栽培：种子繁殖。喜温暖，忌严寒。喜光，冬季短暂的低温（−10～−8℃）有利于油桐发育，但长期处在−10℃以下会引起冻害。适生于缓坡及向阳谷地，盆地及河床两岸台地。富含腐殖质、土层深厚、排水良好、中性至微酸性沙质壤土最适油桐生长。油桐栽培方式有桐农间作、营造纯林、零星种植和林桐间作等。

资源与开发：中国特有经济林木，与油茶、核桃、乌柏并称中国四大木本油料植物。

七、其他常见能源植物

（一）乌柏 *Sapium sebiferum*（L.）Roxb.

别名：腊子树（浙江温州），柏子树（四川），木子树（湖北兴山、江西武宁），木蜡树，Chinese tallow。

科属：大戟科（Euphorbiaceae）乌柏属。

分布：主要分布于黄河以南各省（自治区），北达陕西、甘肃。生于旷野、塘边或疏林中。日本、越南、印度也有分布；此外，欧洲、美洲和非洲亦有栽培。

功用：种子含油脂；有“皮油”和“柏油”之分。“皮油”又称“柏蜡”，是从种子外被的那层蜡质中提取的油；“柏油”又称“梓油”，是用除去蜡质后的种子所榨取的油。种皮的含油量26.0%（湖北恩施）～70.3%（广东罗定）。油成分（%）：肉豆蔻酸微量，棕榈酸68.9～76.5，硬脂酸微量，油酸23.5～31.1，亚油酸微量（程树棋和程传智，2005）。中国南方重要的工业油料树种。美国华盛顿大学舒尔茨教授等从乌柏的籽实中提取轻质油和类柴油成分可用于内燃机燃料。乌柏籽除生产工业用脂、食用油外，还可以提炼航空煤油（吴邦信和陈天祥，1999）。种子外被之蜡质称为柏蜡或“柏脂”，可提制“皮油”，供制高级香皂、蜡纸、蜡烛等；种仁榨取的油称“柏油”或“青油”，供油漆、油墨等用。叶为黑色染料，可染衣物。根皮治毒蛇咬伤。白色之蜡质层（假种皮）溶解后可制肥皂、蜡烛；种子油适于涂料，可涂油纸、油伞等。此外木材白色，坚硬，不翘不裂，纹理细致，可作车辆、家具和雕刻等用材。乌柏叶色多变，集观形、观叶、观果于一体，春季、秋季叶色红艳夺目，不逊丹枫。乌柏树冠整齐，叶形美观，秋叶经霜时如火如荼，十分美观，有“乌桕赤于枫，园林二月中”之赞名。若与亭廊、花墙、山石等相配，也甚协调。冬日白色的乌桕种子挂满枝头，经久不凋，也颇美观。

（二）蓝桉 *Eucalyptus globulus* Labill.

别名：洋草果、金鸡纳树、桉树（云南），灰杨柳（广东、四川）。

科属：桃金娘科（Myrtaceae）桉属。

分布：广西、云南、四川等地引种栽培。最北可到成都和汉中；原产于澳大利亚东南角的塔斯马尼亚岛，从海岸至海拔 300m 的温暖地区，年降水量为 600～1350mm。

功用：叶的挥发油主要成分（%）为 1,8-桉叶素 68.61、α-蒎烯 10.24、别香橙烯 5.27、乙酸松油酯 4.05、香橙烯 1.45、（-）-蓝桉醇 1.26、铲松油醇 1.02（王颖等，2008）。桉树油主要成分为十碳烯酸，可以作为内燃机的燃料（程树棋和程传智，2005）。汽油中掺 40%以下的桉树油，发动机的功率及比油耗等参数与纯汽油相比几乎没有差异（日本）。叶含油量 0.92%，制作白树油，供药用，有健胃、止神经痛、治风湿、扭伤等效；也作杀虫剂及消毒剂，有杀菌作用。树皮富含鞣质。木材用途广泛，但略扭曲，抗腐力强，尤适于造船及码头用材；花是蜜源植物。蓝桉叶的提取物，对革兰氏阳性菌有抑制作用，在试管内对破伤风杆菌、白喉杆菌及真菌有解毒功效。同时也具有抑制葡萄糖基转移酶的作用。桉叶的水提取液能抑制金黄色葡萄球菌及副伤寒杆菌的氧消耗及琥珀酸脱氢酶活性。

（三）甜高粱 *Sorghum dochna*（Forssk.）Snowden

别名：甜芦粟，sorghum。

科属：禾本科（Gramineae）高粱属。

分布：中国各地均有栽培，但以黄河流域以南诸省为多；原产于印度和缅甸，现世界各大洲都有栽培。

功用：中国最重要的产糖能源植物。甜高粱对环境适应能力较强，抗旱、耐涝、耐盐碱以及耐瘠薄，投资少，见效快，利于能源的可持续开发利用。

（四）山桐子 *Idesia polycarpa* Maxim.

别名：椅（《诗经》），水冬瓜（《亨利氏植物名录》），水冬桐（《山桐子造林学》），椅树（《峨眉植物图志》），椅桐、斗霜红（庐山）。

科属：大风子科（Flacourtiaceae）山桐子属。

分布：产于甘肃南部、陕西南部、山西南部、河南南部、台湾北部和西南三省、中南两省、华东五省、华南两省等 17 个省（自治区）；生于海拔 400～2500m 的低山区的山坡、山洼等落叶阔叶林和针阔叶混交林中；朝鲜、日本的南部也有分布。

功用：果实含油 20.9%～32.1%；果肉含油 39.2%，折光率（40℃）1.4698～1.4702，碘值 109.5～142.9，皂化值 192.5～209.9。油的脂肪酸组成（%）：月桂酸、肉豆蔻酸 0～0.1，棕榈酸 14.8～20.9，硬脂酸 1.4～5.7，十六碳烯酸 2.7～8.6，油酸

5.5～11.6，亚油酸52.5～73.2，亚麻酸0～1.9，未知酸0.7。种子含油22.4～31.6，碘值135.2～152.0，皂化值192.8～195.1（程树棋和程传智，2005；黎明，2009）。果实、种子均含油，可做能源；木材松软，可供建筑、家具、器具等的用材。为山地营造速生混交林和经济林的优良树种；花多芳香，有蜜腺，为养蜂业的蜜源植物；树形优美，果实长序，结果累累，果色朱红，形似珍珠，风吹袅袅，亦为园林观赏树种。

（五）博落回 *Macleaya cordata*（Willd.）R. Br.

别名：勃逻回、勃勒回、落回（四川），菠萝筒（福建），喇叭筒、喇叭竹、山火筒、空洞草（浙江），号筒秆、号筒管、号筒树、号筒草（安徽、江西、福建、湖孔、湖南、广西、贵州），大叶莲（江西），野麻秆（河南），黄杨秆（湖北），三钱三（广西），黄薄荷（贵州）。

科属：罂粟科（Papaveraceae）博落回属。

分布：长江以南、南岭以北的大部分省（自治区）均有分布，南至广东，西至贵州，西北达甘肃南部；生于海拔150～830m的丘陵或低山林中、灌丛中或草丛间；日本也产。

功用：种子含油33.3%，皂化值193.2～210.3，碘值121.0～126.8。油的脂肪酸组成（%）：棕榈酸6.0～9.6，硬脂酸1.2～3.0，十六碳烯酸0.7，油酸19.0～23.2，亚油酸61.0～72.0，月桂酸微量，亚麻酸0.3（黎明，2009）。全草有大毒，不可内服，入药治跌打损伤、关节炎、汗斑、恶疮、蜂螫伤及麻醉镇痛、消肿；作农药可防治稻椿象、稻苞虫、钉螺等。

（六）毛梾 *Swida walteri*（Wanger.）Sojak

别名：小六谷（四川峨眉），车梁木（河北、山东）。

科属：山茱萸科（Cornaceae）梾木属。

分布：产于辽宁、河北、山西南部以及华东、华中、华南、西南各省（自治区）；生于海拔300～1800m，稀达海拔2600～3300m的杂木林或密林下。

功用：果实含油24.0%～33.0%，果肉含油57.4%，种子含油12.4%～35.7%。果实油成分（%）：月桂酸0至微量，肉豆蔻酸微量，棕榈酸15.8～21.7，硬脂酸1.6～2.7，十六碳烯酸3.2～16.3，油酸33.0～336，亚油酸29.8～38.0，亚麻酸1.85～24；果肉油成分（%）：月桂酸微量，肉豆蔻酸微量，棕榈酸23.4，硬脂酸1.6，十六碳烯酸3.5，油酸38.1，亚油酸31.3，亚麻酸2.0；种子油成分（%）：月桂酸0至微量，肉豆蔻酸0～微量，棕榈酸6.1～8.1，硬脂酸2.8～2.2，十六碳烯酸0至微量，油酸16.2～23.8，亚油酸67.9～72.6，亚麻酸0.4～0.9（程树棋和程传智，2005）。果实油供食用或作高级润滑油，油渣可作饲料和肥料。木材坚硬，纹理细密、美观，可作家具、车辆、农具等用；叶和树皮可提制栲胶，又可作为“四旁”绿化和水土保持树种。

（七）光皮树 *Swida wilsoniana*（Wanger.）Sojak

别名：光皮梾木，鄂西梾木，光叶梾木。

科属：山茱萸科（Cornaceae）梾木属。

分布：产于陕西、甘肃、浙江、江西、福建、河南、湖北、湖南、广东、广西、四川、贵州等省（自治区）；生于海拔 130～1130m 的森林中。

功用：果实含油 30.4%～57.0%，碘值 103.8～116.8；皂化值 191.1～195.8。油的脂肪酸组成（%）为月桂酸、肉豆蔻酸微量，棕榈酸 17.1～28.2，硬脂酸 1.3～2.3，十六碳烯酸 2.9～3.4，油酸 25.8～37.1，亚油酸 32.7～43.9，亚麻酸 0.6～2.4；种子含油 15.5%；相对密度（35℃）0.930；折光率（20℃）1.490；皂化值 199.9；碘值 117.5；种子油的脂肪酸组成（%）：肉豆蔻酸 0～0.1，棕榈酸 9.1～11.3，硬脂酸 1.8～2.58，山萮酸 0.2，十六碳烯酸 0.5，油酸 22.4～24.2，廿二碳烯酸 0.8，亚油酸 57.6～66.7，亚麻酸 1.4，廿四碳烯酸 0.4（程树棋和程传智，2005）。用土法榨油，出油率为 30%左右，其油的脂肪酸组成以亚油酸及油酸为主，食用价值较高；油脂除食用和医用外还可作工业原料、可作军工机械、仪表的润滑油、油漆原料及燃油替代品。叶作饲料，牲畜特别爱吃，又为良好的绿肥植物。木材坚硬，纹理致密而美观，为家具及农具的良好用材。树形美观，寿命较长，为良好的绿化树种。

（八）灯台树 *Bothrocaryum controversum*（Hemsl.）Pojark.

别名：六角树（四川），瑞木（《经济植物手册》）。

科属：山茱萸科（Cornaceae）灯台属。

分布：产于辽宁、河北、陕西、甘肃、山东、安徽、台湾、河南、广东、广西以及长江以南各省（自治区）；生于海拔 250～2600m 的常绿阔叶林或针阔叶混交林中；朝鲜、日本、印度北部、尼泊尔、锡金、不丹也有分布。

功用：果实含油 13.0%～33.0%，果肉含油 55.5%，种子含油 13.0%～32.3%，密度（20℃）0.39761，折光率（40℃）1.464，皂化值 167.0～205.7，碘值 54.3～87.52，酸值 32.8。果实油成分（%）：癸酸 0～1.6，月桂酸 0～4.9，肉豆蔻酸微量至 1.8，棕榈酸 17.0～29.5，硬脂酸 0.6～11.0，花生酸 0～0.1，山萮酸 0.3，十六碳烯酸微量至 8.2，油酸 35.3～48.9，廿碳烯酸 0～1.5，十六碳二烯酸 0～1.6，油酸 29.5～48.9，亚油酸 24.1～38.3，亚麻酸 0.7～1.2，未鉴定酸 0～0.7；果肉油成分（%）：肉豆蔻酸微量，棕榈酸 29.4，硬脂酸 2.0，十六碳烯酸 0.8，油酸 46.7，亚油酸 18.9，亚麻酸 2.1，未鉴定酸微量；种子油成分（%）：肉豆蔻酸微量：棕榈酸 12.6～24.4，硬脂酸 1.9～2.5，十六碳烯酸 0.2～4.6，油酸 18.8～25.8，十六碳二烯酸 0～0.3，亚油酸 40.6，亚麻酸 9.3（程树棋和程传智，2005；黎明，2009）。树冠形状美观，夏季花序明显，可以作为行道树种。

（九）野桐 *Mallotus japonicus*（Thunb.）Muell. Arg. var. *floccosus*（Muell. Arg.）S. M. Hwang

别名：巴巴树（湖北）

科属：大戟科（Euphorbiaceae）野桐属。

分布：产于陕西、甘肃、安徽、河南、江苏、浙江、江西、福建、湖北、湖南、广东、广西、贵州、四川、云南和西藏；生于海拔800～1800m的林中；尼泊尔、印度、缅甸和不丹也有分布。

功用：种子含油30.8%～39.6%，相对密度（20℃）0.9528，折光率（20℃）1.8586，皂化值196.7，碘值145.7，酸值13.34。油的脂肪酸组成（%）：棕榈酸13.6，硬脂酸4.6，油酸31.8，亚油酸48.5，亚麻酸1.5。野桐种子油含量高，除制油漆、肥皂、润滑油外，更是优良的燃料油植物资源（黎明，2009）。油为干性油，可制油漆、肥皂、润滑油原料；茎韧皮纤维可供纺织麻袋或作蜡纸及人造棉原料；叶可做猪饲料。

（十）交让木 *Daphniphyllum macropodum* Miq.

别名：山黄树（湖北），豆腐头（广东），构血子、构色子、水红朴（四川）。

科属：虎皮楠科（Daphniphyllaceae）虎皮楠属。

分布：产于云南、四川、贵州、广西、广东、台湾、湖南、湖北、江西、浙江、安徽等省（自治区）；生于海拔600～1900m的阔叶林中；日本和朝鲜也有分布。

功用：果实、种子和种仁含油分别为15.2%、16.7%和36.2%。果实油成分（%）：肉豆蔻酸0.2，棕榈酸8.2，硬脂酸2.8，十六碳烯酸0.7，油酸58.2，亚油酸29.9；种子油成分（%）：棕榈油10.1，硬脂酸1.0～1.9，十六碳烯酸微量，油酸58.9，亚油酸30.0；种仁油成分（%）：棕榈酸12.5，硬脂酸1.9，油酸52.8，亚油酸32.0（程树棋和程传智，2005）。叶和种子药用，治疖毒红肿；叶煎水喷洒，可杀蚜虫。也是有毒植物，其毒性来源于树皮，煎汁可作驱虫药，动物食后可致死。植于庭前及草坪间，或与其他树种相群植，作为绿化与美化树种；属阴性树，栽植于庇荫之下；与南天竹同植于房屋北侧，则浓荫丹实相映成趣，呈现调和之美。

（十一）油莎草 *Cyperus esculentus* L.

参见油脂植物部分。

功用：油脂品质好，是优质的生物柴油原料。油莎草在撂荒等土壤贫瘠的地区发展潜力最大，可能是最好的新型能源油料作物（危文亮和金梦阳，2008）。

（十二）苍耳 *Xanthium sibiricum* Patrin ex Widder

参见有毒植物部分。

功用：种子产量约2250kg/hm^2，含油量10%～20%，油脂也非常适合作生物柴油原料。苍耳抗逆性强，野生于全国各地，是一种比较有发展潜力的生物柴油原料植物（危文亮等，2008）。

（十三）橡胶草 *Taraxacum kok-saghyz* Rodin

科属：菊科（Compositceae）蒲公英属。

分布：产于新疆（伊宁）；生于河漫滩草甸、盐碱化草甸、农田水渠边；哈萨克斯坦及欧洲也有分布。

功用：根含乳汁，可提取橡胶，用于制造一般橡胶制品。除胶乳外，还含有纤维素、糖、蛋白质、树脂、无机盐等成分，在生产加工橡胶的同时，通过萃取工艺可以获得副产品乙醇，发展为能源乙醇。橡胶草的地上部分可以制取菊糖（梁素钰和王述洋，2008）。

（十四）黄连木 *Pistacia chinensis* Bunge

参见油脂植物部分。

功用：黄连木黄连木种子含油率为35％～42.46％，出油率为22％～30％；果壳含油率3.28％，种仁含油率56.5％，其油脂中的脂肪酸有棕榈酸、油酸、亚油酸、棕榈油酸、硬脂酸、亚麻酸、花生酸7种，其碳链长度集中在C16～C18，由黄连木油脂生产的生物柴油的碳链长度集中在C17～C20，与普通柴油主要成分的碳链长度C15～C19极为接近，非常适合用其生产生物柴油（侯新村等，2010）。

第二十五章　经济昆虫寄主植物

第一节　概　　述

紫胶虫、白蜡虫、五倍子蚜虫，寄生在某些植物上，吸食树液树胶，分泌出树脂、蜡或形成虫瘿，成为工业原料和药物紫胶、白蜡和五倍子等。将被这些经济昆虫寄生的植物称为经济昆虫寄主植物（economic insect host plant）。

一、紫胶

（一）概述

紫胶是一种天然树脂，是由很小的紫胶虫（*Laccifer lacca*）吸食树液后分泌的物质。寄生在某些树枝上的胶虫群，吸食树液生长发育。紫胶虽然长在一些寄主的树枝上，但它并不是树木的直接产物，是紫胶虫吸取寄主树的树液后分泌的紫色的胶（树脂），因此，将此紫色天然树脂称为紫胶（别名虫胶、赤胶、紫草茸等），主要含有紫胶树脂、紫胶蜡和紫胶色素。从树上采集的胶块除去树枝等杂质后称紫胶原胶。原胶含树脂70%～80%、蜡质5%～6%、色素1%～3%、水分1%～3%，其余为虫尸、木屑、泥沙等杂质。云南是紫胶的主要产区，原胶产量占全国的90%以上。

紫胶虫是同翅目（homoptera）新蚧总科（Coccoidea）胶蚧科（Lacciferidae）的一种很小的蚧壳虫。寄生在一些植物上，用针一样的口器插进适龄枝条的韧皮部内，吸取汁液作为食料，依赖寄主植物提供的养分维持生命活动。人们选择适宜紫胶虫口味的植物进行放养。这些适宜紫胶虫口味的，并使之能完成其生活周期的植物，称为紫胶虫的寄主植物（host plant for lac insects；中国科学院综合考察委员会紫胶考查队，1972）。

（二）紫胶寄主植物的资源与分布

大多数寄主植物喜光、喜温、耐旱、耐火、种子传播效率高、繁殖力强、生长快，材质松、早熟和多产、寿命短、更新容易等特点。因此，寄主植物90%以上为热带成分，其中印度、缅甸及云南西南部地区的组成成分占有极大的比例。除少数寄主属外，多数寄主属，特别是常用寄主属，都是亚洲南部热带北缘至北回归线一带干性落叶林的组成成分。区域方面，寄主植物主要分布于西南部（云南、贵州、四川、西藏）至东南部（广西、广东、福建、台湾）的广大地区，少数种类分布于长江以南和其他省份。云南，特别是滇西南，是寄主种类最多、资源最丰富的地区，垂直分布范围海拔300～1600m。

中国紫胶虫的寄主植物约284种，分属43科、128属，都是双子叶植物。寄主属最多的是蝶形花科，全科18个寄主属，产胶性能好的和比较好的占13个属。其他如梧桐科、含羞草科、田基麻科（Hydroleaceae）、锦葵科和龙脑香科的绝大部分属，也是产胶性能比较好的寄主属。紫胶老产区和新产区公认的优良寄主树有钝叶黄檀（*Dalbergia obtusifolia*）、秧青（*D. assamica*）、南岭黄檀（*D. balansae*）、火绳树（*Eriolaena spectabilis*）和木豆（*Cajanus cajan*）（中国科学院综合考察委员会紫胶考查队，1972；姚德富等，1989；吴统芳，1990）。

（三）紫胶的用途

晋代即有紫胶利用的记载，南宋范晔《后汉书》（公元 432 年）西南夷列传哀牢夷、常璩华《阳国志》南中志永昌郡以及宋李昉《太平御览》（公元 980 年）乐资九州记哀牢夷等记载："……哀牢夷永昌郡出光珠、虎珀、琉璃、轲虫、蚌珠。"经考证轲虫（即柯虫）就是紫胶虫。近代，紫胶的除紫胶树脂（紫胶）外，紫胶色素、紫胶蜡等方面具有广泛的利用（张文德，1985；姚德富等，1989）。

紫胶树脂是紫胶的主要成分，占原胶重量的 60%～85%。紫胶树脂中能溶于乙醚的称软树脂，约占 30%；不溶于乙醚的称硬树脂，约占 70%。紫胶树脂具有防潮、防蚀、防锈、防腐、耐酸碱、耐磨、耐高电压、绝缘、易溶、易干等优良的理化特性，并且化学性能稳定，可塑性好、黏着力强、涂饰物表面光滑美观；也用于中药，用途极广泛。①涂饰剂：是飞机的机翼、枪支、弹壳、导火线的涂饰、军舰的防腐漆，军用紫胶清漆，军用油库内壁的油漆，家具、船舶内壁的涂饰料；紫胶涂饰剂配制简单、使用方便、黏附力强、干燥迅速、漆膜平滑、坚硬、透明、富有弹力、光泽均匀，并对木材分泌物、苯胺着色剂和沥青等具有良好的隔离或封闭作用等，也大量应用于木器工业。②胶黏剂：其特殊的黏着力，能黏着不同性质的物体，是黏结宝石、电灯泡、灯管、云母板等必需的胶黏剂，军用的玻璃与金属、金属与金属、电木制品之间、电木与金属之间都用紫胶树脂作黏结剂。③绝缘材料：由于其耐高压及良好的绝缘性，是制造发电机、电动机、收音机、电话机、发报机及电器仪器、仪表的优良绝缘材料，兵器、电器工业应用广泛；可塑性较强，可代替电木。④添加剂和黏着剂：在橡胶中渗入少量的紫胶，经硫化制成的橡胶制品轮胎、电线等，不仅增强拉张力、硬度和坚韧性，还可延长制品使用年限；又是加工皮革的润饰剂和机械制造业中磨石、防水砂纸的黏着剂，在文具制造业中是防水油墨、绘图墨水等不可或缺的材料。以紫胶树脂产品为原料制成的油墨，其印刷物颜色鲜艳、平滑耐磨，快干、防水等。⑤食品工业：紫胶涂料涂金属罐头盒的内壁，防止食物与金属接触，以及涂在侧面、底缝和接缝处，保证罐头不漏气。紫胶在食品中主要是涂糖果，特别是巧克力糖。糖果和糕点涂了紫胶涂料之后甚为美观、光亮，可以防潮、防黏、防结块、防变质和延长储存时间等。⑥药用：历代《本草》记载：有生肌、拔毒、止痛等功能和医治齿龈出血及月经不止等症，是妇科、儿科的常用药；西药上涂布于片剂成为糖衣片剂的表面，可以改善药物外观，使之光亮、防潮解变质，延长有效储存期，并把口感不佳的味道隐蔽而易吞咽。⑦造纸工业：紫胶清漆干燥快，漆膜透明、富有光泽、防潮、耐油、坚韧、耐用，能提高纸的强度等特性，除用于制造绝缘纸、工业包装纸以外，还作为装饰性和防护涂饰清漆用于铜版纸、食品包装纸、玻璃纸、卡片纸、封面纸等，以及由纸张和纸板制成的玩具、模版或模型。

紫胶色素占原胶重的2%～5%，是蒽醌类化合物，其色调鲜明、无毒，能溶于水的“紫胶色素”和不溶于水的“红紫胶素”组成。作为染料的是紫胶色素部分，是食品和饮料加工业中理想的增色剂，如日本即有“食用紫胶色素”的标准产品销售。

紫胶蜡占原胶重量的6%～7%，主要由C28～C34的偶数碳原子脂肪醇和脂肪酸组成，其含量分别为77.2%和21%，蜡中的少量碳氢化合物主要是C27和C29烷。紫胶蜡具有溶点高、硬度大、光洁度好、对溶剂的保持力强、渗透性低、绝缘性好等特性。主要用于制造鞋油、地板蜡、油墨、复写纸和抛光剂等。此外，电气设备，水果、蔬菜、蛋类的防腐保鲜剂等方面用途也较为广泛。

二、白蜡

（一）概述

白蜡又名虫白蜡或中国蜡，也习惯称川蜡，是蜡蚧科（Coccidae）昆虫白蜡虫（*Ericerus pela*）的雄虫群栖于白蜡树（*Fraxinus chinensis*）、女贞或女贞属其他种类的植物枝干上分泌的蜡，经过精制的蜡。

白蜡属于高分子动物蜡，以虫蜡酸、虫蜡醇酯为其主要成分。商品白蜡色泽洁白，无臭、无味、油滑而有光泽，质地坚硬而有脆性。在15℃时相对密度为0.97。熔点为82～83℃，不溶于水而溶于苯、哥罗仿、甲醇等有机溶剂。

虫白蜡的成分主要为脂肪族一价酸的酯类混合物，其占总量的93%～95%，其中有廿四酸廿八酯、廿四酸蜂花酯、廿四酸蜡酯、蜡酸蜡酯、廿七酸廿七酯、褐煤酸蜡酯、蜂花酸廿七酯；此外，尚含游离的蜂花醇，即卅烷醇1%，树脂1%～1.5%，廿七烷2%～3%；还含廿七醇、蜡醇等。

（二）白蜡虫寄主植物的资源与分布

中国优良的白蜡虫产区在云南、贵州、四川三省交界的峡谷山地和川陕交界的大巴山区。例如，云南省的巧家、永善、鲁甸、会泽；贵州省的威宁；四川省的会理、西昌、汉源；陕西省的镇巴、宁强等县；白蜡的主要产地在四川、湖南两省的浅山丘陵地区，如四川省的峨眉、洪雅、夹江、乐山、达县、大竹、广安、蓬安、营山等县，以及湖南省的芷江、溆浦、泸溪、黔阳等县（陕西省生物资源考察队，1974）。

白蜡虫的寄主植物虽然很多，但目前生产上仅在女贞树和白蜡两树种放养白蜡虫。

（三）白蜡的用途

白蜡的理化性质较稳定，具有密闭、防潮、防锈、经久不腐、着光、生肌、止血、止痛、补虚、续筋接骨等作用，是军工、轻工、化工、手工和医药生产上的重要原料。

（1）工业上可用作精密机械、仪器、高级金属器皿的防潮、防锈和润滑剂，纺织工业的着光剂；是制造汽车蜡、地板蜡、化妆品的原料。

（2）造纸工业的填充和上光原料；轻工业的鞋油、化妆品、蜡布、蜡绳等。

(3) 日常生活中的家具、用具和地板涂料，使之光亮美观，经久耐用；用于棉、麻、丝绸织品的着光剂，能增强光泽亮度、提高产品质量。

(4) 医药上，因白蜡有生肌止血、止痛的功效，可作伤口愈合剂、药膏、油膏外用，还可入药配伍，制作药丸的外壳。

三、五倍子

(一) 概述

五倍子是瘿棉蚜科（Pemphigidae）灯节根蚜亚科（Fordinae）的某些蚜虫（中国记载有 14 种），寄生在盐肤木、红麸杨（*Rhus punjabensis* var. *sinica*）和青麸杨（*R. potanini*）植物叶上所形成的各种虫瘿的总称。该类虫瘿含有丰富的五倍子鞣质，是提取单宁酸、没食子酸和焦性没食子酸等化工产品的重要原料。五倍子的主要成分为五倍子单宁、纤维素、木质素、淀粉、树胶、树脂等。五倍子成分的组成随种类、产地、成熟程度不同而有较大差异。角倍的主要成分（%）为：五倍子单宁 56.0，没食子酸 2.0，鞣花酸及双没食子酸 2.0，纤维素 10.5，木质素 9.0，树胶 2.5，褐色乙醇浸出物（类似树脂物）2.5，淀粉 2.0，糖、蛋白质、无机盐等 2.5，叶绿素 0.7，水分 10.5（李志国等，2008）。五倍子通常秋季采摘，置沸水中略煮或蒸至表面呈灰色，杀死蚜虫，取出，干燥。按外形不同，分为肚倍和角倍。

(二) 五倍子蚜虫寄主植物的资源与分布

五倍子蚜虫寄主植物分为冬寄主和夏寄主两类植物。

冬寄主：倍蚜虫的冬寄主是一些藓类植物，其形态特征是一群体型纤细的绿色植物，不开花，不结果，以孢子进行繁殖。该藓类为倍蚜虫越冬或过夏越冬提供食物和栖息场所。中国已发现 28 种冬寄主，其中侧枝匐灯藓（*Plagiomnium maximovicgii*）、尖叶走灯藓（*P. cuspidatum*）、湿地走灯藓（*P. acutum*）和钝叶走灯藓（*P. rostratum*）是角倍蚜（*Malaphis chinensis*）较优良的冬寄主；细枝赤齿藓（*Grythrodontium leptothallum*）是肚倍蚜（*Kaburagia rhusicola*）较优良的冬寄主；密叶尖喙藓（*Eurhynchium savatieri*）是枣铁倍蚜（*K. ensigallis*）较优良的冬寄主；大灰藓（*Hypnum plumaeforme*）、东亚全灰藓（*Pylaisiella brotheri*）和鳞叶藓（*Taxiphyllum taxirameum*）是倍花蚜（*Nurudea shiraii*）的优良冬寄主（张宗和，1991）。

夏寄主：倍蚜的夏寄主只有 3 种，即盐肤木、红麸杨和青麸杨，其中以盐肤木最为重要，占夏寄主总量的 80%以上，其次是红麸杨，青麸杨较少。夏寄主植物主要生产五倍子。

(三) 五倍子的用途

五倍子利用历史悠久。宋朝苏颂著的《图经本草》（公元 1018 年）记载：“五倍子以蜀中者为胜。生丁肤木叶上，七月结实，无花……其实青，至热而黄。……内多虫。九月采子曝干，染家用之。”《开宝本草》述，五倍子味苦，酸平，无毒，一名“文哈”，云在处有。《本草纲目》指出五倍子为虫所选，还知“他树亦有此虫毬，不入药用，木性殊也”。

商业上把五倍子分作角倍、肚倍和倍花三类。①角倍类：结倍寄主为盐肤木，共 3 种，即角倍、倍蛋、圆角倍。②肚倍类：结倍寄主为红麸杨，共 4 种，即铁倍、蛋铁倍、红小铁枣倍、毛小铁枣倍。结倍寄主为青麸杨，共 3 种，即肚倍、蛋肚倍、米倍。③倍花类：共 4 种，即倍花、红倍花（结倍寄主为盐肤木）、铁倍花（结倍寄主为红麸杨）、周氏倍花（结倍寄主为青麸杨）。角倍类倍子（90%以上为角倍）约占中国倍子总量的 80%；肚倍类倍子仅占 20%左右；倍花产量很少（陕西省生物资源考察队，1974）。

五倍子含有单宁酸和没食子酸等，用途广泛（赖永祺，1990；张宗和，1991；李志国等，2008）。

（1）金属防腐　用作创造单宁酸锈转化涂料，或与其他化学物质一起浸涂于金属表面，或直接用于金属表面，可增加锌、铝及其合金、铅等金属的防腐蚀能力。

（2）稀有金属提炼　单宁酸用于矿石浮选，可提取钍、针、铀、钮等稀有金属，也可用单宁酸作抑制剂分离黄铜。

（3）石油钻井　单宁酸作泥浆处理剂和水泥缓凝剂。

（4）医药卫生　《本草纲目》详细记述了五倍子的药用：味涩，能敛肺血、化痰、止渴收汗，其性寒，能散热解毒、疮肿，其性收，能除泻痢，湿烂。五倍子含有的单宁酸、没食子酸、双没食子酸、鞣花酸等活性物质，在医药临床上具有较强的抗细菌、消炎、抗病毒、抗真菌、抗氧化、抗肿瘤、抗过敏、抗诱变、止血、收敛和利胆等多方面的药理作用，是合成多种具有生物活性药物的基础物质。此外，五倍子还有五倍子油、五倍子多糖等多种药用成分，具有增强机体免疫功能、抗肿瘤、杭病毒、抗衰老、降血糖和刺激造血功能等多种功效，且对机体几乎没有毒性。因此，单宁酸可作收敛剂、磺胺药增效剂、健康促进剂、高效麻醉解药剂、维生素 B_1 的稳定剂、驱虫剂、兴奋剂等，还可制避孕药和保护牙齿的特效牙膏。

（5）食品工业　单宁酸用作啤酒稳定剂、乙醇饮料澄清剂、油脂抗氧剂和食品防腐剂。没食子酸酯类抗氧剂，加入某些酸性物质（如柠檬酸、磷酸、抗坏血酸）可提高抗氧效果。

（6）纺织工业　单宁酸用于合成纤维助染剂和固色剂。

（7）废水处理　废水中加入单宁酸，可使蛋白质沉淀，防止污染。用于处理表面活性剂的废水，可降低化学需氧量。将电解质和单宁酸加到金属操作车间的废液中，可分离和除去其中的阳离子、非金属表面活性剂和油。单宁酸处理沾水淤泥，能加快脱水，提高过滤速度，并能除去臭味，还可除去硫化氢等有害气体。

（8）印染工业　单宁酸还有制造墨水、印刷染料、感光材料等多种用途。

第二节　特色经济昆虫寄主植物

一、木豆 *Cajanus cajan*（L.）Millsp.

别名： 三叶豆，鸽豆，树黄豆，柳豆，千年豆。

科属： 蝶形花科（Papilionaceae）木豆属。

形态特征： 直立灌木。叶具羽状 3 小叶；托叶小；叶柄略被短柔毛；小叶上面被极短的灰白色短柔毛；下面较密，呈灰白色，有不明显的黄色腺点；小叶柄被毛。总状花序；苞片卵状椭圆形；花萼钟状，裂片三角形或披针形，花序、总花梗、苞片、花萼均被灰黄色短柔毛；花冠长约为花萼的 3 倍，旗瓣近圆形，背面有紫褐色纵线纹，基部有附属体及内弯的耳，翼瓣有短耳，龙骨瓣先端钝，微内弯；雄蕊二体；子房被毛，花柱长，柱头头状。荚果于种子间具明显凹入的斜横槽，被灰褐色短柔毛，先端具长的尖头；种子 3～6 颗，近圆形，种皮暗红色，有时有褐色斑点。花果期 2～11 月。

分布与生境： 产于云南、四川、江西、湖南、广西、广东、海南、浙江、福建、台湾、江苏；原产于印度，现世界热带和亚热带地区普遍栽培，极耐干旱瘠薄，在印度栽培尤广。

功能与利用： 青茎叶成分（g/100g）为水分 70.4、粗蛋白 7.1、粗纤维 10.7、脂肪 1.6、灰分 2.3、无氮浸出物 7.9；干草粉含量（g/100g）：水分 11.2、粗蛋白 14.8、粗纤维 28.9、脂肪 1.7、灰分 3.5、无氮浸出物 39.9。木豆干籽粒重量约 85%是子叶，1%是胚，14%是种皮。干籽粒成分和含量（%）：蛋白质 21.5、碳水化合物 64.2、脂肪 3.8、纤维素 5.0、灰分 4.2，还含有丰富的钙、铁、维生素 B_1、维生素 B_2、抗坏血酸等人体必需的营养成分。木豆成株可放养紫胶虫，为紫胶虫的优良寄主植物。鲜木豆的维生素 A、维生素 B_1、维生素 B_2、维生素 C 和尼克酸含量均显著高于鲜豌豆，是鲜豌豆的 3～30 倍。青籽粒是优质美味蔬菜，常作包点等馅料，称为豆蓉；成熟种子大量用做粮食，也是饲养鸡、鸭、鸽子的良好饲料，故有“鸽豆”之称。加工后的豆渣、豆饼可喂各种家畜；鲜茎叶含丰富的蛋白质，无毒性，是优良的青饲料，消化率达60%～88%。干茎秆是优质薪柴。木豆开花可放养蜜蜂。木豆根系发达，可为陡坡防护林、绿篱，其根瘤又能固氮增加土壤肥力，落叶可增加有机质含量而改善土壤结构。叶的药用功效最显著，叶内含 11 种不同的结晶成分，可治外伤、烧伤、褥疮，可止痛、消肿、止血，其消炎止痛功效优于水杨酸。根、茎、花、荚和籽实均可入药，治疗肺病、心血管疾病、天花、麻风等，可降低血液中胆固醇含量。新鲜种子可以治疗男性的小便失禁。烤焦的种子磨粉再添加咖啡，可以减轻头痛、头晕。干根有清热解毒、止痛止血的功效，可作解外毒药、驱虫剂、祛痰剂、止痛药和创伤药。

采收与加工： 紫胶虫的夏代在 4～5 月放养，大约经过 5 个月，即在 9～10 月可以采收原胶，若 9～10 月放养冬代紫胶虫，放养期达 7～8 个月，即翌年的 4～5 月才能采胶。采收原胶可与采收种胶同时进行。通常用枝剪或用利刀砍下长有紫胶的枝条。如果是作种胶枝，切口处应倾斜平滑，采收的胶枝应及时剥取胶块，清除胶块上的树皮、树屑、叶片、泥土和害虫尸体。紫胶加工工序：选择去杂→破碎→过筛分级→浸泡→洗涤→脱水→干燥→过筛等，产品为颗粒胶。颗粒胶再经过熔化、压片等工序，产品为片胶，呈橙黄色或橙红色、透明、质脆。

繁殖与栽培： 种子繁殖。直播或育苗造林均易成活，一般采用直播造林。成片胶林的营造，应选在肥沃、湿润、地势开阔的地方，干旱、瘠薄或排水不良、霜害严重及风口地带，均不宜选种胶林。

资源与开发： 木豆是木质化、直立、多年生豆科灌木，也是迄今唯一的一种木本食用豆类作物，故称“木豆”。可在适宜生长地区，进行综合利用的木豆栽培。

二、合欢 *Albizia julibrissin* Durazz.

别名： 绒花树（徐州），马缨花（《辅通志》），萕花树。

科属： 含羞草科（Mimosaceae）合欢属。

形态特征： 落叶乔木。托叶线状披针形。二回羽状复叶，总叶柄近基部及最顶一对羽片着生处各有1枚腺体；羽片4～12对，栽培的有时达20对；小叶10～30对，线形至长圆形，向上偏斜，先端有小尖头，有缘毛，有时在下面或仅中脉上有短柔毛；小叶中脉紧靠上边缘。头状花序于枝顶排成圆锥花序；花粉红色；花萼管状；花冠裂片三角形，花萼、花冠外均被短柔毛。荚果带状，嫩荚有柔毛。花期6～7月，果期9～10月。

分布与生境： 产于东北至华南及西南部各省（自治区）；生于山坡或栽培；非洲、中亚至东亚均有分布；北美洲也有栽培。

功能与利用： 花挥发油中共鉴定出16种成分，包括廿一烷（24.762%）、植酮（22.968%）、廿八烷（16.118%）、廿四烷（8.438%）和棕榈酸甲酯（6.689%）（王一卓等，2012）。树皮富含三萜皂苷化学成分（李海涛等，2006）。萌发力强，容易修枝整形，野生老龄树，也容易整形复壮。挂胶树在收胶后，能迅速萌发，萌发新枝条，其第二年即可部分挂胶，第三年全部新生的萌条均可挂胶，故可按“三、三轮放制”计划，无论分片、分株、分枝轮放均可。心材黄灰褐色，边材黄白色，耐久，多用于制家具等。嫩叶可食；树皮及花药用，树皮含鞣质，有驱虫之效；花有宁神的作用，主要治郁结胸闷、失眠健忘、滋阴补阳、眼疾、神经衰弱等功效。树形优美，叶形雅致，开花如绒簇，常植为城市行道树、观赏树。对二氧化硫、氯化氢、氯气等有害气体有较强的抗性。

采收与加工： 7～8月采收，将长有紫胶的枝条剪下，取胶去枝，置干燥、阴凉通风处，直至干燥而不结块为止。

繁殖与栽培： 播种繁殖。喜温暖湿润和阳光充足环境，对气候和土壤适应性强，宜在排水良好、肥沃土壤中生长，但也耐瘠薄土壤和干旱气候。

资源与开发： 人工栽培。在适宜地区选择较适宜的立地类型，培育紫胶寄主专用林。

三、白蜡树 *Fraxinus chinensis* Roxb.

别名： 青榔木，白荆树，鸡糠树。

科属： 木犀科（Oleaceae）梣属。

形态特征： 落叶乔木。羽状复叶，叶轴挺直，上面具浅沟；小叶5～7枚，顶生小叶与侧生小叶近等大或稍大，叶缘具整齐锯齿，下面无毛或有时沿中脉两侧被白色长柔毛，中脉在上面平坦，侧脉8～10对，下面凸起，细脉在两面凸起，明显网结。圆锥花序顶生或腋生枝梢；花序梗光滑，无皮孔；花雌雄异株；雄花密集，花萼小，钟状，无花冠，花药与花丝近等长；雌花疏离，花萼大，桶状，4浅裂，花柱细长，柱头2裂。翅果匙形，常呈犁头状，翅平展，下延至坚果中部，坚果圆柱形；宿存萼紧贴于坚果基部。花期4～5月，果期7～9月。

分布与生境：产于南北各省（自治区）；多为栽培，也见于海拔800～1600m的山地杂木林中；越南、朝鲜也有分布。

功能与利用：白蜡树是白蜡虫的最适寄主。白蜡可制蜡烛或药丸外壳，涂蜡纸，密封容器等；也是名贵天然药物原料。植株萌发力强，耐砍伐。树皮药用，称"秦皮"，用作清热药。是固沙树种或优良的行道树和遮阴树，可用于湖岸绿化和工矿区绿化。

采收与加工：8～9月采蜡。清晨用刀将包有蜡质的树枝切下，名曰蜡花，放入沸水锅中煮之，使蜡质熔化而浮于水面，冷后凝结成块，取出，再加水加热熔化，过滤后凝固即成蜡。

繁殖与栽培：种子、插条、埋条繁殖。喜光，对霜冻较敏感。喜深厚肥沃湿润土壤，常见于平原或河谷地带。多数种类能耐轻度盐碱土。

资源与开发：栽培历史悠久，分布广，尤以西南各省栽培最盛；耐瘠薄干旱，在轻度盐碱地也能生长。

四、女贞 *Ligustrum lucidum* Ait.

异名：*Esquirolia sinensis* H. Lévl.; *Ligustrum compactum* (Wallich ex G. Don) J. D. Hook. & Thoms. ex Brand. var. *latifolium* W. C. Cheng; *L. esquirolii* H. Lévl.; *L. lucidum* var. *esquirolii* (H. Lévl.) H. Lévl.; *L. lucidum* f. *latifolium* (W. C. Cheng) P. S. Hsu.

别名：大叶女贞、青蜡树（江苏），大叶蜡树（江西），白蜡树（广西、云南），蜡树（湖南），maipenpe (D-DH)，glossy privet。

科属：木犀科（Oleaceae）女贞属。

形态特征：常绿灌木或乔木。叶片上面光亮。圆锥花序顶生；花序轴及分枝轴无毛，紫色或黄棕色，果时具棱；花序基部苞片常与叶同型，凋落；花无梗或近无梗；花萼齿不明显或近截形；花冠管裂片反折；花药长圆形；花柱柱头棒状。核果肾形或近肾形，深蓝黑色，成熟时呈红黑色，被白粉。花期5～7月，果期7月至翌年5月。

分布与生境：原产于中国，产长江以南至华南、西南各省（自治区），向西北分布至陕西、甘肃，华北、西北也有栽培；生于海拔2900m的以下疏林、密林中，能耐－10℃左右低温；朝鲜也有分布，印度、尼泊尔有栽培。

功能与利用：枝、叶上放养白蜡虫生产白蜡，蜡可供工业及医药用。种子油可制肥皂；花可提取芳香油；果含淀粉，可供酿酒或制酱油；果入药称女贞子，为强壮剂；叶药用，具有解热镇痛的功效。是园林绿化中应用较多的乡土树种，四季婆娑，枝干扶疏，枝叶茂密，树形整齐，易于造型，是园林中常用的观赏树种，可于庭院孤植或丛植，也作为行道树、绿篱。

采收与加工：雄白蜡虫定杆后即开始泌蜡，到初暑、白露节前后，蜡花表面开始出现白色蜡丝，应采收蜡花。采收时间宜在晨露未干、雨后初晴或微雨时，蜡花湿润，易于剥下采尽。晴天应先喷水湿润后再采。采收下的蜡花最好当日加工，否则发热、发臭、变色，影响蜡的品质。当日来不及加工应摊成薄层晾冷处理。

繁殖与栽培：种子或扦插繁殖。阳性树种，喜光，喜温暖环境。适生于深厚、肥沃、湿润的土壤，对土壤的适应性强，酸性、中性、碱性土壤及轻度盐碱土均可生长。深根性，侧根广展，抗风力强。忌积水，不耐干旱和贫瘠。生长慢，寿命长。

资源与开发：适应性强，耐修剪，一般经过3～4年即可成形放养白蜡虫。

五、盐肤木 *Rhus chinensis* Mill.

异名：*Rhus osbeckii* Decaisne ex Steud.；*R. semialata* Murr.；*R. semialata* var. *osbeckii* DC.；*Schinus indicus* Burm.

别名：五倍子树（通称），五倍柴（湖南），五倍子（四川、湖南），山梧桐（辽宁），木五倍子（四川），乌桃叶、乌盐泡、乌烟桃（武汉），乌酸桃、红叶桃、盐树根（浙江），土椿树、酸酱头（山东），红盐果、倍子柴（江西），角倍（四川），肤杨树（湖南），盐肤子（《开室本草》、《植物名实图考》），盐酸白（广东、福建），Chinese sumac。

科属：漆树科（Anacarabiaceae）盐肤木属。

形态特征：落叶小乔木或灌木。奇数羽状复叶有小叶（2～）3～6对，叶轴具宽的叶状翅，小叶自下而上逐渐增大，叶轴和叶柄密被锈色柔毛；小叶多形，顶生小叶基部楔形，边缘具粗锯齿或圆齿，叶背被白粉，被锈色柔毛。圆锥花序宽大，多分枝，雌花序密被锈色柔毛；苞片披针形，被微柔毛；小苞片极小；花白色，被微柔毛；雄花：花萼外面被微柔毛，裂片边缘具细睫毛；花瓣倒卵状长圆形，开花时外卷；雄蕊伸出，花丝线形，花药卵形；子房不育；雌花：花萼裂片较短，外面被微柔毛，边缘具细睫毛；花瓣椭圆状卵形，边缘具细睫毛，里面下部被柔毛；雄蕊极短；子房卵形，密被白色微柔毛，花柱3，柱头头状。核果球形，被具节柔毛和腺毛。花期8～9月，果期10月。

分布与生境：除东北、内蒙古和新疆外，中国其余省（自治区）均有，生于海拔170～2700m的向阳山坡、沟谷、溪边的疏林或灌丛中；印度、中南半岛、马来西亚、印度尼西亚、日本和朝鲜也有分布。

功能与利用：鲜嫩茎叶中含（%）氮0.43、磷酸0.11、氧化钾0.43。主要含漆酚、儿茶酚、单宁酸、没食子酸、漆酶、漆树素、杧果酸、槚如酸、黄颜木素、硫磺菊素、杨梅树素、莽草酸、葡萄糖苷等。盐肤木是五倍子蚜虫寄主植物，角倍蚜、倍蛋蚜等五倍子蚜虫寄生于叶片，形成的虫瘿“五倍子”是著名的中药原料，可供鞣革、医药、塑料和墨水等工业用。果实含鞣质50%～80%。果泡水代醋用，生食酸咸止渴。嫩茎叶可作蔬菜食用，花是初秋的优质蜜粉源。茎叶柔软多汁，易腐烂分解，是较好的绿肥，也可作猪饲料。皮部、种子可榨油。在园林绿化中，可作为观叶、观果的树种。幼枝和叶可作土农药。根、叶、花及果均可供药用，有清热解毒、舒筋活络、散淤止血、涩肠止泻之效；花入药为“盐麸木花”，治鼻疳、痈毒溃烂；果实入药为“盐麸子”，有生津润肺、降火化痰、敛汗、止痢的功用；治咳嗽、喉痹、黄胆、盗汗、痢疾、顽癣、痈毒、头风白屑。

采收与加工：盐肤木上形成的角倍均具有若干尖角突起，质量较肚倍稍差，大约在白露后霜降前成熟。一般在秋季迁移蚜羽化飞出前，五倍子内鞣酸含量最高，五倍子成熟破裂前 1～2 周采收最好。五倍子破裂的时间，因各地区气候不同而异，对于角倍，可从 9 月末 10 月初起检查五倍子内蚜虫，如已现翅蚜，腹部变淡墨绿色时，则在 5d 左右即会羽化，应抓紧采收。而盐肤木每年 5～10 月可割青 2～3 次，成片种植累计年采青可达 266.67kg/hm^2。播种当年 11～12 月植株枯黄时采挖。收时先将地上茎叶割除，从畦一端深挖 60cm 的沟，依次将根挖出，去净泥土，剪去芦头，用硫磺熏 4～5h，再晒或烘至七八成干时，理直并按粗细捆成小把，堆闷 2～3d 后再晒至全干即成。

繁殖与栽培：常用种子育苗移栽或分蘖繁殖。适应性较强，可大面积发展。

资源与开发：中国主要经济树种，既是传统的优良五倍子寄主植物，也是一种具有开发前景的新油源油料树种。

六、其他常见经济昆虫寄主植物

（一）钝叶黄檀 *Dalbergia obtusifolia*（Baker）Prain

别名：牛肋巴、牛筋木（云南）。

科属：蝶形花科（Papilionaceae）黄檀属。

分布：产于云南（南部）；生于海拔 800～1300m 的山地疏林或河谷灌丛中。

功用：产区钝叶黄檀分布广，数量多，适应性强，萌发力、耐旱力强，产胶稳定而质量高，耐虫力强，胶表霉病少。夏代产量高，胶被丰满、厚硕；冬代保种好，是老产区传统的常用优良寄主树之一。同属寄主植物还有南岭黄檀（*D. balansae*）、黑黄檀（*D. fusca*）、滇南黄檀（*D. kingiana*）、秧青（*D. assamica*）、滇黔黄檀（*D. yunnanensis*）、海南黄檀（*D. hainanensis*）等。

（二）大叶千斤拔 *Flemingia macrophylla*（Willd.）Prain

科属：蝶形花科（Papilionaceae）千斤拔属。

分布：产于云南、贵州、四川、江西、福建、台湾、广东、海南、广西；生于海拔 200～1500m 的旷野草地上、灌丛中、山谷路旁和疏林阳处；印度、孟加拉国、缅甸、老挝、越南、柬埔寨、马来西亚、印度尼西亚也有分布。

功用：其主根极深，耐旱、抗病虫害能力均强，生长快，投产早，产胶量高而稳定，种胶质量也好，固虫率比木豆高。冬季一年生植株放养紫胶虫，固虫率为 41%～50%，单株平均冬代种胶产量可达 0.86kg，平均亩产近 200kg，放收比达 1∶5 左右。胶被厚可达 0.5cm，雄虫个体怀卵量 500 头左右。每斤胶梗可剥原胶 0.2kg，原胶含胶量 92.61%，颜色指数 8.5。由于该植物萌发力强，生长快，在冬胶砍收（5 月）后，仍很快萌发生长。新萌发的枝条，当年 10 月即可再挂，这种连年均能挂胶的特点，是其他寄主植物所不及的（张文德，1985）。

（三）青麸杨 *Rhus potaninii* Maxim.

别名：五倍子（陕西），倍子树（贵州），乌倍子（河南），野漆树、漆树（四川）。

科属：漆树科（Anacarabiaceae）盐肤木属。

分布：产于云南、四川、甘肃、陕西、山西、河南；生于海拔 900～2500m 的向阳山坡、山谷的疏林或灌木草丛中。

功用：倍蚜科昆虫角倍蚜或倍蛋蚜寄生在青麸杨树上形成的虫瘿，具有涩肠止泻、敛肺降火、涩精缩尿、敛汗止血之功，常用于大肠不固所致的久泻久痢、滑泻不禁、脱肛及久咳不止等症。对自汗盗汗、遗精遗尿以及吐血、衄血、便血等诸出血症也有良效。根药用，能祛风解毒。可作庭园观赏树种。

（四）红麸杨 *Rhus punjabensis* Stewart var. *sinica*（Diels）Rehd. et Wils.

别名：漆倍子（四川），倍子树（贵州），早倍子（湖北）

科属：漆树科（Anacarabiaceae）盐肤木属。

分布：产于云南（东北至西北部）、贵州、湖南、湖北、陕西、甘肃、四川、西藏；生于海拔 460～3000m 的石灰山灌丛或密林中。

功用：寄生在红麸杨上的五倍子，依外形可分为蛋铁倍、枣铁倍、红小铁枣、黄毛小铁枣和铁倍花 5 种，统称肚倍。肚倍长圆形、肉厚、鞣质丰富，大约在夏至到立秋之间成熟。枝、叶寄生的五倍子含鞣质 70%；叶、树也可提制栲胶；树皮可作农药；种子油可制肥皂、作润滑油；油饼是猪的良好饲料和肥料。若冬寄主藓、倍蚜配套得当，即可投产结倍。结倍产量普遍较盐肤木高。

第二十六章 指示植物

第一节 概　述

一、概念

指示植物（indicator plant）指特定的区域环境条件下，能指示其生长环境条件的相关特征的植物种、属或群落。

不同的植物出现在某环境中或同一种植物在其特定的生长发育阶段及不同的环境条件下表现的形态等的变化，指示着其生长环境的相关特点。指示植物包括广义和狭义两类。狭义地，各种植物因为和生物学特性的不同，基于本身的发育特征，要求不同的外界环境条件，即不同的植物种类生长于不同环境条件的指示现象。广义地，同一种植物生长在不同环境条件下，其表现的生长发育状况、形态、产量、品质、叶子的颜色、化学成分和生长期等不同，这些不同的表现即指示着当地环境条件的特征（侯学煜，1954）。

陈未申和王先业（1994）把对某一特定环境条件特别敏感的植物称为指示植物。认为通过调查某地区植物的生存状况，便可从生物的角度评价那里的环境条件。河川海洋等环境的诸多种类的生物，如细菌、原生动物、浮游植物和动物、水生昆虫和鱼类等均可指标其环境特征，故此类环境使用指示生物一词。

此外还有指示种的概念，即物种的生物学或生态学特性（如出现与缺失、种群密度、传布和繁殖成功率）可表征其他物种或环境状况所具有的，难以直接测度或测度费用太高的特征参数（Landres et al.，1988；见李晓文等，2002），具有此功能的物种，即为指示种。

指示植物按分布的区域，可以分为两类。①普遍指示植物：指示植物与被指示对象之间在全部分布区内保持联系的；②地方指示植物：只在分布区的一定地区内保持联系的。而地方指示植物在数量上远远多于普遍指示植物。

二、指示植物的类别

指示植物根据环境的指示对象可分为 5 类。

1. 土壤指示植物

可鉴别和指示土壤性质的植物，如铁芒萁为酸性土的指示植物，柏木为石灰性土壤的指示植物，多种碱蓬是强盐渍化土壤的指示植物，葎草（*Humulus scandens*）是富氮土壤的指示植物，那杜草（*Nardus strica*）是黏重土壤的指示植物。

2. 气候指示植物

通过判断气候类型或其特征的植物，如椰子开花是热带气候的标志；生长桫椤、莲座蕨的地区表明为热带或亚热带潮湿气候带。陈未申和王先业（1994）列举了部分气候指示植物，包括①亚热带气候的指示植物，如苏铁、蒲葵（*Livistona chinensis*）、露兜树（*Pandanas tectorius*）、木榄（*Bruguiera conjugata*）、秋茄树、冲绳松（*Pinus luchuensis*）等；②暖温带气候的指示植物，如山茶、柃木（*Eurya japonica*）、桢南（*Machilus chinensis*）、五爪楠（*Neditsea tericca*）、黄漆木（*Dendroparsax trifidus*）、和珊瑚木（*Aucuba japonica*）等；③寒温带气候的指示植物，如山毛榉（*Pagus longipetiolata*）、刺楸（*Kalopanax pictus*）、山柳（*Clethra barhinervis*）、峰槭（*Arer micronthum*）、五角枫（*Acer mono*）等；④亚寒带气候的指示植物，如曲调冷杉（*Abies veitshii*）、塔藓（*Hyiocomium poliferum*）、赤茎藓（*Pleurozium schreber*）等。除气候带的指示植物外，有些植物也指示小气候特征，如木莲生长良好的地带，说明环境的空气湿度相对较大等。

3. 矿物指示植物

植物种类的分布或其生长势与其环境的矿产密切相关，可协助探矿或分析土壤矿物质的植物，如海洲香薷（*Elsholtzia splendens*）是铜矿脉的指示植物；大蔗茅（*Erianthus giganteus*）是铅矿指示植物；问荆（*Equisetum arvense*）、云杉可指示金矿；烟草、鸡冠花、黄芪等可指示铀矿等。

4. 环境污染指示植物

通过植物种的分布或生长状况标示环境受污染程度或污染类型的植物，如唐菖蒲（*Gladiolus gandavensis*）的叶片边缘和尖端出现淡黄色片状伤斑，则说明空气中存在氟化物（HF）污染；牵牛（*Ipomoea nil*）、万寿菊、秋海棠（*Begonia grandis*）等在含百万分之一（1ppm）二氧化硫（SO_2）的大气生存仅 1h 即发生叶萎蔫等中毒症状；龙爪柳（*Salix matsudana* cv. Tortuosa）、唐菖蒲、仙客来（*Cyclamen persicum*）、郁金香（*Tulipa gesneriana*）等对 HF 极为敏感，可作为检测 HF 污染的指标植物。

指示植物往往广泛用于环境是否污染等的检测或判定。指示种被应用于评价环境中人为干扰影响的程度，监测其他物种的种群动态，或用于预测生物多样性丰富的区域（李晓文等，2002）。Patton（1978，见李晓文等，2002）将环境指示种定义为：与某种特殊的环境条件紧密相关的一类有机体，即它们的出现意味着这些环境条件的存在。Levis 等（1989，见李晓文等，2002）认为指示物种被环境毒理研究者用以评价污染物以及温度、pH 等环境条件对有机体或生态系统过程的影响。

大量的研究表明，地衣、苔藓类往往作为大气污染的指示植物，对大气污染具有较好的指示作用。①它们生长在树皮上而不受土壤条件差异的影响。②此类低等植物生长所需的水分和养料全部依赖雨水或露。大气中的污染物质溶于雨水中，且被浓缩而作用于地衣、苔藓体内。③地衣、苔藓的生长速度比维管束植物缓慢，一旦受害，恢复所需的时间较长。④地衣、苔藓是多年生的常绿植物，全年都受污染的影响。⑤树木和草本植物受大气污染时，污染物以气体状态通过叶片的气孔侵入叶内，被活跃的栅栏组织细胞吸收，然后才出现受害的特征；地衣、苔藓的叶或叶状体内则只排列一层有叶绿素的细胞，污染物可以从叶的两面直接侵入，而且溶于雨水并以水溶液的状态被细胞所吸收。⑥萌生能力强的树木，即使受害落叶，还会很快长出新叶，草本植物一般都不断长出新叶。所以受害的症状在短时间内或几周内即消失。然而，地衣、苔藓类的生长量小，一旦受害枯萎很难恢复其生长甚至生命力。同时，地衣、苔藓类对环境污染较敏感，短时污染即表现腐烂等现象；若长时间污染，则导致死亡消失。该类植物是较好的环境污染指示植物。

5. 潜水或水源指示植物

可指示水的深度、水质及矿化度或生长区域水源状况的植物，如柳属是淡水的指示植物；骆驼刺（*Alhagi sparsifolia*）为微咸水的指示植物。仙人掌（*Opuntia stricta* var. *dillenii*）、骆驼刺的生长指示干旱环境，芦苇生长地区则说明环境水湿条件优越。

三、指示植物的应用

侯学煜（1954）认为，指示植物在国民经济的发展中具有重要的意义。①指示植物是测定自然条件和土壤条件的自动仪，包括指示植物指示气候和土壤条件的综合特征；指示植物是测定长时间气候和土壤条件的良好指标；指示植物可以帮助人类认识大气候和局部小气候与土壤条件的差异。②指示植物在国民经济中所起的作用：通过指示植物可研究荒地利用和改良策略；利用指示植物，可选择特定区域或立地的造林树种；分析指示植物，可指导作物的选种和引种；指示植物可协助探矿和地质调查。随着对指示植物研究的不断深入，不同学者对指示植物的重要性更为关注（杨期和，2009；刘胜祥，1994）。

（一）土壤指示剂

植物对环境的指示作用，与其对环境的依赖程度有关，植物的生长越依赖环境，则其对环境的指示作用越明显，反之则不明显；自然界中有许多植物紧密地依赖环境，因而可充当环境的指示剂。

1. 酸碱性土壤指示植物

土壤的酸碱性是重要的理化性质之一。长期自然选择与淘汰的结果，进化了一批只适应于酸性或碱性土壤生存的植物，称之为酸或碱性土壤指示植物。该类植物的出现可以作为土壤酸性或碱性的标记。

酸性土壤指示植物有茶树、油茶、芒萁（*Dicranopteris dichotoma*）、岗松（*Baeckea frutescens*）、垂穗石松（*Lycopodium cernuum*）、杜鹃、红松、马尾松、芦苇、羽扇豆（*Lupinus micranthus*）、栀子、杜鹃、铃兰、鹿药（*Smilacina japonica*）、细辛、云杉、冷衫、落叶松、岳桦（*Betula ermanii*）、天女木兰、梅花草（*Parnassia palustris*）、无梗五加、高山罂粟（*Papaver* spp.）、蓝靛果、赤杨、水金凤（*Impatiens noli-tangere*）、金莲花、凤仙花、东北南星（*Arisaema amurense*）、刺五加、木贼（*Equisetum hyemale*）、中华蹄盖蕨（*Athyrium sinense*）等。

碱性土壤的指示植物有柏木、蜈蚣草（*Eremochloa ciliaris*）、碱蓬、骆驼刺、蒺藜（*Tribulus terrestris*）、油桐、甘草、麻黄、枸杞、百里香、小叶锦鸡儿（*Caragana microphylla*）、狼毒、兔唇花（*Lagochilus* spp.）、大针茅（*Stipa grandis*）、戈壁针茅（*S. tianschanica* var. *gobica*）、沙生针茅（*S. glareosa*）、无芒隐子草（*Cleistogenes songorica*）等。

此类碱性植物长得多、长势好，则此地的土壤为碱性土，如柏木纯林是亚热带地区钙质土的指示植物。柏木生活力强，在疏林下常见天然更新的幼苗。一般地，主根发达树种在土层浅薄的地方，主根生长受到抑制，促进侧根发育，在石灰岩山地尤为明显，碱性指示植物最宜生长的土类是较为深厚的钙质紫色土（杨利民，2008）。青檀耐干旱贫瘠土壤，是石灰质土壤的指示植物。甘草喜生于半干旱、阳光充沛的寒温带气候，长于土层深厚、排水良好、地下水分条件良好的碱性土壤或轻度盐碱土中，为碱性土指示植物之一。

典型的盐碱土指示植物有海韭菜（*Triglochin maritimum*）、剪刀股（*Ixeris japonica*）、翅碱蓬（*Suaeda salsa*）、盐爪爪（*Kalidium* spp.）、柽柳、碱地风毛菊（*Saussurea runcinata*）、矶松（*Limonium bicolor*）等。

有些植物能较准确地指示土壤的 pH，在一定的 pH 的土壤中生长较好，如算盘子（*Glochidion puberum*）、杜鹃、铁芒萁一般生长于 pH4.5～5.0 的土壤；越橘、齿鳞青木香（*Aristolochia austroszechuanica*）一般生长于 pH 为 5.5～6.0 的土壤；天蓝苜蓿（*Medcao lupulna*）生长的土壤 pH 为 7.1～7.5，蜈蚣草为 7.5～8.0，贯众、竹叶椒（*Zanthoxylum armatum*）、牛毛草（*Bulbostylis barbata*）等为 8 左右，软蒺藜（*Atriplex centralasiatica*）为 8.5～9.0。不同树种最适土壤 pH：侧柏 6.5～8.0，油松 6.5～7.0，刺槐 6.5～8.0，落叶松 5.0～6.5，兴安落叶松 6.0～7.5，红松 4.5～6.0，栓皮栎 6.5～8.0（费廷瑞，1992）。

2. 土壤肥力指示植物

不同的土壤为植物生长提供和协调水、肥、气、热等营养条件的能力不同，不同植物的喜肥性也不同，因此，在土壤和植物长期的自然选择与系统发育过程中，植物与土壤肥力之间形成了一定的指示关系。

肥沃土壤的指示植物在肥沃土壤上发育最好并具有最大多度，是指示土壤肥沃的植物，如葎草、黄金蕨（*Rumohra standishii*）、翠雀叶蟹甲草（*Parasenecio delphiniphyllus*）、野凤仙花（*Impatiens textori*）、蔓赤车（*Pellionia scabra*）、珊瑚木（*Aucuba japonica*）、绣球花；出现并在贫瘠土壤生长良好植物为贫瘠土壤指示植物，如蓬草（*Nardus stricter*）、里白（*Dicrnopteris glauca*）、杨梅、乌饭树、杜鹃花、马醉木（*Pieris japonica*）、南烛等。土壤的肥沃性常与土壤中硝酸盐含量（可视为含氮量）相关。

有些植物在含氮丰富（NO_2＞0.01%）的土壤，植物可达到最大的多度和体积；在含氮中等的土壤上则很较少；在缺氮土壤上则完全没有。西风古（*Amaranthus retroflexus*）、异株荨蔗（*Urtica dioica*）、骆驼蓬（*Peganum harmala*）、大叶藜（*Chenopodium hybridum*）、葎草等，可作为土壤含氮丰富的指示植物。

3. 土壤盐渍化指示植物

通常能在含盐（主要是 NaCl）量高的土壤中生长的植物，包括聚盐性、泌盐性植物；前者一般具肥厚多汁的茎叶，灰分中含盐量较高，如海蓬子（*Salicornia bigelivii*），能忍受 6%甚至更浓的 NaCi 溶液，体内渗透压高；后者可将体内过剩盐分从叶面分泌出，如柽柳、胡杨（*Populus euphratica*）、大米草、红树等。此外，还有一类不透盐植物，其能在盐渍化轻的土壤中生长，其根的细胞对盐类透性小，很少吸收盐分，如碱苑（*Tripolium vulgare*）、獐茅（*Aeluropus sinens*）等。典型盐土植物对土壤碱性也有一定的适应能力，但当土壤碱性过重，如 pH>8.5 时（称盐土），大多数植物均不能生长。西伯利亚滨黎（*Atriplex sibirica*）、碱蓬、碱茅（*Puccinellia distans*）、芨芨草等可在碱性很强的土壤上生长，称为碱土植物。柽柳和碱蓬等既能在盐土上生长，也能在碱土上生长，所以称盐碱土植物。

盐渍化土壤指示植物，即只出现在盐渍化土壤上的植物，它们在土壤含盐量超过0.6%～1.0%时发育最好，在非盐渍化土壤上很少见。中国新疆地区强盐渍化土壤上广泛分布的盐节木（*Halocnemum strobilaceum*）、盐穗木（*Halostachys caspica*）、海蓬子、盐爪爪、盐地假木贼（*Anabasis salsa*）、碱蓬、鸦葱（*Scorzonera austriaca*）是这类植物的代表，是强盐渍化土壤的可靠指示植物。仅限于盐渍土壤上分布的科有白花丹科（Plumbaginaceae）、柽柳科（Tamaricaceae）和瓣鳞花科（Frankeniaceae）。植被不仅能指示土壤盐渍化的程度，而且能指示土壤盐渍化的组成，如海蓬子、盐爪爪、白刺（*Nitraria tangutorum*）和无叶假木贼（*Anabasis aphylla*）分别是氯化物盐土、硫酸盐-氯化物盐土、氯化物-硫酸盐土和硫酸盐土的指示植物。

4. 其他土壤性质指示植物

指示土壤的结构、土质等。指示土壤的机械组成的植物，如羽毛三芒草（*Aristida pennata*）、沙拐枣（*Calligonum mongolicum*）、巨麦草（*Elymus giganteus*）、油松等，其指示沙质土，盐地假木贼指示黏重土壤。钙质土壤指示植物有蜈蚣草、松叶草（*Galium verum*）、碎米蕨（*Eheilosoria mysuriensis*）、铁线蕨（*Adiantum capillus-veneris*）、肾蕨（*Nephnolepis cordifoolaa*）、圆叶乌桕、南天竹、柏木、青檀等。

郭水良等（1999）对长白松（*Pinus sylvestris* var. *sylvestriformis*）林和暗针叶林的林缘以及笃斯越橘灌丛一落叶松林内的 3 个生态过渡带上的苔藓植物分布特点研究表明：苔藓植物盖度与多样性指数可作为判别林缘生态界面的指标标识。

（二）大气污染监测器

有些植物对大气污染十分敏感，称为大气污染指示植物。生长环境受到污染后，植物可敏感和快速地呈现明显的反应。通常，污染物通过大气、水和土壤进入植物体内，侵袭细胞组织，并发生一系列生化反应，从而使组织遭受破坏呈现受害症状。随污染物的种类、浓度以及植物种类、受污染时间的不同，症状各异。例如，可能导致植物的叶绿素破坏和组织脱水，进而叶面失去光泽，出现不同颜色（黄色、褐色或灰色）的斑点、叶片脱落甚至全株枯死等异常现象的发生。故可根据这些指示植物呈现的各种症状特征和信息判断环境污染状况，并对环境质量作出评价。

苔藓植物是公认的最为敏感的大气污染指示植物之一，它具有灵敏、精确和直接等特点，已被广泛应用于生物监测环境重金属污染研究领域（安丽等，2006）。通常认为，通过对苔藓植物体样本重金属含量的测定，可以间接提供某地区环境中重金属含量的本底数据，揭示污染物在地理空间及时间上的分布格局。此外，可通过对苔藓植物某些生理生态指标，如生长状况、细胞超微结构、光合作用和呼吸作用、色素含量、糖类和蛋白质，进一步深入到DNA水平上变化等研究，指示环境污染的程度（Meenks et al.，1991）。通常，人类更多地关注一些对SO_2、O_3、氟化物等的指示植物。

1. SO_2指示植物

对SO_2敏感的指示植物较多，如紫花苜蓿、大麦、荞麦、金荞麦（*Fagopyrurn dibotrys*）、芝麻、向日葵、早熟禾（*Poa annua*）、芥菜、棉花、南瓜、白杨（*Populus* spp.）、白蜡树、白桦、牵牛花、万寿菊、秋海棠、菠菜、胡萝卜、凤仙花、翠菊（*Callistephus chinensis*）、四季秋海棠（*Begonia semperflorens*）、天竺葵、锦葵（*Malva sinensis*）、含羞草、茉莉花、杏、月季、枫杨、连翘、杜仲、雪松、红松、油松、杉、苔藓、堇菜（*Viola* spp.）、悬钩子、苹果、葡萄属等；地衣中松罗属（*Vsaea*）、糟梅衣（*Parmelia sulcata*）、石梅衣（*P. sexatilis*）、袋衣（*Hypogymnla physodes*）等也可作为SO_2监测植物。

此类植物在SO_2浓度为0.3mg/L时环境中经几小时就可表现出症状。植物受SO_2伤害后，初期典型症状是失去原有光泽，出现暗绿色水渍状斑点，叶面微有渗水并起皱。随后斑点由绿变为灰绿、逐渐失水干枯、出现坏死斑等。阔叶植物急性中毒症状是叶脉间有不规则的坏死斑，伤害严重时，点斑发展成为条状、块状，坏死组织和健康组织之间有一失绿过渡带。单子叶植物在平行叶脉之间出现斑点状或条状坏死区。针叶植物受伤害后，先从针叶尖端开始，逐渐向下发展，呈现红棕色或褐色。例如，紫花苜蓿、胡萝卜、菠菜对SO_2非常敏感，当空气中SO_2浓度仅为0.3%时，就会表现出明显的病态。

植物受SO_2的影响，其伤斑具体颜色因植物种类而有不同。例如，合欢、无患子等伤斑多成象牙白或黄白色；马尾松、棕榈、银杏、刺槐、桑树、海桐（*Pittosporum tobira*）等多成浅土黄色、浅黄色或浅黄绿色；侧柏、水杉、杉木、榆树、悬铃木、梧桐（*Firmiana simplex*）、臭椿等多成土黄色、黄色或绿黄色；雪松、垂柳、加拿大白杨（*Populus canadensis*）、杜仲、板栗、丁香等多成黄褐色、黄棕色、红褐色或红棕色；泡桐、枫杨、女贞、冬青（*Ilex chinensis*）、广玉兰、桂花等多成深褐色、黑褐色或紫褐色（江苏省植物研究所等，1978）。

2. O_3的指示植物

有些植物对臭氧（O_3）较敏感，一旦置于微量的O_3污染环境中，即因受害而呈现异常的形态，此类即为O_3指示植物。例如，烟草、牵牛花、榉树（*Zelkova serrata*）、菜豆、洋葱、菠菜、马铃薯、黄瓜、松树、美国白蜡树（*Fraxinus americana*）、早熟禾、银槭（*Acer saccharinum*）、梓树（*Catalpa ovata*）、皂荚、葡萄等属O_3指示植物。

试验表明O_3浓度为0.01mg/L时，烟草在此环境中1～5h即受害，莴苣、番茄、兰花、秋海棠、蔷薇、丁香等在此浓度生境中受污染而产生黄褐色斑点；浓度为0.25mg/L时，牡丹、木兰（*Magnolia* spp.）、垂柳、三裂悬钩子（*Rubus grayanus* var. *trilobatus*）等均有受害症状。而菜豆受臭氧伤害后，老龄的叶片上显示出大片的古铜色斑与刻点，后褪绿以至叶片脱落。

植物受到O_3伤害后，初期症状出现叶面上分布均匀、细密的点状斑，呈棕色或褐色，随后逐渐脱色，变成黄褐色或灰白色并连成片，变成大片的块斑。针叶树对O_3反应是叶尖变红，然后变为褐色，进而褪为灰色，针叶上有杂色斑（杨期和，2009）。

3. 氟化物指示植物

HF引起的伤斑开始多半集中在叶子的先端和边缘，成环带状分布，然后逐渐向内发展。此伤斑的特点（叶子先端和边缘环带状分布）与SO_2引起的伤斑（叶脉间点、块状分布）比较容易区别。

对HF污染物敏感的指示植物有唐菖蒲、花旗杉（*Pseuodotsuga menziesii*）、郁金香、金荞麦、小苍兰（*Freesia refracta*）、杏、李、桃、月季、葡萄、玉簪、金线草（*Antenoron filiforme*）、玉米、大蒜、锦葵、地黄、万年青（*Rohdea japonica*）、萱草、草莓、金丝桃（*Hypericum chinense*）、翠菊、雪松、云杉、慈竹（*Neosinocalamus affinis*）、池柏（*Taxodium ascendens*）、南洋楹（*Albizia falcataria*）、榆叶梅（*Prunus triloba*）、葡萄、杜鹃、樱桃、梣叶槭（*Acer negundo*）、龙爪柳、仙客来、郁金香以及地衣等。

一般植物对HF很敏感，其危害特点是先在植物特定部位呈现伤斑，如单子叶植物和针叶树的尖叶，双子叶植物和阔叶树的叶缘等。这些部位先变萎黄，然后颜色转深，形成棕色斑块，在变萎黄组织与正常组织之间有一明显界线，随着受害加剧，黄斑向叶片中部及靠近叶柄部分发展，最后叶片大部分枯黄，仅叶主脉下部及叶柄附近仍保持绿色。唐菖蒲是公认的氟气监测植物，对氟化物极为敏感，空气中的氟气浓度仅有亿万分之四十时，唐菖蒲的叶子在3h内就会出现伤斑。把唐菖蒲放在工厂内外，一旦有氟气污染，叶片的尖端和边缘就会产生淡黄色片状伤斑，受害部分与正常组织之间有一明显的界线，表现出受氟气危害的典型症状，是一种较灵敏的HF警报器（中国科学院植物研究二室，1978）。

4. 乙烯（C_2H_4）的指示植物

乙烯影响植物的生长及花和果实的发育，并且加速植物组织的老化。对其污染敏感的指示植物有兰花、黄瓜、番茄、万寿菊、皂荚、芝麻、香石竹（*Dianthus frarans*）、番茄等。例如，兰花，萼片开始分离的幼嫩花朵对乙烯非常敏感，一旦置于乙烯污染的环境，萼片从尖端开始逐渐变成褐色，进而枯萎和坏死；麝香石竹（*Dianthus caroaphyllus*）对乙烯反应为早衰，花瓣枯萎闭合；黄豆受乙烯影响，花的性别有变化。当乙烯浓度为50ppb（十亿分之五十）时，雌花粉数量增加。当它为100ppb时，全为雌花；番茄和万寿菊对乙烯污染呈现叶柄向下弯曲的反应，极易观察；皂荚受到75ppb乙烯持续30d的污染时，小叶脱落，而且树干上长出过度肥大的皮孔（刘胜祥，1994）。

5. 氮氧化物（NO_x）指示植物

NO_x对植物构成危害的浓度大于SO_2等污染物的。一般很少出现NO_x浓度达到能直接伤害植物的程度，但它往往与O_3或SO_2混合在一起显示危害症状：首先在叶片上出现密集的深绿色水侵蚀斑痕，随着这种斑痕逐渐变成淡黄色或青铜色，损伤部位主要出现在较大的叶脉之间，也会沿叶缘发展。对NO_x较敏感的指示植物有烟草、番茄、秋海棠、向日葵、菠菜等。

6. Cl_2及 HCl 的指示植物

Cl_2进入叶子后，对叶肉细胞有很强的杀伤能力，能很快破坏叶绿素，使叶子产生褪色伤斑，严重时会使全叶漂白脱落。Cl_2产生的伤斑与 SO_2引起的伤斑比较相似，主要分布于叶脉间，成不规则点状或块状。然而，Cl_2伤斑的特点是受伤组织与健康组织之间常常没有明显的界限，这是与 SO_2所产生的伤斑不同之处（江苏省植物研究所广东省植物研究所，1978）。

对 Cl_2污染敏感的指示植物有波斯菊（*Cosmos bipinnata*）、金盏花、凤仙花、天竺葵、蛇日菊（*Corcopas tirrctoria*）、锦葵、四季秋海棠、福禄考（*Phlvx drummondii*）、一串红（*Salvia spccadcras*）、石榴、竹、复叶槭、桃、苹果、柳、落叶松、油松等。HCl 与 Cl_2相似，污染时植物叶子产生褪色点斑或块斑，但斑界不明显；严重时全叶褪色而脱落。

除以上污染物的指示植物外，还有诸多植物对空气等环境的污染物具有指示功能。例如，牵牛花中含有花青素，该色素在碱性溶液中为蓝色、在酸性溶液中为红色，故从早晨到晚上，随着 CO_2浓度增加，牵牛花的颜色从蓝变红，牵牛花即是对空气中 CO_2浓度变化的指示植物；雪松对 SO_2和 HF 很敏感，当空气中存在这两种气体时，其叶片就会出现枯黄现象。紫鸭跖草（*Tradescantia pallida* cv. Purpurea）在低强度的辐射后，花色即由蓝色变成粉红色，这种植物可以作为监测辐射强度的指示剂。长叶莴苣（*Lactuca sativa* var. *longifolia*）、瑞士甜菜（*Bata vulgarisr*）、早熟禾等的叶片对过氧乙酰硝酸酯（PAN）敏感，但对 O_3却表现出强抗性。PAN 伤害植物的早期症状是在叶背出现淡渍状斑或亮斑，继之气孔附近的海绵组织细胞被破坏并为气窝取代，呈现银灰色和褐色，受害部分还会出现许多“伤带”（刘胜祥，1992，杨期和，2009）。

（三）绿色探矿员

植物探矿就是利用指示植物帮助人们找矿，中国有“山上有葱，其下有银；山上有薤，其下有金；山上有姜，下有铜锡”，“草茎赤秀，下有铅；草茎黄锈，下有铜器”等论述，比世界各国的植物探矿理论早几百年。许多植物为探寻矿产资源发挥了积极的作用。

1）*铜矿*　1952 年，利用海洲香薷（*Elsholtzia plendens*）指示植物，在安徽某地发现铜矿。海洲香薷生长的土壤中铜的含量高达 1000～2000mg/kg，被作为铜矿普查指示植物之一。铜矿的指示植物还有铜钱叶白珠树（*Gaultheria nummularioides*）、头花蓼（*Polygonum apitatum*）、鸭跖草（*Commelina communis*）、女娄菜（*Melandrium apricum*）、酸模等植物。赞比亚和澳大利亚根据含铜量极高的铜草（即海州香薷）发现了大型铜矿。

2）*硼*　硼的指示植物有藜科的钠猪毛菜（*Salsola nitaria*）、驼绒藜（*Ceratoides latens*）以及蓝雪科（Plumbaginaceae）的木本补血草（*Limonium suffruticosum*）等（刘胜祥，1992）。

3）*铁矿*　铁矿的指示植物有桦木科桦木属（*Betula*）的多种树木等；此外，野苦麻（*Pterocypsela elata*）生长茂密的地方常蕴藏有铁矿。

4）*铅矿* 铅矿指示植物有禾本科的大蔗茅等。

5）*磷矿* 指示植物有旋花科的淡紫旋花（*Convolvus althaoides*），产于西班牙。

6）*硒矿* 指示植物有豆科的黄芪属的 *Astragalus biculatus*、*A. acemosus* 和 *A. pectinatus*；菊科的 *Oonpsis* spp. 和 *Aster venustus* 以及十字花科的 *Stanleya* spp. 等。

7）*砷矿* 指示植物有豆科黄芪属的 *Astragalus pattersoni*、*A. prensi* 等。

8）*银矿* 指示植物有蓼科卵叶绒毛蓼（*Eriogonum ovalifolium*）等。

9）*锌矿* 指示植物有堇菜科堇菜属一种 *Viola calamineiial*，虎耳草科山梅花属（*Philadephus*）两种。德国和瑞典通过三色堇（*Viola tricolor*）找到了锌矿。

10）*金矿* 指示植物有伞形科的峨参（*Anthriscus sylvestris*）、茄科的曼陀罗、椴树科的椴、菊科的艾蒿、唇形科的中间兔唇花（*Lagochilus intermedium*）等。

此外，石松（*Lycopodium japonicum*）生长好的地方有铝土矿，锦葵繁茂之处有镍矿，紫苜蓿密集生境有钽矿，艾蒿成群生长立地常有锰矿，人们称这些指示植物为绿色探矿员。

（四）天气预报员

许多植物能反映天气的变化规律，预先知道晴天或下雨。

1）*柳树* 当暴风雨即将到来之前的 3～4h，柳树葱绿的柳叶便发白，下垂的树叶翻转过来，预示着晴朗的天气要转阴了。

2）*"哭树"* 槭树（*Acer* spp.）在雨前 3～4h 就开始有汁液流出，麻栗在下雨前两天内流出汁液，刺槐临下雨时从花朵上分泌汁液。因此，称为"哭树"。

3）*"防雨草"* 在临近下雨时，飞廉的荆棘会紧贴在花序上，人们采摘便不再扎手；蒲公英的花在阴雨天到来时会叠成伞状；而睡莲（*Nymphaea tetragona*）、菊苣（*Cichorium intybus*）、金盏花等下雨前便不再开花。

4）*南瓜藤* 南瓜藤的藤头一般是向上翘的，阴雨将至，藤头便低垂下来。在阴雨连绵的日子里，若发现藤头上翘，那就预示着天要放晴了。

指示植物的应用越来越广泛。费廷瑞（1989，1992）认为，指示植物与水分、土壤区划、母岩、土壤酸碱度（pH）、土层厚度、坡向、海拔、土壤质地等有密切的关系，因此，在林业工程中，可以利用植物的指示性，进行树种选择和采取相应的栽培措施，达到适地适树，提高造林质量。

（五）水体探测仪

植物及其群落能指示土壤水分和地下潜水状况。例如，在薹草（*Carex* spp.）、木贼、水灯心（*Juncus effusus*）等生长之处，一般地下有泉水；而在芦苇和宽叶香蒲（*Typha latifolia*）聚生之地，往往有缓流水或滞流水，随着地下水位下降，则被莞草（*Bolboschoenus* sp.）等所代替。湿生植物可指示潜水接近地表，如香附子、芦苇、高碱蓬（*Suaeda altissima*）、樟味藜（*Camphorosma monspeliaca*）、海蓬子等。有些潜水指示植物还可指示潜水的水质和矿化度，如柳属（*Salix*）是淡潜水的指示植物，骆驼刺为微咸潜水土壤的指示植物。潜水植物是根到达深处的潜水面或毛细管水上缘的深根性植物，其直接利用深处的潜水，如新疆和内蒙古西部分布的胡杨、沙枣、骆驼刺、盐穗木、盐节木等。

植物的某些特征，如花色、生态类群、年轮、畸形变异、化学成分等也具有指示某种生态条件的特征。由于个别植物根系伸入土壤的深度不同，随所在条件不同而变化，群落则比较固定，因而在水指示作用中，不是利用个别植物，而是利用群落。例如，在干旱区，多枝柽柳群落分布之处，潜水深度变化的幅度是0.5～7.0m，矿化度是3%～15%；个别芨芨草可以分布在潜水位只有0.5m以内的盐湖边，也可出现在潜水位深至10m以下的高海拔山谷斜坡，但有其他植物共生的芨芨草群落，则总是与地下水位不低于2m的盐化草甸土相联系。此外，有些水生植物还可指示水体的有机物污染或重金属污染等现象，如微囊藻、颤藻等在水体中为优势类群时，表明水体有机污染严重。

许多植物也可指示水源的情况，如柳树和杨树一般生长在地下水丰富的地区；芦苇一般生长在湖泊沼泽地带，有时也可生长在山顶，如山海关北面的后石胡山顶，海拔300m处有大片芦苇生长，后来发现这里地下水极为丰富；核桃多生长在石灰岩山地，地下水含钙较多，在秦皇岛柳江盆地，有大片核桃林的分布，进而发现地下有理想的矿泉水；四川省的青城山，有一条含水断层穿过山体，山上生长着几棵古银杏树，由于它们在山体的立地部位不同，其生长状况变化较大，山上的树已经枯死，山中部的树，枝叶自然稀疏，山下的银杏树长势非常好，表明青城山的地下水位在下降（王桂霞和安光义，1987）。

第二节　特色指示植物

一、牵牛 *Ipomoea nil*（L.）Roth

异名： *Convolvulus nil* L.；*C. hederaceus* L.；*Ipomoea hederacea*（L.）Jacq.；*I. nil* var. *setosa*（Blume）Boerl.；*I. scabra* Forssk.；*I. setosa* Blume；*I. trichocalyx* Steud.；*I. vaniotiana* H. Lévl.；*Pharbitis nil*（L.）Choisy

别名： 牵牛花、喇叭花（各地通称），筋角拉子（江苏），大牵牛花（广西），勤娘子，朝颜花，didian（D-DH）、dongbaban（JP），whiteedge morning-glory。

科属： 旋花科（Convolvulaceae）牵牛属。

形态特征： 一年生缠绕草本。叶宽卵形或近圆形，深或浅的3裂，偶5裂，中裂片长圆形或卵圆形，侧裂片较短，三角形，叶面或疏或密被微硬的柔毛。花腋生，单一或通常2朵着生于花序梗顶，花序梗毛被同茎；苞片线形或叶状，被开展的微硬毛；小苞片线形；萼片近等长，披针状线形，内面2片稍狭，外面被开展的刚毛；花冠漏斗状，蓝紫色或紫红色，花冠管色淡；雄蕊及花柱内藏；雄蕊不等长；花丝基部被柔毛；柱头头状。蒴果近球形，3瓣裂。种子卵状三棱形，黑褐色或米黄色，被褐色短绒毛。花期6～10月。

分布与生境： 中国除西北和东北一些省外，大部分地区都有分布；生于海拔100～200（～1600）m的山坡灌丛、干燥河谷路边、园边宅旁、山地路边，或为栽培；原产于热带美洲，现广植热带和亚热带地区。多见逸野。

功能与利用： 空气中CO_2和SO_2浓度高低的指示植物。牵牛花中含有花青素，这种色素在碱性溶液中为蓝色，在酸性溶液中为红色；随着空气中CO_2含量的增加，牵牛花对CO_2吸收量也逐渐加大，花中的酸性不断提高，从而造成花色由蓝变红。夏秋季常见的蔓性草花，可作小庭院及居室窗前遮阴、小型棚架、篱垣的美化，也可作地被栽植。种子为常用中药，名丑牛子（云南）、黑丑、白丑、二丑（黑、白种子混合），入药多用黑丑，白丑较少用，有泻水利尿、逐痰、杀虫的功效。

繁殖与栽培： 种子繁殖，最好直播或尽早移苗。大苗不耐移植。喜气候温和、光照充足、通风适度，对土壤适应性强，较耐干旱盐碱，不怕高温酷暑，属深根性植物，地栽土壤宜深厚。

二、铁芒萁 *Dicranopteris linearis* (Burm.) Underw.

异名： *Gleichenia linearis* Clarke；*Mertensia linearis* Fristsh；*Polypodium lineare* Burm.

别名： 小里白，小羊齿，Old World forkedfern。

科属： 里白科（Gleicheniaceae）芒萁属。

形态特征： 植株高达3～5m，蔓延生长。叶远生；柄深棕色，幼时基部被棕色毛，后变光滑；叶轴5～8回两叉分枝，上面具1纵沟；各回腋芽卵形，密被锈色毛，苞片卵形，边缘具三角形裂片，叶轴第一回分叉处无侧生托叶状羽片，其余各回分叉处两侧均有一对托叶状羽片，斜向下，上部的变小，披针形或宽披针形；末回羽片形似托叶状的羽片，篦齿状深裂几达羽轴；裂片平展，15～40对，披针形或线状披针形，顶端钝，微凹，基部上侧的数对极小，三角形，全缘，中脉下面凸起，侧脉上面相当明显，下面不太明显，斜展，每组有小脉3条。叶上面绿色，下面灰白色。孢子囊群圆形，细小，一列，着生于基部上侧小脉的弯弓处，由5～7个孢子囊组成。

分布与生境： 产于广东南部（高安、鼎湖山）、海南岛、云南东南部；生于疏林下，或成密不可入的钝羣，生火烧迹地上；南洋群岛、泰国、越南、印度南部也有分布。

功能与利用： 指示酸性红壤，pH为4.5～5.0，对生态条件的考察具有重要意义。适合种植该种植物的土壤一般需增施熟石灰加以改良，以种植其他植物。铁芒萁根茎匍匐横走于土壤表层，生长快速，具有水土保持的功效，也是火灾后可以急速复原的植物。全草有清热利尿祛淤止血之功效。提取色素做天然染料，叶柄可编织手工艺品及菜篮等。

繁殖与栽培： 分株繁殖，于春季新叶抽生前将带有2～3片老叶的根茎切断，栽植后，另成新株。穴内施以基肥，栽后充分浇水。待抽新叶后，任其生长。

三、紫鸭跖草 *Tradescantia pallida* (Rose) D. R. Hunt cv. Purpurea

异名： *Setcreasea purpurea* B. K. Boom；*Tradescantia purpurea* Boom

别名： 紫竹梅，紫叶草，血见愁，purple queen。

科属： 鸭跖草科（Commelinaceae）紫露草属。

形态特征： 多年生披散草本。叶互生，披针形，先端渐尖，全缘，基部抱茎而成鞘，鞘口有白色长睫毛，上面暗绿色，边缘绿紫色，下面紫红色。花密生在二叉状的花序柄上，下具线状披针形苞片；萼片3，绿色，卵圆形，宿存；花瓣3，蓝紫色，广卵形；雄蕊6，2枚发育，3枚退化，另有1枚花丝短而纤细，无花药；雌蕊1，子房卵形，3室，花柱丝状而长，柱头头状。蒴果椭圆形，有3条隆起棱线；种子呈三棱状半圆形。花期夏季、秋季。

分布与生境： 原产于南美洲墨西哥等地。喜光也耐阴，喜湿润也较耐旱，对土壤要求不高，稍耐寒，长江流域背风向阳处可越冬。

功能与利用： 花为蓝色，但当受到低强度的辐射后，花色即由蓝色变为粉红色。所以，这种植物可以作为测量辐射强度的指示植物。紫鸭跖草整个植株全年呈紫红色，枝或蔓或垂，特色鲜明，具有较高的观赏价值。

繁殖与栽培： 可利用种子和扦插进行繁殖；喜温暖、湿润，不耐寒，忌阳光暴晒，喜半荫。对干旱有较强的适应能力，适宜肥沃、湿润的壤土。

四、其他常见指示植物

（一）椰子 *Cocos nucifera* L.

参见油脂植物部分。

功用： 为气候指示植物，椰子开花是热带气候的标志。

（二）柏木 *Cupressus funebris* Endl.

别名： 柏木（通用名）香扁柏、垂丝柏、黄柏（四川），扫帚柏（湖南），柏木树、柏香树（湖北），柏树（浙江），密密柏（河南）。

科属： 柏科（Cupressaceae）柏木属。

分布： 中国特有树种。产于浙江、福建、江西、湖南、湖北西部、四川北部及西部大相岭以东、贵州东部及中部、广东北部、广西北部、云南东南部及中部等；生于海拔2000m以下温暖湿润的各种土壤地带，尤以在石灰岩山地钙质土上生长良好。在四川北部沿嘉陵江流域、渠江流域及其支流两岸的山地常有生长茂盛的柏木纯林。

功用： 喜温暖多雨气候及钙质土，是该类土壤的指示树种；耐干旱瘠薄，稍耐水湿，钙质土指示植物。

（三）骆驼刺 *Alhagi sparsifolia* Shap

科属： 蝶形花科（Papilionaceae）骆驼刺属。

分布： 产于内蒙古、甘肃、青海和新疆；生于荒漠地区的沙地、河岸、农田边；哈萨克斯坦、乌兹别克斯坦、土库曼斯坦、吉尔吉斯斯坦和塔吉克斯坦也有分布。

功用： 在沙漠和戈壁深处吸取地下水分和营养，是一种自然生长的耐旱植物，荒漠地带指示植物。

（四）海蓬子 *Salicornia europaea* L.

别名： 盐角草（《中国植物志》）。

科属： 藜科（Chenopodiaceae）盐角草属。

分布： 产于辽宁、河北、山西、陕西、宁夏、甘肃、内蒙古、青海、新疆、山东和江苏北部；生于盐碱地、盐湖旁及海边；朝鲜、日本、印度、欧洲、非洲和北美洲也有分布。

功用： 生于盐碱地、盐湖边及海边、河谷潮湿重盐质土壤上。盐质土壤指示植物。

（五）芨芨草 *Achnatherum splendens*（Trin.）Nevski

科属： 禾本科（Gramineae）芨芨草。

分布： 产于西北、东北各省及内蒙古、山西、河北；生于海拔 900～4500m 的微碱性的草滩及沙土山坡上；蒙古国、原苏联也有分布。

功用： 其根系强大，耐旱，耐盐碱，适应黏土以至沙壤土。轻度盐渍化土壤指示植物。早春幼嫩时，为牲畜良好的饲料；其秆叶坚韧，长而光滑，为极有用的纤维植物，供造纸及人造丝，又可编织筐、草帘、扫帚等；叶浸水后，韧性极大，可做草绳；又可改良盐碱地，保护渠道及保持水土。

第二十七章　抗污染植物

第一节　概　　述

一、概念

化工、冶金、轻工三大工业部门的生产过程中，排放大量的废气、废水和废渣，如果不及时回收处理，加上城市大量的生活污水、垃圾，机动车辆和家庭燃料废气的排出，逐渐累积，可超过大气、水泵和土壤的自净能力，造成污染。因此，根据环境污染物进入不同环境介质引起的不同污染，将环境污染分为大气污染、水污染和土壤污染。

大气污染物，如 SO_2、HF、Cl_2、O_3、NO_2、PAN、C_2H_4、NH_3、HCl、H_2S、CO 等，都会对植物产生危害，造成植物生长发育不良或者死亡。然而，有些植物对污染物也产生一定的抗性，通过植物对各种污染物的吸收、积累和代谢作用，达到净化有毒气体，粉尘和污水，保证大气中 O_3 和 CO_2 平衡等。将这些具有吸收有害气体、滞留灰尘、杀灭细菌、减弱噪声、保持大气中 O_3 和 CO_2 平衡功能的植物，称为抗污染植物(anti-pollution plant)。

对污染气体抗性强的植物，往往具有以下特点：①叶片的结构不利于有害气体进入。这类植物的叶片较厚、革质，外表皮角质化或叶表面有蜡层，叶片气孔稀少或气腔内有腺毛等附属物以阻挡气孔口，有些叶背往往多毛。②植物的生理特性有利于抵抗污染气体的侵害。有些植物能吸收大量污染物而不受损害，对污染物质有转移、积累或消耗的能力；有些植物在有害气体侵袭时会关闭气孔，减少污染气体进入，因而可以提高其抗性。具有乳汁或胶状物质的植物，一般抗性都较强。③具有较强的再生能力，在工矿附近此类植物虽易受害，但其枝叶的萌生能力强，故在污染物质较多的污染区，它们仍然能够顽强地生长。

二、环境污染源及其危害

1. 大气环境污染

大气环境中常见的污染物主要为 SO_2、N 的氧化物、F、氟化物、Cl_2、O_3 以及一些附着有重金属的悬浮胶体颗粒物。例如，SO_2 是大气中最为常见，危害范围最为广泛的有害气体，它刺激植物气孔的不正常开放与关闭，影响正常代谢；氟化物污染也是一种很常见的积累性大气污染物，能被植物体叶片大量吸收而积累，取代植物体内酶蛋白中的金属元素，使酶失去活性，从而影响正常的生理生化过程。

大气中的污染物质，对植物产生危害，主要由污染气体的浓度以及有毒气体影响植物延续的时间决定。植物受危害状况可分为三类，即急性危害、慢性危害和不可见危害。①急性危害：表现在植物的叶子上有伤斑。严重时叶片逐渐枯萎脱落，造成植物死亡。叶子是植物与周围大气进行气体交换的最活跃部分。有些植物叶子的表面覆盖着一层蜡质的保护层，即角质层，而气体中的污染物可以通过张开的气孔进入叶子内部；进入叶组织的污染物过多，就会发生急性危害。②慢性危害：表现在植物叶片褪绿。通常从叶子的断面可以看到气体的污染物从气孔进入叶内，被叶脉之间的栅栏细胞所吸收，由于细胞内部的叶绿素受到污染物的危害，叶片产生不同程度的褪绿。③不可见危害：植物生长发育正常，但生理机能受到影响，产量下降，这种受害现象不易被人们所觉察，容易被认为是由于其他原因所造成（中国科学院植物研究二室，1978）。

大气污染对植物还会产生一些间接的影响，如受污染的植物，由于生长发育较弱，进而对病虫害的抵御能力降低，因而大气污染地区病虫害比较严重，常导致树木枯死。SO_2往往促进叶枯病菌的发展，有些会加剧农药对植物的药害。

大气污染也往往导致植物生产力的降低，如红松在受到浓度 0.2ppm 的 SO_2 污染后，植物细胞内水分虽然变化不大，但是非还原糖减少；当 SO_2的浓度达到 0.8ppm 以上时，叶片里的水分急剧减少，大约比正常的叶片降低 1/2；当 SO_2的浓度为 2ppm 时，叶绿素甲的含量显著减少，叶绿素乙的变化却不大，因而叶绿素甲与叶绿素乙的比值变小，同时总氨基酸的含量减少，蒸腾量增加 1.4～1.9 倍，呼吸作用增加 1.5～2.0 倍，导致红松的结实量明显减少，种子的发芽率也降低（中国科学院植物研究二室，1978）。

近年来，由于家居装修等原因，家庭环境污染也是较为常见的问题。室内环境污染对人体的呼吸道、心血管系统、消化系统、神经系统、泌尿系统及内分泌系统等都可能产生严重影响，严重的会引发如气管炎、哮喘病、高血压、心脏病、肝肿大、坏死性肾炎、阻塞性肾炎等各种各样的疾病，以及头晕、头痛、失眠、神经衰弱、记忆力减退等不良症状（唐永銮，1980）。因此，可根据人们的审美习惯选择适合室内摆放的不同类型的抗污染植物，并根据抗污染植物的生物学特性，适时更换，这样不仅能保持植物的正常生长，而且能保持空气清新，促进人体健康（毛世忠等，2008）。例如，虎尾兰（*Sansevieria trifasciata*）、苏铁（*Cycas revoluta*）、吊兰（*Chlorophytum comosum*）、仙人掌等，都是室内理想的栽培抗污染植物。

2. 水环境污染

水环境污染往往由工业废水和生活污水造成，有些是工业废气等产生的酸雨造成。污水中，通常含有各种无机的和有机的化合物，如各种重金属元素、盐类、洗涤剂、酚类化合物、氰化物、有机酸、含氮物质、脂肪、漂白粉、染料、颜料等。这些污染物质进入江、河、湖等水体后，造成水的物理、化学性质发生变化，进而危害生物的生长发育。

水中 N 和 P 的污染是引起水体富营养化的主要原因。水中有机质及其生物残体的腐败降解，一些重金属元素都直接影响水体质量，同时还会累积于生物体内或沉积在底泥中。

3. 土壤污染

土壤的污染，往往是废水或者某些污染物通过各种途经进入土壤造成。土壤污染物主要是重金属，包括镉和汞等。例如，污水中的无机盐类含量过高，会使土壤板结；酸性或碱性物质进入农田，造成土壤盐碱化或变酸。特别是有些污水中含有各种金属元素，如铬、汞、铅、铜、锌、钴、铝、镍、钡、锡等，在其流经地或用此类水源浇灌，导致土壤污染。这些积累在土壤中的金属元素，达到一定程度时，对植物产生较大的危害。例如，有些重金属能与植物细胞原生质中的蛋白质结合，使细胞死亡。少量的元素可能置换酶蛋白中的铁、锰等，使酶的活性受到抑制，阻碍植物的代谢作用。在污染的土壤上农作物、蔬菜等可良好生长，但超标的重金属等，将危害人体健康。

土壤一旦被污染，则污染物残留时间长，不易清除，土地的利用，尤其是农业用地将受到严重的影响。土壤被重金属污染后，一般采取种植对污染物有吸收功能的植物进行移除污染物，其需时较长，而且针对改善土壤污染的研究（包括抗土壤污染植物）较少。因此，本书的抗污染植物不涉及抗土壤污染植物。

三、抗污染植物的利用

1. 抗 SO_2 植物

SO_2 是大气污染最常见的有害气体，危害也最广泛。SO_2 随着空气一起通过气孔进入植物的叶内，所以首先危害植物的叶片。典型的 SO_2 急性危害症状是叶脉间出现点状或块状不规则的坏死斑。花是抗性较强的器官，常在叶片已受害的情况下仍保持完好和继续开放，但受精结实受到影响，造成结实率和产量的下降。SO_2 对植物的生理影响表现在 4 个方面。①刺激植物气孔不正常开放或关闭，正常的生理功能受到抑制。例如，花生、番茄、郁金香等对 SO_2 的反应是气孔关闭，阻碍 SO_2 的进入，这些植物相对地具有较强的对 SO_2 的抗性。②在 SO_2 的作用下，植物的新陈代谢受到干扰，一般是呼吸作用加快，导致营养消耗大于合成。③SO_2 使植物光合作用降低，叶绿素含量减少。④SO_2 导致花粉管不萌发和发育受到影响，危害生殖生长（孔国辉等，1988）。抗 SO_2 植物具有气孔调节能力，限制 SO_2 少进或不进入组织、细胞内部，具有代谢解毒机制和恢复生长能力的特点，能在 SO_2 浓度超出正常值环境中生长。研究表明，植物对 SO_2 的抗性与叶片组织细胞汁液的 pH 有关。pH 低者易受害，pH 接近中性、碱性则抗性强。对 SO_2、Cl_2 等多种气体均表现抗性较强的植物有榕树、接骨草、美丽枕果榕、大青树等，它们的叶片细胞汁液的 pH 为 7.40～8.60，而抗性弱的米老牌、黄梁木、柠檬桉等的 pH 为 3.50～4.67（孔国辉等，1988）。

常见的对 SO_2 抗性强的植物有：大叶相思（*Acacia auriculaeformis*）、樟叶槭（*Acer cinnamomifolium*）、茶条槭（*Acer ginnala*）、五角枫、臭椿、合欢、石栗（*Aleurites moluccana*）、假槟榔（*Archontophoenix alexandrae*）、鱼尾葵（*Caryota ochlandra*）、散尾葵（*Chrysalidocarpus lutescens*）、棕榈、蒲葵、菠萝蜜（*Artocarpus heterophyllus*）、银杏、沙松（*Abies holophylla*）、白皮松（*Pinus bungeana*）、醉蝶花（*Cleome spinosa*）、桧柏（*Sabina chinensis*）、桂木（*Artocarpus lingnanensis*）、加拿大杨、构树、悬铃木（*Platanus orientalis*）、皂荚、梧桐、无花果、四蕊朴（*Celtis tetrandra*）、海桐、海杧果（*Cerbra manghas*）、乌桕、国槐、栓皮栎、板栗、木模、夹竹桃、米籽兰、桂花、油麻藤（*Mucuna sempervirens*）、木香（*Rose banksiae*）、紫藤、石榴、月季、野牛草（*Buchloe dactyloides*）、狗牙根（*Cynodon dactylon*）、假俭草（*Eremochloa ophiuroides*）、柚、黄皮、蝴蝶果

(*Cleidiocarpon avalerei*)、环纹榕(*Ficus annulata*)、橡皮树、榕树、银桦(*Grevillea robusta*)、黄槿(*Hibiscus tiliaceus*)、杜松(*Juniperus igida*)、女贞、荷花玉兰、杧果(*Mangifera indica*)、人心果、楝树、牛乳树(*Mimusops elengi*)、桑树、杨梅、海南红豆(*Ormosia pinnata*)、云杉、罗汉松、加拿大杨、毛白杨、圆柏、龙柏、海南蒲桃(*Syzygium cumini*)、蒲桃(*S. jambos*)、糠椴、枣、紫穗槐、锦熟黄杨(*Buxus sempervirens*)、黄杨、油菜、山茶、柑橘、蚊母树、沙枣、胡颓子、大叶黄杨、接骨草、构骨、紫薇、夜香木兰(*Magnolia coco*)、九里香、枳橙、柽柳、欧洲荚蒾(*Viburnum opulus*)、珊瑚藤(*Antigonon leptopus*)、五叶地锦、爬山虎、竹节草、玉簪、落地生根、大花马齿苋(*Portulaca grandiflora*)等。

不同的植物，对 SO_2等污染物的吸收差别较大，而且与季节、年龄有密切的关系。如刺槐对 SO_2、Cl_2、光化学烟雾等的抗性都较强，还有较强的吸收铅蒸气的能力。在同一污染源附近，垂柳和法桐叶片中的含硫量可比银桦高出 3～5 倍。而且法桐的吸 S 速度也较快。1kg 柳杉叶每月能吸收 SO_2约 3g；柑橘叶吸收 SO_2能力较强，其吸收量约为叶重量的 0.77%。落叶树种的叶片 SO_2的含量通常是夏季、秋季高于春季，如杜梨叶中春季含硫量为 0.112%，夏季增高到 0.639%，秋季则为 0.960%。常绿树一般老叶（二年生或三年生）比新叶（当年生）SO_2含量高，在不同季节中，以冬季叶片含硫量最大，如侧柏冬季叶片的含硫量比夏季约高 5 倍（中国科学院植物研究二室，1978）。江苏省植物研究所和广东省植物研究所（1978）对 SO_2的抗性进行过分类。

2. 抗 Cl_2 植物

Cl_2进入叶片后，对叶肉细胞有极强的杀伤力，能很快破坏叶绿素，叶片产生失绿漂白的伤斑，严重时全叶漂白脱落。Cl_2对植物的毒性比 SO_2大 3～5 倍。植物受 Cl_2危害后，生长和结实会受到明显的影响（孔国辉等，1988）。

常见抗 Cl_2植物有：银杏、沙松、侧柏、樟叶槭、茶条槭、椤叶槭、臭椿、橡皮树、大叶相思、合欢、石栗、砚木(*Exeentrodendron hsienmu*)、棕榈、假槟榔、鱼尾葵、散尾葵、阴香、樟、柚、黄皮、蝴蝶果、丝棉木(*Euonymus bungeanus*)、大青树、橡皮树、白蜡树、黄槿、杜松、蒲葵、杧果、扁桃、人心果、牛乳树、海南红豆、青杨(*Populus cathayana*)、栓皮栎、龙柏、海南蒲桃、糠椴、黄杨、锦熟黄杨、大叶黄杨、油菜、山茶、柑橘、蚊母树、沙枣、胡颓子、接骨草、构骨、夜合花、九里香、夹竹桃、海桐、枳橙、接骨木(*Sambucus williamsii*)、柽柳、欧洲绣球、美人蕉、狗牙根、假俭草、落地生根、松叶牡丹、榆、槐、杠柳(*Periploca sepium*)、木模、五叶爬墙虎、紫穗槐、榕树(*Ficus microcar*)、加拿大杨、美国杨、构树、旱柳、垂柳、北京丁香(*Syringa pekinensis*)、五角枫、米籽兰、罗汉松、油麻藤、木香、菊花、鸡冠花、竹节草、凤尾丝兰、细叶结缕草等。

3. 抗 HF 植物

氟化物对植物、动物都有很强的毒性。氟化物的毒性比 SO_2大 10～100 倍。大气中含 1～5ppb（10^{-8}ppm）氟化物，经较长时间接触，可使敏感植物受害，出现叶落、枝枯，甚至死亡。有的植物种类长期暴露于较低浓度的含氟大气中，会引起叶的变态，如卷缩、畸形、叶形逐渐变小等。生殖器官更敏感，低浓度的含氟气体即可引起落花、落果，造成农作物、果树、蔬菜的减产（孔国辉等，1988）。通常未开展的幼叶比成熟叶和老叶易受伤害。

常见抗 HF 植物有：大叶相思、银杏、泡桐、臭椿、垂柳、樟、女贞、旱柳、假槟榔、蒲葵、棕榈、滇朴、阴香、大青树、榕树、菩提树、白蜡树、杜松、杧果、扁桃、桑树、白皮松（*Pinus bungeana*）、鸡蛋花、金银花、栓皮栎、旱柳、海南蒲桃、北京丁香、蒲桃、糠椴、枣、米兰、紫穗槐、锦熟黄杨、黄杨、油菜、柑橘、蚊母树、沙枣、胡颓子、大叶黄杨、接骨草、构骨、紫薇、九里香、桂花、枳橙、接骨木、柽柳、欧洲荚蒾、爬山虎、野牛草、竹节草、夹竹桃、国槐、海桐、山茶、桧柏、圆柏、龙柏、侧柏、石榴、月季、万寿菊、美人蕉、凤尾丝兰、龙爪柳、悬铃木、连翘、地锦、五叶地锦、五角枫等。

4. 抗 C_2H_4 植物

乙烯是植物的一种内源激素，也是一种明显影响植物生长发育的大气污染物，影响着植物的生长、生殖等过程。乙烯造成的典型危害特征是叶片发生不正常的偏上生长（叶片下垂）、失绿黄化、变形、落叶或大量落花落果、生长受阻或开花受抑等。表现在：①偏上生长，即由于异常的生长而发生叶片下垂的现象，通常多在叶柄处向下弯曲。②抑制生长，典型的乙烯生物效应是抑制茎、叶和叶柄的伸长生长；促进维管束分化造成茎增粗；正常向地性消失。③促进器官脱落，即乙烯可诱导形成离层细胞，引起叶片、花、果等器官脱落（孔国辉等，1988）。

5. 抗 H_2S 植物

最幼嫩的叶片往往受害最重，甚至生长点枯死（此特点是与其他有害气体不同之处），危害的植物叶脉间产生白色或黄褐色失绿斑。不同种类的植物，对 H_2S 的抗性不同，按抗性强度分为 3 类：①强抗性种类，包括桃、草莓、樱桃，苹果、马齿苋等；②中等抗性种类，含矢车菊、荞麦、旱金莲、向日葵、唐菖蒲、蓖麻等；③弱抗性种类，如萝卜、车轴草、虞美人、黄瓜、大豆、紫菀、烟草等（江苏省植物研究所和广东省植物研究所，1978）。

6. 抗 NH_3 植物

高浓度的 NH_3 会引起植物叶片出现坏死斑，大多数分布于叶脉之间，与 SO_2 伤害之斑相似，呈不规则点、块状，但伤斑色泽较深，呈深褐色或黑褐色。常见抗 NH_3 植物：樟树、龙眼、大青树、榕树、黄槿、杧果、悬铃木、龙柏、海南蒲桃、腊梅、石榴、臭椿等。

7. 抗 O_3 植物

光化学烟雾是世界公认的严重大气污染物之一，O_3 是光化学烟雾中的主要成分。O_3 对植物的伤害，大多数种类的症状出现在叶的上表面，受害症状表现多样，有呈棕色、褐色的色素斑或漂白斑等。O_3 对植物的危害表现在两个方面：①O_3 抑制根、茎的发育和生长，抑制花粉的发芽，引起落叶落果等；②在 O_3 的影响下，引起光合作用、呼吸作用、磷酸化等许多生理过程的变化（孔国辉等，1988）。因此，O_3 对植物的毒性是由于其强氧化性，其原初作用点是膜，通过氧化硫氢基和类脂的水解，破坏膜的结构完整性，增大膜的透性，降低原初代谢产物的合成，提高酶和基质的反应而提高次生代谢产物的数量，由于细胞代谢活动的失调而使细胞受害。O_3对植物的伤害多在叶上表面的基部或近中脉两侧，老龄叶对 O_3 比较敏感。

常见抗 O_3植物有：银杏、柳杉、扁柏（*Chamaecyparis obtusa*）、樟、五角枫、臭椿、侧柏、白蜡树、悬铃木、钻天杨、红叶李、刺槐、圆柏、国槐、紫穗槐、海桐、青冈栎、夹竹桃等。江苏省植物研究所和广东省植物研究所（1978）将抗 O_3植物根据抗性的强弱分为 5 类。①抗性极强，如银杏、柳杉、日本扁柏、日本黑松、樟树、海桐、青冈栎、日本女贞、夹竹桃、海州常山等。②抗性强：包括冬青、美国鹅掌楸、悬铃木、连翘等。③中等抗性：有日本赤松、锦绣杜鹃、樱花、梨等。④弱抗性，如日本杜鹃、栀子、胡枝子、绣球等。⑤抗性极弱，有木笔、牡丹、垂柳、白杨、悬铃木。

8. 抗 PAN 植物

过氧乙酰硝酸酯（PAN）是光化学烟雾的主要有毒成分之一。PAN 进入叶片气孔后，首先破坏气孔腔附近的海绵组织细胞，然后叶片下表皮细胞干枯，使整片叶的下表皮呈现古铜色或玻璃状，叶片上表皮仍保持正常，这是 PAN 危害植物的典型症状。当 PAN 浓度较高时，往往叶片中部出现一道坏死带，这也是 PAN 危害植物所特有的（孔国辉等，1988）。空气中 PAN 浓度为 0.01～0.05ppm 时，对植物即有毒害作用，使叶片出现黄褐色或白色斑点。对植物毒性的大小为 PAN、PPN（过氧丙酰硝酸酯）＞PBN（过氧苯酰硝酸酯）。大气中 PAN 的浓度水平是衡量光化学烟雾污染程度的重要指标之一。各种植物对 PNA 的敏感性差异较大，最敏感的如番茄，浓度为 15～200μg/L 的环境中延续 4h，就会受害，而抗性强的玉米、秋海棠、棉花，浓度为 75～100μg/L 的状态下延续 2h，一般不会受害。

9. 抗 NO_x 植物

氮氧化物（NO_x）种类很多，包括 N_2O、NO、NO_2、N_2O_3、N_2O_4和 N_2O_5等多种化合物，但主要是 NO 和 NO_2，它们是常见的大气污染物。NO_x与平流层内的臭氧发生反应生成 NO_2与 O_2，其进一步反应生成 NO 和 O_2，从而打破臭氧平衡，使臭氧浓度降低，导致臭氧层的耗损（韩阳等，2005）。NO_x与空气中的水结合最终会转化成硝酸和硝酸盐，随着降水和降尘从空气中去除。硝酸是酸雨的原因之一；它与其他污染物在一定条件下能产生光化学烟雾污染。

对 NO_x有较强抗性的植物有白皮松、荷花玉兰、合欢、黑松、无花果、杨梅、吊兰等。

10. 抗粉尘植物

粉尘是大气污染主要物质之一。粉尘中含有大量烟尘、碳粒、铅、汞、镉等成分，对人体危害极大。据统计，许多工业城市，每年地面上降尘量约为 500 000kg/km^2，个别高达 1 000 000kg/km^2。抗粉尘植物一般叶片粗糙密生茸毛，叶面有褶绉，具有吸尘、滞尘能力。

常见抗粉尘植物有银杏、构树、皂荚、云杉、圆柏、乌柏、臭椿、糖胶树、板栗、朴树、阴香、樟、油樟（*Cinnamomum inuuctum*）、山楂、枇杷、榕树、美丽枕果榕、印度橡皮树、菩提树、黄葛榕（*Ficus virens* var. *tublanceolata*）、白蜡、银杏、皂角树、黄槿、荷花玉兰、扁桃、牛乳树、悬铃木、鸡蛋花、刺槐、枣、木槿、野牛草、紫薇、蒲葵、榆树、国槐、刺槐、杨树、桑、泡桐、杉树、夹竹桃等。例如，马尾松防尘、吸尘能力极强，一棵成年松每年可吸附成吨的灰尘；榆树叶片吸附粉尘可达 $10g/m^2$以上；女贞叶片吸附粉尘可达 $6g/m^2$。泡桐、杉木被称为天然吸尘器，榆树对空气有很好的过滤作用，夹竹桃具有解毒吸尘之功效，被称为绿色吸尘器，木槿被称为天然解毒器。

此外，有些植物具有抗菌的功能，如松、柏、桧柏、桉树、桦树、云杉等；这些树种分泌的抗菌物质，能杀灭大量空气中的致病微生物，有效地避免结核、伤寒、白喉、霍乱、痢疾等疾病的发生与蔓延。具有杀菌能力的主要绿化植物还有珍珠梅（*Sorbaria kirilowii*）、侧柏、桦木属、黄栌（*Cotinus coggygraa*）、合欢、悬铃木、石榴、枣、水栒子（*Cotoneaster multiorus*）、垂柳、银白杨、钻天杨、臭椿、辽东栎、栾树（*Koelreuteria paniculata*）等。

11. 抗噪声植物

噪声也是环境污染的一类。在城市中，汽车、火车、飞机以及工厂的噪声，常常危害居民的身心健康。良好的绿化，可有效减弱噪声危害。

马路边 20m 宽的多层行道树，如雪松、杨树、珊瑚树（*Viburnum odoratissimum*）、桂花各种植 1 行，隔声效果良好，其与同距离空旷地相比，减少噪声 5～7dB。绿化树木减弱噪声的效果与林带的宽度、高度、位置、结构等方式以及植物种类等有密切的关系，如林带宽度 15～30m，高度 10m 以上、林带长度为声源至受声区距离的两倍、林带边缘至声源的距离 6～15m，林带配置以乔木、灌木和草地相结合，减弱噪声效果较佳（江苏省植物研究所和广东省植物研究所，1978）。通常，树冠矮的乔木和灌木比树冠高的乔木防噪声的能力强，灌木的吸音作用更显著。阔叶树吸音效果比针叶树好，几条狭林带比一条宽林带吸音作用大。由乔木、灌木、草本构成的多层稀疏林带比一层稠密林带的防噪效果更好（中国科学院植物研究所二室，1978）。德国对树木的减噪作用与叶片数量、林带结构、分布方式的关系研究认为：重叠排列的高大硬阔叶林比针叶树的减噪效果好；林带的结构比宽度更为重要，一系列窄林带要比一个宽林带的减噪作用好。树木之所以能减噪，是因为林木像墙一样反射一部分声能；树枝树叶构成的通气小孔，又能像多孔吸声材料一样吸收一部分声能（王敬明，1989）。

比较好的隔声树种有：①乔木类，如雪松、桧柏、龙柏、水杉、悬铃木、梧桐、垂柳、云杉、薄壳山核桃（*Carya illinoensis*）、鹅掌楸、柏木、臭椿、樟树、榕树、柳杉、栎树等；②小乔木及灌木类，如珊瑚树、椤木、海桐、桂花、女贞等。若配置得当，多数植物都具有抗噪声的作用。

12. 抗水污染植物

凤眼莲、薄荷、凤仙花、水葱（*Scirpus validus*）、荷花、石菖蒲等，能净化污水，将水中的酚、氰等有毒物质分解成无毒物质。荷花美观宜人，其茎、根能有效吸收沉于底泥中的有机物和 N、P 等，使污水和污泥净化。用于净化水体的实验研究发现石菖蒲、天南星科植物的根茎部分对锌、砷、镍、镉的吸收富集作用较强。含有十几种浓度很高足以使鱼类致死的有机化合物的污水池中，栽植水葱一段时间后，这些物质全部被水葱吸收。

小球藻（属细胞绿藻）在适宜的温度和光照条件下及含有机物质尤其是含N较多的水体中，吸收这些物种，促进个体数量急剧增加。利用小球藻生长迅速、繁殖能力强的特点，可净化工厂污水中所含的N、P和其他污染物。

第二节 特色抗污染植物

一、臭椿 *Ailanthus altissima* (Mill.) Swingle

异名： *Albonia peregrina* Buchoz; *Ailanthus cacodendron* (Ehrh.) Schinz et Thell; *A. glandulosa* Desf.; *A. peregrina* (Buchoz) Barkley; *Pongelion glandulosum* Pierre; *Rhus cacodendron* Ehrh.; *Toxicodendron altissium* Mill.

别名： 樗（《广州植物志》），臭椿皮（《滇南本草》），大果臭椿（云南曲靖），龙树（云南富宁），tree of heaven。

科属： 苦木科（Simaroubaceae）臭椿属。

形态特征： 落叶乔木。奇数羽状复叶，小叶13～27；小叶对生或近对生，两侧各具1个或2个粗锯齿，齿背有腺体1个，叶面深绿色，背面灰绿色，揉碎后具臭味。圆锥花序；花淡绿色；萼片5，覆瓦状排列；花瓣5，基部两侧被硬粗毛；雄蕊10，花丝基部密被硬粗毛，雄花中的花丝长于花瓣，雌花中的花丝短于花瓣；花药长圆形；心皮5，花柱黏合，柱头5裂。翅果长椭圆形；种子位于翅的中间，扁圆形。花期4～5月，果期8～10月。

分布与生境： 除黑龙江、吉林、新疆、青海、宁夏、甘肃和海南外，各地均有分布；世界各地广为栽培。

功能与利用： 臭椿对SO_2、Cl_2、C_2H_2、NO_2、HNO_3的抗性较强，还具有较强的抗烟尘能力；对O_3、HF抗性强，对NH_3抗性中等，净化Cl_2能力强（孔国辉等，1988）。伞状树形规则整齐，果实观赏性强，病虫害较少，是工矿区绿化的良好树种。适应性强，萌蘖力强，根系发达，抗干旱，属深根性树种，是水土保持的良好树种；同时耐盐碱，也是盐碱地土壤改良和绿化的树种之一。树干通直高大，树冠圆如半球状，颇为壮观。枝叶繁茂，春季嫩叶紫红色，秋季满树红色翅果，颇为美观。在印度、英国、法国、意大利、美国等国被称为天堂树，颇受赞赏，常作行道树。材质坚韧、纹理直，具光泽，易加工，是建筑和家具制作的优良用材；木材坚韧，纤维长，是优良的造纸原料。根皮、茎皮和果实作药用，有燥湿清热、消炎止血之功效；茎皮含树胶；叶可饲椿蚕（樗蚕、天蚕）；浸出液可作土农药；种子含脂肪油30%～35%，为半干性油；残渣可作肥料；根含苦楝素、脂肪油及鞣质。

繁殖与栽培： 种子或根蘖苗分株繁殖。喜光，不耐阴。适应性强，除黏土外，中性、酸性及钙质土都能生长；深根性，适生于深厚、肥沃、湿润的砂质土壤。耐寒，耐旱，不耐水湿，长期积水会烂根死亡。

二、紫藤 *Wisteria sinensis* (Sims) Sweet

异名： *Glycine sinensis* Sims；*Wisteria alba* Lindl.；*W. praecox* Hand.-Mazz.；*W. sinensis* f. *alba* (Lindl.) Rehder & E. H. Wilson；*W. sinensis* var. *albiflora* Lem.

别名： 藤萝，葛藤，黄纹藤，黄纤藤，交葛藤，Chinese wisteria。

科属： 蝶形花科（Papilionaceae）紫藤属。

形态特征： 落叶藤本。奇数羽状复叶；小叶 3～6 对，卵状椭圆形至卵状披针形，嫩叶两面被平伏毛，后秃净；小叶柄被柔毛。总状花序发自去年短枝的腋芽或顶芽，花序轴被白色柔毛；苞片披针形，早落；花芳香；花梗细；花萼杯状，密被细绢毛，上方 2 齿甚钝，下方 3 齿卵状三角形；花冠细绢毛，上方 2 齿甚钝，下方 3 齿卵状三角形；花冠紫色，旗瓣圆形，先端略凹陷，花开后反折，基部有 2 胼胝体，翼瓣长圆形，基部圆，龙骨瓣较翼瓣短，阔镰形，子房线形，密被绒毛。荚果倒披针形，密被绒毛，悬垂枝上不脱落，有种子 1～3 粒；种子圆形。花期 4 月中旬至 5 月上旬，果期 5～8 月。

分布与生境： 广东、广西、湖南、福建、江西、浙江、江苏、湖北、河南、河北、山东、安徽、陕西、四川、云南、贵州及吉林均有生长或栽培；半阴生，喜生于肥沃湿润的土壤上，耐旱，不论钙质土或酸性土都生长良好。原产于亚洲，现广植于热带地区。常野生于山坡、林缘、溪谷两旁以及空旷草地。

功能与利用： 对 Cl_2、HF 等毒气有较强抗性。优良的观花藤木，花色鲜艳美丽，花期长，寿命长，先叶后花，紫穗垂缀于稀疏嫩叶，极优美。木材坚硬、耐腐，可作农具、家具、建筑等用材；树皮、叶及花为强泻剂；根和树皮煎剂可治咯血、吐血、便血。花可提炼芳香油。茎皮坚韧，可缚物或编织用。

繁殖与栽培： 播种、分株、压条、扦插、埋根等均可育苗。多于早春定植，定植前先搭架，并将粗枝分别系在架上，使其沿架攀援。盆栽紫藤，除选较小种类和品种外，更应加强修剪和摘心，控制植株勿使其过大。对气候和土壤的适应性强。较耐寒，喜光，也较耐阴，能耐水湿及瘠薄土。以深厚、排水良好、向阳避风的地方栽培最为适宜。

三、龟背竹 *Monstera deliciosa* Liebm.

别名： 龟背芋，datunlan (JP)，siyo (ZW)，tarovine

科属： 天南星科（Araceae）龟背竹属。

形态特征： 攀援灌木。叶片大，心状卵形，表面发亮，背面绿白色，边缘羽状分裂，侧脉间有 1～2 个较大的空洞，靠近中肋者多为横圆形，向外的为横椭圆形。花序柄绿色，粗糙。佛焰苞厚革质，宽卵形，舟状，近直立，先端具喙，苍白带黄色。肉穗花序近圆柱形。雄蕊花丝线形，花粉黄白色。雌蕊陀螺状，柱头小，线形，纵向，稍凸起。浆果淡黄色，柱头周围有青紫色斑点。花期 8～9 月，果于翌年花期之后成熟。

分布与生境： 福建、广东、云南栽培于露地，北京、湖北等地多栽于温室。原产于墨西哥，热带地区多引种栽培供观赏。常附生于热带雨林中的高大树木上，喜温暖湿润环境，切忌强光暴晒和干燥。

功能与利用： 龟背竹具有夜间吸收 CO_2 的奇特本领（吸收 CO_2 的能力比其他花卉高 6 倍以上），可改善室内空气质量，提高其含氧量；还可清除空气中的甲醛。叶形奇特，孔裂纹状，极像龟背。茎节粗壮又似罗汉竹，深褐色气生根，纵横交差，形如电线。其叶常年碧绿，极为耐阴，是有名的室内大型盆栽观叶植物，常种在廊架或建筑物旁，让龟背竹蔓生于棚架或贴生于墙壁，成为极好的垂直绿化植物；叶片可作鲜切花配叶，其叶型独特，可作插花中的配材。果序味美可食，成熟后可以做菜食，有甜味，香味像凤梨或香蕉，但常具麻味。果实未成熟不能吃，具有较强的刺激性。

繁殖与栽培： 播种、扦插和分株进行繁殖。盆栽通常用腐叶土、园林土和河沙等量混合作为基质，种植时加少量骨粉、干牛粪作基肥。它喜湿润，生长期间需要充足的水分，须经常保持盆土湿润；天气干燥时还须向叶面喷水，以保持空气潮湿，利于枝叶生长、叶片鲜艳。

四、蒲葵 *Livistona chinensis* R. Br.

异名： *Latania chinensis* Jacq.；*Livistona olivaeformis* Mart.；*L. sinensis* Griff.；*Saribus chinensis* Bl.

别名： 扇叶葵、葵扇叶、葵树、蓬扇树（《广西中兽医药植》），葵扇木（《陆川本草》），华南蒲葵，扁叶葵，葵扇，zhuanmeng（D-DH），suoyipun（JP），suoyigang（ZW），fountain palm。

科属： 棕榈科（Palmae）蒲葵属。

形态特征： 乔木状。叶阔肾状扇形，掌状深裂至中部，裂片线状披针形，顶部长渐尖，2 深裂成丝状下垂的小裂片，两面绿色；叶柄下部两侧有黄绿色或淡褐色下弯的短刺。花序呈圆锥状，总梗上有 6～7 个佛焰苞，约 6 个分枝花序，每分枝花序基部有 1 个佛焰苞，分枝花序具 2 次或 3 次分枝。花小，两性；花萼裂至近基部成 3 个宽三角形近急尖的裂片；花冠约 2 倍长于花萼，裂至中部成 3 个半卵形急尖的裂片；雄蕊 6 枚，花丝稍粗，突变成短钻状的尖头，花药阔椭圆形；子房的心皮上面有深雕纹，花柱突变成钻状。果实椭圆形（如橄榄状），黑褐色。种子椭圆形。花期 3～5 月，果期 7～8 月。

分布与生境： 原产于华南，在广东、广西、福建、台湾普遍栽培，内陆地区以湖南南部、广西北部、云南中部为其分布北界。生性喜高温多湿，耐阴，耐寒能力差，能耐短期 0℃低温及轻霜。生长适温为 20～28℃。以含腐殖质壤土或砂质壤土最佳，排水需良好。

功能与利用： 对 Cl_2、SO_2 抗性强。四季常青，树冠伞形，叶片扇形，在温暖地区适宜庭院绿化，或作行道树、风景树、背景树，也可用作厂区绿化，小树可盆栽摆设，供观赏。用其嫩叶编制葵扇；老叶制蓑衣等，叶裂片的肋脉可制牙签；树干可作手杖、伞柄、屋柱。果实及根入药。

繁殖与栽培： 播种繁殖，春季至夏季为播种期，丛植或行植。属阳性植物，通常日照需充足；生性喜高温多湿，耐阴，耐寒能力差，能耐短期 0℃低温及轻霜。生长适温为 20～28℃。以含腐殖质的壤土或沙质壤土最佳，排水需良好。

五、梧桐 *Firmiana simplex*（L.）W. Wight

异名：*Firmiana platanifolia*（L. f.）Schott & Endl.；*F. simplex* var. *glabra* Hatusima；*Hibiscus simplex* L.；*Sterculia firmiana* J. F. Gmelin；*S. platanifolia* L. f.；*S. pyriformis* Bunge；*S. simplex*（L.）Druce.

别名：青桐，桐麻，Chinese parasoltree。

科属：梧桐科（Sterculiaceae）梧桐属。

形态特征：落叶乔木。叶心形，掌状3～5裂，裂片三角形，两面均无毛或略被短柔毛，叶柄与叶片等长。圆锥花序顶生，花淡黄绿色；萼5深裂几至基部，萼片条形，向外卷曲，外面被淡黄色短柔毛，内面仅在基部被柔毛；花梗与花几等长；雄花的雌雄蕊柄与萼等长，下半部较粗，花药15个不规则地聚集在雌雄蕊柄的顶端，退化子房梨形且甚小；雌花的子房圆球形，被毛。蓇葖果有柄，成熟前开裂成叶状，外面被短茸毛或几无；蓇葖果，种子2～4粒；种子圆球形，表面有皱纹。花期6月。

分布与生境：产于中国南北各省（自治区）；也分布于日本；多为人工栽培。

功能与利用：对SO_2、Cl_2等有毒气体有较强的抗性。木材轻软，为制木匣和乐器的良材。种子炒熟可食或榨油，油为不干性油。茎、叶、花、果和种子均可药用，有清热解毒的功效。树皮的纤维洁白，可造纸和编绳等。木材刨片可浸出黏液，称刨花，可润发。叶做土农药，可杀灭蚜虫。树干高大而粗壮、枝叶茂盛、树冠呈卵圆形、树干通直、树皮青绿平滑、侧枝粗壮，翠绿色；速生，易成活，耐修剪，常用于园林观赏，广泛栽植作行道绿化树种，也为速生材用树种。

繁殖与栽培：梧桐多为人工栽培，树形较好，常用于绿化树种。生于温暖湿润的环境；耐严寒，耐干旱及瘠薄。夏季树皮不耐烈日，在沙质土壤上生长较好。

六、紫薇 *Lagerstroemia indica* L.

异名：*Lagerstroemia chinensis* Lam.；*Murtughas india*（L.）Kuntze

别名：痒痒花（山东），痒痒树（河南、陕西），紫金花、紫兰花（广西），蚊子花、西洋水杨梅（广东），百日红（《海南闻史》），无皮树（《灌圃草木识》），满堂红，molanlin（D-DH），zhuangban（ZW），crapemyrtle。

科属：千屈菜科（Lythraceae）紫薇属。

形态特征：落叶灌木或小乔木。叶互生或有时对生，无毛或下面沿中脉有微柔毛；无柄或叶柄很短。顶生圆锥花序；花淡红色或紫色、白色；花梗中轴及花梗均被柔毛；花萼鲜时萼筒有微突起短棱，裂片6，三角形；花瓣6，皱缩，具长爪；雄蕊36～42，外面6枚着生于花萼上，比其余的长得多；子房3～6室。蒴果椭圆状球形或阔椭圆形，幼时绿色至黄色，成熟时或干燥时呈紫黑色，室背开裂；种子有翅。花期6～9月，果期9～12月。

分布与生境：广东、广西、湖南、福建、江西、浙江、江苏、湖北、河南、河北、山东、安徽、陕西、四川、云南、贵州及吉林均有生长或栽培；生于疏林下或火烧迹地；原产于亚洲，现广植于热带地区，广泛分布于泰国、越南、印度南部。

功能与利用：能吸入有害气体，对 SO_2、HF 及 Cl_2 的抗性强。据测定，每千克叶能吸硫 10g 而生长良好。紫薇又能吸滞粉尘，在水泥厂内距污染源 200～250m 处，叶片吸滞粉尘能力 4042g/m^2。宋代诗人杨万里有诗赞颂紫薇："似痴如醉丽还佳，露压风欺分外斜。谁道花无红百日，紫薇长放半年花。"紫薇花色鲜艳美丽，花期长，寿命长，树龄可达 200 年。现热带地区已广泛栽培为庭园观赏树，有矮紫薇、蔓生紫薇、银薇、赤薇、翠薇等品种；有时也作盆景。李时珍在《本草纲目》中论述，其皮、木、花有活血通经、止痛、消肿、解毒作用。种子可制农药，有驱杀害虫的功效。叶治白痢、花治产后血崩不止、小儿烂头胎毒，根治痈肿疮毒，可谓浑身是宝。紫薇的木材坚硬、耐腐，可作农具、家具、建筑等用材。树皮、叶及花为强泻剂；以根和树皮入药，煎剂可治咯血、吐血、便血。

繁殖与栽培：种子、扦插、压条、分株、嫁接等均可。耐旱忌涝，耐修剪，萌蘖性强，半阴生，喜生于肥沃湿润的土壤上，也能耐旱，不论钙质土或酸性土都生长良好。

七、大叶黄杨 *Euonymus japonicus* Thunb.

异名：*Euonymus sinensis* Carr.；*Masakia japonica*（Thunb.）Nakai

别名：冬青卫矛（《中国高等植物图鉴》），Japanese spindletree。

科属：卫矛科（Celastraceae）卫矛属。

形态特征：灌木。叶边缘具有浅细钝齿。聚伞花序 5～12 花，2～3 次分枝，分枝及花序梗均扁壮，第三次分枝常与小花梗等长或较短；小花梗长 3～5mm；花白绿色；花瓣近卵圆形，雄蕊花药长圆状，内向；子房每室 2 胚珠，着生中轴顶部。蒴果近球状，淡红色；种子每室 1，顶生，椭圆状，假种皮橘红色，全包种子。花期 6～7 月，果熟期 9～10 月。

分布与生境：温带及亚热带树种，产于中国中部及北部各省（自治区），栽培甚普遍；日本也有分布。

功能与利用：对 SO_2 抗性较强。叶色光亮，嫩叶鲜绿，极耐修剪，是良好的绿篱植物，可经整形环植门旁道边，或作花坛中心栽植。

繁殖与栽培：以扦插为主，也可种子繁殖。喜光，也较耐阴。喜温暖湿润气候也较耐寒。要求肥沃疏松的土壤，极耐修剪整形。有多种园艺变型，如金边黄杨（*E. japonicus* var. *aurea-marginatus*）、银边黄杨（*E. japonicus* var. *albomarginatus*）等都是栽培变型，具有较高的观赏价值。

八、木槿 *Hibiscus syriacus* L.

异名：*Ketmia arborea* Moench；*K. syriaca*（L.）Scopoli；*K. syrorum* Moench

别名：木棉、荆条（江苏），朝开暮落花（《本草纲目》），喇叭花（福建），mapihong（D-DH）。

科属：锦葵科（Malvoideae）木槿属。

形态特征：落叶灌木，小枝密被黄色星状绒毛。叶菱形至三角状卵形，具深浅不同的 3 裂或不裂，边缘具不整齐齿缺，下面沿叶脉微被毛或近无毛；叶柄上面被星状柔毛；托叶线形，疏被柔毛。花单生于枝端叶腋间，花梗被星状短绒毛；小苞片 6～8，线形，密被星状疏绒毛；花萼钟形，密被星状短绒毛，裂片 5，三角形；花钟形，淡紫色，花瓣倒卵形，外面疏被纤毛和星状长柔毛。蒴果卵圆形，密被黄色星状绒毛；种子肾形，背部被黄白色长柔毛。花期 7～10 月。

分布与生境：产于中国和印度；世界各地均有栽培。

功能与利用：对烟尘、氟化氢、SO_2、Cl_2 等抗性较强，也是美化、绿化、净化空气的优良植物。夏季、秋季开花，花期特长，且多花色、花型的变种和品种，是优良的园林观花植物；枝条柔软、耐修剪，可造型制作桩景或盆栽，宜丛植于草坪、路边或林缘，也可作绿篱或与其他花木搭配栽植。茎皮富含纤维，可做造纸原料；花入药清热凉血，解毒消肿；根皮和茎皮可清热利湿，杀虫止痒；果实称朝天子，可清肺化痰，解毒止痛。

繁殖与栽培：木槿常用扦插和播种繁殖，以扦插为主，多在早春或梅雨季节扦插，秋末冬初也可，极易生根成活。喜温暖、湿润的气候，也耐寒。喜光，耐半阴。耐干旱，不耐水湿。适应性强，对土壤要求不严，能在贫瘠的砾质土或微碱性土中正常生长，但以深厚、肥沃、疏松的土壤为好。

九、其他常见抗污染植物

（一）凤眼莲 *Eichhornia crassipes*（Mart.）Solms

别名：凤眼蓝（《种子植物名称》），水浮莲，水葫芦，common water hyacinth。

科属：雨久花科（Pontederiaceae）凤眼蓝属。

分布：广布于中国长江、黄河流域及华南各省；生于海拔 200～1500m 的水塘、沟渠及稻田中；原产于巴西，亚洲热带地区也广泛生长。

功用：凤眼莲具有快速生长和有效吸附富集氮和磷的特性，是近年净化污水的主要植物（如云南滇池治理）。也是园林水景中的造景材料。植于小池一隅，以竹框之，否则易逸野、扩张；野趣幽然。全草为家畜、家禽饲料；嫩叶及叶柄可作蔬菜。全株也可供药用，有清凉解毒、除湿祛风热以及外敷治热疮等功效。本种还是监测环境污染的指示植物，它可监测水中是否有砷存在，还可净化水中汞、镉、铅等有害物质。

（二）榆树 *Ulmus pumila* L.

参见油脂植物部分。

功用：可抗 SO_2、Cl_2、F 等有毒气体和虫烟之害。滞尘能力强，叶片吸附粉尘可达 $10g/m^2$ 以上。其适应性强，耐寒、耐干旱、耐瘠薄。阳性，生长快，根系发达，适应性强，能耐干冷气候及中度盐碱，但不耐水湿（能耐雨季水涝）。在土壤深厚、肥沃、排水良好之冲积土及黄土高原生长良好。树皮深褐，叶小厚硬，枝条下垂，依依如柳，可作西北荒漠、华北及淮北平原、丘陵及东北荒山、沙地及滨海盐碱地的造林或四旁绿化树种。

（三）构树 *Broussonetia papyrifera*（L.）L'Hér. ex Ven

参见饲用植物部分。

功用： 对 SO_2、HF、Cl_2、H_2S、CS_2、硫酸雾和盐酸雾等多种有害气体呈现强至中等抗性（孔国辉等，1988）。该树在排放 SO_2、HS、Cl_2 污染源的下风方向 20～50m 处种植，能正常生长。对酸和 NO_x 的抗性也强，可作为大气污染严重厂区的先锋绿化树种。

（四）金盏花 *Calendula officinalis* L.

别名： 金盏菊，大金盏花，大金盏菊，灯盏花，金盏儿花，金盏盏，pot marigold。

科属： 菊科（Compositae）金盏花属。

分布： 中国各地广泛栽培。

功用： 可吸收空气中的氰化物、HS 等有毒气体。花美丽鲜艳，夏秋开金黄、橘黄、橙黄色花，是庭院、公园装饰花圃花坛的理想花卉。

（五）常春藤 *Hedera nepalensis* K. Koch var. *sinensis*（Tobl.）Rehd.

别名： 爬树藤、爬墙虎（湖北兴山），三角枫（四川北碚），牛一枫（四川峨眉），山葡萄（福建），三角藤、狗姆蛇（广东），爬崖藤（陕西佛坪）。

科属： 五加科（Araliaceae）常春藤属。

分布： 分布地区广，北自甘肃东南部、陕西南部、河南、山东，南至广东（海南岛除外）、江西、福建，西自西藏波密，东至江苏、浙江的广大区域；生于海拔 3500m 以下的林缘、林下路旁、岩石和房屋墙壁上，庭园中也常栽培；越南也有分布。

功用： 吸收甲醛、甲酯、苯、CO_2、二甲苯；全株供药用，有舒筋散风之效，茎叶捣碎治衄血，也可治痛疽或其他初起肿毒；枝叶供观赏用。茎叶含鞣酸，可提制栲胶。

（六）仙人掌 *Opuntia stricta*（Haw.）Haw. var. *dillenii*（Ker-Gawl.）Benson

别名： 霸王树，观音刺，仙巴掌，扁金刚，观音掌，神仙掌，仙人球，野仙人掌，erect pricklypear。

科属： 仙人掌科（Cactaceae）仙人掌属。

分布： 中国明末引种，南方沿海地区常见栽培，在广东、广西南部和海南沿海地区逸为野生；原产于墨西哥东海岸、美国南部及东南部沿海地区、西印度群岛、百慕大群岛和南美洲北部；在加那利群岛、印度和澳大利亚东部逸生。

功用： 吸收甲醛、CO、CO_2 及放射性物质；通常栽培作围篱，茎供药用，浆果酸甜可食。

（七）虎尾兰 *Sansevieria trifasciata* Prain

别名： 虎皮兰，豹皮兰，凤尾兰，弓弦麻，虎皮掌，老虎尾，虎耳兰，虎皮令箭，石笔虎尾兰。

科属： 龙舌兰科（Agavaceae）虎尾兰属。

分布： 原产于非洲及印度、斯里兰卡的干旱地区；中国各地也有栽培。

功用： 一盆虎尾兰可吸收房间内 $10m^2$ 左右的 80%以上多种有害气体，两盆虎尾兰基本上可使一般居室内空气完全净化；虎尾兰白天还可以释放出大量氧气；也是观赏植物；叶纤维强韧，可供编织用。

（八）苏铁 *Cycas revoluta* Thunb.

别名： 铁树（北京俗名），辟火蕉（俗称），凤尾蕉（《植物名实图考》），凤尾松（《中国种子植物科属辞典》），凤尾草（广西临桂），sago palm。

科属： 苏铁科（Cycadaceae）苏铁属。

分布： 福建、广东、广西、江西、云南、贵州及四川东部等地多栽植于庭园，江苏、浙江及华北各省（自治区）多栽于盆中，冬季置于温室越冬；日本南部、菲律宾和印度尼西亚也有分布。

功用： 吸收室内苯污染的优良植物，能去除香烟、人造纤维中释放的80%的苯，而且还能有效分解地毯、绝缘材料、胶合板中的甲醛和隐匿于壁纸中对肾脏有害的二甲苯。其也为优美的观赏植物，栽培极为普遍；茎内含淀粉，可供食用；种子含油和丰富的淀粉，微有毒，供食用和药用，有治痢疾、止咳和止血之效。

（九）吊兰 *Chlorophytum comosum*（Thunb.）Baker

别名： 钓兰，挂兰，金边吊兰，狭叶吊兰，垂盆吊兰，树蕉瓜，窄叶吊兰，折鹤兰，spider plant。

科属： 百合科（Liliaceae）吊兰属。

分布： 原产于非洲南部，各地广泛栽培。

功用： 众多吸收有毒物质的植物中，功效位居第一。据测定，在 $8\sim10m^2$ 的房间内只要放上一盆吊兰，就可在一天内吸收 86%的甲醛；能将室内电器、塑料制品、涂料以及煤气燃烧后散发的 CO、NO_3 等有害气体吸收分解为无害气体，还能分解复印机、打印机所排放的苯，吞噬尼古丁等；各地广泛栽培，供观赏；广州民间取全草煎服，治声音嘶哑。

（十）山茶 *Camellia japonica* L.

参见观赏植物部分。

功用： 吸收 SO_2、盐酸、洛酸和硝酸烟雾。各地广泛栽培，品种繁多，花大多数为红色或淡红色，也有白色，多为重瓣；观赏植物；花有止血功效，种子榨油，供工业用。

（十一）马尾松 *Pinus massoniana* Lamb.

参见树脂树胶植物部分。

功用： 针叶和树干分泌的松脂易被氧化，放出低浓度的臭氧，能清新空气；马尾松防尘、吸尘能力极强；树冠塔形或广卵形，优美；心边材区别不明显，淡黄褐色，纹理直，结构粗，相对密度 0.39～0.49，有弹性，富树脂，耐腐力弱。供建筑、枕木、矿柱、家具及木纤维工业（人造丝浆及造纸）原料等用。树干可割取松脂，为医药、化工原料；根部树脂含量丰富；树干及根部可培养茯苓、蕈类，供中药及食用；树皮可提取栲胶；为长江流域以南重要的荒山造林树种。

（十二）银杏 *Ginkgo biloba* L.

参见淀粉植物部分。

功用：银杏树具抗污染、抗烟火、抗尘埃等功能。对 SO_2 和 Cl_2 为主的复合气体及 O_3 的抗性较强，对其他不良环境适应性强；叶片表皮有一角质层及本身的生理机能，同时，由于较高的角质含量，叶片中含有 α-乙烯醛和多种有机酸，具有抑菌杀虫的作用和较强的抵御各种病原菌侵染的能力，也是银杏树病虫害较少的原因。可在工业区、住宅小区、城镇、人口密集区等按一定比例种植银杏树，形成银杏林区、带，自然净化空气，减少大气层悬浮物含量，提高空气质量。

（十三）女贞 *Ligustrum lucidum* Ait.

参见经济昆虫寄主植物部分。

功用：对大气污染的抗性较强，对 SO_2、Cl_2、HF 及铅蒸气均有较强抗性；也能忍受较高的粉尘、烟尘污染，叶片吸附粉尘可达 $6g/m^2$。女贞对剧毒的汞蒸气反应相当敏感，一旦受熏，叶、茎、花冠、花梗和幼蕾便会变成棕色或黑色，严重时会掉叶掉蕾。

（十四）侧柏 *Platycladus orientalis*（L.）Franco

别名：香柏（河北），扁柏（浙江、安徽），扁桧（江苏扬州），香树、香柯树（湖北宣恩、利川），黄柏（华北），tianbe（D-DH）、merao（JP）、tanghu（ZW）。

科属：柏科（Cupressaceae）侧柏属。

分布：产于内蒙古南部、吉林、辽宁、河北、山西、山东、江苏、浙江、福建、安徽、江西、河南、陕西、甘肃、四川、云南、贵州、湖北、湖南、广东北部及广西北部等，西藏德庆、达孜等地有栽培。分布各地的海拔差异较大，从吉林的海拔 250m，到云南中部及西北部海拔 3300m。

功用：能吸收大气中的 SO_2 和 Cl_2 等有毒有害气体，对污浊空气具有很强的耐力，也抗烟尘。在市区街心、路旁种植，生长良好，不碍视线，吸附尘埃，净化空气。也适宜炼油厂、制药厂、化纤厂、塑料厂等厂区内种植。在城市绿化中常见。侧柏丛植于窗下、门旁，极具点缀效果，配植于草坪、花坛、山石、林下，可增加绿化层次，丰富观赏美感。种子与生鳞叶的小枝入药，前者为强壮滋补药，后者为健胃药，又为清凉收敛药及淋疾的利尿药。木材淡黄褐色，富树脂，材质细密，纹理斜行，耐腐力强，相对密度 0.58，坚实耐用，可供建筑、器具、家具、农具及文具等用材。用种子榨油，供制皂、食用或药用。

（十五）石竹 *Dianthus chinensis* L.

别名： 洛阳花，瞿麦草，石柱花，日暮草，mogame（D-DH），rainbow pink。

科属： 石竹科（Caryophyllaceae）石竹属。

分布： 原产于中国东北、华北、长江流域及东南亚地区，现在南北普遍生长，分布极广，适应性强；生于海拔10～2700m的草原和山坡草地；俄罗斯西伯利亚和朝鲜也有分布。

功用： 石竹有吸收SO_2和Cl_2的功能，凡有毒气的地方，可多种石竹，防止毒气污染。中国传统名花之一，园林中可用于花坛、花境、花台或盆栽，也可用于岩石园和草坪边缘点缀。大面积成片栽植时可作景观地被植物，另外切花观赏亦佳。根和全草入药，具清热利尿、破血通经、散淤消肿之功效。

（十六）橡皮树 *Ficus elastica* Roxb. ex Hornem

别名： 印度榕（《海南植物志》），印度胶树（《中国高等植物图鉴》），印度橡皮树，印度橡胶树，印度胶榕，缅榕，象鼻树，dunhongliang（D-DH），neigenpun（JP），nuijiangang（ZW）。

科属： 桑科（Moraceae）榕属。

分布： 产于中国云南（瑞丽、盈江、陇川），海拔800～1500m处有野生；现各地多有栽培；原产于不丹、尼泊尔、印度东北部（阿萨姆）、缅甸、马来西亚（北部）、印度尼西亚（苏门答腊、爪哇）。

功用： 绿色吸尘器，对CO、CO_2、HF等有害气体有一定抗性，还能消除可吸入颗粒物污染，对室内灰尘能起到有效的滞尘作用。世界各地（包括中国北方）常栽于温室或室内，盆栽作观赏。

（十七）朴树 *Celtis sinensis* Pers.

别名： 黄果朴（《中国高等植物图鉴》）、紫荆朴（《湖北植物志》）、小叶朴（《台湾植物志》）、白麻子、朴、朴榆、朴仔树、沙朴。

科属： 榆科（Ulmaceae）朴属。

分布： 产于河南、山东、长江中下游及其以南诸省（自治区）以及台湾地区；生于海拔100～1500m的路旁、山坡、林缘耐阴处；也散生于平原及低山区，村落附近习见；越南、老挝也有分布。

功用： 朴树对SO_2、Cl_2等有毒气体的抗性较强，具有较强的吸滞粉尘的能力，常被用于城市及工矿区绿化，也是重要的行道树，栽植于公园或小区内，作景观树等；也是河网区防风固堤树种；在园林中孤植于草坪或旷地，列植于街道两旁，尤为雄伟壮观；根、皮、嫩叶入药有消肿止痛、解毒治热的功效，外敷治水、火烫伤；根皮入药，治腰痛、漆疮。叶制土农药，可杀红蜘蛛。朴树茎皮为造纸和人造棉原料；果实榨油作润滑油；木材坚硬，可供工业用材；茎皮纤维强韧，可作绳索和人造纤维。

（十八）刺槐 *Robinia pseudoacacia* L.

参见饲用植物部分。

功用：对空气中的 SO_2、Cl_2、$HgCl_2$ 等有害气体、光化学烟雾有较强的净化作用，并有较强吸收铅蒸气的能力。生长快，萌蘖力强，是速生薪炭林树种；刺槐花可食用，又是优良的蜜源植物。

（十九）楝树 *Melia azedarach* L.

参见农药植物部分。

功用：楝树是高抗旱树种，对 SO_2、HF 等有毒有害气体有超强的吸收净化作用（其对 SO_2 的吸收量是其他树种的 4～5 倍）。耐烟尘，是工厂、城市、矿区绿化树种，宜作庭荫树及行道树。楝树树形优美，叶形秀丽，春夏之交开出淡紫色花朵，颇为美丽，且有淡香。生长迅速，侧根发达，萌芽力强，多用于四旁绿化和沿海地区造林。

第二十八章　观赏植物

第一节　概　述

一、概念

观赏植物（ornamental plant）是指具有观赏价值植物的总称，包括园林植物、花卉植物和绿化植物等。

广义上，观赏植物资源是指具有观赏价值的一类野生和人工栽植的植物，包括园林、花卉和绿化植物等（戴宝合，2003；杨利民，2008）。狭义地，凡是以观赏为目的，具有一定观赏价值的观叶、观茎、观花、观果、观芽植物，统称为观赏植物。无论是孢子植物中的苔藓或蕨类植物，还是裸子植物或被子植物中的草本、藤本、灌木或乔木，以及多肉、多浆植物，都属于观赏植物范围。观赏植物常用于城市园林、绿地、风景名胜区、森林公园、旅游区栽培或室内绿化装饰等（杨期和，2009）。

二、观赏植物的起源

观赏植物有三个起源中心。

1. 中国中心

中国是世界上野生植物种类最丰富的国家之一，并且5000年以上的人类文明历史，也包括观赏植物的引种驯化、繁殖栽培、杂交选育等内容，丰富了观赏植物的知识和内涵。起源于中国的观赏植物包括梅花、牡丹、芍药、菊花、兰花、月季、玫瑰、杜鹃、山茶、荷花、桂花、腊梅、扶桑（*Hibiscus rosasinensis*）、海棠、紫薇、木兰、丁香、萱草等。中国中心经过唐、宋的发展达到鼎盛。从明、清开始，观赏植物的起源中心逐渐向日本、欧洲和美国转移，形成了日本次中心。

2. 西亚中心

西亚是古代巴比伦文明和世界三大宗教的发祥地，起源于此的观赏植物有郁金香、仙客来、秋水仙（*Colchicum autumnale*）、风信子（*Hyacinthns orientalis*）、水仙、鸢尾、金鱼草（*Antirrhinum majus*）、金盏花、瓜叶菊（*Pericallis hybrida*）、紫罗兰等。西亚中心经过希腊、罗马的发展，逐渐形成了欧洲次中心，是欧洲花卉发展的肇始。美国也是欧洲次中心的一部分。

3. 中南美中心

当地古老的玛雅文化，孕育了许多草本花卉，如孤挺花（*Amaryllis belladonna*）、大丽花、万寿菊、百日菊等。与中国中心和西亚中心不同的是，中南美中心没有得到充分的发展。

19世纪中叶到20世纪40年代，中国一直是欧洲、美国等发达国家进行植物采集与开发的重要宝库。从20世纪后半叶开始至今，世界花卉资源开发的重点逐步转移到澳大利亚和南非。例如，原产于南非的非洲菊（*Gerbera jamesonii*）、唐菖蒲、马蹄莲（*Zantedeschia aethiopica*）、君子兰等，原产于澳大利亚的蜡菊（*Helichrysum bracteatum*）、红千层（*Callistemon rigidus*）等，均成为世界花卉的重要种类。随着人们对新、奇、特花卉种类和品种的不断追求，南非和澳大利亚有可能成为新兴的观赏植物起源中心。

三、观赏植物的资源与分布

中国的地形、气候多样，观赏植物不仅种类极其丰富，而且呈现地区性差异。西部和西南部独特的地理和气候条件，形成了世界上某些观赏植物的分布中心。

中国云南省的观赏植物种类最多，有 18 000 多种植物，并有种质资源丰富的特有观赏属分布，如杜鹃属、报春属、龙胆属、山茶属、兰属、凤仙属、绿绒蒿属等。观赏植物种质资源比较丰富的还有江苏、浙江、福建、广东、广西、湖南、湖北等省（自治区），种类为 3000～5000 种。

同一类观赏植物在不同地区分布的数量差别极大。杜鹃花全世界有 900 余种，其中 530 种起源于中国，云南省分布有 250 种，四川 144 种，西藏 177 种，贵州 80 余种；木兰科观赏植物全世界有 15 属、240 种，起源中国的 11 属、130 余种，云南、广东、广西是木兰科植物的现代分布中心；兰科植物全世界有 700 属、2000 多种，中国有 171 属、1500 多种，仅云南省就有 1000 多种，如著名的建兰（*Cymbidium ensifolium*）、墨兰（*C. sinense*）、兜兰（*Cypripedium corrugatum*）等，台湾省、海南省也是兰花的重要产地；海南省还是仙人掌科植物的集中分布区。

四、观赏植物的分类

观赏植物有多种不同的分类方法，除了按植物学分类法外，还可依据生活型、生态习性、栽培用途、自然分布、原产地等进行分类。

（一）植物学系统分类

按植物系统分类，观赏植物多集中于兰科、菊科、杜鹃花科、山茶科、百合科、蔷薇科、唇形科、罂粟科、鸢尾科、毛茛科、天南星科、仙人掌科、景天科和石蒜科等。

世界花卉和园林植物数量达 8000 多种（不包括高山植物和野生草花）。原产于中国的花卉和园林植物，包括观赏乔木 20 属、350 余种，观赏灌木 60 多属、2421 种，观赏藤本 20 余属、228 种，草本宿根花卉 30 属、1991 种，草本球根花卉 7 属、85 种，草本 1～2 年生花卉 6 属、209 种。

（二）按观赏植物的生活型分类

由于对某一特定的综合环境条件的长期适应，不同的植物在形状、大小、分枝等方面都表现了相似的特征。把这些具有相同外貌特征的不同种观赏植物，称为一个生活型。

1. 一、二年生花卉

可分为一年生花卉和二年生花卉。

1）一年生花卉　指在一个生长季内完成生活史的草本花卉，即春播草花。春季播种，夏秋开花，从播种到开花、结实、枯死均在一个生长年度内完成，如凤仙花、鸡冠花、千日红、大花马齿苋、波斯菊、万寿菊、孔雀草（*Tagetes patula*）等。

2）二年生花卉　指在两个生长年度内完成生活史的草本花卉。一般秋季播种，春夏开花，即秋播草花。虽其生活周期不足一年，但因跨越两个年度，故称为二年生花卉，如三色堇（*Viola tricolor*）、金盏花、石竹、金鱼草、虞美人、桂竹香（*Cheiranthus cheiri*）等。

2. 宿根花卉

宿根花卉是指个体寿命超过两年，可连续生长，多次开花、结实，且地下根系或地下茎形态正常，不发生变态的一类多年生草本花卉。

1）常绿宿根花卉　叶子终年生长，只换叶，无全株整体落叶的草本花卉类，如麦冬、红花酢浆草（*Oxalis corymbosa*）、万年青、君子兰（*Clivia miniata*）等。

2）落叶宿根花卉　秋冬季节，地上部分呈现整体落叶甚至全株枯萎死亡，仅宿存地下根系或茎存活，翌年春天地上部分重新萌发的草本花卉类，如菊花、芍药、玉簪、萱草等。

3. 球根花卉

球根花卉属于多年生草本花卉，是宿根花卉的一种特殊类型。其特点是地下根系或地下茎发生变态，膨大成为球形或块状，成为植物体的营养贮藏器官，助其渡过逆境，待环境适宜时，再度生长、开花。根据其地下变态部分的形态结构不同，球根花卉可分为鳞茎、球茎、根茎、块根、块茎5类。

1）鳞茎类　地下肥大的营养贮藏器官是由叶片基部或叶片肉质化、肥厚并互相抱合而形成的花卉类。包括①有皮鳞茎类花卉：在鳞茎的最外层，有1至几层干膜质的鳞片叶包被，其内的肉质鳞叶封闭成筒，层状抱合呈球形，如郁金香属（*Tulipa*）、风信子、水仙属（*Narcissus*）、葱兰属（*Zephyranthes*）、朱顶红属（*Hippeastrum*）、文殊兰属（*Crinum*）、石蒜属（*Lycoris*）等；②无皮鳞茎类花卉：无皮鳞茎的外表无膜质鳞片叶包被，肉质鳞叶呈鳞片状，旋生于鳞茎盘上，抱合呈球形，如百合属、贝母属（*Fritillaria*）、大百合属（*Cardiocrinum*）等。

2）球茎类　地下肥大的营养储藏器官是地下茎的变态，肥大成球状。肉质实心，质地硬，其上茎节明显，有发达的顶芽和侧芽，如唐菖蒲、香雪兰（*Freesia refracta*）、番红花、秋水仙等。

3）块茎类　由地下根状茎顶端膨大而形成，其上节不明显，且不能直接生根，如马铃薯、菊芋、五彩芋属（*Caladium*）等。

4）根茎类　是横卧地下、节间伸长、外形似根的变态茎。形态上与根有本质的区别，其上有明显的节、节间、芽和叶痕，如美人蕉（*Canna indica*）、鸢尾、荷花、睡莲等。

5）块根类　由不定根或侧根膨大而成块状，只在根冠处有芽，不形成不定芽，如大丽花、花毛茛（*Ranunculus asiaticus*）等。

4. 木本花卉

木本花卉是指灌木或小乔木，以及传统的盆栽木本花卉。①园林绿化类木本花卉：用于园林绿化的植物，如牡丹、石榴、栀子花等；②盆栽类：用于盆栽的植物，如杜鹃花、山茶花、一品红（*Euphorbia pulcherrima*）等；③切花类：用于切花的植物，如切花月季、梅花、腊梅等。

5. 兰科花卉

兰科植物共有 20 000 余种，因其具有相同的形态特征及生态习性，可采用近似的栽培和繁殖方法，因此将兰科花卉单独列为一类。兰科花卉为多年生草本，分地生和附生兰两类。

1）地生兰　可直接生长于土壤中的兰花，如春兰（*Cymbidium goeringii*）、蕙兰（*C. faberi*）、建兰、墨兰、寒兰（*C. kanran*）和杏黄兜兰（*Paphiopedilum armeniacum*，也半附生）等。

2）附生兰　通常附生于活立木的枝干上或腐木、或有腐殖质的岩石等处的兰花类，如蝴蝶兰（*Phalaenopsis aphrodite*）、万带兰（*Vanda* spp.）和石斛（*Dendrobium* spp.）等。

6. 仙人掌及多浆植物

茎、叶肥厚多汁，具有发达的储水组织，抗干旱、抗高温能力极强的一类植物。因其形态奇特，也具有很高的观赏价值。

1）仙人掌科　仙人掌、木麒麟（*Pereskia aculeata*）、霸王鞭（*Euphorbia royleana*）、昙花（*Epiphyllum oxypetalum*）、令箭荷花（*Nopalxochia ackermannii*）和蟹爪兰（*Zygocactus truncactus*）等。

2）多浆植物类　除仙人掌科外的其他多浆植物类，如落地生根、玉蝶（*Echeveria secunda* var. *glauca*）、虎刺梅（*Euphorbia splendens*）和虎尾兰等。

7. 竹类

竹类植物具有较高的观赏价值，故单独分为一类。诗经中"瞻彼淇奥，绿竹猗猗"，是中国古代最早的赏竹记载。"竹君子、石大人、千岁友、四时春"（清代郑板桥）。千百年来，竹子以其挺拔秀丽的秆型，潇洒多姿的枝叶，丰富多样的形态，与松、梅并誉为岁寒三友，和梅、兰、菊有四君子之称，形成四季常青，碧玉成林，独具风韵，具声、影、意、形"四趣"的园林景观，在中国和世界园林中占有重要的位置（王慷林，2004a；张培新等，2006）。

竹子的观赏价值主要体现在竹秆形态、大小、颜色、竹枝形态、竹叶类型、竹笋出土和拔节生长等特征，以展现竹子的洒脱、素雅、挺拔、婀娜、刚强、高筒、古朴、奇特之美。各种大小、姿态、色彩的竹子搭配，可以形成多姿多彩的竹子景观。此外竹类具有较高的文化造景价值。苏轼"宁可食无肉，不可居无竹"的名句，说明竹子在文人精神层次、庭院绿化和美化中不可或缺的重要性（王慷林，2004a；史军义等，2012）。

竹子造景可以散植、丛植、花坛或花境等装饰小品的形式出现，也可以竹林、竹列等形式构成富有情趣的植物空间和景观，它既可以独立成景，也可作为建筑、置石的配景；或者与多种造景元素一起构成综合性景观："一见此君面，荒村不是村"（宋，杨万里），道出了竹子构建景观的魅力和对人们心灵的慰藉。

竹子地上部分植株有大型、中型和小型，可以满足现代园林造景的多种需求。

1）*乔木状竹类*　秆型高大、根系较深、分枝较高、叶比较密集的龙竹、巨龙竹（*Dendrocalamus sincus*）、毛竹等，适合片植、丛植等方式栽培，构建上层、中层植物景观。

2）*灌木状竹类*　如凤尾竹（*Bambusa multiplex* cv. Fernleaf）、金镶玉竹（*Phyllostachys aureosulcata* cv. Spectabilis）和紫竹（*P. nigra*）等，耐修剪，生长健壮。适合小片植、丛植及小品创作等，多构建中层植物景观，应用于各种较小景观的园林设计。

3）*地被竹类*　萌发力强，枝秆细矮，茎叶茂密，匍地而生，耐修剪，如菲白竹（*Sasa fortunei*）、翠竹（*S. pygmaea*）、铺地竹（*S. argenteastriatus*）、箬竹（*Indocalamus tessellatus*）和倭竹（*Shibataea kumasasa*）等，可作色块造景以及林下地被植物。

竹的外形集秀、美、胜、意于一体，竹子秆型挺拔秀丽，枝叶潇洒多姿，虚心有节，独具风韵，千姿百态。有的离地尺许，有的亭亭玉立，有的蓬松一堆。例如，寿竹散生一盘，互不相拢；小簕竹（*Bambusa flexuosa*）枝枝紧连，挤在一起；麻竹叶大如掌；观音竹（*Bambusa multiplex* var. *riviereorum*）叶形似针等；丰富多彩的秆、叶和丛等形态，构成独具特色的观赏植物类。

1）*观秆竹类*　一般是在其秆型上发生变异，形成秆型独特或竹秆上具有色斑或色带，如龟甲竹（*Phyllostachys heterocycla* cv. Heterocycla）、斑竹（*P. bambusoides* f. *lacrima-deae*）、紫竹、大佛肚竹（*Bambusa vulgaris* cv. Wamin）、佛肚竹（*B. ventricosa*）、小琴丝竹（*B. multiplex* cv. Alphonse-Karr）、黄金间碧玉（*B. vulgaris* cv. Vittata）、筇竹等。

2）*观叶竹类*　通常在竹叶上发生变异，形成奇特的竹叶，或具色彩条纹，或枝秆纤细低矮，新叶茂盛，如菲白竹和白纹阴阳竹（*Hibanobambus tranguillans* f. *shiroshima*）等。

8. 棕榈植物

棕榈科植物生态习性各异、形态独特多样、叶秀丽多姿，掌状叶类型雄浑劲健，羽状叶类型典雅清奇，在中国和世界园林中占有重要的位置。有的种类茎干单生，株型较大，树密雄伟，可作主景树、行道树、园景树，孤植、列植、群植成林或与其他植物配植于草地、水体、山石等，如大叶蒲葵（*Livistona saribus*）、贝叶棕（*Corypha umbraculifera*）、棕榈、董棕（*Caryota urens*）、鱼尾葵、椰子等；有的茎干丛生，树影婆婆，宜作配景植物，可群植、丛植于草地、庭园，如短穗鱼尾葵（*Caryota mitis*）、散尾葵、瓦理棕（*Wallichia*）类、江边刺葵（*Phoenix roebelenii*）、琼棕（*Chuniophoenix hainanensis*）等；有的株型低矮、秀丽，适作盆景观赏，如棕竹（*Rhapis*）类、矮琼棕（*Chuniophoenix nana*）、山槟榔（*Pinanga*）类、龙棕（*Trachycarpus nana*）等（王慷林，2004b）。

9. 水生观赏植物

水生花卉要求生长环境中具有一定的水，在无水或干旱的条件下生长不良，甚至死亡，如荷花、睡莲、凤眼莲、萍蓬草（*Nuphar pumila*）等。水生花卉是装点水景、湿地的观赏类植物，同时，对水体净化也有重要的作用。

10. 草坪与地被植物

草坪与地被植物是指园林中覆盖地面低矮的禾草类植物，多属多年生草本植物，且以禾本科和莎草科植物为主。常见的有剪股颖（*Agrostis matsumurae*）、结缕草（*Zoysia japonica*）、狗牙根、紫茉莉（*Mirabilis jalapa*）、大花马齿苋、虎耳草（*Saxifraga*）类等。

（三）根据观赏部位的分类

1. 观花类

以花器官（包括花柄、花托、花萼、雄蕊和雌蕊）为主要观赏部位。其花朵或具有美丽鲜艳的色彩，或具有浓郁、芬芳的香味。前者如牡丹、杜鹃、百合，后者如茉莉、玉兰、含笑、珠兰（*Chloranthus spicatus*）等。例如，中国十大名花"天下第一香"的兰花（花祖）、"凌波仙子"的水仙、千姿百态的菊花、十里飘香的桂花（花中月老）、"出淤泥而不染"的荷花（花君子）、傲霜斗雪的梅花（花魁）、富丽堂皇的山茶（花中寿者）、"花中皇后"的月季（花后）、"国色天香"的牡丹（花王）、"花中西施"的杜鹃（花女），以及云南八大名花的山茶花、杜鹃花、报春花、龙胆花、百合花、玉兰花、兰花、绿绒蒿，均以观花为主。

2. 观叶类

以叶（叶形、叶色及株形）为主要的观赏部位。叶形奇特或具有鲜艳的色彩的观赏类植物，如龟背竹、红背桂、变叶木（*Codiaeum variegatum*）、鸡爪槭、芦荟和秋海棠等。

3. 观果类

以果实（形态、色彩、着生状况等）为主要观赏部位。此类植物果实累累、色泽艳丽、坐果时间长，如紫金牛、金瓜（*Cucurbita moschata* var. *turbaniformis*）、枸骨、十大功劳、火棘、冬珊瑚（*Solanum psudo-capsicum*）等。

4. 观茎类

以茎、枝为主要观赏部位。这类植物叶片稀少或无，而枝、茎却具有独特的形态，如绿玉树、竹节蓼（*Homalocladium platycladium*）、珊瑚树、红瑞木（*Swida alba*）、酒瓶兰（*Beaucarnea recurvata*）和大佛肚竹等。

此外，观赏植物根据应用特点分为盆栽观赏植物、切花花卉、花坛观赏植物、岩生观赏植物、水生观赏植物和攀援植物。按自然分布分类，分为热带观赏植物、温带观赏植物、寒带观赏植物、高山花卉、水生观赏植物、岩生观赏植物和沙漠观赏植物。按生态习性分类，分为①根据植物对温度条件的适应性分类，分为耐寒观赏植物、不耐寒观赏植物、半耐寒观赏植物；②按植物对光照条件的适应性分类：依植物对光照强度的要求分 3 类，即阳性观赏植物、阴性观赏植物和中性观赏植物；按所需日照时间长短分 3

类，即长日照花卉、短日照花卉和中日照花卉；③依对水分条件的适应性分类，分为旱生观赏植物、中生观赏植物、湿生观赏植物和水生观赏植物；④依植物对土壤酸碱度的适应性分类：分为酸性土观赏植物、碱性土观赏植物和中性土观赏植物。

第二节 特色观赏植物

一、云南山茶 *Camellia reticulata* Lindl.

异名： *Camellia albescens* H. T. Chang; *C. albosericea* H. T. Chang; *C. albovillosa* Hu ex H. T. Chang; *C. bailinshanica* H. T. Chang, H. S. Liu et G. X. Xiong; *C. bambusifolia* H. T. Chang, H. S. Liu et Y. Z. Zhang; *C. boreali-yunnanica* H. T. Chang; *C. brachygyna* H. T. Chang; *C. brevicolumna* H. T. Chang, H. S. Liu et Y. Z. Zhang; *C. brevigyna* H. T. Chang; *C. brevipetiolata* H. T. Chang; *C. chunii* H. T. Chang; *C. heterophylla* Hu; *C. jinshajiangica* H. T. Chang et S. L. Lee; *C. kangdianica* H. T. Chang, H. S. Liu et G. X. Xiong; *C. kweichowensis* H. T. Chang; *C. oligophlebia* H. T. Chang; *C. paucipetala* H. T. Chang; *C. pentapetala* H. T. Chang; *C. pentaphylacoides* H. T. Chang; *C. pentaphylax* H. T. Chang; *C. pitardii* var. *yunnanica* Sealy; *C. reticulata* f. *albescens* (H. T. Chang) T. L. Ming; *C. reticulata* f. *simplex* Sealy; *C. spectabilis* Champ ex Benth. var. *flare* Pleno; *C. stichoclada* H. T. Chang; *C. subliberipetala* H. T. Chang; *C. xichangensis* H. T. Chang; *Desmitus reticulata* (Lindl.) Raf.; *Thea reticulata* (Lindl.) Kochs; *Yunnanea xylocarpa* Hu

别名： 云南红花油茶、云南野山茶、云南山茶花、贵州红山茶、窄叶西南红山茶、木果红山茶、滇北红山茶（《山茶属植物的系统研究》），寡瓣红山茶、金沙江红山茶、白丝毛红山茶、短蕊红山茶、短柄红山茶、会理红山茶、陈氏红山茶、寡脉红山茶、五瓣红山茶、五列木红山茶、假五列木红山茶、离瓣红山茶、竹叶红山茶、百灵山红山茶、康滇红山茶、短轴红山茶（《中山大学学报》）to-tsubaki。

科属： 山茶科（Theaceae）山茶属。

形态特征： 灌木至小乔木。叶阔椭圆形，上面干后深绿色，下面深褐色，侧脉6～7对，在上面能见，在下面突起，边缘有细锯齿。花顶生，红色；苞片及萼片10～11片，组成杯状苞被，最下1～2片半圆形，短小，其余圆形；花瓣红色，6～7片，最外1片近似萼片，其余各片先端圆或微凹入，基部相连；外轮花丝基部连接成花丝管，游离花丝无毛；子房有黄白色长毛。蒴果扁球形，3爿裂开，种子卵球形。

分布与生境： 产于云南，多栽培，品种繁多。

观赏价值与利用："滇中四时常见花，经冬尤喜红山茶。奇观首数塔密左，树大十围花万朵"（明·林则徐）。"艳说茶花是省花，今来始见满城霞。人人都道牡丹好，我道牡丹不及茶（郭沫若）。"云南山茶以花大、色艳、树体高大、寿命长而名扬海内外，是云南的传统特色名花，也是昆明市的市花，为云南八大名花之首，赢得了"云南山茶甲天下"的美誉（卢珍红等，2008），著名品种如植株矮小的"恨天高"，花白而带红晕、似幼童之脸色的“童子面”，花艳红色、花开似玉兰的“俏玉兰”，花深红如旗袍的“大红袍”，花色深紫的或紫红、花形平整的“紫袍”、“紫袍玉带”；深红瓣曲、状如雄狮昂首的“狮子头”，红白相间、犹如雪撒红绸的“大玛瑶”，以及“碧玉”、“金蕊芙蓉”、“昆明春”、“朱砂紫袍”、“宝珠茶”和“锦袍红”等（冯国楣等，1981；王超超，2008），堪称“富丽堂皇的山茶”胜景，极为壮观。其籽富含油脂，可作油料植物。

繁殖与栽培：种子繁殖、组织培养和嫁接。云南山茶对生长条件较为敏感，露天栽培时，应选择避风、半阴、土层深厚、排水良好的地块栽培。若栽培场地条件不能满足时，应采取回填酸性红壤土、腐叶土、人工遮阴等措施或栽植高大乔木遮阴等改造立地环境，以满足云南山茶的生态环境。

资源与开发：山茶属（*Camellia*）是山茶科中栽培利用最广的属，全球计 220 种，中国有 190 多种，云南近 50 种（张宏达，1981；闵天禄，2000）。栽培历史悠久，园艺品种达 200 多个，其中云南山茶品种已达 110 多个。同属许多种类是著名的观赏植物，包括山茶（*C. japonica*）、离蕊红山茶（*C. liberistamina*）、金花茶（*C. nitidissima*）和毛瓣金花茶（*C. pubipetala*）等。

二、杜鹃花 *Rhododendron simsii* Planch.

异名：*Rhododendron indicum* (L.) Sweet var. *formosanum* Hayata; *R. indicum* var. *ignescens* Sweet; *R. indicum* var. *puniceum* Sweet; *R. indicum* var. *simsii* Maxim.

别名：杜鹃花（《涌幢小品》），山踯躅、山石榴、映山红（《本草纲目》），照山红（河南），唐杜鹃（《台湾植物志》），mobuma（D-DH），banlong（JP），banlongban（ZW）。

科属：杜鹃花科（Ericaceae）杜鹃属。

形态特征：落叶灌木。叶常集生枝端，卵形、椭圆状卵形、倒卵形或倒卵形至倒披针形，具细齿，上面疏被糙伏毛，下面淡白色，密被褐色糙伏毛；叶柄密被亮棕褐色扁平糙伏毛。花芽卵球形，鳞片外面中部以上被糙伏毛，边缘具睫毛。花 2～3（～6）朵簇生枝顶；花梗密被亮棕褐色糙伏毛；花萼 5 深裂，裂片三角状长卵形，被糙伏毛，边缘具睫毛；花冠阔漏斗形，玫瑰色、鲜红色或暗红色，裂片 5，倒卵形，上部裂片具深红色斑点；雄蕊 10，长约与花冠相等，花丝线状，中部以下被微柔毛；子房卵球形，密被亮棕褐色糙伏毛，花柱伸出花冠外。蒴果卵球形，密被糙伏毛；花萼宿存。花期 4～5月，果期 6～8 月。

分布与生境：产于江苏、安徽、浙江、江西、福建、台湾、湖北、湖南、广东、广西、四川、贵州和云南。生于海拔 500～1200（～2500）m 的山地疏灌丛或松林下，为中国中南及西南典型的酸性土指示植物。

观赏价值与利用：杜鹃的花朵繁茂艳丽，花期较长，多用于园林栽培。可在林缘、路旁、坡地及建筑周围丛植、群植，也可植于花台、盆栽或作桩景等，可广泛栽培，深受大众喜爱。“灿烂如锦色鲜艳，殷红欲燃杜鹃花。”白居易赞为：“花中此物似西施，芙蓉芍药皆嫫母”，故杜鹃有“花中西施”之美誉。北方地区多作为盆栽花卉；其叶、花、根、茎均可入药；民间用于治疗慢性气管炎。

繁殖与栽培： 种子、扦插或嫁接繁殖。性喜凉爽气候，忌高温炎热，喜半阴环境，忌烈日暴晒、湿润气候和干燥多风；喜 pH4.5～5.5 的酸性土和水良好、富含腐殖质的壤土（张玉晶等，2011）。

资源与开发： 杜鹃花泛指杜鹃花科杜鹃花属植物，它是世界四大花卉之一，也是中国十大传统名花和三大天然花卉之一。四川、云南、贵州的山区，常绿杜鹃种类极为丰富，落叶杜鹃从东北到华南都有分布。全世界有杜鹃花 850 多种，中国有 650 余种，云南省有 400 多种，占世界总数的一半以上。云南被称为“杜鹃花的发源地和分布中心”（冯国楣，1983，1985，1988；冯国楣和杨增宏，1999）。杜鹃花既有高大挺拔的雄伟种类，又有低矮纤巧的秀丽种类；叶色独具特色，从深绿、浅绿到黄绿以及蓝色，叶背具美丽的毡毛层，花形多样、色彩丰富。园艺学家通常将杜鹃花品种划分为春鹃、夏鹃、东鹃、西鹃和所谓的“高山杜鹃”。其中春鹃泛指春季开花种类，主要是映山红类群中的春花种类，此类在中国的利用历史悠久。夏鹃指初夏开花的种类，以日本的皋月杜鹃（*R. indicum*）及作为亲本选育的夏花杜鹃为典型代表。东鹃则指日本及朝鲜本土杜鹃花及其与外来杜鹃的杂交种，通常耐寒，小型花和植株类，其典型代表为九留米杜鹃一类。西鹃或称比利时杜鹃，在欧洲被视为“常绿杜鹃”，系指荷兰、比利时等国利用皋月杜鹃、映山红和白毛杜鹃等经反复杂交育种培育的一类花色艳丽、花期较长的品种。“高山杜鹃”则主要指利用常绿杜鹃亚属的种质资源类型培育的一些叶革质、常绿、花叶硕大的品种类型。中国除将映山红亚属与羊踯躅亚属用于育种外，国内原产的其他种类尤其是常绿杜鹃亚属和杜鹃亚属的资源，实际利用率更是远低于世界水平（张长芹，2008；张长芹等，2010），应高度重视其育种和利用的研发，实现丰富的种质资源和选育与开发利用相匹配。本属具有观赏价值较高的诸多植物，如大白花杜鹃（*R. decorum*）、云锦杜鹃（*R. fortunei*）、大树杜鹃（*R. protistum* var. *giganteum*）、大王杜鹃（*R. rex*）、羊踯躅（*R. molle*）、马缨杜鹃（*R. delavay.*）和凝毛杜鹃（*R. phaeochrysum* var. *agglutinatum*）等。

三、百合 *Lilium brownii* F. E. Br. ex Miellez

异名： *Lilium australe* Stapf; *L. brownii* var. *australe* (Stapf) Stearn

别名： 山百合、檀香百合（《本草拾遗》），百合（《植物名实图考》），老鸦蒜（云南屏边），白花百合（云南文山），野蒜花（云南西畴），野百合（《中国植物志》），behuolong (D-DH)，nandongbaban (JP)。

科属： 百合科（Liliaceae）百合属。

形态特征： 茎有紫色条纹，有的下部有小乳头状突起。叶散生，通常自下向上渐小，披针形、窄披针形至条形，全缘。花单生或几朵排成近伞形；花梗稍弯；苞片披针形；花喇叭形，乳白色，外面稍带紫色，无斑点，向外张开或先端外弯而不卷；外轮花被片先端尖；内轮花被片蜜腺两边具小乳头状突起；雄蕊向上弯，中部以下密被柔毛；柱头 3 裂。蒴果矩圆形，有棱，具多数种子。花期 5～6 月，果期 9～10 月。

分布与生境： 产于广东、广西、湖南、湖北、江西、安徽、福建、浙江、四川、云南、贵州、陕西、甘肃和河南；生于海拔（100～）600～2150m的山坡、灌木林下、路边、溪旁或石缝中。

观赏价值与利用：百合在中国栽培历史悠久，是重要的食用、药用和观赏为一体的植物。百合的花期长、花色多，有的还具有香味，既可盆栽观赏，又可植于庭园、花坛，也是良好而普遍利用的鲜切花，大众极为喜爱，在法国被称为国花。苏东坡曾为百合赋诗道“堂前种山丹，错落玛瑙盘”。

繁殖与栽培：种子播种、鳞片繁殖或组织培养等，切花商品种球多用小鳞茎培养。百合性喜温湿润环境，稍冷凉地区也能生长。耐干旱，怕炎热酷暑、怕涝，在凉爽干燥、光线充足的环境和高燥向阳、土层深厚，疏松肥沃，排水良好的夹砂土或腐殖质土生长良好。微酸性土质的地块利于生长，忌偏碱性及过黏，低洼易积水之地。忌连作，前茬以豆科、禾本科作物为好（龚兰芳等，2007）。

资源与开发：百合科全球有148属、约3700种，中国有47属、370种，云南36属、194种（含变种），其中百合属中国约40种，云南有23种，豹子花属共8种1变种，其中除阿萨姆豹子花云南不产外，全部种类都分布于云南西北部横断山区。目前中国百合资源应用较少，绝大多数仍处于自生自灭的野生状态。因不同程度的破坏和流失，某些种类已濒临灭绝。野生百合具有许多切花百合所不具备的抗寒、抗病等优良性状，是百合育种和遗传改良的重要基因资源，也是具有园林花卉开发应用的优良种类。应进一步对野生百合进行充分的研究，掌握野生百合的抗逆特性，为野生百合种质资源的保护、种质创新和百合育种提供科学基础。

四、秋海棠 *Begonia grandis* Dry. subsp. *sinensis*（A. DC.）Irmsch.

异名：*Begonia discolor* R. Brown; *B. erubescens* Levl.; *B. evansiana* Andr.; *B. grandis* subsp. *evansiana*（Andr.）Irmsch.

别名：珠芽秋海棠（《云南种子植物名录》），无名断肠草、无名相思草（《本草拾遗》）。

科属：秋海棠科（Begoniaceae）秋海棠属。

形态特征：中型草本。茎几无分枝，外形似金字塔形。叶较小，椭圆状卵形至三角状卵形，先端渐尖，基部心形，偏斜，宽侧下沿成圆形，叶背面色淡，偶带红色。花序较短，呈伞房状至圆锥状二歧聚伞花序；花小，雄蕊多数，雄蕊柱短于2mm，花柱基部微合生或合生，有分枝，柱头分枝呈螺旋扭曲，稀呈U字形。蒴果3翅不等大。

分布与生境：产于河北、山东、河南、山西、甘肃（南部）、陕西、四川（东部）、贵州、广西、湖北、湖南、江苏、浙江、福建等省（自治区）；昆明有栽培；生于海拔300～2900m的山谷阴湿岩石上、滴水石灰岩边、山坡林下阴湿处。

观赏价值与利用：花色艳丽，花形多姿，叶色娇嫩柔媚、苍翠欲滴，著名的观赏花卉。以块茎和果入药。中华秋海棠的根茎，味甘苦，微寒，具有活血止血和清热解毒的功效，常用于治疗跌打损伤、外伤出血、红崩白带、痛经、痢疾肠炎、腹痛等疾患。

繁殖与栽培：种子或扦插繁殖。秋海棠喜欢肥沃疏松、富含有机质的沙质土壤，整个生长期须充肥料足，应合理施用氮磷钾复合肥。

资源与开发： 中国野生秋海棠植物的资源十分丰富，已知的种类有130多种。云南、广西、贵州和四川等省（自治区）是中国秋海棠的分布中心，其中云南有93种。秋海棠属植物生活周期短，能在相对较短的时间进行新品种的有性杂交选育，品种选育见效快。加快遗传改良，满足多样化的市场需求。层出不穷且独具特色的秋海棠新品种和部分原种的开发利用，将丰富观叶植物的种类，开拓花卉市场，促进中国花卉产业的发展。同属一些种类是著名的观赏植物。包括银星秋海棠（*B. argenteo-guttata*）、花叶秋海棠（*B. cathayana*）、大香秋海棠（*B. handelii*）、斑叶竹节秋海棠（*B. maculata*）、铁甲秋海棠（*B. masoniana*）、铺地秋海棠（*B. prostrata*）、紫叶秋海棠（*B. rex*）和变色秋海棠（*B. versicolor*）等。

五、翠雀 *Delphinium grandiflorum* L.

异名： *Chienia honanensis* W. T. Wang; *Delphinium bonatii* Levl.; *D. chinense* Fisch.; *D. grandiflorum* var. *chinense* Fisch. ex DC.; *D. grandiflorum* var. *pilosum* Y. Z. Zhao; *D. grandiflorum* var. *tigridium* Kitag.

别名： 大花翠雀、鸽子花（东北），百部草（河北北部），鸡爪连，Siberian larkspur。

科属： 毛茛科（Ranunculaceae）翠雀属。

形态特征： 宿根草本。基生叶和茎下部叶有长柄；叶片圆五角形，三全裂，中央全裂片近菱形，一至二回三裂近中脉，小裂片线状披针形至线形，边缘干时稍反卷，侧全裂片扇形，不等二深裂近基部，两面疏被短柔毛或近无毛；叶柄长为叶片的3～4倍，基部具短鞘。总状花序有3～15朵花；下部苞片叶状，其他苞片线形；花梗与轴密被贴伏的白色短柔毛；小苞片生花梗中部或上部，线形或丝形；萼片紫蓝色，椭圆形或宽椭圆形，外面有短柔毛，距钻形，直或末端稍向下弯曲；花瓣蓝色，顶端圆形；退化雄蕊蓝色，瓣片近圆形或宽倒卵形，顶端全缘或微凹，腹面中央有黄色髯毛；雄蕊无毛；心皮3，子房密被贴伏的短柔毛。聚合蓇葖果3个；种子倒卵状四面体形，沿棱有翅。花期5～10月。

分布与生境： 产于云南、四川西北部、山西、河北、内蒙古、辽宁和吉林的西部、黑龙江；生于海拔500～2800m的山地草坡或丘陵沙地；俄罗斯西伯利亚、蒙古国也有分布。

观赏价值与利用： 翠雀的花形别致，色彩淡雅，酷似一只只燕子展翅欲飞，形态优雅，惹人喜爱，被称为“万燕争春”。丛植，栽植花坛、花境，也可用作切花。忌炎热；全草煎水含漱（有毒勿咽），可治风热牙痛；全草煎浓汁，可以灭虱（《北方常用中草药手册》）。

繁殖与栽培： 种子繁殖。耐旱、喜光，阳性，耐半阴，性强健，也耐寒，喜冷凉气候。

资源与开发： 翠雀有300种，分布于北温带，中国约110种，各地均产，但主产地为西南和西北。北京有栽培供观赏，已有数百年历史。许多种类具较高观赏价值，如云南翠雀花（*D. yunnanense*），细茎柔小，花萼蓝紫色，椭圆状倒卵形，宛如小鸟，昂首翅尾，登枝欲鸣，极具观赏价值。

六、海红豆 *Adenanthera microsperma* Teijsm. et Binnend.

异名： *Adenanthera microsperma* var. *luteosemiralis* G. A. Fu & Y. K. Yang; *A. pavonina* L. var. *luteosemiralis* (G. A. Fu & Y. K. Yang) X. Y. Zhu; *A. pavonina* var. *microsperma* (Teijsm. et Binnend.) Nielsen

别名： 红豆、相思格（广东），小籽海红豆，小籽红豆，nuomaipondie (D-BN)。

科属： 蝶形花科（Papilionaceae）海红豆属。

形态特征： 落叶乔木。二回羽状复叶；叶柄和叶轴被微柔毛；羽片 3～5 对，小叶 4～7 对，互生，两面均被微柔毛。总状花序单生于叶腋或在枝顶排成圆锥花序，被短柔毛；花小，白色或黄色，有香味，具短梗；花萼与花梗同被金黄色柔毛；花瓣披针形，基部稍合生；雄蕊 10 枚，与花冠等长或稍长；子房被柔毛，花柱丝状，柱头小。荚果狭长圆形，盘旋，开裂后果瓣旋卷；种子近圆形至椭圆形，有光泽。花期 4～7 月，果期 7～10 月。

分布与生境： 产于云南、贵州、广西、广东、福建和台湾。多生于山沟、溪边、林中或栽培于园庭。缅甸、柬埔寨、老挝、越南、马来西亚、印度尼西亚也有分布。

观赏价值与利用： 海红豆种子红而发亮，从不褪色，像一粒心形的红宝石，历来视之为爱情、友谊的象征及信物。树姿婆娑秀丽，叶色翠绿雅致，冬季凋零，初春吐绿，为热带、南亚热带优良的园林风景树。宜在庭院中孤植。其鲜红美丽的种子，可作装饰品。心材暗褐色，质坚而耐腐，可为支柱、船舶、建筑用材和箱板；根有催吐、泻下作用；叶则有收敛作用，可用于止泻。

繁殖与栽培： 播种繁殖。喜温暖湿润气候、喜光，稍耐阴，对土壤条件要求较严格，喜土层深厚、肥沃、排水良好的沙壤土。

资源与开发： 可结合庭院绿化等开发种子观赏的利用。同属的孔雀豆（*Adenanthera pavonina*），种子一半黑一半红，称为相思子，有剧毒；子粒较小，而且还带黑嘴。此带黑嘴的相思种子，俗称为“情人的眼泪”。

七、虎耳草 *Saxifraga stolonifera* Curt.

异名： *Diptera sarmentosa* (L. f.) Losinskaja; *Ligularia sarmentosa* (L. f.) Haworth; *Rupifraga sarmentosa* (L. f.) Rafinesque; *Saxifraga chaffanjonii* H. Lévl.; *S. chinensis* Lour.; *S. cuscutiformis* Lodd.; *S. dumetorum* I. B. Balf.; *S. fortunei* J. D. Hook. var. *tricolor* Lem.; *S. iochanensis* H. Lévl.; *S. ligulata* Murray; *S. sarmentosa* L. f.; *S. sarmentosa* var. *cuscutiformis* (Lodd.) Seringe; *S. sarmentosa* var. *immaculate* Diels; *S. sarmentosa* var. *tricolor* (Lem.) Maxim.; *S. veitchiana* I. B. Balf.; *Sekika sarmentosa* (L. f.) Moench.

别名： 石荷叶（《本草纲目》），金线吊芙蓉、老虎耳（《生草药性备要》），天荷叶、金丝荷叶（《现代实用中药》），丝棉吊梅（《中国药用植物志》），耳朵草（《闽东本草》），通耳草（陕西汉中、武都），天青地红（云南文山），yawuse (D-DH)。

科属：虎耳草科（Saxifragaceae）虎耳草属。

形态特征：多年生草本。基生叶具长柄，叶片近心形、肾形至扁圆形，腹面绿色，背面通常红紫色，均被腺毛，有斑点，具掌状达缘脉序，被长腺毛。聚伞花序圆锥状，具7～61朵花；花序被腺毛，具2～5朵花；花梗长细弱，被腺毛；花两侧对称；萼片在花期开展至反曲，边缘具腺睫毛，背面被褐色腺毛，3脉于先端汇合成1疣点；花瓣白色，中上部具紫红色斑点，基部具黄色斑点，5枚，其中3枚较短，另2枚较长，基部具长爪。雄蕊花丝棒状；花盘半环状，围绕于子房一侧，边缘具瘤突；2心皮下部合生；子房卵球形，花柱2，叉开。花期5～7月，果期7～11月。

分布与生境：产于河北（小五台山）、陕西、甘肃东南部、江苏、安徽、浙江、江西、福建、台湾、河南、湖北、湖南、广东、广西、四川东部、贵州、云南东部和西南部；生于海拔400～4500m的林下、灌丛、草甸和阴湿岩隙；朝鲜、日本也有分布。

观赏价值与利用：植株小巧，叶形美，茎长而匍匐下垂，茎尖着生小株，犹如金线吊芙蓉，宜岩石园、墙垣及野趣园中种植。也可在大乔木下种植，作地被植物利用，在建筑或岩石旁栽植，更显效果。全草入药；微苦、辛，寒，有小毒；祛风清热，凉血解毒。

繁殖与栽培：分株繁殖，纤匍枝常细长，从叶丛的叶腋中生出，其顶端在节上向下生不定根，向上长叶和芽，形成莲花状叶丛，当其独立生活后，纤葡枝的节间常枯死。喜阴凉潮湿，土壤要求肥沃、湿润，以密茂多湿的林下和阴凉潮湿的坎壁上较好。

资源与开发：虎耳草种类较多，开发利用潜力极大；应加强栽培驯化研发。

八、含羞草 *Mimosa pudica* L.

异名：*Mimosa pudica* var. *tetrandra*（Hunb. et Bonpl. ex Willd.）DC.；*M. pudica* var. *unijuga*（Duchass. et Walp.）Griseb.；*M. tetrandra* Humb. et Bonpl. ex Willd.

别名：感应草、知羞草（《南越笔记》），呼喝草（《广西通志》），怕丑草（广东），yadaiyou、yadaiqie（D-BN），yaduaiwu（D-DH），geyazen（JP），miaohe（ZW），shameplant。

科属：含羞草科（Mimosaceae）含羞草属。

形态特征：披散、亚灌木状草本。托叶披针形，有刚毛。羽片和小叶触之即闭合而下垂；羽片通常2对，指状排列于总叶柄之顶端；小叶10～20对，线状长圆形，先端急尖，边缘具刚毛。头状花序圆球形，具长总花梗，单生或2～3个生于叶腋；花小，淡红色，多数；苞片线形；花萼极小；花冠钟状，裂片4，外面被短柔毛；雄蕊4枚，伸出花冠之外；子房有短柄；胚珠3～4颗，花柱丝状，柱头小。荚果长圆形，扁平，稍弯曲，荚缘波状，具刺毛，成熟时荚节脱落，荚缘宿存；种子卵形。花期3～10月，果期5～11月。

分布与生境：原产于热带美洲，广布于世界热带地区，现中国各地均有栽培，无明显地理分布分区，华东、华南、西南等省（自治区）较为常见；生于旷野荒地、灌木丛及路旁的潮湿地，长江流域常有栽培供观赏。

观赏价值与利用：含羞草株形散落，羽叶纤细秀丽，楚楚动人，其叶片一碰即闭合，给人以文弱娇羞之感，意为“彬彬有礼”。含羞草细胞是由细小如网状的蛋白质“股动蛋白”所支撑，故较敏感。地栽散植于庭院墙角；盆栽可置于窗台几案。全草供药用，有安神镇静的功能，鲜叶捣烂外敷治带状疱疹。

繁殖与栽培：种子播种繁殖。适应性强，性喜温暖湿润，在湿润的肥沃土壤生长良好，对土壤要求不严，不耐寒，喜光，但又能耐半阴，多已开发为室内观赏植物。

资源与开发：野生、栽培均多。可作为文化旅游特色产品栽培。

九、其他常见观赏植物

（一）墨兰 *Cymbidium sinense*（Jackson ex Andr.）Willd.

别名：报春兰，报岁兰，半岁兰，拜岁兰（台湾）。

科属：兰科（Orchidaceae）兰属。

分布：产于安徽南部、江西南部、福建、台湾、广东、海南、广西、四川（峨眉山）、贵州西南部和云南；生于海拔 300～2000m 的林下、灌木林中或溪谷旁湿润但排水良好的荫蔽处；印度、缅甸、越南、泰国、日本琉球群岛也有分布。

功用：花香袭人，深受人们喜爱。具有较高的观赏和文化价值。兰花以它特有的叶、花、香独具四清（气清、色清、神清、韵清），给人以极高洁、清雅之美感。古今名人对它评价极高，被喻为花中君子。古人赞曰：“兰之香，盖一国”，故有“国香”的别称，也称“天下第一香”。“折茎聊可佩，入室自成芳”（萧督《咏兰诗》）。墨兰是中国传统观赏兰花中较为庞大的家族，早在南宋就有品种的记载，栽培地域广阔，爱好者众多，目前已有园艺栽培品种达上千种。兰花融叶美、芳香、花艳于一体，自古代并深受大众喜爱，是中国古老的名花之一。每当花开之时，幽香清远，馥郁袭人，因此中国许多地方称其为香祖、国香或第一春。中国传统栽培的兰花主要为兰属（*Cymbidium*）植物，且集中于春兰（*C. goeringii*）、蕙兰（*C. faberi*）、建兰、墨兰和寒兰（*C. kanran*）5 类。栽培历史悠久，文化源远流长，是世界上最早栽培和拥有最多爱好者的植物。中国称此类兰花为国兰或中国兰，外国人则称其为东方兰，日本人称其为东洋兰（陈心启和吉占和，1996）。我国有着丰富的野生兰花资源和国兰栽培品种资源，为中国兰花繁育新品种提供了性状繁多的基因库。我国具有适应各类兰花生产和繁育的气候条件，为兰花生产提供了生境，兰花发展前景广阔（程建国等，2002）。有关兰花植物形态、分布、观赏和栽培的书籍很多，如《中国植物志》（第 17，第 18，第 19 卷）、《云南植物志》（第 14 卷）、《图说中国兰花鉴赏》（钱光斌等，2010）、《云南名兰赏析》（陈贵，2001）、《野生兰花：采集、保护与栽培》（陈宇勒，2009）等。

（二）水仙 *Narcissus tazetta* L. var. *chinensis* Roem.

参见有毒植物部分。

功用：水仙常以亭亭玉立的姿态，洁白芳香的花朵，悠然开放于春节期间。鳞茎得颇似洋葱、大蒜，故六朝时称“雅蒜”、宋代称“天葱”。此外，还有不少雅致、美丽的名字，如金盏、银台、俪兰、雅客、女星等，常作盆栽，置放桌案，也可植于境边和庭园山石上。花冠口部具黄色盏状的副花冠，有金盏银台之称。“借水开花自一奇，水沉为骨玉为肌”，被称之为“凌波仙子”。鳞茎多液汁，有毒，含有石蒜碱、多花水仙碱等多种生物碱；外科用作镇痛剂；鳞茎捣烂敷治痈肿。牛、羊误食鳞茎，立即出现痉挛、瞳孔放大、暴泻等。水仙花中含芳香油，提炼后可调制高级香精，用于香水、香皂及其他化妆品。

（三）菊花 *Dendranthema morifolium*（Ramat.）Tzvel.

别名：小白菊、杭菊（云南），秋菊（北京），菊（江苏），白菊花（陕西），mopin（D-DH），zemenban（JP），qunbusun（ZW）。

科属：菊科（Compositae）菊属。

分布：原产于中国，各省（自治区）均有栽培；国外很多地区有引种。

功用：菊花清雅高洁，花形优美，色彩绚丽，自古被视为高风亮节、清雅洁身的象征，通过人们长期的培育，至今已有1000多个品种，深受国内外大众的普遍喜爱；具有抗SO_2、HF等有毒气体和粉尘的能力，是城市绿化花坛、盆花和切花的良好选材。“质傲清霜色，香含秋露华。”王象晋（明）的《群芳谱》记录菊花270种，分黄、红、粉、白、异品等类。还有高濂的《遵生八笺》记录菊花185种，并总结出种菊八法。菊花又是常见的药用植物，其花味苦、辛，性平，能明目平肝、清热散风，人们常用它作清凉镇静药，还可除胸热、安肠胃、利五脏、调四肢。本科的大丽菊是墨西哥的第二国花，因花色富丽、多姿、大方，可与名花媲美，深受墨西哥人民的喜爱。雏菊为意大利国花，此花外观古朴、娇小玲珑，意大利人视其为天真烂漫的君子。

（四）桂花 *Osmanthus fragrans*（Thunb.）Lour.

别名：桂花树、木犀（《郭橐驼种树书》），月桂，金桂，岩桂，九里香，木樨，丹桂，红糖茶，木犀花，四季桂，银桂，银桂花，sweet osmanthus。

科属：木犀科（Oleaceae）木犀属。

分布：产于四川、陕南、云南、广西、广东、湖南、湖北、江西、安徽、河南等，现广泛栽种于淮河流域及以南地区，其适生区北可抵黄河下游，南可至两广、海南等地。园林桂花原产中国西南喜马拉雅山东段；印度，尼泊尔，柬埔寨也有分布。

功用：枝叶茂密，终年翠绿，中秋开花，香气浓溢，是名贵的园林观赏花木。“共道幽香闻十里，绝知芳誉亘千乡”。在园艺栽培上，由于花色彩不同，有金桂、银桂、丹桂、四季桂等不同品种。经观察，花色的变化是因开花时间而不同，同一植株上的花有白色、淡黄色和黄色，纯白色的属初开的花，即将凋落的花呈黄色，由于花的颜色不稳定，故也未另立其他变种或变型。以桂花做原料制作的桂花茶是中国特产茶，其香气柔和、味道可口，为大众所喜爱。用桂花炮制的桂花茶同时是名贵的中成药，以芳香著称于世。花淡黄白色，芳香，提取芳香油，制桂花浸膏，可用于食品、化妆品，糕点、糖果等，并可酿酒。桂树的木材材质致密，纹理美观，不裂，刨面光洁，是良好的雕刻用材。花、果实及根入药，花可散寒破结，化痰止咳；果实有化痰、生津、暖胃、平肝的功效；根可祛风湿，散寒，用于风湿筋骨疼痛，腰痛，肾虚牙痛。枝叶及根煎汁敷患处，可活筋骨止疼痛，治风湿麻木等症。中国有20多个城市把桂花作为市花。

（五）梅花 *Armeniaca mume* Sieb. et Zucc.

别名：春梅（江苏南通），干枝梅（北京），酸梅，乌梅，红梅花，苦李，绿梅，红梅，青梅，mafong（D-DH），meizexi（JP），meizeshi（ZW）。

科属：蔷薇科（Rosaceae）杏属。

分布：中国各地均有栽培，但以长江流域以南各省最多，江苏北部和河南南部也有少数品种，某些品种已在华北引种成功。日本和朝鲜也有分布。

功用：闻名世界的名贵花卉。梅花主要分为两种，一为花梅、一为果梅；梅花以观赏为目的，按其形态分有直脚梅类、杏梅类、照水梅类、龙游梅类；按花型花色分为宫粉型、红梅型、玉蝶型、朱砂型、绿萼型和洒金型等。果梅主要采其果实即梅子食用，花较小，可分青梅、白梅、花梅、乌梅等。梅花寒冬先叶开放，花瓣五片，有白、红、粉红等多种颜色，无论花梅或果梅均有许多品种。梅花不但露地栽培供观赏，还可以栽为盆花，制作梅桩。可孤植、丛植、群植等；也可屋前、坡上、石际、路边自然配植。若用常绿乔木或深色建筑作背景，更可衬托出梅花玉洁冰清之美。梅花可布置成梅岭、梅峰、梅园、梅溪、梅径、梅坞等，可成片丛植也可作盆景和切花，美化庭院环境等。廿四番花信之首的梅花，冰枝嫩绿，疏影清雅，花色美秀，幽香宜人，花期独早，“万花敢向雪中出，一树独先天下春”，被誉为花魁。“遥知不是雪，唯有暗香来”的崇高品格和坚贞气节，象征龙的传人之精神。鲜花可提取香精，花蕾能开胃散郁，生津化痰，活血解毒；花、叶、根和种仁均可入药。果子入药，具有解热镇咳、驱虫止痢的功效；花、根入药，能活血解毒，利肺化痰。果实可食、盐渍或干制，或熏制成乌梅入药，有止咳、止泻、生津、止渴之效；果及树皮还可制作染料；树干材质优良，纹理细腻，用于手工艺雕刻的重要木材。

（六）月季 *Rosa chinensis* Jacq.

参见色素植物部分。

功用：“花亘四时，月一披秀”，月月红之俗称，道出了月季四季开花的习性。月季花色艳丽，花态娇妍，称为“花中皇后”。在园林绿化中，有着不可或缺的价值，是普遍利用的花卉类。月季花是春季主要的观赏花卉，其花期长，观赏价值高，价格低廉，园林构景中普遍受到重视。月季可用于园林布置花坛、花境、庭院花材，可制作月季盆景，作切花、花篮、花束等。月季是坦桑尼亚、美国、卢森堡、叙利亚、伊拉克的国花。美国人认为月季象征爱情、和平、友谊、勇气和献身精神。他们把红色月季花作为爱情、勇气的象征；淡粉色则传递赞同或赞美的信息；粉色显示优雅和高贵的风度；深粉色表示感谢；黄色代表喜庆和快乐；白色象征纯洁。花可提取香料。根、叶、花均入药，具有活血消肿、消炎解毒的功效。花含挥发油、槲皮苷鞣质、没食子酸、色素等，治月经不调、痛经、痛疖肿毒。叶治跌打损伤；鲜花或叶外用，捣烂敷患处。

（七）牡丹 *Paeonia suffruticosa* Andr.

别名： 宝贵花，粉丹皮，凤凰丹，富贵花，刮丹皮，洛阳花，momudan（D-DH），moutan peony。

科属： 毛茛科（Ranunculaceae）芍药属。

分布： 原产于中国西部秦岭和大巴山一带山区，为肉质根，喜燥忌湿，喜高敞向阳。日本、法国、英国、美国、意大利、澳大利亚、新加坡、加拿大等 20 多个国家均有牡丹栽培，其中以日本、法国、英国、美国等国的牡丹园艺品种和栽培数量为最多。

功用："疑是洛川神女作，千娇万态破朝霞。"牡丹花风姿绰约，形大艳美，仪态万方，色香俱全，观赏价值极高。中国传统古典园林中广为栽培，大型园林中有牡丹国、牡丹台，庭院或建筑物前可以孤植、丛植，配植其他花木组成佳景。牡丹对生境要求较严。牡丹的根加工制成丹皮，是名贵的中草药，为镇痉药，能凉血散淤，治中风、腹痛等症。其性微寒，味辛，无毒，入心、肝、肾三经，有散淤血、清血、和血、止痛、通经之作用，还有降低血压、抗菌消炎之功效，久服可益身延寿。养血和肝，散郁祛淤、适用于面部黄褐斑，皮肤衰老，常饮气血活肺，容颜红润，改善月经失调，痛经，止虚汗，盗汗。

（八）迎春花 *Jasminum nudiflorum* Lindl.

别名： 探春花，金腰带（《群芳谱》），迎春（河南），winter jasmine。

科属： 木犀科（Oleaceae）素馨属。

分布： 原产于中国华南和西南的亚热带地区，南方栽培极为普遍，华北、安徽、河南均可生长。

功用： 迎春枝条披垂，冬末至早春先花后叶，花色金黄，叶丛翠绿，园林绿化中宜配置在湖边、溪畔、桥头、墙隅，或在草坪、林缘、坡地，房屋周围也可栽植，可供早春观花。迎春花可入药，主治发热头痛、小便热痛，解热发汗、利尿；其叶可活血解毒、消肿止痛，主治肿毒恶疮、跌打损伤、创伤出血等。

（九）铁线莲 *Clematis florida* Thunb.

别名： 山木通，铁脚威灵仙，威灵仙，大花威灵仙，蜘蛛花。

科属： 毛茛科（Ranunculaceae）铁线莲属。

分布： 中国的亚热带地区，云南和四川分布的种类最多（包括变种），以此 2 省为中心向四周的分布逐渐减少。

功用： 枝叶扶疏，有的花大色艳，有的多数小花聚集成大型花序，风趣独特，可作优良的攀援绿化植物。可种植于墙边、窗前，或依附于乔木、灌木之旁，配植于假山、岩石之间。攀附于花柱、花门、篱笆之上；也可盆栽观赏。

（十）金丝桃 *Hypericum monogynum* L.

别名： 狗胡花（安徽霍山），金线蝴蝶（四川南川，浙江乐清），过路黄（四川奉节)，金丝海棠（山东崂山)，金丝莲（陕西石泉)。

科属：藤黄科（Guttiferae）金丝桃属。

分布：产于河北、陕西、山东、江苏、安徽、浙江、江西、福建、台湾、河南、湖北、湖南、广东、广西、四川及贵州等省（自治区)；生于山坡、路旁或灌丛中，沿海地区海拔 0～150m，但在山地上升至 1500m；日本也有引种。

功用：花色金黄，形大艳丽，观赏价值高。

（十一）蒲公英 *Taraxacum mongolicum* Hand. -Mazz.

参见色素植物办法。

功用：“花罢成絮，因风飞扬，落湿地即生”。每当初春来临，蒲公英抽出花茎，在碧绿丛中绽开朵朵黄色的小花。花开过后，种子上的白色冠毛结为一个个绒球，随风摇曳。种子成熟后，像把把小小的降落伞，随风飘到新的地方安家落户，孕育新的花朵。

（十二）钟花报春 *Primula sikkimensis* Hook.

别名：锡金报春（《中国高等植物图鉴》)，钟花叶报春，藏药黄花报春，黄花报春，黄花报春花，xiangzhisaibao (ZZ)。

科属：报春花科（Primulaceae）报春花属。

分布：产于四川西部（壤塘、德格、甘孜、理县、乾宁、康定、九龙、乡城、稻城、木里)、云南西北部（德钦、贡山、中甸、维西、丽江）和西藏（自吉隆向东沿雅鲁藏布江流域至昌都、芒康等地)；生于海拔 3200～4400m 的林缘湿地、沼泽草甸和水沟边；尼泊尔、不丹也有分布。

功用：花序为伞形花序，黄色花冠，观赏价值高。也为常见的藏药材，以花入药，是藏药“相相直吾”中的一种原植物。主要用于清热解毒，心脉淤阻、血脉不畅等疾病。全世界有报春花 500 余种，中国产 300 余种，云南 160 多种，有紫晶报春（*P. amethystina*)、石岩报春（*P. dryadifolia*)、山丽报春（*P. bella*)、滇北球花报春（*P. denticulata*)、中甸报春（*P. chungensis*）和铁梗报春（*P. sinolisteri*）等种类。云南滇西北高山是报春花的分布中心。报春花顾名思义，是报晓春天来临喜讯的花卉，其能在冰雪之中吐蕾开花，迎风傲雪，用花传递春天的信息，所以人们把它比作春天的信使是当之无愧的。当前对报春花属植物研究不多，报春花新品种选育成果极少，野生种质资源的保护缺乏，未来对报春花属植物的研究应侧重于资源保护、引种驯化及新品种选育和园林应用等，使报春花资源在园林及花卉生产中得以充分发挥作用（董玲玲和张启翔，2010)。

（十三）滇龙胆 *Gentiana rigescens* Franch. ex Hemsl.

别名：坚龙胆（《中国高等植物图鉴》)，苦草、青鱼胆、小秦艽（云南)，蓝花根，炮仗花，yabiang (D-DH)，guishiribu (JP)。

科属：龙胆科（Gentianaceae）龙胆属。

分布：产于云南、四川、贵州、湖南、广西；生于海拔 1100～3000m 的山坡草地、灌丛中、林下及山谷中。

功用： 龙胆与杜鹃、报春合称为世界三大高山花卉，为云南八大名花之一。龙胆花在秋冬季枯黄草丛中，一片片、一簇簇盛开，临风摇曳，显出一种淡雅、素静而傲霜无畏风寒的美，因盛开季节及其品格的坚毅，成为著名花卉。滇龙胆草为提取龙胆苦苷的主要野生药用原料，是《中华人民共和国药典》中龙胆药材原植物之一。龙胆苦苷具有清热解毒、消炎等功效，对保肝、健胃、利胆有极好的疗效。龙胆属植物产温带各地。中国有 340 多种，云南约 160 种，占中国的 1/2 以上。云南以滇西北、高山和亚高山地带最为集中，观赏价值较高的有天蓝龙胆（*G. caelestis*）、露萼龙胆（*G. emergens*）、华丽龙胆（*G. sinoornata*）、矮龙胆（*G. wardii*）、流苏龙胆（*G. panthaica*）、兰玉簪龙胆（*G. veitchiorum*）、叶萼龙胆（*G. phyllocalyx*）、大花龙胆（*G. szechenyii*）和女娄菜叶龙胆（*G. melandriifolia*）等。

（十四）全缘叶绿绒蒿 *Meconopsis integrifolia*（Maxim.）Fr.

别名： 鹿耳菜（四川），慕琼单圆（西藏），黄芙蓉、雅片花（云南），aibeisaibao、apaiselu（ZZ）。

科属： 罂粟科（Papaveraceae）绿绒蒿属。

分布： 产于甘肃西南部（夏河、会川）、青海东部至南部、四川西部和西北部、云南西北部和东北部、西藏东部；生于海拔 2700～5100m 的草坡或林下；缅甸东北部也有分布。

功用： 在云南最为常见的种类，硕大的黄色花冠聚成一个美丽的圆形着生于花葶顶端，像一顶雍容富贵的华盖，在深山中格外醒目。与同属其他几种植物作为经典藏药“吾巴拉”使用，具有清热解毒、消炎止痛等功效，用于治疗肺炎、肝炎、头痛、水肿等病症。绿绒蒿花姿绚丽端庄，花色多彩，花体硕大，生于高山，被称为“高山虞美人”，具有非常高的观赏价值。绿绒蒿被欧洲人誉为世界名花。全世界共有 49 种，主产亚洲中南部，以中国最为丰富，有 40 种分布于西藏、云南、四川、青海、甘肃、陕西等省（自治区），云南有 17 种，多集中分布于滇西北海拔 3000～5000m 的雪山草甸，高山灌丛、流石滩，少数种类分布于滇中、滇东北的亚高山地带。较具观赏价值的有丽江绿绒蒿（*M. forrestii*）、多刺绿绒蒿（*M. horridula*）、长叶绿绒蒿（*M. lancifolia*）和尼泊尔绿绒蒿（*M. napaulensis*）等。

（十五）鸟巢蕨 *Asplenium antiquum* Makino

别名： 大鳞巢旅（《海南植物志》），山苏花（《台湾植物志》），巢蕨，王冠蕨。

科属： 铁角蕨科（Aspleniaceae）铁角蕨属。

分布： 产于台湾、海南（五指山、尖峰岭）、云南（金平）；附生于海拔 850m 的山谷林下岩石上或树干上；韩国（济州岛）及日本（本州、四国、九州、琉球）也有分布。原生于亚洲东南部、澳大利亚东部、印度尼西亚、印度和非洲东部。

功用： 鸟巢蕨为较大型的阴生观叶植物，株型丰满、叶色葱绿光亮，野味浓郁，深得人们的青睐。悬吊于室内也别具热带情调；植于热带园林树木下或假山岩石上；盆栽的小型植株用于布置明亮的客厅、会议室及书房、卧室，也显得小巧玲珑、端庄美丽。嫩叶可以食用，作为功能食品。

（十六）紫竹 *Phyllostachys nigra*（Lodd. ex Lindl.）Munro

别名：黑竹，maihualang（D-BN），adenan（HN）。

科属：禾本科（Gramineae）刚竹属。

分布：原产于中国，南北各地多有栽培，在湖南南部与广西交界处尚可见野生的紫竹林，印度、日本及欧美许多国家均引种栽培。

功用：著名观赏竹类，多栽培供观赏。

（十七）大佛肚竹 *Bambusa vulgaris* Schrader ex Wendland cv. Wamin

别名：maipala（D-DH），gewagedun（JP），bunduanwa（ZW）。

科属：禾本科（Gramineae）簕竹属。

分布：华南以及浙江、福建、台湾、云南等省的庭园中栽培。

功用：竿和枝条绿色，节间极为短缩，肿胀呈佛肚状，著名观赏竹种，是公园、庭院、房前屋后普遍栽培的优良观赏竹种。

（十八）黄金间碧竹 *Bambusa vulgaris* Schrader ex Wendland cv. Vittata

别名：花竹，青丝金竹，maihan、maisanghan（D-BN），maishanghan（D-DH），gewaga（JP），waga（ZW）。

科属：禾本科（Gramineae）簕竹属。

分布：广西、海南、云南、广东和台湾等省（自治区）的南部地区。

功用：竿和枝条黄色，具宽窄不等的绿色纵条纹，著名观赏竹类，庭园中栽培。

（十九）槟榔 *Areca catechu* L.

参见药用植物部分。

功用：冠优美，茎干通直，有显著叶环痕，形态优美，成片栽培具有良好的观赏价值。

（二十）鱼尾葵 *Caryota ochlandra* Hance

别名：青棕（云南），假桄榔（《拉汉种子植物名称》），长穗鱼尾葵，单生鱼尾葵，钝叶董棕，假桄榔，guzhu（D-BN），maijing（D-DH），lawuiyoudi（HN），me（JN），laixipun（JP），zonggang（ZW）。

科属：棕榈科（Palmae）鱼尾葵属。

分布：产于热带、亚热带及大洋洲地区；中国南部（福建、广东、海南、广西、云南等省区）有栽培。

功用：茎干挺直，树冠密集，树形美丽，果实如圆珠成串，是优良庭园绿化植物；茎髓含淀粉，可作桄榔粉的代用品。

第二十九章　文化植物

第一节　概　　述

一、概念

从古至今，人类与植物有着密切的关系，除衣食住行外，宗教祭祀、民俗礼仪、精神崇拜等都与植物有着千丝万缕的联系。将那些与宗教祭祀、民俗礼仪、精神崇拜等有关的植物，称之为文化植物（cultural plant）。

相对应的有植物文化的概念，即“指人们利用植物，供人类生存所衍生的各种物质文化，包括物质生活及精神两种层次”（张俊峰，2008），或“在漫长的社会发展过程中，伴随着人们喜怒哀乐、寄予特殊植物特别的思想和情感，且贯彻于整个中国文化的发展历史，形成了独具特色的文化”（林诚，2009）。也有民俗植物文化，即某种传入并保存在记忆和实践中，而不是书面记录中的植物知识。民俗植物文化存在于各民族的舞蹈、歌曲、故事、传统、传习、信仰、风俗、格言和谚语等方面（陈重明，2004）。

森林文化，也是一个相近的概念。森林文化是“以森林为背景，以人类与森林和谐共存为指导思想和研究对象的文化体系”；是“传统文化的有机组成部分”（郑小贤和刘东，1999），此后，进一步发展为“森林文化是指人对森林（自然）的敬畏、崇拜与认识，是建立在对森林各种恩惠表示感谢的朴素感情基础上的反映人与森林关系中的文化现象”（郑小贤等，2000，见但新球，2005）。此外还有圣境植物。圣境是指由于传统文化信仰的原因而受到崇拜、禁忌和保护的特殊自然-人文景观单元。例如，人们崇拜的神山、龙山、风水林、龙泉及宗教庙宇所在地等（罗鹏等，2001）。

二、文化植物的分类与利用

不同的学者，对文化植物的分类不尽相同，但都与人类对植物的理解和偏爱有关。

文化植物按文化分类，可分为以下 6 类：①祭祀植物，即用于祭祀活动或宗教崇拜的植物；②镇恶驱邪植物，被认为此类植物的存在可以辟邪驱恶，如桃、柳、菖蒲、艾等；③洁净植物，相当于抗污染植物，因人们对其清除污染物的机理不甚清楚，仅看到污染被清除的结果，从而作为精神崇拜的植物，如莲、地涌金莲（*Musella lasiocarpa*）、清香木、樟树等；④吉祥植物，即植物本身的生物学或形态具有某些特质而被人们赋予特殊象征意义的植物，如梅、兰、竹、菊、牡丹、玉兰、山茶、杜鹃等；⑤其他一些常青或长寿植物，被赋予恒久、健康向上等良好寓意的植物，如翠柏（*Calocedrus macrolepis*）、万年青等；⑥名吉物吉的植物，有些植物或因谐音，或因特质，隐含美好愿望或寓意的种类，如佛手、龙爪槐（*Sophora japonica* f. *pendula*）、石榴等（杨先芬，2005）。

街顺宝（2000）将文化植物分为7类。①历史文化植物：指在历史上具有超出植物本身实用价值，而有历史文化价值的植物。②神话与传说植物：又可分宇宙树、生命树与拟人植物几种。宇宙树又可分山宇宙树、通天树与月中树等不同的小范畴。③宗教植物：主要含宗教崇拜植物与宗教礼仪植物。④信仰植物：主要有神灵植物与神树、神林及图腾植物。⑤延生植物：指维护人类身体健康的植物，具有超出实用范围而有文化价值的植物。长生不老药信仰即为其例。⑥民俗植物：含吉祥植物、禁忌植物、镇恶驱邪植物、礼仪植物。⑦象征与表意、暗示植物：这些植物之间，有的相对孤立，有的则有因果联系，如宗教植物、信仰植物乃至迷信植物等。

竹文化也贯穿中国民族文化，包括成佛竹、民族食品、民族园林、民族宗教、民族医药、民族习俗、竹崇拜等（王慷林等，1991，1993；Wang et al.，2005；何明和廖国强，2007；吴静波和李增耀，2003；王平，2001；周裕苍，1992）。

本书根据与人类文化有关的活动，将文化植物分为以下几类：宗教植物、祭祀植物、礼仪植物、崇拜植物、形意植物等类别。

（一）宗教植物

佛教与基督教、伊斯兰教并称世界三大宗教，均与植物有着密切的关系。将与宗教的产生、发展密切相关的，在宗教活动中具有特殊意义的植物，称之为宗教植物（religion plant）。宗教植物，与佛教的关系最为密切。

文化是植物景观配置的思想基础。佛教的“青青翠竹，总是法身，郁郁黄花，无非般若”。菩提树是释迦牟尼悟得佛道成佛之树；贝叶棕是傣族文化的载体，贝叶文化是傣族文化的象征；大青树被视为神树；竹子与傣家人生活息息相关；槟榔、荷花、文殊兰（*Crinum asiaticum* var. *sinicum*）、黄姜花是敬佛的贡品；莲花也与佛教传法等有特定的文化含义。众多的佛教经典中，都可以找到与植物有关的经文，以及相关的植物类群，且这些植物由于宗教的偏爱，往往受到佛家弟子的推崇和保护。在佛教文化中，佛祖释迦牟尼根据某些植物的生物学特征，采用喻理、类比、明志、比德等方法，阐述教理，比喻人生（余晓华和江岚，2006）。将与佛教文化相关的植物分类为：成道植物、悟道植物、佛化植物、寺院植物、佛礼植物、经载植物、佛材植物和护法植物等。

1. 成道植物

佛教著作记载了佛祖释迦牟尼一生的几个关键时刻，均与植物有着密切关系，即佛祖释迦牟尼出生在一株无忧花（*Saraca indica*）树下，成道于一株菩提树下，而当80岁时，在两株婆罗双（*Shorea robusta*）树下从容、安静地圆寂。按云南西双版纳傣文《二十八代佛出世记》（又称《二十八代佛诞生记》、《佛教28代佛正觉树》）记载，佛教共28代佛主，释迦牟尼是第28代佛，每一代佛均有成佛树（许再富和刘宏茂，1995；许再富等，1998；余晓华和江岚，2006；表29-1）。这些植物中，除菩提树和柚木随佛教的传播进入云南外，其他种在云南均有分布。

表 29-1　《二十八代佛诞生记》佛祖与成佛植物

代数	佛祖名	成道树	代数	佛祖名	成道树
1	登康加裸	糖胶树 *Alstonia scholaris*	15	苏假打	弯钩刺竹 *Bambusa sinospinosae*
2	米汤加裸	毗黎勒 *Terminalia bellirica*	16	比牙嗒西	柚木 *Tectona grandis*
3	沙腊唧加裸	猫尾木 *Dolichandrone caudafelina*	17	阿它塔西	黄缅桂 *Michelia champaca*
4	底那如罗	白饭树 *Flueggea virosa*	18	坦麻塔西	云南石梓 *Gmelina arborea*
5	戈冷椏	聚果榕 *Ficus racemasa* L.	19	西提芭	车里朴 *Celtis cinnamomea*
6	莽嘎裸	毛桐 *Mallotus barbatus*	20	底沙	高榕 *Ficus altissima*
7	苏麻因	毛桐 *Mallotus barbatus*	21	布嗦贾	独酸角 *Dialium ovoides*
8	烈袜多	毛桐 *Mallotus barbatus*	22	维巴洗	猫尾木 *Dolichandrone cauda-felina*
9	嗦皮多	毛桐 *Mallotus barbatus*	23	洗哈	地涌金莲 *Musella lasiocarpa*
10	阿团麻喀西安	未确定	24	喂沙普	聚果榕 *Ficus racemosa*
11	巴独玛	千张纸 *Oroxylum indicum*	25	加咕先塔	未确定
12	那塔打	千张纸 *Oroxylum indicum*	26	歌那嘎麻纳	聚果榕 *Ficus racemosa*
13	巴读木打腊	樟树 *Cinamomum* sp.	27	加沙巴	木棉 *Bombax ceiba*
14	苏米塔	未确定	28	哥打麻	菩提树 *Ficus religiosa*

注：一些种类根据最新资料订正

正如《六祖慧能诗谒》："菩提本无树，明镜亦非台，本来无一物，何处惹尘埃"。此谒将菩提树含义扩大，并不限定于菩提榕一种，各地根据当地的气候类型及植物特征选择不同的植物代替菩提树。例如，椴树因叶形似菩提树，且核果可做菩提子，多地称其为菩提树（浙江天台山国清寺南侧的菩提树即为椴树，明清皇家也将北京紫禁城英华殿中的椴树奉为菩提树等）；暴马丁香在西北具有深厚的文化根基，因此被誉为"西北菩提树"。

2. 悟道植物

宗教的传播，往往借助某些植物作为传播宗教教义的载体，将那些传播宗教精髓的植物，称之为悟道植物，如莲花、桃花、梅花、地涌金莲等。

莲花是佛经中最常见也是最推崇的一种植物，其地位仅次于菩提树。佛经《百缘经》称释迦牟尼为莲花王子，藏传佛教的佛经把天地比作一朵莲花；《华严经》载，梁摄论中有四义：一如莲华，在泥不染，比法界真如，在世不为世污。二如莲华，自性开发，比真如自性开悟，众生诺证，则自性开发。三如莲华，为群蜂所采，比真如为众圣所用。四如莲华，有四德：一香、二净、三柔软、四可爱（《大正藏》）；四德，谓常、乐、我、净。"人心本净，从处秽浊无瑕疵，犹如日明不与冥合，亦如莲华不为泥尘之所玷污"《文殊师利净律经道门品》。

《三藏法数》还把莲花的优点与菩萨的十善相比，作了更加细致的概括。莲花喻菩萨 10 种善法（李志炎和林正秋，1995）。①离诸染污：菩萨修行，能以智慧观诸境于一切法，不生贪爱，虽处五浊生死流中，而长生死过失所染，比喻莲花出于水而不为污泥所染也（五浊者，即劫浊、众生浊、烦恼浊、见浊、命浊）。②不与恶俱：菩萨修行，唯欲灭一切恶，生一切善，于身口意，守护清净，不与纤毫之恶共俱，比喻莲华，虽微滴之水，而不停留也。③戒香充满：菩萨修行，放诸戒律坚持无犯，以戒能灭身口之恶，犹香能除粪秽之气，故经云：戒香芬馥，广布充满，比喻莲华开敷，妙香广布，遐迩皆闻也。④本体清净：菩萨因持戒故，身心清净虽处五浊之中，而能无染无著，比喻莲华生时虽处污泥浊水，而自然洁净无所染也。⑤面相熙怡：熙，和乐貌。怡，喜悦也，菩萨心常禅悦，而面无颦蹙，诸相圆满，见者皆欢喜，比喻莲华开时，令诸见者心意快然而生喜悦也。⑥柔软不涩：柔软则随顺，不涩则无滞，谓菩萨修慈善之行，复于闭法无所滞碍，充于内而形于外，故体常清净，柔软细纱而不粗涩，比喻莲华，体性柔软而复润泽也。⑦见者皆吉：菩萨修行成就，形相美妙，凡所见者皆获吉祥，比喻莲华，芬馥美妙，人或眼见及梦见者皆吉祥也。⑧开敷具足：菩萨修行功成，智慧福德，庄严具足，比喻莲华开敷而其华果具足也。⑨成熟清净：菩萨修因既圆，妙果成熟，而慧光发现，能使一切有情见闻之者，皆得六根清净，比喻莲华成熟，若眼睛其色，鼻闻其香，则诸根获得清净也（六根者，即眼根、耳根、鼻根、知根、身根、意根）。⑩生已有想：菩萨初生之时，诸天人等皆乐护持，以其必能修习善行，证菩提果，比喻莲华初生之时，虽未见花，凡诸人众，出生已有莲华之想也（梵语菩提，华言道）。

地涌金莲，佛经中说佛祖释迦牟尼在降生之时，走了七步，每步一莲花；又如，文殊菩萨在诞生之时，家中出现了十大瑞兆，其中之一是庭生莲花，佛经描写是陆生的，暗指地涌金莲。

桃花，唐朝福州灵云志勤祖师在沩山因桃花开花而顿悟“三十年来寻剑客，几逢落叶几抽枝，自从一见桃花后，直至如今更不疑”。表达悟道前后境界诗偈如“坐破蒲团不用功，何时及等悟心空？直到一番齐努力，桃花三日看飞红”等。

梅花，“终日寻春不见春，芒鞋踏破岭头云；归来偶把梅花嗅，春在枝头已十分。忆着当年未悟时，一声号角一声悲，如今枕上无闲梦，大小梅花一样香”。佛寺多将松、竹、梅、莲、兰等与湖光、皓月、清泉等景致相结合，一方面刻画空灵高洁的寺院画卷，另一方面松赋予了坚贞不屈、隐逸的品质，梅、兰、竹、菊被誉为花中四君子，两者高洁雅致的品质与佛教的审美观相契。

3. 佛形植物

佛教信徒们依据某些植物的生物学特征，结合佛教教义或佛教文化需要，赋予文化寓意的植物，如罗汉松、文殊兰、佛手、吉祥草（*Reineckea carnea*）、南烛、佛肚竹（*Bambusa ventricosa*）等。

罗汉松，常绿乔木，树形优美，枝条状披针形，螺旋状着生；寿命长；果实卵形，未熟时绿色，熟时紫色，着生于膨大、肉质的种托上，种托初时深红色，后变为紫色，似披着袈裟正坐着参禅的罗汉，故名罗汉松。按照佛教的理论，佛也是分三六九等的，第一等级的是佛，第二等级的是菩萨，第三等级的是罗汉，任何一个修行的人，最后都有可能达到罗汉的等级，即修成正果。罗汉的任务就是永驻人间，护法和弘扬佛教。所以，在许多寺庙里都供奉着十八罗汉，有的寺庙里还建有罗汉堂，供奉八百罗汉，一些寺庙特别重视栽植与罗汉齐名的罗汉松，罗汉松寓意罗汉（赵绍鸿，2009；陈有民，1990）。

4. 寺院园林植物

寺庙园林就是服务于宗教或具有宗教性质的建筑、庭院及其周围自然景观的总称（臧维熙，2000）。中国寺庙园林按照其位置、布局、功能的不同，设计为 3 种类型。①寺庙庭园：寺庙建筑布局的各种院落中，或植以树木花卉，或引清泉水溪，或为池，或叠以山石，或筑以亭台廊榭，使寺庙建筑与庭园组成要素融为一体。②寺庙附属园林：于寺旁专辟园地，根据造园意图设计营造，虽有建筑和宗教设施，但以得景构成园林意境为主。③山林寺庙：寺庙坐落于风景优美的山林之中，寺庙成为风景名胜区的组成部分，本身或仅随形依势构筑庭园，或傍山依水另辟附属园林，或兼而有之（孙敏贞，1992）。按佛法规定，多棘刺植物，意涉世间是非；葱、韭、蒜、烟类植物，味烈性荤；寺院禁忌（管欣，2006）。佛教植物景观的营造，体现在：①寺庙园林中的常绿植物多于落叶植物，如松科、柏科、杉科等植物，且多呈对称式布置，不仅衬托寺庙建筑的庄严与肃穆，更加彰显寺庙园林万古长青的宗教色彩；②寺庙园林中多选用银杏、无患子、七叶树、香樟、梅花、竹、棕榈等树种，一方面其秀丽脱俗的形态契合佛教淡雅纯净的审美观，另一方面其具有浓厚的传统文化内涵，与佛教发展有密切的联系；③选用众多私家园林中常用植物，如桂花、紫薇、琼花（*Viburnum macrocephalum* f. *keteleeri*）、腊梅、山茶、南天竹、芭蕉、黄杨、麦冬等，一方面遵循适地适树原则，另一方面为迎合民众的植物审美情趣（袁洁，2013）。

综上所述，寺庙园林所选择种植的树种，要求符合特定的设计规范。例如，松柏杆挺拔而壮观、庄严，寿命长而四季不凋，色彩凝重而肃穆，老枝苍虬而古拙，植于祭祀建筑空间，其不畏严寒瘠薄、坚贞不屈的品质尤被世人所敬仰，象征佛法的万古长青，亘古不变，以彰显空间的肃穆庄严之感，特别将其栽植于威严神圣的大殿正空之中；“遗言翼可冥，缮性何由熟。道人庭宇静，苔色连深竹。日出雾留馀，青松如膏沐。澹热离言说，悟悦心自足。”（唐·柳宗元《晨诣超师院读禅经》）；“松柏天生独，青青贯四时。心藏俊凋节，岁有大寒知。惨淡冰霜晚，轮囷润壑姿。或容蝼蚁穴，未见斧斤迟”（宋·黄庭坚《岁寒知松柏》）。且松柏果实多食用，“论食可以资身养道一深山，绝迹去远人民但资甘果美；水一菜一果而已或饵松柏，以续精气如雪山甘香藕等。”（《摩诃止观》卷四）；“每日食枣十颗，柏叶饼一枚，余无所须，其后移於南谷马家古佛堂侧。”（宋·释赞宁，《宋高僧传》卷二十二中）。菊花、山茶皆为花中隐士，形态雅致脱俗，与佛家清静雅致的精神追求契合；柳树在古代具有离别、相思、思乡、怀古等意象，融合佛教宣扬空即是色，色即是空的哲学思想。遁入空门仍具有几分悲情色彩，与柳树的意象不谋而合，且观音菩萨手执杨柳消除苦疾，意味消除苦疾、驱鬼辟邪，便被佛寺广为种植。

此外，桂花、暴马丁香、紫丁香、椴、垂柳、茶、菊等多种植于佛寺。中国幅员辽阔，南北气候差异大，不同气候带的佛教植物种类差异大，但其植物的文化内涵基本相同；现存的寺庙多为禅寺，其植物的选择以本土植物为主。本土的植物文化、种植理念、审美情趣等对寺庙园林植物景观影响较深（袁洁，2013）。在信仰佛教的地区，建立寺院必须有 4 个基本的组成部分：①一尊释迦牟尼像；②一座佛塔；③5 名或 5 名以上僧侣；④若干特定的寺院栽培植物（王慷林等，1991）。例如，南传佛教佛寺（如云南西双版纳），庭园栽培以“五树六花”为最基本的特征。五树是指菩提树、高榕、贝叶棕、槟榔和糖棕（或椰子）；六花是指荷（莲）花、文殊兰、黄姜花、鸡蛋花、缅桂花和地涌金莲。在信奉南传佛教的地区，菩提树深受信徒们的崇敬和保护，在乡规民约中规定砍伐菩提树，要与破坏佛寺，杀死僧侣一样“处死刑，其子女罚为寺奴”。又如，云南中部汉传佛教的标志性树种包括翠柏、柳杉等。

中国第一座寺院是汉明帝永平10年，在京城洛阳仿天竺式样修建的寺院，并为铭记白马驮经之功，遂将寺院取名白马寺。该寺坐落在郁郁葱葱的长木古林里，寺内最著名的树是在建寺时同佛经、佛像一起传入中国的石榴树，石榴原产于伊朗。当时，人们赞美石榴，把它看成是中外友好的结晶。白马寺的石榴也身价倍增，也有“白马石榴，一实值牛”的说法。

潭柘寺，北京最古老的名寺，北京素有“先有潭柘寺，后有幽州城”的说法。潭柘寺依山而建，外围有附属建筑和森林草场，庭院内古木参天，绿荫覆地，有许多珍贵树种。柘树（*Cudrania tricuspidata*）是潭柘寺赖以成名的树，因寺后有龙潭，山上有柘树，所以寺名由此而来。此外，西藏大昭寺，北京戒台寺，山西华严寺，陕西法门寺，上海静安寺、玉佛寺，河南少林寺等，大多建造在山清水秀之处，广泛栽植各种名贵花木，不仅为佛教建筑增添光彩，更重要的是提升了这些树木花草的文化内涵。

5. 佛礼植物

南传佛教的宗教活动每年多次，称为赕佛。赕佛即诚心诚意的布施。赕佛所需的物品种类众多，包括金钱以及一些植物的产品。①赕佛灯的油和蜡条：油用木本植物铁力木和石栗（*Aleurites moluccna*）的种子油；蜡条用女贞树分泌的油脂。②浴佛的香料：根据佛经“佛生时龙喷香雨浴佛身”，在泼水节时要以香水浴佛像，小男孩当和尚和僧侣晋升时，也要以香水净身。香水由香樟、黄樟、云南樟、蒲桃和蛇藤（*Colubrina asiatica*）等神木、神豆、神草煮水而成的圣水以供沐浴。③赕佛的贡品：有水果，如槟榔、香蕉、芭蕉等；有鲜花，如莲花、睡莲、文殊兰和黄姜花等，以及用金纸剪成的菩提树叶片等。④赕佛物品的染色：食物和物品用红木（指紫檀、花榈木 *Ormosia henryi* 等树木）、栀子花的花果和巴戟天的根染成红色、黄色或橙色，袈裟、布料要用草棉手工织成，而且用巴戟天的色素染成黄色（许再富等，1998；余晓华和江岚，2006）。

6. 佛载植物

用于制作宗教经书的植物，称为佛载植物，如西双版纳有佛寺500多座，保存贝叶经多达84 000多册，这些贝叶经多用贝叶棕制作而成。有些经书是用构树的树皮纤维制作的棉纸（称薄嘎腊沙），这种手工制作的棉纸洁白，韧性好，较耐保存。因此，在信仰佛教的地区，贝叶棕和构树得到良好的保护。

贝叶文化是傣族传统文化的称谓，代表傣族社会的全部历史和文化，因其保存于用贝叶棕制作而成的贝叶经书里而得名。贝叶文化包括贝叶经、经书（用棉纸书写）和傣族传统文化事象三个方面。

戈兰叶（即贝叶）是承载着傣族历史文化走向光明的一片神舟。①贝叶经是记录南传上座部佛教思想、教义的载体。②贝叶经对传播和普及南传上座部佛教思想、教义起到了重要作用。③贝叶经是傣族人民南传上座部佛教信仰世代传承的脉络和依据。贝叶文化是傣族人民在传统农业社会中创造的古典型和谐文化（即人与自然、人与人、传统与现实的和谐）；是热爱自然、尊重自然，热爱人类、尊重他人，既热爱传统，又力求创新的兼容文化；贝叶文化又是一种素质文化，以寺院教育取代火塘教育的创新，是一种开放型文化。人与自然的和谐，是贝叶文化的精髓之一。朴素的自然生态观，保护山林、保护水资源、保护大自然所赐的一切，这不仅保留在贝叶经典中，也融化在傣族人民的思想观念和行为模式中。贝叶文化堪称水的文化、森林文化和绿色生命文化。因此，自古以来，傣族社会所有的历史事件和文化，全靠一片片贝叶作记录世代相传，傣族人民把贝叶经视为全民族的宝贵财富加以保护（李子贤，2006；周娅，2006）。

叶质形一类是真正的贝叶经，傣语称“坦兰”，是用民间制作的铁簪子刻写在经过特制的贝叶片上，其规格有每页四行式、五行式、六行式和八行式 4 种，傣语分别称为兰戏、兰哈、兰贺、兰别。以前三种规格的贝叶经本最为普遍。

贝叶文化博采众长、博大精深，其内容包罗万象。从古籍书目记载的达 5000 余部、2000 多种，按内容和形式分为 15 类（秦家华等，2006）。①佛教经典方面，如《三藏经》、《尼滩龙》等。②哲学方面，如《咋雷麻约甘哈傣》、《萨沙纳哈版洼沙》、《咋雷蛇曼蛇勐》等。③法律法规，如《芒莱法典》、《地方习俗法规》等。④神话传说，如《巴塔麻嘎英叭》、《竹楼的由来》等。⑤史诗，如《巴塔麻嘎捧尚罗》、《相勐》。⑥叙事长诗，如《乌沙巴罗》、《粘巴西顿》、《兰嘎西贺》、《葫芦信》等。⑦歌谣，如《甘哈墨贯》、《尚嘎雅纳坦》、《贺新房歌》等。⑧语言文字，如《波腊纳坦》、《巴塔麻嘎波罕》、《尚嘎哈奔罗》等。⑨农业，如创世史诗《巴塔麻嘎棒尚罗》、《一颗萝卜大的谷子》等。⑩历法，如《泼水节的故事》、《巴嘎等》、《呼拉》。⑪医药，如傣文药典《档哈雅》、医经《腕纳巴维特》等。⑫建筑：古代傣族竹楼的发明创建，经过了由最初的“绿叶棚”过渡到“狗蹲房”再到“凤凰房”三个历史时期，最后才建成竹楼的记载等。⑬音乐，如《论傣族诗歌》、《巴塔麻戛捧尚罗》等。⑭舞蹈，如《尼赕滚墨贯》、《傣族古歌谣》等再现原始舞蹈的叙述。⑮绘画，如《召西塔奥波》、《召树屯与南木诺娜》等。此外，还有大量的风俗习惯和文化事象，也是贝叶文化的重要组成部分，如《巴塔麻嘎捧尚罗》中天神划分年、月、日的神话等（余晓华和江岚，2006）。

纸质形一类是指棉纸经书，傣语称薄嘎腊沙。它是用野蕨杆削成的蕨笔蘸墨写在构树皮制作的棉纸本上的文字记载文本。其规格有宽面页式和连折叠式两种，其中以宽面页式最为普遍。

7. 佛材植物

各地佛寺的建筑用材的树种很多，过去由于交通问题，虽多为就地取材，但用材尤为考究，要求坚硬、笔直、防潮防蛀、经久耐用等。在佛教信仰地区有柚木、毛麻楝（*Chukrasia tabularis* var. *velutina*）和云南石梓、山玉兰（*Magnolia delavayi*）等多种。在信仰汉传佛教和藏传佛教地区以松、杉、柏木、楠木等木材为主，但也不乏从外地运入的其他珍贵木材，如柚木、红木等。

佛寺中的大小木刻菩萨、神兽和神器用材除上述要求外还要求不翘、不裂，不变形。用材有柚木、菠萝蜜、云南石梓、花榈木、红木、铁力木等。在严格选材的前提下，在云南昆明曹溪寺高 1.4m 的宋代“南海三圣”保存至今，仍显其细腰圆腹、长发披肩、飘带流畅、庄严恬静的最初镌刻时形象。

8. 佛法植物

护法是指为佛法修持者提供各种物质和精神的人或事物。佛法植物也包括能吃的植物，即当今倡导的素食文化，其中也包括荷叶等饮料植物。昆明西山华亭寺钟楼有一副对联："古寺换新样，种十年树木结十年果；老僧无甚事，当一日和尚撞一日钟。"下联说明老僧尽职尽责，上联则说明佛教徒有植树造林、养林护林的优良传统。因而佛教寺院通常都是林木葱郁，鸟语花香，环境清幽的胜地。这既是缘于"庄严国土，利乐有情"的理念，也是出于参禅修道的环境需要和佛法植物理念的必然结果（张一方，2006）。

（二）祭祀植物

祭祀是华夏礼典的一部分，是儒教礼仪中主要内容之一，礼有五经，莫重于祭，是以事神致福。祭祀对象分为三类：天神、地祇、人鬼。天神称祀，地祇称祭，宗庙称享。祭祀的本质，是对神灵与祖先的敬重，是让人与人之间团结互助的美德，推广到人与神之间而产生的活动。

例如，云南西双版纳的丧葬习俗中，傣族模仿竹楼的形式编制一座小竹楼，作为陪葬品，随死者一同送出烧毁，寄托生者对死者的良好祝愿：愿死者有稳定的居住之所。基诺族是实行独木棺土葬，棺木深埋后，不留墓冢，而是在墓表建一座小竹屋，屋内设一小竹桌，供死者亲属献祭使用，小竹屋一般三年后才能拆除，因而在基诺村寨公墓，可见竹屋栉比，俨然形如一个小村落。苦聪人也常用刀、弩、竹箩、竹水桶等陪葬。布朗族一般实行土葬，丧葬时也多用竹棺；布朗族还有叫魂的习俗，如遇头疼、肚疼等疼痛时，一般用烂土锅片代替银钱，用竹笋箨代替经书，以及茶叶、竹笋等祭鬼魂，或用三棵竹子（不用去梢，每棵竹子在四个节中挖口，内装水、沙、米、谷）搭成三脚架，让患者坐在中央，佛爷念经祛病除邪。傣族的村寨也往往用木棍或大型竹子（如龙竹）在寨口搭一门框，在门框两边捆上几棵竹子（竹节开口分装水、沙、米）、芭蕉树等植物，以阻止鬼魂进寨（王慷林，1993；Wang et al.，2005）。

云南景东彝族丧葬灵台的献祭，涉及众多当地植物。有阿毕设灵堂，灵柩前悬挂竹帘，用白纸写上"恩深显考严父"或"恩深显妣慈母某某"之灵位，并加盖"圣印"，圣印由被雷劈了的杉木或松类、香樟树制成，代表着天地相互包容，互相触合，最终成为一体，也表示阴阳界和睦共存。摆设供桌，供祭品、焚香、点灯以"三台青松"迎接亡魂，三台青松即一松杖有三叉，分别代表天、地、人，阿毕通过三台青松请亡魂进入灵堂，完成亡魂天、地、人最后的三界行程，以此祭祀。同时停棺地、灵堂、院子撒满青松，避鬼驱邪，保佑亡者家人在以后日子万事平安顺利。设好灵堂，阿毕吟诵《咽喉经》，为死者开明路，送上祭品。这个过程景东彝族民众称为香花百爵、鹿马狮象、金童玉女。香花以山茶花、马缨花等为主，认为它们是神花、佛花。百爵以柏枝叶、万年青为主，其常年青绿，被彝族民众视为万年长青，亡者走后依然能够保佑家业兴盛发达。此过程所用植物还有毛竹蔑编制，钱纸粘树而成的器皿。景东彝族民众认为竹子有灵通特征，用竹子制作各种道具，有利于亡魂返祖（王海滨和杨晓梅，2013）。在整个的丧葬仪式中，景东彝族民众从事油杉做棺、落气装口盒、箭竹洗身、松针送祖、竹笋箨做冠、马桑做杖、稻草做玉带等系列活动，是子孙亲友为避免亡灵在归祖路途遭遇麻烦而行的一份孝意，带有深深的缅怀之意和对自己曾经的养育、帮助的感恩。

又如，"昂玛"是哈尼族先祖的象征，"昂玛阿波"即"昂玛"神树，是哈尼族祖先的具体物化的植物象征。"昂玛俄波"即"昂玛"神林，是哈尼族先祖居所的象征，"昂玛突"是哈尼族对同一地缘的祖先进行认同、祈福的祭礼和象征行为。哈尼族把"昂玛"神树称为"普措昂玛"、"昂玛阿波"或"普玛阿波"，通常都是指在寨子上方的树林里或村寨两侧的树林里选的神树，是每个哈尼族村寨的建寨标志物之一。"昂玛"神树的选树标准是：长势良好，能开花结果，树高大形美，一般选择麻栎树、榕树或松树等。哈尼族人为树木在所有绿色植物中是生命周期最长而且外形高大，最能反映土地滋养生物的神奇力量。所以人们通常为保护神树用石头将神树围住，并形成许多村规民约，要求村寨中的每个成员自觉遵守（邹辉，2008）。澄江彝族三月三日祭松树；玉溪彝族农历二月第一个属牛日祭树神，以祈风调雨顺人畜平安。云桂两省交界处彝族对竹崇拜，每年农历四月二十日要举行祭竹大典。

油桐、古钩藤（*Cryptolepis buchananii*）、四叶菜（*Marsilea quadrifolia*）等植物——葬礼中亡魂升天的象征，用 7 根油桐枝条，用绳子编制成软梯子状覆盖在棺木上，作为死者亡灵升天回"老家"的"天梯"；有的又在准备出殡的棺木上横放 3 条油桐枝作为死者在阴间的"打狗棒"，象征着亡灵不受其他"人"的欺负；古钩藤在当地人的观念中是一种"送鬼用的植物"；四叶菜也是送死者灵魂升天的一个重要象征载体。送葬队伍到达墓地后，亡者的女儿及孙女们在附近采集一些植物装进腰间佩带的秧箩中，然后连秧箩带植物一同投向火中，口念："你就把这些四叶菜带到天上去栽种吧"，表达了亲人对死者灵魂升天后能够过上衣食无忧生活的祝愿（崔明昆，2005；郭中丽，2008）。

（三）礼仪植物

植物全株或一部分（花、果、枝、叶）用于礼仪的，称为礼仪植物。其是社会礼仪中常常使用的中介。通常分为宗教礼仪植物、年节礼仪植物、生活礼仪植物和婚俗礼仪植物。

1. 宗教礼仪植物

参考（5）佛礼植物。

2. 年节礼仪植物

为老人祝寿送一束常春花配上几片龟背竹，可表达祝愿健康长寿之意；送过生日的年轻朋友剑兰，加上玫瑰、百合，再点缀一枝满天星，祝愿朋友青春永驻。月季因其每月开花，四季常开，又被称作"长春花"。人们以月季为吉祥花献人，也是取其"四季长春"之意。柏树、柿子与橘子（*Citrus* spp.）的绘画图案象征"百事大吉"；万年青与灵芝（*Ganoderma lucidum*）组成的图案，象征"万事如意"。其中灵芝因形似如意，故寓意如意；一棵种植在桶中的万年青，则是皇家的专利，象征"一统万年"（张艺芬，2007）。传统节日端午节使用艾蒿、甘蔗、菖蒲等插在门头，春节门头插松枝、柏枝等，表示松柏常青，人生不老、节节高升、辟邪除魔等意义。众所周知的“伸出橄榄枝”，表示希望缔结友谊的诚意。节日期间看望亲朋，送吉祥草、百合、郁金香，象征“幸福吉祥”。

3. 礼仪植物

生活礼仪植物包括待客植物、送礼植物及平时生活中对各种用具用物的选材等（街顺宝，2000）。例如，云南大理白族的三道茶“头苦、二甜、三回味”的茶道，包含有茶叶、桂皮、花椒、核桃等植物。第一道茶，称之为清苦之茶，寓意做人的哲理：要立业，先要吃苦。第二道茶，称之为甜茶，表示，苦尽甘来；第三道茶，称之为回味茶，暗意人生五味俱全，回味无穷。芍药可以分株，又名离草，故朋友相别赠以芍药，表达依依惜别之情；在广东、海南、港澳地区，送金橘、桃花，表示“吉利”、“红火”之意；送长辈宜万寿菊、龟背竹、百合花、万年青、报春花等具有延年益寿的含意，赠送兰或松、柏、银杏等盆景表达尊崇的心意。礼仪植物根据国度、信仰、民族和地区等差异而不同，特定社会环境、场景赠送礼仪植物，务必首先了解植物的文化象征意义和所处环境的习俗。

4. 婚俗礼仪植物

在婚礼上向新婚夫妇抛撒谷粒或饭粒象征人们对他们“多子多孙，兴旺发达”的祝福。橡树叶、野丁香和睡莲表示“我爱诚实谦逊、勇敢和纯洁的心灵”；木棉花朵鲜艳美丽，新平花腰傣常把成年懂事的姑娘比喻成盛开的木棉；由于用途多样，木棉的果实内具有繁多的种子，常常和棉毛一起可缝制成枕头、棉被或棉垫（当地人称“发垫”），传递出丰富的文化象征信息：用木棉做成的“发垫”作为女儿的陪嫁物，象征着女儿旺盛的生殖能力给家族带来人丁兴旺，作为陪嫁物的“发垫”还是社会关系确立的标志，包括婚姻关系确立、解除、结婚男女双方家庭成员间责任和义务、财富（崔明昆，2005；郭中丽，2008）。

两人相对咬嚼一颗槟榔，表示白头偕老，永不分离。嚼槟榔是先苦后甜，越嚼越有味，象征两人的爱情也要经历先苦后甜的过程。槟榔表达情感的非语言的信息传递方式为花腰傣民族调谐家庭、村寨群体关系、缔结婚姻关系、传承社会道德规范行为起到了有效的沟通作用，符合了人们对团结、和睦、吉祥、幸福的心理需求和社会需要，使得槟榔在新平花腰傣婚姻家庭礼仪中被赋予了浓浓的象征色彩，传递出丰富的文化象征意义。

（四）崇拜植物

图腾崇拜是原始宗教信仰形式之一，产生于原始时代，直到20世纪50年代前，还普遍存在于中国许多少数民族中。通常，崇拜某种动物或植物的族群，本族群的人不但不捕食该种动物或植物，而且还有保护此类动物或植物的义务。此崇拜客观上起到了保护动植物和生态环境的作用。在中国少数民族中，傈僳族、怒族、彝族、基诺族、哈尼族等民族保留了较多的图腾崇拜习俗。此外，山神崇拜或神山崇拜是自然崇拜形式之一，大多数民族历史上都曾存在过。藏族、彝族、普米族、傈僳族、纳西族、白族均有山神崇拜信仰，凡是神山，都有种种禁忌，并定期祭祀。大量的森林由于被划定为神山而受到数百年的保护，也有大量的树木因为被认定为神树而受到保护。其他如水源林、护寨林等都是长期受到各民族文化中有关村规民约的保护（何星亮，2006；郑晓云，2006）。神树崇拜体现了神、人、自然三者之间的和谐统一，折射出不同民族的性格特点和文化特征（蒋栋元，2008）。

植物崇拜是中国民族民间自然崇拜极为重要的内容之一，在“万物有灵”观念的支配下，植物被赋予某种超自然的力量，成为人们尊重、崇拜和保护的对象。植物崇拜与社会文化密切相关，不同民族生活在不同的自然环境，具有不同的崇拜植物对象、崇拜内涵和崇拜活动形式（裴盛基和淮虎银，2007）。云南山地民族的传统文化里，对绿图腾和树的崇拜无处不在，神山已经成为一种生态文化传统，几乎所有的民族都会在自己居住的村寨附近选一片葱绿茂密的山林作为村寨的风水林或水源林，有的甚至作为神山森林顶礼膜拜，严禁任何砍伐和破坏行为。村寨和神山上的参天古树也往往成为神树和村寨的标志加以崇拜和保护（周鸿等，2002）。例如，傣族、布朗族将榕树作为神树，苗族则把枫香树作为神树等。哈尼族每年都有祭拜神山的活动，称为“祭寨母”；纳西族先民认为一些树木与本民族有血缘关系而被奉为图腾，所以形成了对树木的精心呵护和虔诚的膜拜与供奉，如把柏树奉为“天舅”，黄栎（即黄毛青冈）奉为“天神”和“地神”，把古树当做“神树”、“天地树”加以保护。松、柏、栗（*Castanea* spp.）等树木在祭天、祭祖、祭什罗、祭风神、祭山神、祭火神等各种祭祀活动中处于极其重要的位置，代表着纳西族的神灵、保护神、祖先。并且，常常在各种祭祀中告诫族人林木的神威及对整个民族生存的重要性。严禁任何砍伐神树的行为，认为砍伐会导致刮大风下大雪，进而危及人类安危。树木崇拜也是东巴教信仰体系中的重要内容，普遍反映于纳西族的各种民间礼俗中，体现在纳西人的生死观中。东巴经中常称有一棵神树叫“含英巴达树”，为一切树之王，生于神山上。在祭天时，纳西族以木石代神，在北方立三棵神树，左右立黄栗（即枹丝锥 *Castanopsis calathiformis*）树两株，象征天地（也有用杉树象征地者），中间立一棵特意从高山上寻来之柏树，称为中央柏（杨桂芳，2002）。“龙山”的概念是人类早期对大自然崇拜的产物，借助于神的力量保护人们的平安和健康，以求得人和自然环境的和谐一致。“龙山”作为西双版纳傣族特有的“水稻田—家室园田—人工薪炭林和经济植物种植园—‘龙山’”，是传统农业生态系统的一个组成部分（刘宏茂等，1992）。

彝族忌砍神树，水源树，烧香处的树，否则会生病；忌在树木生长期进山砍伐，否则“比麻西”；忌在龙王神居住的附近砍伐树木或放牧，或糟蹋祭坛设施，否则会降临灾难等；忌损坏和砍伐在“密植”附近的松树、栗树；孕妇忌摘任何树上的果实，以免造成果树死亡；忌在中秋节的后一天到田间走动，否则会伤害限昭；忌砍小树梢，以免背过（即因伤害人或物而受惩戒）而无后代；忌砍房前屋后奇特的树，否则不吉利，会有灾难降临等（罗明军，2006）。以上是树木崇拜的部分案例，诸如此类的习俗在各民族中不胜枚举。

葫芦（*Lagenaria siceraria*）曾被先民推崇到神位祈求生育，也有“福、禄、多子、平安”等意义，因此，被中国诸多少数民族作为崇拜植物。汉族、彝族、怒族、白族、哈尼族、纳西族、拉祜族、傈僳族、阿昌族、景颇族、基诺族、苗族、瑶族、畲族、水族、侗族、傣族、布依族、高山族、仡佬族、佤族等都有关于自己民族起源于葫芦或受其保护得以幸免于难的传说。

四川、云南、贵州、广西4省（自治区）的彝族在民俗传统中，保留着较多的古代西方羌戎文化因素，崇拜葫芦是其中的一部分。彝族崇拜葫芦的信仰，主要基于4个方面的原因。①人祖出自葫芦。据洪水神话传，远古洪荒时期，人祖避难于葫芦中幸免于难，而重新繁衍人类；另一传说则是兄妹俩避难于葫芦之中得以保存性命。洪水消退后兄妹俩破瓜而出，奉天神之命结为夫妻，不久，生下一个怪葫芦，剖开葫芦，得汉、藏、彝、傣、苗、傈僳、回等各族祖先。②祖灵回归葫芦。云南省哀牢山区南华县兔街乡摩哈直村彝族迄今仍保留着供祖灵葫芦的习俗，父母死后，其孝子须将亡灵双双引入葫芦里，供奉于壁完或供桌上。彝族认为，人祖出自葫芦，死后灵魂也要回到葫芦里，葫芦代表一个小宇宙，为祖灵神仙居住和生息的空间。在彝族墓碑上饰有葫芦浮雕，象征着人死回归葫芦之意。彝语词汇中，祖灵、祖灵牌位与葫芦同称“阿普”，简称“普”。彝族共祖名阿普都木，直译是“葫芦之裔（子）都木”。③仙药存于葫芦。彝族史诗《查姆》中讲到“人类曾经过独眼人、直眼人和横眼人三个时代的发展演变，才形成现代人”。云南双柏县法脿乡麦地冲村彝族保存的传统节日跳虎节（又称八虎舞），于每年农历正月初八至十五期间举行。八人扮虎跳舞驱邪，领队者用一长竹竿挑一葫芦指挥跳虎舞，此葫芦内盛灶灰，底通细孔，摇动竹竿，灶灰从孔中漏出，撒向围观的人群身上。人们相信这出自葫芦腹中的灶灰具有除瘟祛病的作用。④驱邪镇妖：云南新平彝族直到20世纪六七十年代还保留着结婚摔葫芦的古俗。在新郎新娘登堂入室之前，由事先站立于门房上方的一名壮年男子或成年妇女，手持装满灶灰的葫芦，迅速地将其掷破于门槛前，在灰雾弥漫中，新郎新娘进入堂屋内。当地彝族认为，摔破葫芦（即破壶成亲）是人从瓜出和子孙繁荣的吉兆。摔破葫芦扬起的灰雾象征仙气，因而其主要功能是驱邪。又如，祭司“毕摩”腰系葫芦，把其当作协助自己的灵物（或称法器）。云南省牟定县蟠猫乡卑厅村毕摩普有田腰系四腰葫芦，石屏县哨冲乡毕摩法杖上则系两葫芦；永仁县凉山彝族的女巫跳神时敲击葫芦，据说葫芦振动发出的响声能使天上的神灵听闻，而降临地面帮助女巫驱魔鬼（李世康，1995）。其他许多少数民族也有类似的崇拜。

此外，云南的部分彝族认为松树是其始祖，“靠松树创天，靠柏树创地”，对松树严禁砍伐采枝。楚雄的彝族崇拜马缨花；大理白族自治州的傈僳族每户都有一株山神树，任何人都不能动；独龙族忌砍桃树；白族崇拜滇朴、黄连木和合欢；傣族崇拜菩提树、大青树、贝叶棕；贵州苗族对糯稻极为崇拜；贵州彝族崇拜竹子；东北满族对柳树（*Salix babylonica*）崇拜等，都是植物崇拜的典型代表。植物崇拜对于天然植被保护和依靠农耕为生的原住民族具有十分重要的象征意义和隐意内涵（裴盛基和龙春林，2007）。

（五）形意植物

中国文化博大精深，千百年来，受儒教、道教、佛教的影响，无论在宗教、习俗、传统知识，还是日常生活或生产活动中，典故的传说、物品的表征都无一不呈现与植物的密切关联，如云南“大救驾”（洱丝）、“过桥米线”等，代表典故的传说；罗汉竹、佛肚竹、葫芦、石榴等，代表宗教、习俗和人类的意愿。

将表述人类意愿的植物，称为形意植物。中国形意植物的表现形式，除植物名称谐音外，还表现在植物形态、颜色、数量及其自然和社会价值。受民族文化影响，多样性的植物，在不同宗教文化、传统习俗、文化意愿等方面，也存在着丰富多彩的形意。例如，汉语中植物文化的象征意义多受儒教文化影响，孔子的《论语》中对松、柏的描述，表现出其坚贞不屈的性格特质；周敦颐的《爱莲说》的出淤泥而不染，代表清雅，不同流合污、刚直不阿的品格。谐音是利用语音的相似性，以事物名称语音表达该事物所蕴含的象征意义。谐音在英语植物象征文化中没有多大的效果，但在汉语植物象征文化中，是重要的表达方式，如“发财树”（瓜栗）、“富贵竹”（万年青）等普遍被盆植于庭院、室内等，主要是取其植物名谐音寓意美好的愿望。植物外部形状属性（数量、颜色、形状）反映在形式和内容上，用这些象征符号表达植物的意识，是人们运用象征思维赋予意识对象作为特定内涵的基础（杨新红，2011）。不同民族的思维方式、审美情趣、人生追求、风俗习惯等文化方面的特征，也隐含着重要的民族文化信息。由于语言和地域关系，还有一些汉语言中未曾表述的，如生瓜蛋，尚未成熟的甜瓜象征幼稚、无知和不中用。沙枣，扎根于北方受命不迁，更宜志兮，面对恶劣的环境也不后退，很像镇守边关的卫士，因此，维吾尔语中象征不畏严寒、酷暑、盐碱等艰难困苦的精神；沙枣花，看似平凡，但馥郁的清香正是沙枣花为春天播撒的淡淡幽香和希望的讯息，故维吾尔把沙枣花作为青春的象征，闻到沙枣花香味象征青春和希望的来临。麦草平常无奇，在维吾尔语中被作为草包、饭桶、胸无点墨、不学无术的象征，“多如麦草，多如牛毛”（葛爱华，2009），即指多而无用之意。

1. 植物名称的谐音

“柳”与“留”谐音，柳树形意“挽留、离别、思念”。《诗经》云：“昔我往矣，杨柳依依，今我来思，雨雪霏霏”的描述。古代送别诗常以“折柳赠别”或以“折柳”代称送别，其中蕴涵着诸多令人神伤的离情别绪。唐代柳氏的《杨柳枝》：“杨柳枝，芳菲节。所恨多年赠离别。”“杨柳岸晓风残月”（柳永），让人黯然神伤、几多愁思。展示了以柳喻别离的隐意和感伤。

荷花象征祥瑞，民间利用谐音和画面，象征吉祥的内容几近无所不包，记载荷花隐意丰富多彩。①一品清廉——荷花的纹图，以莲之高洁喻为官之清廉，“青莲”和“清廉”音同；常见于画稿、什器、文具等。②本固枝荣——莲是盘根植物，并且枝、叶、花茂盛，以祝世代绵延、家道昌盛；见于莲花丛生的纹图。③华实齐生——莲与别的植物不同，花和果实同时生长，故莲子喻“贵子”、“早生贵子”之意；见于连生与莲子（俗称莲蓬）的纹图。④鸳鸯贵子——鸳鸯和莲花的纹图，广泛用于结婚用品，梳妆镜、脸盆、手帕、工艺品等，或织绣、或雕褛、或塑造、或绘画，表示美好的愿望，是极好的祝吉用品。⑤鸳鸯戏荷——鸳鸯在荷池中顾盼嬉游的纹图，亦题“鸳鸯喜荷”；常用于画稿、家具、什器、衣料、建筑等，尤以妇女用品为多，蕴意夫妻恩爱，幸福美满。⑥连年有余——童子、莲花和鱼的纹图，常见于民间年画、刺绣、丝帕、画盘等物品，寓意生活富裕美好，为新年吉祥祝语。⑦因何得藕——祝贺新婚、姻缘的吉祥；荷花、莲蓬和藕组合而成的纹图，见于画稿、什器、衣料以及各种装饰品。《本草纲目》云“夫藕生卑污，而洁白自若；质柔而实坚，居下而有节。孔窍玲珑，丝轮内隐，生于嫩弱，而发为茎叶花实，又复生芽，以续生生之脉。”因而，藕寓夫妇之偶以及生子不息之意。⑧聪明伶俐——藕、葱、菱和荔枝的纹图，取谐音。⑨和合二圣——蓬头笑面赤脚的两位神人，一持盛开荷花，一捧有盖圆盒的纹图。取和（荷）谐合（盒）好之意。被人们奉为欢喜、和合之神，是掌管婚姻的喜神；和合之像多于婚礼时陈列悬挂，或常年悬于中堂，寓谐好吉利之意。瓷塑、泥塑亦有和合二圣像，置于几案橱柜，作为装饰和祝吉。⑩河清海晏——荷花、海棠和飞燕的纹图，寓意天下太平。⑪连登太师——祝人官运亨通、飞黄腾达、吉祥；见于童子、莲花和狮子的纹图。⑫一路连科——鹭谐路音，莲谐连音，荷谐科音，是科举时代应试考生的祝颂之辞；一只鹭鸶和荷花、荷叶的纹图，即此行赴考每试必中之意。⑬路路清廉——见于青莲花与二只白鹭的纹图，祝颂为官清正廉明、吉祥（李志炎和林正秋，1995）。此外，婚礼的花生，谐音取意，象征男女插花着生和男女双全之意。

2. 植物的数量形意

石榴，因其“千房同膜，十子如一”，象征多子；葫芦，因藤多，结的果实比较多，葫芦里又有子，一方面象征着生命力的强盛，另一方面祝福新婚夫妇多子多福；因葫芦是八仙中铁拐李中的法器等，还有传说认为葫芦是仙物。玫瑰代表爱情，在中国，不同数量的玫瑰代表着不同的含义：1 枝代表只爱你，3 枝代表我爱你，11 枝代表一心一意，999 枝代表天长地久。松树的针叶成对而生，因此，被看作象征婚姻幸福美满的吉祥物。枣、花生、桂圆、栗子组合代表早生贵子，糕片和花生组合代表步步高升等。

3. 植物颜色的形意

保安族婚礼中盛行撒红枣，因红枣颜色是喜事的象征，撒红枣表示喜事临门。杜鹃鸟发情时日夜啼叫不止，以致嘴巴流血，染红花朵，故名杜鹃花。杜鹃鸟喙部与颈部发红，也是杜鹃花名字的来源之一，由此，杜鹃花象征爱情。杜鹃花的花色则殷红，人们又以杜鹃花比喻漂亮女人。紫藤开紫色花，“紫”色有祥瑞富贵之意（居阅时和瞿明安，2001）。桃花可指代皮肤细洁白里透红的妙龄少女——面若桃花，梨花指代漂亮白皙的女子——梨花带泪。

4. 植物的形态

在苏南一些地区，甘蔗被认为是高升的象征，由于外部形状，认为人的前途就像甘蔗一节一节不断地往上升；而在闽、粤和台湾一些地区，甘蔗作为新婚的吉祥物象征着新郎新娘的生活就像其形状一样节节高，有始有终，举案齐眉，白头偕老，还源自于甘蔗甜美的味道，借其象征夫妻生活甜蜜美满。云南德宏的景颇族以植物作为符号记事，借形表意，形成特有的树叶信文化。例如，秋后送顶端开出白色小花的草木给对方，代表“白头偕老”；寄给对方一包种子，表示“世代友好下去”；男女恋爱时送对方两片面对面贴在一起的树叶，表示“友好、相爱”；背对背相贴表示“分离、绝交”等。此外，大佛肚竹、罗汉松、地涌金莲等植物的形态与宗教密切相关。

5. 植物的属性

“福如东海长流水，寿比南山不老松”、“松龄鹤寿”均属植物和动物寄语美好的祝福。松鹤图常被作为祝福老人长寿的最好礼物。《本草纲目》记载：“柏性后凋而耐久，禀坚凝之质，乃多寿之木。”柏树代表着健康与长寿，这是由其生长特性决定的，所以在给老人祝寿的时候送些与柏树有关的饰品，祝愿老人青春永驻；梅花因其耐寒，被比喻成不为权势屈服的文人；荷花，因其出淤泥而不染，喻作清廉等。柳树象征少女身材苗条、妩媚可爱。“柳姿”形容女子姿色、身段姣好；少女叫“嫩柳鲜花”，失去贞洁的女人叫“残花败柳”；美女的腰被比做“柳枝”，弯眉叫“柳叶”等。

民间把梧桐看作凤凰栖息之树，“家有梧桐树，何愁风水至。”白居易诗也有“栖凤安于梧”句，“栽下梧桐树，引来金凤凰”成了人们的美好愿望。

人参因其实用价值，被当作起死回生之物；枸杞因其药用价值“花叶根实并用，益精补气不足，悦颜色，坚筋骨，黑须发，而寒暑，明目安神，轻身不老”，视作延年益寿的吉祥物；何首乌因其药用价值，视作返老还童的吉祥物。“红豆生南国，春来发几枝。愿君多采撷，此物最相思”。海红豆作为吉祥物，在汉文化中代表相思爱情；枣，谐音早字，婚俗中把枣和栗子放在一起，谐音早立子，祝愿新婚夫妇早得儿子。

松树、柏树习惯在陵墓栽种，象征死者生命永存，故此，通常不植于四合院内部；桑树、梨树也回避不种，因为桑和梨谐音丧和离，被认为不吉利。

牡丹花香艳盖世，色绝天下，是花中的富贵者，自古被人誉为“花后”。作为吉祥物，牡丹象征富贵、荣华和幸福。

梅花，岁寒三友之一，斗雪吐艳，凌寒留香，性耐寒，于是人们把梅花称为“寒梅”或“腊梅”，也作为报春花。“万花敢向雪中出，一树独先天下春”。由于梅花在严寒的冬季绽放，其奋发顽强的品格也深受中国人的喜爱。“遥知不是雪，为有暗香来”，更体现了中华民族的高风亮节。成为赢雅纯洁、清丽而含铁骨之气的象征。兰，形态优美，芳香馥郁，素洁淡雅，与梅、菊、竹一起被称为花中四君子。被作为高雅、纯洁的象征，常代指高贵的品质，因其香、姿、品俱佳，古人都希望子孙禀赋如兰。菊，古人认为常食菊花能延年益寿，故菊花又名“寿客”、“长寿花”，被作为长寿的象征。此外，菊花具有凌霜耐寒、清香飘逸等特性，象征坚毅、靖雅、淡泊的高尚品格。竹，葱茏翠绿，本圈藏坚，劲节挺拔，节坚心虚，值霜雪不凋，且亭亭玉立，婆婆有姿，清香素洁，因此，受到历代文人墨客的咏赞歌颂，被认为有君子之风，成为正直、坚贞、廉洁、有气节、有骨气的象征。例如，唐代诗人孟郊诗《献汉南樊尚书》中的“众本尽摇落，始觅竹色真。”利用竹特质隐喻樊尚书的骨气。蒿因其味臭，古人用其指代卑鄙小人、好佞之人。屈原在《离骚》中用艾蒿隐喻卑鄙小人、奸佞之人。橘子音谐“吉”，是吉利的象征；茄子，果长而不圆，与花萼连在一起，其形似人戴着一顶帽子，人们以其象征官吏及其所戴的官帽。由于橄榄树颜色总是青色的，故其象征生命长存；此外橄榄树还是和平的象征。

传统园林花木中有 32 品，其中有蔓木 4 品，也称四大藤花，即指紫藤、凌霄、忍冬、葡萄。自古以来，即为优良的垂直绿化植物（杨先芬，2005），与其人们对其所赋予的特殊形意有关。

紫藤：居四藤之首，盘根错节，攀援缠上，似长长游龙。故李白的《紫藤树》诗所云：“紫藤挂云木，花蔓宜阳春，密叶隐歌鸟，春风留美人”。还有著名画家周瘦鹃，咏自家老紫藤的诗云："繁枝交纠如相博，屈曲蛇蟠擘不开，好是春赏邀月到，花光一片紫云堆"，更耐人寻味。

凌霄：扶摇直上，有壮志凌云之势。花开百日余，故有"凌霄为树替红花"的美誉。唐代欧阳炯的《凌霄花》诗云："满树微风吹细叶，一条龙甲贴清虚"。宋代杨绘对凌霄的赞美诗云："直绕枝干凌霄去，犹有根源与地平，不道花依他树发，强攀红日斗妍明"。

忍冬：叶经冬不凋。人们常把忍冬比作形影不离的情侣，故有"忍冬花开鸳鸯情"之说。曾情歌流传"天地氤温复日长，金银二宝结鸳鸯。山盟不以风霜改，处处同心岁岁香"。

葡萄：淋漓之叶，盘曲之藤，浓淡疏密，累累之果，自有"轻剪粉痕香"之称谓。葡萄是十分常见的传统吉祥图案，则多运用于刺绣、剪纸等民俗文化之中，葡萄其果实成串多粒，表示"多子多福"（寓意人丁兴旺）；种一颗种子，结上万个果实（寓意一本万利）。在玉石雕刻中，葡萄代表着丰收、富裕、高贵，成串的葡萄，寓意多多益善、果实累累。

中国园林的庭园名花八品，是指玉兰、海棠、牡丹、桂花、翠竹、芭蕉、梅花、兰花。其简化之意为"玉棠牡丹，竹芭梅兰"，其写谐音即为"玉堂富贵、竹报平安"的吉祥之语。按现代的说法，即为祝家庭幸福，平安快乐，符合人生心愿（杨先芬，2005）。

枸杞因其药用价值"花叶根实并用，益精补气不足，悦颜色，坚筋骨，黑须发，而寒暑，明且安神，轻身不老"，被人们视作延年益寿的吉祥物。枸杞与菊花组成"杞菊延年图"，象征益寿延年；菖蒲具有提神、通窍、杀菌之功效，作为象征辟邪、益寿的吉祥物；端午节时，民间用菖蒲叶作剑，与艾叶等捆扎在一起，悬于门旁，象征辟邪驱恶。

第二节 特色文化植物

一、贝叶棕 *Corypha umbraculifera* L.

异名： *Bessia sanguinolenta* Raf.；*Corypha guineensis* L.

别名： 行李叶椰子（《植物学大辞典》），贝叶，团扇葵，锡兰行李叶椰子，行李榈，guolang（D-BN）。

科属： 棕榈科（Palmae）贝叶棕属。

形态特征：乔木状。叶大型，呈扇状深裂，形成近半月形，叶片裂片 80～100，裂至中部，剑形，先端浅 2 裂；叶柄粗壮，上面有沟槽，边缘具短齿，顶端延伸成下弯的中肋状的叶轴。花序顶生、大型、直立，圆锥形，序轴上由多数佛焰苞所包被，起初为纺锤形，后裂开，分枝花序即从裂缝中抽出，有 30～35 个分枝花序，由下而上渐短，4 级分枝，最末一级分枝上螺旋状着生几个小花枝，上面着生花；花小，两性，乳白色。果实球形，干时果皮产生龟裂纹；种子近球形或卵球形；胚顶生。只开花结果一次后即死去，其生命周期有 35～60 年。花期 2～4 月，果期翌年 5～6 月。

分布与生境：原产于印度、斯里兰卡等亚洲热带国家，随着佛教（小乘佛教）的传播而被引入中国，已有700多年的历史；目前仅在云南西双版纳地区零星栽植于缅寺（佛寺）边和植物园内。

文化寓意与利用：其叶片可代纸作书写材料，在印度和中国云南（傣族）有用贝叶刻写佛经的，俗称贝叶经；其树形美观，是极好的绿化观赏植物；从花序割取汁液，含有糖分可制棕榈酒或醋或熬制成糖；幼嫩种仁可用糖浆煮成甜食（注意：成熟种仁有毒不能吃）；树干髓心捣碎经水浸提得淀粉，可供食用；根的汁液治腹泻；幼株的水煎剂可治热感冒等。贝叶经的制作包括3个步骤。①取贝叶。从贝叶树上砍下叶片，用锋利的刀将贝叶一片一片修割整齐，3～5片卷成一卷捆好，放入锅中煮。煮时加酸角或柠檬，使贝叶表面上的皮脱落。一般煮半天，直到贝叶变成淡绿白色后从锅里取出来，于河边用细沙子搓洗干净，然后将贝叶压平晒干，收起通风一段时间后再订成匣。②制匣。制作贝叶经匣有专用的两片木匣为标准。木匣长约50.0cm，宽约13.3cm，距木匣两端约16.7cm处各钻一个小孔，把一片片晒干压平、经过透风处理的贝叶紧紧夹在两片木匣中间，两头用绳子绑紧，然后用专门的钉子沿木匣两边的小孔将贝叶钻通，再穿上搓好的线绳，按500～600片贝叶订为一匣。订好后用刀轻轻把贝叶匣修光滑，并用专制的墨线弓按照刻写格式把墨线轻轻打在贝叶上，留待刻写。③刻写。最初用小尖刀沿打好的墨线把傣文刻写在贝叶上。后来觉得用刀尖刻写又慢又费力，才改用铁簪子刻写。刻写好以后，用植物果油掺锅底的黑烟涂于刻好字的贝叶上，再用湿布擦拭，贝叶上的字迹就清晰显现。刻写好的经书装订成册后，在四周边沿涂上一层金粉或红、黑漆加以保护和装饰（秦家华等，2006）。贝叶经本做工精细，规格统一，由于经本四边都涂上一层彩漆，抹上金粉，因而呈现精湛、古朴、大方、美观之感。

繁殖与栽培：种子繁殖；栽培于热带地区。可作为观赏植物适当在热带发展。

二、菩提树 *Ficus religiosa* L.

异名：*Ficus peepul* Griff.；*F. religiosa* var. *cordata* Miq.；*F. religiosa* var. *rhynchophylla* Miq.；*F. rhynchophylla* Steud.；*F. superstitiosa* Link；*Urostigma affine* Miq.；*U. religiosum*（L.）Gasp.

别名：思维树（《群芳谱》），菩提榕，印度波树，印度菩提树，阿轮陀树，阿思多罗，卑钵罗树，毕钵罗树，觉树，菩堤树，七叶树，guomaixini（D-BN），hairongban（D-DH）；leganpungeji（JP）；mangzaigang（ZW）。

科属：桑科（Moraceae）榕属。

形态特征：大乔木。叶三角状卵形。榕果球形至扁球形，成熟时红色；基生苞片3，卵圆形；雄花，瘿花和雌花生于同一榕果内壁；雄花少，生于近口部，无柄，花被2～3裂，内卷，雄蕊1枚，花丝短；瘿花具柄，花被3～4裂，子房光滑，球形，花柱短，柱头膨大，2裂；雌花无柄，花被片4，宽披针形，子房球形。花柱纤细，柱头狭窄。花期3～4月，果期5～6月。

分布与生境：广东（沿海岛屿）、广西、云南（北至景东，海拔400～630m）多为栽培。日本、马来西亚、泰国、越南、不丹、尼泊尔、巴基斯坦及印度也有分布，多为栽培；喜马拉雅山区，从巴基斯坦拉瓦尔品第至不丹均有野生分布。

文化寓意与利用：“菩提”一词是梵文 Bodhi 的音译，意即觉悟、智慧。相传佛教创始人释迦牟尼出家修道 7 年，在菩提树下“大彻大悟”而得道成佛，菩提树因此被佛教尊为圣树，也称智慧树。《修行本起经》“其地平正，四望清净，生草柔软，甘泉盈流，花香茂洁，中有一树，高雅奇特，枝枝相次，叶叶相加，花色蓊郁，如天庄饰，天幡在树顶，是则为元吉，众树林中王。此树即为菩提树。”《华严经》“阿说他树，次云无罪树，围绕三匝，能灭罪障，此为菩提树。”《神秀诗偈》云“身是菩提树，心如明镜台。时时勤拂拭，莫使惹尘埃。”《六祖惠能诗偈》“菩提本无树，明镜亦非台，本来无一物，何处惹尘埃。”菩提树树形高大，冠幅广展，枝繁叶茂，枝干长有气生根，树皮凸凹不平，有道劲之感，加之寿命特长，有绿化庭院、祈祷幸运之意。许多著名佛寺均栽植菩提树，如广州“四大丛林”（海幢寺、华林寺、六榕寺以及光孝寺）等均栽培有菩提树。

繁殖与栽培：可用扦插或高压繁殖。在热带地区，不拘土质，表土深厚、排水良好之地均能生长。日照需充足，性喜高温高湿。

三、大青树 *Ficus altissima* Bl.

异名：*Ficus lauifera* Roxb.；*Urostigma altissimum* Miq.；*U. lacciferum* Miq.

别名：高山榕、高榕（《中国植物志》），大青、万年青（云南），鸡榕（广西），大叶榕（《海南植物志》），阔叶榕，石榕树，黄桷树，dunhong（D-DH），palu、palen（JN），legangeba（JP），mangmogang（ZW）。

科属：桑科（Moraceae）榕属。

形态特征：大乔木。叶广卵形至广卵状椭圆形，基生侧脉延长，侧脉 5～7 对；托叶外面被灰色绢丝状毛。榕果成对腋生，椭圆状卵圆形，幼时包藏于早落风帽状苞片内，成熟时红色或带黄色，顶部脐状凸起，基生苞片短宽而钝，脱落后环状；雄花散生榕果内壁，花被片 4，膜质，透明，雄蕊一枚，花被片 4，花柱近顶生，较长；雌花无柄，花被片与瘿花同数。瘦果表面有瘤状凸体，花柱延长。花期 3～4 月，果期 5～7 月。

分布与生境：产于海南、广西、云南（南部至中部、西北部）、四川；生于海拔 100～1600（～2000）m 的山地或平原；尼泊尔、不丹、印度（安达曼群岛）、缅甸、越南、泰国、马来西亚、印度尼西亚、菲律宾也有分布。

文化寓意与利用：在傣族社会，人与自然的排序是：树，田，山，水，人，前 4 者各有神灵，人必须和这些神灵和睦相处才能生存，只有顺应和尊重自然才能发展。傣族一生中最尊重的 5 种崇拜物，一是佛祖，二是经书，三是佛爷，四是佛塔，五是大青树（何瑞华，2004）。因此，在傣族村寨，到处可见树干粗大、树冠宽广、枝叶茂盛的大青树。大青树已成为傣族民族文化特征之一。园林应用中适宜栽植于公园湖畔、草坪、河岸边、风景区，孤植或群植造景，提供人们游憩、纳凉的场所。此外，对热带雨林中的其他树木进行“绞杀”，取而代之；其在枝丫上能长出很多的气生根，并发育成粗大的支柱根，形成“独树成林”的奇观；大青树上，附生有兰花、蕨类、苔藓、地衣等多种植物，组成了奇特的“空中花园”；大青树无数的果实，吸引多种鸟兽争食，热闹非凡，成为“动物天堂”。故此，傣族的历史长诗《厘俸》说大青树“附有神灵”。

繁殖与栽培：常用播种、扦插、压条等方法繁殖，多用扦插繁殖法。喜光，耐旱，耐瘠薄，有气生根，适应能力特别强。抗风耐潮，耐旱耐贫瘠，对空气污染抗性强。

四、糖胶树 *Alstonia scholaris* (L.) R. Br.

异名：*Echites scholaris* L.; *Pala scholaris* Roberty

别名：灯架树（广东），鹰爪木、象皮木、九度叶、英台木、金瓜南木皮、面架木、肥猪叶（广西），阿根木、鸭脚木、灯台树、理肺散、大树理肺散、大矮陀陀、大树矮陀陀（云南），大枯树（广西、云南），面条树（云南、广西、广东），maidingbie (D-BN)，maidandinbie (D-DH)，chihaohaoma (HN)。

科属：夹竹桃科（Apocynaceae）鸡骨常山属。

形态特征：乔木；枝具乳汁。叶 3～8 片轮生，倒卵状长圆形、倒披针形或匙形，稀椭圆形或长圆形。花白色，多朵组成稠密的聚伞花序，顶生，被柔毛；花冠高脚碟状，花冠筒中部以上膨大，内面被柔毛，裂片在花蕾时或裂片基部向左覆盖，长圆形或卵状长圆形；雄蕊长圆形，着生在花冠筒膨大处，内藏；子房由 2 枚离生心皮组成，密被柔毛，花柱丝状，柱头棍棒状，顶端 2 深裂；花盘环状。蓇葖 2，细长，线形，外果皮近革质，灰白色；种子长圆形，两端被红棕色长缘毛。花期 6～11 月，果期 10 月至翌年 4 月。

分布与生境：产于广西南部、西部和云南南部；生于海拔 650m 以下的低丘陵山地疏林中、路旁或水沟边；广东、湖南和台湾有栽培；尼泊尔、印度、斯里兰卡、缅甸、泰国、越南、柬埔寨、马来西亚、印度尼西亚、菲律宾和澳大利亚热带地区也有分布。

文化寓意与利用：《二十八代佛出世记》中第一代佛登康加裸成佛树种。根、树皮、叶均含多种生物碱，供药用；树皮、叶及乳汁提取药物治疟疾和发汗；树皮治头痛、伤风、痧气、肺炎、百日咳、慢性支气管炎；外用可治外伤止血、接骨、消肿、疮节及配制杀虫剂等；树形美观，常作行道树或公园栽培观赏。木材的材质松软细致，全株乳汁丰富，可提取口香糖原料，故名糖胶树。木材可为黑板材料，故称黑板树。

繁殖与栽培：播种或扦插繁殖。土壤有机质含量高，pH 趋于中性地带有利于该树生长。性喜湿润肥沃土壤，在水边生长良好，为次生阔叶林的主要树种。

五、无忧花 *Saraca indica* L.

异名：*Jonesia minor* Zoll. et Moritzi; *Saraca arborescens* Burm. f.; *S. bijuga* Prain ex King; *S. harmandiana* Pierre; *S. kunstleri* Prain ex King; *S. lobbiana* Baker; *S. indica* var. *bijuga* (Prain) Gagnep.; *S. indica* var. *zollingeriana* (Miq.) Gagnep.; *S. minor* (Zoll. et Moritzi) Miq.; *S. minor* var. *bijuga* Prain; *S. pierreana* Craib; *S. zollingeriana* Miq.

别名：印度无忧花，宝冠木，无忧树。

科属：云实科（Caesalpiniaceae）无忧花属。

形态特征： 乔木。羽状复叶具小叶6～12个；小叶长椭圆形或卵状矩圆形，先端急尖或骤急尖，基部楔形或圆楔形。花橙黄色，排列成腋生的圆锥花序；小苞片宿存；萼长管状；有4枚卵形花瓣状裂片；无花冠；雄蕊8，分离。荚果微呈镰状弯曲或直，扁，黑褐色，开裂；种子长椭圆形。

分布与生境： 原产于印度；分布于亚洲热带地区；印度尼西亚爪哇、缅甸也有分布；云南西双版纳、香港有栽培。

文化寓意与利用： 无忧花是吉祥的象征。《过去现在因果经》卷一："十月满足，於二月八日日初出时，夫人见彼园中有一大树，名日无忧，华色香鲜，枝叶分布，极为茂盛，即举右手，欲牵摘之，菩萨渐渐从右脐出。"记载佛教的始祖释迦牟尼，诞生于无忧树下。无忧花寓意为无烦恼与纯洁，只要坐在无忧花树下，任何人都会忘记所有的烦恼，无忧无愁。因此，热带各地寺庙里皆种植无忧花，适宜区没有生育想得贵子的人家，也常在房前屋后种一株无忧花。

繁殖与栽培： 播种繁殖。种子8月成熟，忌日晒和堆沤，宜随采随播，不耐储藏。栽培土质以肥沃，土层深厚的酸性至微碱性壤土或沙质壤土最佳。干旱贫瘠土生长不良，黏重土或积水地不宜种植。宜种植于排水和日照良好地段。苗期稍耐阴，大树喜光。性喜高温，不耐寒冷，忌霜。中国分布有两种。①中国无忧花（*S. dives*），别名火焰花（广西植物名录）。产云南东南部至广西西南部、南部和东南部；普遍生于海拔200～1000m的密林或疏林中，常见于河流或溪谷两旁；越南、老挝也有分布。树形飘逸，繁花似锦，蔚为壮观。②云南无忧花（*S. griffithiana*），产云南西部盈江，生于海拔300～1200m的高山密林或疏林中，山谷或溪边；缅甸也有。

六、地涌金莲 *Musella lasiocarpa*（Franch.）C. Y. Wu

异名： *Ensete lasiocarpum*（Fr.）Cheesm.；*Musa lasiocarpa* Fr.；*Musella splendida* R. V. Valmayor & L. D. Danh

别名： 地金莲、地涌莲、地母金莲（云南昆明），地莲花，药芭蕉，地金连，地母鸡，歪贵乎。

科属： 芭蕉科（Musaceae）地涌金莲属。

形态特征： 植株丛生。假茎矮小，基部有宿存的叶鞘。叶片长椭圆形，有白粉。花序直立，直接生于假茎上，密集如球穗状，苞片干膜质，黄色或淡黄色，有花2列，每列4～5朵花；合生花被片卵状长圆形，先端具5（3+2）齿裂，离生花被片先端微凹，凹陷处具短尖头。浆果三棱状卵形，外面密被硬毛，果内具多数种子；种子大，扁球形，黑褐色或褐色，光滑，腹面有大而白色的种脐。

分布与生境： 产于云南中部至西部；生于海拔1500～2500m的山间坡地或栽于庭园内、田边地头。

文化寓意与利用： 在小乘佛教地区，其花序酷似佛教中的莲花宝座，有着特殊的宗教文化价值；在傣族文学作品中，地涌金莲是善良的化身、惩恶的象征。地涌金莲淀粉含量高、含蛋白质和其他碳水化合物、维生素、矿物质等。假茎、花茎作猪饲料；蕉心、花序可食，或做咸菜（腌菜），或炒食。炒食可加腊肉，素炒也有特殊的清香；草本类宿根花。可栽植于花坛中心，也可与山石配置成景或植于窗前，角隅。花形奇特，花色金黄，观花期较长，可达 250d 左右，6 枚苞片为一轮，顶生或腋生，金光闪闪，形如花瓣，层层由下而上逐渐展开，鲜艳美丽而有光泽，恰如一朵盛开的莲花；真正的花清香、柔嫩、娇小，黄绿相间，包藏在苞片里面，苞片展开时才展现出来；又因其假茎低矮而粗壮，先花后叶，于早春开花时忽从地下涌冒而出，悄然绽放，使人惊奇，故有地涌金莲之称谓。花卉多以美、香、色取胜，而地涌金莲以奇压倒群芳，它不仅花冠硕大，奇美，生长旺盛时，在假茎的叶腋中也能开出众多的小花朵，形成“众星捧月”的奇观。花序可入药，有收敛止血功效，可治大肠下血、白带、红崩等；茎汁用于解酒醉及草乌中毒；叶片和叶柄，纤维发达，柔韧性好，是优良的编织材料；蜜腺发达，是冬季重要的蜜源植物。

繁殖与栽培：地涌金莲常用分株法繁殖，也可用播种繁殖，种子不易久藏，宜随采随播。分株于春末将根部分蘖苗连根挖起，另行栽植。喜光照充足，温暖环境；0℃以下低温时，地上部分受冻。喜肥沃、疏松土壤。易移栽。

七、鸡蛋花 *Plumeria rubra* L. cv. Acutifolia

别名：缅栀子（《植物名实图考》），大季花，鸭脚木（广西），蛋黄花，鹿角树，番仔花，guonuozhanbadi（D-BN），zhangbaipe（D-DH），mojiaan（JP）。

科属：夹竹桃科（Apocynaceae）鸡蛋花属。

形态特征：落叶小乔木；枝条具丰富乳汁。叶长圆状倒披针形或长椭圆形。聚伞花序顶生；总花梗三歧，肉质，绿色；花梗淡红色；花冠外面白色，花冠筒外面及裂片外面左边略带淡红色斑纹，花冠内面黄色，花冠筒圆筒形，内面密被柔毛；花冠裂片阔倒卵形，顶端圆，基部向左覆盖；花丝极短，花药长圆形；心皮 2，离生，花柱短，柱头长圆形，中间缢缩，顶端 2 裂；每心皮有胚珠多颗。蓇葖双生，圆筒形；种子斜长圆形，顶端具膜质的翅。花期 5～10 月；果期栽培极少结果，果期一般为 7～12 月。

分布与生境：中国广东、广西、云南、福建等省（自治区）有栽培，在云南南部山中有逸为野生的。原产于墨西哥，现广植于亚洲热带及亚热带地区。

文化寓意与利用：鸡蛋花是佛教中佛树“五树六花”的“六花”之一，称为“佛教塔树”，常见热带地区的寺庙种植。因其树冠如盖，树形美观，花色丰富，花白色黄心，香气浓郁、沁人肺腑，叶大深绿色，树冠美；5 片花瓣轮叠而生，像孩子们手折的纸风车而受到人们的喜爱。鸡蛋花还具有食用价值，广东、广西民间常采其花晒干泡茶饮，有治湿热下痢和解毒、润肺之效。傣语称鸡蛋花“萝粘芭”，往往将鸡蛋花洗净切细与鸡蛋调匀蒸食，其气味清香软润可口，既是傣族的一道特色佳肴，也是治疗咳嗽和支气管炎的良药。还可提取香精供高级化妆品、香皂和食品添加剂之用。在夏威夷，鸡蛋花串成花环，挂在脖子上、佩饰于胸前，是“夏威夷的节日”的象征；老挝国花，常栽作观赏。

繁殖与栽培：插条或压条，极易成活，扦插为主，栽培时施足基肥，根据生长季节适时追肥，干旱季节及时浇水，雨季注意排水防涝，冬季节制浇水、停止施肥，注意防治枯枝病、白粉病和介壳虫，并适时适量喷药防治。以深厚肥沃、通透良好、富含有机质的酸性沙壤土为佳。

八、莲 *Nelumbo nucifera* Gaertn.

异名： *Nelumbo komarovii* Gross.；*N. nucifera* var. *macrorhizomata* Nakai；*Nelumbium speciosum* Willd.；*Nymphaea nelumbo* L.

别名： 荷花、水芙蓉（通称），莲花（《本草纲目》），芙蕖（《尔雅》），芙蓉（《古今注》），菡萏（《诗经》），guonuo'uo（D-BN），mamo（D-DH），nongnai（JP），dongwu（ZW），sacred lotus。

科属： 睡莲科（Nymphaeaceae）莲属。

形态特征： 多年生水生草本。叶圆形，盾状，全缘稍呈波状，上面具白粉，下面叶脉从中央射出，有1～2次叉状分枝。花梗和叶柄等长或稍长，也散生小刺；花美丽，芳香；花瓣红色、粉红色或白色，由外向内渐小；花药条形，花丝细长，着生在花托之下；花柱极短，柱头顶生。坚果椭圆形或卵形，果皮革质，坚硬，熟时黑褐色；种子卵形或椭圆形，种皮红色或白色。花期6～8月，果期8～10月。

分布与生境： 产于中国南北各省；野生或栽培于海拔2000m以下的池塘或水田等水体；前苏联、朝鲜、日本、印度、越南、亚洲南部和大洋洲等亚热带和温带地区均有分布。

文化寓意与利用： 印度文化中，莲花寓意再生，莲花集合了真善美所有的象征。佛祖创立佛教时，依据印度当时的文化习俗，将莲花置于尊位，佛教中的极乐世界中也遍布美丽纯洁的莲花。据说佛祖出生前王宫中突然出现八种祥瑞景色，其中之一就是池涸中突然长出一朵奇妙的白莲花，大如车盖。佛祖出生时舌根处闪出千道金光化作一朵千叶白莲，每朵莲花中还坐着一位盘腿交驻、足心向上的小菩萨。因此，释迦牟尼成道后的座位称为"莲花座"，相应的坐姿叫"莲花坐势"。以后，佛教界几乎所有物品的装饰，包括藻井、栏杆、桌围、香袋、拜垫等都有莲花的图案。莲花象征智慧，使人不迷茫，达到清净之意，同时也寓意一心修法的象征。信仰佛教的弟子往往手持莲花敬献于佛，其寓意是出淤泥而不染，表明佛家弟子虽然出自凡间，但一心向佛，有着与众不同的佛性。莲花成为佛家交往的信物、备受佛家弟子们的崇敬。佛教所宣扬的解脱、渡达过程是从此岸到彼岸、从尘世到净界的过程，恰似莲花从淤泥中生（赵绍鸿，2009；白文，2007），却脱俗不凡，自净清雅的品格。此外，莲花因开放程度而意境不同：①未开放的莲花，即花苞，比喻众生含藏未开的菩提心；②初开的莲花，比喻众生初发菩提心，虽是初发，但必定能修习善行，圆证菩提果；③盛开的莲花，花果俱全，代表修行者证悟了果德、智德、福德。莲花是印度的国花，象征着忠贞与爱情。莲花全身皆宝，藕作蔬菜或提制藕粉；种子供食用。叶、叶柄、花托、花、雄蕊、果实、种子及根状茎均药用；藕及莲子为营养品，荷叶及荷梗煎水喝可清暑热，藕节、荷叶、荷梗、莲房、雄蕊及莲子都富有鞣质，作收敛止血药。荷叶为茶的代用品，又作包装材料。

繁殖与栽培： 种子或分藕繁殖。喜光，生长和开花结实期需要全光照的环境，极不耐阴，性喜相对稳定的平静浅水，适生于湖沼、泽地、池塘等。

九、其他文化植物

（一）娑罗树 *Shorea robusta* C. F. Gaertn.

别名：婆罗双，娑罗双，粗壮娑罗双，婆罗双树，sal tree。

科属：龙脑香科（Dipterocarpaceae）娑罗属。

分布：印度次大陆的原生种植物，主要分布于喜马拉雅山以南地带，从缅甸一直延伸到印度、孟加拉国和尼泊尔，也见于马来半岛等南亚雨林中。中国仅有分布云南娑罗双（*S. assamica* Dyer），其在印度、缅甸、马来西亚、印度尼西亚、菲律宾等国也有分布。

功用：佛祖涅槃之树。涅槃即功德圆满、达到永远寂静最安乐的境界。佛经记载佛祖释迦牟尼的涅槃过程："尔时世尊，婆椤林下寝卧宝床，于其中夜人第四禅寂然无声，于是时顷便般涅槃。大觉世尊人涅槃已，其婆椤林东西二双合为一树，南北二双合为一树，垂覆宝床盖于如来，其树即时惨然变白犹如白鹤，枝叶花果皮于悉皆爆裂坠落，渐渐枯悴摧折无余。"说明佛祖释迦牟尼涅槃处的四边，各有同根娑罗树一双，四方八株，这八棵树"下根相连，上枝相合，其叶丰蔚，华如车轮，果大若瓶，味甘如蜜"。并且"树每边一双中之一株，因悲伤而惨然变白，枝叶、花果、皮干皆爆裂堕落，逐渐枯萎，另一株则尚存。"因此，又称此树为娑罗双树。《大般涅槃经疏》"娑罗树者，此翻坚固。一方二株四方八株，悉高五丈，四枯四荣，下根相连、上枝相和，相合似连理，荣枯似交让；东双表常，南双表乐，西双表我，北双表净。又双茂表常，阴凉表我，花以表净，果以表乐。"此外，娑罗树的树干可割采高级天然香料龙脑香，其十分名贵。虔诚的佛教徒常用龙脑香油点佛灯，用娑罗树木材点香敬佛，营造佛堂清香宜人的环境。在印度、泰国等国，尸体常用木材焚烧；富裕高贵的人家常用娑罗树作燃料。

（二）樟树 *Cinnarnomum camphora*（Um）Presl

参见油脂植物部分。

功用：高大乔木，树龄长，枝叶茂密，冠大荫浓，树姿雄伟，为优良的寺庙园林绿化树种，常以孤植或群植形式栽植于寺庙园林中。木材具有清香芳樟醇气味，柔软适中、易雕刻、不变形且兼防蛀，民间常用其雕刻佛像。例如，灵隐寺大雄宝殿的释迦牟尼像，于 1953 年重修灵隐寺时由中央美术学院邓拜教授精心设计，整体由 24 块樟木组合而成，佛像净高 19.6m，加上莲花座位 24.8m。此外，佛事都用到香，如敬佛供佛、浴佛法会用香汤、高僧说法也焚香，樟树的木材、根、枝及叶均可提取樟脑和樟油，可供制香使用。

（三）紫薇 *Lagerstroemia indica* L.

参见抗污染植物部分。

功用：落叶灌木，树姿优美，树干光滑洁净，花色艳丽；开花时正当夏秋少花季节，花期极长。在四川青羊宫的混元殿前面分别对植 2 棵亭子造型的紫薇，象征中国道教的紫薇斗数（依照紫薇星推算命理的方法）的宗教文化。“似痴如醉丽还佳，露压风欺分外斜。谁道花无红百日，紫薇长放半年花。”（宋代·杨万里）。紫薇作为优良的观花乔木，在园林绿化中，被广泛用于公园、庭院、道路和城市街区绿化等。可栽植于建筑物前、院落内、池畔、河边、草坪旁及公园中小径两旁；也是做盆景的良好材料。有些地方把紫薇作为市花。《本草纲目》中论述，其皮、木、花有活血通经、止痛、消肿、解毒作用。种子可制农药，有驱杀害虫的功效。叶治白痢、花治产后血崩不止、小儿烂头胎毒，根治痈肿疮毒，可谓浑身是宝。

（四）无患子 *Sapindus mukorossi* L.

别名：木患子（《本草纲目》），油患子（四川），苦患树（海南），黄目树、目浪树（中国台湾），油罗树，洗手果，肥皂树，masha（D-DH），keruan（JP），kerong（ZW），wingleaf soapberry。

科属：无患子科（Sapindaceae）无患子属。

分布：产于中国东部、南部至西南部；各地寺庙、庭园和村边常见栽培；日本、朝鲜、中南半岛和印度等也常栽培。

功用：佛教文化中，菩提子即指无患子的种子，称为阿唎瑟迦柴（Aristaka），其为无患子的印度梵文之音译，古佛经中无患子又被称为无槵子。其树形开展俊秀，秋叶金黄，果实玲珑剔透呈橙黄色，极具观赏价值，为优良的行道树、庭院树，寺院中常见栽培。“如果修行者要降伏大力凶猛的鬼神，只要砍取一根阿唎瑟迦柴，以真言加持二十一遍，然后供入火坛中，即可降伏鬼神而平安无事。”（《千手合药经》），相传无患子的木材制成的木棒可以驱魔杀鬼，因此名为无患。“无患子，种门前，佛造光，家宅安，子孙后代无患难，菩萨保佑万万年。”（福建漳州流传的儿歌）。此外因其果皮含有皂素，可代肥皂，用于清洗，是古代的主要清洁剂之一，故有肥皂子、洗手果之称。

（五）曼陀罗 *Datura stramoniurn* L.

参见有毒植物部分。

功用：曼陀罗花为佛教四种天花——曼陀罗花、摩柯曼陀罗花、曼殊沙华、摩柯曼殊花。此花在印度向来被视为天界的花。摩柯是特别强调此花大而美的意思。曼陀罗是自性的象征，自性的特点就是统一、完整、自足、和谐，又被称作白色的彼岸花。“曼陀罗华，此云悦意花，又日杂色花，亦云柔软花，亦云天妙花。”（《慧苑音义》）；“佛说此经已，结跏趺坐，人于无量义处三昧，身心不动。是时天雨曼陀罗华、摩诃曼陀罗华、曼殊沙华、摩诃曼殊沙华，而散佛上，及诸大众”（《大乘妙法莲华经·序品》）。

（六）芭蕉 *Musa basjoo* Siebold

别名：甘蕉（《植物名实图考》），天苴、板蕉、牙蕉（福建），大叶芭蕉（江西），大头芭蕉、芭蕉头（四川），芭苴（古称），gui（D），lewu（J），wogang（Z）。

科属：芭蕉科（Musaceae）芭蕉属。

分布：原产于日本琉球群岛，中国台湾可能有野生，秦岭淮河以南可以露地栽培，多栽培于庭园及农舍附近。

功用：芭蕉是中国古代文学中重要的植物意象和题材，叶、花、形态等展示芭蕉丰富的物色美感，透过芭蕉意象引发文人凄苦愁怨、清稚闲适、佛性禅心等情感与情趣。“扶疏似树，质则非木。厥实惟甘，味之无足。高舒垂荫，异秀延瞩。”（东晋·卞承之《甘蕉赞》），以芭蕉的形状、枝叶、果实，展现了芭蕉浓绿潇洒之态。“芭蕉心尽展新枝，新卷新心暗已随。愿学新心养新德，旋随新叶起新知。”（北宋·张载《芭蕉》）用“新枝”、“新心”，映照“新德”、“新知”，借物形容人心生生之理无穷，学无止境。“芭蕉叶上无愁雨，自是多情听肠断。”（唐·无名氏句），“一夜不眠孤客耳，主人窗外有芭蕉”（杜牧《雨》）；“正忆玉郎游荡去，无寻出。更闻帘外雨潇潇，滴芭蕉”（唐顾复《杨柳枝》）；“只知眉上愁，不知愁来路。窗外有芭蕉，阵阵黄昏雨”（陆游妾《卜算子》）等。演绎了文人墨客悲伤凄清、羁旅愁苦、离别相思、寂寞惆怅的情感。此外，芭蕉是一种具有浓厚佛教色彩的植物，汉末安世高所翻译的《五阴譬喻经》就以芭蕉“中了无心，何有牢固”比喻“五蕴”皆空。此后的佛经中多用芭蕉象征不实、虚幻，正如陈寅格先生在《禅宗六组传法偈之分析》中所说“考印度禅学，其观身之法，往往比人身于芭蕉等易于解剥之植物，以说明阴蕴俱空，肉体可厌之意”。谢灵运《维摩诘经十譬八赞·芭蕉》用芭蕉阐释大乘佛教物性本空，人生如梦幻不真的佛理。芭蕉比喻肉体空虚、不实的诗句更多，如元稹《春月》“视身琉璃莹，谕指芭蕉黄。”白居易《逸老》“筋骸本非实，一束芭蕉草。”雨打芭蕉是参禅悟道的一种重要方式。“一句子，少机杼。作是思惟时，吾心在何许。芭蕉叶上三更雨”（宋释可湘《寒山赞》其一），刻画了芭蕉夜雨，灵动、空寂、静穆，凄清，颇符合不可言说的禅境（徐波和王永波，2011）。

（七）铁力木 *Mesua ferrea* L.

参见材用植物部分。

功用：南传上座部佛教流行地区较有地位的崇拜树种，常种植于寺院之中，也作观赏树；布朗族族、傣族都禁止砍伐该树。

（八）弯钩刺竹 *Bambusa sinospinosa* McClure

别名：车筒竹（广东），大簕竹、水簕竹、车角竹（广东），刺楠竹（四川），刺竹（广西），车角竹，笆竹，箣竹，大簕麻竹，鸡爪竹，棘竹，簕楠竹，簕竹，mainanluan (D-BN)，wure (JP)，ware (ZW)。

科属：禾本科（Gramineae）簕竹属。

分布：分布较广，产华南和西南地区；多生于河流两岸和村落附近。

功用：古书记载，第十五代佛释迦牟尼原是一个平民，在他升佛成萨版尤召（即释迦牟尼）时，是在弯钩刺竹下换穿黄披巾（升佛的象征物）的，弯钩刺竹从此就成了他升佛的证据而被尊为佛树（王慷林等，1991）。竹竿粗大而通直，农村常用其建茅屋或用作水车的盛水筒，故有车筒竹之称。又因其竹丛基部形似密刺丛，农村常种植于村落四周，以作防篱之用；又因其竹竿密集，根系发达，也常种于河流两岸以作护堤防风之用。

（九）银杏 *Ginkgo biloba* L.

参见淀粉植物部分。

功用："逢寺必栽银杏树"。银杏树形高大伟岸，宜衬托寺院宝殿的雄伟，其叶扇形具长柄，似女子所执扇，秋叶金黄，素雅洁净，与佛教的圣洁雅致意境相融。由于佛教的圣树—菩提树为热带亚热带的常绿植物，不生长于温带和北方寒冷地区，独具慧眼的高僧便将银杏引入寺庙，替代菩提树；银杏寿命长，分布广，各地皆有上百年的古树，如湖北大洪山、四川峨眉山等佛教圣地，山中银杏遮天蔽日，巍峨高耸，挺立在寺庙中或其附近，呈现着佛教与银杏树的渊源。同时因其生长缓慢，木坚坚硬细腻，其汁液具有杀虫作用，耐腐蚀，佛家常用其雕刻千手观音，栩栩如生，尤其佛像指甲微薄如真，不损、不破、不裂，故有"佛指甲"之称。道教、佛教的宫、观、寺、院中多植此树以示吉祥（教亚丽和张义君，2000）。"大树龙盘会诸侯，烟云如盖笼浮丘。形分瓣瓣莲花座，质比层层螺鬓头。"（清·陈全国《银杏》）；"深灰浅火累相遭，小苦微甜韵最高。未必鸡头如鸭脚，不妨银杏伴金桃。"（宋·杨万里《银杏斌》）；"鸭脚生江南，名实未相浮。绛囊因人贡，银杏贵中州。"（宋·欧阳修《和圣俞李侯家鸭脚子》）。银杏树形优美，春夏季叶色嫩绿，秋季黄色，观赏性极强，可作庭园绿化树及行道树。边材淡黄色，心材淡黄褐色，结构细，质轻软，富弹性，易加工，有光泽，相对密度 0.45～0.48，不易开裂，不反挠，为优良木材；供建筑、家具、室内装饰、雕刻、绘图版等用。种子供药用，有清热、敛肺、平喘、止咳、行气活血之功能；并可炒食或甜食，但不宜多吃，以防中毒。外种皮可作农药用，有防治植物病虫害之效。叶可作药用和杀虫剂，也可作肥料。种子的肉质外种皮含白果酸、白果醇及白果酚，有毒。树皮含单宁。

（十）马缨杜鹃 *Rhododendron delavayi* Franch.

别名：马缨花（《植物名实图考》），苍山杜鹃，马银花，马樱杜鹃，红花杜鹃，红马缨花，马缨花杜鹃，马樱花。

科属：杜鹃花科（Ericaceae）杜鹃属。

分布：产广西西北部、四川西南部及贵州西部、云南全省和西藏南部；生于海拔 1200～3200m 的常绿阔叶林或灌木丛中；越南北部、泰国、缅甸和印度东北部也有分布。

功用：云南楚雄的彝族把马缨花看作彝祖或彝祖的"恩人"，"花神"或"送子神"（刘爱忠等，2000）。彝族将马缨花视为抗暴驱鹰的象征，插马缨花是一种祝福的表示，门头、篱笆、农具和牲畜头上，以及祖灵、土主和山神的神位上，都插马缨花，祈求一年风调雨顺，六畜兴旺。楚雄彝族的插花节，是一个规模仅次于火把节的彝族传统节日（云南对外宣传品制作中心，2004）。

参 考 文 献

安丽，曹同，俞鹰浩. 2006. 苔藓植物与环境重金属污染监测. 生态学杂志，25（2）：201～206

白文. 2007. 佛教中的树和花. 文博，（4）：70～73

包文芳，徐素彦，吴维春，等. 1992. 红景天化学成分的研究（一）. 中国药物化学杂志，2（4）：53～55

鲍甫成，江泽慧. 1998. 中国主要人工林树种木材性质. 北京：中国林业出版社

蔡金腾，丁筑红. 1995. 金樱子果实营养成分的研究. 食品工业科技，（3）：26～29

蔡金腾，朱庆刚. 1996. 火棘果实和刺梨果实的特性及营养成分的研究. 食品工业科技，（4）：19～23

蔡宪元. 1963. 一种新油料植物——油瓜的营养成分. 科学通报，（2）：64～65

蔡运龙. 2000. 自然资源学原理. 北京：科学出版社

曹广才，张仁庆，张恩和，等. 2005. 野菜・野果・野花的识别与养生食谱. 北京：气象出版社

曹国军，文亦芾. 2006. 我国灌木类饲用植物资源及其可持续利用对策. 草业与畜牧，（10）：26～29

柴国生，赵明. 2012. 乳浆大戟中黄酮类化学成分研究. 齐齐哈尔大学学报（自然科学版），28（2）：9～11

常新亮，马云保，张雪梅，等. 2007. 川芎化学成分研究. 中国中药杂志，32（15）：1533～1536

陈长洲. 2006. 天然保健食品及食疗的研究与应用. 北京：中国医药科技出版社

陈贵. 2001. 云南名兰赏析. 昆明：云南科学技术出版社

陈贵堂，赵霖. 2004. 植物蛋白的营养生理功能及开发利用. 食品营养，25（9）：137～140

陈海生，梁华清，廖时萱. 1991. 木防己化学成分研究. 药学学报，10（5）：18～25

陈红艳，廖蓉苏，杨今朝，等. 2011. 玫瑰花挥发性化学成分的分析研究. 食品科技，36（11）：186～196

陈佳瑛，刘胜辉，王松标，等. 2005. 高效液相色谱法测定蛋黄果中的糖类. 福建果树，（4）：11～121

陈建白. 1986. 云南咖啡豆化学成分. 热带农业科技，（2）：32～33

陈建国. 2000. 我国民族植物色素的应用. 中国野生植物资源，19（2）：21～24

陈剑，李维林，吴菊兰，等. 2006. 枇杷叶的化学成分研究（I）. 中草药，37（11）：1632～1634

陈立平，张慧萍，陈光，等. 2012. 肉桂油成分分析及肉桂醛体外抗肿瘤活性研究. 中国微生态学杂志，24（4）：327～330

陈默君，贾慎修. 2002. 中国饲用植物. 北京：中国农业出版社

陈维新. 1987. 介绍几种植物成分的利用. 见：云南省科学技术委员会. 云南生物资源合理开发利用论文集. 昆明：云南科技出版社：116～128

陈未名. 1990. 红豆杉属（*Taxus*）植物的化学成分和生理活性. 药学学报，25（3）：227～240

陈未申，王先业. 1984. 环境污染与指示植物. 北京：科学出版社

陈心启，崔鸿宾，戴伦凯，等. 2004.《中国植物志》编研简史. 见：吴征镒，陈心启. 中国植物志（第一卷）. 北京：科学出版社

陈心启，吉占和. 1996. 国兰洋兰三百问. 北京：中国林业出版社

陈亚，江滨，曾元儿. 2011. 沉香色酮类化学成分研究. 中国现代中药，13（1）：21～22

陈艳，姚成. 2004. 淮山药中氨基酸含量的测定. 氨基酸和生物资源，26（2）：47～48

陈翼胜，郑硕. 1987. 中国有毒植物. 北京：科学出版社

陈永安，黎继烈，易经纶. 1997. 天然杨梅果汁饮料的研制. 林产化工通讯，(3)：40～42

陈永宽，李雪梅，孔宁川，等. 2003. 罂粟籽油挥发性化学成分的分析. 中草药，34 (10)：887～888

陈有民. 1990. 园林树木学. 北京：中国林业出版社

陈宇勒. 2009. 野生兰花：采集、保护与栽培. 成都：四川科学技术出版社

陈玉惠，刘翠，王文久，等. 1998. 云南 12 种食用竹笋营养成分研究. 天然产品研究与开发，10 (1)：25～29

陈重明，张宁，王鸣. 1998. 乌饭树的民族植物学. 植物资源与环境，7 (1)：45～48

陈重明. 2004. 民族植物与文化. 南京：东南大学出版社

成丽，刘燕，陈凌亚，等. 2001. 枇杷花三萜皂苷成分的研究. 华西医大学报，32 (2)：283～285

程必强. 2004. 热带名特优香料植物及其发展. 昆明：云南科技出版社

程必强，许勇，喻学俭，等. 1993. 新香料植物细毛樟的研究. 新香料植物细毛樟的研究， (13)：57～63

程必强，许勇，曾凤仙，等. 1992. 狭叶阴香的引种及其精油化学成分的研究. 云南植物研究，14 (1)：105～110

程建国，李敏莲，杜正科. 2002. 我国兰花栽培的历史、现状及发展前景. 西北林学院学报，17 (4)：29～32

程树棋. 1998. 能源油料植物种类资源量调查研究与分析

程树棋，程传智. 2005. 燃料油植物选择与应用. 长沙：中南大学出版社

迟德富，孙凡，严善春，等. 2005. 保护生物学. 哈尔滨：东北林业大学出版社

辞海编辑委员会. 1989. 辞海 (1989 年版). 上海：上海辞海出版社

崔炳权，林元藻. 2007. 余甘子果汁的营养成分分析. 食品工业科技，(8)：222～223

崔国发，李忠，徐基良，等. 2007. 中华人民共和国林业行业标准：自然保护区名词术语 (LY/T 1685-2007). 北京：国家林业局发布

崔明昆. 2005. 植物民间分类、利用与文化象征——云南新平傣族植物传统知识研究. 中南民族大学学报 (人文社会科学版)，25 (4)：53～57

崔明昆，赵文娟，孙敏，等. 2011. 布依族染色植物资源的民族植物学研究——以云南罗平县多依村调查为例. 云南师范大学学报，31 (4)：21～25

崔秀荣，马海波，张旗，等. 2012. 苍耳子的化学成分和临床应用研究进展. 现代药物与临床，27 (6)：614～618

戴宝合. 2003. 野生植物资源学 (第二版). 北京：中国农业出版社

戴好富，谭宁华，周俊. 2006. 北五味子中的配糖体成分. 中国天然药物，4 (1)：49～51

丹米尔巴斯. 2011. 生物燃料 未来全球能源需求的保障. 北京：石油工业出版社

但新球. 2005. 森林文化与森林景观审美. 贵阳：贵州人民出版社

党选民，杨龚，王祝年，等. 2002. 海南岛野生蔬菜种质资源初步调查研究及开发利用. 海南农业科技，(1)：29～33

邓绍林. 2000. 广西甜茶叶片的营养成分及开发利用价值研究. 中国林副特产，(3)：18～19

董保华. 1989. 树木引种浅说. 北京：中国林业出版社

董彩虹，聂发玉. 2002. 香椿资源的研究、开发现状. 生物学杂志，19 (6)：35～37

董玲玲，张启翔. 2010. 报春花属植物资源与引种栽培研究进展. 山东农业科学，(5)：62～65

董晓东. 1997. 云南大理苍山野生植物资源研究. 湛江师范学院学报，18 (2)：86～90

董云发，凌晨. 2005. 植物化妆品及配方. 北京：化学工业出版社

窦广民，刘新东. 2002. 吉林省山野菜资源的调查. 吉林林业科技，31 (1)：28～29，62

杜江，高林. 1992. 白勒叶的化学成分研究. 中国中药杂志，17（6）：356～357
杜鹃，吴津蓉，石秀花. 2012. 玫瑰色素的化学成分研究. 食品研究与开发，33（4）：137～143
杜瑛，齐卫艳，苗霞，等. 2004. 毛竹的主要化学成分分析及热解. 化工学报，55（4）：2099～2102
杜予民. 1990. 漆树液精油化学成分的研究. 高等学校化学学报，11（6）：605～610
段丽娟，侯智霞，李连国，等. 2009. 我国木本食用油料植物种实品质研究进展. 北方园艺，（7）：136～139
樊建，桂明英，赵天瑞，等. 2005a. 野生苦刺花食用价值研究. 中国野生植物资源，24（1）：23～24，31
樊建，赵天瑞，李永生，等. 2005b. 野生攀枝花食用价值研究. 西南农业大学学报（自然科学版），27（4）：551～553
樊丽博，张晓会，刘兴金，等. 2011. 狭叶十大功劳化学成分分析. 中国兽药杂志，45（10）：34～36
范燕萍，余让才，黄蕴，等. 2003. 姜花挥发性成分的固相微萃取气相色谱质谱分析. 园艺学报，30（4）：475
范源，刘竹焕. 2011. 余甘子活性成分抗动脉硬化作用的研究进展. 云南中医学院学报，34（2）：67～70
方鼎，罗金裕，苏广洵，等. 1985. 壮族民间用药选编（上册）. 南宁：广西民族出版社
费廷瑞. 1989. 指示植物在造林中的应用. 吉林林业科技，（4）：4～7
费廷瑞. 1992. 指示植物与造林. 北京：中国林业出版社
封志明. 2004. 资源科学导论. 北京：科学出版社
冯国楣. 1983. 云南杜鹃花. 昆明：云南人民出版社
冯国楣. 1988. 中国杜鹃花（第 1 册）. 北京：科学出版社
冯国楣. 1995. 中国杜鹃花（第 2 册）. 北京：科学出版社
冯国楣，夏丽芳，朱象鸿. 1981. 云南山茶花. 昆明：云南人民出版社
冯国楣，杨增宏. 1999. 中国杜鹃花（第 3 册）. 北京：科学出版社
冯文英，范景阳，王正，等. 2005. 两种丛生竹的化学组成和纤维特性研究. 世界竹藤通讯，3（2）：22～25
付玉杰，张乃静，王黎丽，等. 2007. 超声提取文冠果种仁油及 GC-MS 成分分析. 植物研究，27（5）：622～625
傅登祺，黄宏文. 2006. 能源植物资源及其开发利用简况. 武汉植物学研究，24（2）：183～190
高淑敏，杨君丽，成文荣. 2002. 青海省野生蔬菜资源研究及调查初报. 青海农林科技，（1）：16～18
高学敏. 2012. 中国中草药彩色图鉴（第 1～3 卷）. 北京：中医古籍出版社
高治中. 2010. 不同施肥措施对草果生物量影响的研究. 昆明：西南林业大学硕士学位论文
高治中，王慷林，杨栓海，等. 2013. 施肥和激素处理对草果结实影响. 西南农业学报，26（1）：213～216
葛爱华. 2009. 汉维植物类词语象征意义对比. 和田师范专科学校学报（汉文综合版），28（5）：133～134
耿伯介. 1958. 中国植物地理区域. 上海：新知识出版社
龚兰芳，范文红，陆星星. 2007. 云南百合切花栽培技术及储运. 中国林副特产，6（91）：30～33
苟光前. 2009. 野菜图谱. 贵阳：贵州科技出版社
谷克仁，梁少华，陈复生，等. 2001. 植物油料资源综合利用. 北京：中国轻工业出版社
谷树忠，姚予龙，沈镭，等. 2002. 资源安全及其基本属性与研究框架. 自然资源学报，（3）：14～20
顾关云，蒋昱. 2005. 十大功劳属植物化学成分与生物活性. 国外医药——植物药分册，20（5）：185

顾永寿，顾永福译. 1992. 维吾尔医常用药材. 乌鲁木齐：新疆科技卫生出版社
关佩聪，刘厚诚，罗冠英. 2000. 广东野生蔬菜资源的分类与利用. 华南农业大学学报，21 (4)：7～11
管淑玉，苏薇薇. 2008. 何首乌的化学成分和药理作用研究进展. 中南药学，(4)：454～455
管伟萍，肖弥彰，王国槐. 2006. 油菜作为生物柴油原料的研究进展. 作物研究，(5) 453～455
管欣. 2006. 中国佛教寺庙空间的意境塑造. 安徽农业大学学报（社会科学版），15 (2)：116～119
官智，王明焱，苏镜娱，等. 1999. 红豆杉［*Taxus chinensis*（Pilger）Rehd.］化学成分研究. 热带亚热带植物学报，7 (3)：252～254
广东省农林水科学技术服务站经济作物队. 1970. 南方主要有毒植物. 北京：科学出版社
贵州省中医研究所. 1988. 贵州中草药名录. 贵阳：贵州人民出版社
贵州植物志编委会. 1982. 贵州植物志（第一卷）. 贵阳：贵州人民出版社
桂新，周荣汉. 1998. 国产野生薄荷挥发油化学组分变异及其化学型 1. 植物资源与环境，7 (3)：13～18
郭婧琦，王慷林，刘广福，等. 2010. 草果种植对植物多样性的影响. 广西植物，30 (6)：844～849
郭水良，韩士杰，曹同. 1999. 苔藓植物对森林生态界面指示作用的研究. 应用生态学报，10 (2)：1～6
郭文场，张德群，衣茂功. 1993. 东北野生可食植物. 北京：中国林业出版社
郭小强，金文，孙树林. 2002. 子午岭植物资源调查研究. 甘肃高师学报，7 (5)：42～44
郭中丽. 2008. 植物在新平花腰傣婚姻家庭礼仪中的象征意义. 云南行政学院学报，10 (3)：170～172
郭忠玲，赵秀海. 2003. 保护生物学概论. 北京：中国林业出版社
国家药典委员会. 2010. 中华人民共和国药典. 北京：中国医药科技出版社
国家中医药管理局《中华本草》编委会. 1999. 中华本草. 上海：上海科学技术出版社
国家重点保护植物专项调查组. 2006. 国家重点野生植物的就地保护. 北京：中国林业出版社
果德安，刘治妥，楼之岑. 1992. 中药防风化学成分的研究. Journal of Chinese Pharmaceu Seiences，1 (2)：83～85
哈斯巴根. 1990. 蒙古族传统茶用植物的初步词查研究. 云南植物研究，12 (1)：43～48
韩秀梅，吴亚维，李金强，等. 2008. 中国野生果树种质资源分布及其开发利用. 安徽农业科学，36 (31)：13615～13617
韩学俭. 2002. 肉桂及其采收加工技术. 特种经济动植物，(9)：32
韩阳，李雪梅，朱延姝，等. 2005. 环境污染与植物功能. 北京：化学工业出版社
韩一生，韩学林. 2010. 植物性能量饲料的分类与合理使用. 养殖技术顾问，(5)：43
杭伟明. 2009. 纤维化学及面料. 北京：中国纺织出版社
郝金声，寿庆华，王超英. 1994. 天然食用密蒙花黄色素的研究. 天然产物研究与开发，6 (2)：21～32
何本鸿，朱敏英. 2009. 中药资源学. 武汉：华中科技大学出版社
何发理，张文春，赵景联，等. 1992. 华山松籽仁营养成分与保健作用的研究. 陕西林业科技，(4)：33～37
何关福. 1996. 植物资源专项调查研究报告集. 北京：科学出版社
何静，黄华平，韩丙军，等. 2007. 印楝种仁 5 种活性成分纯化与定量分析. 热带作物学报，28 (4)：89～92
何军，陈东生. 2006. 新型植物纤维的研究与应用. 纺织科技进展，(6)：17～19
何明，廖国强. 2007. 中国竹文化. 北京：人民出版社
何明勋. 1996. 资源植物学. 上海：华东师范大学出版社
何蓉，祁荣频，杨卫，等. 2010. 肋果茶的化学成分研究. 云南民族大学学报（自然科学版），19 (2)：

102～105
何瑞华. 2004. 论傣族园林植物文化. 中国园林，20（4）：8～11
何贤港. 1995. 蜜粉源植物学. 北京：中国农业出版社
何星亮. 2006. 中国少数民族的传统文化与生态保护. 见：大崎正治，郑晓云，杉蒲孝昌. 云南少数民族（澜沧江流域）的文化与森林保护. 北京：中国书籍出版社
何秀兰. 1996. 阿美族太巴望社染料之研究. 台湾国立东华大学硕士学位论文
何振伟. 2006. 抗肿瘤植物药的应用进展. 医药导报，25（12）：1303～1305
何正显，信玉琼，陈明. 2007. 大黄的化学成分、药理作用及其在临床急症中的应用. 中国中医急症，16（2）：227～228
何宗英，陈树群，唐忠惠，等. 1987. 四川油脂植物. 成都：四川科学技术出版社
贺祝英，梁光义. 1995. 金樱子化学成分的研究. 贵阳中医学院学报，17（4）：60～61
洪博，李文静，赵春杰. 2012. 萝芙木中化学成分的研究. 药学学报，47（6）：764～768
洪华珠，喻子牛，李增智. 2010. 生物农药. 武汉：华中师范大学出版社
侯冬岩，回瑞华，刘晓媛，等. 2008. 鸡冠花花、叶、茎中黄酮类化合物提取工艺的研究. 鞍山师范学院学报，10（2）：11～14
侯新村，牟洪香，菅永忠. 2010. 能源植物黄连木油脂及其脂肪酸含量的地理变化规律. 生态环境学报，19（12）：2773～2777
侯学煜. 1954. 指示植物. 北京：中国科学院
侯学煜. 1960. 中国的植被. 北京：人民教育出版社
侯学煜. 1965. 中国植被区划图. 国家地图集编辑委员会. 中华人民共和国自然地图集
侯学煜. 1982. 中国植被地理及优势植物化学成分. 北京：科学出版社
胡鸿钧，郑怡，陈启发. 2002. 螺旋藻：养殖原理、技术、应用. 北京：中国农业出版社
胡建湘，肖春芬，郑玲丽. 2003. 野生果树—木奶果. 中国南方果树，32（4）：49
胡建忠. 2002. 植物引种栽培试验研究方法. 郑州：黄河水利出版社
胡世林. 1997. 中国道地药材论丛. 北京：中医古籍出版社
胡晓军，李群，许光映，等. 2012. 亚麻籽中主要营养成分的分布研究. 中国油脂，37（12）：64～66
黄家娣. 2009. 板蓝根化学成分和药理作用综述. 中国现代药物应用，3（15）：197～198
黄庆维，梁福铭. 1988. 怎样识别木材. 北京：中国林业出版社
黄榕辉，彭继舜. 1997. 福建省淀粉植物资源的研究. 中国林副特产，（4）：8～11
黄汝昌. 1994. 云南山楂的丰产栽培技术. 云南林业科技，4（69）：25～28
黄顺. 2004. 食用医用佳品植物—玫瑰茄. 植物杂志，（1）：20
黄祥童. 1997. 长白山的色素植物. 长白山自然保护，52（2）：16～20
黄燮才. 1980. 广西民族药简编. 南宁：广西壮族自治区卫生局药品检验所
黄占波，宋冬梅，陈发奎. 2005. 天麻化学成分的研究（I）. 中国药物化学杂志，15（4）：227～229
辉朝茂，谷中明，杨宇明，等. 2006. 巨龙竹综合利用方向和特色产品开发研究. 见：辉朝茂，杨宇明，杜凡. 珍稀竹种巨龙竹生态生物学特性及开发利用基础性研究. 昆明：云南科技出版社
回瑞华，侯冬岩，李铁纯，等. 2009. 藏红花挥发性化学成分的气相色谱-质谱分析. 鞍山师范学院学报，（4）：25～27
霍治国，李世奎，王石立. 1993. 中国气候资源. 北京：科学普及出版社
吉力，植灵，潘炯光. 1995. 防风挥发油的 GC-MS 分析. 天然产物研究与开发，7（4）：5～8
贾虎森，许亦农. 2006. 生物柴油利用概况及其在中国的发展思路. 植物生态学报，30（2）：221～230
贾丽华，陈朝晖，高洁. 2007. 亚麻纤维及应用. 北京：化学工业出版社

贾良智，周俊. 1987. 中国油脂植物. 北京：科学出版社
贾慎修. 1987～1997. 中国饲用植物志（第1～6卷）. 北京：农业出版社
贾世山，马超美，王建民. 1990. 甘草叶中黄酮类成分的化学研究，药学学报，25（10）：758～762
贾正，戚进，朱丹妮. 2009. 桔梗乙酸乙酯部位的化学成分研究. 药学与临床研究，17（3）：202～203
简旭东. 2004. 利用枇杷蜜源应注意的几个方面. 蜜蜂杂志，（12）：33
江连洲. 2011. 植物蛋白工艺学. 北京：科学出版社
江苏省植物研究所，广东省植物研究所. 1978. 防污绿化植物. 北京：科学出版社
江苏新医学院. 1995. 中药大词典（上册）. 上海：上海科技出版社
江泽慧. 2000. 世界竹藤. 沈阳：辽宁科学技术出版社
江泽慧. 2006. 发挥资源优势 强化科技创新大力促进林业生物质能源加快发展. 生物质化学工程，（S1）：I～VI
江泽慧，王慷林. 2013. 中国棕榈藤. 北京：科学出版社
姜东燕，刘斌. 2007. 俄罗斯饲料菜的栽培技术及利用价值. 北方园艺，（10）：104
姜汉侨，段昌群，杨树华，等. 2004. 植物生态学. 北京：高等教育出版社
姜淑苓，贾敬贤，丛佩华，等. 2003. 我国野生果树资源及利用价值. 中国食物与营养，（10）：31～32
姜彦成，党荣理. 2002. 植物资源学. 乌鲁木齐：新疆人民出版社
姜艳艳，刘斌，石任兵，等. 2007. 防风化学成分的分离与结构鉴定. 药学学报，42（5）：505～510
蒋栋元. 2008. 神、人、自然的和谐统一——神树崇拜的文化解读. 西南农业大学学报（社会科学版），6（1）：87～91
蒋秀蕾，范春林，叶文才. 2006. 大蓟化学成分的研究. 中草药，37（4）：510～512
教亚丽，张义君. 2000. 植物与佛教（下）. 植物杂志，（3）：24
街顺宝. 2000. 绿色象征：文化的植物志. 昆明：云南教育出版社
金锋，张振凌，任玉珍，等. 2013. 巴豆的化学成分和药理活性研究进展. 中国现代中药，15（5）：372～375
金鉴明，王礼嫱，薛达元. 1991. 自然保护概论. 北京：中国环境科学出版社
居阅时，瞿明安. 2001. 中国象征文化. 上海：上海人民出版社
康立宁，刘香英，田志刚. 2011. 植物蛋白质构重组技术研究进展. 农产食品科技，5（1）：9～1
孔国辉，汪嘉熙，陈庆诚，等. 1988. 大气污染与植物. 北京：中国林业出版社
赖永祺. 1990. 五倍子丰产技术. 北京：中国林业出版社
郎国良. 2006. 野菜鉴别与开发利用. 北京：中国农业出版社
雷然. 2007. 云南几种花卉天然色素的提取及稳定性研究. 昆明：西南林业大学硕士学位论文
黎九洲. 1990. 油菜蜜源. 养蜂科技，（1）：12～13
黎明. 2009. 河南省燃料油植物资源与利用. 郑州：河南大学出版社
李宝银，周俊新. 2010. 生物质能源树种培育. 厦门：厦门大学出版社
李昌林，陈默君. 1995. 灌木类饲用植物研究动态. 黑龙江畜牧兽医，（6）：18～21
李朝斌. 1995. 傣族传统医药方剂. 昆明：云南科技出版社
李春华，王爱云. 2002. 常见野生蔬菜食用指南. 北京：科学技术文献出版社
李春雷，崔广东，史高峰，等. 2009. 低毒工业大麻叶的化学成分研究. 中成药，31（1）：104～105
李典鹏，张厚瑞. 2000. 广西特产植物罗汉果的研究与应用. 广西植物，20（3）：270
李东，刘青柏. 1997. 野生果树资源的经济价值及其开发利用途径. 辽宁农业科学，（5）46～48
李栋高. 2006. 纤维材料学. 北京：中国纺织出版社
李贵赞. 2011. 草果表型多样性研究. 昆明：西南林业大学硕士学位论文

李贵赞，王慷林，李莲芳，等. 2011. 草果开花结实的技术措施. 安徽农业科学，39（6）：3279～3279
李桂华，付黎敏，薛开发. 1994. 花椒种籽化学成分分析研究. 郡州粮食学院学报，15（4）：21～26
李国庆，刘君慧. 1982. 树木引种技术. 北京：中国林业出版社
李海涛，徐东铭，吕刚. 2006. 合欢皮中三萜皂苷类化学成分的研究. 长春中医药大学学报，22（3）：62～64
李进，腾云，孙建，等. 2002. 鸡冠花色素的提取与分离方法的初步研究. 新疆师范大学学报（自然科学版），21（3）：41～44
李君武，纪永年. 1959. 食用色素. 上海：上海科学技术出版社
李俊清. 2012. 保护生物学. 北京：科学出版社
李莉，王昌命. 2007. 西南桦木材化学成分及其变异的研究. 木材加工机械，18（5）：26～30
李莲芳，孟梦，刘永刚，等. 2008. 西南桦人工林的林木分化研究. 西部林业科学，37（4）：8～13
李莲芳，孟梦，温琼文，等. 2005a. 云南热区的 5 种木本森林蔬菜及其培育技术. 西部林业科学，34（1）：9～14
李莲芳，孟梦，周云，等. 2005b. 云南热区森林蔬菜资源现状及可持续利用对策. 西南林学院学报，25（3）：22～27
李莲芳，尹嘉庆，王达明，等. 2000. 红豆杉采穗圃营建技术. 广西植物，20（1）：75～82
李临杭，李志勇，师文贵，等. 2004. 我国饲用植物遗传资源的异地保存. 中国草地，26（6）：63～66
李玲，杨根金，董同义，等. 1996. 菘蓝化学成分研究. 中草药，27（7）：389～391
李凌，李政. 2005. 绿玉树分布状况的调查研究. 西南农业大学学报（自然科学版），27（5）：644～647
李凌军，刘振华，陈赟，等. 2006. 桔梗的化学成分研究. 中国中药杂志，31（18）：1506～1509
李满飞，徐国钧. 1990. 中药石斛类多糖的含量测定. 中草药，10（21）：10～12
李启任，杨峻芸，曹安飞，等. 1995. 粉叶小檗愈伤组织的培养及小檗碱的含量. 云南植物研究，17（3）：325～330
李秦晋，刘宏茂，许又凯，等. 2007. 西双版纳傣族利用野生蔬菜种类变化及原因分析. 云南植物研究，29（4）：467～478
李琼，刘乐全，徐怀德，等. 2008. 光皮木瓜中有机酸成分研究. 西北农业学报，17（1）：207～210
李世康. 1995. 道教仙葫与彝族葫芦崇拜. 华夏文化，（4）：29～30
李时珍. 1957. 本草纲目. 北京：人民卫生出版社
李爽，郭守金，何世珑. 1990. 宁夏野生蔬菜资源调查报告. 宁夏农林科技，（3）：19～23
李文静，洪博，赵春杰. 2013. 萝芙木化学成分的分离与鉴定. 中国药房，24（3）：256～258
李小云. 2001. 参与式发展概论. 北京：中国农业大学出版社
李晓文，张玲，方精云. 2002. 指示种、伞护种与旗舰种：有关概念及其在保护生物学中的应用. 生物多样性，10（1）：72～79
李秀. 2011. 云南普洱市野生果树植物资源研究. 中国野生植物资源，30（3）：26～29
李英力，果秀敏，方正，等. 2007. 15 种蔬菜营养成分评价. 中国农学通报，23（4）：98～101
李莹，孙博航，黄健，等. 2009. 北五味子藤茎化学成分的分离与鉴定. 沈阳药科大学学报，26（6）：438～440
李玉杰，刘晓蕾，刘霞，等. 2009. 玫瑰精油的化学成分及其抗菌活性. 植物研究，29（4）：488～49
李原，杨君兴，崔桂华，等. 2009. 海菜花营养成分初步分析，31（1）：96～97
李远志，简洁莹. 1996. 益智的主要化学成分及毒理学分析. 华南农业大学学报，17（2）：108～111
李泽鸿，邓林，树英，等. 2008. 玫瑰茄中营养元素的分析研究. 中国野生植物资源，27（1）：61～62
李志峰，陈刚，张起辉，等. 2009. 刺五加的化学成分. 沈阳药科大学学报，26（12）：962～963

李志峰，王琦，冯育林，等. 2012. 黄连的化学成分研究. 中药材，35 (9)：1438～1441
李志国，汤先赤，夏定久. 2008. 中国五倍子. 昆明：云南科技出版社
李志炎，林正秋. 1995. 中国荷文化. 杭州：浙江人民出版社
李子贤. 2006. 贝叶文化与文化立州刍议. 见：昆明佛学研究会. 佛教与云南文化论集. 昆明：云南民族出版社
梁惠玲，郑惠兰，陈泗英. 1991. 黄栀子花中的色素. 云南植物研究，13 (1)：95～96
梁婕. 2011. 莽草的化学成分和生物活性研究. 福州：福建中医药大学学位论文
梁少华. 2009. 植物油料资源综合利用（第 2 版）. 南京：东南大学出版社
梁诗魁，任再金. 1993. 蜜源植物要览. 北京：农业出版社
梁素钰，王述洋. 2008. 新型能源战略植物：橡胶草的开发与利用. 哈尔滨：东北林业大学出版社
廖日权，李俊，黄锡山，等. 2008. 罗汉果化学成分的研究. 西北植物学报，28 (6)：1250～1254
廖晓峰，于荣，肖坤福. 2003. 天然野生植物多穗柯甜茶的化学成分分析. 林产化工通讯，37 (6)：32～34
林诚. 2009. 福州园林植物文化的挖掘与传承. 福建风景园林，(1)：59～64
林春华，林伟君，谭雪，等. 2009. 野生蔬菜簕菜品质及急性毒性试验研究. 现代食品科技，25 (2)：201～202
林丽清，黄丽英，张亚锋，等. 2006. 金线莲总生物碱的提取方法及条件的优化. 中药材，29 (12)：1365～1366
林茂，朱朝德，孙庆民，等. 1979. 当归化学成分的研究. 药学学报，14 (9)：529～534
林宁. 1993. 广西壮族传统利用的食用色素植物. 植物资源与环境，2 (3)：63～64
林盛秋. 1989. 蜜源植物. 北京：中国林业出版社
林宣贤. 2006. 荷花的营养成分和安全性研究. 食品科学，27 (10)：538～539
林艳芳. 2003. 中国傣医药彩色图谱. 昆明：云南民族出版社
林正奎，华映芳，谷豫红. 1981. 树兰花精油化学成分的研究. 植物学报，23 (3)：208～215
刘爱忠，裴盛基，陈三阳. 2000. 云南彝族植物崇拜的调查研究. 生物多样性，8 (1)：130～136
刘德隅，刘中天，钱德仁，等. 1989. 云南自然保护区. 北京：中国林业出版社
刘发万，杨敏杰，钟利，等. 2007. 云南野生蔬菜资源分布特点及研究利用. 长江流域资源与环境，16 (2)：55～58
刘刚，王辉，邹瑛，等. 2012. 松茸基本化学组分含量分析. 中国中医药科技，19 (1)：48～49
刘国民. 2003. 中国木犀科代茶植物的多样性与开发状况. 贵州科学，21 (1)：69～77
刘海洋，倪伟，袁敏惠，等. 2004. 茉莉花的化学成分. 云南植物研究，26 (6)：687～690
刘宏茂，许再富，陶国达. 1992. 西双版纳傣族龙山的生态学意义. 生态学杂志，11 (2)：41～43，60
刘嘉宝，李洁，杨枚. 1991. 云南石梓食用色素的开发利用. 林业科技开发，5 (2)：25～26
刘建超，杨清美，朱正方. 1996. 云南马桑子化学成分的研究. 华中师范大学学报（自然科学版），30 (2)：196～198
刘建林，夏明忠，袁颖. 2005. 番石榴的综合利用现状及发展前景. 中国林副特产. 6 (79)：60～62
刘建先，朱学勤. 2009. 珍稀野菜栽培与利用——水生类野菜. 贵阳：贵州科技出版社
刘江云，杨学东，徐丽珍，等. 2002. 桂枝的化学成分研究. 中草药，33 (8)：681～683
刘孟军. 1998. 中国野生果树. 北京：中国农业出版社
刘孟军，商训生，滕忠才. 1998. 中国的野生果树种质资源. 河北农业大学学报，21 (1)：102～109
刘培，冯照，董云发，等. 2008. 北柴胡茎叶化学成分. 时珍国医国药，19 (9)：2103～2104
刘鹏，杨家驹，卢鸿俊. 1993. 东南亚热带木材. 北京：中国林业出版社

刘韶，秦勇，杜方麓. 2003. 苦丁茶化学成分研究. 中国中药杂志，28（9）：834～836
刘少超，白虹，唐文照，等. 2011. 苦楝皮化学成分研究. 中国实验方剂学杂志，17（6）：93～96
刘胜祥. 1994. 植物资源学（第二版）. 武汉：武汉出版社
刘晓涛. 2009. 玉米的营养成分及其保健作用. 中国食物与营养，（3）：60～61
刘信平，张驰，谭志伟. 2009. 辣蓼挥发性活性成分的 GC/MS 研究. 中国现代应用药学杂志，26（4）：285～288
刘旭. 2003. 中国生物种质资源科学报告. 北京：科学出版社
刘鹰翔，计志忠. 1993. 迷迭香酸药理作用的研究进展. 国外医药（植物药分册），8（6）：248～251
刘永利，袁浩，李冬梅，等. 2011. UPLC 法测定罂粟壳中 3 种生物碱类成分含量. 中药材，34（9）：1386～1388
刘勇民. 1999. 维吾尔药志（下册）. 乌鲁木齐：新疆科技卫生出版社
刘勇民，沙吾提·尹克木. 1986. 维吾尔药志（上册）. 乌鲁木齐：新疆人民出版社
刘玉兰. 1999. 植物油脂生产与综合利用. 北京：中国轻工业出版社
刘育辰，陈有根，王丹，等. 2011. 甘草化学成分研究. 药物分析杂志，31（7）：1251～1255
刘育梅，黄维南. 2007. 羊奶果种子脂肪酸组成和矿质元素分析. 热带亚热带植物学报，15（3）：253～255
刘远，欧阳富，于海洋，等. 2009. 马蓝叶化学成分研究. 中国药物化学杂志，19（4）：273～275，283
刘珍珍，赵荣华，邹忠梅. 2011. 昆明山海棠根皮化学成分的研究. 中国中药杂志，（18）：2503～2506
刘助国，潘心富. 1990. 中国羊踯躅花化学成分研究. 药学学报，（11）：830～834
龙春林. 1998. 民族植物学的项目设计与工作方法. 见：裴盛基，龙春林. 应用民族植物学. 昆明：云南民族出版社：70～86
卢珍红，段晓梅，樊国盛. 2008. 云南山茶品种资源研究进展. 山东林业科技，（1）：88～91
鲁春华，赵沛基，沈月毛. 2002. 云南美登木组织培养及其化学成分的初步研究. 天然产物研究与开发，（6）：11～13
陆科闵. 1988. 苗族药物集. 贵阳：贵州人民出版社
陆颖，段书涛，潘家祜，等. 2009. 中药大蓟化学成分的研究. 天然产物研究与开发，（21）：563～565，615
陆占国，孟大威，李伟，等. 2013. Clevenger 法提取草果精油的化学组成及清除 $NaNO_2$ 能力. 天然产物研究与开发，（25）：207～211
吕帮玉，杨新河，毛清黎. 2007. 我国天然食用色素的开发现状与前景. 江西农业学报，19（10）：108～111
吕巨智，染和，姜建初. 2009. 马铃薯的营养成分及保健价值. 中国食物与营养.（3）：51～52
罗爱崃，佘金明，谢显珍，等. 2012. 山苍子花蕾挥发油成分 GC-MS 分析. 广州化工，40（12）：133～135
罗达尚. 2004. 新修晶珠本草. 成都：四川科学技术出版社
罗浩，杨卫英，吴圣进，等. 1997. 中国野生蔬菜资源研究和开发利用现状. 广西植物，17（4）：363～369
罗鹏，裴盛基，许建初. 2001. 云南的圣境及其在环境和生物多样性保护中的意义. 山地学报，9（4）：327～333
罗深秋，俞守义. 2000. 南方有毒植物及其中毒的处理. 上海：第二军医大学出版社
马德风，梁诗魁. 1993. 中国蜜粉源植物及其利用. 北京：农业出版社
马国祥，徐国钧，徐珞珊，等. 1994. 反相高效液相色谱法测定 18 种石斛类生药中 chrysotoxene，eri-

anin，chrysotoxine 的含量. 中国药科大学学报，25（2）：103～105

马良，王欢，王金兰，等. 2012. 狼毒大戟地上部分化学成分研究. 齐齐哈尔大学学报（自然科学版），（6）：27～29

马王堆汉墓帛书整理小组. 1979. 五十二病方. 北京：文物出版社

马莺，王振宇，于殿宇. 2009. 野生食用植物资源加工技术. 北京：中国轻工业出版社

马玉花，赵忠，李科友，等. 2009. 不同产地苦杏仁油的含量及成分分析. 中国粮油学报，24（11）：70～73

毛世忠，周太久，梁惠凌. 2008. 室内抗污染植物的选择及日常管理. 广西科学院学报，24（3）：217～219

卯晓岚. 2000. 中国食用菌物种资源回顾与展望. 中国食用菌，107（19）增刊：9～13

孟洗（唐）. 1984. 食疗本草. 北京：人民卫生出版社

闵天禄. 2000. 世界山茶属的研究. 昆明：云南科技出版社

木尼热·阿不都克热木. 2002. 野生血苋菜红色素提取及其稳定性研究. 喀什师范学院学报，23（3）：58～61

倪慧，何爱华. 1993. 新疆枸杞多糖的提取及含量测定. 中成药，15（1）：39

潘玉梅. 2006. 西双版纳傣族传统饮料植物的利用研究. 勐仑：中国科学院西双版纳热带植物园硕士学位论文

潘玉梅，刘宏茂，许再富. 2006. 西双版纳傣族传统饮料植物利用的研究. 云南植物研究，28（6）：653～664

裴盛基，淮虎银，Hamilton A，等. 2009. 植物资源保护. 北京：中国环境科学出版社

裴盛基，淮虎银，孙丽荣. 2006. 中国民族药研究与开发概述. 见：夏冰，陈重明，郭忠仁，等. 民族植物学与药用植物. 南京：东南大学出版社：37～43

裴盛基，淮虎银. 2007. 民族植物学. 上海：上海科学技术出版社

裴盛基，龙春林. 2004. 应用民族植物学. 昆明：云南科技出版社

裴盛基，龙春林. 2007. 民族文化与生物多样性保护：生物多样性保护系列丛书. 北京：中国林业出版社

裴盛基. 1985. 民族植物学. 科学，37（2）：23

裴盛基，贺善安编译. 1988. 民族植物学手册. 昆明：云南科技出版社

彭晓云，杨培明. 2004. 雷公藤化学成分研究. 中国天然药物，2（4）：208～211

彭正中. 1983. 染料与染色. 台北：台湾中华书局

普晓兰，杜凡，杨宇明，等. 2006. 巨龙竹秆材结构的比较解剖学研究. 见：辉朝茂，杨宇明，杜凡. 珍稀竹种巨龙竹生态生物学特性及开发利用基础性研究. 昆明：云南科技出版社

齐桂平，胡月婷，杨玉杉，等. 2010. 油菜蜜中 5 种酚类化合物的 HPLC-ECD 法测定. 食品与发酵工业，36（1）：131～133

钱光斌，刘然，王长华. 2010. 图说中国兰花鉴赏. 成都：四川科学技术出版社

钱华，何志华，邵顺流，等. 2003. 浙江森林野菜资源及其评价. 浙江林业科技，23（4）：36～42

乔勇进，吴兴梅，孙蕾，等. 2003. 山东野生果树资源综合利用途径和技术. 经济林研究，21（3）：71～74

秦家华，岩温扁，周歆红，等. 2006. 贝叶文化概论. 见：昆明佛学研究会. 佛教与云南文化论集. 昆明：云南民族出版社

青海省药品检验所. 1996. 中国藏药. 上海：上海科学技术出版社

清波，劲松. 2009. 珍稀野菜栽培与利用——茎叶类野菜. 贵阳：贵州科技出版社

邱进，王晓静，王元书，等. 2008. 桑叶化学成分的研究. 中成药，30（9）：附 1～2
邱明华. 2000. 云南药用植物资源及其开发利用. 见：许建初. 民族植物学与植物资源可持续利用的研究. 昆明：云南科技出版社：50～64
邱琴，凌建亚，丁玉萍，等. 2005. 超临界 CO_2 流体萃取法与水蒸气蒸馏法提取荆芥穗挥发油化学成分的研究. 色谱，23（6）：646～650
邱玉玲，代英辉，王东，等. 2010. 苍耳子的化学成分. 中国药物化学杂志，（3）：214～216
曲仲湘，吴玉树，王焕校，等. 1983. 植物生态学（第二版）. 北京：高等教育出版社
全国中草药汇编编写组. 1996. 全国中草药汇编. 北京：人民卫生出版社
阙慧卿，耿莹莹，林绥，等. 2005. 雷公藤化学成分的研究. 中草药，36（11）：1624～1625
群众出版社编辑部. 1961. 几种常见的有毒植物. 北京：群众出版社
任洪涛，周斌. 2007. 羯布罗香木精油化学成分研究. 香料香精化妆品，（5）：5～7
任新军，文斌，陈贵清. 2001. 西双版纳热带野生果树资源. 园艺学报，28（1）：7～11
陕西省生物资源考察队. 1974. 白蜡虫与白蜡生产. 西安：陕西人民出版社
申宗圻. 1993. 木材学（第 2 版）. 北京：中国林业出版社
沈宁东，韦梅琴. 2009. 青海染料植物资源及其开发利用研究. 青海师范大学学报（自然科学版），（2）：48～51
沈谦，蔡光明，何桂霞，等. 2009. 火麻仁的化学成分研究. 天然产物研究与开发，21（5）：784～786
沈新元. 2013. 化学纤维鉴别与检验. 北京：中国纺织出版社
沈寅初，张一宾. 2000. 生物农药. 北京：化学工业出版社
盛诚桂，张宇和. 1979. 植物的驯服. 上海：上海科学技术出版社
石培礼，包维楷. 1994. 燃料油植物研究的现状与展望，植物杂志，（5）：2～4
石晓峰，何福江，于扬，等. 1994. 香薷挥发油化学成分的研究. 甘肃医药，13（3）：152～153
时圣明，李巍，曹家庆，等. 2010. 三七果化学成分的研究. 中草药，41（8）：1249～1251
史军义，易同培，马丽莎，等. 2012. 中国观赏竹. 北京：科学出版社
史琳，何晓霞，潘英，等. 2009. 五味子藤茎化学成分的研究. 中草药，（11）：1707～1710
史志诚. 1997. 中国草地重要有毒植物. 北京：中国农业出版社
顺庆生. 2004. 美丽杀手——常见有毒花木写真录. 上海：上海辞书出版社
斯建勇，高光跃，陈迪华. 1994. 云南山楂果化学成分的研究. 天然产物研究与开发，6（2）：49～51
斯建勇，高光跃，陈迪华. 1998. 云南山楂叶化学成分的研究. 中国中药杂志，23（7）：422～423
宋秋月，付迎波，刘江，等. 2011. 当归的化学成分研究. 中草药，42（10）：1900～1904
宋永芳. 2006. 能源植物的开发与利用进展. 生物质化学工程，40（6）：51～53
苏黎. 2010. 中国的野菜. 南昌：江西科学技术出版社
苏琼，王彦斌. 2004. 淀粉精细化学品合成及其应用. 北京：民族出版社
苏松坤，陈盛禄，林雪珍，等. 2000. 茶（*Camellia sinensis*）花粉营养成分的测定. 中国养蜂，51（2）：3～5
孙达旺. 1992. 植物单宁化学. 北京：中国林业出版社
孙汉董. 2000. 植物资源、植物化学与新药开发. 见：许建初主编. 民族植物学与植物资源可持续利用的研究. 昆明：云南出版社：40～49
孙汉董，丁靖垲，丁立生，等. 1985. 依兰花精油的香气成分. 云南植物研究，7（2）：239～242
孙健，李进，滕云，等. 2003. 新疆野生蔬菜植物资源初探. 新疆师范大学学报（自然科学版），22（2）：48～55
孙进柱. 1995. 中华野菜食谱. 北京：人民出版社

孙连娜，洪永福，郭学敏，等. 1999. 光皮木瓜化学成分的研究（II）. 第二军医大学学报，20（10）：752～754
孙敏贞. 1992. 明清时期北京寺庙园林的几种类型. 北京林业大学学报，14（4）：67～68
孙庆文，罗迎春. 2013. 贵州民族常用天然药物（第一卷）. 贵阳：贵州科技出版社
孙祥. 1999. 中国木本饲用植物资源及其开发利用. 内蒙古草业，（3）：21～30
孙友富. 2000. 动物毒素与有害植物. 北京：化学工业出版社
覃尚民，石清峰. 1994. 中国主要植物热能. 北京：中国林业出版社
谭国进，蒋林斌，黄润均，等. 2005. 植物食用色素的研究现状与展望. 化工技术与开发，34（6）：25～29
谭菁菁，赵庆春，杨琳，等. 2010. 白芍化学成分研究. 中草药，41（8）：2145～1248
谭卫红，宋湛谦，叶伯蕙. 2004. 印楝种仁挥发性成分的 GC-MS 研究. 福建林学院学报，24（1）：72～74
汤庚国，李湘萍. 1995. 江苏野菜资源的利用与开发. 植物资源与环境，4（3）：33～37
唐丹林，张光凡，陈孝泉. 1992. 大白杜鹃、尖叶杜鹃的营养成分的研究. 四川大学学报（自然科学版），29（2）：316～318
唐浩国，郑卫东，陈宗道. 2005. 麻竹叶黄酮类成分研究. 中国农学通报，21（4）：114～118
唐开学，李学林，张文炳，等. 2002. 云南特有野生果树资源及其地理分布特点. 园艺学报，29（5）：418～422
唐伟斌，张晓丽. 2002. 北方野生果树资源的开发利用. 北方园艺，（4）：6～7
唐永鉴. 1980. 大气污染及防治. 北京：科学出版社
陶桂全. 1989. 中国野菜图谱. 北京：解放军出版社
陶华明，朱全红，刘永宏，等. 2011. 草麻黄根的黄酮类成分研究. 中草药，42（9）：1678～1682
田春龙，郭斌，刘春朝. 2005. 能源植物研究现状和展望. 生物加工过程，3（1）：14～19
田学军，郭亚力，袁寒，等. 2012. 5 种可食野生和栽培植物茎叶、花序的营养成分分析. 云南农业科技，（5）：14～15
童筱. 2006. 野菜养生事典. 赤峰：内蒙古科学技术出版社
万树青. 2003. 生物农药及使用技术. 北京：金盾出版社
汪东风，王常红. 1994. 中国饮料植物资源利用. 中国野生植物资源，（4）：33～35
汪兴汉. 2002. 野生蔬菜的开发与利用. 北京：中国农业出版社
王超超. 2008. 云南山茶花. 昆明：云南科技出版社
王大来. 1998. 湖南野生饮料植物资源及其开发利用. 湖南林业科技，25（1）：1～6
王东，李启任，杨成兵，等. 2000. 粉叶小檗愈伤组织中生物碱的含量变化. 云南大学学报（自然科学版），22（3）：225～226
王芳，张瑜，赵余庆. 2011. 昆明山海棠化学成分的研究. 中草药，42（1）：46～49
王广印，赵一鹏，刘会超，等. 2004. 河南省野菜资源多样性及开发利用研究. 中国农学通报，20（6）：77～80
王桂霞，安光义. 1987. 植物与地下水源. 生命世界，（6）：16～17
王国扣. 2002. 我国淀粉生产现状及经济形势分析. 淀粉与淀粉糖，（4）：126
王海滨，杨晓梅. 2013. 景东彝族丧葬仪式所用植物文化内涵初探. 毕节学院学报，31（7）：28～31
王汉生. 2009. 向日葵的泌蜜规律. 中国蜂业，60（2）：29
王鸿博，肖皖，华会明，等. 2011. 黄花蒿的化学成分研究进展. 现代药物与临床，26（6）：430～433
王厚安. 1997. 水族医药. 贵阳：贵州人民出版社

王金兰，王玉起，李涛，等. 2010. 新鲜狼毒大戟根化学成分研究. 中药材，33 (9)：1406～1409
王锦亮，李兴从，熊江，等. 1991. 云南羯布罗香树脂的化学成分. 云南植物研究，13 (3)：335～340
王敬明. 1989. 林木与大气污染概论. 北京：中国环境科学出版社
王敬勤，廖德胜，粟巧功，等. 1992. 火棘色素的化学成分及性能研究. 食品科学，152 (8)：4～6
王慷林. 2004a. 中国观赏植物图鉴：观赏竹类. 北京：中国建筑工业出版社
王慷林. 2004b. 中国观赏植物图鉴：观赏棕榈. 北京：中国建筑工业出版社
王慷林，陈三阳，裴盛基，等. 2000. 竹类与民族植物学：传统知识系统的应用研究. 竹子研究汇刊，19 (2)：1～8
王慷林，普迎冬. 2003. 竹类植物民间分类与传统管理. 西北植物学报，23 (2)：257～262
王慷林，许建初，裴盛基，等. 2001. 云南西南部非木材林产品与自然资源保护和社区发展. 见：Rijsoort JV，何丕坤主编. 区域性国际非木材林产品研讨会论文集——中国云南、越南、老挝. 昆明：云南大学出版社
王慷林，薛纪如，陈三阳，等. 1993. 西双版纳竹类植物资源的民族植物学研究. 见：许再富，等.《热带植物研究论文报告集》第二集. 昆明：云南大学出版社：47～65
王慷林，薛纪如，岩坎拉. 1991. 西双版纳傣族传统利用竹子的研究. 竹子研究汇刊，10 (4)：1～11
王丽薇，周长新，Schneider B，等. 2006. 北五味子化学成分研究. 中国现代应用药学杂志，23 (5)：363～365
王名金，刘克辉. 1990. 树木引种驯化概论. 南京：江苏科学技术出版社
王明权，彭听，甘棋锋. 2005. 心叶淫羊藿的化学成分研究. 现代中药研究与实践，19 (2)：39～42
王鸣，刘培，冯煦，等. 2009. 北柴胡茎叶化学成分研究 (II). 中药材，32 (3)：367～369
王平. 2001. 中国竹文化. 北京：民族出版社
王琦，李志峰，陈刚，等. 2012. 黄连的化学成分研究. 中国实验方剂学杂志，18 (7)：74～76
王森，谢碧霞，何方，等. 2011a. 秦岭山区漆树种籽含油率与脂肪酸成分分析. 中南林业科技大学学报，31 (3)：97～101
王森，余江帆，钟秋平. 2011b. 野漆树种籽含油率与脂肪酸成分分析. 中国生漆，30 (1)：5～8
王曙光，普晓兰，丁雨龙，等. 2009. 云南箭竹 2 个变异类型竹笋营养成分分析. 南京林业大学学报 (自然科学版)，33 (3)：136～138
王涛. 2005. 中国主要生物质燃料油木本能源植物资源概况与展望. 科技导报，23 (5)：12～14
王文久，辉朝茂，姚顺忠，等. 2006. 巨龙竹秆材理化性质及防裂和防腐处理研究. 见：辉朝茂，杨宇明，杜凡. 珍稀竹种巨龙竹生态生物学特性及开发利用基础性研究. 昆明：云南科技出版社
王向华，刘培贵，于富强. 2004. 云南野生商品蘑菇图鉴. 昆明：云南科技出版社
王晓梅，何承辉，王新玲，等. 2010. 蔷薇红景天化学成分研究. 中药材，33 (8)：1252～1253
王晓阳，刘丽萍，康廷国，等. 2011. 绿玉树的化学成分研究. 中草药，(12)：2398～2401
王艳林，韩钰，樊玉谷. 1994. 拐枣的食用价值研究Ⅰ：营养成分分析. 天然产物研究与开发，6 (1)：89～92
王一卓，罗慧，赵士贤. 2012. 合欢花挥发油化学成分及提取液抑菌作用研究. 湖北农业科学，51 (6)：1245～1247
王颖，宋爱华，刘艳梅. 2008. 蓝桉叶挥发油化学成分分析研究. 精细化工中间体，(2)：70～72
王幼平，李旭锋，杨毅，等. 1996. 特种油料植物的种质资源研究. 天然产物研究与开发，8 (1)：69～73
王玉波，季萍，王红兵，等. 2010. 乳浆大戟的化学成分 (英文). 中国天然药物，8 (2)：94～96
王运兵，姚献华，崔朴周. 2005. 生物农药. 北京：中国农业科学技术出版社

王振宇，刘荥，赵鑫. 2007. 植物资源学. 北京：中国科学技术出版社
王宗训. 1989. 中国资源植物利用手册. 北京：中国科学技术出版社
危文亮，金梦阳. 2008. 42份非木本油料植物资源的能源利用潜力评价. 中国油脂，33（5）：73～76
韦旭斌，郭文场. 2005. 野菜食疗食谱1000样. 长春：吉林科学技术出版社
卫广扬. 1988. 东南亚木材——识别及用途. 合肥：安徽科学技术出版社
卫生部药典委员会. 1995. 中华人民共和国药典中药彩色图集. 广州：广东科技出版社
卫生部药品生物制品检定所，云南省药品检验所. 1984. 中国民族药志（第一卷）. 北京：人民卫生出版社
魏欢欢，吴萍，魏孝义，等. 2005. 板蓝根中苷类成分的研究. 热带亚热带植物学报，13（2）：171～174
魏彦武. 2008. 高产优质饲用植物——籽粒苋. 养殖与饲料，（3）：77
魏艳敏. 2007. 生物农药及其应用技术问答. 北京：中国农业大学出版社
文良娟，毛慧君，张元春，等. 2008. 西番莲果皮成分分析及其抗氧化活性的研究. 食品科学，29（11）：54～58
文若愚，任啸科. 2011. 中国地理世界地理一本通. 北京：中国华侨出版社
吴邦信，陈天祥. 1999. 高纯度乌柏脂棕榈酰胺的制备工艺. 上海化工，（7）：20～22
吴棣飞，孙光闻. 2009. 食用蔬菜与野菜——332种营养菜蔬的彩色图鉴. 汕头：汕头大学出版社
吴国江，刘杰，娄治平，等. 2006. 能源植物的研究现状及发展建议. 科技与社会，21（1）：53～57
吴惠勤，黄晓兰，林晓珊，等. 2006. 白豆蔻挥发油GC-MS指纹图谱研究. 中药材，29（8）：788～792
吴静波，李增耀. 2003. 竹文化. 昆明：云南民族出版社
吴淑生，田自秉. 1987. 中国染织史. 台北：南天书局
吴统芳. 1990. 紫胶加工及应用. 北京：中国林业出版社
吴文君，高希武. 2004. 生物农药及其应用. 北京：化学工业出版社
吴永敷. 1993. 中国野生饲用植物种质资源的开发利用. 牧草与饲料，（3）：35～37
吴征镒. 1980. 中国植被. 北京：科学出版社
吴征镒. 1983. 植物资源的合理利用及保护. 中国植物学会五十五周年年会学术报告及论文摘要汇编
吴征镒. 1991. 中国种子植物属的分布区类型. 云南植物研究，（增刊Ⅳ）：1～139
吴征镒，路安民，汤彦承，等. 2003. 中国被子植物科属综论. 北京：科学出版社
吴征镒，周浙昆，孙航，等. 2006. 种子植物分布区类型及其起源和分化. 昆明：云南科技出版社
武珊珊，高文远，段宏泉，等. 2004. 重楼化学成分和药理作用研究进展. 中草药，35（3）：344～347
伍苏然，马艳粉，李正跃，等. 2009. 思茅松松节油化学成分分析. 西部林业科学，38（3）：90～92
西双版纳州民族药调查研究办公室. 1980. 西双版纳傣药志（第二集）. 景洪：西双版纳州民族药调查研究办公室
西藏自治区革命委员会卫生局，西藏军区后勤部卫生处. 1971. 西藏常用中草药. 拉萨：西藏人民出版社
项斌，高建荣. 2004. 天然色素. 北京：化学工业出版社
肖培根. 1988. 中国药用植物资源开发利用的研究. 云南植物研究，增刊Ⅰ：1～12
肖培根，连文炎. 1999. 中药植物原色图鉴. 北京：中国农业出版社
肖培根. 2002. 新编中药志. 北京：化学工业出版社
肖永庆，李丽，游小琳，等. 2002. 川芎化学成分研究. 中国中药杂志，27（7）：519～522
谢光辉. 2011. 能源植物分类及其转化利用. 中国农业大学学报，16（2）：1～7
谢丽莎，龚志强，李娉. 2011. 千年健研究进展. 上海中医药杂志，45（11）：90～92

谢孝福. 1994. 植物引种学. 北京：科学出版社
邢增通，白大娟，李翔. 2012. 海南五指山地区黎族饮料植物资源利用研究. 热带农业科学，32（2）：28～31，41
徐波，王永波. 2011. 论古代文学中的芭蕉意象. 阅江学刊，3（1）：120～126
徐丹洋，陈佩东，张丽，等. 2011. 黄芩的化学成分研究. 中国实验方剂学杂志，17（1）：78～80
徐飞，王晓中，孙杨，等. 2012. 宁夏枸杞醋酸乙酯部位化学成分研究. 中草药，43（12）：2361～2364
徐芬芬，叶利民，王爱斌. 2006. 我国的淀粉、糖类和纤维植物资源及其用于乙醇发酵的探讨. 中国林副特产，（3）：63～65
徐如意，胡业. 1995. 紫云英花期蜂蜜高产技术. 养蜂科技.（2）：13～14
徐汝梅，叶万辉. 2003. 生物入侵：理论与实践. 北京：科学出版社
徐暾海，赵洪峰，徐雅娟，等. 2004. 四川江油生附子强心成分的研究. 中草药，35（9）：964～966
徐万林. 1992. 南方主要蜜源植物——龙眼. 中国养蜂.（2）：23，35
许景芝，丁原未，石明杰，等. 1996. 向日葵的饲用价值及其栽培. 黑龙江畜牧兽医，（6）：18～19
许文学，邢学锋，陈飞龙，等. 2012. 阳春砂仁果实和根挥发油成分比较. 中国药房，23（43）：4084～4086
许又凯，刘宏茂，刀祥生，等. 2004a. 粉花羊蹄甲的营养成分及作为特色蔬菜的评价. 云南大学学报（自然科学版），26（1）：88～92
许又凯，刘宏茂，肖春芬，等. 2004b. 西双版纳野生蔬菜中硒含量测定. 云南植物研究，26（6）：668～672
许又凯，刘宏茂，肖春芬，等. 2005. 6种食用榕树叶营养成分及作为木本蔬菜的评价. 武汉植物学研究，23（1）：85～90
许又凯，刘宏茂. 2002. 中国云南热带野生蔬菜. 北京：科学出版社
许再富，刘宏茂. 1995. 西双版纳傣族贝叶文化与植物多样性保护. 生物多样性，3（3）：174～179
许再富，许又凯，刘宏茂. 1998. 热带雨林漫游与民族森林文化趣谈. 昆明：云南科技出版社
薛超雄. 2011. 采荔枝蜜常识. 养蜂科技，（1）：5
薛纪如，杨宇明，辉朝茂，等. 1995. 云南竹类资源及其开发利用. 昆明：云南科技出版社
严兴初. 2000. 特种油料作物栽培与综合利用. 武汉：湖北科学技术出版社
颜滢，黄晨. 2011. 苦楝皮的化学成分研究. 药学实践杂志，29（4）：285～286
晏雄. 2010. 产业用纤维制品学. 北京：中国纺织出版社
杨德军，邱琼，文进. 2008. 热带珍稀多用途树种铁力木育苗与造林. 林业实用技术，（6）：38～39
杨福顺，赵胜德，曾令雄. 1990. 壮族制作五色饭的染料植物. 植物杂志，（3）：16
杨桂芳. 2002. 丽江绿色文化. 北京：民族出版社
杨金，闵勇，刘卫，等. 2010. 八角茴香的化学成分研究. 安徽农业科学，38（23）：12453～12454
杨竞生. 1993. 南方草木状考补. 昆明：云南民族出版社
杨黎彬，赵宁，王军芳，等. 2011. 附子地上部分化学成分研究. 安徽医药，15（9）：1068～1069
杨丽英，隋启君，李军，等. 2005. 云南省块根块茎淀粉植物资源开发现状及其发展. 云南农业大学学报，20（6）：871～874
杨利民. 2008. 植物资源学. 北京：中国农业出版社
杨亮宇，李清，刘勇，等. 2002. 饲用木薯粉的营养价值评定. 云南畜牧兽医，（1）：1～2
杨林，乔立瑞，谢丹，等. 2011. 国产沉香中的二萜类化学成分. 中国中药杂志，36（15）：2088～2091
杨期和. 2009. 植物资源学. 广州：暨南大学出版社
杨清，周承贵，苏光荣，等. 2008. 小叶龙竹的化学成分与制浆性能. 南京林业大学学报（自然科学

版），32（1）：65～68

杨庆雄.2007.人工栽培青阳参化学成分及抗抑郁活性研究.贵州科学，25（B05）：421～426

杨淑蕙.2001.植物纤维化学（第3版）.北京：中国轻工业出版社

杨文强，王红程，王文婧，等.2012.槟榔化学成分研究.中药材，35（3）：400～403

杨先芬.2005.花卉文化与园林观赏.北京：中国农业出版社

杨新红.2011.中国植物的象征意义及文化.传承（学术理论版），(9)：68～69

杨鑫，张秀省，穆红梅.2011.国槐主要药用成分及提取方法研究进展.北方园艺，(19)：175～178

杨学梅.2012.山药营养保健成分及其应用前景.当代生态农业，(3～4)：131～134

杨艳芳，陆毅，吴高峰，等.2012.中药麻黄根的化学成分研究.中成药，32（10）：1758～1760

杨毅，傅运生，王万贤.2000a.野菜资源及其开发利用.武汉：武汉大学出版社

杨毅，傅运生，王万贤，等.2000b.湖北野生蔬菜资源及开发利用.湖北大学学报（自然科学版），22（3）：292～294

杨永昌.藏药志.1991.西宁：青海人民出版社

杨永玉，曾光尧，谭健兵，等.2011.桑叶化学成分研究.中南药学，9（2）：92～95

杨宇明，辉朝茂.1998.优质笋用竹产业化开发.北京：中国林业出版社

姚德富，王子清，潘树青，等.1989.紫胶虫和紫胶生产.北京：科学出版社

叶碧波，林海丹.1996.洋芫荽挥发油成分分析.中药材，19（3）：138～139

叶润德，王欢.1997.纤维、纺织品、服装与饰品.北京：化学工业出版社

伊里因 M M.中国科学院植物研究所植物资源研究室译.1960.原料植物野外调查法.北京：科学出版社

易同培，史军义，马丽莎，等.2008.中国竹类图志.北京：科学出版社

殷建忠，王琦，周建于，等.2004.西番莲蛋白饮料营养成分分析.昆明医学院学报，(S1)：22～23

殷勤红，朱艳琴，虞泓，等.2011.三七花化学成分和药理作用的研究进展.光谱实验室，28（3）：1194～1197

尹凯，高慧媛，李行诺，等.2006.皱皮木瓜的化学成分.沈阳药科大学学报，23（12）：760～763

尹绍亭.2000.人与森林——生态人类学视野中的刀耕火种.昆明：云南教育出版社

尹宗伦.2008.大豆蛋白健康（功效）声明的进展.中国食品学报，(1)：137

于富强，王向华，刘培贵.2002.云南食用菌资源应用开发前景与展望.中国野生植物资源，21（4）：21～25

于旭东.2009.中国特有产甜蛋白植物——马槟榔种质资源研究.海口：海南大学硕士学位论文

余汉谋，肖海鸿，姜兴涛，等.2011.千年健挥发油微波辅助提取.精细化工，28（12）：1183～1188

余红英，艾训儒.1997.湖北恩施天然木本色素植物资源及其开发利用.湖北林业科技，(102)：26～29

余继华，杨靖华，彭芳芝，等.2003.雷公藤化学成分研究.云南师范大学学报，23（4）：52～53

余竞光，丛浦珠，林级田，等.1993.国产檀香中——反式香柠烯醇化学结构研究.药学学报，(11)：840

余竞光.1988.国产檀香油化学成分和五个新化合物的初步结构研究.药学学报，(11)：868

余晓华，江岚.2006.佛祖成道树与佛教文化植物.见：昆明佛学研究会.佛教与云南文化论集.昆明：云南民族出版社

袁洁.2013.佛教植物文化研究.浙江农林大学硕士学位论文

袁金玲，熊登高，胡炳堂，等.2008.珍稀保护竹种筇竹笋营养成分的研究.林业科学研究，21（6）：773～777

袁瑾. 2011. 厚朴营养成分分析. 氨基酸和生物资源，33（3）：58～59
袁瑾，霁良，钟惠民. 2000. 野山楂的营养成分. 云南大学学报（然科学版），22（2）：158
袁瑾，李风起，钟惠民. 2002. 野生植物青刺尖和火棘果实的营养成分. 植物资源与环境学报，（2）：63～64
袁经权，周小雷，王硕，等. 2010. 八角茴香化学成分的研究. 中成药，32（12）：2123～2126
苑艳光，王录全，吴立军，等. 2002. 刺五加茎的化学成分. 沈阳药科大学学报，19（5）：325～327
云南对外宣传品制作中心. 2004. 云南人文影像 中国云南民族文化卷. 昆明：云南民族出版社
云南省卫生局. 1975. 云南中草药. 昆明：云南人民出版社
云南省药材公司. 1993. 云南中药资源名录. 北京：科学出版社
臧维熙. 2000. 中国旅游文化大辞典. 上海：上海古籍出版社
曾鑫年，张善学，刘新清，等. 2002. 植物中鱼藤酮类化合物检测方法的改进. 色谱，20（2）：144～1471
张长芹. 2008. 云南杜鹃花. 昆明：云南科技出版社
张长芹，马永鹏，李德铢，等，2010. 杜鹃花欣赏栽培 150 问. 北京：中国农业出版社
张聪，秦民坚，王玉. 2009. 野菊花的化学成分. 药学与临床研究，17（1）：39～41
张光亚. 2000. 中国野生食用菌资源开发利用前景广阔. 中国食用菌，107（19）增刊：14～17
张国学. 2007. 西双版纳传统染色植物之民族植物学研究. 昆明：中国科学院昆明植物研究所博士学位论文
张国学，裴盛基，李炳钧，等. 2004. 西双版纳食用色素植物资源研究. 云南植物研究，增 XV：61～69
张国英，曾韬. 2005. 辣蓼主要化学成分的研究. 林产化学与工业，25（3）：21～24
张恒庆，张文辉. 2009. 保护生物学. 北京：科学出版社
张宏达. 1981. 山茶属植物的系统研究. 广州：中山大学学报编辑部
张宏健，王文久，杜凡. 1998. 云南 4 种典型材用丛生竹的化学成分. 云南林业科技，（4）：75～78
张宏利，韩崇选，王明春，等. 2008. 曼陀罗种子油脂肪酸化学成分研究. 西北植物学报，28（12）：2538～2542
张俊峰. 2008. 成都传统纪念园林的植物文化研究. 成都：西南交通大学研究生学位论文
张峻松，姚二民，王建民，等. 2007. 树兰花挥发性成分的提取及鉴定. 色谱，25（3）：422～424
张来，刘宁. 2004. 贵州黔西南地区布依族染料植物调查初报. 贵州师范大学学报（自然科学版），22（3）：30～33
张兰珍，赵文华，郭亚健，等. 2003. 藏药余甘子化学成分研究. 中国中药杂志，28（10）：940～943
张丽，赫玉欣，姚景才，等. 2010. 北柴胡花化学成分研究. 中药材，33（7）：1086～1088
张鲁勉. 2002. 苦丁茶的微量元素测定及其保健功能初探. 广东微量元素科学，9（8）：55～56
张美萍，张冬梅. 1997. 黑龙江省野生蔬菜资源的利用、黑龙江八一农垦大学学报，9（4）：27～31
张培新，张宏亮，林德放，等. 2006. 竹子园林. 杭州：西泠印社出版社
张前进. 2011. 人参的化学成分和药理活性. 光明中医，26（2）：368～369
张庆会. 1997. 油脂植物及油脂. 科学中国人，（11）：10～13
张汝霖. 1999. 贵州高原野生食用蔬菜. 贵阳：贵州省教育出版社
张绍云. 1997. 中国拉祜族医药. 昆明：云南民族出版社
张世源. 2008. 竹纤维及其产品加工技术. 北京：中国纺织出版社
张书锋，于新蕊，秦葵，等. 2012. 石家庄野生黄花蒿挥发油的化学成分分析. 湖南中医杂志，28（3）：131～132

张树军，郭洪利，赵树军，等. 2008. 心叶淫羊藿化学成分研究（Ⅱ）. 中草药，39（3）：325～327
张思佳，刘敏卓，刘静涵，等. 2010. 附子的化学成分研究. 药学与临床研究，18（3）：262～264
张卫明. 2005. 植物资源开发研究与应用. 南京：东南大学出版社
张卫明，肖正春，史劲松. 2008. 中国植物胶资源开发研究与利用. 南京：东南大学出版社
张文德. 1985. 植物鞣质化学及鞣料. 北京：轻工业出版社
张希良，吕义. 2008. 中国森林能源. 北京：中国农业出版社
张晓燕，王金辉，李铣. 2001. 白芍的化学成分研究. 沈阳药科大学学报，18（1）：10～12
张兴. 2010. 生物农药概览. 北京：中国农业出版社
张雁冰，李玲，刘宏民，等. 2005. 马桑化学成分研究. 郑州大学学报（理学版），37（1）：75～78
张雁冰，戴桂馥，侯立芬，等. 2009. 马桑叶中黄酮类化合物的生物活性研究. 郑州大学学报（理学版），41（4）：62～66
张一方. 2006. 佛教文化生态学略论. 见：昆明佛学研究会. 佛教与云南文化论集. 昆明：云南民族出版社
张艺，钟国跃. 2005. 羌族医药. 北京：中国文史出版社
张艺芬. 2007. 汉英植物象征文化的思维方式对比. 宜宾学院学报，7（9）：100～102
张宇和. 1982. 果树引种驯化. 上海：上海科学技术出版社
张玉晶，王连君，于敦爽. 2011. 杜鹃的栽培技术. 吉林蔬菜，（1）：69
张允伟，许桂芳，张磊磊. 2008. 河南新乡太行山区几种重要野生果树种质资源评价. 山西果树，（3）：29～31
张哲普. 1997. 野菜的食用及药用. 北京：金盾出版社
张振杰，张宏利，汪佑民，等. 1992. 木姜子叶精油的化学成分研究. 天然产物研究与开发，4（1）：20～23
张宗和. 1991. 五倍子加工及利用. 北京：中国林业出版社
赵爱华. 2003. 蓠蓄、肾茶、鬼针草和三种香茶菜的化学成分和生理活性研究. 昆明：中国科学院昆明植物研究博士学位论文
赵伯涛，钱骅. 2006. 染料植物资源的开发利用. 见：夏冰，陈重明，郭忠仁. 民族植物学与药用植物. 南京：东南大学出版社
赵国平，戴深，陈仁寿. 2005. 中药大辞典（第 2 版）. 上海：上海科学技术出版社
赵建成，吴跃峰. 2002. 生物资源学. 北京：科学出版社
赵金光，韦旭斌，郭文场. 2004. 中国野菜. 长春：吉林科学技术出版社
赵凯. 2009. 淀粉非化学改性技术. 北京：化学工业出版社
赵琦，王文国. 2013. 我国淀粉植物的地理分布特征分析. 四川农业大学学报，31（2）：176～181
赵锐，梁屯. 2007. 野生植物识别与调查. 昆明：云南民族出版社
赵绍鸿. 2009. 森林美学. 北京：北京大学出版社
赵益斌，任虹燕，左国营，等. 2009. 青阳参提取物成分分析. 西南国防医药，19（10）：961～965
浙江省吴兴县科学研究所，浙江省湖州市科学研究所. 1958. 农药植物手册. 上海：上海科学技术出版社
郑汉臣. 2003. 中国食用本草 植物卷. 上海：上海辞书出版社
郑惠兰，陶国达，张育英，等. 1992. 五指山兰天然食用色素的研究. 食品与发酵工业，（5）：50～55
郑奇志，牛大平，温林辉. 2010. 槲栎育苗及造林技术. 现代农业科技，6：207
郑万钧. 1985. 中国树木志（第二卷）. 北京：林业出版社
郑小贤，刘东. 1999. 森林文化论. 森林资源管理，（5）：19～21

郑晓云. 2006. 云南少数民族的文化与森林保护. 见：大崎正治，郑晓云，杉蒲孝昌. 云南少数民族（澜沧江流域）的文化与森林保护. 北京：中国书籍出版社
植飞，孔令义，彭司勋. 2003. 大蓟化学成分的研究. 药学学报，38（6）：442～447
中国科学院《中国植物志》编委会. 1959～2004. 中国植物志（1～80卷）. 北京：科学出版社
中国科学院华南植物研究所. 1960. 野生单宁植物图说. 广州：广东人民出版社
中国科学院昆明植物研究所. 1977～2006. 云南植物志（1～21卷）. 北京：科学出版社
中国科学院林业土壤研究所植物室植物化学组. 1980. 东北油脂植物及油脂成分测定法. 沈阳：辽宁人民出版社
中国科学院云南热带植物研究所. 1979. 西双版纳傣药志（第一集）. 景洪：西双版纳州民族药调查研究办公室
中国科学院云南热带植物研究所，中医科学院药物研究所. 1981. 西双版纳傣药志（第三集）. 景洪：西双版纳州民族药调查研究办公室
中国科学院植物研究所二室. 1978. 环境污染与植物. 北京：科学出版社
中国科学院综合考察委员会紫胶考查队. 1972. 紫胶虫的寄主植物. 北京：农业出版社
中国商业部土产废品局，中国科学院植物研究所. 1961. 中国经济植物志. 北京：科学出版社
中国医学科学院药物研究所. 1959. 中药志. 北京：人民卫生出版社
中国医学科学院药用植物开发研究所. 1991. 中国药用植物栽培学. 北京：农业出版社
中国医学科学院药用植物研究所云南分所. 1991. 西双版纳药用植物名录. 云南：云南民族出版社
中国资源科学百科全书编辑委员会. 2000. 中国资源科学百科全书（上下）. 北京：石油大学出版社，中国大百科全书出版社
中国作物学会油料作物专业委员会. 2002. 迎接21世纪的中国油料科技. 北京：中国农业科学技术出版社
中华人民共和国商业部土产废品局，中国科学院植物研究所. 2012. 中国经济植物志. 北京：科学出版社
中华人民共和国卫生部药典委员会. 1998. 蒙药标准. 北京：中华人民共和国卫生部药典委员会
中药大辞典编纂委员会. 2006. 中药大辞典. 上海：上海科学技术出版社
钟声，奎嘉祥，薛世明. 1998. 云南省西双版纳傣族自治州豆科饲用植物资源及其评价. 中国草地，（1）：29～32
种小桃，时岩鹏，程战立，等. 2011. 苦楝子的化学成分研究（Ⅱ）. 中草药，42（2）：244～246
周斌，任洪涛，夏凯国，等. 2013. 云南小粒咖啡的香气成分分析. 现代食品科技，29（1）：186～188
周峰. 2005. 构树叶、花序及果实的氨基酸分析. 药学实践杂志，23（3）：154～156
周鸿，赵德光，吕汇慧. 2002. 神山森林文化传统的生态伦理学意义. 生态学杂志，21（4）：60～64
周家明，曾江，崔秀明，等. 2007. 三七根茎的化学成分研究Ⅰ. 中国中药杂志，32（4）：349～350
周俊，杨雁宾，杨崇仁. 1980. 天麻的化学研究Ⅱ天麻苷及其类似物的合成. 化学学报，38（2）：162～166
周立国. 1993. 食用天然色素及其提取应用. 济南：山东科学技术出版社
周荣汉. 1993. 中药资源学. 北京：中国医药科技出版社
周荣宰，潘常鉴. 2000. 野菜栽培新技术. 北京：北京出版社
周锡钦，梁鸿，路新华，等. 2009. 中药黄芩主要黄酮类成分及其生物活性研究，北京大学学报（医学版），41（5）：578～584
周娅. 2006. 承载西双版纳南传贝叶经上座部佛教思想的经典. 见：昆明佛学研究会. 佛教与云南文化论集. 昆明：云南民族出版社

周以良，聂绍荃，袁晓颖，等. 2003. 黑龙江植物资源志. 哈尔滨：东北林业大学出版社

周永红. 2004. 桑叶中脂肪酸的 GC-MS 分析. 广西科学，11（2）：116～117，120

周裕苍. 1992. 中国竹文化. 济南：黄河出版社

朱棣原著，周自恒. 2008. 中国的野菜：319 种中国野菜图鉴. 海口：南海出版公司

朱崇昭. 2005. 木防己汤加味治疗痛风性关节炎的观察. 云南医药，26（5）：450～451

朱立新. 2000. 中国野菜开发与利用. 北京：金盾出版社

朱亮锋，陆碧瑶，徐丹. 1982. 白兰花精油化学成分初步研究. 植物学报（英文版），24（4）：355～359

朱世东，河云核. 1995. 安徽省野生蔬菜资源的利用（综述）. 安徽农业大学学报，22（2）：160～163

朱太平. 2004. 中国植物资源. 见：吴征镒，陈心启. 中国植物志（第一卷）. 北京：科学出版社

朱太平，刘亮，朱明. 2007. 中国资源植物. 北京：科学出版社

朱铁英. 2006. 何首乌化学成分研究进展. 时珍国医国药，17（2）：274～275

朱兆云. 2004～2010. 云南天然药物图鉴（第 1～6 卷）. 昆明：云南科技出版社

资源科学技术名词审定委员会. 2008. 资源科学技术名词. 北京：科学出版社

邹澄，陈泗英. 1991. 民间常用染饭植物密蒙花的色素. 云南植物研究，13（2）：196

邹辉. 2008. 植物的祭礼与象征——哈尼族昂玛突意义的再解读. 云南社会科学，（5）：79～82

邹建凯. 2002. 椰子油甘油三酯的高温气相色谱/质谱分析. 分析化学，30（4）：428～431

邹建中，马晓勇. 2007. 新居净化空气与有毒植物图鉴. 北京：化学工业出版社

左文健，陈惠琴，李晓东，等. 2011. 苦丁茶叶的化学成分研究. 中草药，42（1）：18～20

Alexiades M，Sheldon J. 1996. Seclected guidelines for ethnobotanical resarch：A field manual. New York：The New York Botanical Garden

Bate-Smith E C. 1962. *In*：Mason H S et al. Comparative Biochemistry. Vol 3. Academic Press

Borrero M A V，Pereira J T V，Mirand A E E. 2003. An environmental management method for sugar cane alcohol production in Brazil. Biomass and Bioenergy，(25)：2872～2899

Chen Y L，Fu D Z，Chen H. 1996. Diversity of Chinese edible plants. Third International Symposion on disification of vegetable crops. Final program and abstracts. 24-27 Setp. Beijing

Cotton C M. 1996. Ethnobotany：Pprinciples and applications. Chichester：John Wiley & Sons

Flora of China Editorial Committee. 1989-2013. Flora of China (Vol. 2-25). Beijing：Science Press，and St. Louis：Missouri Botanical Garden Press 1989-2013

Ford R I. 1978. The nature and status of ethnobotany：Anthropogical Papers，No. 67. Ann Arbor：Museum of Athropology，University of Mivhigan

Francis E J. 2002. Chapter 8：Colorants. In：Watson D V (ed.)，Food Chemical Safety，Volume 2：Additives. CRC Press，Boca Raton，137～206

Francis F J. 1999. Chlorophylls，Haerns，Phyeobilins，and Anthraquinones. In Colorants. Eagan Press，St. Paul，MN，67～76

Hedberg I. 1993. Botanical methods in ethnopharmacology an dthe need for conservation of medicinal plants. Journal of Ethnopharmacology，38：121

Herbst W，Hunger K. 1992. Industrial organic pigments. Weinheim and NewYork，VCH

Huai H Y，Pei S J，Xu J C. 1998. Indigenous knowledge on Banlangen (Baphicacanthus cusia：Acanthaceae) of the Hard Hani people. Ethnobotany，10：127～129

Li E N，Zhou G D，Kong L Y. 2009. Chemical constituents from the leaves of Eriobotrya japonica. 中国天然药物，7（3）：190～192

Martin G J. 1995. Ethnobotany. London：Chapman & Hall

Meenks J L D, Tuba Z, Csintalan Z. 1991. Eco-physiological responses of Tortula ruralis upon transplantation around a power plant in west Hungary. J Hottori Bot Lab, 69: 21～35

Ososki A L, et al. 2002. Ethnobotanical literature of medicinal plants in Dominican Republic used for womens's health conditions. Journal of Ethnopharmacology, 79: 285

Princen L H. 1983. Oilseed crops table 1. Major commercial acids from fats and oils. Economic Botany, 37 (4): 478～492

Rao R R, Hajra P K. 1987. Methods of research in ethnobotany. *In*: Jian S K. A Manual of Ethnobotany. Jodhapur: Scientific Publishers

Schul J. 2000. Carmine. *In*: Lauro G J, Francis F J . Natural Food Colorants. NewYork: Marcel Dekker: 1～10

Tao D D. 1996. Studies and Appraisal of Pigment Plants of Five Colored-rice From Zhuang People in Guangxi, China. In: Pei SJ, Su YG, Long CL, et al. (eds.) The Challenges of Ethnobiology in the 21 Century. Kunming: Yunnan Science and Technology Press: 146～149

Tao J, Morikawa T, Toguchida, et al. 2002. Inhibitors of nitricoxide production from the bark of Myrica rubra: Structures of new biphenyl type diarylheptanoid glycosides and taraxerane type triterpene. Bioorganic & Medicinal Chemistry, (10): 4005～4012

Wang K L, Hong L T, Ramanatha Rao V. 2005. Bamboo Resources & Traditional Culture in Xishuangbanna, Yunnan, Southwest China. Malaysia: IPGRI-APO

Wang K L, Xu J C, Pei S J, et al. 2000. Folk classification and conservation of bamboo in Xishuangbanna, Yunnan, Southwest China. Journal of Ethnobiology, 2000, 20 (1): 113～127

Wickens G E. 1990. What is economic botany? Economic Botany, 44 (1): 12～28

Zhang Y H, Cai J Y, Pi H F, et a1. 2007. Antihyperglyeemic activity of kinsenoside, a high yielding constituent from Anoectochilus roxburghii in streptozotcocin diabetic rats. Ethnopham aclolgy, 114: 141～145